与汪子春陪德国客人去南京

全国数学史会议期间与梅荣照、薄树人等先生合影

与科技史专家何丙郁先生在一起

与化学史专家刘广定教授在一起

参加学生博士论文答辩会并点评论文

学术会议上做报告

与华觉明等先生在一起

接待美国哥伦比亚大学任之恭教授来访

梅建军(北京钢铁学院)硕士论文答辩委员会合影,1987

黄世瑞博士论文答辩后合影,1988

接待美国 Freer 美术博物馆馆长, 1989

与陈美东、潘永祥、黄吉虎教授在一起, 1991

华同旭博士论文答辩委员会合影, 1991

李斌博士论文答辩后师生合影, 1991

教师进修班师生合影, 1993

去参加国际会议途中, 1996

课堂上,1997

赠送中华学院泥活字,2000

应葡萄牙政府邀请参观图书馆,2001

参观凌家滩考古发掘现场,2003

留学生黄生财博士论文答辩委员会合影,2003

在北京科技大学讲学,2003(李晓岑提供)

张秉伦

科技史论集

张秉伦 / 著

中国科学技术大学出版社

内 容 简 介

张秉伦先生(1938—2006)是我国著名的科技史家和科技史教育家,生前不仅在学术上建树丰厚,又在中国科学技术大学从教20多年,培养了一大批科技史人才,贡献卓著。本文集共选录先生单独和以第一作者身份发表的学术性文章70篇,并附对先生的两篇专门访谈,按"科学与社会""生物与农学""印刷、造纸与古钱币""地方科技史""科技史文献与研究方法"和"科技史的古为今用"编目,大体反映了先生的学术成果与学术思想,是科技史和学术史工作者的重要参考文献。

图书在版编目(CIP)数据

张秉伦科技史论集/张秉伦著. —合肥:中国科学技术大学出版社,2018.12
ISBN 978-7-312-04144-0

Ⅰ.张… Ⅱ.张… Ⅲ.科学技术—技术史—中国—文集 Ⅳ.N092-53

中国版本图书馆 CIP 数据核字(2017)第 025190 号

出版	中国科学技术大学出版社
	安徽省合肥市金寨路 96 号,230026
	http://press.ustc.edu.cn
	https://zgkxjsdxcbs.tmall.com
印刷	合肥华苑印刷包装有限公司
发行	中国科学技术大学出版社
经销	全国新华书店
开本	787 mm×1092 mm 1/16
印张	27
插页	2
字数	691 千
版次	2018 年 12 月第 1 版
印次	2018 年 12 月第 1 次印刷
定价	89.00 元

目　录

科学与社会

生物与农学

印刷、造纸与古钱币

地方科技史

科技史文献与研究方法

科技史的古为今用

科学 与 社会

劳动创造人质疑(摘要)

张秉伦　卢　勋

(一)

人是由什么变来的问题,由于进化论的发展已经得到了正确的解答。但是,古猿究竟怎样变成人,显然不是单纯生物进化论所能解决的问题,因为以纯粹的生物学来解释人类的起源和发展,是无法阐明人类是怎样从动物界分化出来、产生人类社会的。自从恩格斯的《劳动在从猿到人转变过程中的作用》问世以后,人们从恩格斯文章引申出来"劳动创造人"的结论,一下子就把恩格斯旨在论述劳动伟大意义的问题突然转到解决人类起源的问题。自此,"劳动创造人"便成为人类起源的理论基础,成为唯一的、毋庸置疑的人类起源理论研究的方向;承认不承认"劳动创造人"成了唯物论与唯心论、辩证法与形而上学、科学与宗教神学之间的对立斗争。

其实,"劳动创造人"并不完全符合恩格斯这篇文章的原意,而且恩格斯这篇文章的主旨也不是解决人类起源问题。恩格斯在文章一开头就揭露资产阶级的政治经济学家提出的"劳动是一切财富的源泉"的伪科学性,指出"劳动和自然界一起才是一切财富的源泉"。进而指出人的劳动不仅把自然界提供的材料变为财富,而且劳动又是整个人类生活的第一个基本条件,并且人类正是通过自己的辛勤劳动创造了社会物质文明,与此同时也使人的自身通过劳动得到不断发展——从人类的低级阶段发展到人类的高级阶段:恩格斯正是在这个意义上说"劳动创造了人本身"的。这无疑是十分正确的。简单地以"劳动创造人"来代替恩格斯所说的劳动"是整个人类生活的第一个基本条件,而且达到这样的程度,以致我们在某种意义上不得不说,劳动创造了人本身",显然是不符合恩格斯原意的。

那么,人是否是劳动创造出来的呢? 或者说劳动是否在从猿到人转变过程中起过什么决定性的作用呢?

恩格斯在文章中给劳动下了十分明确的定义:"劳动是从制造工具开始的。"又说:"即使最低级的野蛮人,也能做几百种任何猿手所模仿不了的动作,没有一只猿手曾经制造过一把哪怕是最粗笨的石刀。"所以,他认为,动物包括"在智力和适应能力都比其他一切猿类高得多的一种猿类"的"滥用资源","还不是真正的劳动"。恩格斯在行文中也是遵守这一定义的,凡是谈到猿的活动,都没有称其为劳动。

恩格斯在文中还说道:"人类社会区别于猿群的特征又是什么呢? 是劳动。"总之"一句话,动物仅仅利用外部自然界,单纯地以自己的存在来使自然界改变,而人则通过他所作出的改变来使自然界为自己的目的服务,来支配自然界。这便是人同其他动物的最后的本质区别,而造成这一区别的还是劳动"。这些十分精到的论述,充分说明只有人类才有从制造工具开始的真正劳动。

由此可见,假如劳动是从制造工具开始的,那么古猿在进入到人的范畴以前,根本就没有什么制造工具的劳动可言;类人猿进化到"制造工具的动物"的时候,他已经不是猿类而是人了。因此,在从猿到人的转变过程中也就谈不上这种劳动所能起到什么作用的问题,人类也不是这种劳动创造出来的。这还可以从摩尔根、马克思和恩格斯的其他论述中得到说明。

摩尔根在他著名的《古代社会》一书中曾经这样认为:人类有过不知道用火和制造工具,仅依靠采集果实为生的蒙昧时期。这段话马克思加上重点符号摘引下来,后来在他的《哥达纲领批判》一书中也明确提到:"一个蒙昧人(而人在他已不再是猿类以后就是蒙昧人)用石头击毙野兽、采集果实等等,就是进行'有益的'劳动。"其实后来恩格斯自己在《家庭、私有制和国家起源》中谈到蒙昧时代的低级阶段作为人类童年时期的文化特征时,就根本没有提及人造工具的问题。后来到蒙昧时代的中级阶段,这才提到:"石器时代早期的粗制的、未加磨制的石器,即所谓旧石器时代的石器⋯⋯"。上述就明白地告诉我们:无论是摩尔根还是马克思和恩格斯都承认,人造工具出现以前,早期蒙昧时代的人类社会就已经诞生了。既然早期蒙昧时代还不曾有制造工具的劳动,那么说人是这种劳动创造出来的又何从谈起呢?

(二)

根据恩格斯关于劳动的定义和猿群与人类社会的主要区别是劳动等论述,把"劳动在从猿到人转变过程中的作用",理解为在人类自身发展过程中,从制造工具开始的劳动使人和猿的差别越来越大,以至离开动物越来越远而成现代人,可能更合适一些。如同文中所说的,"在甚至和人最相似的猿类的不发达的手和经过几十万年的劳动而高度完善化的人手之间,有多么巨大的差别","只是由于劳动,由于和日新月异的动作相适应,由于这样所引起的肌肉、韧带以及在更长时间内引起的骨骼的特别发展遗传下来,而且由于这些遗传下来的灵巧性以愈来愈新的方式运用于新的愈来愈复杂的动作,人的手才达到这样高度的完善⋯⋯";人从炎热的地带迁移到比较冷的、在一年中分成冬夏两季的地带后,"就产生了新的需要:需要有住房和衣服来抵御寒冷和潮湿,需要有新的劳动领域以及由此而来的新的活动,这就使人离开动物越来越远了"等等,说的都是劳动对人类自身发展的作用,劳动使人猿差别越来越大,或者说使人离开动物越来越远;此外,劳动使人的脑髓就大小和完善程度来说,远远超过猿的脑髓也是不言而喻的。所有这些都是达尔文学派的自然科学家们没有也不可能认识到的问题。

我们之所以说恩格斯所强调的"劳动在从猿到人转变过程中的作用"实际上是指劳动在人类自身发展中的作用,还有更明确的根据:恩格斯在讲到最古老的工具是打猎的工具和捕鱼的工具时说,"打猎和捕鱼的前提,是从只吃植物转变到同时也吃肉,而这又是转变到人的重要的一步",这里打猎和捕鱼已经是早期人类的活动了,如同在《反杜林论》中指出的"(火的使用)⋯⋯它第一次使人类统治了一定的自然力量,并且因此而使人完全脱离了动物界"一样,早已是人类社会的内涵了。所以"打猎和捕鱼的前提⋯⋯又是转变到人的重要一步",完全是指人类由低级阶段发展到高级阶段,使他成为完全脱离动物界的人类,而不是说劳动使猿变成了人。

不可讳言,文中某些概念是值得商榷的。如恩格斯在使用"劳动在从猿到人转变过程中的作用"这一标题时,很容易使人产生这样一个印象,在人类出现以前,仿佛就有了劳动。然而这是与恩格斯自己在文中给劳动下的定义、人类社会和猿群区别的特征以及其他论述相矛盾的。

同样,文中所说的"首先是劳动,然后是语言和劳动一起成了两个最主要的推动力,在它们的影响下,猿的脑髓就逐渐变成了人的脑髓",这句话也是值得商榷的。劳动和语言根据恩格斯的论述是人类特有的,那么它们的作用至多只能从最原始的人类开始发挥作用,使人的脑髓越来越发达,离开猿类脑髓越来越远,而不能认为推动了猿的脑髓逐渐变成人的脑髓。文中关于人和猿的概念也是有欠精确的。

不过,我们对恩格斯这篇文章中某些不到之处,还应作一些具体的分析。

恩格斯这篇论文原来是准备作为《奴役的三种基本形式》一书的导言的,他打算在这本书中全面阐述劳动人民在各个社会历史时期所蒙受的奴役的形式,从而唤起无产阶级去彻底变革当时的资本主义的社会制度。文章还曾经有过《对工人的奴役·导言》这样一个标题。但后来由于斗争的需要,急着要写《反杜林论》一书,只好暂时把它搁置下来。由此可见,恩格斯这篇文章一直是以导言的形式写的,起初是未加任何标题的。但是恩格斯后来在他的《自然辩证法》第二束材料中,写有"劳动在从猿转变到人过程中的作用"这样一个标题,即使这一标题就是准备作为这篇文章的标题,也是后加的。

其次,我们从文章的手稿中看到,当写到"……建立在劳动者本人的劳动之上的私有制,必然发展为劳动者的丧失一切财产,而同时一切财富却愈来愈集中到不劳动者手中;而〔……〕"便中断了,以及文中在自然段落第20段的边上还涂有"改良"二字,看来很可能还是一个未完成稿。假如这个推断是正确的话,恩格斯当然也就没有或来不及进一步推敲和修改了。

再者,恩格斯在写这篇文章时,不得不受到当时科学水平的限制,即使恩格斯学识广博精深,并且具有高屋建瓴概括当时取得的科学成果的能力,但是一百多年前人类学、旧石器时代的考古学以及其他有关科学毕竟还很幼稚,彻底的唯物主义者也未必不受时代的局限。甚至到了今天,我们认为要彻底弄清古猿究竟是怎样进化到人的问题,仍然是相当复杂和困难的,好多问题还只能在理论上做些推论或提出某些假说而已。因此,对这篇未完成稿中某些概念之间的矛盾是不应该苛求的。

问题是我们有些同志不是全面理解整个文章中的有关论述,结合现今的科学发展水平,吸取正确的论断指导我们的研究工作,而是根据其中某些论述,甚至是只言片语,加以引申夸大,把"劳动创造人"或"劳动使古猿变成了人"的结论强加给恩格斯,然后又借经典作家的崇高威望去吓唬那些努力探求人类起源问题的学者、专家。我们认为这样做未必就是捍卫马克思主义,对于人类起源问题的研究也是十分不利的。

(三)

其实,若干年来,好些专家、学者也不是没有看到问题之所在。他们对于上述一系列问题,多少流露出不同的看法。如有些同志主张把劳动分为两种——"广义劳动"和"狭义劳动"。广义劳动包括使用天然工具的"前人"的"本能性的劳动",狭义劳动仅指从工具的制造和使用开始的"真人"的劳动。有的同志认为"劳动创造人"是指使用天然工具的劳动使"正在形成中的人"发展成"完全形成的人";在"完全形成的人"产生以后,制造工具的"真正劳动"又成了促进人类本身和人类社会发展的决定性因素。也有同志认为"正在形成中的人"是指"人类童年"时期,这时他们只能使用未加工的劳动工具等等。这些不同的看法,反映了人们已经流露出在人类出现之前或人类形成之初是不存在制造工具的劳动过程的,只能使用未加工的天然物。由此很容易得出人类不是制造工具的劳动创造出来的结论。但是他们为了不触犯"什么创造人这个问题是意识形态领域内的阶级斗争"这个偏见,总是尽力或者言不由衷地使自己的观点符合"劳动创造人"这一命题。因此在论证过程中即使用力甚勤,也很难不顾此失彼,自圆其说。

我们还认为,在人类出现以前,无疑古猿也曾经使用过未加工的木棒和石块等天然物,以获取食物或御敌。但是能否认为这种使用天然物的活动使古猿变成了人呢? 或者说人是由这种使用天然物的活动创造出来的呢?

现在某些高等动物,甚至有些鸟类和昆虫也能利用自己身体以外的东西来获取食物,近年来科学资料表明,有的动物不仅能使用树枝来获取食物,而且有一定的能力来加工自然物以获取食物。但是这些活动并不能使它们进化到人。恩格斯在文中曾经指出,古猿从树上攀援生活到渐渐直立行走,"这就完成了从猿到人的具有决定意义的一步",这决定意义一步的完成并非是经常使用天然物活动的结果。此外,恩格斯在指出区别攀树的猿群与人类社会的特征以后,紧接着指出动物的"滥用资源"不仅"在物种的渐变过程中起了重要的作用",而且"毫无疑问,这种滥用资源有力地促进了我们的祖先转变成人"。"这种滥用资源必然造成的结果……就是食物愈来愈复杂,因而输入身体内的材料也愈来愈复杂,而这些材料就是这种猿转变成人的化学条件。"可以看出,恩格斯认为从猿到人的转变是由多种因素决定的,只强调使用天然物的活动在从猿到人转变过程中起着"重要的或决定性的作用",以证明人是这种使用天然物的活动创造出来的,显然是不妥当的。我们认为,人类的起源和发展问题,固然不同于一般生物进化问题,但是在古猿尚未进化到人的范畴以前,它的进化过程是不能完全超脱生物进化过程中一般规律的。

综上所述,我们认为人类既不是从制造工具开始的"真正劳动"创造出来的,也不是进入人类范畴以前使用天然物的活动创造出来的。即使这种活动对古猿变成人有所作用,也仅是影响古猿变成人的多种外部因素之一,而不是从猿到人转变过程中唯一的、决定性的因素。所以无论是从狭义劳动还是广义劳动来证明"劳动创造人"或"劳动使古猿变成了人",都是片面的。

原文载于:《国内哲学动态》,1981(1):1—4。

"劳动创造人"质疑

张秉伦　卢　勋

关于人类起源的问题,是一个十分重要的科学理论问题。人类对自身起源的认识,曾为"神创论"和"上帝造人"等唯心主义谬论长期统治着,并且千百年来成为剥削阶级借以维护他们反动统治的一种思想根据。1809 年法国的进化论者拉马克依据一切生物都是由低级发展到高级、由简单演变为复杂的进化原理,首先在他的《动物哲学》一书中提出人类起源于某种类人猿,这就给宗教神学一次猛烈的冲击;1859 年著名的英国生物学家达尔文根据他长期对动物和植物的发展与演变的观察和研究,在他的《物种起源》一书中,以极其丰富的事实,令人信服地证明了,现在世界上形形色色的生物都不是上帝分别创造出来的,而是少数几种生物的直系后代,建立了科学的生物进化论,对人类起源科学的发展起着十分重要的作用。正如他自己在该书中所说的:"人类的起源和历史也将由此得到许多启示。"1863 年,英国生物学家、达尔文进化论的坚决捍卫者赫胥黎从比较解剖学和胚胎学的科学研究成果出发,在他的《人类在自然界的位置》论著中,更明确地提出了人、猿同祖的科学理论。从而,人是由古猿演变而来这一学说得到了最后的确立。剩下的问题,就是古猿究竟怎样变成了人。

一

从古猿演变成人是经过了一段十分漫长的道路的。古猿究竟怎样变成人,显然不是单靠生物进化论所能解决的问题,因为以纯粹的生物学来解释人类的起源和发展,是无法阐明人类是怎样从动物界分化出来产生人类社会的。自从恩格斯的《劳动在从猿到人转变过程中的作用》问世以后,人们从恩格斯文章的标题《劳动在从猿到人转变过程中的作用》出发,以恩格斯批评"达尔文学派的最富有唯物精神的自然科学家们还弄不清人类是怎样产生的,因为他们在唯心主义的影响下,没有认识到劳动在这中间所起的作用"为依据,最后又断章取义地引用恩格斯的"劳动创造了人本身"这半句话,引申出"劳动创造人"的结论,一下子就把恩格斯旨在论述劳动意义的问题突然转到解决人类起源的问题,并进而认为:过去达尔文的进化论只能解释人是由古代类人猿进化而来的,却不知道促成这个转变的决定性条件,也就无法阐明这个从量变到质变的过程——人类是怎样产生的;恩格斯的"劳动创造了人本身"则科学地解决了人类的起源问题,猿之所以能变成人,是由于劳动的结果等等。自此,"劳动创造人"便成为人类起源的理论基础,成为唯一的、毋庸置疑的人类起源理论研究的方向。一个世纪以来,许多著名的人类学家、哲学家,以及其他一些著作家以"劳动创造人"为题,发表了许许多多的论文、专著和注释;"劳动创造人"的提法充斥于我们各级各类学校的教科书中,成为进行历史唯物主义教育的一个重要内容。人们都大同小异地一致断定:劳动在从猿到人转变过程中起着主要的、决定性的作用;正是劳动使古猿变成了人。"劳动创造人"成为一个颠扑不破的规范,承认不承认"劳动创造人"成了唯物论与唯心论、辩证法与形而上学、科学与宗教神学之间的对立斗争。总之,在探讨人类起源的问题时,一切以是否符合"劳动创造人"的观点为准则。就是说,人的起源问题——猿如何变成人的问题,已经从本质上得到了科学的解决,剩下的问题似乎只是人们对怎样通过劳动使猿变成人的问题作一些论证和充实而已。

其实,"劳动创造人"并不完全符合恩格斯这篇文章的原意。而且恩格斯在这篇文章中主要意图并不是解决人类起源问题。恩格斯在文章一开头就开宗明义地指出:"政治经济学家说:劳动是一切财富的源泉,其实劳动和自然界一起才是一切财富的源泉,自然界为劳动提供材料,劳动把材料变为财富。但是劳动还远不止如此。它是整个人类生活的第一个基本条件,而且达到这样的程度,以致我们在某种意义上不得不说:劳动创造了人本身。"

恩格斯在这里主要是揭露资产阶级的政治经济学家提出的"劳动是一切财富的源泉"的欺骗性,指出"劳动和自然界一起才是一切财富的源泉",进而指出人的劳动不仅把自然界提供的材料变为财富,而且劳动又是整个人类生活的第一个基本条件;人类正是通过自己的辛勤劳动创造了社会物质的文明,与此同时也使人的自身通过劳动得到不断发展——从人类的低级阶段发展到人类的高级阶段。恩格斯正是从这个意义出发,说"劳动创造了人本身"的,这无疑是十分正确的。但必须指出,恩格斯在这里讲的是人的劳动,是人的劳动对人类社会和人的本身发展的意义。恩格斯在这里有一个特定的前提却被某些同志忽略了,而简单地以"劳动创造人"来表述恩格斯的思想。

那么,人是否是劳动创造出来的呢? 或者说劳动是否在从猿到人转变过程中起过什么决定性的作用呢? 恩格斯在文章中给劳动下过十分明确的定义:"劳动是从制造工具开始的";又说:"即使最低级的野蛮人,也能做几百种任何猿手所模仿不了的动作,没有一只猿手曾经制造过一把哪怕是最粗笨的石刀",也就是说任何猿手都不曾制造过最简单的工具,因此猿手的活动不能称作劳动,恩格斯在行文中也是遵守这一定义的,凡是谈到猿的活动,都没有称其为劳动。

恩格斯在文中还说道:"人类社会区别于猿群的特征又是什么呢? 是劳动。"总之"一句话,动物仅仅利用外部自然界,单纯地以自己的存在来使自然界改变;而人则通过他所作出的改变来使自然界为自己的目的服务,来支配自然界。这便是人同其他动物的最后的本质区别,而造成这一区别的还是劳动"。这些十分精辟的论述,充分说明只有人类才有从制造工具开始的真正劳动,而猿群是不存在什么从制造工具开始的劳动问题的。

综上所述,可以得出如下结论:假如劳动是从制造工具开始的,那么不能制造工具的一切动物的活动都不能称作劳动,猿手从来就没有制造过哪怕是最粗笨的工具,因此,猿类也就不曾存在什么从制造工具开始的劳动,因而有没有劳动,是人类与猿群的本质区别。由此可见,古猿在进入到人的范畴以前,根本没有什么制造工具的劳动可言;反之,从类人猿进化到"制造工具的动物"的时候,他已经不是猿类而是人了。从而在从猿到人的转变过程中也就谈不上这种劳动所能起到什么作用的问题,人类也不是这种劳动创造出来的。这还可以从摩尔根、马克思和恩格斯的其他论述中得到说明。

摩尔根在他著名的《古代社会》一书中曾经这样认为:人类有过不知道用火和制造工具,仅依靠采集果实为生的蒙昧时期。这些话被马克思加上重点符号摘引下来。后来马克思在他的《哥达纲领批判》一书中也明确提到："一个蒙昧人（而人在他已不再是猿类以后就是蒙昧人）用石头击毙野兽、采集果实等等，就是进行'有益的'劳动。"其实后来恩格斯自己在《家庭、私有制和国家起源》中谈到关于蒙昧时代的低级阶段作为人类童年时期的文化特征时，就根本没有提及人造工具的问题。谈到蒙昧时代的中级阶段，这才提到："石器时代早期的粗制的、未加磨制的石器，即所谓旧石器时代的石器……"这就明白地告诉我们，无论是摩尔根，还是马克思和恩格斯都承认，人造工具出现以前，早期蒙昧时代的人类社会就已经诞生了。既然早期蒙昧时代还不曾有制造工具的劳动，那么说人是这种劳动创造出来的又何从谈起呢？

　　本世纪以来，特别是近三四十年来，人类学和考古学的大量事实表明，早在人造工具出现以前，就已经有了人属的最早成员。如1974—1975年，在坦桑尼亚北部奥都威峡谷以南、埃亚西湖以北伽鲁西河流域的拉托利地层，发现了十三个早期人类的遗骨化石（主要是上、下颌和牙齿）。经钾·氩定年，在距今三百七十七万年与三百五十九万年之间。人类学和考古学研究者初步认定他们是年代确定的人属的最早成员。但是这里并没有发现石器。而石器出现的最早年代，目前知道的，还是在三百万年到二百万年之间；能够制造工具的"完全形成的人"的出现，目前还认为是从早更新世开始的。可见从制造工具开始的劳动创造人的观点，也是与人类学和考古学的资料相矛盾的。

　　所以我们认为，假如人类社会区别于猿群的特征是劳动，劳动又是从制造和使用工具开始的话，那么，劳动在从猿到人转变过程中起着"决定性的作用"，"劳动使猿变成了人"，"劳动创造人"等引申出来的观点，即使已广为传播，但毕竟是不正确的意见。不消说，人不是这种劳动创造出来的，并且从制造工具开始的劳动也没有在从猿到人转变过程中起过什么决定性的作用。

<h1 style="text-align:center">二</h1>

　　根据恩格斯关于劳动的定义和猿群与人类社会的主要区别是劳动等论述，把"劳动在从猿到人转变过程中的作用"，理解为在人类自身发展过程中，劳动使人和猿的差别越来越大，以至离开动物越来越远的现代人，可能更合适一些。如同文中所说的："在甚至和人最相似的猿类的不发达的手和经过几十万年的劳动而高度完善化的人手之间，有多么巨大的差别"；"只是由于劳动，由于和日新月异的动作相适应，由于这样所引起的肌肉、韧带以及在更长时间内引起的骨骼的特别发展遗传下来，而且由于这些遗传下来的灵巧性以愈来愈新的方式运用于新的愈来愈复杂的动作，人的手才达到这样高度的完善……"；人从炎热的地带迁到比较冷的、在一年中分成冬夏两季的地带后，"就产生了新的需要：需要有住房和衣服来抵御寒冷和潮湿，需要有新的劳动领域以及由此而来的新的活动，这就使人离开动物越来越远了"等等，说的都是劳动对人类自身发展的作用，劳动使人猿差别越来越大，或者说使人离开动物越来越远；此外劳动使人的脑髓就大小和完善程度来说，远远超过猿的脑髓也是不言而喻的。所有这些都是达尔文学派的自然科学家们没有也不可能认识到的问题。

　　我们之所以说恩格斯所强调的"劳动在从猿到人转变过程中的作用"实际上是指劳动在人类自身发展中的作用，还有更明确的根据：恩格斯在讲到最古老的工具是打猎的工具和捕鱼的工具时说："打猎和捕鱼的前提，是从只吃植物转变到同时也吃肉，而这又是转变到人的重要的一步。"这里打猎和捕鱼已经是早期人类的活动了。如同恩格斯在《反杜林论》中指出的"（火的使用）……它第一次使人类统治了一定的自然力量,并且因此而使人完全脱离了动物界"一样,早已是人类社会的内涵了。所以"打猎和捕鱼的前提……又是转变到人的重要一步",完全是指人类由低级阶段发展到高级阶段,使他成为完全脱离动物界的人类,而不是说"劳动使猿变成了人"。

不可讳言,文中某些概念是值得进一步商榷的。如恩格斯在使用《劳动在从猿到人转变过程中的作用》这一标题时,很容易使人产生这样一个印象:在人类出现以前,仿佛就有了劳动。然而这是与恩格斯自己在文中给劳动下的定义,人类社会和猿群区别的特征以及其他论述相矛盾的。

同样,文中所说的"首先是劳动,然后是语言和劳动一起成了两个最主要的推动力,在它们的影响下,猿的脑髓就逐渐变成了人的脑髓",也是与恩格斯给劳动下的定义相矛盾的。我们认为劳动和语言对人类脑髓的发展曾经起过,而且现在还在起着很大的作用,但是劳动和语言根据恩格斯的论述是人类特有的,那么它们的作用至多只能说是从最原始的人类开始发挥,使人的脑髓越来越发达,离开猿类脑髓越来越远,而不能说是推动了猿的脑髓逐渐变成人的脑髓。

所以我们认为恩格斯这篇文章除了标题与他给劳动下的定义等有关论述有矛盾之处外,文中关于人和猿的概念是有待进一步精确的。不过我们对恩格斯这篇文章中某些不到之处还应作一些具体的分析。

恩格斯这篇论文原来是准备作为《奴役的三种基本形式》一书的导言的,这是恩格斯曾经答应了威·李卜克内西为《人民国家报》写的一本内容十分广泛的著作,他打算在这本书中全面阐述劳动人民在各个社会历史时期所蒙受的奴役形式,从而唤起无产阶级去彻底变革当时的资本主义社会制度。该文还曾经有过《对工人的奴役·导言》这样一个标题,但后来由于斗争的需要,急着要写《反杜林论》一书,只好暂时把它搁置下来,最终也没有完成。由此可见,恩格斯这篇文章一直是以导言的形式写的,起初是未加任何标题的。但是恩格斯后来在他的《自然辩证法》第二束材料中,写有《劳动在从猿转变到人过程中的作用》这样一个标题。即使这一标题,就是准备作为这篇文章的标题,也是后加的。

其次,我们从文章的手稿中看到:当写到"……建立在劳动者本人的劳动之上的私有制,必然发展为劳动者的丧失一切财产,而同时一切财富却愈来愈集中到不劳动者手中;而〔……〕"便中断了,以及文中在自然段落第 20 段的边上还涂有"改良"二字,看来很可能还是一个未完成稿。假如这个推断是正确的话,恩格斯当然也就来不及进一步推敲和修改了。再者,恩格斯在写这篇文章时,不能不受到当时科学水平的限制,即使恩格斯学识广博精深,并且具有高屋建瓴概括当时取得的科学成果的能力,但是一百多年前人类学、旧石器时代考古学以及其他有关科学毕竟还很幼稚,彻底的唯物主义者也未必不受时代的局限。甚至到了今天,我们认为要彻底弄清古猿究竟是怎样进化到人的问题,仍然是相当困难的,好多问题还只能在理论上做些推论或提出某些假说而已。因此,对这篇未完成稿中某些概念之间的矛盾是不应该苛求的。

问题是我们有些同志不是全面理解整个文章中的有关论述,结合现今的科学发展水平,吸取正确的论断指导我们的研究工作,而是根据其中某些论述,甚至是只言片语,加以引申夸大,把"劳动创造人"或"劳动使古猿变成了人"的结论强加给恩格斯,然后又借经典作家的崇高威望去吓唬那些努力探求人类起源问题的学者。我们认为这样做未必就是捍卫马克思主义,而且对于人类起源问题的研究也是十分不利的。

三

其实,若干年来,好些专家、学者也不是没有看到问题之所在。他们对于恩格斯关于人的概念,人与猿如何区分以及对"劳动创造人"的理解等一系列问题,多少流露出不同的看法。如有些同志主张把劳动分为两种——"广义劳动"和"狭义劳动"。广义劳动包括"使用天然工具"的"前人""本能性的劳动",狭义劳动仅指从工具的制造和使用开始的劳动,是"真人"的劳动。有的同志认为"劳动创造人"是指使用天然工具的劳动使"正在形成中的人"发展成"完全形成的人";在"完全形成的人"产生以后,制造工具的"真正劳动"又成了促进人类本身和人类社会发展的决定性因素。也有同志认为"正在形成中的人"是指"人类童年"时期,这时他们只能使用未加工的劳动工具等等。这反映了人们已经流露出这样一种看法,即在人类出现之前或人类形成之初,是不存在制造工具的劳动过程的,只能使用未加工的天然物。由此很容易得出人类不是制造工具的劳动创造出来的结论。但是他们为了不触犯"什么创造人的问题,是意识形态领域内的阶级斗争"这个法规,总是尽力或者言不由衷地使自己的观点符合"劳动创造人"这一引申出来的命题,因此在论证过程中即使用力甚勤,也很难不顾此失彼,不能自圆其说。比如不少同志认为:恩格斯所说的"劳动在从猿到人转变过程中的作用",是指使用天然工具的劳动使"正在形成中的人"变为"完全形成的人"过程中的作用,是有一定道理的。但是能否以此证明"劳动创造人"这个命题是正确的呢?我们姑且不论这种劳动已经不符合恩格斯关于劳动的定义,而所谓"正在形成中的人",根据恩格斯所说:"随着手的发展,随着劳动而开始的人对自然的统治,在每一个新的进展中扩大了人的眼界。他们在自然对象中不断地发现新的、以往所不知道的属性。另一方面,劳动的发展必然促使社会成员更紧密地互相结合起来,因为它使互相帮助和共同协作的场合增多了,并且使每个人都清楚地意识到这种共同协作的好处。一句话,这些正在形成中的人,已经到了彼此间有些什么非说不可的地步了",这明明白白是属于人的范畴。正如持这种观点的同志认为应视为人类童年或早期人类阶段。那么这种使用天然工具劳动的作用,只是促使人类由低阶级向高级阶段发展,而与从猿到人,特别是人类起源问题,怎么能混为一谈呢?所以不少同志在经过引经据典的论证以后也不得不说,理解上述问题不是一件简单的事情。

在人类出现以前,无疑古猿也曾经使用过未加工的木棒和石块等天然物,以获取食物或御敌。但是能否认为这种使用天然物的活动使古猿变成了人呢?或者说人是由这种使用天然物的活动(或称使用天然工具的劳动)创造出来的呢?我们认为,这种看法同样是片面的。

现在某些高等动物,甚至有些鸟类和昆虫也能利用自己身体以外的东西来获取食物。近年来科学资料表明,有的动物不仅能使用树枝来获取食物,而且有一定的能力来加工自然物以获取食物。但是这些活动并不能使它们进化到人。也许有同志会说:它们只是偶然地使用天然物,而不是经常地使用天然物。我们姑且不谈古猿是否存在经常使用天然物这么一个阶段,即使有这么一个经常使用天然物活动的阶段,也不是古猿变成人的唯一的决定性的因素;更不能使一个物种(猿)进化到另一个物种(人)。恩格斯在文中曾经指出,也是为大家经常引用的:古猿从树上攀援生活到渐渐直立行走,"这就完成了从猿到人的具有决定意义的一步"。这决定意义一步的完成并非是经常使用天然物活动的结果;此外,恩格斯在指出区别攀树的猿群与人类社会的特征以后,紧接着指出动物的"滥用资源"不仅"在物种的渐变过程中起了重要的作用",而且"毫无疑问,这种滥用资源有力地促进了我们的祖先转变成人"。"这种滥用资源必然造成的结果……就是食物愈来愈复杂,因而输入身体内的材料也愈来愈复杂,而这些材料就是这种猿转变成人的化学条件。"

仅就恩格斯上述部分论述,可以看出,恩格斯认为从猿到人的转变是由多种因素决定的。如果撇开上述这些"决定意义的一步"和"有力地促了我们祖先变成人"等因素,而只强调使用天然物的活动在从猿到人转变过程中起着"重要的或决定性的作用",以证明人是这种使用天然物的活动(有人称使用天然工具的劳动)创造出来的,显然是不妥当的。何况这种活动至多仅是影响从猿到人转变过程的外界因素之一;这种外因如何通过内因起作用,还是一个谜。我们认为:人类的起源和发展问题,固然不同于一般生物进化问题,但是在古猿尚未进化到人的范畴以前(请注意我们说的是尚未进化到人的范畴以前),它的进化过程并不能完全超脱生物进化过程中的一般规律。

根据现代遗传学的研究,物种的形成,主要是由于遗传物质的变化,再经过迁徙和自然选择的结果。近年来对于人的返祖现象研究表明,毛孩的出现是由于遗传物质发生了变化,可以设想当初由多毛的古猿变成少毛和更高级的人种,难道不正是由于遗传物质发生了变化吗?

再从现代各人种(大体相当于亚种)的划分标准来看,现代的黄种人、白种人、黑种人主要是根据他们的肤色、眼色、发型、发色、面部特征、头型、身材以至血型等特征来划分的。这些特征必须具备以下的条件:具有遗传性,能够传给后代,在相当长时间内不发生重大的改变,受环境条件影响变异范围很小等等。而直接与劳动有关的体格差别、脂肪层的厚薄,肌肉层的发达程度等并不能作为人种划分的标准。而且各人种的主要性状与特定地理区域有关,可见地理环境在人种形成中起着重要的作用;另外,据人类学家研究,在人种分化的早期阶段,迁徙和自然选择起着主要作用也是不可否认的。在进人人类社会以后,由于人类具有生产劳动和创造文化的能力,随着人类物质文化的进步和交通的发达,社会因素对人类体质特征的形成才起着主导的作用。在进入人类社会以前,根本不存在什么人类的社会因素问题,就不能不从自然界的因素去寻找进化的原因了。

综上所述,我们认为人类既不是由制造工具开始的"真正劳动"创造的,也不完全是进入人类范畴以前使用天然物的活动(或称使用天然工具的劳动)创造出来的,这种活动(或广义的劳动)仅是影响古猿变成人的多种外部因素之一,而不是从猿到人转变过程中唯一的、决定性的作用。所以无论是从狭义劳动还是广义劳动来证明"劳动创造人"或"劳动使古猿变成了人"都是片面的。

四

不少同志在宣传、纪念、注释《劳动在从猿到人转变过程中的作用》一文时,往往认为"劳动创造人"或"劳动使古猿变成了人",解决了人类起源的动力问题,指明了人类起源研究的方向,"第一次直接而且明确地从根本上解决了"人类起源问题,"创立了唯一完整的科学的人类起源理论",从而"使人类起源问题从理论上得到了根本的解决"……并把它作为恩格斯这篇著作的主要意图或伟大功绩之所在。

我们认为恩格斯在这篇著作中对人类起源和发展问题曾从多方面进行了探讨,广义劳动在人类起源中的作用,仅是在从猿到人转变过程中起作用的多种因素之一;恩格斯并没有说劳动在从猿到人转变过程中起着"主要的"、唯一的"决定性的作用",更没有说人就是这种劳动创造出来的；而且人类起源是一个十分复杂的问题，直到今天无论是从理论上还是实践上都未完全解决。此外我们体会恩格斯这篇文章的主要意图是：揭露拉萨尔等机会主义流派把资产阶级和小资产阶级的各种谬论拼凑成一套机会主义的理论，欺骗德国工人阶级，借此迎合当时资产阶级的需要，成了剥削阶级的忠实卫道士。恩格斯在这篇著作中明确地指出："动物仅仅利用外部自然界，单纯地以自己的存在来使自然界改变；而人则通过他所作出的改变来使自然界为自己的目的服务，来支配自然界。"正是人所特有的这种"自觉能动性"，使人类在变革自然的劳动实践中，逐渐认识和掌握自然的规律，使它能为自己的需要服务；同样，具有"自觉能动性"的人，在创造社会物质文明的同时，"……经过长期的、常常是痛苦的经验，经过对历史材料的比较和分析"，便能逐渐地看清剥削阶级及其代言人对社会生活的歪曲。进而恩格斯深刻地揭露："到目前为止存在过的一切生产方式，都是在于取得劳动的最近的、最直接的有益效果"，而"在西欧现今占统治地位的资本主义生产方式中，这一点表现得最完全"。就是说资本家所关心的最直接的有益效果就是追逐最大利润，这种唯利是图的结果必然导致自然财富的破坏，供需的失调又必然造成社会经济危机，而使得穷者愈穷、富者愈富。所以必须"对我们现有的生产方式，以及和这种生产方式连在一起的我们今天的整个社会制度实行完全的变革"。恩格斯号召被奴役的人们起来彻底推翻现存的资产阶级及其统治的社会；只有无产阶级才具有对于社会历史的发展规律的自觉认识，只有无产阶级领导的社会，人们才可能合理地支配和调节社会的生产活动，"生产劳动就不再是奴役人的手段，而成了解放人的手段"。正如恩格斯在《反杜林论》中说的："只是从这时起，人们才完全自然地自己创造自己的历史。"以上所述，才是恩格斯这篇论文的主要思想和它的伟大功绩之所在。

总之，关于人类起源问题是一个重大而又十分复杂的问题，为了有助于进一步开展这个问题的讨论，我们在学习恩格斯《劳动在从猿到人转变过程中的作用》的基础上，就"劳动创造人"这一广泛流传的理论，提出自己一些浅显的看法，错误之处，热望大家批评指正。

原文载于：《自然辩证法通讯》，1981，3(1)：23—29。

进化论在中国的传播和影响

张秉伦　卢继传

传播概况

1859 年伟大的生物学家达尔文(Charles Darwin,1809—1882)发表了他的科学巨著《物种起源》,创立了科学的进化论。"推翻了那种把动植物看做彼此毫无联系的、偶然的、'神造的'、不变的东西的观点,第一次把生物学放在完全的科学的基础上。"①从而在生物学上完成了一次伟大的革命,并且为马克思主义提供了自然科学根据。因此进化论被恩格斯誉为 19世纪三大发现之一。

《物种起源》出版两个月后,就传入了德国,接着又传遍世界很多国家。尤其是"欧美二洲几乎家有其书,而泰西之学术政教,一时斐变"。②震动了当时的政治界、思想界、科学界和宗教界。可是,这部轰动世界的科学巨著却没有及时传到中国来。

但是,中国人对达尔文的名字和西方进化思想的了解,还是比较早的。早在清朝同治十二年(1873 年)闰六月二十九日,《申报》就曾发表过一则题为《西博士新著〈人本〉一书》的报道。这则报道中的博士"大蕴"就是 1859 年出版了《物种起源》而震惊西方世界的查理士·达尔文,《人本》一书即达尔文于 1871 年 2 月 24 日出版的《人的由来及性选择》(马君武译为《人类原始及类择》)。这则报道说明:在达尔文《人的由来及性选择》出版后一年多的时间,中国人便已知道了达尔文其人及其问世不久的新著的内容梗概。③

同年,即 1873 年,赖尔《地质学浅释》由美国传教士马高温(J. Macgwan)和我国学者华蘅芳译成中文。该书不仅论证了地球缓慢的变化,不同地层中的生物化石不尽相同,地层愈古老,生物愈原始,而且在第十三卷中明确指出所谓生物造化之时,"其某物之形体性情各有一定,不能改变,亦不能变此物为彼物,此旧说也。"接着就说:"后有勒马克者,言生物之种类,皆能渐变,可自此物变至彼物,亦可自此形变至彼形。此说人未信之。近又有兑儿平者,言生物能各择其所宜之地而生焉,其性情亦时能改变。此论亦未定。姑两存之。"

这里"勒马克"就是法国生物学家拉马克(J. B. Lamarck,1744—1829)。至于"兑儿平",从上下文内容和译音来看,很可能就是达尔文,但因未见到中译本《地学浅释》所依据的原著版本,尚待进一步考证。尽管《地学浅释》说拉马克学说"人未信之",兑儿平的理论"亦

---

① 列宁:《什么是人民之友?》(《列宁全集》第一卷,第 122 页)。
② 严复:《原强》(石峻:《中国近代思想史参考资料简编》,三联书店,1957:441)。
③ 吴德铎:《达尔文学说何时传来我国》(《羊城晚报》,1981 年 9 月 4 日)。

未定",但在客观上却把他们的进化思想简要地介绍出来了。孙中山曾说:"科学日昌,学者多有发明,其最著天文学则有拉巴剌氏(即拉普拉斯),于地质学则有利里氏(即赖尔),于动物学则有拉麦氏(即拉马克),皆各从其学,而推得进化之理,可称进化论之先河。"[①]1873年,《申报》关于达尔文著《人的由来及性选择》的报道和《地学浅释》的翻译和出版,是到目前为止所了解的关于达尔文进化论在中国最早的报道。可称达尔文进化论在中国传播的先声。

直到1891年,时隔《物种起源》见世三十多年,《格致汇编》以一条博物新闻对达尔文"考得动植诸物,今虽千万物,原自无多数种渐蕃衍变生成……"予以报道;中国留英学生严复(1853—1921)回国后,先在天津《直报》上对达尔文学说作了简要介绍,后又将赫胥黎(Huxley)宣传进化论的通俗读物《进化论与伦理学》摘译成中文,取名《天演论》。在中国引起了巨大的反响:《天演论》从1898年正式刊行以后,轰动一时,书局争印,读者争购,在十多年间,先后发行了三十多种版本,仅上海商务印书馆从1905—1927年的22年间就印了24版。可见传播之广,并且在知识分子中产生了巨大的影响。那时书中物竞天择、优胜劣败的观点,成了人们的口头禅,救亡图存成了爱国人士和知识界的共同政治要求,甚至小学用它作为课本,中学生以"物竞天择,适者生存"为作文题。鲁迅在回忆自己南京水师学堂学习情景时说:星期天跑到城南去,买了一本白纸石印的《天演论》,知道世界上竟有一个赫胥黎想得那么新鲜,而且书中写得很好的文字,于是一口气读下去,"物竞""天择"也出来了。尽管本家有位老前辈严加制止,鲁迅仍然不觉得有什么不对,"一有闲空,照例吃垍饼、花生米、辣椒、看《天演论》"[②]。《天演论》传播之广,影响之大在当时是任何一本书所不能比拟的。这是中国19世纪末到20世纪初掀起的传播达尔文进化论的第一次高潮。

伟大的五四运动高举民主和科学的大旗,唤起了中国人民的觉醒。一些进步的学者认识到《天演论》虽然在宣传进化论方面起过积极的作用,但是它并不能反映进化论的全貌,深感出版达尔文原著,系统地介绍达尔文学说是刻不容缓的事了。于是1920年,中华书局出版了马君武的中译本《物种起源》(原名为《达尔文物种源始》)。马君武还节译了《海克尔的一元哲学》发表于《新青年》杂志。1922年《博物》杂志第五期对这两部著作均在新闻丛书栏目内作了介绍,同年《民铎杂志》第三卷4、5号还开辟了"进化论号特刊",从不同角度介绍了达尔文进化论,并且在第三卷第1号发出预告。此后达尔文及其学派的海克尔、赫胥黎、华莱士等人的著作和进化思想也都得到了比较广泛的宣传。此外,《人类原始及类择》(马君武译)、《生命之不可思议》(刘文典译)、《自然创造史》(马君武译)、《生物之世界》(尚志学会译)等也相继出版了。许多学者还热心地编著和翻译了一些宣传进化论的著作和文章,如《进化论讲话》《进化论十二讲》《进化论发现史》等著作都比较通俗易懂地介绍了达尔文进化论的科学思想,为普及进化论起了一定的作用。正如《进化论讲话》的译者所说的:这部书"全用极畅达的文辞说精微的学理,教人读着无异听一位老博士'口若悬河'似的在那里讲演,只觉痛快,不觉繁难,一场听到底,不费事就把进化论的概况都懂得了"[③]。这时,《民铎杂志》《博物》杂志、《科学月刊》《东方杂志》《新潮》和《新青年》等刊物都大张旗鼓地宣传进化论,它们成了我国老一辈生物学家宣传进化论的重要园地;陈独秀和李大钊及中国文化革命主将鲁

① 孙中山:《孙文学说》(《孙中山选集》,人民出版社,1956:140—141)。
② 鲁迅:《朝花夕拾·琐记》(《鲁迅全集》第三卷,人民文学出版社,1973:405—406)。
③ [日]丘线次郎.刘文典,译.《进化论讲话·译者序》,上海亚东书图书馆,1927,第1,2页。

迅等人也在这些刊物上发表文章,以进化论为武器宣传世界变化、发展的观点,启发中国人起来反帝反封建,为建立一个富强的新中国而奋斗,从而使五四运动期间在中国传播最广泛的西方近代自然科学就是达尔文进化论。由此不难看出进化论的传播又一次出现了新的高潮。

严复译述《天演论》及其影响

1840 年鸦片战争失败以后,中国逐渐沦为半封建半殖民地的社会,许多先进的中国人,面对国家重重灾难,满怀救国的热情,曾历尽千辛万苦向西方寻求真理。学习西方社会科学和自然科学以达到救亡图存,已成为很多人的共同愿望。严复在介绍西方资产阶级社会学和宣传进化论方面尤为突出。

严复,字几道,号又陵,福建侯官(今福州)人。14 岁考入福州船厂附设的船政学堂,毕业后在军舰上实习五年;1877 年被派往英国留学,学习海军约三年。在此期间,他不以海军良将自欺,而热衷于资产阶级哲学和社会学的研究,受亚当·斯密、孟德斯鸠和斯宾塞等人的影响颇深;同时,英国是达尔文学说的故乡,当时达尔文和赫胥黎等人都还健在,使他有机会耳闻目睹当代最杰出的科学成就——达尔文进化论,接受了科学进化论的熏陶。光绪五年(1879 年),严复回国后仍继续研究西学,探求西方国家富强的基本原因。经过多年思考,他认为:"于学术则黜伪而存真,于刑政则屈私以为公。"[1]1894—1895 年,中日甲午战争失败后,签订了马关条约,使他受到一次严重的刺激,于是他抱着救国和在中国发展资本主义的愿望,为了与当时封建主义旧学进行斗争,曾大力介绍西方的哲学、政治经济学和社会学到中国来。其中译出最早、影响最大的就是《天演论》。

《天演论》是译自赫胥黎 1893 年在英国牛津大学"罗马尼斯讲座"的讲演稿于次年加了导言出版的《进化论与伦理学》。原书是一本通俗的读物,前半部基本上是唯物的,后半部是宣扬资产阶级伦理学,并带有社会达尔文主义的色彩,是唯心的。严复节译了其中前半部分。他自称"将原文审理,融会于心,则下笔抒词自善互备","遇原文所致与他书有异同者,辄就谫陋听知,列入后案,以资参考。间亦附以己见,取诗称嘤求,易言丽泽之义。"[2]采用意译,并附有一篇自序和二十九段按语,甚至有些按语超过了译文的篇幅。因此,这就不是一般的翻译了。《天演论》于 1895 年译完,1897 年陆续在《国闻报》上发表,1898 年正式刊行。如果说严复在天津《直报》上关于达尔文进化论的简要介绍,并没有引起人们足够注意的话,《天演论》却在当时激起了巨大的反响。严复在宣传进化论方面的主要功绩是:

一、概括地介绍了达尔文进化论产生的过程和基本论点。他在《原强》一文中指出进化论的奠基人达尔文,曾随探险队作历时五年的环球考察,对动植物进行了大量的观察和采集,经过二十多年的深入研究和分析,写成《物种探源》(今译《物种起源》)一书,提出生物进化学说,从而使泰西之学术政教,为之一变。明确指出:其书之二篇为尤著。"西洋缀闻之士,皆能言之,谈理之家,摭为口实。其一篇曰:'物竞'。又其一篇曰:'天择'。物竞者,物争自存也;天择者,存其宜种也。"[3]在《天演论》中他进一步论证了有生之物并不是自古以来一

---

① 严复:《论世亟之变》(《严复诗文选》,人民出版社,1959:5)。

② 赫胥黎:《天演论·译例言》,严复译.科学出版社,1971:9—12。

③ 严复:《原强》(石峻:《中国近代思想史参考资料》,三联书店,1957:441)。

成不变的,而是发展变化的。其机理是"以一物与物物争,或存或亡,而其效则归于天择"。通过"一争一择,而变化之事出矣"。"天择者,择于自然","无所谓创造者也"。人类也是通过进化而来的,"而宗教抟土之说,必不可信"。可见严复基本上把握了以自然选择为核心的达尔文进化论的主要论点。他认为进化论的问世,和哥白尼学说一样是科学上一大革命:"自有哥白尼而后天学明,亦自有达尔文而后生理确也。"[①]"论者谓达氏之学,其一新耳目,更革心思,甚于耐端氏(即牛顿)之格致天算,殆非虚言。"[②]足见严复对达尔文学说的信奉和推崇。

二、批判了"天不变,道亦不变"的形而上学世界观,为变法维新运动提供了自然科学根据。《天演论》以生物学、地质学和天文学的材料,描绘了自然界充满着"不可穷诘之变动"。只不过"为变盖渐,浅人不察","为变至微,其迁极渐"而已,因此"由暂观久,潜移弗知"。严肃地批判了万物不变的形而上学观点,"犹蟪蛄不识春秋,朝菌不识晦朔。遽以不变言之,真瞽说也。""故知不变一言,绝非天运。"[③]为批判"祖宗之法,不可言变"所赖以依存的"天不变,道亦不变"提供了理论基础。《天演论》尚未公开出版,译稿就在改良派发起人中间传阅。梁启超、康有为等人都看过《天演论》译稿,受到很大影响。后来梁启超说:"西洋留学生与本国思想界发生关系者,复其首也。"[④]康有为也极口称赞严复译《天演论》是中国介绍西学的第一人。

三、在客观上起到了惊醒国人、激励人们奋发图强、救亡保种的作用。鸦片战争以来,特别是中日甲午战争以后,中国人普遍感到祖国前途危难重重,资本主义列强纷纷在中国划分"势力范围"、争占租借地等,眼看中国锦绣河山就要被他们瓜分了,一切爱国人士无不因此忧心忡忡。在这紧急关头,严复在《天演论》中运用斯宾塞和赫胥黎的观点指出:根据"优胜劣败"的自然规律,在国际竞争中,中国是弱国,如不奋发图强,就有亡国灭种的危险。但是,严复并不相信斯宾塞的"任天为治",消极等待帝国主义侵吞,使中华民族亡国灭种,而是推崇赫胥黎的"任人为治",号召人们"与天争胜",终而胜天。启发人们只要发奋图强,中国仍然可以得救,祖国生死存亡,依然操之于我。因此,《天演论》在客观上确实起到了敲响祖国危亡警钟、惊醒国人的作用,同时也从积极的方面激励人们奋发图强、自强保种。《天演论》在当时风行全国的主要原因,正在于此。桐城派著名人士吴汝纶得到《天演论》译稿后,深为"此高文雄笔"倾倒至致,"爱不释手",以至"手录副本,秘之枕中",并亲自为严复斟酌文字,撰写序言。序言中称赞《天演论》是"吾国之所创闻也","自吾国之译西书,未能及严子者也。"[⑤]鲁迅也说:"严又陵究竟是做过《天演论》的,的确与众不同,是一个 19 世纪末中国感觉最敏锐的人。"[⑥]

应该看到,严复译述《天演论》时,西方正盛行一股社会达尔文主义的反动思潮,斯宾塞在这股思潮中扮演着重要角色,他把生物学的规律硬搬到社会领域中去,用动植物界的生存斗争和适者生存来解释社会发展规律和人与人之间的关系,得出关于存在着生物学上的优等民族和劣等民族的种族主义论断,鼓吹弱肉强食。曾经积极宣传和捍卫达尔文学说的赫

① 赫胥黎:《天演论·导言》,严复译,科学出版社,1971:3—5。
② 严复:《原强》(石峻:《中国近代思想史参考资料》,三联书店,1957:441))。
③ 赫胥黎:《天演论》,严复译,科学出版社,1971:3。
④ 梁启超:《清代学术概况》,商务印书馆,1934:101。
⑤ 赫胥黎:《天演论》,严复译,北京:科学出版社,1971:2。
⑥ 鲁迅:《热风随感录》(《鲁迅全集》第二卷,人民文学出版社,1973:14))。

胥黎也被卷进了这股反动思潮。例如在《进化论与伦理学》中，他一方面宣称社会进化不同于物种进化的过程；但是另一方面又说："社会中的人，无疑是受宇宙过程支配的。正如其他动植物那样，繁殖不断地进行，并为寻求生存资料而进行激烈的斗争，生存斗争使那些比较不能使自己适应于他们生存环境的人趋于灭亡，最强者和自我求生力最强者趋于蹂躏弱者"；随着社会的进化，伦理过程代替了宇宙过程，这时"并不是那些最适应于已有的全部环境的人得以生存，而是那些伦理上最优秀的人得以生存"。① 从动植物的生存斗争，适者生存，到人类的生存斗争使强者蹂躏弱者，再到那些伦理上最优秀的人得以继续生存，正是社会达尔文主义的反映，使《进化论与伦理学》带上了社会达尔文主义的色彩。

严复不仅全盘接受了赫胥黎这些观点，而且十分推崇斯宾塞，美化他的理论是什么"精深微妙、繁富奥殚"，说他"以天演自然言化，著书造论，贯天地人而一理之"，是什么当代的杰作；甚至认为达尔文不如斯宾塞，说天人会通论"举天地人形气心动植之事，而一贯之"，比达尔文进化论"尤为精辟宏富"，"欧洲自有生民以来，无此作也。"② 至于赫胥黎与斯宾塞相比，严复虽然认为赫胥黎"任人为治"胜于斯宾塞"任天为治"，但就整个学说来说，则认为"赫胥黎执其末以齐本，其言群理，所以不若斯宾塞氏之密也"。③ 所以严复在《天演论》的序言和按语中多次用斯宾塞的语言来解释、补充赫胥黎的见解，使《天演论》大大增加了社会达尔文主义的色彩。如果说《进化论与伦理学》前半部是唯物的，后半部是唯心的，那么《天演论》前半部也掺进了一些社会达尔文主义的观点，增加了唯心主义的成分。那种以为《天演论》前半部也是唯物的，后半部才是唯心的观点，显然是欠妥的。当然严复宣传社会达尔文主义的观点，并非鼓吹侵略有理，而是要向人们敲响祖国危亡的警钟，激发人们自强不息的精神。但是严复没有划清达尔文进化论与社会达尔文主义的界限，相反，他肯定了社会达尔文主义某些观点却是事实。因此，他认为：物各竞争、最适宜者。动植物如此，政教亦如是也。"人欲图存，必用才力心思，以与妨生者为斗，负者日退，而胜者日昌。"④

另外，严复在《天演论》中只承认渐变而否认飞跃，宣传了庸俗进化论的观点。他对斯宾塞的社会改良观称赞备至，并借斯宾塞之口说："民之可化，至于无穷，唯不可期之以骤"。⑤ "不可期之以骤"浸透了严复的思想，而且通过严复影响了当时一些好心好意要改善中国社会的知识分子。使严复等人看不到也不愿看到人民群众中蕴藏着无穷无尽的革命力量，并且害怕人民群众的革命斗争，只好在改良主义道路上爬行。随着民主革命的发展，他居然抛开进化论，倒退到复古主义的立场上去了。曾经以进化论为武器批判封建思想的康有为后来也宣称："近世论者，恶统一之静，而贵竞争之器……此诚宜于乱世之说，而最妨害大同、太平之道者也，"并由此攻击进化论使遍地"铁血"，"其大罪过于洪水矣"。⑥ 从此，严复所宣传的进化论在与封建思想打了几个回合以后，终于败退下来，偃旗息鼓了。

在这个问题上，孙中山要比严复等改良派高明得多。在他看来，进化论所提供的自然界普遍发展变化的规律，正说明了事物的新陈代谢、除旧布新是不可抗拒的自然规律，证明"文

① 赫胥黎：《进化论与伦理学》，科学出版社，1971：26。
② 严复：《译天演论自序》（《天演论》，科学出版社，1971：7）。
③ 赫胥黎：《天演论》，严复译，科学出版社，1971：27。
④ 赫胥黎：《天演论》，严复译，科学出版社，1971：46。
⑤ 赫胥黎：《天演论》，严复译，科学出版社，1971：53—54。
⑥ 康有为：《大同书》（侯外庐：《中国近代哲学史》，人民出版社，1978：204）。

明进步是自然所致,不能逃避的。"①"此天然之进化,势所必至,理有固然",人们顺应这种形势,"以人事速其行,是谓革命。"②革命既然是合乎自然之理,顺应潮流,且又促进历史发展,那么当然是合理的、必要的。孙中山正是以这种进化观反复宣传民主革命是不可抗拒的历史潮流的。并对严复、康有为和梁启超等改良派所鼓吹的社会进化必须循序而行,"不可期之以骤",中国革命只能先搞君主立宪,不能骤行民主共和的理论,进行了严肃的批判,指出他们是"反乎进化之公理,不知文明之价值也"。③他以积极进取的进化观预见到中国可以"后来居上"的历史前景,满怀革命豪情,信心百倍地展望将来,随着革命成功,中国能以飞速的进步"确列于世界文明国之林"。④可见,孙中山是把进化论作为民主革命的思想武器的。

五四运动前后,进化论在中国的影响

五四运动是我国近代史上空前广泛深刻的思想运动。它高举民主和科学的大旗,批判与它不相容的旧思想、旧道德和旧文化。这个民主和科学的新思潮席卷了全国的思想界和知识界,激励着人们冲破旧的思想牢笼,积极投身于反帝反封建的民主革命斗争。在这场斗争中,达尔文进化论所发挥的作用是:

一、它是中国人民"打倒孔家店"、批判复古思潮的有力武器。辛亥革命以后,封建反动势力导演了一幕幕帝制复辟和尊孔读经的丑剧,尊孔和复辟都是为了反对民主革命。五四时期的革命民主主义者在现实斗争中敏锐地觉察到复辟与尊孔之间的联系及其危害,明确地提出了"打倒孔家店"、批判复古思潮的口号。在这场斗争中进化论便成了重要的思想武器之一。李大钊在《自然的伦理与孔子》一文中,根据进化论的观点,指出"孔子之道"已经不合于今日,"吾人为谋新生活之利,新道德之进展,虽冒毁圣非法之名,亦所不恤矣。"⑤当有人为孔子辩护指责不该非难孔子时,陈独秀作了明确的回答:其所以非难孔子,是因为"今之妄人强欲以不适今世之孔道,支配今世之国家,将为文明进化之大阻力也"。⑥他在反驳康有为攻击共和不如帝制时说:"康氏须知……今世万事,皆日在进化之途,共和亦然……世界政制,趋向此途,日渐进化,可断言也。"⑥

李大钊以进化论为武器批判复古思潮尤为突出。他在《今》一文中说,因为"宇宙大化,刻刻流转,绝不停留",所以人们应努力创造将来,不当努力回复过去,有力地批判那种安于现状的乐今派和一味复古的厌今派,都是不能助益进化,而且阻滞进化的潮流。⑦他还根据进化发展的观点,进一步阐述:"宇宙进化的大路,只是一个健行不息的长流,只有前进,没有反顾,只有新开,没有复旧,有时旧的毁灭,新的再生,……断断不能说是复旧。物质上、道德上,均没有复旧的道理。"⑦可见李大钊从进化论中吸取了积极的因素,有力地回击了当时的复古思潮。关于鲁迅先生高举进化论的旗帜尖锐批判那些复古、保守思潮的著作,论者甚

---

① 孙中山:《孙中山选集》上卷,第77页。
② 孙中山:《总理全集》第一集,第1012页。
③ 孙中山:《孙文学说》(《孙中山选集》上卷,第66页)。
④ 孙中山:《孙文学说》(《孙中山选集》上卷,第63,65页)。
⑤ 李大钊:《自然的伦理与孔子》(《李大钊选集》,人民出版社,1959:90)。
⑥ 陈独秀:《独秀文存》卷一,第168页。
⑦ 李大钊:《今》(《新青年》杂志,1918年第4卷,5号)。

多,这里不再赘言。

二、它为中国人民反帝反封建、变革社会制度提供了自然科学根据。由于进化论给人们带来了科学的宇宙观,人们从生物界的变化发展规律领悟到世界一切事物都是在变化发展的,"宇宙间精神物质,无时不在变迁、即进化之途,"①社会制度也不会停滞不前,而是在变化发展的,新的社会制度必然要代替旧的社会制度。李大钊同志经常以进化论为武器,大力宣传自然界和社会都在变化发展着,他号召青年们要"打起精神,于政治、社会、文学、思想种种方面开辟一条新路径,创造一种新生活"。② 人们"必须时时刻刻用最大的努力,向最高的理想扩张传衍,流转无穷,把那陈旧的组织、腐滞的机能一一扫荡摧清,别开一种新的局面"。创造历史的新纪元,使历史上遗留的偶像,如那皇帝、军阀、贵族、资本主义、军阀主义都像"枯叶经了秋风一样,飞落在地"。③ 在"觉悟社"成立的宣言中,周恩来同志写道:"凡是不合于现代进化的军国主义、资产阶级、党阀、官僚、男女不平界限、顽固思想、旧道德、旧伦常……全认为应该铲除,应该改革的。"

当时,一些先进人物已经初步地认识到,只有社会主义才是符合人类社会发展的必然趋势。并且把进化论联系起来进行宣传。例如恽代英在批判宗教迷信时说:"从人类进化上看,虽然理智是引我们趋福避祸的明灯。人类因为理智的逐渐发展,逐渐纠正,所以知道善处现在,预测将来。"但是,"我们应当从生物进化方面看出人类,只应该遵循社会主义的生活。"④1915年陈独秀就曾说过:"近代文明之特征,最足以变古之道,而人心划然一新者,厥有三事:一曰人权说,一曰生物进化论,一曰社会主义是也。"⑤虽然当时对社会主义的理解还是很初步的,但是,把进化论与社会主义联系在一起确是事实。

由上可见,达尔文进化论在五四期间为批判复古思潮,反帝反封建,变革社会现实,为建立新的制度制造舆论,提供了自然科学根据。这如同马克思所说的,达尔文进化论为他们关于社会发展观点提供了自然史的根据一样。⑥ 因此,得到了进步人士的拥护和支持。

原文载于:《中国科技史料》,1982(1):717—725。

---

① 陈独秀:《孔子之道与现代生活》(《独秀文存》卷一,第115页)。

② 李大钊:《新的,旧的》(《新青年》1918年第4卷5号,《李大钊选集》,人民出版社,1959年版,第99页)。

③ 李大钊:《新纪元》(《李大钊选集》,第122,124页)。

④ 恽代英:《我的宗教观》(《少年中国》第二卷第八期,1921年2月)。

⑤ 陈独秀:《独秀文存》第一卷,第11页。

⑥ 马克思说:"我读了各种各样的书。其中有达尔文的《自然选择》一书。但是,它为我们的观点提供了自然史的基础。"(《马克思恩格斯全集》第30卷,第130—131页)

进化论与神创论在中国的斗争[①]

张秉伦　汪子春

　　达尔文《物种起源》的问世,犹如一颗炸弹落在神学阵地的心脏。自然选择的理论,给上帝分别创造万物的教义以沉重的打击。正如霍登(W. Horton)所指出的那样,在生物进化的历程中,中古时代的大爬虫的地位,似乎比十字架的地位更重要,在地质学的各个时期内,乌锡尔大主教(A. Ussher)的年代学根本地被吞没了。假如有人再相信世界是在纪元前四千零四年由上帝在"六天之内"创造出来,那就被耻笑为不懂得达尔文学说的含义了。达尔文学说在世界各国激起宗教势力的反对,是不足为奇的。如同西方一样,进化论在中国的传播,也曾激起了天主教和基督教的强烈反对。然而过去人们在谈到进化论在中国的传播情况时,却很少提到教会势力对进化论的态度,甚至认为达尔文进化论传入中国后,"并没有遭到像英德等西欧国家刚开始时那样的猛烈攻击"[②],或者"并不似在西欧各国由于神创论、物种不变论占统治地位,而遭到猛烈的攻击和诬蔑"。我们认为这是不完全符合历史事实的。因为19世纪60年代以后,随着帝国主义入侵中国,西方在华传教事业得到了空前的发展,尤其是1900年八国联军侵入中国后,西方传教士争相来华,络绎不绝,各省修道会林立,教徒人数猛增。[③] 这些依靠帝国主义炮舰为后盾急剧增长起来的教会势力,与早期传教士相比,已有本质的区别,他们不但在政治上基本是站在中国人民的对立面,积极干预中国内政,就是在科学技术领域内他们也带着宗教偏见,视达尔文学说为"异端邪说",力加排斥。下面我们就几个主要阶段剖析一下天主教和基督教对待进化论的基本立场和态度。

一

　　当达尔文进化论在世界很多国家迅速传播的时候,进化论的详细内容却迟迟没有传入中国。这固然与当时中国的政治制度和自然科学落后状况有关,但与当时在华传教士的封锁抵制亦不无关系。据目前所知,最早提到达尔文名字和他的学说梗概的中文文献有:1871年美国传教士马高温(J. Macgowin)和中国学者华衡芳翻译的赖尔(S. C. Lyell, 1797—1875)的《地质学纲要》,于1873年以《地质学浅释》书名出版。书中对拉马克和达尔文学说

　　① 本文在写作之前,德国 Tilman Spengler 博士曾和我们一道进行了资料的调查工作,在此谨表谢意。在调研过程中还曾得到沈毓元、刘建、黄炳炎、吴德铎等同志的支持和帮助,特此致谢。
　　② 戚彬:《达尔文及其进化学说》,上海人民出版社,1976年版,第66页。
　　③ 19世纪中叶,天主教在中国的传教会只有5个,到1900年增加到10个,传教士达2068人,信徒741562人,到1932年信徒达256万多人。基督教的发展也是十分惊人的,1858年中国教徒还不到500人,1900年却增加到8500人,到1922年基督教在华传教组织共130个,传教士6250人,中国信徒约375000人。

作了简要的介绍。但是,书中一方面说物种不变论是旧说,另一方面又说拉马克学说"人未信之",达尔文学说"亦未定",故两说并存。同年,《申报》曾以《西博士大蕴著〈人本〉一书》的标题,对达尔文的新著《人类起源和性的选择》作过扼要的报导。此后,《格致汇编》和《西学考略》等书刊也提到过达尔文及其学说,但大多语焉不详,而且常常与神创论混为一谈,如1844 年出版的《西学考略》中虽然简要地提到了拉马克和达尔文的学说,但是又说:"无论人、物,或突然具出,或经万劫次第而出,皆凭大造之命而成也。"还说:"由动、植物万类,而追溯人生之始,皆不外乎密探造化之踪迹。盖天地之生物,皆次第经营而成,实有聪明智慧而为万物之主宰也。"充分反映了当时传教士对待进化论所持的态度。

1895 年,严复(1854—1921)节译了赫胥黎《进化论与伦理学及其他论文》,取名《天演论》,先在《国闻报》上陆续发表,1898 年正式出版。《天演论》对达尔文以自然选择为核心的进化论作了比较详细的介绍。它的问世,震动了全中国的政治界和思想界。受到一切进步人士和知识分子的热烈欢迎。《天演论》尚未正式刊行以前,译稿就在维新派人士中传阅,他们爱不释手,极为称赞,有的人还"手录副本,秘之枕中"。《天演论》正式刊行以后,更是轰动一时。小学教师以它做教本,中学生以"物竞天择、优胜劣败"为作文题,家长以进化论中的术语为小孩命名。影响之大是 19 世纪末到 20 世纪初任何一本书所不能比拟的。关于进化论在中国的早期传播及其影响,我们已在另一篇文章中讨论了[1],这里恕不赘言。

《天演论》在教会那里却得到完全相反的反应,由于《天演论》中主张动植物都是在变化着的,只不过"为变至微,其迁极渐"而已。指出"由暂观久,潜移弗知。是犹蟪蛄不识春秋,朝菌不知晦朔,遽以不变名之,真瞀说也。故知不变一言,决非天运"。整个生物包括人类在内都是长期进化而来的,"无所谓创造者也",明确指出:"自达尔文出,知人为天演中一境,且演且进,来者方将。而教宗抟土之说,必不可信。"这就从根本上触犯了宗教界关于上帝创造万物,而且永远不变的教义,加上这本书在客观上唤起了中国人民的觉醒,使他们惊恐万状。因此,教会把它视为"攻击我教会""藐视上帝""愚民惑世"的异端邪说。于是禁止在教会学校中讲授《天演论》,也不准教徒谈论《天演论》。教会还出版过一些反对进化论的书籍。

例如:耶稣会神父李问渔(又名李杕),身兼《益闻录》《格致益闻新报》和《汇报》等刊物的主编,亲自编译反对进化论的书籍,1907 年出版的《哲学提纲》[1]生理学分册就是其中之一。他在此书中攻击"达尔文等变类之说,举皆臆断,未出一实据",纯属"无稽之谈,令人喷饭";又说"达尔文变类四律,绝无意义","变类之说,荒谬无凭",等等,至于人类起源问题,李问渔除了鼓吹天地不能无始,宇宙万物后天地而生。全赖天地覆载以存者,更不能无始。人居天地和万物之间,为含生负气之侪,亦不能无始,势必受天主创造。进而指责:"自达尔文、赫胥黎、伐拉斯(今译华莱士)、华格(Vogt)诸人出,谓原质无始,不知几变而为猴,猴一变而为人,故人类鼻祖非受造,乃自猴牲变来,斯言一出,附和者稠,西国不明学者,多被其愚。今中国亦有信者,为害非浅。"关于人猿同祖理论,在李问渔看来,"达尔文等未出一确实之证。惟杜撰物性留良、物力同兴等律,以为依据"。并且罗列人与猴在体态、习性和寿命等方面二十条差别,来论证"猴不能变人",其结论为:"始人出于猴性之说,荒谬不经。"[2]李问渔以神父的身份在教会界发起了对进化论的攻击。

接着,由教会创办的福州美华书局又于 1908 年出版了一本《东西哲衡》,这也是一本难

　　① 汪子春,张秉伦:《达尔文进化论在中国的早期传播及其影响》,中国哲学,1982(6)。
　　② 李问渔:《哲学提纲·生理学》(上海土山湾第 3 版)。

得的反面教材。作者李春生自谓此书"备为教会中人或内地传道牧师默契心得之用",亦可供"教外诸君,虚心喜读者","公诸同好,以期善欲人同"。这本书完全站在宗教神学的立场上,以维护《圣经》教义的姿态,对东西科学家及其新著学说,凡有损政治宗教者,无不一一进行指责。作者把矛头直指严译《天演论》及他推崇的达尔文、赫胥黎和斯宾塞等人,洋洋十万言的大作,字里行间充满着对达尔文进化论的仇恨,对达尔文、赫胥黎等人也进行了肆无忌惮的人身攻击。他诬蔑严译赫胥黎"所著《天演论》,无只字不是愚民惑世之言","万物不待造化,且谓人是由猿而变"都是"谰言呓语,微特无一毫价值,徒令识者笑为丧心病狂"。他要人们"执孔子择善而从之训,毋为若辈谬说所惑"。辱骂达尔文、赫胥黎、斯宾塞是"世界上诡邪怪哲","狼狈相依,誓与宗教为敌,强不知为知,捏造一种学说",指控"今之敌我教最烈者,厥为英国三怪,若达尔文、斯宾塞、赫胥黎,造种种诡异无根之学说,传播流行,抵触吾教。明知天机不能尽泄,乃故为敲骨吸髓,吹毛求疵诸伎俩,发创世造物诸辩难,诬天地无主,万物是自然而致",斥责他们"未免自待过贵,藐视上帝如无物","滂渎我道,攻击我教会"。因此李春生以刻不容缓的心情"揭而出之,辑成是书",大有倾覆进化论之势,不让"达尔文等人英名独于终古"。他就这样对物种变异、物竞淘汰、人猿同祖等主要的理论发起了全面的进攻。

然而,作者李春生对科学问题却一窍不通,连《天演论》都未看懂,达尔文原著《物种起源》更未见过。因此,尽管奋笔疾书十万言,却毫无科学内容,可以说是满纸荒唐言。比如《原人解》一篇,作者除了重弹上帝抟土造人的老调,还大谈"一物不变,则物物皆不变,是圣经的公理"。他为了批驳物种可变,竟以人之男女不能尽变为男,禽之雌雄不能尽变为雄,兽之牝牡不能尽变为牡,进行诡辩,完全是文不对题,不妨引录一段如下:

"达氏物变之说,引证不穷,间有谓优胜劣败,强存弱亡……又曰物之变必取其形似相近以为易。若然,吾又不能不复诘之曰:世界上大都以男刚女柔为正理,雄鸣雌服为公例。诚依优胜劣败、强存弱亡之见解,是女当尽变而为男;如是者,其于禽之雌者,当尽变而为雄;其于兽者,当尽变而为牡。如是者,不但有合进化,而亦无背于形似相近。奈何不变,而仍其公母牝牡,对待之依然,无乃奇乎? 若曰变而果如是,则生类灭矣。曰如知此情,庶乎不宜再言递变。"由此,不难看出,作者李春生对达尔文关于物种变异、生存斗争、适者生存的理论缺乏最起码的知识。

至于李春生批驳人猿同祖理论,更是缺乏科学根据的,他以博学家的口吻反问道:"岂蝴蝶一类,许其多至二万余种,独此不及百种之猿猴,不容其多添一人类?"他以此证明达尔文学说之谬,"不值一文"。唯有《圣经》上关于上帝抟土造人的说教才是公理,他混淆人由古猿演变而来与现存大猩猩能否变人的界限,明知达尔文学说"引证不穷",却一味无视达尔文学派的科学家们关于人猿同祖理论的大量事实,单单罗列人与猩猩的差异,说什么"欲得猩猩变人,势必拔其毛、更其皮、裁其须、种其发、改其吭、换其舌……",断言"达尔文之谬,真无有之及",人猿同祖理论只能"置其为茶余酒后之笑柄"。然而真理是驳不倒的,人猿同祖理论并不因李春生的辩驳而消失,《东西哲衡》更阻挡不了进化论在中国的进一步传播。

二

1915 年,中国进步青年和知识分子掀起了反对封建迷信,提倡民主和科学的新文化运动,这个运动到 1919 年爆发的反帝反封建的五四运动而达到了高潮。当时中国人民高举民主和科学两面旗帜,批判与它不相容的旧思想、旧道德和旧文化,提倡新思想、新道德和新文化。这个民主和科学的新思潮,有如狂风巨澜,席卷了中国的思想界和知识界。西方自然科学也在中国得到了空前的传播和普及。从达尔文进化论到爱因斯坦相对论,从牛顿、道尔顿、居里夫人到门捷列夫等著名科学家及其贡献都为中国人民所了解。其中传播最广泛的仍然是达尔文进化论。这一方面是由于严复译著《天演论》为进化论的传播打下了基础,另一方面是由于进化论宣传了自然界变化发展的自然观,它是唤醒中国人民起来变革现实的重要思想武器之一。一个学者曾这样说:"我在十多年前认定了中国一切的祸乱都是那些旧而恶的思想在那里作祟,要把旧的恶的思想扫荡肃清,唯有灌输生物学上的知识到一般人的头脑里去。关于进化论的知识尤其要紧,因为一个人对于宇宙的进化、生物的进化没有相当的了解,决不能有正确宇宙观,人生观",因此他立志要"用生物学知识打破旧恶思想"。① 因此,在五四期间,《新青年》《民铎杂志》《博物杂志》《科学月刊》《东方杂志》《新潮》等刊物都大张旗鼓地宣传进化论。许多留英、美、日、德的学生回国后纷纷翻译出版达尔文及其学派的重要著作,其中以桂林马君武成绩最为卓著。1920 年马君武首次将《物种起源》(原名《达尔文物种原始》)翻译出来由中华书局出版。此书未出版前,马君武就翻译了《达尔文物竞篇》和《达尔文天择篇》以单行本发行了。他还节译了《海克尔的一元哲学》发表于《新青年》杂志,同年《博物杂志》第五期对这两部著作均在新文化丛书栏目内作了介绍。《民铎杂志》第三卷第四、五号还开辟了"进化论号特刊",从不同角度介绍达尔文进化论。后来,他还翻译出版了达尔文的《人类原始及类择》和海克尔的《自然创造史》及《达尔文》等著作。对于全面理解、宣传达尔文进化论及其发展起了极其重要的作用。此外,一些阐述进化论的著作也相继介绍到中国来了。诸如《进化:从星云到人类》(1922 年)、《进化论概论》(1928 年张丙艮译)、《进化福音》(1929 年伍况甫译)、《进化论概要》(1929 年王自然译)等都是在 19 世纪 20 年代翻译出版的。从新文化运动以来进化论进一步成了中国进步人士和早期马克思主义者手中有力的武器。由于达尔文、海克尔原著以及马克思主义的传入,中国学者对进化论的理解就更为深刻了。他们高度地评价达尔文学说,认为"达尔文以天择说解释物种原始,为 19 世纪最大发明之一,其在科学界之价值,与哥白尼之行星绕日说,及牛顿之吸引力相等,而对于人类社会国家影响之大,则远过之"。② 有的学者还把达尔文的名字和马克思的名字联系在一起:"达尔文发现了生物进化的法则,马克思发现了人类历史的法则。"③他们在以进化论为武器向一切旧伦理、旧道德和复古思潮开展批判的同时,也把锋芒指向了宗教迷信。如李大钊说:"一代圣贤的经传格言,断断不是万世不变的法则,什么圣道、什么王法、什么纲常、什么名教,都可以随着生活的变动,社会的要求,而有所变革,且是必然的变革"。④ 恽代英同志在积极宣传进化思想的同时,也尖锐地批判了宗教迷信的观念。他指出迷信思想最易闭塞人们头脑,使人安于迷惑愚妄之境地,"自绝于进化之门"。因此必须增强知识打破骗人的偶像,破除无理由之信仰。⑤

此外,鲁迅先生和陈独秀等人也都纷纷发表文章批判宗教迷信。1923 年,孙中山先生还曾到青年基督教会去做报告,揭露上帝造人的欺骗性,大谈人由古猿进化而来的道理。⑥

---

① 刘文典:丘浅次郎著《进化论讲话》的译者序言,上海亚东图书馆出版,1927 年。
② 马君武:《物种原始》中译本序言。
③ 《春潮书局出版新书广告》,1929 年《科学月刊》1 卷 1 号第 76 页。
④ 李大钊:《李大钊选集》第 94—95 页。
⑤ 恽代英:《论信仰》(《新青年》3 卷 5 号,1917 年 7 月)。
⑥ 孙中山:《孙中山先生近年演说集》(广州出版,1924 年)。

1922年3月，在世界基督教学生同盟到中国来开会前一个月，北京的学生组织了"非基督教同盟"，发表宣言，抗议他们来中国开会，谴责在帝国主义对殖民地人民的侵略行径中基督教充当了先锋队的作用。揭露他们来中国开会所讨论的问题，"无非是怎样维护世界资本主义及怎样在中国发展资本主义的把戏。我们认为彼侮辱我国青年，欺骗我国人民，掠夺我国经济，故愤然组织这个同盟，决然与彼宣战"。这个宣言立即得到全国青年学生的热烈响应，数日之内，函电纷纷，声势颇大。同时发表《进化论与宗教》的文章。提倡讲科学、反对宗教迷信。对圣经"创世纪"中的上帝造人说进行了有力的批判。指出"人是由下等动物进化而来的"，并且指出："只有科学可以打破迷信"。

在这种形势下，传教士深感进化论在中国广泛传播对他们极为不利，于是，他们设立情报机构，密切注视青年学生中间的新思潮，其中包括以进化论作为反宗教迷信的理论武器的情报。在那里分析形势，研究对策。

例如，河北献县天主教堂于1922年出版的法文版《现代中国》丛书第三集、《街谈巷议》就收集有耶稣会传教士戴廷弼译成的法文情报。

另外，还有一本反对进化论的专著——《天演论驳义》广为流传，作者仍为天主教神父李问渔。

《天演论驳义》不单是批驳严译《天演论》，而是对进化论的全面批驳。这里"天演论"只不过是借用而已。作者开宗明义地指出："近代新学盛行、好名之士，群欲发人所未发，于是实学增而谬学因之并起，泰西近有变模之说（Transformismus）行于英国为最。意谓物类变其模，自此类变为他类。严君又陵译赫胥黎一书，用天演二字，取天然广演之义，虽与变模之义不甚合，然其名已通行，予故从之。"从内容来看，书中除最后一章是专门批驳严译《天演论》外，其他各章都是对达尔文学说的主要论点系统地进行批驳。所以说这本书是当时对进化论进行全面进攻的代表作。

李问渔顽固坚持万物皆有造物主创造的观点，认为否定造物主的理论都是"凭空撰说"。从第三章开始对进化论的主要理论和事实进行了全面否定。因篇幅所限不容一一列举，这里仅以第五章《天演六据皆非》为例。

他否认分类学反映了生物之间的亲缘关系，反对达尔文以分类学事实探讨物种具有共同起源的理论，胡说："学士分宗别类，所以便其求，非谓其同祖。"犹如富翁之家"有田千顷、屋千座、牲数万头、肆一千余，司事工人不可屈数"，一旦查清其数，各列一册而已。攻击"达尔文附会及之，殊觉无谓"，以分类学为一据，"不亦可笑也夫"；他无视动物胚胎发育反映了系统发育的事实，攻击进化论者"无一出类之凭，徒托空言、晓晓其说，等之呓语可也"；他否认地质变化反映了生物进化的规律——地层年代愈久，化石生物愈原始。攻击达尔文以古生物化石作为进化论的证据，"犹如儿戏"，他鼓吹天主"大造生物各有其用，用相似，其生具性情，自必相似"，反对进化论者以比较解剖学关于生物同类器官具有某些相似构造来论证它们的同源，胡说："昔孔子貌似阳货，尚有见之者，谓二人乃一父所生，不亦误甚，天演家以相似为据，其误未尝不然，总之以相似为据，仍是疑似之词"，"故敢直斥其非"；他无视地理隔离在物种形成中的作用，攻击达尔文关于地理隔离对物种形成作用的理论是"凭空意度，焉得折服人心"，他还以昆虫（蚕）变态为例，顽固坚持生物只能"变其像不变其类"的观点，诬蔑达尔文关于各种生物都是由远古时代少数几种生物演变而来是"好为大言，欲出物类之界，亦徒自苦心耳"；此外，他还说生存竞争，适者生存的理论"度于理而不通，亦验于事而不合，弗听可也"。

　　最后又专列一章,抨击严译《天演论》,谓"赫氏书,无害于中国","惟自严君又陵译以华文,乃其毒传中土,后辈闻之,误为外洋新学,故纷纷购置,先者为欢,而理之曲直,学之真伪不辨之","其谬论之害人心,尤甚鸩毒之害人身",因此他怀着对进化论的刻骨仇恨,要"欲去其毒,使华人勿饮谬学如醇醪",一共罗列了《天演论》所谓八条"谬论"进行批驳。

　　由此可见,天主教神父李向渔所著《天演论驳义》是进化论在中国进一步传播时的一部最彻底最系统反对进化论的反面教材,而且由于它先后经"姚大牧师"和"南京主教"批准,一版再版,流毒甚广,直到30年代,宗教界一些反对进化论的文章,还以此为蓝本,引用李问渔的观点向进化论发起攻击。它对进化论在中国传播的破坏作用由此可以窥见一斑。

三

　　从30年代开始,中国研究进化论的人越来越多了。这时不仅有外国学者有关进化论著作的翻译出版,而且中国人自己写的著作也渐渐多起来了。中国现在还健在的一批老生物学家有很多都是在此期间接受或研究进化论的。随着进化论在中国的深入传播和进化思想的深入人心,教会亦在逐渐改变其策略,他们眼看进化论的传播和影响势不可挡,周口店"北京人"遗址的研究越来越深入,深感当代自然科学中对宗教威胁最大者莫过于进化论。大声疾呼:"惜乎,新学日增,而谬说亦因之丛起! 盖欧美之著述家,良莠不齐,而各国之学说,真假莫辨,我国一班好奇之士,不知审其是非,辨其正邪,只求述人所未述,译人所未译,矜奇立异,炫人耳目,后生争读之,理之曲直,学之真伪弗辨之。……考我国现代学说具极大影响,而于青年遗莫大之祸害者,莫若绝对之变态学(Transformismus Absolutus)及无限制之进化学'天演学'(Evolutionsmus Illimitatus)。"①教徒的这种悲叹,正反映了进化论的影响日益扩大而不可阻挡。在这种情况下,他们一方面采取以攻为守,继续抄袭国外反对进化论的谬论来反驳进化论,企图说明进化论在国外已经遭到反对,另一方面又改换调门,声称宗教并不反对缓和的进化论,表示愿意接受不否认"天主创造"的进化学说。企图在神创论和进化论中间搞折中调和,目的是想把进化论拉入神学轨道。

　　例如:拉丁文月刊《中国司铎》(Sacerdos in Sinis)1930年5月号发表了题为《致中国哲学教员:怎样向中国修道生们驳斥变态学:"三个论题"》的文章(6—8月连载)。第一论题就是:"变态学即使于植物和野蛮动物,也属不符事实。"

　　第二论题:"变态学若用于人类,不能成立。"

　　该文还从当时《大公报》转译了天津北疆博物院院长桑志华神父的文章:《人类果从猿属来耶》。内称:"自周家口(即周口店)人类猿发现之后,学界论著甚多,代表加多力教(即天主教)之意见,亦应予以披露,方见公道,爰为照志如下:

　　"人类出自猿属,此达尔文之建论也,此说然否,当考订之。

　　人类非自猿属,古生物已昭示之……"

　　他无视"周口店北京人"及其遗迹的发现。居然说:"至于周口店之头骨,世人既未寻获当时任何之用具,则不足以证实其具有人类之灵明,既不足以证实其具有灵明,吾人又安可贸然承认其为人类之遗骨耶?"极力否认当时世界绝大多数学者公认的周口店发现的头骨是人类头骨而非兽类。否则距今四十万年的北京猿人将使上帝在公元前四千零四年创造人的

<hr />

① 吴金瑞:《人类是否由他物变态进化而来》(《圣教杂志》,1933年第3期)。

谬论不堪一击。

文章在侈谈"天主造人"之后,竟大言不惭地说:"物种起源论不始于达尔文,先达尔文而创论为奥古斯定……奥氏明言各生物及人类之起源悉循进化之途径。"进而指责"世人每攻击教会,谓教会常反对古生物学所昭示之进化,此实大错。盖教会不视科学实理为难容之邪说,其所反对其说者,仅为少数学子对于教义领域内所作欠忠实而不慎之穿凿耳"。其实教会所反对的就是根据古生物学所发现的大量事实作为佐证的科学进化论。这在沈造新等人的文章中做了很好的说明。

在30年代,沈造新神父亲自出面接连发表了《在历史方面观察下的宗教与科学的抵触》《自然界显示万物原始不能无天主》《自然界显示世间伦序不能无天主》《进化论不能解释万物之原始问题》等文章。[①] 此外,沈建成的《人类原始》、署名止之的《物类原始》、吴金瑞的《人类是否由他动物变态进化而来》以及署名伯督的《驳杨人梗高中外国史内的"生物之起源"》等反对进化论的文章也纷纷出笼,向进化论的主要论点进行全面系统的进攻。按照他们的观点,"物之分类,系于天主,物类原始,厥为天主不容怀疑",而达尔文说则是毫无确实证据的,如《人类是否由他动物变态进化而来》称:"新科学中绝无动物变态之确实证据","动物分类非动物变态之印证","达氏定律皆无实据"。并分条加以抨击,毫不掩饰地说:"天主创世之初已制定各种物类,天下物类至今未脱其旧态。"如果谁敢否认"创世派","则为圣教所摈斥"。徐宗泽在《新思潮杂评》中对自然选择学说抨击说:"这个学说谓:万物都由几种简单的物进化而成:譬如植物进化而为动物。这说实无根基的。""天演论的本身既不巩固,则其用——物竞天择——也无充分的解说",他们还搜集了国外反对进化论的种种奇谈怪论,甚至利用巴斯德否定自然发生说的重要成果来攻击无神派的科学家是"戴着假面具"、达尔文等人只是凭空述说,不能拿出半条依据和理证来。因此,进化论"是一种缺乏真正科学知识的无根之论"[②]。

他们明明看到古生物学中的重要事实:"地层愈下,年代远古,则生物愈简陋,且有昔日繁生,而今已泯灭者,有若今物之雏形者,有介乎今日二类之间者。"仍然坚持说这些事实"不能强指为生存之继续、相生相嬗之表示"。但又不得不说"大有引人研究之处"。表面上承认固定说(即物种不变论)和进化论都可以研究,实则倾向物种不变论:"固定说于今同,其证据颇明显,而对于进化论之理由均能有充分之驳语,其于科学上之势力,未可侮也";而对于进化说则认为"此种证据,虽不甚确切明了。未能使进化说出乎假设而为真实不摇之定论,然其于解释宇宙之事物,颇为圆满"。一褒一贬,态度鲜明,但与20年代以前那种攻击咒骂相比,总算有所进步,终于承认进化说"于解释宇宙之事物,颇为圆满"了。与其相应的,对拉马克、达尔文、海克尔的评价也有所改变。有的文章中说:"我们将惊奇拉马克、达尔文、海克尔的科学智识,虽则他们的著作需要许多改革,但我们承认他们把生物间的关系写得很可观,他们很敏捷地在古生物学上证出生物形态的联续。"与早期教会对待达尔文学说的态度相比,不能不说这是进化论的一个胜利。这是由于进化论的广泛传播,深入人心,如果教会还用早期那种毫无科学内容的诬蔑和攻击来摧毁进化论已经是不可能的事了。因此,他们改变了策略,企图将进化论纳入造物主智能的范畴,在进化与造化之间大搞调和折中,以"造化和进化两说并存"为名,行"进化为造化之佐"之实。

---

① 以上几篇文章分别见《圣教杂志》1935年第1—4期。

② 伯督:《驳杨人梗高中外国史的"生物之起源"》(《圣教杂志》1936年第25卷第9期)。

　　直到新中国成立前夕,项退著《新答客问》(1949 年,北京上智编译馆出版)中,在谈到天主教对现代科学的态度时,把进化论列为问题之首,他搜集国外反对进化论的一些陈词滥调,继续攻击达尔文进化论"证据不足","本身还是一个未成熟的假说",以外,又蓄意制造进化论分为绝对进化论和缓和进化论。绝对进化论认为一切的生物都起源于自然的进化,否认造物主的存在;缓和进化论则认为造物主是进化的最后原因,而且进化也有一定的范围和限度。"缓和的进化论天主教并不反对。事实上有许多天主教徒和司铎都主张这样的进化论。"天主教"所摈斥的是绝对进化论中的无神论,并不是进化论的本身"。可见,不需要借助造物主干预的唯物主义达尔文进化论,教会仍然是力加排斥的。关于人猿同祖问题,教会是不会容忍的。他们矢口否认人猿同祖的大量事实,不允许信徒公开接受此说。从教会学校对讲授进化论教师的迫害也不难看出他们对进化论的仇视态度。1940 年辅仁大学武兆发教授在讲授普通生物学时,由于讲了达尔文进化论而受到校方的冷待,伪称课少而解聘。

　　综上所述,进化论从 19 世纪末传入中国,到 20 世纪 40 年代末,宗教界对于进化论在中国传播的态度,虽然前后有所改变,但总的说来是持敌视和排斥的态度的。因而对进化论在中国的传播起着严重的阻碍作用。虽然传教士中曾有少数人如德日进和步耶尔等人,冲破宗教神学的束缚,深入周口店和我国古人类学家裴文中等一道参加"北京人"的发掘和研究工作,引起了世界的关注,可是教会对他们的研究成果却讳莫如深,甚至连他们的名字都不知道。他们控制了当时的很大部分学校和数百万教徒,不准他们接受进化论,而且出版了反对进化论的书刊,除了影响教徒和教会学校的学生外还流毒社会,毒害青年,成了在中国反对进化论的一支主要力量。否认或无视教会是反对进化论的势力,是不可能对进化论在中国的传播及其影响作出全面估价的,也是不符合历史事实的!

主要参考文献

[1]　霍登著,应远涛译:《近代科学与宗教思想》,青年协进化会书局出版,1936 年初版,1948 年再版。

[2]　施密特著,肃师毅等译:《比较宗教史》,辅仁书局发行,1948 年。

[3]　顾保鹄:《中国天主教史大事年表》,光启出版社,1960 年。

[4]　赵复三:《从五四运动看中国革命与西方对华传教事业》,《纪念五四运动六十周年学术讨论会论文选》(三),中国社会科学出版社,1980 年。

[5]　郭学聪:《论达尔文学说在中国的传播》,《遗传学集刊》,1956 年第 1 号。

[6]　卢继传,张秉伦:《五四运动与达尔文进化论》,《纪念五四运动六十周年学术讨论会论文选》(三),中国社会科学出版社,1980 年。

[7]　吴雷川:《基督教与中国文化》,青年协进会书局,1936 年初版,1948 年 3 版。

原文载于:《自然辩证法通讯》,1982(2):43—50。

The Struggle between Evolutionary Theory and Creationism in China[①]

Zhang Binglun   Wang zichun

The Origin Species dropped on theology like a bomb. The theory of natural selection struck a heavy blow against the religious doctrine of special creation. As W. Horton pointed out, with respect to organic evolution, the medieval Great Chain of Being is a more significant symbol than the cross. Bishop Ussher's chronology was entirely destroyed by geology. Anyone who still believed that God created the world in "six days" in 4004 B. C. was subjected to ridicule for failing to understand the meaning of Darwin's theory. It's not surprising that Darwin's theory aroused religious opposition in different parts of the world. The spread of evolutionary theory in China aroused strong opposition from both Catholics and Protestants just as it did in the West. However, in the past when people talked about the spread of evolutionary theory in China they seldom referred to the attitudes of the churches toward evolutionary theory and even claimed that when Darwin's evolutionary theory was introduced into China it "was not subjected to the severe attacks it met with at the beginning in Western European countries like Britain and Germany,"[②] or "was not subjected to severe attack and slander as in Western European countries where the doctrine of creationism and the theory ot the immutability of species dominated". We think this is not entirely consistent with the historical evidence. After the imperialist aggression of 1860, the work of Western missionaries in China expanded as never before. Especially after the invasion of the Eight-Power Allied Forces in 1900, a continuous stream of Western missionaries came to China, a number of churches established missions in various provinces, and the number of Chinese Christians increased sharply. [③] These missionary

① *Journal of Dialectics of Nature*, Ⅳ(2)(1982)43-50. We wish to express our gratitude to the West German scholar Dr. Tilman Spengler, who cooperated with us in conducting research on this subject. Special thanks go to Comrades Shen Yuyuan, Liu Jian, Huang Bingyan, Wu Dezhe, and others who gave us assistance during our investigations.

② Qi Bing. *Darwin and his Evolutionary Theory* (*Da Er Wen Jiqi Jinhua Xueshuo*) Shanghai: People's Publishing House, 1976, p. 66.

③ There were only five Catholic churches in China at the middle of the nineteenth century. By 1900, the number had increased to 10, with 2068 missionaries and 741562 Chinese Catholics. The number of Catholics had increased to more than 2560000 by 1932. The spread of Protestantism was also astonishing. Although there were only 500 Chinese Protestants in 1858, by 1900 there were 8500. By 1922, there were 130 Protestant missions in China, with 6250 missionaries and some 375000 Chinese converts.

activities, strengthened by the presence of imperialist gunboats, differed from earlier missionary efforts. Acting against the political interests of the Chinese people, these missionaries actively interfered in Chinese internal affairs. Even with respect to science and technology they were theologically prejudiced, opposing Darwin's theory which they regarded as "heresy". This paper analyzes Catholic and Protestant attitudes toward evolutionary theory at different stages.

I

As Darwin's evolutionary theory spread throughout the world, the detailed content of the theory only slowly filtered into China. Although this was related to the existing political system and the backwardness of natural sciences in China. It was also due to resistance from the missionaries then in China. According to available information, the first mention of Darwin and a general outline of his theory appeared in Chinese literature in *The Outline of Geology*, by Charles Lyell (1797—1875), translated in 1871 by J. Macgowan, an American missionary, and Hua Hengfang, a Chinese scholar, and published in 1873 under the title *Elementary Introduction to Geology(Dizhi Xue Qian Shi)*. The book briefly introduced the theories of Lamarck and Darwin. While noting that the theory of the immutability of species was old-fashioned, it claimed that Lamarck's theory was "not totally accepted", and Darwin's theory was "also not yet decisively demonstrated". Therefore, both theories coexisted. In the same year, the newspaper *Shen Bao* published an article entitled "Western Scholar Wrote *The Origin of Species*", which briefly introduced Darwin's new book, *The Descent of Man, and Selection in Relation to Sex*. Later, books and journals such as *The Chinese Scientific and Industrial Magazine (Ge Zhi Hui Bian)* and *A Brief Examination of Western Learning(Xi Xue Kao Lue)* also mentioned Darwin and his theory, but rarely in detail, often confusing Darwinism with creationism. For example, *A Brief Examination of Western Learning*, published in 1884, briefly mentioned Lamarck's and Darwin's theories, but claimed that

all men or animals, whether they suddenly appeared or whether they gradually emerged one by one, were created according to God's law…Man's origin can be traced back to animals and to plants. All show traces of the miraculous creation from which every living thing originated. There must be a wise, intelligent Creator who controls everything.

These views fully reflect the attitudes toward evolutionary theory which prevailed among missionaries at that time.

In 1895 Yan Fu(1854—1921) produced an abridged translation of T. H. Huxley's *Evolution and Ethics*, together with other articles, under the title *Tian Yan Lun(World Evolution)*. This book was published first in serial form in the newspaper *Guowen Bao* and appeared as a separate volume in 1898. It introduced Darwin's theory of evolution by natural selection in some detail. Although Chinese political and intellectual circles were shocked by the publication, progressives and intellectuals warmly welcomed it. Before publication, the manuscript had been circulated among reformers who highly praised it. Some people even "hand copied it, hiding it in a pillowcase". The book's formal publication caused an even greater sensation. Primary school teachers used it as a textbook, middle school students wrote compositions entitled "The Evolution of species by Natural Selection; the Survival of the Fittest" and parents named their new babies after the terminology of evolutionary theory. It was the most influential book published around the turn of the century. We have outlined the early spread and influence of evolutionary theory in China in an earlier articles,[1] so we will not discuss it here.

The churches reacted quite differently to the publication. *Tian Yan Lun* claimed that all animals and plants are evolving, although "the process of change is subtle and gradual", pointing out that

observing this long process on the basis of our short, temporary experience, one cannot see this slow, gradual evolution. We are like the summer cicada who never knows anything about spring or fall, like the insect whose whole life spans less than a day and who cannot observe the passage of a month. It's a mistake to immediately label things immutable. Therefore the immutability of species is by no means determined by heaven.

All living things, including man, are the result of gradual evolution. "There is no creator… From Darwin we learned that man represents one stage of evolution. He is still evolving and further stages will follow. The claim that God created man from clay is unbelievable. " This fundamentally contradicted the religious doctrine that God created everything and that his creation is immutable. Moreover, this book awakened the Chinese people, alarming the churches. Therefore churches regarded it as a heresy which "attacks our churches, … despises God, …fools people, misleads the world". So the churches forbade church schools to teach *Tian Yan Lun*, did not allow their members to discuss it, and published books which criticized the theory.

For example, the Jesuit priest Li Wenyu, the chief editor of *Sketches to Enlarge Knowledge* (*Yi Wen Lu*), *Science News* (*Ge Zhi Yi Wen Xin Bao*), *Hui Bao*, etc. , edited and translated books which opposed evolutionary theory. One such book, the volume on physiology in the *Outline of Philosophy* (*Zhe Xue Ti Gang*), published in 1907, attacked "Darwin's theory of evolution, as an intuitive concept unsupported by empirical evidence, … nonsense… side splittingly hilarious. " The book claimed that "Darwin's four principles of the transformation of species are absolutely meaningless … The theory is ridiculous and unsupported. " On the issue of man's origin, Li Wen Yu also argued that heaven and earth

---

[1]   Wang Zichun and Zhang Binglun, "The Early Spread of Darwin's Evolutionary Theory and its Influence in China", *Chinese Philosophy* (*Zhongguo Zhexue*), no. 6, 1982.

must have a beginning. All things in the universe appeared after heaven and earth, and those things which depend on heaven above and on the earth below certainly cannot exist without a beginning. Man, living between heaven and earth, amidst the things of the universe, must also have a beginning and must have been created by God. He further criticized,

Darwin, Huxley, Wallace, Vogt and others claimed that things originally have no beginning and, after an undetermined number of changes, a monkey appeared which later turned into a man. Therefore the ancestors of human beings were not created but were rather changed from monkeys. Since the emergence of this view, quite a few people have echoed this argument. Confused Western scholars have been misled. Today there are also believers in China and the damage is not inconsiderable.

As for the theory that man and monkey share a common ancestry, "Darwin and others did not present a single shred of convincing evidence. They only fabricated laws claiming that species can be improved by retaining favorable characteristics and used these as evidence. " Li also listed 20 differences between man and monkey, including physical appearance, habits, and life expectancy, to demonstrate that "a monkey cannot change into a man". He concluded that "the view that man originated from monkeys is absolutely ridiculous". [1] As a priest, Li Wen Yu launched an attack on the theory of evolution among religious circles.

　　Then in 1908 the Meihua Book Company of Fuzhou, founded by the church, published *Principles of Eastern and Western Philosophy(Dong Xi Zhe Hen)*. This is also a valuable negative example which may serve as a lesson. The author, Li Chunshen, himself claimed that this book "can be used by missionaries who wish to grasp its main points and apply them" and by "people outside the church and by the general reader … thus sharing good ideas among people with common interests". Taking a theological point of view, with the goal of defending Biblical doctrine, this book criticized, one by one, those Eastern and Western scientists and those new theories which politically damaged religion. The author aimed directly at Yan Fu's translation, *Tian Yan Lun*, and at Darwin, Huxley, and Spencer, etc. , whom Yan Fu held in esteem. This book, of 100000 characters, seething between the lines with hatred for Darwin's evolutionary theory, made unbridled personal attacks on Darwin, Huxley and others. The author slandered Yan Fu's translation of Huxley's *Evolution and Ethics*, judging that "every single word is aimed at fooling people and deluding the world … in claiming that all things in the universe were not created and that men originated from apes". These claims are all "slanders and ravings. Not only are they worthless, but learned people can only laugh at them, judging them to be frenzies". The author asked people "to listen to Confucius' advice, and choose to follow that which is good without being deluded by these falsehoods. " Condemning Darwin, Huxley, and

---

① 　Li Wen Yu, *Physiological Volume*, *Outline of Philosophy(Sheng Li Xue Zhe Xue Ti Gang)*. 3rd ed, Shanghai: Tushanwan.

Spencer as "the world's philosophers of evil, ⋯ conspiring with one another, swearing enmity to religion, and fabricating a theory out of ignorance," he argued that

the greatest enemies of our church are the three British evils, Darwin, Spencer and Huxley, who invented various deceitful and groundless theories and spread them everywhere, in conflict with our church. Clearly knowing that nature's mystery is inexplicable, they deliberately break the bones and suck the marrow, nitpicking and finding fault in order to challenge the divine force that created the universe, falsely claiming that there is no God in heaven and earth, and that all things in the universe have natural causes.

The author reprimanded them for being "a bit too arrogant, despising God as non-existents, ⋯ slandering our religion and attacking our church". Therefore, Li Chunshen without delay "wrote this book to expose these false claims" in order to overturn evolutionary theory and "to destroy the reputation of Darwin and others". He thus launched an overall attack on the major theories of the variation of species, natural selection, the common ancestry of man and apes, etc.

However, Li Chunshen knew nothing about science. He could not understand *Tian Yan Lun* and had never read Darwin's *Origin of Species*. Therefore, there was no scientific content in his 100,000 characters, only absurdity. For example, in the article "On the Origin of Man", he not only repeated the same old tune about God creating man from clay but also stressed that "if one thing remains unchanged then everything must remain unchanged. This is a teaching from the Bible". In order to refute the claim that species can change, he even argued that men and women cannot all become men, cocks and hens cannot all become cocks, and stallions and mares cannot all become stallions, a totally irrelevant argument. The following quotation illustrates this point.

Darwin's theory of species change offers a lot of evidence, some of which argues that the superior will win, and the inferior will lose, the strong will survive and the weak will die out⋯ It also claims that species change can more easily produce organisms with similar characteristics. If this is true, then I cannot but ask: in the world it is generally true that men are strong and women are graceful and it's generally recognized that cocks dominantly crow and hens obediently cackle. Arguing that the superior win over the inferior, that the strong survive while the weak become extinct, then all women should have changed into men, and all female birds and animals should have become males. This is consistent with evolution, and not inconsistent with the principle that they should have similar physical characteristics. Nevertheless, this change has not taken place: males and females still exist. Isn't that strange? If such a change were to take place, then all living things would become extinct. Recognizing this, it's inappropriate to talk about accidental change.

From this, it is not difficult to see that Li Chunshen lacked even the most basic understanding of Darwin's theory of species variation, the struggle for survival, and the survival of the fittest.

Li Chunshen's refutation of the common ancestry of men and apes is even more lacking in scientific evidence. In erudite tones, he asked rhetorically, "If the group of butterflies can include as many as 20000 species, how is it that the apes and monkeys, of which fewer than a hundred types exist, cannot make room for one more type of human beings?" He thus tried to prove that Darwin's theory is ridiculous and "worthless" and the only principle is the Biblical teaching that God created man from clay. He failed to distinguish between the claim that man evolved from an ancient ape and the idea that an existing gorilla can change into a man. Although he clearly knew that Darwin's theory "cites lots of evidence", he still blindly ignored a great deal of the evidence, provided by Darwinian scientists, in favor of the common ancestry of man apes. He only listed the distinctions between man and gorilla, claiming that "in order to change a gorilla into a man, one would have to pull off its hair, change its skin, plant its beard and hair, transform its throat and change its tongue…" He asserted that "the ridiculousness of Darwin's theory is unprecedented" and that the theory of the common ancestry of man and apes can only be "a source of amusement after tea and wine". However, the truth cannot be refuted. The theory that man and ape share the same ancestor did not disappear as a result of Li Chunshen's refutation, nor could *Principles of Eastern and Western Philosophy* hinder the further spread of evolutionary theory in China.

II

In 1915, progressive youth and intellectuals in China launched the New Culture Movement opposing feudal superstition and advocating democracy and science. This movement reached its height in the explosion of the anti-imperialist, anti-feudal May 4th movement in 1919. At that time, Chinese people held up the two banners of "Democracy" and "Science", criticized the incompatible old ideology, old morality, and old culture, and advocated a new ideology, a new morality and a new culture. This new trend of democracy and science engulfed Chinese ideological and intellectual circles. Western natural science was spread and popularized in China as never before. Chinese people learned about the major scientific contributions from Darwin's evolution theory to Einstein's relativity theory, from Newton, Dalton, and Madame Curie to Mendeleev and other well-known scientists. Of these, the most widely spread was Darwin's evolutionary theory. This was partly because Yan Fu's *Tian Yan Lun* laid a foundation for the spread of evolutionary theory and partly because evolutionary theory propagated the view that nature changes and develops, thus providing an important ideological weapon which inspired the Chinese people to change reality. A scholar once said,

More than ten years ago, I recognized that all misfortunes in China can be attributed to all those old and evil ideas. They can only be wiped out by filling the minds of the common people with biological knowledge, particularly knowledge of evolutionary theory, because without much understanding of the evolution of the universe and the evolution of organisms, one can have neither a correct view of the universe nor a correct outlook on life.

He therefore decided to "use biological knowledge to break the old, evil ideology". ①Thus, during the May 4th movement, journals such as *New Youth* (*Xin Qingnian*), *Minduo*, *Nature* (*Bowu*), *Science Monthly* (*Kexue Yuekan*), *Journal of the Orient* (*Dongfang Zazhi*), *New Trend* (*Xin Chao*) and others all gave wide publicity to evolutionary theory. Many students who returned to China from Great Britain, the United States, Japan, and Germany translated and published important works by Darwin and his school. The most outstanding of these was Ma Junwu of Guilin. In 1920, Ma first translated the *Origin of Species* (originally titled *Darwin's Origin of Species*) which was published by Zhonghua Book Company. Before its publication, Ma had translated Darwin's "Species Competition". and "Natural Selection" which had been published separately. He also produced an abridged translation of Haeckel's philosophy entitled "Haeckel's Monistic Philosophy" which was published in *New Youth*. In the same year, *Bowu Zazhi*, no. 5, introduced these two works in its "New Culture Series" column. *Minduo*, Vol. 3, nos. 4 and 5, had a special edition on evolutionary theory, introducing Darwin's evolutionary theory from different points of view. Later, Ma also translated and published Darwin's *The Descent of Man*, and *Selection in Relation to Sex*, Haeckel's *Naturliche Schopfungsgeschichte*, and *Darwin* which made a great contribution to understanding and publicizing Darwin's evolutionary theory and its development. In addition, some works explaining evolutionary theory were successively introduced to China, including *Evolution: From Nebula to Man* (*Jinhua: Cong Xingyun Dao Renlei*)(1922), *Introduction to Evolutionary Theory* (*Jinhua Lun Gailun*)(translated by Zhang Binggen, 1928), *Good News of Evolution* (*Jinhua Fuying*)(translated by Wu Kuangfu, 1929), *Outline of Evolutionary Theory* (*Jinhua Lun Gaiyao*)(translated by Wang Zhiran, 1929), etc. which were all translated and published in the 1920s. After the New Culture Movement, evolutionary theory became an even more powerful weapon for Chinese progressives and early Marxists. Due to the introduction of Darwin's and Haeckel's original works and of Marxism, Chinese scholars acquired a deeper understanding of evolutionary theory. They praised Darwin's theory highly, believing that

Darwin's use of the theory of natural selection to explain the origin of species was one of the greatest inventions of the nineteenth century, and its scientific value equals that of Copernicus' sun-centered theory and Newton's gravitation, yet its impact on mankind, society and nations far surpasses them. ②

Some scholars also connected Darwin's name with that of Marx, noting that "Darwin discovered the laws of the evolution of organisms. Marx discovered the laws of human history". ③Using evolutionary theory as a weapon to criticize all old ethics, old morality,

---

① Liu Wen Dian, "Translator's Preface", in Okaasa Jiro, *Speeches on Evolutionary Theory* (*Jinhua Lun Jianghua*), Shanghai: Yadong Library, 1927.

② Ma Junwu, "Preface to the Chinese Edition", *Origin of Species* (*Wuzhong Yuan Shi*).

③ Advertisement for new books published by Spring Trend Book Company in *Science Monthly* (*Kexue Yuekan*) 1 (1), 1929.

and the ideology which advocated a return to ancient ways, they also attacked religion and superstition. As Li Dazhao said,

the classical works and proverbs of sages and men of virtue are not eternally unchangeable laws. All the classical doctrines, the laws of the land, the three cardinal guiding principles and the famous doctrines can and must be transformed to correspond with the changes of life and the requirements of society. [1]

While actively propagating evolutionary ideas, Comrade Yun Daiying also sharply criticized religious and superstitious beliefs. He pointed out that superstitions most easily block people's minds and habituate them to being puzzled and fooled, "driving them away from the door of evolution". Therefore, one must strengthen knowledge in order to break deceitful idols, thus shattering unreasonable beliefs. [2]

In addition, Lu Xun, Chen Duxiu, and others published articles criticizing religious superstition. In 1923, Sun Yatsen delivered a speech at the Y. M. C. A., exposing the deceit that God created man and emphasizing that men evolved from ancient apes. [3]

In March, 1922, one month before the World Christian Students Union held a conference in China. students in Peking organized a Non-Christian Union and published a declaration protesting the conference and condemning the pioneering role played by Christianity in imperialist aggression on colonial peoples. It revealed that the issues to be discussed at the conference in China were

nothing more than how to defend world capitalism and how to develop capitalism in China. We regard it as an insult to our youth, a deceit to our people, and a plundering of our economy. Therefore, we organize this union in anger, resolutely declaring war on them.

Immediately, young students all over the country warmly received the declaration. For several days, letters arrived one after another. At the same time, the article "Evolutionary Theory and Religion" was published, advocating scientific opposition to religious superstition, and forcefully criticizing the Biblical claim that God created man. The article noted that "man evolved from lower animals" and that "only science can break superstition".

Under these circumstances, missionaries felt threatened by the spread of evolutionary theory throughout China. Therefore they established a religious intelligence agency, closely watching new ideological trends among young students, including the use of evolutionary theory as a theoretical weapon against religious superstition. They analyzed the situation and studied countermeasures.

---

[1]　*The Selected Works of Li Dazhao* (*Li Dazhao Xuanji*), pp. 94-95.

[2]　Yun Daiying, "On Belief," *New Youth* (*Xin Qingnian*), Vol. **3**, no. 5, July 1917.

[3]　*Collected Speeches Given by Sun Yatsen in Recent Years* (*Sun Zhongshan Xiansheng Jinnian Yanshuo Ji*), Guangzhou: 1924.

For example, the third volume in the Modern China series, French edition, published by the Catholic Church in Xian County, Hebei province, in 1922, entitled *Street Gossip (Jie Tan Xiang Yi)*, collected information which was translated into French by the Jesuit missionary Dai Ting Bi.

In addition, an anti-evolutionary book, *A Refutation of Tian Yan Lun (Tian Yan Lun Boyi)*, was widely circulated. Again, the author was the Catholic priest Li Wenyu.

This book did more than just refute Yan Fu's translation. Here, *Tian Yan Lun* merely provided an excuse for a general criticism of evolutionary theory as a whole. At the very beginning, the author pointed out

In modern times, new knowledge is in vogue. Those who seek fame are tempted to say things which have never been said before. Consequently, at the same time that real knowledge increases, fallacies also appear. Recently, transformist theory has appeared in the West and has become most popular in Britain. This theory claims that living things transform and change into other types. Mr. Yan, who translated Huxley's book, used *Tian Yan* to refer to natural evolution. Although this term is not very consistent with the meaning of transformation, people still use it because it is already very popular.

The whole book, with the exception of the last chapter which criticized Yan Fu's translation, *Tian Yan Lun*, systematically criticized the major points of Darwin's theory. Thus, this book can be said to be representative of the overall attack which was launched against Darwin's theory.

Li Wenyu stubbornly adhered to the view that all things were created by God. He believed that all theories which deny the Creator were "fabrications". Beginning with the third chapter, he completely denied the major principles and facts of evolutionary theory. Due to limitations of space, only the fifth chapter, entitled "The Six Principles of Natural Evolution are False", is given as an example here.

He denied that the study of classification reflects kinship relationships between living things and opposed Darwin's use of the facts of classification in discussions on the common origin of species, saying "Scholars construct classifications and categories so as to simplify identification, not because the organisms share the same ancestor". In the same way, a prosperous family which "has a thousand acres of land, a thousand houses, ten thousand animals, a thousand some stores, and numerous workers and servants" will determine the number and list each item. He argued that "Darwin drew erroneous conclusions from a false analogy and so his theory is meaningless ⋯ Isn't it ridiculous" to use the study of classification as evidence? He disregarded the fact that the development of animal embryos reflects the historical evolutionary development and argued that evolutionists "depend on hollow words without evidence, which is nothing but raving".

He denied that geological change reflects the laws of biological evolution —the older the strata, the more ancient the fossils. He attacked Darwin's use of fossils as evidence of evolutionary theory, which he argued was "childish". Since the evolutionists used comparative anatomy to claim that the similarity of structure among animals within the same category proves their common origin, he argued that God "created living things for different purposes. Those which have similar purposes naturally have similar features". He preposterously argued, "Confucius resembled Yang Huo. People who saw them said they were brothers. Yet wasn't that wrong. Evolutionists who use similarity as evidence also commit the same error. In general, such arguments are unreliable... Therefore, I dare to expose its falsity." He disregarded the role of geographic isolation in the formation of species and attacked Darwin's argument for it as "groundless and unconvincing". He also took insect (silkworm) variation as an example, stubbornly insisting that organisms can only "change their appearance, not their species", vilifying Darwin's view that all organisms evolved from only a few ancient organisms as "a boastful attempt to break the division between species". Moreover, he claimed that the struggle for existence and the survival of the fittest "fail the test of reason and are inconsistent with the facts, so we cannot trust them".

His last chapter specifically attacked Yan Fu's translation, *Tian Yan Lun*, arguing that

Huxley's book is harmless to China ... The poison was spread to China only after Yan translated it into Chinese. Younger people heard, and mistaking it for new Western knowledge, bought it and took pleasure in reading it, without determining whether it is rational or true... The effect on the minds of the people is like the effect of poison on people's bodies.

Therefore, with deep-rooted hatred towards evolutionary theory, Li "tried to diminish the poison to prevent Chinese from drinking fallacies as if they were delicious wine". He listed eight so-called fallacies in *Tian Yan Lun* for criticism.

Evidently *A Refutation of Tian Yan Lun* by the Catholic priest Li Wenyu was the most thorough and systematic argument against evolutionary theory and was used to combat its further spread throughout China. Moreover, successive editions were approved, first by "the priest Yao" and then by "the Bishop of Nanjing". It exerted a widespread, pernicious influence so that even in the 1930's some religious articles still used the book as a blueprint, citing Li Wenyu's arguments to attack evolutionary theory. This shows that it hindered the spread of evolutionary theory in China.

III

Beginning in the 1930's, more and more people in China studied evolutionary theory. Not only were works on evolutionary theory by foreign scholars translated and published, but more and more Chinese were themselves writing books. A group of Chinese biologists, many of whom are still living, studied evolutionary theory during that time. As evolutionary theory spread more widely in China, evolutionary ideas struck roots in the hearts of the people, and the church also gradually changed its strategy. They realized that the spread and influence of evolutionary theory was irresistible, and, as the Zhou Kou Dian Peking Man site was studied more and more thoroughly, they felt that religion was more strongly threatened by evolution than by any other science. They argued,

Unfortunately, as new knowledge increases, fallacies also appear within it. Since the good and the bad are intermingled in European and American books, and since it's difficult to distinguish between truth and error in foreign theories, a group of curious people in our country, neglecting to investigate whether it's true or false, correct or incorrect, only care to say something which has never been said or translate something which has never been translated, in order to be unconventional and to show off. Young people are eager to read it, without judging whether or not It is rational or true… In examining modern learning in China, nothing has had a greater influence on young people than Transformismus Absolutus and Evolutionismus Ilmltatlls. ①

Such laments reflected the growing, irresistible influence of evolutionary theory. Under such circumstances, the opponents of evolution tried, on the one hand, to use attack as a means of defense, continuing to criticize evolutionary theory by copying foreign fallacies, thus trying to demonstrate that the theory faced opposition abroad. On the other hand, they changed their tone and claimed that religion does not oppose evolutionary theory parse and is willing to accept an evolutionary theory which does not deny that "God created", thus trying to effect a compromise between divine creation and evolutionary theory in order to pull evolutionary theory into the orbit of theory.

For example, the monthly Latin journal *Sacerdos in Sinis* of May, 1930, published an article entitled "To Chinese Philosophy Teachers: How to Refute *Transformismus Absolutus* for Chinese Who Are Cultivating Themselves According to Religious Doctrine: Three Propositions", (continued monthly through August). The first proposition is that "transformism, even when applied to plants and animals, is inconsistent with the facts". The second proposition claims that "it cannot be demonstrated that transformism applies to man".

This paper also contains a translation of the article "Did Man Really Derive from Apes?" by the priest Emile Licent, Director of the Musee Hoang-Ho Pai Ho in Tianjin. The article, originally published in *Da Gong Bao*, argued,

Since the discovery of ape men at Zhou Jia Kou [i. e. , Zhou Kou Dian], many academic papers have been published. To be fair, the views of the Catholic Church should also be publicized. Hence, the following is cited: "Darwin's theory states that man descended from apes. Whether this is true or not is a question which requires study. Palaeontology has already revealed that man does not come from apes…"

Ignoring the discovery of Peking Man at Zhou Kou Dian and its site, he even claimed, "As

---

①   Wu Jinrui, "Did Man Evolve from Variations of Other Species?" *Journal of Religion*, (*Shengjiao Zazhi*), no. 3, 1933.

for the skull from Zhou Kou Dian, since no one has found any tools which were used at that time, it has not been demonstrated that it possessed human intelligence. Therefore, how do we dare claim that it constitutes the remains of a human being?"Although most scholars throughout the world believed that the skull was that of a human rather than an animal, Licent spared no effort to deny it. Otherwise, the existence of the Peking ape-man, who lived as much as 400000 years ago, would destroy the claim that God created man about 4004 B. C. After discussing the diving creation of man, the article even unblushingly bragged, "The theory of the origin of species did not originate with Darwin. Augustine formulated the theory before Darwin… He clearly stated that all organisms, including man, originated through a process of gradual evolution. " Licent further criticized,

Whenever people attack the Church, they claim that it opposes evolution which has been demonstrated by paleontology. This is not true. The Church does not regard scientific facts as intolerable heresies. Such a claim is a far-fetched interpretation of religious doctrine, supported by few people, which is neither accurate nor prudent.

In fact, what the Church opposed was scientific evolutionary theory which is based on many facts discovered by paleontology. This is well illustrated by the articles of Shen Zaoxin and others.

In the 1930's the priest Shen Zaoxin published "Historical Observations on the Conflict Between Religion and Science", "Nature Demonstrates that All Things Cannot Originate without God", "Nature Demonstrates that the Natural Order Cannot Exist Without God", "Evolutionary Theory Cannot Explain the Issue of the Origin of Living Things", and others. [1]

In addition, Shen Jiancheng's "Origin of Man", Zhi Zhi's "Origin of Organisms", Wu Jinrui's "Did Man Evolve from Variations of Other Animals?" Bo Du's "A Refutation of the Origin of Organisms in *Foreign History for High Schools* by Yang Ren Pian", and other articles opposing evolutionary theory appeared one after another. They launched an overall, systematic attack on the major claims of evolutionary theory, arguing, that "the classification of living things is related to God from whom all things undoubtedly originated", and that there is no reliable evidence to support Darwin's theory. For example, "Did Man Evolve from Variations of Other Animals?" claimed that "the new science has provided absolutely no reliable evidence of animal mutation … Animal classification is not a confirmation of animal mutation … Darwin's principles are not supported by any reliable evidence". It openly assailed Darwin's principles one by one, arguing that "all things in the world were defined at the beginning when God created the world. Even now, they still retain their original form. Anyone who dares to deny creationism will be "rejected by holy religion". Xu Zhongze attacked the theory of natural

---

① These articles appeared in *Journal of Religion*, 1935, nos. 1-4.

selection in "Random Remarks on New Ideological Trends", arguing,

This theory claims that all living things evolved from a few simple organisms. For example, plants evolved into animals. This theory is actually groundless ... *Tian Yan Lun* is itself not solid, and its application-competition and natural selection—also lacks complete explanation.

They also collected various absurd, anti-evolutionary arguments from abroad, even using Pasteur's valuable disproof of spontaneous generation to attack atheist scientists "wearing false masks". Darwin and others, who only invented descriptions out of thin air, cannot provide the slightest evidence or reasons. Thus, evolutionary theory "is a rootless theory, lacking true scientific knowledge". [1]

Although they clearly recognized important palaeontological facts, acknowledging that "the lower the strata, the older and simpler the organisms; ancient animals which once lived have since become extinct; ancient animals represent the embryonic forms of existing animals; and some ancient animals represent transitional forms linking two distinct, existing types", they still insisted that these facts "cannot be imposed as an indication of the continuity of existence and an expression of evolution". But they had to admit that the question is "worthy of research". Although superficially they admitted that both the theory of the immutability of species and evolutionary theory can be researched, in fact, they were inclined to support immutability, arguing, "the evidence of immutability is very obvious and can fully refute the reasons offered by evolutionary theory. Its scientific power cannot be ridiculed." On the other hand, they claimed that "although the evidence, which is not very accurate and clear, fails to elevate evolutionary theory from the level of hypothesis to that of a true, unshakable, verified theory, it is quite sufficient to explain the things in the universe". Praising the one and criticizing the other, they clearly revealed their true attitude. However, this represents progress compared with the attacks and curses of the 1920's. Correspondingly, the judgements on Lamarck, Darwin, and Haeckel also changed. Some articles noted,

We are surprised by the scientific knowledge of Lamarck, Darwin, and Haeckel. Although their works require much revision, we admit that they produced an impressive description of the relationships among living things. They were quick to prove the continuity of form among living things in paleontology.

Compared with the early church attitudes toward Darwin's theory, this represents a victory for evolutionary theory. This is because evolutionary theory had spread widely and penetrated deeply the hearts of the people. It would have been impossible for the church to continue to make the same kind of completely unscientific, slanderous attacks on evolutionary theory that had sufficed earlier, therefore they changed their strategy in an

---

[1] Bo Du, "A Refutation of the Origin of Organisms in *Foreign History for High Schools* by Yang Ren Pian" in *Journal of Religion* 25(9)(1936).

attempt to pull evolutionary theory into the realm of the Creator's intelligence, trying to effect a compromise, with "evolution and creation coexisting" in name. In reality, they used "evolution to assist creation".

Even on the eve of Liberation, Xiang Tui in his *New reply to a Guest's Questions* (*Xin Da Kewen*) (Beijing Shangzhi Translation Press, 1949), in discussing the attitude of the Catholic Church toward modern science, placed evolutionary theory at the top of a list of questions. He collected hackneyed and stereotyped anti-evolutionary opinions from abroad and continued to attack Darwin's theory because it is supported by "insufficient evidence… [and] remains an immature hypothesis". In addition, he purposefully distinguished between "absolute evolutionary theory" and "relaxed evolutionary theory". The former claims that all living things originated by a natural, evolutionary process and denies the existence of a creator, whereas the latter argues that the Creator is the ultimate cause of evolution and that evolution also has a definite range and limits. "The Catholic Church does not oppose the second kind of evolutionary theory. As a matter of fact, many Catholics, including priests, advocate such a theory." The Catholic Church "rejects the atheism of absolute evolutionary theory, not evolutionary theory itself". Evidently, the Church still tried to reject a materialist evolution which denied the assistance of a divine Creator and would not tolerate the claim that man and apes share a common ancestor. They flatly denied many facts, refusing to allow believers to openly accept this theory. The prosecution of teachers who lectured on evolutionary theory in Church schools reveals their hatred of evolutionary theory. In 1940, Professor Wu Zhaofa, of Furen University, who lectured on general biology, was cold shouldered by the school administration because he talked about Darwin's evolutionary theory and was dismissed on the excuse that the university was overstaffed.

In summary, from the introduction of evolutionary theory to China in the nineteenth century to the end of the 1940's, although the attitudes toward the spread of evolutionary theory in China among religious circles changed, in general, hatred and rejection prevailed. This therefore seriously hindered the spread of evolutionary theory in China. Although a minority of missionaries like Teilhard de Chardin, Bouillard, and others broke their theological bonds and participated, with the Chinese paleoanthropologist Pei Wenchong and others, in the internationally famous excavations and research on Peking Man at Zhou Kou Dian, the Church not only kept entirely silent about their research achievements, but failed to even acknowledge their names. At that time, the churches controlled numerous schools and several million believers, preventing them from accepting evolutionary theory. They also published books against evolution, not only influencing Christians and students in church schools but also poisoning society and youth, thus becoming a major force in the opposition to evolutionary theory in China. Denying or ignoring that the churches acted as a force against evolutionary theory makes it impossible to make an overall evaluation of the spread and influence of evolutionary theory in China and is inconsistent with historical facts.

References

1. Horton, *Modern Science and Religious Ideology* (*Jindai Kexue Yu Zongjiao Sixiang*), translated by Ying Yuan Tao. Book Company of the Society for the Promotion of Youth, 1st ed., 1936. Reprinted, 1948.

2. Schmidt, *A History of Comparative Religion* (*Bijiao Zongjiao Shi*), translated by Su Shi Yi and others, Furen Book Company, 1948.

3. Gu Bao Hu, *A Chronological Table of Major Events in the History of Chinese Catholicism* (*Zhongguo Tian Zhu Jiao Shi Dashi Nianbiao*), Guangqi Publishing House, 1960.

4. Zhao Fusan, "A Look at the Chinese Revolution and Western Missions in China from the May Fourth Movement", in *Selected Articles Presented at the Academic Symposium Commemorating the 60th Anniversary of the May Fourth Movement* (*Jinian Wusi Yundong Liushi Zhounian Xueshu Taolun Hui Lunwen Xuan*), Vol. **3**, Chinese Academy of Social Sciences Press, 1980.

5. Guo Xuecong, "On the Spread of Darwin's Theory in China", *Journal of Genetics* (*Yichuanxue Jikan*), no. 1, 1956.

6. Lu Jichuan, Zhang Binglun, "The May Fourth Movement and Darwin's Evolutionary Theory", in *Selected Articles Presented at the Academic Symposium Commemorating the 60th Anniversary of the May Fourth Movement*, Vol. 3, Chinese Academy of Social Sciences Press, 1980.

7. Wu Leichuan, *Christianity and Chinese Culture* (*Jidu Jiao Yu Zhongguo Wenhua*), Book Company of the Society for the Promotion of Youth. 1st ed., 1936. 3rd ed., 1948.

原文载于: Fan Dainian and Robert S. Cohen. *Chinese Studies in the Hisotry and Philosophy of Science and Technology*. Boston Studies of the Philosophy of Science, Dorderencht/Boston/London, 1996, Vol. 179, 289-302.

明清时期安徽的科学发展及其动因初析

张秉伦

安徽襟江带淮,是我国最早的文化发达地区之一。历史上曾经涌现过许多科学家、发明家和能工巧匠,在中国古代科学技术宝库中增添了一颗颗明珠。尤其值得注意的是明清以来,由于西方近代科学的兴起,中国科学技术由保持千年之久的西方所望尘莫及的水平而渐渐落伍之际,安徽科学却出现了前所未有的大发展,人才济济,群星辈出,而且具有"家族链"和"师承链"的特色。就当时安徽的科学在全国的影响而言,一度形成了以方以智、朱载堉、梅文鼎、程大位、郑复光、汪机、汪昂等人为代表的天文、数学、物理、医学的研究中心,取得了一些国内最先进的研究成果,甚至有些成就领先于当时国际上其他国家的水平。

在天文数学方面,有现存最早的集珠算之大成的程大位《算法统宗》十七卷,明清两代全国各地不断翻刻改编,"风行宇内",凡习计算者,"莫不家藏一编"。其影响之大,在中国数学史上是罕见的,并且传到了日本、朝鲜,后来又传到了欧洲,成为世界著名的珠算著作。方中通是国内论对数的第一人,他的《数度衍》24卷,附录一卷,囊括古今中外,被誉为数学百科全书。梅文鼎著作达88种之多,仅他自撰的《勿庵历算书目》中就有七十余种,各有提要。其中天文学著作四十余种,有阐明古代历法的,有评论《崇祯历书》的,有介绍西洋著作的,有说明自创测量仪器的,清朝官修《明史·历志》就是采用他的手稿;数学著作二十余种,其中《平面三角举要》和《弧三角举要》是国内最早的三角学和球面三角学专著;《几何补编》更是欧几里得《几何原本》翻译出版前梅氏自创的立体几何学专著。他一生著作之多,影响之大,在明清时期天文数学界是首屈一指的。梅氏家族亦不乏数学人才,其弟梅文鼐、梅文鼏,其子梅以燕,其孙梅毂成,曾孙梅玠、梅钫等在天文数学方面都有研究,梅家四代通晓历算,是清代天文数学界最大的家族,直接或间接受梅氏影响而成名者更众。如江夏刘湘煃、晋江陈万策、秀水张雍敬等。婺源江永,年及花甲,因读梅氏著作,备受其惠,乃抒发他对天算之学的见解,著有《翼梅》《数学补论》等十一种,或推梅氏之作、或衍梅氏之旨、或辨梅氏之误,开皖派经学家探索科学之先河。江永的及门弟子戴震、金榜、程瑶田、汪梧凤、郑枚、方矩、汪肇龙等也直接或间接受梅氏影响而精通科学。休宁戴震,先后受梅文鼎和江永的影响,在天文数学上有重要贡献,著有《迎日推测记》《释天》《续天文略》《观象授时》《历问》《古历考》等篇章[①],数学著作有《勾股割圆记》《策算》,均以梅著为蓝本,叙述西洋的筹算和开平方,足见受梅氏影响之深。经他辑佚、校勘和复原的《算经十书》,在数学史上的功绩更是永远值得人们称颂的。此外,黟县汪廷榜、长丰王贞仪、江宁蔡璿、沧州刘介锡、预章李古愚、安溪李光弟、婺源齐彦槐等人均从梅氏在天文数学方面受益匪浅,形成了一支庞大的"师承链"。所以阮

---

① 《历问》和《古历考》未见刊本。转引自李则刚:《安徽历史述要·方以智》。

元说:"自征君(文鼎)以来,通数学者先后辈出,而师师相传,要皆本于梅氏。"[①]清朝后期天文数学家江临泰是安徽全椒人,著有《高弧细学》《弧三角举偶》《中心图表》等三种。桐城叶棠笃志力学,凡天文、地理、数学无不得其精蕴,著有《勾股论》《数理阐微》《天元一术图说》《浑天恒星赤道全图》等四种。当时天文数学的研究中心在安徽是无疑的。

在物理学方面,明朝凤阳籍朱载堉专心乐律研究,著有《乐律全书》,内含十三部著作。其中《算学新说》和《历学新说》分别论算学和历法,其余十一部均为乐律著作,最著名的是《律学新说》(1584年)和《律吕精义》。他用等比级数的方法平均分配倍频的距离,取公比为$12\sqrt{2}$,使得十二律中相邻两律间的频率差完全相等,故称十二平均律,改变了两千多年来的"三分损益法"之旧律,且比法国默森(1588—1648)的同样发明早52年,因此受到19世纪物理学家赫尔姆霍茨(1821—1894)的高度赞扬。稍晚,桐城方以智"好学覃思,自童迄白首,手不释卷",学术渊博,堪称明末大科学家、思想家。其主要科学著作是《物理小识》十二卷,全书包括天文、地理、历史、风雷、雨旸、人身、医药、饮食、衣服、金石、器用、草木鸟兽、方术等内容,可谓17世纪初叶一部民间"百科全书"。《四库全书提要》称其"考证奥博,明代罕与伦比"。他不但把知识分为三类:"自然科学(物理)、社会科学(宰理)、哲学(物之至理)",而且积极倡导科学实验的方法,在总结古代力学、声学、光学、热学、磁学、电学知识的基础上,通过实验提出了许多精辟的见解。尤其是他用有棱宝石和三棱水晶把光分成五色,并认为这与背日喷水而成的五彩虹同属一类物理现象,这比牛顿分光实验还要早三十多年。此外书中关于炼焦和用焦的记载也比欧洲早一个多世纪。《物理小识》出版后,日本学者认为"当奈端(牛顿)之前,中国有些著作,诚然可以自豪的"。[②] 清代又有歙县郑复光(1780—?)以深通算学而知名海内,对于解方程尤其精微。1842年著成《费隐与知录》一书,把当时认为奇怪的自然现象归列二百余条,并以物性、热学、光学等原理加以解释;1846年又将其毕生之力著成的《镜镜泠痴》五卷出版,全书分为"明原""释圆""述作"三部分,分论光学基本原理、眼睛和光学仪器的基本性能;球面镜以及用凹凸镜组合的望远镜、显微镜之成像原理;柱镜、三棱镜、望远镜等光学仪器之制造工艺等,系统地总结了当时中外的光学成就,是我国近代史上第一部较为完整的光学著作,并亲自制造了我国第一台幻灯和望远镜,为我国近代技术研究的先驱之一。

在医学方面,明清两代安徽致力医学,卓有成就者,据初步统计医家及名流两百余人,仅《古今图书集成·医部全录》就列有安徽明清时期140多位医学名流,近乎同期全国总数的六分之一。他们或世代业医于乡里,或行医兄弟省市,或受荐充当御医,各有擅长,贡献颇多。而那些不以医名却有成就者如方以智、汪绂、戴震、俞正燮等尚未计算在内。明清时期安徽医著之多更难以统计,仅歙县在明清两代就有140多种。明清时期中医学出现了专门收集各家医案的著作,在这类著作中首推歙县江瓘《名医类案》12卷。江瓘集历代名医临床验案,旁征经、史、子、集诸部,汇以家藏秘方和个人医案,著成是书。《四库全书提要》称江氏对前人病案所加评论"多所驳正发明,颇为精当",对后世影响甚大。明休宁孙一奎曾以医术游于公卿之间,又在三吴、徽州、宜兴等地行医多年,用药重温补,在医学理论上多有发挥,对命门、三焦、火气均有独到见解,著有《赤水玄珠》(30卷)等四种。歙县方有执撰《伤寒论条辨》八卷,分类明确,重点突出,在各家《伤寒论》注释中颇有影响。徐春甫所撰《古今医统》

① 阮元等:《畴人传》卷四十。
② 转引自李则刚:《安徽历史述要·方以智》。

100卷,至今对临床应用和理论研究均有较高的参考价值。吴崐之《素问注》为国内《素问》主要注本之一;《医方考》在方剂书中更受医家欢迎,清《日本访书志》称其"撰之于经,酌以已见,订之于证,发其微义……为医家巨擘"。此外,明太平周子千《慎斋医案》,歙县程应旄的《伤寒论后条辨直解》15卷、吴谦修撰的《医宗金鉴》90卷;清当涂端本缙汇纂的《医方纂指南》8卷,清桐城吴欧的《医学寻宗》8卷等均为国内著名的医学巨著。就医学分科而论,孙一奎的《痘疹新论》,桐城余霖的《疫疹一得》,泾县郑重光《温病论补注》,贵池夏禹铸《幼科铁镜》,芜湖顾世澄《疡医大全》、歙县郑梅涧《重楼玉钥》,桐城顾锡《银海指南》等,对我国痘科、温病学、儿科、外科、喉科、眼科的发展都有很大推动作用。值得指出的是,明清时期新安医学最富盛名。他们不仅在医家人数和著作之多占绝对优势,而且不限一科,不偏一家,而是从医学理论到临床实践,从方书本草到医案丛书,从通论到各科,从提高到普及,应有尽有。因此新安医学不仅在安徽独树一帜,而且在全国颇有声望,尤其在苏、杭、镇江、南京一带影响更大。就国外影响而言,明太平府彭正声闻中外,曾应国外邀请,于永乐(1403—1420)年间以良医出使西洋。更有甚者,是人痘接种术的发明,据俞茂鲲《痘科金镜赋集解》记载,"闻种痘法起于明朝隆庆(1567—1572)年间宁国府太平县,姓氏失考,得知异人丹传之家,由此蔓延天下,至今种痘者,宁国人居多"。又董含《三冈识略》(1653年)记载,安庆张氏三世以来采用痘衣法以预防天花,可见安徽在16世纪已发明了人痘接种术,通过免疫力来预防天花,为天花预防开辟了一条行之有效的途径,在世界医学史上占有重要的地位。黟县俞正燮(理初)《癸巳存稿》中记载:1688年俄国最先遣人至中国学痘衣。以后又从俄国传到土耳其,1717年从土耳其传入英国,至18世纪人痘接种法已传遍欧洲大陆。1796年英人琴纳发明牛痘接种法以前,就是一位人痘接种法医生。

　　在农牧水利方面,安徽著书立说者也不少,其中影响最大的是祖籍安徽凤阳、受封河南开封的朱橚,他的《救荒本草》被中外公认为"15世纪初期植物学调查研究的忠实记录",还有六安喻仁、喻杰兄弟合著的《元亨疗马集》,它是祖国兽医遗著中流传最广、最受人珍视的一本不朽之作,历三百多年至今仍不失它的参考价值。此外,婺源王应蛟于天启年间出任天津巡抚,在天津附近募民垦田,大规模改造盐碱地,种植水稻;桐城左光斗在北京郊区屯田兴修水利,提倡种稻,从而使"不知稻为何物"之京畿农民备受其惠,感激不已。

　　以上仅是荦荦大端者,因篇幅所限,未能详述。

　　明清两代是我国封建社会的末期,全国科学技术相对西方是发展缓慢之时,为什么安徽却出现了空前的发展呢?笔者初步研究认为有以下几方面的因素。

一、经济的繁荣和徽商的昌盛

　　明朝开国皇帝朱元璋出身农民,深知民间疾苦,获得政权以后采取了严惩贪官污吏、减轻赋税、奖励生产、兴修水利等一系列政策,使得明初七八十年间经济情况得到了较快的恢复和发展,而安徽则是朱元璋的故乡,是"兴王之地",因此更特予优惠。根据《明史》和《明会要》统计,洪武二十八年前,宁国、太平、广德三府几乎每年都受到免税待遇。徽州、池州、安庆等地也多次享受免税待遇。他的老家凤阳一带受惠更多,除洪武十年"永免凤阳、临淮二县税粮徭役"外,还多次厉行移民政策,充实凤阳劳力。洪武二十五年又令"凤阳、滁州、庐州、和州每户种桑、枣、柿二百株"(《明会要》)。正统十四年浚和州姥镇河张家沟井,建涵灌溉七十余圩及南京诸卫屯田,使江北农民大获其利。总之全省农业有了较快的恢复和发展。

农业的恢复和发展,促进了工商业的发展。芜湖地处长江中下游,南有青弋江,北有裕溪口,水路交通方便,为安徽重要工商业城市。明代就有冶坊、炼钢坊、米坊、染坊、色纸坊等手工业作坊,每个作坊往往雇用很多工人,已具备资本主义工厂的雏形。如芜湖钢在明代已是苏钢的杰出代表,芜湖也成了"苏钢冶炼的中心"①。嘉庆年间芜湖"居于廛冶钢业数十家,每日须工作不啻数百人"。②可想见其规模之大。至"咸丰后尚存炼坊十三家,均极富厚"。③明清时期,芜钢产量高,质量好,行销全国,并能出口到东南亚一些国家。以芜钢制作的菜刀、剪刀、剃刀在国内享有数百年声誉,如"剪刀亦民物,今鲁港及本阜剪工达百人,过芜者莫不购为赠品,并以坚利耐久非他处可及也"。④ 纺织业更是皖南的新兴工业,不但明成祖(朱棣)曾在歙县特设织造局,而且明神宗(朱翊钧)晚年,除江浙岁造外,又令徽州、宁国、广德和常州、扬州等地增造万余匹绢帛绸缎,可见其生产潜力之大和在全国纺织界的地位。此外有些富商巨贾亦自备原料和工具,交给农民收取制成品,付给一定的报酬。这种原始的手工工厂先后在徽州、池州出现,标志着资本主义工业的萌芽。明朝徽州的制墨业生产量和艺术水平上都超过了前代,徽州漆器更是前所未有,纸张成为泾县的特产。

手工业的发达,使皖南商业重镇芜湖更加繁荣。明代芜湖既是徽州、宁国、池州、太湖商人留迁之地,又是滁州、和州、无为和庐州物产汇聚之地,加之本地手工业的发展而进入商业鼎盛时期。万历年间芜湖一地征关税多达六七万,1628 年又征芜湖坐贾税三万,外设关征商税⑤,可见贸易额之大。徽、宁、池、太商人中,徽商是最雄厚的一支队伍,它萌芽于东晋,成长于唐宋,而昌盛于明清时期。尤其是明成化年间(1465—1488)因盐法改变,徽商"以经营盐业为中心,雄飞中国商界"⑥,进入了徽商的黄金时代。除经营盐业以外,徽商还经营米、茶、漆、纸、瓷器、人参、貂皮,不少人还开当铺、钱庄、茶坊、茶馆。有的如郑天锁还在福建兼营开矿,阮弼在芜湖办染纸厂。他们集工商于一身,成为中国资本主义萌芽的典型代表。他们以长江流域为主要活动地盘,故长江沿岸有"无徽不成镇"之谚,"次及吴越楚蜀粤燕齐之郊,甚则逖而陲边,险而海岛",⑦足迹"几遍天下"。仅河南一省徽商开设的当铺就有汪克等210 家⑧,远及葡萄牙、日本、南暹罗和东南亚各国(汪直、许栏等人)。资本之大,盐商为最,多达千万计,次之亦有数百万,仅汪应箕一人家资百万,典铺数十处,婢妾甚多,以至李自成进京时他能资助数十万。当时"富室之称雄者,江南则推新安,江北则推山右"⑨,故有"欲识金银气,多从黄白游,一生痴绝处,一梦到徽州"之叹⑩。

徽商对明清时期安徽科学技术的发展产生了巨大的影响,他们为了赢利,走遍全国,这在信息传递不发达的时代对科技交流是十分有益的;他们那种深入实际、考察研究、相互竞争的风气以及他们持筹握算、分析毫末、较量锱铢、不遗余力的经营,无疑对于科学研究的求实精神,尤其是推动商业数学和珠算的发展起了很重要的作用,这与 15 世纪欧洲商业数学

① 杨宽:《中国古代冶铁技术的发明和发展》,上海人民出版社,1982 年。

② 嘉庆《芜湖县志》卷一。

③ 1919 年《芜湖县志》卷五。

④ 1919 年《芜湖县志》卷三十二,"物产"。

⑤ 清康熙二十八年修《徽州府志》卷一,"风俗"。

⑥ 日本藤井宏著,傅衣凌、黄汉宗合译:《新安商人研究》,第 50 页。

⑦ 康熙《休宁县志》卷一。

⑧ 张瀚:《松窗梦语》卷四"商贾名"。

⑨ 谢肇淛:《五杂俎》卷四。

⑩ 赵士吉:《寄园寄所寄》引扬显祖诗,转引自叶显恩:《明清徽州农村社会与佃仆制·前言》。

的发展是颇有相似之处的。如在程大位以前,安徽就有 1568 年出版的宣城杨博的《算林拔萃》、1588 年出版的新安朱元浚的《庸章算法》,以及民间流行的《铜陵算法》等数学著作,这些都是适应皖南商人和农民需要而产生的。程大位从 20 岁开始就在长江中下游经商,往来于江浙鄂赣诸省,由于他到处留心收集数学著作,晚年还乡才能"参会诸家之法,附以一得之见",终于纂成《算法统宗》17 卷这部集珠算之大成著作。另外程瑶田、汪肇龙、吴勉学、戴震等都是经商出身的科技人物。

二、文化教育的发展

随着农业的恢复和发展,资本主义萌芽性质的工商业的出现,加之徽商资本雄厚,使得明清时期安徽文化教育获得空前的发展,学术研究蔚然成风。当时安徽除按定例设府学、县学作为读书人进身之阶外,另有社学和塾学,以教乡里子弟,全省书院和文会林立,研讨学问。其中以徽州、桐城、宁国居多。现以徽州为例,全州有社学 562 所,县塾 5 所,各家族的塾学更多,以至"十户之村,无废诵读"①,"远山深谷,居民之处,莫不有学有师"②。这些记载难免有夸张之处,但当时徽州文化之发达是有目共睹的。康熙《徽州府志》所载:徽属六县共有书院 54 所,占全省 133 所书院的 40.6%,这些书院有的创建于宋元,有的创建于明清,其中明代创办的约 30 所,创建者多为富商巨贾,或县令或地主。这些书院除供生员常年就读外,还有定期讲学活动,此外还有类似专业性质的研究文学、经学的学术团体——文会。清代歙县"各村自有文会,以名教相砥砺"。③ 学校众多,培养了各方面的人才,如徽州明清两代中举人者 996 人,中进士者 618 人,状元多人,著作甚多,仅歙县江村,据《橙阳散志》记载就有 78 位作者编著了 155 种书籍。虽然培养出来的多是封建文人,然而兴办学校、书院毕竟是一种智力投资,在提高当地文化素养方面发挥了巨大的作用,据《歙县志》记载,共有 238 人著科技书籍达 296 种之多,属明清两代的约占 90%。他们无不就读于上述学校或书院,有的成为书生,有的中了秀才,后来或因考场失利,或因弃仕务实,做出了成绩,上述各类学校对科技发展的作用,可由此窥见一斑。同样,桐城学术于明嘉靖后勃然兴起,各种讲学会社以枞阳为中心,如雨后春笋般地建立起来,著名的有辅仁馆、陋巷会、桐川馆、复社、泽园社等等,学术思想影响全国。桐城文人结社,亦多讲求经世之术;究心科技者,亦不乏其人,如除方以智以外,谢国桢究心天文、地志、方技之书;方羽南研究河洛纵横之图,以测古人制乐用兵之法;王彭年穷究阴阳象数、兵农槽马、关塞之学;杨文聪制木牛流马,戴震精历算又懂医术,能"拈草活人";吴汝纶为严复《天演论》译稿润色文字,并为此书作序,因爱不释手,"手录附本,秘之枕中",于光绪二十九年出版了吴汝纶的《节本天演论》,帮助了进化论在中国的传播。中国科学家很少是由经学出身的,唯皖派经学家中关注科学者甚多,以江永、戴震、汪莱、程瑶田、汪绂、俞正燮为代表,他们虽以经学名家,但却努力研究科学,只不过由于经学的束缚而限制了他们在科学研究中的成就,才华未能得到更好的发挥而已。

学术思想的活跃,在科技界的表现,要算隆庆二年(1568 年)祁门徐春甫在北京发起组织的"一体堂宅人医会",会旨是"穷探《内经》、四子(张、刘、李、朱)之奥,精益求精,深戒徇私

---

① 嘉靖《婺源县志》卷四,"风俗"。
② 道光《休宁县志》卷二。
③ 许承尧:《歙县闲谭》卷十八,"歙县风俗礼教考"。

舞弊,会友之间善相劝,过相规,患难相济",会员 46 人,均为安徽、福建、四川、湖北等省的名医,他们欢聚一堂研讨学问。其中 22 人是皖南名医,祁门汪宦、歙县巴应奎则是当时新安名医。

三、印刷业的发达

文房四宝向为安徽驰名国内外的名产,印刷所需的纸墨及雕版良材均是皖南的特产。早在南宋时徽州刻书事业就很盛行,元代王桢又在旌德创木活字,据周宏祖《古今书刊》载,明万历前安徽各地刊本共 89 种,其中江南 61 种,江淮之间 28 种,淮北全无。万历以后,刻书风气之盛则首推徽州,成为全国刻书中心之一。其主要原因是涌现了一大批著名的刻工,"雕工随处有之,宁国、徽州、苏州最盛亦最巧"。① 明万历以前黄文敬一姓的雕工巧手达 13 人之多,仇以寿一姓也有 11 名服工。此后黄姓又涌现了 25 名造诣极高的雕工,此外汪文宦、刘功臣、旌德汤文光等家的木刻家也很多,他们均以技艺精巧有名于世,保证了印刷质量。另外,不少徽商是以刻书起家的,他们以刻书印书赢利发财,以藏书宏富高标风雅,招徕文人。因此他们不惜工本,发展刻书印书事业,如歙县吴勉学一家"广刻医书,因而获利。乃搜古今典籍,刻书费及十万"。②

据初步统计,明代著名刻书藏书的徽商有程君房、程仁荣、吴勉学、吴养春、吴继壮、汪光华、吴琯、汪世贤、黄尚文、方于鲁、胡正言等,清代有程梦星、黄利中、黄启高、黄履暹、黄晟、黄圣臣、鲍廷博、鲍漱芳、鲍方陶、鲍崇城、马日琯、许赞候等十多家,为刻书业做出了巨大的贡献。他们刻书之多,已无法统计,仅从刻印大型丛书足见一斑,如吴勉学刻《古今医统正脉全书》44 种,204 卷,另有《河间大书》8 种,27 卷,以及《资治通鉴》等;吴琯刻《古今逸史》42 种,182 卷;程仁荣刻《汉魏丛书》38 种;鲍崇城刻《太平御览》1000 卷。除徽州以外,皖南泾县赵绍祖刻有《泾川丛书》45 种,70 卷;六安晁氏刻《学海类编》807 卷,均为煌煌巨制的典籍。除雕版之外,还有木活字板,泥活字板。徽州刻书之盛不仅居安徽之冠,而且声振全国,如胡应麟说:"今近湖刻款歙刻骤精,遂与苏常争价"。谢肇淛说:"金陵、新安、吴兴三地,奇厥之精者,不下宋版,又新安所刻庄骚等书,皆极精工,不下宋人,亦多佳校,讹谬绝少。"印刷出版技术上亦颇多发明,如黄尚文等四人以朱墨套印《古今女范》,以红黄套印《墨苑》,首创中国双色套版印刷。胡正言创钿板法和拱花法分别印《十竹斋画谱》和《十竹斋笺谱》,誉满海内。程伟元两次以木活字排完曹雪芹《红楼梦》120 回书稿。翟金生读沈氏《梦溪笔谈》,知泥活字板之法而好之,因博士造锻,积三十年心血,造泥活字数成十万枚,坚贞同骨角,排印《泥版试印初编》《仙屏居书屋初集诗录》《翟氏宗谱》等书。均为国内现存泥活字版的珍本。

发达的印刷业为大藏书家创造了必要的条件,明清时代安徽出现了程敏政、鲍廷博、汪启淑、马日琯、刘行衍等著名藏书家。如鲍廷博"家藏万卷,博极群书",清朝四库全书开馆时,他一人献出了珍藏达 600 多种。乾隆年间诏访遗书时,汪启淑又献出家藏珍籍 600 余种,马日琯之子马振伯献出 776 种典籍。甚至农民出身的桐城肖穆后来也藏书达数万卷,可见对文化遗产的重视。书籍是知识的宝库,出版业的发达,为科技书籍的印刷,科技交流创

---

① 钱泳:《履园丛话》。转引自李则纲:《安徽历史述要·刻书藏书》。
② 《寄园寄所寄》卷十二,转引自傅衣凌:《明清时期商人及商业资本》,第 63 页。

造了有利的条件。明朝时期安徽藏书刻书对科学发展影响最大的是医学典籍,据中医研究院和北京图书馆 1961 年编纂的《全国中医联合目录》统计,全国现存各种医籍刻本,安徽所刻者名列第一,无怪新安医学那样发达。

四、对待西方科学技术的正确态度

从明万历至清康熙的一百多年间,是西方科学技术开始传入我国的时期,当时中国对待西方科学的态度大致可分三种:一是一概否定,极力反对;二是缺乏分析,全盘接受;三是取其精华,弃其糟粕,批判地吸收外来文化。安徽持正确态度者人数众多,首推梅文鼎一家。梅文鼎强调科学研究应该不分中西,"技取其长而理唯其是","法有可采,何论东西,理所当明,何分新旧",应"去中西之见,以平心观理",取中西之长,才"足以资探讨而启深思",因而要求人们"务集众长以观其会通,毋拘名相而取其精粹"①。他身体力行,兼顾中西之学,以毕生精力从事天文和数学研究,覃思著述,锲而不舍,不仅使濒临枯竭的古代数学获得新生,又整理疏解西洋数学使其移植中土生根发芽。1662 年,他时年三十,研究大统历颇有心得,大统历中的计算原理就是由于梅文鼎等人的阐发才使后人得明真谛的。方以智更以择善而从、兼收并蓄著称,他吸收了许多西方科学知识,甚至最早提出采用西法改革汉字为拼音文字,但他对传教士介绍的西方学术并不一味盲从,不但对利玛窦传播的某些学说提出不同意见,而且指出"万历年间,泰西学人,详于质测,而拙于通几,然智士推之,彼之质测,尤未备也"。②即是说,传教士介绍的知识,不但哲学不高明,就是自然科学亦未满人意。他们这些正确对待西方科学技术的态度,影响了一大批学者,如在梅文鼎影响下梅氏一家及其学生多通中西历算,仲弟文鼐还著有《中西星同异考》,梅毂成对当时中学西学之争能有清醒的认识,此外,汪莱亦通西术,尤善历算;方中通曾和薛仪甫向西洋人穆尼阁问历算,1659 年又与汤若望论历法,戴震《策算》一书专叙西洋筹算乘除法和开平方法;王贞仪能据中西历法,参以个人测验,批评当时一些学者对岁差星差的推算错误,并在《勾股三角解》中,历述中国数学家的勾股定理,谓西法固以达乎深微,西方用三角,犹如中国用勾股,"勾股即三角,西术固或有胜于中法,而其所得之数,非西人所独创,实本中国自有,中西固有所异,亦有所合",人们应兼收并取,以达高深广远之用。郑复光更加关注西学,重视实验,并仿西人之法,制造望远镜和幻灯。因此,持正确态度对待西方科学技术者是安徽学者的主流,也是明清时期安徽在天文、数学、物理学和机械制造方面取得显著成就的重要原因之一。

五、其他原因

明朝安徽有些学者如朱棣、朱载堉属皇室弟子,他们或厌恶宗室子弟不惜手段争王夺位的斗争,或在这种钩心斗角中失利,而专心科学研究,取得了成就;有些学者如方以智等因不满异族统治,纷纷弃仕求学,做出了成绩。刻苦钻研精神几乎是包括安徽学者在内的每一位科学家的美德,这里不再赘述了。

安徽学者对封建科举制度的批判也是值得一提的。如戴名世指出:"自科举之制兴,而

① 梅文鼎:《堑堵测量》卷二。

② 方以智:《通雅》卷一。

天下之人废书不读久矣……而风俗之颓,人才不振,其流祸至于不可胜言,此有心者所以叹息痛恨于科举之设也"。① 他还说,即便能写点文章的进士,"虽其文辞烂然,而识不足以知天下之变,才不足以天下之用",所以"二百多年以来,上之所以宠进士,与进士之光荣而自得者,可不谓至乎,然而卒亡明者进士也"。② 可见其对科举制度深恶痛绝的反对。全椒吴敬梓在《儒林外史》中对科举制度淋漓尽致地揭露更是众所周知的,虽然它是文学作品,却是现实生活思想的写照。阻碍科学技术发展的科举制度在安徽受到了相当普遍的批判,明清时期安徽学者的思想是比较活跃的,弃仕学医人数之多,虽治经、文而笃嗜科技,人才辈出,不能不说与此有关。就连闺阁秀女亦不甘示弱,她们在"女子无才便是德"的封建礼教束缚下,仍能冲破精神枷锁,从事科学技术研究,并且取得了卓越成绩。如17世纪初休宁程邦贤之妻蒋氏精医学,并能施行"人造肛门术",这可能是我国医学史上关于先天性直肠肛门畸形手术的最早记载。她的儿媳(程相之妻)方氏亦精幼科,且有"女先生(当地称医生为'先生')胜男先生"之说。18世纪的王贞仪无视封建礼教,周游数省市与学者研讨学问,还借梁上悬灯为日、圆桌为地球、镜子为月亮来证明月食的原因。她短暂的一生,科学著作竟达六七种之多,因而被誉为"18世纪中国妇女中的异人"③。另外,从清朝为了加强统治在安徽毁禁书目之多,亦可想见当时安徽思想之活跃。据《违碍书目》载,乾隆年间毁书籍仅桐城一县即达三十多种。思想解放,向来是克服因循守旧,敢于创新的锐利武器,也是安徽科技发展的重要因素之一。

　　明清时期安徽的科学虽然取得了众多的成就,可是未能向纵深继续发展下去。因此,它没有也不可能挽救中国封建社会末期的科技落后局面,安徽社会毕竟为中国封建社会的组成部分,它只能在这种总的社会背景下艰难地伸展,而不能超越时代突飞猛进。一旦上述促进科技发展的因素丧失以后,安徽科学便和整个封建社会末期的中国一样很难发展。如道光十一年(1831年)淮盐运销办法的改变,对徽商是一次严重的打击,大多盐商"歇业贫散"。鸦片战争后帝国主义的入侵,安徽沿江的经济文化和江浙等省一样首当其冲,随之而来的资本主义舶来品冲击了徽商经营的场矿和布匹、纸张等手工产品。仅仅钢笔和墨水的传入,就使徽商经营的徽墨歙砚一落千丈。徽商经营的钱庄、当铺更抵挡不过外国商人以政府为后盾的银行。加上国内买办阶级的夹攻,历经四个世纪昌盛时期的徽商终于退出了商业舞台,它对科技发展曾经起促进作用的一切因素也就化为乌有。又如清朝屡兴文字狱,残杀无辜,仅桐城就有戴名世《南山集》之狱,孙麻山(学彦)之狱,和州又有戴移孝和其子戴昆之祸等,人们只能潜心古籍,埋头于注疏考据之学。这都是清末安徽科学一蹶不振的原因。

　　[本文在调研过程中,承蒙安徽省图书馆古籍部提供了大量地方志和有关图书,赵庚新同志统计了歙县志的科技人数和著作,周元和夏文惑同志统计了安徽省志的科技人数,龚立同志请李则刚先生家中赠送了《安徽历史述要》,从而获得了大量有关明清时期安徽历史、经济、文化等史料,在此一并致谢。——作者]

原文载于:《自然辩证法通讯》,1985(2):39—48。

---

① 戴名世:《南山集·三山存业序》。
② 戴名世:《南山集·送刘继洲还洞庭序》。
③ 李则刚:《安徽历史述要》下册,第631页。

A Preliminary Analysis of Scientific Development and Its Causes in Anhui Province During the Ming and Qing Dynasties[①]

Zhang Binglun

The Yangtze and Huai He river valley in Anhui, one of the earliest culturally developed areas in China, produced many scientists, inventors and skillful craftsmen who added brilliant pearls to the treasurehouse of ancient Chinese science and technology. It's especially worth noting that during the Ming and Qing dynasties, while modern Western science was emerging and Chinese science and technology, which for a thousand years had been superior to that of the West, was gradually falling behind, science in Anhui experienced unprecedented development and large numbers of exceptionally talented people appeared. This development was characterized by a "clan chain" and a "chain of apprentices". As for its influence on the country as a whole, for a while Anhui became a research center in astronomy, mathematics, physics and medicine, as represented by Fang Yizhi, Zhu Zaiyu, Mei Wending, Cheng Dawei, Zhen Fuguang, Wang Ji, Wang Ang, and others, and produced some of the most advanced research achievements in China, some of which even surpassed the level of other countries at that time.

In the fields of astronomy and mathematics, Cheng Dawei's 17-chapter *Systematic Treatise on Arithmetic* (*Suan Fa Tong Zong*) is the earliest known comprehensive work on calculation using the abacus. Constantly reprinted and revised during the Ming and Qing dynasties, it was "popular throughout the country". Anyone who studied calculation "kept a copy at home". It is rare for a single work to have been so influential in the history of Chinese mathematics. Spreading to Japan and Korea and later to Europe, it became known worldwide as an authoritative book on calculation using the abacus.

① *Journal of Dialectics of Nature*, Ⅲ (2) (1985) 39-46. While researching the present article, the Department of Classics in Anhui Provincial Library kindly provided a large number of local annals and related books. Zhao Gengxin provided statistics on the number of people involved in science and technology and the number of works listed in the annals of Xixian County. Zhou Yuan and Xia Wenhuo provided the number of people involved in science and technology in the annals of Anhui Province. Gong Li kindly asked Li Zhegang's family to donate a copy of *A Brief Account of the History of Anhui* (*An Hui Li Shi Xu Yao*) which includes considerable historical materials on the history, economy, and culture of Anhui during the Ming and Qing dynasties. The author wishes to express his deep appreciation.

Fang Zhongtong was the first in China to discuss logarithms. His 24-chapter *Generalizations on Numbers* (*Shu Du Yan*), which includes an additional chapter as an appendix, collected ancient and modern, Chinese and foreign knowledge and has been praised as an encyclopedia of mathematics.

Mei Wending wrote as many as 88 books. *Mei Wending's Mathematical Bibliography* (*Wu An Li Suan Shu Mu*) alone, which he personally compiled, included over 70 books with abstracts. Over 40 of these concerned astronomy. While some discussed ancient calendars or commented on the "Chong-Zhen Reign Treatise on Calendrical Science", others introduced Western books or explained the surveying instruments he had invented. His manuscripts were used in the official revision of the "Calendrical Record" ("Li Zhi") in *History of the Ming Dynasty* (*Ming Shi*) during the Qing dynasty. More than 20 of his books concern mathematics, including *Essential Plane Trigonometry* (*Ping Mian San Jiao Ju Yao*) and *Essential Spherical Trigonometry* (*Hu San Jiao Ju Yao*) which are the earliest specialized books on trigonometry and spherical trigonometry. *Supplement to Geometry* (*Ji He Bu Bian*) on solid geometry was even more special as Mei himself invented the subject before Euclid's *Elements of Geometry* had been translated. He published more books and exerted a greater influence than any other astronomer or mathematician of the Ming and Qing dynasties.

Mei's clan had no lack of mathematical talent. His brothers Mei Wennai and Mei Wenmi, his son Mei Yiyan, his grandson Mei Juecheng, and his great-grandsons Mei Fen and Mei Fang, were all learned in astronomy and mathematics. The four generations of the Mei family were well versed in calendrical mathematics. Theirs was the largest clan in Qing astronomical and mathematical circles. Many others who were directly or indirectly influenced by Mei's family later became famous, including Liu Xiangkui of Jiangxia, Chen Wance of Jinjiang, and Zhang Yongjing of Xiushui. Jiang Yong of Wuyuan, who first read Mei's books when he was almost 60, was led to express his views on astronomy and mathematics. He wrote 11 books, including *Astronomical Mathematics* (*Yi Mei*) and *Supplementary Notes on Mathematics* (*Shu Xue Bu Lun*), which either recommended Mei's books, developed Mei's ideas, or corrected Mei's errors, opening the first path for Confucian scholars in Anhui to explore science. Jiang Yong's students Dai Zhen, Jin Bang, Cheng Yaotian, Wang Wufeng, Zheng Mei, Fang Ju, Wang Zhaolong, and others were also directly or indirectly influenced by Mei's family and later attained a good command of science. Dai Zhen of Xiuning, who was successively influenced by Mei Wending and Jiang Yong, made important contributions to astronomy and mathematics. He wrote "Essay on Astronomical Calculations" ("Ying Ri Tui Ce Ji"), "Explanation of Heaven" ("Shi Tian"), "Continuation of Astronomy" ("Xu Tian Wen Lue"), "Observing the Heavenly Bodies and Issuing the Official Calendar" ("Guan Xiang Shou Shi"), "Questions about Calendars" ("Li

Wen"), "Investigations on Old Chinese Calendars" ("Gu Li Kao") and other chapters or articles[1] and the mathematical books *Determining Segment Areas* (*Gougu Ge Yuan Ji*) and *On the Use of the Calculating-Rods* (*Ce Suan*), all of which used Mei's books as a blueprint, explaining Western rod-arithmetic and the extraction of square roots. These examples suffice to show the deep influence of Mei Wending.

Dai Zhen deserves credit and praise for compiling textual criticism and restoring *The Ten Mathematical Manuals* (*Suan Jing Shi Shu*). In addition, Wang Tingbang of Qian Xian, Wang Zhenyi of Changfeng, Cai Xuan of Jiangning, Liu Jiexi of Cangzhou, Li Guyu of Yuzhang, Li Guangdi of Anxi, Qi Yanhuai of Wuyuan and others all studied from Mei's family, strengthening their astronomy and mathematics. A tremendous chain of apprentices was thus formed. Ruan Yuan remarked, "After Zheng Jun [Mei Wending], scholars of mathematics came forth in large numbers, one generation after another, which can all be traced back to the Mei family. "[2]

Jiang Lintai, an astronomer and mathematician of the late Qing dynasty, came from Quanjiao, Anhui. He wrote *Detailed Explanations of High Arcs* (*Gao Hu Xi Xue*), *Essentials of Arc Trigonometry* (*Hu San Jiao Ju Ou*), *Central Tables* (*Zhong Xin Tu Biao*) and other books. Ye Tang, of Tongcheng, was devoted to mechanics and knowledgeable about astronomy, geography and mathematics. He wrote *On Right Triangles* (*Gou Gu Lun*), *Detailed Explanation of the Principles of Mathematics* (*Shu Li Chan Wei*), *Illustrations and Explanations of the Tian Yuan Algebra Method* (*Tian Yuan Yi Shu Tu Shuo*) and *A Complete Map of the Celestial Sphere, Stars and Equator* (*Hun Tian Hen Xin Chi Dao Quan Tu*). Without doubt, Anhui was the center of research on astronomy and mathematics.

In the area of physics, the Ming scholar Zhu Zaiyu of Fengyang was devoted to the study of musical temperament. He wrote the 13-chapter *Collected Works on Music and Acoustics* (*Yue Lu Quan Shu*), including "A New Account of the Science of Calculation" ("Suan Xue Xin Shuo") and "A New Account of the Science of the Calendar" ("Li Xue Xin Shuo") which discuss mathematics and the calendar respectively. The remaining eleven chapters all concern temperament. The best known are "A New Account of the Science of Pitch-Pipes" ("Lu Xue Xin Shuo") (1584) and "The Essential Meaning of Standard Pitch-Pipes" ("Lu Lu Jing Yi"). Zu used the method of geometric progression to equally divide the distance between octaves, with the common ratio 12 : 2, thus making the frequency difference between any two successive tones in the twelve-tone scale identical. This "twelve-equal-tone temperament" changed the 2000-year-old temperament of "san fen sun yi fa" (in which successive notes were made by increasing or decreasing the length of a pipe

---

[1] "Questions about Calendars" ("Li Wen") and "Investigations on Old Chinese Calendars" ("Gu Li Kao") have not been seen in published form. The citation here is from Li Zhegang, "Fang Yizhi" in *A Brief Account of the History of Anhui* (*An Hui Li Shi Xu Yao*).

[2] Ruan Yuan, *Biographies of Mathematicians and Astronomers* (*Chou Ren Zhuan*) ch. 40.

by 1/3). Zu's innovation preceded a similar invention by the Frenchman Marin Mersenne (1588—1648) by 52 years and received high praise from the 19th century physicist Helmholtz(1821—1894).

Later, Fang Yizhi of Tongcheng was "fond of study and profound in thinking. From childhood to old age he always had a book in his hand and was very studious". Fang can be regarded as a great, erudite scientist and thinker of the late Ming dynasty. His major scientific work was the 12-chapter *Small Encyclopedia of the Principles of Things*(*Wu Li Xiao Shi*) which concerns astronomy, geography, history, wind and thunder, rain and sunshine, the human body, medicine, diet, clothing, metal and stone, apparatus, grass, trees, birds and animals, necromancy, etc. It can be called a "folk encyclopedia" of the early seventeenth century. The *Analytical Catalogue of the Complete Library of the Four Categories*(*Si Ku Quan Shu Ti Yao*) judged that "its textual research is so vast and profound that nothing else in the Ming dynasty is comparable". Fang not only classified knowledge into three categories, "natural science (wu li), social science (zai li), and philosophy (wu zhi zhi li)," but also actively advocated the method of scientific experimentation. Through the summarizing of ancient knowledge of mechanics, acoustics, optics, heat, magnetics, and electricity, and through experiment, he proposed many penetrating ideas. In particular, he used a diamond with edges and a triangular crystal to divide light into five colors and believed that this belonged to the same category of physical phenomena as the rainbow formed when a person, standing with his back to the sun, sprays water from his mouth. This was more than 30 years before Newton's spectrum experiments. In addition, the book records coking and the use of coke more than a century before it appeared in Europe. After the publication of his *Encyclopedia*, Japanese scholars noted that "Chinese can indeed be proud of some books written before Newton". [1]

The Qing scholar Zheng Fuguang of Xi Xian (1780—?) was well-known for his thorough understanding of mathematics, especially his consummate skills in solving equations. In the book *Questions and Answers on the Principles of Things*(*Fei Ying Yu Zhi Lu*), which he wrote in 1842, he classified more than two hundred strange natural phenomena and explained them by referring to the principles and properties of matter, heat, optics, etc. In 1846, he published the 5-chapter *Geometrical Optics*(*Jing Jing Ling Chi*), to which he devoted his whole life. The book was divided into three parts, "optical principles" ("ming yuan"), "explanation of image formation" ("shi yuan"), and "construction of optical instruments" ("shu zuo"), which discussed the fundamental principles of optics and the basic function of the eye and optical instruments; the principles of the formation of an image using spherical mirrors and in telescopes and microscopes made of a combination of concave and convex lenses; and techniques for manufacturing cylindrical and triangular lenses, telescopes, and other optical instruments respectively. The book systematically summarized the existing optical achievements, both Chinese and

---

[1]   Quoted from Li, *op. cit.*, note 1.

foreign, and was the first relatively comprehensive work on optics in modern Chinese history. Zheng also personally constructed the first slide projector and telescope in China and was one of the forerunners of modern Chinese technological research.

Medicine was emphasized in Anhui during the Ming and Qing dynasties. According to preliminary statistics, there were over 200 Chinese physicians and distinguished practitioners who were very prolific. "A Comprehensive Record of Books on Medicine"("Yi Bu Quan Lu")in *Collected Books Ancient and Modern (Gu Jin Tu Shu Ji Cheng)* alone listed over 140 distinguished medical practitioners during the Ming and Qing periods, which represents nearly 1/6 of the national total during this period. They either practiced in villages generation after generation, in other provinces and cities, or were recommended to become imperial physicians. Individuals who specialized made a number of contributions. This number does not include others who contributed yet were not practitioners, such as Fang Yizhi, Wang Fu, Dai Zhen, Yu Zhengxie, and others.

Anhui produced countless medical books during the Ming and Qing dynasties, more than 140 from Xixian County alone. During that time, books appeared which collected clinical cases from various schools of Chinese traditional medicine. The best known of these is the 12-chapter *Clinical Cases from Famous Physicians (Ming Yi Lei An)* by Jiang Guan of Xixian County. Jiang collected the clinical experience of well-known doctors from previous dynasties, quoted extensively from the Confucian classics, history, philosophy, and belles-lettres, and collected secret family recipes and individual clinical cases. The *Analytical Catalogue of the Complete Library of the Four Categories (Si Ku Quan Shu Ti Yao)* noted that Jiang's comments on clinical precedent were "full of clarifications and appropriate", and very influential on later generations.

The Ming dynasty physician Sun Yikui of Xiuning, because of his excellent medical techniques, practiced among officials and worked for many years in Sanwu, Huizhou, Yixing, and other areas. His prescriptions emphasized warming and stimulation (to make the patient's internal organs active) and tonics (to invigorate the patients). He made quite a few advances in medical theory, and proposed original views on the gate of vitality (ming men), the three visceral cavities housing the internal organs (san jiao), and internal heat (huo qi). He wrote the 30-chapter *Sun's Three Medical Books (Chi Shui Xuan Zhu)* and three other books.

The 8-chapter *Classified Annotations on the Treatise on Fevers (Shang Han Lun Tiao Bian)* by Fang Houzhi of Xixian County, clear in classification and emphasis, was one of the more influential annotations on *Treatise on Fevers (Shang Han Lun)*. Xu Chunpu wrote the 100-chapter *Treaties on Medicine Ancient and Modern (Gu Jin Yi Tong)* which is still valuable as a reference work in clinical application and theoretical research. Wu Kunzhi's *Annotations on Questions and Answers (Su Wen Zhu)* was one of the major Chinese annotations on *Questions and Answers (Su Wen)*. *Investigations on Prescriptions (Yi Fang Kao)*, concerning prescriptions, was welcomed and highly praised by medical practitioners. The *Record of Ancient Chinese Books Collected from Japan (Ri Ben Fang Shu Zhi)* judged that,"Compiled from the classics, with the addition of the author's own views based on demonstrations, and with clarification of subtleties, ⋯ it is an authoritative medical resource."In addition, *Shen Zhai Clinical Cases* (*Shen Zhai Yi An*) by Zhou Ziqian of Taiping, the 15-chapter *Detailed Explanation of the Treatise on Fevers* (*Shang Han Lun Hou Tiao Bian Zhi Jie*) by Cheng Yingmao of Xixian County and the 90-chapter *Golden Mirror of Medicine* (*Yi Zong Jing Jian*) by Wu Qianxiu of Xixian County in the Ming dynasty as well as the 8-chapter *Guidelines for the Compilation of Prescriptions* (*Yi Fang Zuan Zhi Nan*) compiled by Duan Benjin of Dangtu and the 8-chapter Origins of *Medicine* (*Yi Xue Xun Zong*) by Wu Ou of Tongcheng in the Qing dynasty are all well-known monumental works on Chinese medicine.

As for the branches of medicine, Sun Yikui's *A New Account of Smallpox* (*Dou Zhen Xin Lun*), *My Opinions on Pestilence* (*Yi Zhen Yi De*) by Yu Lin of Tongcheng, *Supplementary Annotations on Febrile Diseases* (*Wen Bing Lun Bu Zhu*) by Zheng Congguang of Jing Xian, *Iron Mirror of Pediatrics* (*You Ke Tie Jing*) by Xia Yu Zhu of Guichi, *Compendium on Ulcers* (*Yang Yi Da Quan*) by Gu Shicheng of Wuhu, *Jade Key to a Many-Storied Building* (*Cong Lou Yu Yao*) by Zheng Meijian of Xixian County, *A Guide to the Silver Sea* (*Yin Hai Zhi Nan*) by Gu Xi of Tongcheng, etc., all played an important role in promoting the development of Chinese wards for smallpox, seasonal febrile diseases, pediatrics, surgery, ophthalmology and laryngology.

It's noteworthy that during the Ming and Qing dynasties the medicine in Xinan was most highly regarded. Leading in the number of practitioners and books, it was not partial to any single branch of medicine or any single school but rather included everything from books on fold prescriptions and Chinese herbal medicine to series of books on clinical cases, from comprehensive to specialized, and from advanced to popular. Thus, the medicine of Xinan not only developed its own school but was also highly regarded throughout the country and was especially influential around Suzhou, Hangzhou, Zhenjiang and Nanjing.

During the Ming dynasty, Peng Zheng of Taiping Prefecture was well-known both in China and abroad. During the Yong Le period (1403—1420), he was invited to practice overseas. Even more noteworthy is the invention of vaccination using human virus. According to the record in Yu Maokun's *Collected Annotations on the Golden Mirror of Smallpox* (*Dou Ke Jin Jing Fu Ji Jie*),

It is said that the technique originated in Taiping County, Ningguo Prefecture during the Long Qing period (1567—1572) of the Ming dynasty. The names of those who developed it have been lost. It was handed down through a medical family and from them spread throughout the country. Most of those vaccinated came from Ningguo Prefecture.

According to the record in Dong Han's *Concise Records of Sanwang* (*San Wang Shi Lue*) (1653), for three generations the Zhang family of Anqing used vaccination to prevent smallpox. Evidently, the technique of vaccination using human virus had already been invented in Anhui by the sixteenth century, opening a way to prevent smallpox through immunity. This invention occupies an important position in the history of world medicine. In *Notes Written in 1833* (*Gui Yi Chun Gao*) by Yu Zhengxie (Li Chu) of Qianxian County, it is recorded that in 1688 Russia was the first nation to send people to China to study the technique. Later it spread from Russia to Turkey. In 1717, it was introduced to Britain from Turkey. By the eighteenth century the technique of vaccination using human virus had already spread throughout Europe. Before the British physician Edward Jenner invented the technique of vaccination using cattle virus in 1796, he practiced vaccination using human virus.

Quite a few people in Anhui wrote books on agriculture, animal husbandry, and water conservancy. The most influential of these was Zhu Xiao whose ancestral home was Fengyang, Anhui and who was fielded Kaifeng, Henan. His book *Famine Herbal* (*Jiu Huang Ben Cao*) is considered both in China and abroad "an accurate account of botanical investigations and research in the early fifteenth century". Also *Yuan's Treatment of Horses* (*Yuan Heng Liao Ma Ji*), coauthored by the brothers Yu Ren and Yu Jie of Liu An, is an immortal work which was most widely spread and treasured among the surviving Chinese books on veterinary medicine. After three hundred years, it still has not lost its reference value. In addition, Wang Yingjiao of Wuyuan was the highest official in Tianjin during the Tian Xi period (1621—1627). He drafted people to cultivate land in nearby areas, transformed saline-alkaline land on a large scale, and cultivated rice. Zuo Guangdou of Tongcheng in the Peking suburbs ordered people to open up wasteland and construct water conservancy projects and advocated the cultivation of rice, thus benefiting the peasants in Peking and its environs who "did not know what rice is". Only the major examples are listed above. Space limitations prevent a more detailed discussion.

The Ming and Qing dynasties mark the end of Chinese feudalism. During this time, Chinese science and technology developed more slowly than that of the West. Why did unprecedented development occur in Anhui? Based on preliminary research, the writer concludes that the following factors were important.

1. THE FLOURISHING ECONOMY AND PROSPEROUS COMMERCE IN HUIZHOU

Emperor Zhu Yuanzhang, the founder of the Ming dynasty, came from a peasant family and thoroughly understood the hardships of the people. When he assumed power, he adopted a series of policies severely punishing corrupt officials, reducing taxes, rewarding production, and constructing water conservancy projects. This led to the rapid recovery and development of the economy for 70 or 80 years during the early Ming dynasty. Since Anhui, the home of Zhu Yuanzhang, was "the birthplace of the emperor",[1] it received preferential

---

① Ruan Yuan, *Biographies of Mathematicians and Astronomers* (*Chou Ren Zhuan*), ch. 40.

treatment. According to statistics recorded in *History of the Ming Dynasty* and *A Compiled History of the Ming Dynasty* (*Ming Hui Yao*), the three prefectures Ningguo, Taiping, and Guangde were tax exempt almost every year until the 28th year of the Hong Wu period (1368—1398). Huizhou, Chizhou, and Anqing frequently enjoyed the same privilege. Fengyang, the emperor's home village, benefited even more. In the tenth year of the Hong Wu period, it was decreed that "Fengyang and Linhui are forever exempt from paying tribute rice and corvée". In addition, the emperor frequently enforced immigration policies to strengthen the labor force in Fengyang. In the 25th year of the Hong Wu period, he also ordered that "Fengyang, Chuzhou, Luzhou, and Hezhou plant 200 mulberry, date and persimmon trees per family" (*A Compiled History of the Ming Dynasty*). In the fourteenth year of the Zheng Tong period (1436—1449), the well at Zhang Jia Gou, Lao Zheng He, in Hezhou was dredged and a culvert was constructed, irrigating over 70 paddy fields and land cultivated by the soldiers in Nanjing, which greatly benefited the peasants north of the Yangtze River. In general, agriculture in the province rapidly recovered and developed.

The recovery and development of agriculture promoted the development of industry and commerce. Wuhu is located in the lower middle of the Yangtze River. To the south lies the Qingyi River and to the north, Yu Xi Kou. Water transport was very convenient and Wuhu was an important industrial and commercial center in Anhui. During the Ming dynasty, workshops already existed for steel smelting, steel-working, rice milling, dyeing, paper coloring, and other handicrafts. Many workshops frequently employed many workers, forming the embryos of capitalist factories. For example, during the Ming dynasty Wuhu steel was already an outstanding representative of [Su] steel and Wuhu was "the center of [Su] steelmaking". [1] During the Jiaqing period, "several dozen workshops engaged in steelmaking, with a daily workforce of no less than several hundred people". [2] This shows the large scale of the industry. Even "after the Xian Feng period, 13 smelting workshops remained, all of which were very wealthy". [3] During the Ming and Qing dynasties, Wuhu steel, high in production and of good quality, was on sale throughout China and was even exported to some Southeast Asian countries. Cleavers, scissors, and straight razors made of Wuhu steel enjoyed a good reputation in China for several centuries, as the following quotation shows. "Scissors are also folk products. At present, there are over 100 scissors-makers in Lugang and Wuhu. People passing through Wuhu all buy them as gifts. Their sharpness and durability are incomparable. "[4]

Textile manufacture was a newly emerging industry in southern Anhui. During the Ming dynasty, the emperor Zhu Di specially established a textile bureau in Xixian county,

---

① Yang Kuan, *The Invention and Development of the Technology of Iron Smelting In Ancient China* (*Zhong Guo Gu Dai Ye Tie Ji Shu De Fa Ming He Fa Zhan*), Shanghai People's Publishing House, 1982.

② *Annals of Wu Hu County* (*Wu Hu Xian Zhi*), Jia Qing period, ch. 1.

③ *Ibid.*, 8th year of the Republican period, ch. 5.

④ *Ibid.*, ch. 32, "Products".

and the emperor Zhu Lijun in his later years ordered Huizhou, Ningguo, Guangde, Changzhou, Yangzhou, and other places to produce over 10000 bolts of silk and satin, in addition to the annual production of Jiangsu and Zhejiang. This indicates Anhui's production potential and its position in the Chinese textile industry. In addition, some wealthy merchants and tradesmen provided peasants the raw materials and tools and paid them to produce textiles. Such primitive handicraft workshops successively appeared in Huizhou and Chizhou, representing the embryo of capitalist industries. The industry of Chinese ink making in Huizhou during the Ming dynasty surpassed that of previous generations, both in volume and artistic quality. The same was true of Huizhou lacquerware and paper became a special product of Jing Xian.

With the development of handicraft industries, Wuhu, the most important commercial center in southern Anhui, prospered. During the Ming dynasty, Wuhu was not only the place to which merchants from Huizhou, Ningguo, Chizhou, and Taihu emigrated, but was also a point of convergence for products from Chuzhou, Hezhou, Wuwei, and Luzhou. This, combined with the development of local handicrafts, led Wuhu into its prime. During the Wan Li period, as much as 60000 to 70000 coins in customs duties was collected in Wuhu. In 1628, 30000 coins was paid as business tax and customs houses were established to collect commercial taxes. [1] This shows how large the turnover was.

Among the merchants of Huizhou, Ningguo, Chizhou and Taihu, those from Huizhou were the most numerous and the wealthiest. They began to appear in the Eastern Jin dynasty, matured during the Tang and Song dynasties, and prospered during the Ming and Qing dynasties, especially during the Cheng Hua period(1465—1488) of the Ming dynasty. When the laws and regulations concerning the production, transportation and sale of salt were changed, Huizhou merchants "concentrated on the business of salt and overwhelmed the Chinese commercial community", [2] producing a golden age for Huizhou merchants. In addition to the business of salt, Huizhou merchants also traded in rice, tea, paint, paper, porcelain, ginseng, and marten pelts. Quite a few ran pawn shops, old-style Chinese private banks, tea shops, and tea houses.

Some had other businesses. For example, Zheng Tianshuo possessed a mine in Fujian and Ruan Bi ran a paper-dying factory in Wuhu. They were both industrialists and merchants, typical representatives of the early stages of Chinese capitalism. The Yangtze River Valley was the major focus of their activities, and it was said along the river that "without Huizhou merchants there would be no towns". They left their footprints "nearly everywhere in China ... closest to the places like Wu [Jiangsu], Yue [Zhejiang], Chu [Hubei], Shu [Sichuan], Yue [Guangdong], Yan [Hebei], and Qi [Shandong], but

---

[1] "Customs"("Feng Shu"), *Records of Huizhou Prefecture* (*Hui Zhou Fu Zhi*), Vol. 1, Edition of the 28th year of the Kang Xi period, Qing dynasty.

[2] Teng Jinghong, *A Study of Xin An Merchants* (*Xin An Shang Ren Yan Jiu*), p. 50, translated by Fu Yiling and Huang Hanzong.

extending as far as the border areas and even to the islands. "[1] In Henan Province alone there were as many as 210 pawn shops run by Huizhou merchants, including one owned by Wang Ke. [2] Some merchants, including Wang Zhi and Xu Lan, did business as far away as Portugal, Japan, southern Thailand, and other Southeast Asian countries. The salt merchants had the largest capital assets. The largest fortune amounted to 10 million, and quite a few had several million silver dollars. Wang Yinqi alone was worth millions. He owned several dozen mortgage shops and many serving girls and concubines and was able to donate several hundred thousand silver dollars when Li Zicheng entered Beijing. At that time, "the wealthiest of the wealthy in Jiangnan, south of the Yangtze River, live at Xinan and those in Jiangbei, north of the Yangtze River, live at Shanyou. "[3] Therefore, people said that "in order to understand gold and silver, one often has to swim among the yellow and white. The greatest dream is to go to Huizhou". [4]

Huizhou merchants had a tremendous impact on the development of science and technology in Anhui during the Ming and Qing dynasties. They travelled throughout the country in search of profits. This was very beneficial to exchanges in science and technology at a time when information transfer was undeveloped. Their style of penetrating the practical reality, investigating and researching, and competing with one another, and their management methods of careful planning and calculation, subtle analysis, arguing over the smallest quantities, and sparing no effort, undoubtedly played a very important role in encouraging the matter-of-fact attitude of scientific research, especially the development of commercial mathematics and calculation using the abacus.

This is quite similar to the development of commercial mathematics in Europe during the fifteenth century. For example, before Cheng Dawei, in Anhui there were *Essential Mathematics (Suan Lin Ba Cui)* by Yang Bo of Xuan Cheng, published in 1568; *Yong Zhang Arithmetic (Yong Zhang Suan Fa)* by Zhu Yuanjun, of Xin An, published in 1588; *Tongling Arithmetic (Tong Ling Suan Fa)* which was popular among the people, and other mathematics books. These appeared to meet the needs of merchants and peasants in the south of Anhui. At the age of 20, Cheng Dawei started to do business in the lower middle regions of the Yangtze River Valley, travelling among the provinces of Jiangsu, Zhejiang, Hubei, Jiangxi, etc. Because he paid close attention to collecting mathematics books, when he later settled down in his home village he was able to finish compiling the *Systematic Treatise on Arithmetic (Shu Fa Tong Zong)*, a comprehensive book on calculation using the abacus, "based on various approaches, adding his own views". In

---

① *Annals of Xiuning County (Xiu Ning Xian Zhi)*, Vol. **1**, Kang Xi period.

② Zhang Han, "Names of Merchants" ("Shang Jia Ming") in *Dream Talks from Song Chuang (Song Chuang Meng Yu)*, ch. 4.

③ Xie Zhaozhe, *Five Assorted Offering Trays (Wu Za Zu)*, ch. 4.

④ Poem by Tang Xianzhu, quoted in Zhao Shiji, *Notes by Ji Yuan (Ji Yuan Ji Shuo Ji)*, Zhao Shiji's source is Ye Xianen's preface to *The Rural Society and the System of Tenant-Peasants in Huizhou during the Ming and Qing Dynasties (Ming-Qing Hui Zhou Nong Cun She Hui Yu Dian Pu Zhi)*.

addition, scientists and technologists such as Cheng Yaotian, Wang Zhaolong, Wu Mianxue, Dai Zhen and others all had business backgrounds.

2. THE DEVELOPMENT OF CULTURE AND EDUCATION

As agriculture recovered and developed, industry, commerce and embryonic capitalism appeared, taking advantage of the abundant capital of the Hui merchants. At the same time, culture and education in Anhui experienced unprecedented development and academic research became common practice. At that time in Anhui, in addition to the establishment of regular prefectural and county schools which formed the stepping stones for intellectual advancement, there were also local schools for village children. Throughout the province, there were numerous academies of classical learning and literary societies devoted to the study of scholarship. Huizhou, Tongcheng, and Ningguo had the greatest number. In Huizhou, for example, there were 562 local schools, five county-level private schools, and even more private schools established by different clans so that even "a village of ten families does not neglect study". [1] "In remote mountains or deep valleys, wherever people lived, there were schools and teachers."[2] Admittedly, these records may exaggerate, but the development of culture in Huizhou at that time was obvious to all. The *Record of Huizhou Prefecture* (*Hui Zhou Fu Zhi*) from the Kang Xi period records that in the six counties belonging to Huizhou there were a total of 54 academies of classical learning which accounted for 40.6% of the total number (133) of academies of classical learning in the whole province. Some of these academies were established during the Song and Yuan dynasties, and some in the Ming and Qing. About 30 of these academies were set up during the Ming dynasty. Most of the founders were rich merchants, county magistrates, or landlords. In addition to teaching regular students, these academies also offered regular lectures.

The literary societies were similar specialized academic organizations which researched literature and the study of the Confucian classics. In Xixian County during the Qing dynasty, "each village had its own literary society to promote Confucian learning."[3] Numerous schools trained talented students in various subjects. For instance, in Huizhou during the Ming and Qing dynasties, 996 people passed the imperial examinations at the provincial level, 618 passed at the national level, and there were quite a few number one scholars (zhuang yuan). Many books were written. According to *Miscellaneous Records of Cheng Yang* (*Cheng Yang Shan Zhi*), in Jiang Cun in Xixian County alone, 78 writers wrote or compiled 155 books. Although this training usually produced feudal scholars,

---

① "Customs", *Annals of Wuyuan County* (*Wu Yuan Xian Zhi*), Jia Jing period, ch. 4.

② *Annals of Xiuning County*, op. cit., note 10, Dao Guang period, ch. 2.

③ Xu Chengyao, "Study of Customs and Etiquette" ("Xi Xian Feng Shu Li Jiao Kao"), in *Informal Discourses of Xixian* (*Xi Xian Xian Tan*), ch. 18.

running schools and academies of classical learning was nevertheless an investment in intelligence and played a tremendous role in enhancing local cultural accomplishments. According to *Annals of Xixian County* (*Xi Xian Zhi*), 238 authors wrote as many as 296 books on science and technology, 90% of which were written during the Ming and Qing dynasties. All of these writers studied in the above-mentioned schools or academies. Some became scholars and some passed the imperial examination at the county level. They later turned to achievements in science and technology because they failed higher-level examinations or changed from careers as officials to practical matters. This demonstrates the role of the schools described above in the development of science and technology.

Similarly, academics in Tongcheng vigorously developed after the Jia Jing period in the Ming dynasty. Centering around zongyang, various literary societies devoted to lecturing sprang up like bamboo after a rain. The most famous were Furen Hall (Fu Ren Guan), the Louxiang Society (Lou Xiang Hui), Tong Chuan Hall (Tong Chuan Guan), the Fu Society (Fu She), the Ze Yuan Society (Ze Yuan She), etc. Their academic ideology influenced the whole country. Intellectuals in Tongcheng organized societies primarily to study the Confucian classics. There were, however, quite a few who studied science and technology. In addition to Fang Yizhi, Xie Guozhen studied books on astronomy, local annals, and local technology. Fang Yunan studied the mystic signs and markings of the Yellow River and Luo River in order to infer the arts of war used by ancient Chinese people to execute military operations by beating gongs and drums. Wang Pengnian studied yin-yang, astronomical phenomena, military science, agriculture, animal husbandry, important passes and transportation. Yang Wencong constructed transport vehicles. Dai Zhen, who excelled at calendrical mathematics and medicine, could "use herbs to save lives". Wu Rulun polished and wrote a preface to Yan Fu's *Tian Yan Lun*, the Chinese translation of Huxley's *Evolution and Ethics*. He liked it so much that he "hand copied it and kept it under his pillow". In the 29th year of the Guang Xu period, Wu Rulun's abridged *Tian Yan Lun* was published, assisting the spread of evolutionary theory in China. Very few Chinese scientists had a background in the study of the Confucian classics. However, many Confucian scholars in Anhui concerned themselves with science, including Jiang Yong, Dai Zhen, Wang Lai, Cheng Yaotian, Wang Fu, and Yu Zhengxie. Well-known Confucian scholars, they nevertheless made an effort to study science, but because the boundaries imposed by the Confucian classics limited their achievements in scientific research, their talents were not fully developed.

The best reflection of active academic ideology in scientific and technological circles was the organization of the "Medical Society of Yi Ti Tang Members" ("Yi Ti Tang Zai Ren Yi Hui"), initiated in Peking by Xu Chunpu of Qimen in the second year of the Long Qing period(1568). The aim of the society was to

vigorously search for the essence of the *Canon of Internal Medicine* (*Nei Jing*) and the four masters (Zhang, Liu, Li, Zhu), to constantly improve, and to forbid favoritism and fraudulent practices. Members of the society should mediate their differences, facing trials and tribulations together.

The 46 members were all well-known physicians from Anhui, Fujian, Sichuan, Hubei and other provinces. They got together to discuss scholarship. Of these, 22 were eminent physicians from Southern Anhui, and Wang Huan of Qimen and Ba Yingkui of Xixian were leading doctors in Xingan.

3. THE DEVELOPMENT OF THE PRINTING INDUSTRY

The four treasures of the study were famous Anhui products renowned both in China and abroad. The paper and ink required for printing and good wood for carving blocks were also special products of southern Anhui. As early as the Southern Song dynasty, block printing was a prosperous business in Huizhou. During the Yuan dynasty, Wang Zhen created wood characters for printing in Jingde. According to Zhou Hongzu's *Books and Journals Ancient and Modern* (*Gu Jin Shu Kan*), there were altogether 89 types of block-printed books in various areas of Anhui before the Wan Li period of the Ming dynasty. Of these, 61 originated in Jiangnan, south of the Yangtze River, 28 were from the area between the Yangtze River and the Huai River, and none were found north of the Huai River. After the Wan Li period, the craft became most popular in Huizhou, which became one of the centers of book carving in China. The major reason was the emergence of a large group of well-known carvers. "Carvers were everywhere, but the most popular and skillful were found in Ningguo, Huizhou, and Suzhou."[1] Before the Wan Li period in the Ming dynasty, there were 13 skillful carvers in the clan of Huang Wenjing and 11 in that of Chou Yishou. Later, 25 more extremely good carvers appeared in Huang's clan. In addition, there were also many carvers in the families of Wang Wenhuan, Liu Gongchen, Tang Wenguang of Jingde, and others. They were all reputed to provide skillful carving which guaranteed the quality of printing. Moreover, quite a few Huizhou merchants built family fortunes from book carving. They carved and printed books to make money, using their rich and elegant collections of books to solicit scholarly customers. Consequently, they spared no expense to develop book carving and printing. For example, the family of Wu Mianxue of Xixian County "made a profit by extensively carving medical books. He collected ancient and modern classics and spent as much as 10000 coins to cover the costs of carving".[2]

According to preliminary statistics, the eminent Huizhou merchants of the Ming dynasty who carved and collected books included Cheng Junfang, Cheng Renrong, Wu Mianxue, Wu Yangchun, Wu Jizhuang, Wang Guanghua, Wu Guan, Wang Shixian, Huang Shangwen, Fang Yulu, Hu Zhengyan, etc., and in the Qing dynasty there were Cheng

---

[1] Qian Yong, *A Collection from Lu Yuan* (*Lu Yuan Cong Hua*), quoted in Li, *op. cit.*, note 1, 'Book Carving and Book Collecting'.

[2] *Notes by Ji Yuan* (*Ji Yuan Ji Suo Ji*), Vol. **12**, quoted in Fu Yiling, *Merchants and Commercial Capital During the Ming and Qing Dynasties* (*Ming Qing Shi Qi Shang Ren Ji Shang Ye Zi Ben*), p. 63.

Menxing, Huang Lizhong, Huang Qigao, Huang Luxian, Huang Sheng, Huang Shengchen, Bao Tingbo, Bao Shufang, Bao Fangtao, Bao Chongcheng, Ma Riguan, Xu Zhanhou, and other families who made tremendous contributions to the book-carving industry. They carved innumerable books, as can be seen from the large-scale series of collected works. For example, Wu Mianxue carved 44 titles (a total of 204 volumes) of *Complete Systematic treatises on Methods of Pulse Feeling Ancient and Modern* (*Gu Jin Yi Tong Zheng Mai Quan Shu*), 8 titles (comprising 27 volumes) of *Complete Works of Hejian* (*He Jian Da Shu*) and the multi-volume *Historical Events Retold as a Mirror for Government* (*Zi Zhi Tong Jian*). Wu Guan carved the 42-title, 182-volume *Collections of Unofficial History Ancient and Modern* (*Gu Jin Yi Shi*). Chen Renrong carved 38 titles of *Collections from the Han and Wei Dynasties* (*Han Wei Cong Shu*). Bao Chongcheng carved the 1000-volume *Taiping Imperial Encyclopedia* (*Tai Ping Yu Lan*). In addition to the Huizhou carvers, Zhao Shaozu of Jingxian County in southern Anhui, carved 45 titles (70 volumes) of *Collections of Jiang Chuan* (*Jing Chuan Cong Shu*). Someone named Chao in Liu An carved 807 volumes of *Systematic Learning* (*Xue Hai Lei Bian*). These were all enormous ancient books and records. In addition to carved blocks, there were also wood character blocks and clay character blocks. The book carving in Huizhou was not only the best in Anhui but was also well-known throughout the country. As Hu Yingling said, "Recently carving in Huzhou and Xixian County has suddenly become skillful, competing with Suzhou and Changzhou." Xie Zhaozhe wrote,

The skill of carving in Jingling, Xingan, and Wuxing is equal to the carving done in the Song dynasty. *The Book of Master Zhuang* and *The Elegy of Encountering Sorrow* and other books carved in Xingan are all excellent, comparable to those made by the Song carvers. Moreover, the texts are carefully checked and error free.

There were also quite a few inventions of printing technology. For example, Huang Shangwen and three others printed *Ancient and Modern Women* (*Gu Jin Nu Fan*) in red and black and *Garden of Ink* (*Mo Yuan*) in red and yellow, initiating double-color printing in China. Hu Zhengyan created the method of assembled blocks color printing and the method of embossed designs to print the *Ten-Bamboo Studio Painter's Manual* (*Shi Zhu Zhai Hua Pu*) and *Manual of Ten-Bamboo Studio Writing Paper* (*Shi Zhu Zhai Jian Pu*) respectively, which were renowned both in China and abroad. Cheng Weiyuan twice used wood character blocks to typeset Chao Xueqing's 120-chapter *Dream of the Red Chamber* (*Hong Lou Meng*). Zai Jinsheng learned about clay character block techniques from Shen Kuo's *Dream Stream Essays* (*Meng Xi Bi Tan*). Over a period of 30 years, he made several hundred thousand clay characters as solid as bone and printed *Initial Notes on Printing with Clay Type* (*Ni Ban Shi Ying Chu Bian*), *First Collection of Poems by Xian Ping Ju Book Company* (*Xian Ping Ju Shu Wu Chu Ji Shi Lu*), *Zai's Genealogy* (*Zai Shi Zong Pu*) and other books which are all rare examples of clay character block printing available in China.

The development of the printing industry created the necessary conditions for book collecting. In Anhui during the Ming and Qing dynasties, Cheng Mingzheng, Bao Tingbo, Wang Qishu, Ma Riguan, Liu Xingyan and other well-known book collectors appeared. Bao Tingbo for example, "collected 10000 books, covering vast subject areas, in his home". When the collection of the *Complete Library in the Four Branches of Literature* (*Si Ku Quan Shu*) started during the Qing dynasty, Bao himself donated over 600 books. During the Qian Long period, when the imperial edict was issued to collect works by deceased writers, Wang Qishu donated his family treasure of over 600 books. Ma Zhenbo, the son of Ma Riguan, donated 776 ancient books or records. Even Xiaomu of Tongcheng, who came from a peasant background, later also collected tens of thousands of books. This shows the emphasis on cultural heritage. Books are the treasure-house of knowledge. The development of the publishing industry created favorable conditions for the printing of books on science and technology and for scientific and technological exchange. The ancient medical books and records which were included in the collection and carving of books in Anhui during the Ming and Qing dynasties, most strongly influenced the development of science. According to the statistics in *A Unified National Catalog of Books on Chinese Medicine* (*Quan Guo Zhong Yi Lian He Mu Lu*) compiled by the Research Institute of Chinese Traditional Medicine and the Peking Library in 1961, more of the block-printed medical books presently available in China were carved in Anhui than in any other area. No wonder medicine developed so strongly in Xingan.

4. A CORRECT ATTITUDE TOWARD WESTERN SCIENCE AND TECHNOLOGY

During the more than one hundred years from the Wan Li period in the Ming dynasty to the Kang Xi period in the Qing dynasty, Western science and technology began to be introduced into China. At that time, Chinese attitudes toward Western science fell roughly into three categories: complete rejection, uncritical acceptance, and, finally, assimilation of the essence and rejection of the dross, thus critically absorbing Western culture. The family of Mei Wending is most representative of the large number of people in Anhui who held the appropriate attitude. Mei Wending emphasized that scientific research should not be divided into Chinese and Western, arguing that one should

acquire the most advanced knowledge and accept correct theories… If there is something to be learned about methodology, it doesn't matter whether it's Eastern or Western. If a theory is reasonable, it doesn't matter if it's old or new…[One should] reject Chinese and Western biases and examine theories objectively.

By absorbing the advantages from Chinese and Western studies, we can achieve "sufficient discussion and deep thinking". Therefore, he believed that people "must collect all the strong points in order to achieve mastery through a comprehensive study of the subject and break out of the bonds of various schools of thought to assimilate the essence". ① He personally practiced this, studying both Chinese and Western knowledge, devoting himself entirely to the study of astronomy and mathematics, thinking deeply and writing persistently. He not only gave new life to ancient mathematics, which at that time was on the verge of exhaustion, but also sorted out and explained Western mathematics, transplanting it and enabling it to root and bud in Chinese soil. In 1662, at the age of 30, he studied the Da Tong calendar. Elaboration by Mei Wending and others later enabled people to understood the true significance of the calculating principles used in the Da Tong calendar.

Fang Yizhi was even better known for his skill at selecting promising developments and incorporating diverse knowledge. He absorbed much Western scientific knowledge and was the first to propose Western methods to transform Chinese characters into words based on a phonetic alphabet. However, he did not blindly accept the Western academics which the missionaries introduced. He not only proposed different views on some theories which Ricci had introduced but also pointed out that "During the Wan Li Period, Western scholarship was detailed in science but inarticulate in philosophy. Moreover, intelligent people deduced that even Western science was not perfect". ②That is to say, not only was the missionaries' philosophy not brilliant but even their natural science was less than satisfactory. Such correct attitudes toward Western science and technology influenced a large group of scholars. For example, most of Mei's family and their students, influenced by Mei Wending, learned both Chinese and Western calendrical mathematics. Mei's second brother, Mei Wennai, wrote *Investigation of the Similarities and Differences between Chinese and Western Star Names (Zhong Xi Xing Tong Yi Kao)*. Mei Juecheng had a clear understanding of the contemporary struggle then going on between Chinese and Western studies.

Wang Lai was also good at Western methods and was particularly skilled in calendrical mathematics. Fang Zhongtong and Xue Yipu consulted the Western priest Jean Nicolas concerning calendrical mathematics. In 1659, they discussed the calendar with Schall von Bell. Dai Zhen's book *on the Use of the Calculating Rods* particularly discussed multiplication and division and the extraction of square roots using Western rod-arithmetic. Based on Chinese and Western calendars and his personal calculations, Wang Zhenyi criticized the errors made by some of his contemporaries in calculating the precession of the equinoxes and differences in stellar magnitude. Also in *Explanation of Right Triangles (Gou Gu San Jiao Jie)*, he described the right triangle theorems of past Chinese mathematicians, noting that of course Western methods had achieved subtlety and profundity. The West used the triangle just as the Chinese used the right triangle (gou gu).

---

① Mei Wennai, *Measurement of a Right-Triangle Prism (Qian Du Ce Liang)*, Vol. 2.

② Fang Yizhi, *Thorough Literary Exposition (Tong Ya)*, Vol. 1.

Gougu is a triangle. Although Western methods are superior in some ways to Chinese methods, the results obtained are not the sole creation of Westerners but are actually endemic to China. Although there are differences, Chinese and Western methods also share something in common.

People should incorporate both in order to achieve both depth and breadth.

Zheng Fuguang was even more concerned with Western studies. He emphasized experiment and used Western methods to construct a telescope and slides. Thus, the majority of Anhui scholars held a correct attitude toward Western science and technology, which is one of the important reasons that outstanding achievements were made in astronomy, mathematics, physics, and the manufacture of machinery in Anhui during the Ming and Qing dynasties.

5. OTHER FACTORS

During the Ming dynasty, some scholars in Anhui, such as Zhu Su and Zhu Zaiyu, who were members of the imperial family, were either disgusted by the power struggles or failed in such struggles. Consequently, they concentrated on scientific research and made achievements. Some scholars, such as Fang Yizhi, discontent at being governed by a different race, gave up their official careers to study. Diligence was a virtue of almost every scientist, including scholars in Anhui. I will not go into detail here.

Anhui scholars' criticism of the feudal imperial examination system is also worth mentioning. As Dai Mingshi pointed out,

for a long time, ever since the establishment of the imperial examination system, people have neglected book learning…Customs are decadent and talent languishes. The extent of this disaster is indescribable, which is why people of insight hate the establishment of the system. [1]

He also argued that even though those who pass the imperial examination at the county level can write some essays,

although their language is beautiful, their knowledge is insufficient to know the changes under heaven, and their talent is insufficient to be used under heaven,……[Therefore] for over two centuries the title of Jin Shi [awarded to scholars who passed the imperial examination sat the county level] has been treasured for honor it endows. However, it was the Jin Shi who caused the Ming Dynasty to perish. [2]

This exemplifies the opposition to the imperial examination system. It is common knowledge that Wu Jingzi of Quanjiao thoroughly exposed the system in his book *The Scholars* (*Ru Lin Wai Shi*). Although this is a literary work, It vividly describes real life.

---

[1]　Dai Mingshi, "Preface to San Shan Chun Ye", *Nan Shan Collection* (*Nan Shan Ji*).

[2]　Dai Mingshi, "Preface to Song Liu Ji Zhou Huan Dong Ting", in Ibid.

The examination system, which inhibited the development of science and technology, was popularly criticized in Anhui. During the Ming and Qing dynasties, Anhui scholars were comparatively active ideologically. Many gave up official careers to study medicine, and there were many who studied Confucian classics and literature yet were at the same time fond of science and technology. Talented people emerged in large numbers. It cannot be denied that this was related to active ideology and criticism.

Even women were not willing to be outdone. Bound by the feudal ethical code which supported the view that "women without learning are virtuous", they were nevertheless able to shake off these spiritual shackles, engage in the study of science and technology, and make outstanding achievements. In the early seventeenth century, for example, Jiang, the wife of Cheng Bangxian of Xiuning, excelled at medicine and could perform operations involving an "artificial anus". This was probably the first record in Chinese medical history of operations on congenital rectal malformation. Fang, her daughter-in-law (the wife of Cheng Xiang), was very skilled in pediatrics. It was said that "Dr. Woman is superior to Dr. Man". In the eighteenth century, Wang Zhenyi, neglecting the feudal code of ethics, traveled to several provinces and cities to discuss academics with other scholars. She used a lamp hung from the rafters to represent the sun, a round table to represent the earth, and a mirror as the moon to demonstrate the cause of an eclipse of the moon. During her short life, she wrote six or seven scientific books and was regarded as "an extraordinary figure among eighteenth century Chinese women". [1]

The large number of books that the Qing dynasty banned or burned in order to strengthen its control further indicates how active ideology was in Anhui at that time. According to *Catalogue of Prohibited Books* (*Wei Ai Shu Mu*), in Tongcheng alone over 30 titles were destroyed during the Qian Long period. Ideological emancipation has always been a sharp weapon for overcoming tradition and daring to create innovation and is also an important factor in the development of Anhui science and technology.

Although numerous scientific achievements were made in Anhui during the Ming and Qing dynasties, science did not continue to develop. Thus, it did not and could not prevent the backwardness of science and society in the late Chinese feudal period. Anhui society was a part of Chinese feudal society. Under existing social conditions, it could expand only with difficulty and could not overcome historical limitations to advance rapidly. Once the factors described above, which promoted the development of science and technology, disappeared, it was as difficult for science to develop in Anhui as it was in other areas of China during the later stages of feudalism. For example, in the eleventh year of the Dao Guang period(1831), the change in the transportation and sale of Huai salt was a severe blow to the Huizhou merchants. Most salt merchants "closed down their businesses and were impoverished". After the Opium War, the coastal provinces of Jiangsu and Zhejiang and Anhui's river economy and culture were the first to be affected by the imperialist invasion. Imported

---

① Li, *op. cit.*, note 1, Vol. 2, p. 631.

capitalist commodities devastated the workshops, mines and cotton, paper and other handicraft manufacturing run by Huizhou merchants.

The introduction of fountain pens and ink alone produced a disastrous decline in the Hui (Huizhou) and Xi (Xixian) ink stones sold by Huizhou merchants. The old-style Chinese banks and pawnshops run by the Huizhou merchants could not compete with the banks of the foreign merchants which were backed by their governments. In the face of the pincer attack of the Chinese comprador class, Hui merchants, who had flourished for four centuries, finally withdrew from commerce. All those factors which had promoted the development of science and technology vanished.

Moreover, several times during the Qing dynasty literary inquisitions were carried out, killing innocent people. In Tongcheng alone there were the cases of Dai Mingshi's *Nan Shan Collection* (*Nan Shan Ji*) and Sun Mashan (also known as Sun Xueyan) and in Hezhou the disaster of Dai Yixiao and his son Dai Kun. Therefore, people could only apply themselves to classical books, immersing themselves in textual research, annotations and commentary. These were all reasons that Anhui science was never able to recover during the late Qing dynasty.

原文载于：Fan Dainian and Robert S. Cohen. *Chinese Studies in the Hisoty and Philosophy of Science and Technology*. Boston Studies of the Philosophy of Science, Dorderencht/Boston/London,1996,Vol. 179, 327-344.

从科技史角度谈自然科学和社会科学联盟

张秉伦　　鲁大龙

"科学"一词,是日本明治维新初期为译"Science"一词而新造的。1897 年前后,"科学"一词传入中国,就其词义,实为分科之学,与西文的"Branches of learning"相符,而科学的西文原意是关于天(自)然现象及其相互关系之有秩序的知识(Ordered knowledge of natural phenomena and the relation between them)。科学的发展使其成为追求理性和实证的知识体系,而今天的整体科学则是人类群体求知活动及其成果体系,因此,整体科学包括自然科学(技术)、社会科学两大类。

近代意义上的科学史研究却是随同 18 世纪的"启蒙思想"出现的。当时,实证意义上的科学还没有从哲学中分化出来,人们就试图对传统科学的发展过程进行整理、分析,揭示人类对自然的认识本身的发展规律。国外学者以 1758 年蒙蒂克拉《数学史》的发表,标志着科学史研究的"学科史"的形成。1830 年,奥古斯塔·孔德在其《实证哲学讲义》中最早提出:"综合科学史,不是各门科学的历史,而是科学的历史,它本身就是一门科学。"(转引自伊东俊太郎等编:《科学技术文词典》,光明日报出版社 1986 年版,第 401 页)从此,科学史研究形成了自身的特点。进而产生了"科学思想史"这一新的分支,它以 1858 年休厄尔的《科学思想史》一书的发表为起点。

一个半世纪以前,马克思就曾预言,科学将沿着逐步克服自然科学和人文科学相互对立的方向发展,最终导致一门统一的科学的建立。列宁通过其《唯物主义和经验批判主义》一文,深入地分析了自然科学和社会科学的相互关系,进一步提出了自然科学家和社会科学家联盟的课题。列宁指出:"从自然科学奔向社会科学的强大潮流,不仅在配第时代存在,在马克思时代也是存在的。在 20 世纪,这个潮流是同样强大,甚至可说更加强大了。"(《列宁全集》第 20 卷,第 189 页)科学技术飞速发展,这一联盟实现的潮流已不可阻挡! 科学史工作者为顺应这一历史潮流,已广泛地展开科学社会史方面的研究工作。这一研究最早也是从马克思主义角度进行的,它以博克瑙的《从封建资产阶级世界观到资产阶级世界观的转变》为代表作。本世纪 30 年代,苏联科学史家 B·赫森发表《论牛顿〈原理〉一书的社会经济基础》专著,即受其影响;默顿于 1938 年出版《十七世纪英国的科学、技术与社会》一书也成为这方面的经典。由此,科学技术史研究终于在自然科学和社会科学联盟的旗帜下展开了卓有成效的工作。

科学技术史的研究对自然科学的发展究竟有什么作用呢? 首先,科学史研究对于培养创造性人才有特殊的功能。因为像爱因斯坦这样著名的科学家都相信,"历史学家对于科学家的思想过程大概会比科学家自己有更透彻的了解。"(《爱因斯坦文集》第 1 卷,第 623 页)一部好的科学史著作不但可以揭示科技发展的真实过程及其规律,包括社会背景、问题的提出、经过的曲折和反复,直到理论的逐步完善、还遗留了哪些问题等,而且可以看出科学家们的思想发展、治学精神、研究方法、科学道德等等。这是任何一部自然科学教材都难以办到的。因此,后来的科学工作者可以从科学史中获得多方面的教益。比如,爱因斯坦在他晚年的《自述》中说道,恩斯特·马赫的《力学史》"给了我深刻的影响"(同上书,第9—10页)。马赫以其历史性的批判著作——《力学史》冲击了"力学是物理学的可靠基础"这种教条式的信条,而被爱因斯坦誉为相对论的先驱。吴文俊在新著《几何定理机器证明的基本原理》一书"导言"中说:"本书所阐述的几何定理的机械化问题,从思维到方法,至少在宋元时代就有蛛丝马迹可寻,虽然这是极其原始的,但就著者本人而言,主要是中国古代数学的启发。"其次,有些传统的科学技术所蕴含的思想,在一定的条件下可能对科学技术发展起到启迪作用,有的传统技术经过改造可以直接加以应用。比如,中国的"八卦图"受到莱布尼茨的器重和青睐,中国古代的"阴阳太极图"为尼尔斯·玻尔所推崇;中国古代指纹知识和指印的实际应用,直接启迪了现代指纹学的诞生;传统失蜡铸造法引入现代制造业后引起精密铸造的大发展;编钟的研究和复制丰富和发展了民族音乐等等。这些都是举世公认的典例。中国古代冶金术、炼丹术和中医中药更是蕴藏着无数珍贵资料的大宝库,有待于科学工作者和科学史工作者联袂而往、潜心钻研,为弘扬中华传统科学、推进现代科技研究,作出更大的贡献。同时,自然界的很多规律往往不是一个科学家在有生之年能够观测得到的,而是更长的时间尺度才能总结其规律性。如天体演化、气候变迁、水旱灾害周期等等,经常要借助于前人的观测记录以至于数千年的科技史料,才能总结、发现其规律性。目前,我国科学史工作者在这方面所取得的成绩是有目共睹的。如,北京天文台天象资料组在70年代发动群众查阅了大量的地方志和其他古籍,制成了《中国天文史料汇编》和《中国古代天象记录总表》共约120万字,对天文学史和现代天文学的研究有重要的意义。在50年代和60年代,我国科学史工作者曾对中外古籍中有关新星的记录进行整理和研究,引起了国内外现代天文学界的注视。因此,对已有科技史料的整理、发掘,可以为现代科学提供研究的出发点和理论的依据。当然,科学技术史工作者为了更好地展开其自身的研究,就必须注意现代科学技术发展的新趋势,注重对新观点的了解和对新方法的吸收、应用,为本学科的发展提供新的思路和手段。

自然科学和社会科学的关系问题是人们目前比较关注的一个重大课题。国外在这方面的工作开展得较早。20世纪30年代,科学社会史方面的研究导致了后来的科学社会学的产生,齐尔塞尔、贝尔纳等开展了一系列的广义的科学社会学方面的研究。国外的科学史工作者、科学哲学家和社会学家注重对"科学—文化—社会"系统的深入考察,通过分析"科学共同体"的结构和功能,来掌握科学知识的形成、演变的机制和过程与"文化—社会"之间的关系。因此,他们在以科学技术为对象的哲学、社会科学领域中取得较明显的进展。诸如科学哲学、科学社会学、科学技术史、科学技术法、技术经济学、科学伦理学等,都是近几十年来发展极快的学科,成了哲学、社会学、史学、法学、经济学、伦理学中的重要分支。我国在这方面的工作开始于80年代。起步较晚,但所取得的成绩仍然是比较显著的。例如,对古代的科技文献进行模拟实验,并利用现代的仪器设备进行理化检测,增加了研究的科学性;又如,近年兴起的"科技考古"——这一考古学的新分支,形成了一个前途比较宽广的研究领域。科学工作者和科学史工作者运用现代科学技术手段,对古代陶瓷器物的组成、烧成温度的物化分析,以及对出土金属器物金相的检验与考古学相结合,为古代文化形态学的研究提供了一种新的途径。近年来发展的一种用加速器加速碳负离子来测定 ^{14}C 的绝对含量的新方法,极大地提高了为出土文物定年代的精确程度,可望为历史学研究提供更为科学的根据。同样,应用电子自旋共振原理测定北京周口店猿人年代的新结论,推进了古人类学的研究发展。因此,我们可以说,科学史的实验研究和科技考古的工作,不仅丰富和发展了历史学本身的研究,而且为自然科学和社会科学联盟架起了一座重要的桥梁。

科技史研究的另一个比较明显的特点,就是它通过科技史料的整理、发掘和研究,不但可以为经济建设服务,而且还可以帮助基本学科的理论研究。达尔文利用中国古代科技资料作为他们学说的佐证,就是一个明显的例证。50 年代中期,中国科学院地震工作委员会历史组查阅了五千六百多种历代地方志和二千三百多种正史、别史、档案等历史资料,编成了《中国地震资料年表》,不但为地震史本身的研究,而且可以为地震预报技术研究提供丰富资料,这对于社会主义现代化建设事业也有较高的参考价值。事实已经证明:中国古代天象记录、气象史料、长江流域水文历史资料、黄河流域水旱灾害历史资料、三峡地区历史上的山崩现象、地震史料和古建筑防震性能的研究,以及根据记录寻找矿藏等等,都直接为当前科学技术的发展和生产建设起到了巨大的作用。同样,研究国外近现代科学技术发展史,可以作为我国发展科学技术、搞好国家经济建设的借鉴。如研究美国在第二次世最大战前后的科技发展情况,研究日本和西德在第二次世界大战后科学技术复兴过程,对我们制订科学技术发展的宏观控制、管理政策,都具有重要的现实意义。

很显然,要真正地掌握历史的钥匙,打开未来人类社会认识的知识宝库,仅仅靠科技史学者的工作是不够的。自然科学家和社会科学家应相互借鉴、相互学习,顺应"自然—科学—社会"一体化发展的大趋势,建立起自然科学和社会科学的联盟。科学史工作者作为这一联盟的中介桥梁,应该认识到自己肩负的重任,积极开展科学技术史本身的研究,为促成这一联盟的早日形成而作出应有的贡献。

原文载于:《哲学研究》,1991(6):32—34。

李约瑟难题的逻辑矛盾及科学价值

张秉伦　　徐　飞

引　言

李约瑟(J. Needham)博士曾提出一道著名的难题:中国古代有杰出之科学成就,何以"近代科学"崛起于西方而不是中国? 尽管李约瑟博士的巨著《中国科学技术史》尚未杀青,他本人关于这一难题的最终解答也还未面世,但国内外学术界却已是众说纷纭。早在1932年,中国就专门召开了有关李氏难题的学术讨论会,会后结集出版了《科学传统与文化——中国近代科学落后的原因》的论文集;在历届国际中国科学史的学术会议上,李氏难题也常常是议题之一;中国的《自然杂志》甚至别具一格地以李氏难题征答的活动,作为对李约瑟老博士90华诞的献礼,而李老博士本人也应约寄上了他的一篇"征答"……李氏难题影响之巨大,由此可见一斑。由于李约瑟博士几十年不坠青云之志的精神感召,更由于他所提出的这道著名难题的引人入胜的思辨魅力,在"中国科学史"这面旗帜之下,美国、日本、英国、德国、澳大利亚、中国等国家和地区的一大批科学家们都在为最终解决李约瑟难题而上下求索。几十年过去了,虽然关于李氏难题的解答难求共识,但却积累了丰硕的中国科学史研究成果。在此基础上,李氏难题又显得格外地引人注目。

然而几十年来,在攻克李氏难题的征途上,也许是学术界过于专心地去解决一个个具体的问题,却疏忽了对最终目标的本体研究。很少有人对李氏难题本身的合理性作过较深入的研究。本文要提出的问题正是针对于此,我们要问的是:

(一)李约瑟难题可以按常规的形式逻辑推理方法求得最终解答吗?

(二)仔细推敲一下李氏难题的语义,它难道不是一个矛盾性的陈述吗?

简而言之,李氏难题果真能够成立吗? 若能成立,又是在什么意义上成立呢? 对上述问题,学术界多少有所忽视。我们发现,审慎地推敲一下,李氏难题实际上是一个逻辑上不完备的设问。研究这一难题,不在于追求一个终极的解答,而是在于每一位研究者都将在求解的过程中不断做出新的发现、新的成果。李氏难题实际上已成为中国科学史这门学科的一面号召性旗帜,而不应再将其作为最后攻克的目标。任何单纯追求终极解答的努力,其愿望固然美好,但实际上却是行不通的。对此,不少同仁似乎尚未予以应有的认识和重视,仍不断有人企图毕其功于一"文",解决李氏难题。这种做法似已偏离了科学史研究的主攻方向。因此,我们有必要重新认识和评价李氏难题,调整研究部署,避免无效劳动和空谈,更切实地开展工作,使科学史研究沿着健康的轨道发展深入。

在本文写作、征求意见过程中,我们注意到,已经有学者开始对李氏难题采取重新认识的态度。比如,江晓原曾对李氏难题表达方式本身提出两点疑问,可是他认为自己的疑问只是"使难题更难,意义更深远",似未真正触及难题的本体研究;[①]在一本较权威的科学史词典中,也提出"至少在其他方面,若问为什么中国'未能'产生欧洲文化形式,那就问得不适当了"[②]的看法;韩国学者金永植还提出将李氏难题适当改述的建议[③]等等。但均未对难题的逻辑不自洽作深入的剖析,本文试图通过对李氏难题以及有关研究的综合分析,给出这一难题逻辑不完备性的主要判据,并对其科学价值作出新的评价。

一、李氏难题的原初表达及其语义上的逻辑矛盾

关于李氏难题的由来,李老博士曾这样回忆道:"大约在 1938 年,我开始酝酿写一部系统的、客观的、权威性的专著,以论述中国文化区的科学史、科学思想史、技术史及医学史。当时我注意到的重要问题是:为什么近代科学只在欧洲文明中发展,而未在中国(或印度)文明中成长?"[④]打开《中国科学技术史》第一卷第二章,我们不难找到作者当年对这一难题的最初陈述:

"为什么近代科学,亦即经得起全世界的考验,并得到合理的普遍赞扬的伽利略(Galileo)、哈维(Harvey)、维萨留斯(Vesalius)、格斯纳(Gesner)、牛顿(Newton)的传统——这种传统注定会成为统一的世界大家庭的理论基础——是在地中海和大西洋沿岸、而不是在中国或亚洲其他任何地方发展起来呢?"[⑤]

现在,我们暂时不去考虑学术界对李氏难题所作的各种发挥性的转述、概括之类,先来分析一下这一原初表达形式的逻辑矛盾。

反复研读这道"难题",不难看出关键概念有两处,一是"近代科学",一是不同地域。即"地中海和大西洋沿岸"(亦即通常所说的欧洲)与"中国或亚洲其他任何地方"(如东亚或印度)。这两处关键词的联用,是导致"难题"出现逻辑矛盾的根本原因。

首先,"近代科学"产生于西方而不是中国或亚洲其他任何地方,这是历史事实,毫无疑义。李氏只是加了三个字"为什么",便从史实自然而然地提出了一个历史问题。与此同时,难题中的逻辑矛盾也就应运而生了。

逻辑矛盾之一:由"近代科学"定义所产生的矛盾。

关于"近代科学",李氏给出的定义是恰当的。按此定义,"近代科学"指的就是近代以来产生于西方的各种科学理论与传统的一个集合。既然如此,再问产生于西方的科学为什么产生于西方,便成为同义反复,好比我们要问为什么某甲的儿子是某甲生的,而不是某乙生的一样。而细细体味一下李氏难题的本义,似乎是要问:"为什么某乙的儿子不如某甲的儿子聪明?"这样的话,可却错误地表达成了"为什么某甲的儿子不是某乙生的?"这样的形式,从而导致了语义上的逻辑矛盾。事实上,某甲的儿子只能是某甲生的,"近代科学"就是指那些产生于西方的科学;产生于中国或印度的科学就不是李氏定义的"近代科学",而有另外的内涵或名称了。从纯粹语义学的角度分析,若李氏难题成立,则只能是一同义反复,从而无

---

① 《自然辩证法研究》1992 年第 1 期,第 67 页。

② W. F. 拜纳姆等:《科学史词典》,湖北科学技术出版社,1988:470。

③ 《自然辩证法通讯》1990 年第 6 期,第 69 页。

④ J. 李约瑟:《东西方的科学与社会》,《自然杂志》第 13 卷,1990 年第 12 期。

⑤ J. 李约瑟:《中国科学技术史》卷一,科学出版社,上海古籍出版社,1990:18。

法求解,这是其矛盾特性之一。

逻辑矛盾之二:关于地域定义的矛盾。

我们还是从李氏难题的原初表述出发。依其定义,"近代科学"是由伽利略等一大批西方科学家们所开创的一种科学传统。仅据李氏本人所开列的人名录核查一下,伽利略是意大利人,哈维是英国医生,维萨留斯是比利时佛兰芒族人,格斯纳是瑞士博物学家,而牛顿也是英国人。由此可见,"近代科学"是由西方多个国家与民族的集体贡献而产生的。如果说,它没能在中国产生,又何以在中国以外的某一个国家或地区产生出来呢? 如果李氏难题成立,我们同样可以问,为什么"近代科学"没有在欧洲的任何某一个国家产生。因此,从地域定义的角度看,李氏难题仍然面临着不能简单成立的困境,这是其逻辑矛盾的第二个方面。

我们认为,用中国或印度一个国家的文明与西方诸多国家文明的集合体去作比较是有失偏颇的。我们可以问为什么近代东方国家对科学发展的贡献不如西方国家多,却不能追问为什么"近代科学"没能产生在中国。即使在近代以前的近十个世纪里中国的科学技术曾鼎盛于世,也无法逻辑地导出"近代科学"一定要从中国产生的必然性,否则倒真的有些科学血统论的味道了。事实上,四大文明古国中哪一个国土上直接产生出"近代科学"呢? 都没有。而且,按照汤浅现象所揭示出来的规律,"近代科学"的中心不是一成不变地固定于某一个国家或地区,而是一直处于动态转移的过程之中,大体上经历了从意大利→英国→法国→德国→美国这样一个次第兴盛的历程。因此,正如汤浅所言:"科学活跃时期比起每一个国家的历史要短得多,就如同玫瑰花和少女很容易丧失自己的青春一样。"[1]如果说,"近代科学"崛起于西方,也只是在一个大的历史阶段内,就许多国家的综合状况而论的。近代以来,没有任何一个国家能夸口"近代科学"产生于斯,充其量只不过曾经为"近代科学"的繁荣提供过一个短暂的历史舞台。相比之下,中国或印度没能产生出"近代科学"就不足为怪了。我们或许可以问一问:为什么中国或东亚在"近代科学"活动中心转移的过程中没有能够占有一席之地? 然而这个问题若放在更悠远的历史长河中去考察,又没有必要大惊小怪了。世界上哪个地区的文明没对人类文明作出自己的贡献呢? 多少而已,高峰时间持续长短有别罢了。若一定要求某一个国家或地区时时、处处、事事都领先,那倒真的不符合历史发展的逻辑了。

所有这些都提示人们,对李氏难题采取简单处理的办法行不通。那样会导致从问题研究的一开始就陷入二难推理的困境。

诚然,李氏难题也还算不上是一个一眼就可以看出的逻辑矛盾,但其命题中所包含的二难推理式的矛盾特性却是难以克服的。于是,人们根据李氏原述的含义,提出了种种转述,企图摆脱由上述逻辑矛盾所造成的麻烦。

二、李氏难题的转述及其逻辑矛盾

对李氏难鹿的转述,大体上分为简化法和截断法两大类。

简化法是对作者原述按中文语法缩略。代表性的表述如中国的《自然杂志》在"李约瑟难题"征答中的概括:"中国古代有杰出之科学成就,何以近代科学崛起于西方而不是中国?"这种转述基本上和原述相似,其逻辑矛盾性上面已经论述,此不赘述。

---

① 汤浅光朝:《科学活动中心的转移》,科学与哲学,1979:54。

　　截断法是将作者原述转化为两个互相联系的问题:一曰"中国科学技术在近代落后的原因是什么?";一曰"'近代科学'为什么没有在中国产生?"代表性的表述如《中国科学技术史稿》。这种转述十分流行,尤其在中国学术界,常常在相等的意义上交换使用上述两种提法。《中国科学技术史稿》一书中,也是在两种提法平行的意义上使用的。1982 年中国的成都会议,是以"中国近代科学落后原因"为题,对李氏难题展开讨论的。在大多数人看来,"中国近代科学落后"和"'近代科学'没有产生在中国"是等价的问题,或曰一个问题的两个方面。因为"近代科学"没有产生在中国,所以中国近代科学落后了。但我们认为,这种转述并未从根本上化解原述的逻辑困境。

　　截断法的两种转述虽然有某些相似之处,但并不能完全等同。讨论"近代科学"为什么没有在中国产生,其逻辑矛盾已如前述。即使是将此题理解为讨论中国为什么没有在"近代科学"的产生中发挥应有的贡献,那么也更多地应该从科学传统和中国科学技术自身发展的内在规律去考察,侧重点当在"内史",而探究中国近代科学落后的原因,则是一个历史学的普通问题,更多地要从科学与社会的相互作用,以及整个社会的政治、经济、文化等大环境去着眼,侧重点当在"外史"。对后一问题,《中国科学技术史稿》已作出了较好的尝试,但它与李氏难题已相去较远,回答了这个问题,仍不能解决为什么"近代科学"没产生在中国的李氏难题。由此可见,截断法产生的两种转述已与原题有所偏离。

　　为了避免这种偏离,人们还常常将上述转述组合使用,即将"'近代科学'为什么没有产生在中国"和"中国近代科学落后原因"这两个问题一道提出。其实,这种截断重组式的转述,是在"近代科学"与先进之间画上等号。这样做的结果,便又导出新的逻辑矛盾。尽管前面我们已经论述了"'近代科学'为什么没有产生在中国"是一个矛盾性的提法,为了说明上述截断重组转述中的逻辑矛盾,姑且借用这一矛盾的提法,看看将其与"中国近代科学落后的原因"一道问:会不会有什么新意?

　　如前所迷,按汤浅现象,即便是西方的某一个国家,也只能是在近代科学发展的几百年中稍领风骚几十年,依汤浅统计,大体上 80 年左右为一周期。所以说,先进与落后是一个相对性的概念,先进与所谓的"近代科学"并没有绝对的因果关系。不能说有了"近代科学"就一定先进,反之就一定要落后。查查历史不难发现,一个国家的科学技术水平是由多种因素决定的,单靠引进"近代科学"不能完全解决问题。中国的情况便是一例,如果说因为"近代科学"没能产生于中国,中国近代落后了。那么,从利玛窦(R. Mottoe)来华算起,"近代科学"陆续传入中国也有数百年之久了,而中国今天的科学技术水平,除少数领域外,仍不敢以先进自居。可见,有了"近代科学"不等于就一定能先进起来。与中国的情况相对,即使是英国、意大利这样的深得"近代科学"精髓的老牌资本主义国家,今天相对世界先进水平而言,也可谓落后了。由此观之,这种截断组合式的转述貌似合理,实际上却是建立在一个经不起推敲的大前提——有了"近代科学"就一定先进——之上的。

　　综上所述,"中国近代科学技术落后的原因"是一个社会历史学以及与科学史相关的理论问题,与李氏难题已相去较远;而讨论"近代科学"为什么没有在中国或印度产生,又将陷入循环论证的困境——产生在中国或印度的已不是李氏定义的"近代科学",而是别的内涵或名称了,只有文艺复兴以来产生于西欧诸国的知识体系才被李老博士称作"近代科学"。至于说东方文明为何不同于"近代科学",则是比较文化学的研究范畴了。没有理由要求东方文明结出的果实一定要和西方的一样或类似。某种程度上看,李老博士的本义也大抵偏重在对中西文明的比较方面,但他对这一比较研究课题的提法,却存在着语义上的二律背反。事实上,我们只能在中西文明的异同点的方方面面取得共识,却无法对这些异同点起源——作出追根刨底的解答。事物的存在总是以差别为前提的。我们只能指出,世界上不存在两片同样的树叶,却难以回答,为什么这片树叶不同于那一片。执意要追究下去,无疑会陷进某种循环论证的困境之中。

三、从李氏难题已有解答的不完备性看其逻辑矛盾

由于李氏难题自身的逻辑不自洽,使得人们至今也无法找出一个无逻辑矛盾的完备解答。迄今为止,没有一个解答不存在着难以克服的反例。现仅就当前最有代表性的若干解答,也包括李老博士本人给出的部分解答略作分析。

首先是地理环境决定论。这一观点曾经非常流行,李氏本人早年也曾倾向过此说,即认为中国在地理上四面为山脉、沙漠及海洋所环抱,形成了一个封闭的体系,中国的科学技术也因无从交流而独立不兼,最终因日渐退化而导致落后,"近代科学"自然也就无从谈起。此说在具体的论证技法上不乏可取之处,但从整体上看却是不能成立的。第一,事实上中外文化的交流并未因高山、大海或沙漠而隔绝,从古到今,一直处于动态交流之中。第二,中国海岸线长达 18000 多公里,在讨论中国没有产生"近代科学"时是消极因素,而在讨论西方"近代科学"产生时,海洋却成了积极因素?这种对客观材料随意取舍的论证方法也是缺乏科学态度的。第三,以发展的观点看,若认为地理环境导致了中国今天的落后,那么就既不能解释为什么历史上中国曾经居于世界领先的地位,也不能回答将来的中国应该如何发展,总不能把中国搬到地中海沿岸去吧。我们认为,地理环境虽然能影响一国的某些科技的发展,却不能构成决定性的力量。因此,用地理环境决定论来回答李氏难题,在逻辑上是不完备的,在实践上也是有害的。

再看语言决定论。认为"近代科学"没有在中国产生,原因来自中国的汉字,持此说的人也不在少数。费正清(J. K. Fairbank)、波德麦(F. Bodmer)、斯图泰琬(E. H. Stutevant)乃至李约瑟本人等,都曾认为此说颇有道理。然而从实践上看,日本使用的是非拼音化文字,与中国相差无几,但其科技却早已迈入世界前列,更何况现代计算机技术正日益证明,中国汉字并不存在先天的表达缺陷,在上机操作和对抽象概念的表达方面并不逊色于拼音文字。故此说作为李氏难题的答案也难成立。

还有一说甚为流行,就是所谓的社会形态论。目前,此说几乎已成一种较为普遍被接受的解答方案。其主要论点是,认为"近代科学"之所以没有在中国而是在欧洲产生,其根本原因是由于新兴的资本主义社会制度首先在欧洲兴起的结果。[①] 李约瑟本人也在 1990 年给中国《自然杂志》的文章中说:"科学突破之所以只发生在欧洲,乃是与文艺复兴时期盛行的特殊的社会、思想、经济诸条件有关系的,而绝不是用中国人的精神缺陷,或思想、哲学传统的缺陷就能说明的。"[②]此论乍一听,十分中肯,但细究下来,亦有其逻辑障碍。实际上,科学与生产总是相互推动交替领先的。不能把科学的产生与发展简单地看成是某一社会体制作用的结果。新兴资本主义社会制度对科学发展的推动作用固然是有目共睹的,但更应该看到西方资本主义社会取得了长足的发展,某种程度上也正是得力于科学技术的推动,而不是因

① 杜石然,等:《中国科学技术史稿》,科学出版社,1982:327—336。

② J. 李约瑟:《东西方的科学与社会》,自然杂志,1990(13)。

为有了资本主义制度。"近代科学"才得以产生。一定要追根寻源,"近代科学"也只能是起源于对中世纪黑暗统治的历史反动,它的萌芽环境恰恰是最不利于科学发生与发展的欧洲封建制度。因此,将"近代科学"的产生归因于资本主义制度的说法,虽然在考虑社会对科学的历史作用方面有一定合理性,但从整体上看,也是经不起推敲的,它甚至还不能解释何以当今许多长期实行资本主义制度的国家仍未在近代科学方面大有作为这样一个简单的类比问题。

最后还有一说值得一提,那就是爱因斯坦(A. Einstein)的形式逻辑和科学实验说。爱因斯坦认为:"西方科学的发展是以两个伟大的成就为基础,那就是:希腊哲学家发明形式逻辑体系(在欧洲几里得几何学中),以及(在文艺复兴时期)发现通过系统的实验可能找出因果关系。在我看来,中国的贤哲没有走上这两步,那是用不着惊奇的。要是这些发现果然都作出了,那倒是令人惊奇的事。"[①]爱因斯坦的观点对论述"近代科学"的产生及其特点有一定的说服力。但援引此说来解释"近代科学"没有产生在中国,未免有顾此失彼之嫌。无论哪个民族的科学,绝对地远离逻辑和实验,没有一点理论思维,那实在是不可想象的。问题在于,中国古代的科学理论往往是一种综合的理论体系,或被寓于实际的科学行为之中,很少有人像西方那样将其抽象分析出来,形成一个独立的形式化体系。因此,可以说注重形式逻辑和科学实验,是"近代科学"的一大长处;却不能说有了形式逻辑和实验就一定能产生出"近代科学"。中国古代科学中蕴含有逻辑与实验的成分,但没能产生出西方"近代科学";欧氏几何学以及许多古希腊著作,都曾在中世纪的阿拉伯国家得到发扬光大,可以说西方的"近代科学"形式逻辑基础是经过阿拉伯国家继承古希腊的,而且阿拉伯人也曾致力于天文学、化学等方面的实验与观察,然而"近代科学"也没有产生在这个地区。

所以说,上述种种回答李氏难题的方案,如果有什么可取之处的话,也只能作为西方"近代科学"产生的必要条件,而不能同时构成充分条件。造成这种状况的原因,不在于我们的学者们疏于研究,论证不够完备;根本症结还是在于李氏难题自身的逻辑矛盾。既然"近代科学"指的就是近代以来产生于西方的知识体系,那么其产生的充分必要条件也就只能是当时这些国家的"天时、地利、人和"等诸因素的总汇,任何企图揪取一点不及其他的解题方案,都不可避免地会出现这样或那样的逻辑障碍。这也从反面说明原题的逻辑不完备性是毋庸置疑的。

对李氏难题的解答方案还有许多,不可能逐一列出,几乎所有可能设想的方方面面都被人们提及了,但都不能自圆其说。"民族性格论"可谓是种族主义的变种,"偶然发生论"又无异于宣告历史科学的破产。凡此种种不一而足。李老博士本人也在历经深思后发出喃喃自语:"可是如果你否认用社会学可以有效地或确切地说明文艺复兴末期产生近代科学的'科学革命'现象⋯⋯你又希望能说明何以欧洲人能做到那些中国人和印度人做不到的事情,则你会陷入无可逃脱的两难困境之中。"[②]

至此,问题已经较为明朗化了。因为李老博士在历经多年的求索之后,也意识到他当初提出的难题的"两难困境"了。从上文可以得到两个信息,一是似乎李氏本人更倾向采取"社会形态说"来解题,此说的困难前面已经论证,此不赘述,况且最终李老博士会取什么态度,也不难定论;另一个值得注意的信息是,李约瑟博士开始在"近代科学"后面加上了"科学革

---

① 《爱因斯坦文集》第一卷,商务印书馆,1983:574。
② J. 李约瑟:《东西方的科学与社会》,自然杂志,1990(12)。

命"作为对近代科学新的诠释。而这一点恰恰被敏锐的美国学者席文(N. Sivin)博士及时抓住并深入研究,并由此对李氏难题的研究作出了一定的突破。下面,我们再看看,局面从总体上是不是有所改观?

四、从科学革命说看李氏难题的逻辑矛盾

用科学革命说来解答李氏难题,确实是一个全新的想路,它回避了原述在语义上的同义反复,并对近代科学的实质作了进一步的阐释。在这一方面,席文博士做了大量有益的工作,其代表作"为什么中国没有发生科学革命?——或者它真的没有发生吗?"[1]中有许多很有新意的提法,但仍然未能完全脱离李氏难题的藩篱。这里,我们仅从两个方面来看一下,这种转述是怎样无法改变李氏难题的逻辑矛盾的。

第一,科学革命与"近代科学"没有直接的因果关系。

科学革命的确是西方近代科学的一大特征,但科学革命并不能作为"近代科学"的充要性判据。所谓科学革命,无非是指一定历史时期内科学思想体系的大变革。因此可以说,中国历史上也曾有过科学革命。目前已有学者提出:在中国历史上,汉代的"浑盖之争"等就应当属于科学革命之列。[2] 既然有科学革命,科学就会不断进步,落后也就只是相对的、暂时的。然而,即使中国近代也出现了大规模科学革命的话,其结果也可能正如李约瑟所猜测的,是一种与元气论自然观相适应的"场物理"式的"现代科学"[3],而不会是李氏所界定的那种与原子论自然观——以分析、间断、孤立为特征——相适应的"近代科学"。从这一点上看,科学革命仍然不能消除李氏难题的基本逻辑矛盾。它也不能作为产生"近代科学"的充要条件。这大约也正是席文博士在文章中一会儿说中国"有她自己的科学革命",一会儿又认为中国"没有爆发成一场……根本革命"这样模棱两可说法的原因。此外,值得注意的是,李氏当年在其巨著中定义"近代科学"时,列举了伽利略、哈维、维萨留斯、格斯纳和牛顿,唯独没提哥白尼(N. Copernicus)。而众所周知,哥白尼天文学革命可谓科学革命说的一大标志。显然,我们不能认为这是李氏当年的一个疏忽,这也正好说明,所谓的科学革命不过是今天的学者对近代那段如火如荼的科学进步的一种描述而已,哥白尼本人当年并没意识到他正在进行一场科学革命,相反,他还时时为自己得罪了教廷而惶恐不安。"革命"之说,实际上是后人对他的美誉。

为深入理解近代科学与科学革命的关系,不妨再看一下由李约瑟博士画出的这张中西科学技术发展对照示意图。[4]

由图中不难看出,倒是中国科学的发展,更顺乎理性;西方科学 15 世纪以后的那种指数增长趋势,注定是不可能一直延续下去的。依那样的速度发展,将在不久的将来,出现一天之内,科学无限倍增长的局面,这显然是荒谬的。因此,单单抓住历史发展的一个断面(在图中则为阴影部分)发问,就极可能出现以偏概全的错误判断,而其陈述中的逻辑矛盾也就不难理解了。科学革命说作为西方近代科学短期内突飞猛进的一种形象描述是可取的;但却

---

① N. Sivin, "Why the Scientific Revolution did not Take Place in China—or didn't it?",《中国科技史探索》,上海古籍出版社,1982 年版,第 89 页。

② 李志超:《浑盖革命与中国文化模式之兴衰》(未发表)。

③ J. 李约瑟:《中国科学技术史》卷四,英文版,第 1 页。

④ 《科学传统与文化》,陕西科技出版社,1983 年版。

不能用来解释为什么"近代科学"没有产生在中国。因为即使中国近代有了科学革命,也不可能产生李氏的"近代科学",何况不能说中国自古以来就没有科学革命呢? 如果"科学革命"一词像"近代科学"一样仅限于描述西方近代的那场科学变革,那将又陷入同样的语义矛盾当中,西方的科学革命怎么可能在中国出现呢?

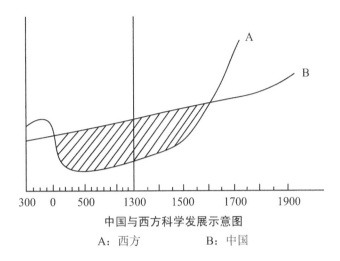

中国与西方科学发展示意图

A：西方　　　　　　B：中国

第二,东亚各国对"近代科学"或西方科学革命也有贡献。

事实上,科学本无所谓东方、西方之分,只要是认识自然,改造自然的实践活动,都属于科学的范畴。不能以某一地区、某一时期或某一类型科学的特征来标定一切科学。这种做法在理论上不合逻辑,实践上也是弊大于利的,它极有可能诱发出科学沙文主义的现象。统而观之,地球上科学的历史发展,实际上是由两个互补的文明圈——东方和西方交互推动的。两者各有千秋,但早已是你中有我,我中有你。不存在什么绝对孤立封闭、纯而又纯的西方科学革命。关于这一点,只要稍微回顾一下东西方文明的交流史便可以释然。

李约瑟在对中国古代文明进行深入研究之后曾得出结论:"现代科学的诞生经历了几个世纪的准备时期,在这个时期内全欧洲曾经吸收了阿拉伯的学术知识,印度的思想意识和中国的工业技术。""欧洲人要把科学看作自己的私有财产,那是极其荒谬而且不可能的。"[①]既然中国已经对人类文明的总进展作出过重大的贡献,那么还有什么理由苛求中国文明在任何时候都处处领先呢? 若果真那样的话,反倒不合乎历史发展的逻辑了。

事实上,中国文明也曾对西方科学革命做出过重大的贡献。在这一点上,费朗西斯·培根(F. Bacon)倒是稍为清醒一些,他曾指出:"我们应该注意各种发明的威力、效能和后果。最显著的例子便是印刷术、火药和指南针,这三种发明古人都不知道;它们的发明虽然是在近期,但其起源却不为人所知,湮没无闻。这三种东西曾经改变了整个世界事物的面貌和状态,第一种在学术上,第二种在战争上,第三在航海上,由此又产生了无数的变化。这种变化是如此之大,以致没有一个帝国,没有一个教派,没有一个赫赫有名的人物,能比这三种机械发明在人类的事业中产生更大的力量和影响。"[②]

遗憾的是,西方世界对中国发明贡献的忽视由来已久,就是培根在他的著作中,也没有

①　J. 李约瑟:《四海之内》,三联书店,1987:6—7。

②　J. 李约瑟:《中国科学技术史》卷一,科学出版社、上海古籍出版社,1990:18。

在一个地方,甚至没有一个脚注指出上述三大发明是来自中国。

其次是,中国文明对"近代科学"的贡献绝不仅仅是某些技术成就而已,在思想理论和实验科学方面也可谓举足轻重,诸如炼丹术对化学实验的推进,十进位制的发明,二进位制思想的提出,还有免疫学、对指纹的认识和应用等等,离开了上述科学思想与方法的成果作基础,很难设想西方近代科学革命是什么样子。仅就十进位制而言,"如果没有这种十进位制,就几乎不可能出现我们现在这个统一化的世界",[①]再比如达尔文(C. R. Darwin)学说,它可以说是西方近代科学革命的又一代表性流派,然而达尔文本人就曾经在他的几本著作中引用了近百条中国的实物和文献资料,并且在他的名著"物种起源"一书导言中明确指出:"如果以为人工选择原理是近代的发明,那就未免与事实相差甚远,我在中国……一部百科全书中看到已有人工选择原理的明确记述。"[②]

由此足以说明,中国文明对西方近代的科学革命曾起过不容忽视的重大作用,因此,若把"近代科学"的产生简单地归结为科学革命的作用,那么中国岂不成了近代科学真正的始祖了吗? 可见,"近代科学"没有产生在中国不能归结为中国没有发生过科学革命;中国出现过科学革命却没有产生"近代科学"。

"科学革命说"虽然立论新颖,仍然没能改变李氏难题的逻辑不完备性,只是由于引入新的概念,使问题复杂化了一些。但有一条却和李氏难题原述具有同样的性质,那就是"科学革命"的定义在语义和地域上和"近代科学"一样存在着难以克服的二律背反。

综上可见,李氏难题的逻辑矛盾是由其语义上的同义反复造成的,而种种转述所遇到的逻辑困难也一再说明对李氏难题的逻辑缺陷已到了不容忽视的时候了。

五、李氏难题的科学价值

李氏难题尽管有其表达上的缺陷,但并不能因此就全盘否定李氏难题,这是因为其重大的科学价值倒也正是通过这种表达上的不完备性而得以实现的。

李氏难题的科学价值首先表现为对一个由来已久难题研究的活化功能。

关于近代中国没有产生出西方式的自然科学的原因的探讨,并不是李约瑟的发明。早在本世纪初,它就引起了我国哲学界、史学界以及自然科学界的关注。但由于世界局势发生众所周知的变化,以及这一课题本身的超难特征,使得人们关于这一课题的讨论逐渐冷落下来。

正是因为李约瑟博士在其巨著《中国科学技术史》中振聋发聩地再次提出了这一课题,并且以一个极具科学魅力的矛盾式的陈述加以表达,从而吸引了一大批东西方的科学家们重振旗鼓。这一尘封多时的老问题的研究,在李氏难题表达方式的活化作用下,仿佛枯木逢春,梅开二度,重又活跃起来。

当大规模的精密化研究开展起来之后,人们对各种各样的假设解答都不满意;令人高兴的是,这场为解决难题而展开的全方位深入讨论研究所产生的副产品却出人意料的丰厚。因此,我们认为,对李氏难题的研究,参与大于求解。李氏难题已日益成为联系多学科学者进行中西科学史比较研究的纽带与桥梁,通过向这一难题发起挑战,可以重新认识和发现东

---

① J. 李约瑟:《中国科学技术史》卷四,科学出版社,1987:333。

② 达尔文:《物种起深·导言》。

西方文明的共同点与不同点；重新认识许多过去不曾认真考虑过的传统观点。但是对它的求解只能作为一个良好的终极愿望。

李氏难题的另一项重要的科学价值，是其强大的融合功能。

李氏难题像一条极富科学魅力的主题词一样，成为促进东西方两大文化体系之间真正了解与沟通的一个文化生长点。李氏难题已随着他的著作一起，在全世界范围内产生了广泛而深远的影响。通过对李氏难题的讨论，不仅使西方人对中国文明乃至东亚文明有了更为全面的认识，同时也使中国人再一次审视了自己民族的荣辱兴衰。在与西方文明的比较中，真正认识西方"近代科学"的长处所在，取长补短，继往开来。今天，李氏难题正以其逻辑上的不完备性特征而成为一个开放性的研究课题。它激发了人们空前的探索欲与想象力。启发人们从各个角度全面反思中国及东亚科学技术发展的"内史""外史"及成败得失。由于李氏难题的开放特征，使这一课题的研究比较任何一个其他课题都要显得活跃，几乎每一个思考过这一问题的学者，都可以见智见仁。这对于最大限度地活跃学术思想，开拓研究的新视角、新思维等，也有着积极的作用。从这个意义上说，李氏难题的科学价值正是通过其逻辑上的不完备性所引起的众说纷纭而实现的，真可谓有心栽花花不发，无意插柳柳成行。

从实际发生的效果看，对李氏难题虽然难求共识，但由此而引发出中国对西方近代科学技术的重视和正视，却是有目共睹的。虽然西学东渐已有数百年之久，但中国人"泱泱大国""唯我中华"的心态也由来已久，对西方科学的优秀传统仍有许多买椟还珠的遗憾做法。对李氏难题的讨论，促使我们不得不仔细冷静地考虑一下，究竟什么是西方"近代科学"的精华？它到底好在哪里？东方文明的长处与短处又各是什么等等。所以说，对李氏难题的没有结论的讨论对于东西方文化的进一步交流，从思想上做了难得的准备。而正确认识人类文明特别是西方文明的优秀成果，在相当长的历史时期内一直是我们所不足的。

随着研究视角的变换拓展，李氏难题还将以其逻辑矛盾性吸引和激励科学史家们不断提出新观点，做出新发现。至于李氏难题本身的最终解决，则正如李约瑟博士所言："即使有二十个专家把他们毕生的精力全部投入，也只能得到某些初步的成绩而已。"所以说，就算李约瑟的大著《中国科学技术史》全部问世，也"只能是一个初步的探讨"。[①]

这种事实上无解的结果，正是由李氏难题的逻辑矛盾性所决定的。

原文载于:《自然辩证法通讯》,1993,15(6):35—44。

---

①　J.李约瑟:《中国科学技术史》卷一,科学出版社,上海古籍出版社,1990:4。

戴震的科技著作与"治经闻道"

张秉伦

一、戴震的主要科技著作

乾嘉时期,考据学进入全盛阶段而成为学界主流,世称"乾嘉学派",其影响较大者,有以戴震(1724—1777)为代表的"徽派",以惠栋(1697—1758)为代表的"吴派"和以汪中(1745—1794)为代表的"扬派",其中以"徽派"对科学技术最为关注,戴震本人的自然科学基础在三位代表人物中也是最为雄厚的!

戴震,自幼聪颖,勤奋好学,博古通今,著述宏富。于哲学、文字、音韵、天文、算学、地学、生物、工程、机械以及古器物等方面,均有广泛的研究,多有建树,可谓学贯天人,著作等身①。他在科技领域的主要成就有以下几个方面:

在天文学方面,戴震自幼关注天文历法。主要著作有《续天文略》二卷,该书是据西方天文学知识整理解释中国古代天文学有关记载,原拟分为星见伏昏旦中、列宿十二次、星象、黄道十二次、七衡六间、晷影短长、北极高下、日月五步规法、仪象、漏刻等"十目"。然此书似未完成,仅至北极高下,分为卷上卷中。所缺日月五步规法、仪象、漏刻当为卷下。主要天文学论文有《释天》四篇、《迎日推侧记》一篇、《九道八行说》一篇、《周髀北极璇玑四游解》两篇、《原象》三篇等;另有《历问》《古历考》等,只有著录,未见刊行。此外,他还参加了《五礼通考》中"观象授时"一门的编纂工作。戴震天文学著作,多借西洋新法评述各家学说,考订注变,或与古人辩难,立论自较清楚,亦有所创见,惟传教士并未将当时最先进的天文学知识传入中国,有关天体运行说亦俱臆测之谈,戴氏用力虽勤,然于事实相去甚远,此自时代所限,不可苛求。

在算学方面,戴震撰有《策算》一卷、《勾股割圜记》三卷,另有《准望简法》《割圜弧矢补论》《勾股割圜全义图》《方圜比例数表》手稿各一卷。其中《策算》一卷,专讲乘除、开平方;《勾股割圜记》对三角八线和平面三角形解法、球面三角形和斜面三角形解法,均有论述,颇得当时皖浙一带学人赞赏。礼部尚书秦惠田将其视为"古今算法大全之范",全部收入《五礼通考》。然戴震在数学史上的最大贡献,还是他对古典算经的整理和校勘工作。元中叶以降,中国传统数学急剧衰落,宋元时期一些杰出的数学成就,明代竟无人通晓;汉唐宋元的数学名著,至清初除个别丛书偶采一二外,大多散佚失传,或残留孤本,亦被束之高阁,虽存犹亡,中国传统数学几成绝学。戴震一入四库馆,便从《永乐大典》中将依韵编排而离散错出的

①　叶光立,汪昭义,等:《论戴震对自然科学的研究》,安徽师大学报,1994(4)。

古算书内容加以搜集整理，详加校订。他悉心耘治、焚亮继晷、靡间寒暑，历时五年，先后辑出《周髀算经》《九章算术》《海岛算经》《孙子算经》《五曹算经》《五经算术》《夏侯阳算经》《数学九章》《益古演段》九种，以及收集到的影宋版《张丘建算经》《辑古算经》《数术记遗》，校勘后，一并收入《四库全书》，并将前七种收入《武英殿聚珍版丛书》。使这些古算书失而复得，为中国古代算学的存亡继绝做出了杰出的贡献！在戴震工作的影响下，随后《测圆海镜》《四元玉鉴》《算学启蒙》《详解九章算法》《杨辉算法》等名著，又陆续被发现、校勘，掀起了乾嘉时期研究中国古代数学的高潮。辑录校勘古算书，乃戴震首创，成绩最大，功著千秋！

此外，戴震还为《四库全书》天文算法类 31 部天文推步之属，25 部算书之属，分别撰写了提要，编入总目。

在地志学方面，戴震是当时一位“精博于地舆之学”的著名学者，他撰写的大量有关地志的文章，阐发了实事求是的修志思想，影响深远；他主修的《汾州府志》《汾阳县志》被时人称之为“修志楷式”；他帮助加工润色的《直隶河渠志》亦被称作“有用之书”；而他精心校理的《水经注》，创获良多，更是有口皆碑。《水经注》自北宋就无善本，字句讹舛，“经”“注”相混，不易阅读，虽地理学家阎若璩、顾祖禹、胡渭都不免沿袭其错，戴震认真钻研后，独具慧眼，认出“经”与“注”的三条区别：水经主文，首云某水所出，以下无庸再举水名；经文叙次所过州县，如云“东过某县”之类，无有言始城者；“经”例云“过”，“注”例云“迳”，不得相混。戴震据此区别，从 43 岁着手拨正，到 52 岁始成定本《重订水经注》，使千百年来“经”与“注”互讹的《水经注》，有善本可读，堪称一时杰作。

在机械考工方面，戴震也有探索，早在私塾读书时，他就创造性地绘出《小戎》兵车图，20 岁撰《赢旋车记》，以后又有《自转车记》《明堂考》等文章；影响最大者当属对中国古代百工之事的科技名著《考工记》的深入研究，24 岁写出《考工记图》初稿，后经增订于乾隆二十年刊行，有图 59 幅，对理解《考工记》的名物制度极为有用，被当时人称为“奇书”“绝活”，纪昀曾列出戴震补注比郑注精审之处达 20 例之多。戴震不无自信地说：“执吾图以考之群经暨古人遗器，其必有合焉。”戴氏健在时就曾得到过证实：《考工记图》成，后来“乾隆某年所上江西大钟正与余说合。”①200 多年来，尤其是近几十年来考古和研究，表明戴氏所绘之图约有 1/3 与考古实物不合，其余 2/3 也有一些需要修改和充实，但也有不少真知灼见被考古实物所证实，如“当兔在舆下正中”，与 1980 年秦俑考古队发掘的大型铜马车构件不谋而合，不能不说是过人之见。

此外，戴震在治经过程中，对生物学和医学也有过研探，近年发现的《经雅》手稿，收集古籍中所记属于兽、畜、鸟、虫、鱼、草、木 7 大类，近 450 种动植物名称、别名、形态习性等，是一部词典式的专著。据《扬州画舫录》记载，戴震撰有《金匮要略注》，惟见著录，未见其书；洪榜《戴东原行状》言戴震著有《气穴记》《藏府象经论》四卷，可惜已佚。据书名推测，《金匮要略注》似应包括内、外、妇科等杂病的临床辨证施治和方药的配伍原则的注释；《气穴记》和《藏府象经论》大概为中医经络穴位和脏象学说之类的著作；他临终前还准备为王廷相作《伤寒论注序》，似未完成。表明戴震虽不以医名，却能“拈草活人”，确非过饰之词。

---

① 段玉裁：《戴东原年谱》。

二、科学技术与经学研究

　　戴震是清代著名的经学大家,为何如此广泛涉猎科学技术,并进行比较专精的探索呢?戴震17岁,就"有志于闻道",他治经几十年,以探索古今治乱之源。如果说他治经是手段,明道是目的,那么他研习科学技术则是治经的必要前提和准备。他在治学中一向反对宋明以来的"凿空言理",要求"征之古而靡不条贯,合诸道而不留余议,钜细毕究,本末兼察"。①他还认为:"经之至者,道也。所以明道者,词也;所以成词者,字也。"因此必须"由字通其词,由词通其道"。② 强调把名物考释与语词训诂并重,为真正读懂古经扫清语言文字和天文、历算、地理、名物制度等方面的障碍。这样,如果没有广博的科学技术基础,则无由通其词语,想要达到明道的目的,岂不是"犹渡江河而弃舟楫,欲登高而无阶梯也"。③ 他深有体会地说:"诵《尧典》数行,至'乃命羲和',不知恒星七政所以运行,则掩卷不能卒业;诵《周南》《召南》,自《关雎》而往,不知古音,徒强以协韵,则龃龉失读;诵古《礼经》,先士冠礼,不知古者宫室衣服等制,则迷于其方,莫辨其用;不知古今地名沿革,则《禹贡》职方失其处所;不知少广旁要,则《考工》之器不能因文而推其制;不知鸟兽虫鱼草木之状类名号,则比兴之意乖。"② 正是基于这种认识,他对中国古代科学技术和当时已传入中国的西方科学技术孜孜以求,刻意钻研,或师承江永,或私淑梅文鼎等人介绍的西方科学著作。包括天文、数学、地理、生物、医学、考工、机械诸多领域,都有比较专精的研究,且有成效,因而被誉为"百科全书式的学者"。

　　尽管戴震在科学技术领域取得了令人瞩目的成就,但他从来不以自然科学家自居,而是一再声明"仆平生著述之大,以《孟子字义疏证》为第一,所以正人心也"。可见《孟子字义疏证》这类正人心的哲学著作,才是他治学的真正目的。至于"六书、九数等事,如轿夫然,所以异轿中人也。以六书、九数等事尽我,犹误认轿夫为轿中人也"。④ 可见科技对他来说仅是"轿夫",是为了抬正人心等哲学著作的"轿中人"而已。

　　正因为他研习科学技术是为"治经闻道"服务的,所以他的科技著作多以解经考证、阐明辩难的形式写成的,或者是为了治经之士而撰写的,这和一般意义上的科学著作就不尽相同。汪灼评曰:"庶常(戴震)以天文、舆地、训诂诸大端为治经之本,故所为步算诸书,类皆以经义润色。"⑤如《策算》一卷,与梅文鼎《筹算》七卷算法基本相同,都是论述利用纳白尔算筹进行乘除、开平方、开立方的用筹方法,但二书体例迥异。梅氏《筹算》例题,凌杂米盐,说明不厌详尽,戴氏《策算》,乘除题以《周易》二篇策数、焦氏《易林》卦变、《汉书》"历律志"度量衡制、律管长度,历法计算题为题;其开方题,以《论语》"道千乘之国"面积求方边为题,及《考工记》"轮人""磬氏"勾股求弦为例;开立方罕用,故未举例演算。究其故,此书实乃为治经之士而作。《勾股割圜记》所举公式,亦不出梅文鼎诸书之范围,仅图证稍有变更。他写此书的目的,是"因《周髀》之言,衍而极之,以备步算之大全,六艺逸简,治经之士博见恰闻,或有涉乎此也"。⑥ 可见此书也是为治经之士而撰写的,所以他不用当时通用的数学术语,而选用古名

---

　　① 戴震:《与姚孝廉姬传书》。
　　② 戴震:《与是仲明论学书》。
　　③ 戴震:《策算序》。
　　④ 段玉裁:《戴东原文集序》。
　　⑤ 汪灼:《四先生合传》。
　　⑥ 戴震:《勾股割圜记》下。

或径造一些古老而"新异"的术语来替代,如称封"角"为"弧"、称"弦"为"径隅"九、称"矩"为"边"、称"正切"为"矩分"等等,不与当时算家雷同,又以吴思孝名义将通行之平弧三角术语补注于后。这种"颠倒古今"之举,使许多人困惑不解,以至对戴震多所指责。其实吴思孝在该书序言中已作了解释:"《记》中立法称名,一用古义,盖若刘原甫之《礼补亡》,欲跻古人传记之后,体固不得不尔也。"①同样,他的天文学著作也是为了"治经闻道"或为治经之士而撰写的,如:《释天》四篇,欲借"六经"以阐明天文之意,分论黄赤道极、岁差、里差、历法随时测验,以解释《尧典》《夏小正》《诗经》《春秋》中的天文历法和天文仪器,进而推本于《洪范》"五纪";《观象授时》也是"推本六经以著其源,递考累代以究其变,会归本朝以集其成"②;《续天文略》两卷,更是"考自唐虞以来下迄元明,见于六经史迹,有关运行之体,约而论之著于篇"。③ 因此阮元《畴人传》评曰:戴震"所为步算诸书类皆以经义润色,缜密简要,准古作者"。段玉裁《先生年谱》干脆说他的科学著作是经书:"先生于性与道了然贯彻,故吐辞为经。如《勾股割圜记》三篇、《原善》三篇、《释天》四篇、《法象论》一篇皆经也。"因此也就不是严格意义上的自然科学。由于西学中源思潮的影响,他又本着"存古法以溯其源,秉新制以究其变"的原则,认为于理可通者皆奉为古法,其不可通者则诋为后人臆说。这就不可避免地带有穿凿附会、妄改臆断之处;加之当时传教士传入的自然科学内容并非西方最新的科学成就,戴震著作中有不少与事实相差甚远,正如梁启超所言:"先生于天文学所言,不能与今世科学家吻合,此自时代所限,不容苛求。"④经学家和哲学家应该具备广泛的科学知识,但没有理由要求每一个经学家或哲学家都是自然科学家,对戴震亦然。考查自然科学在戴震"治经闻道"生涯中究竟发生了什么作用,才符合他的初衷。

三、自然科学对戴震哲学理论体系的影响

就治学先后次序而言,戴震首先是一位自然科学的学者,而后才是一位著名的经学大师和哲学思想家。不了解作为自然科学学者的戴震,就很难理解作为经学大师和哲学思想家戴震的广博的科学基础、自然观和方法论,而忽视经学大师和哲学思想家戴震那些"正人心"的著作,仅就其科学著作评长论短,则"犹误认轿夫为轿中人矣"。那么自然科学对戴震"治经闻道"、构建自己哲学理论体系产生了什么影响呢?

1. 戴震以天文、数学、舆地、生物等自然科学和训诂为治经之本,广博的科学技术知识,使他成为兼通古今中外的博学大家、百科全书式的学者,这对戴震"治经明道"来说,犹如准备了渡江河之舟楫,欲登高之阶梯。不但为他真正读懂古籍扫清了语言文字以及天文、历算、地理、名物、典章制度等方面的障碍,而且对他会通诸经,发前人所未发,构建自己的学术体系也具有重要的意义。因此王昶说他的学问"包罗旁博于汉魏唐宋诸家,靡不统宗会元,而归于自得;名物象数,靡不穷源之变,而归于理道。本朝之治经术众矣,要云先以古训,折之以群言,穷极乎天人之故,端以东原为首"。⑤ 他又能网罗算氏,缀辑遗经,以绍前哲,用遗

---

① 吴思孝:《勾股割圜记·序》。
② 戴震:《释天·凡例》。
③ 戴震:《续天文略·自序》。
④ 梁启超:《戴东原先生传》。
⑤ 王昶:《戴东原墓志铭》。

来学，"盖有戴氏，天下学者乃不敢轻言算数而其道始尊"。① 可见天文数学等自然科学知识不仅是他的治经之本，而且是他治学的自然科学基础，还为他的学术赢得了应有的地位。此外，多学科的造诣，赢得了南北学子的敬慕，不少青年学子纷纷投书或登门拜师求教。他两次主讲金华书院，乃至初到京师，寄居徽州会馆，纪昀、王鸣盛、钱大昕等著名学者都亲自登门"叩其学，听其言，观其书"；秦文恭也邀请他"朝夕讲论《观象授时》一门"；戴震学派中的程瑶田、洪榜、段玉裁、孔广森、凌廷堪、阮元、王念孙等人，对自然科学都有较高的修养，形成了"徽派"经学家的特点之一，这与"徽派"代表人物戴震广博的自然科学基础都是分不开的。

2. 在自然观方面，戴震明显受到中国古代和当时已传入中国的自然科学的影响，而且在一定程度上能够择善而从，既不相信中国古代有关"月中兔蟾"之类的童话，又不迷信传教士阳玛诺等人"欲借推测之有验，以证天堂之不诬"等邪说，坚持以唯物论来探索宇宙的本质和规律，他继承和发扬了中国古代气一元论，并吸收西方精密有据之术，坚持"气"是宇宙万物的本原，反复论证地圆之说，明确指出"天地无心而成化"②，否定无形无迹"宗动天"的神学说教，描绘出"天为大圆，以地为大圆之中心"，"大气举之"③的宇宙图景，这在当时已是很高的认识水平。从而堵住了通往神仙、上帝和程朱"理"的通道；他"以气固而内行"来解释天何以不坠，以及关于人立地球表面何不倾跌的引力作用的猜测，虽未揭示问题的实质，但毕竟是从自然界本身去找原因，显然比18世纪"还禁锢在神学之中的科学"用外来的推动力作为最后的原因，要高明得多；他对医学和生物学的研究，使他对人的本质，包括人的知觉及其与自然界的关系，有一个较为清晰的认识。他肯定人是有感情、有欲望、有生命知觉的现实的人，人欲是人生存的前提，"天下必无舍生养之道而得存者"。④ 从而增加了他批判程朱唯心主义反人性的"存天理，灭人欲"的自然科学基础。但戴震的唯物主义自然观是不彻底的。这与当时的科学水平，尤其是粗略的天文学、初等数学、直观的生物学有关。如他认为"天之运行，循环不已"⑤，"日月之赢缩迟疾，皆就归法，于以见运行之机，至动有常"。⑥ 甚至断言"星见伏昏旦中，可以上推千古，下推亿万年而皆准"等⑦。在戴震看来，天体运行规律和星宿之间的距离都是终古不变的，这无疑是一种片面的绝对的观点；又如，他虽然认识到"飞潜动植，举凡品物之胜，皆就其气类别之……桃与杏，取其核而种之，萌芽甲坼，根干枝叶，为花为实，形色臭味，桃非杏也，杏非桃也。无一不可区别。由性之不同，是以然也。其性存乎核中之白（即俗呼桃仁杏仁者），形色臭味，无一或阙也"，④正确认识到不同的物种的性状是由包含在果仁中的属性包括遗传性决定的，但他又说"气化生人生物以后，各以类滋生"，"千古如是，循其故而已矣"。这种生物界"种类滋生"、"千古如是"而否认变异的观点，与上述天体运行"至动有常"、"终古不变"的观点，颇似18世纪欧洲流行的那种形而上学观点，也是他在人类学和人性论等社会哲学领域折射入形而上学认识论的根源。⑧ 戴震对自然科

---

① 阮元：《畴人传》。
② 戴震：《孟子私淑录》。
③ 戴震：《续天文略·晷影长短》。
④ 戴震：《孟子字义疏证》。
⑤ 戴震：《屈原赋注·天问》。
⑥ 戴震：《原象第一章》。
⑦ 戴震：《续天文略》卷上。
⑧ 王茂：《戴震哲学思想研究》，安徽人民出版社，1980。

学的研究,一方面促使他成为唯物主义者,另一方面又导致了他的学术观点具有浓厚的形而上学色彩。

3. 著名科学家爱因斯坦曾说:"西方科学的发展是以两个伟大的成就为基础的,那就是希腊哲学家发明形式逻辑体系(在欧几里得几何学中),以及(在文艺夏兴时期)发现通过系统的实验可能找出因果关系。在我看来,中国的贤哲没有走上这两步,那是用不着惊奇的。要是这些发现果然都做出了,那倒是令人惊奇的事。"①其实,至少 18 世纪的戴震,自从受到西方数学,尤其是西人传入的欧几里得《几何原本》影响之后,他在治经闻道过程中就相当广泛地应用了逻辑思维方法,并以形式逻辑来构建自己的理论体系,只不过姗姗来迟而已。如他在强调"分则得其专,合则得其和"②的分析综合法的同时,更加重视分别门类的研究,以探求事物内在之理,要求"条分缕析""剖析至微"。所谓"理者察之几微必区以别之名也,是谓分理。在事物之质,曰肌理、曰腠理(皮肤)、曰文理。其分则有条不紊,谓之条理"。③ 虽然他在生物、医学等领域对分理、条理的认识,还停留在事物表面的浮浅观察分析水平上,但这毕竟是明代西学东渐以来我国当时科学水平在哲学上的反映。在演绎推理方面,他特别重视概念的界定,要求概念"至当",进而运用概念去判断(裁断)推理。他说:"明理者,明其区分也;精义者,精其裁断也。"④"施之以断,则能明是非之曲致。"③"能裁断,方能推测。"④《测量法义》提要"能断之而准,则足以知之。"⑤在归纳方面,他说"一字之义,当贯群经,本六书,然后定"⑥,即要考察文字在经籍中的各种用法,然后加以归纳,得出结论,以达到"十分之见","必证之古而靡不条贯,合诸道而不留余议"⑦。甚至要求真理应具有几何学的准确性:"夫天地之大,人物之蕃,事物之委曲,条分苟得其理矣。如直者之中悬,平者之中水,圆者之中规,方者之中矩。然后推诸天下万事而准。"⑧虽然这些理想化绝对真理在社会真理方面几乎是难以实现的,但却反映了戴震受几何学方法的影响。更为典型的是他那最重要的正人心著作——《孟子字义疏证》,就是按照《几何原本》那种"以前提为依括,层层展开、重重开发",累累交承,至终不绝的体例撰写的。他不取传统的"疏证"体例,而大至全书,细至各个章节,几乎都遵循《几何原本》中的定义、公理、证明、演绎推理等逻辑程序展开的。以致全书层次分明,逻辑精密,析薪剖理,快捷明透,形成了一个体系性学说。为更好地展现这个学说的本来面目,让人们更准确地理解这个学说的主旨和实质,发挥了重要的作用。这种逻辑方法,虽然在 17、18 世纪风行欧洲,但在中国哲学史上运用这种方法,戴震却是第一人。它不仅给人以耳目一新,而且标志着戴震已经突破传统思维方式,而向近代方法迈进了。

自然科学及其方法不仅为戴震哲学提供了科学前提,丰富了他的哲学内容,而且构建了他那逻辑严密的哲学体系,在中国哲学史上留下了绚丽的一笔,就此而言,自然科学这位"轿夫"确实为他"治经闻道"立了一功。但他披着经言外衣,摆着考据面孔,不但使他在哲学思想方面"不能放言不拘,大畅宗昌,难免左支右绌,踽晴狭隘",⑨往往是新的突破旧的,死的拖

①　《爱因斯坦文集》(第一卷)。商务印书馆,1983 年。

②　戴震:《法象论》。

③　戴震:《续天文略·自序》。

④　《四库全书总目》。

⑤　戴震:《孟子字义疏证》。

⑥　戴震:《与是仲明书》。

⑦　戴震:《与姚孝廉姬传书》。

⑧　戴震:《孟子字义疏证》。

⑨　王茂:《戴震哲学思想研究》,安徽人民出版社,1980。

住活的;而在自然科学方面没有也不可能进一步深化,只能苦苦挣扎在儒家经典的海洋之中,加之当时社会条件,包括科学水平的限制,戴震科技著作中既有校订古算经、《重订水经注》《考工记图》等杰作;又有新旧杂陈、正误交容的《续天文略》《释天》等天文著作。戴震成功之处,犹如一块令人敬仰的丰碑;他的失误亦可为我们提供不少借鉴。

原文载于:王渝生主编《第七届国际中国科学史会议文集》,大象出版社,1996:104—110.

明清时期徽商与徽州科技发展

张秉伦

明清时期,尤其是明中叶以后,我国科学技术发展缓慢,随着西方近代科学的兴起,中国科学技术保持千年之久的西方望尘莫及的情形不复存在,反而渐渐落伍。可此时徽州科学技术却呈现空前繁荣的景象:人才济济,群星辈出,有些学科人才形成了明显的"家族链"和"师友链";科技著作猛增,发明创造层出不穷,遍及医学、数学、天文、地学、物理、农学和生物学,以及染织、建筑、装饰、制墨和印刷等众多领域,在全国产生了广泛的影响。其中医学最为突出,据不完全统计,新安医学明清两代有名可考的医家 607 人,医著 447 种,分别占新安地区从东晋至清末医家和医著总数的 93% 和 96% 以上,不仅汪机和吴谦分别被誉为我国明、清两代四大医家之一,而且最能反映明清两代中医水平的医案也首先见于徽州——江瓘《名医类案》是总结我国历代医案的第一部医案专著,而被列入我国古代中医名著者则更多。如程大位《算法统宗》、汪莱《衡斋算学》、郑复光《镜镜詅痴》、黄成《髹饰录》、胡正言的饾版和拱花技艺的发明以及程敦创用锡铸版印刷方法等均在国内处于领先水平,甚至有些发明或著作在国外也产生了广泛的影响。

值得注意的是,明清时期徽州科技的蓬勃发展与徽商的盛衰基本上是同步的。那么徽商与徽州科技的发展究竟是什么关系,是很值得深入探讨的课题,这里略呈己见,抛砖引玉。

其一,唐宋以降,徽州很多人已是耕读相伴,尤其是南宋至明清,徽州儒风特盛,曾被誉为"文献之邦",徽商中绝大多数人自幼受过儒学教育,具有较高的文化素养,他们虽"弃儒服贾",但"亦贾亦儒""贾而好儒"者大有人在,故有"儒商"之称。而且"休歙右贾左儒,直以九章当六籍","命之贾,则先筹算",徽商对数学的重视是国内其他商帮不可相比的。明清时期,中国商业数学的兴起,与徽商有直接的联系。正是这些文化素养较高、善于计算决策的徽商才能雄视商界,且可在达官显贵之间从容应酬。徽商获利之后,深感"富而教不可缓也",于是纷纷投资办学,促进了徽州教育事业的繁荣,可以说教育造就了徽商,使之成为中国商界文化素养最高的商帮,而徽商又以其雄厚资本推动了徽州教育事业更加发达。书院林立,社学星罗棋布。以康熙年间为例,徽州有书院 54 所,社学 472 所,以至出现"十户之村,不废诵读"的景况,培养了大批人才,他们或"学而优则仕",或"不为良相,则为良医",或"贾而好儒",或穷究学术……文化素养是一切学术研究,尤其是著书立说最基本的条件,教育推动科技发展是不言而喻的,徽州名医和名著之多就是明显的例证。再如经学研究,乾嘉时期,考据学进入全盛时期而成为学界主流,世称"乾嘉学派",其影响最大者有以戴震为代表的皖派(其实称"徽派"更妥),以惠栋为代表的吴派和以汪中为代表的"扬派",其中以皖派经学家对科技最为关注,天文、地理、数学乃至万物之理无所不晓,撰著和辑佚天文、数学、地学著作之多在各派中首屈一指。

其二,徽商在往返各地的经商活动中,可以接触到许多新事物、新知识,从中获得了宝贵的知识信息,有些学者的重大成就就是在经商活动中搜集外地经验、资料基础上总结提高、不断创新而完成的。如程大位早年在江、浙、鄂、赣等地经商,就收集了不少商业数学著作,为后来回乡研撰《算法统宗》准备了资料,这部珠算集大成之作问世后,备受青睐,明清两代不断翻刻、改编,"风行宇内",凡习算者"莫不家藏一编",连自恃天算高明的传教士也不敢小视,而且传到海外很多国家,影响之大,在中国数学史上实属罕见。又如著名的郑氏喉科,也是郑于丰、郑于藩在江西经商时,遇到福建喉科名医黄明生,再三躬求,黄氏遂传其学,并出书以售,后来郑氏回乡以喉科为业,世代相传,是我国献身喉科的最大家族,他们多所发明,不断创新,先后著有《重楼玉钥》等八种喉科专著,对我国喉科发展做出了杰出贡献。其中郑氏"养阴清肺汤",在1901年诺贝尔医学和生理学获奖者冯贝林发明用血清治疗白喉以前,是治疗白喉最有效的方剂,直到今天还在使用。类似的例证还有一些,不再赘述。

其三,徽商是集工商贸易于一身的商帮,技术是手工作坊兴旺的根本。徽商中或以手工业起家,或以雄厚资本投身于传统手工业。他们在技术上精益求精,刻意创新,从而领先于国内同行,这也是徽州技术科学发展的重要因素。众所周知的制墨业自不待言,嘉靖、万历间徽州巨贾阮弼在芜湖创办"染局",兴盛长达三百余年。他不惜重金购置加工器材,选用高档铜绿、银朱等染料,高薪聘用能工巧匠,在工艺上精益求精,使浆染质量大大提高,所染布匹和丝绸具有挺而不脆,平而不松,色彩艳丽,经久不褪等特点,蜚声大江南北,"五方争购",并"设分局贾要津",所染"赫晞"之精更盛传国外;再如印刷业,徽商中不少人既是商贾巨子,又是学者文人,藏书刻书蔚为风气,或以藏书宏富,高标风雅,招徕名人,或以刻书印书赢利发家。为了行业竞争,他们标新立异,不惜工本发展印刷事业,使徽州一跃成为全国印刷中心之一。明人胡应麟说:"近湖刻、歙刻骤精,遂与苏杭争价",其实苏杭一带不少绘刻高手也是徽州人。谢肇淛也说新安刻书"皆极精工,不下宋人,亦多费校雠,故舛讹绝少"。明清时期,饾版、拱花、锡铸版印刷均由徽州人发明,徽商出版的套色插图本戏剧小说多以绘刻精绝、栩栩如生而享誉艺林,科技书籍的出版以中医著作为最,我国现存的中医古籍由徽州出版者居多。此外徽州的建筑、园林、砖雕、装饰等,也是应徽商豪华住宅等需求,促使工匠锐意进取、励精图治而渐成特色的。

以上仅是徽商推动徽州科技发展的若干典型事例,如能深入研究,不但可以更加彰显徽商的历史功绩,而且能进一步丰富徽学内涵。

原文载于:《徽学》,2002:13—15。

生物 与 农学

达尔文在环球旅行中的科学考察

张秉伦

1831 年 12 月 27 日，达尔文随贝格尔号巡洋舰[①]，驶出英国德翁港，开始了历时五年的环球旅行。贝格尔舰经过腾涅立夫岛，穿过大西洋到达南美洲，在南美洲东西海岸及附近岛屿停留共三年多，然后横渡太平洋、印度洋，绕过非洲好望角，又回到南美洲的巴西海岸。1836 年 8 月离开巴西海岸，经过非洲西面的一些岛屿于 11 月回到了英国。

当时，达尔文的主要任务是进行自然资源考察。船每到一地靠岸，他就独自上岸，在当地居民的帮助下或者搜集标本，或者乘着小船沿河视察，或者骑马作长途考察。那极目浩瀚的茫茫海洋、那无限壮观的热带森林和各地极其丰富多彩的动植物资源，像磁铁一样吸引着他，使他惊叹不已。特别是那些奇特而富有经济价值的热带植物，那高大的棕榈树、离奇的兰花，还有那珍奇的动物以及千种彩蝶、万类昆虫，都给达尔文留下了深刻的印象。

他很重视向当地人民群众学习，每到一个新地方，他总要向当地居民询问：本地有什么动物和植物？它们有些什么特点？用什么方法可以捕捉或采集到它们等等。由于居民们具有长期与大自然作斗争的实际经验，熟悉当地有些什么虫鱼鸟兽、花草树木，并且了解它们的生活习性，还有一套捕捉或采集它们的方法，所以达尔文经常请他们充当向导。有的还给达尔文送来标本，有时候达尔文和他们坐在一起，专心听他们介绍自己的所见所闻。

有一位高侨人说，他们那儿的鸵鸟有一种奇怪的习性，就是几只雌鸵鸟把蛋下在同一个巢里，等到每巢有二十到四十个蛋的时候，就让雄鸵鸟去孵化，而这些雌鸵鸟再集体到另一个巢里去下蛋。达尔文听说后，亲自做了调查研究，证实了高侨人的说法，并且认为这种现象是鸵鸟对高温条件的适应。因为鸵鸟每隔三天才能下一个蛋。如果等某一只雌鸵鸟把十几个蛋都下完了再去孵化，那第一个蛋早就在高温条件下变坏了。

在查塔姆岛上，有人给达尔文讲乌龟是怎样适应干旱环境的故事。说这种乌龟要七八个人才能抬得动，它能在干旱缺水的地方，甚至在每年只落几天雨的地方生存下去，因为它能爬行很长的距离找到水源。从前西班牙人就是沿着它爬行的脚印发现第一个水源的。这种龟一旦找到了水源，就把自己的头连同眼睛都伸进水里，贪婪地喝过了瘾才肯离开。它不但肚子喝得饱饱的，而且还把一部分水分放在膀胱和心囊里贮存起来。当地的居民在缺水的地区行走，口渴难受的时候，就喝乌龟贮存在膀胱和心囊里的水，特别是心囊里的水，滋味很美。

拉巴拉他一带的居民还教达尔文用投石索捕捉美洲狮，教他怎样先用投石索捆住美洲狮，然后再用套索去套住它，让美洲狮拖着石索跑，直到被拖昏为止。据说用这种方法，三个

---

① 英国政府此时正在继续进行殖民掠夺，寻找新的市场和原料基地，组织各种"探险队"，探测新的航线，勘探新地区的矿藏和动植物资源。贝格尔（原文意思是："侦探""猎犬"）号巡洋舰，就是在这种背景下决定出航的。

月时间就能捕到一百只美洲狮。

这些引人入胜的故事,吸引了达尔文。他不仅获得了许多关于生物学的知识,而且使他认识到各个民族的人民都具有丰富的实际知识,应该向他们学习。这对达尔文后来的科学研究工作,有重要的影响。

图 1　印第安人在剥水蛇皮

达尔文在南美洲进行考察的时候,南美洲正在被欧洲一些帝国主义国家霸占为殖民地。殖民主义者一到南美洲以后,先把当地的印第安人大批大批地杀戮,或者驱入深山密林,同时又从非洲抢劫、欺骗、贩卖大批黑人到南美洲来做他们的奴隶。奴隶们累死累活还吃不饱,穿不暖,并随时都有被奴隶主处死的危险。

达尔文随贝格尔舰在南美洲逗留的三年多时间里,受到了深刻的教育:他亲眼看到无论是当地的印第安人,还是被运去的黑人,都是勤劳、朴素、勇敢的人,但他们却过着牛马不如生的活,因而对他们寄予很大的同情。目睹殖民主义者那些惨无人道的罪行,使他对殖民主义和奴隶制度很是不满。他以见证人的身份揭露说:"凡是欧洲殖民主义者的足迹所到达的地方,死亡就好像在迫害着那里的人们。"而舰长弗兹罗艾却是个反动制度的卫道士,他常在达尔文面前千方百计地为奴隶制度辩护。达尔文不同意他的观点,有时争得面红耳赤。达尔文认为奴隶们终将觉醒。

不过,出身于资产阶级知识分子家庭的达尔文,由于阶级的局限性,决定了他对奴隶制度的反抗,不可能是彻底的和坚定的,他对奴隶们的同情,也往往是出于资产阶级人道主义。

年青的达尔文在旅行期间历尽千辛万苦。他闯过了难以忍受的晕船关。他登高山,涉溪水,穿森林,过草原,随时都有遇到毒蛇和猛兽的危险。此外,还有病魔的纠缠,例如在南美洲,有一次他连续发烧几个星期……但所有这些困难都不能使他动摇。他说:"如果我在这次航行中半途而废,我想我在坟墓中也不会安静休息。"因为大自然在他面前展现出一幅无限美好的图画,提供了无数有价值的研究课题;这变化万千的自然界究竟是怎样产生和发展起来的,是由于神的意志,还是别的原因? 这个问题时刻缠绕着他。尤其是在南美洲热带地区,生物的种类比达尔文在英国看到过的不知要多多少倍,他第一次看到生物的世界有这么广阔,第一次听到各种各样生物有这么多有趣的生活史,心里有说不出的高兴。他千方百计地采集各种动植物标本,详细地作了记录,并随时将标本一批一批地寄给英国的科学家。如在加拉帕戈斯群岛一共有 250 种植物,达尔文就采到了 193 种,其中有 100 种是这个群岛特有的新种。由于他得到了当地居民的热心帮助,加上他自己不辞劳苦的工作,采获了许多难得的标本,例如水豚、土库土科鼠、美洲虎、美洲狮、南美的鸵鸟、食死肉的鹰、智利的蜂鸟、马尔维纳斯群岛的狐、火地岛的单声鸟、加拉帕戈斯群岛的蜥蜴、乌龟和雀科鸣禽类等等。都是以前没有人专门研究过的。这种类繁多的动植物是怎样产生的呢? 为什么在不同的地区种类也不相同? 达尔文常常在想这些问题。在剑桥大学,教师在讲《圣经》的时候说:世界是上帝创造的,所有的生物都是上帝在一天之内一次创造成功的,并且创造出来以后,就永远不再发生变化。达尔文曾经盲目地相信过这些谬论。因此,在他初期的航行日记中,还提到过所谓"伟大的计划","生物就是根据这个计划被创造出来的"等等。但是这同达尔文在各地所看到的越来越多的生物进化的事实之间的矛盾日益尖锐起来。

例如:1832 年 9 月,达尔文随贝格尔舰来到巴伊亚布兰卡湾,他在考察朋塔阿耳塔地方的地质时,在一个小平原的断面发现了一些古代动物骨骼的化石,为了准确地鉴定和分析,他还采集了一部分化石寄给英国的动物学家欧文教授。1833 年 8 月,他又第二次来到这里进行考察并组织发掘工作。在这块小平原里埋藏着大量的陆生动物的化石。由此证明,在古代这个地方曾有许多动物生活着。经过达尔文和欧文的鉴定,这几种动物是:大懒兽、巨树懒、臀兽、磨齿兽,这四种动物是属于地质年代第三纪(距今 3000 万年)的巨大树懒科动物,它与现在仍生活在南美洲的树懒相似;还有一种贫齿目的四足兽,它的骨质外壳很像现代犰狳的背甲;一种已经绝灭的马和马克鲁兽,还有一种箭齿兽,它的身体有象那么大,牙齿很像现代的哥齿目动物,眼睛、耳朵、鼻孔的部位像水生动物的儒艮和海牛。好像现代的裔齿目动物、象、儒艮和海牛等不同种类动物的特点都集中在同一种古代动物的身上一样。这种现象使达尔文感到非常惊奇,并使他产生了一连串的疑问:为什么许多现代的动物与古代动物化石如此相似,但又不完全相同呢? 为什么现代一些动物的特点集中在古代某一种动物身上呢?《圣经》上不是讲它们是上帝一次创造出来的吗? 怎么会不相同呢? 难道它们是两个上帝创造出来的吗? 可是教义中说只有一个上帝。

如果按照居维叶的说法,经过"灾变"以后,重新创造出来的生物与过去的生物彼此无关,它们为什么又如此相似? 那么,也许拉马克的意见是对的,即现在的生物是从古代生物发展而来的。但是达尔文又回过来想,人们认为上帝是至高无上的,《圣经》是不容怀疑的,我这样想不是侵犯了上帝,怀疑《圣经》了吗?……他感到十分惶惑,思想斗争非常激烈。从此,这些问题一直盘旋在他的脑海里,而且随着后来不断增加的类似的事实,怀疑愈来愈大,思想斗争也更加激烈,至 1835 年 9 月到 10 月间,当他随贝格尔舰到加拉帕戈斯群岛上考察的时候,思想斗争达到了顶点。

图 2　大懒

加拉帕戈斯群岛是厄瓜多尔的领土,在离南美洲西海岸八百到九百公里之间的太平洋里。它由十个主要小岛屿组成,它的历史并不很长,是属地质史上的近期,由火成岩形成。在整个群岛上有两千多座火山,不过火山已经不活动了。岛上的气候很怪,虽然位于赤道,但由于受低温洋流的影响,并不像同纬度的南美大陆那么炎热,雨水也不多,土质贫瘠,到处都是火山岩和少数花岗岩碎屑。在那干燥的低地上只是稀稀拉拉地长着一些灌木、小草和

图 3　地雀的嘴形比较

1. 大嘴地雀;2. 勇敢地雀;
3. 小嘴地雀;4. 舍契雀

各种奇怪的仙人掌,有一种黑色的大乌龟专门靠吃这些多浆的仙人掌生活。这里虽然和南美洲大陆相隔八九百公里的海洋,气候也大不一样,但所有的动植物还是南美洲类型的。进一步研究,又发现它们虽然是南美洲的同一类型,但大多数种类都是这里特有的。例如这里的雀科鸟类,一共有 13 种,这 13 种彼此都有亲缘关系,除其中 1 种以外,又都是加拉帕戈斯群岛所特有的,其中有 4 种是莺属的,这 4 种鸟嘴的尺寸由大到小逐渐变化。最大的是大嘴地雀,这种嘴适应于在坚硬的岩石上面觅食。其次是勇敢地雀,再次之是小嘴地雀,最小的是舍契雀。达尔文还发现一个最有趣的事实,就是这个群岛的各个小岛上的生物也彼此有区别。例如大嘴地雀是查理士岛和查塔姆岛上特有的,其他岛上没

有；勇敢地雀分布在查理士岛和詹姆士岛上，而查塔姆岛上没有；小嘴地雀只是在詹姆士岛上才有……以前大多数旅行家在这里匆匆而去，都没有发现这些事实。达尔文开始也没注意，他曾经将各个岛上采集的标本都混在一起了。因为他根本没有想到距离很近的这些小岛上鸟嘴会发生这么大的变化。但由于他深入实际，认真调查，在当地居民的启示下，终于认识了这个事实。

所有这些事实，都是神创论无法解释的。因为加拉帕戈斯群岛上的生物，本来就是在岛屿形成之后由南美洲迁移到这里来安家落户的，由于受到环境条件的长期影响，各自又发生了变异，发展成现在这种状况。这时的达尔文已经认识到神创论回答不了这些科学问题。他经过反复的思想斗争，决定抛弃旧的传统观念，寻找新的科学解释，他开始相信物种是可以变化的，并且这种信念越来越强烈。

不久，在达尔文和舰长弗兹罗艾中间发生了一场争论。一天，达尔文把在加拉帕戈斯群岛考察后的印象和自己相信物种会变化的思想告诉了舰长。舰长回答说："你的想法不对！这里小鸟的嘴又短又厚，正好说明上帝对他们如此惊人的关心；赋予它们强有力的嘴巴，以便在坚硬的岩石上面寻找食物。"达尔文反问道："那么，上帝为什么又把它们创造出具有南美洲同一种类的特征，而不是具有非洲类型的特征呢？在这个群岛上同一类型的鸟，在不同的小岛上，为什么还要把它们创造得不相同呢？上帝这样煞费苦心地去做，又有什么必要呢？"达尔文这一连串的反问，问得弗兹罗艾张口结舌，说不出理由来。从此达尔文更加坚信：物种是可以变化的。而《圣经》上的说法是骗人的，不可信的。他的父亲原来不同意他参加环球旅行，认为他应安分守己地做个牧师。这时达尔文对牧师这个职业更加厌恶，他再也不想当牧师，去宣传那些骗人的说教了。

"一切真知都是从直接经验发源的。"达尔文在亲身实践中，在大量的物种变异的事实面前，受到了教育和启发，认识了物种是可变的，产生了对《圣经》的怀疑，逐步地摆脱了神创论的束缚，踏上了相信科学和追求真理的道路。

在航行期间，达尔文认真地阅读了赖尔的《地质学原理》。在这部著作中，赖尔论证了地层变化与生物遗骸——化石有着密切的关系，地层年代愈早，生物类型与现在生存物种差异愈大。赖尔的这些论述恰恰同达尔文所见到的情况十分符合，正像恩格斯所说的："赖尔的理论，比它以前的一切理论都更加和有机物种不变这个假设不能相容。地球表面和一切生活条件的渐次改变，直接导致有机体的渐次改变和它们对变化着的环境的适应，导致物种的变异性。"（《自然辩证法》）达尔文一直把《地质学原理》带在身边作为考察工作的理论指南。他后来深有感受地说："看了这本书一定会得到益处，反对常识的异教徒必须投降。"在这部著作的指导下，不仅找到了大洋中的岛屿如珊瑚岛形成的原因，更重要的是推动了他向进化思想的转化。为了感谢赖尔对他的帮助，达尔文后来将他的《考察日记》第二版献给了赖尔。

1836年11月，达尔文随贝格尔舰安全返回英国，结束了历时五年的环球旅行。恩格斯说他带回了一个正确的科学结论："植物和动物的种不是固定的，而是变化的。"（《反杜林论》）达尔文在生物学界两种根本对立观点的斗争影响下开始的这次科学考察，到这时有了完全新的意义。现在，达尔文感到有许多急待研究的问题，需要他用毕生的精力去加以解决。所以他晚年回顾这一段经历时说："贝格尔舰的航行，在我一生中，是极其重要的一件事，它决定了我的整个事业。"

原文载于：《化石》，1976(3)：26—28（笔名晋化）。

揭开生物进化的秘密

张秉伦

恩格斯在马克思墓前讲话中曾提到达尔文"发现有机界的发展规律"这一历史功绩。达尔文是怎样研究物种起源和创立科学进化论的？现在我们来回顾这段历史是很有意义的。

一、决心探索进化的奥秘

达尔文在环球旅行的科学考察中大大丰富了对物种的认识。正如恩格斯所说的："达尔文从他的科学旅行中带回来这样一个见解：植物和动物的种不是固定的，而是变化的。"(《反杜林论》)达尔文回国以后，接着整理出版了旅行途中写下的很有科学价值的《旅行日记》。还和欧文、赖尔等合作出版了《在贝格尔舰航行中的动物学》等书。书中记载的大量科学资料是达尔文研究物种起源的重要依据。当然，最吸引他的还是他所认为的"秘密中的秘密"——生物进化的问题。因为达尔文在旅行中看到了许多生物进化的现象，但一涉及本质的问题，在那时，还是个谜。例如：为什么生物的构造对它所生存的环境那么适应？什么力量在推动着生物的变化、发展？物种究竟是怎样形成的？一句话，就是生物是如何进化的？这个问题，过去一直没有人能够作出满意的回答。因此，不能彻底地驳倒那些"神创论"、"物种不变论"和"目的论"的唯心主义和形而上学宇宙观。达尔文决心解开这个谜。

首先，他仔细研究了进化论的先驱布丰(1707—1788)、圣提雷尔(1772—1844)、拉马克(1744—1829)等人的著作，吸取了他们理论中的正确部分。他孜孜不倦地搜集一切关于物种起源的材料。从旅行回国后不久——1837年7月就开始做笔记，专门记录有关的事实和思考这些问题，甚至在病中也没有间断过。他逐渐掌握了18世纪后半期以来生物学各个分科——细胞学、胚胎学、古生物学和比较解剖学的最新成就中有关进化的种种事实。所有这些事实，都为生物进化论提供了科学的依据，说明生物具有统一的特性和共同的起源，都是由少数到多数、由简单到复杂、由低级到高级地向前发展的。达尔文通过总结前人的科学成果，初步抓住了决定生物发展过程的总的进化的索链。但是，生物界除了统一性、同一性之外，还具有多样性，各种物种之间千差万别。那么，地球上各种各样的物种，它们之间的差异性是怎样产生的？各个物种是怎样起源的？这些谜激励着达尔文去进行一番深入的探索。

二、总结人工选择的作用

达尔文首先从研究人工选择的作用开始，来寻找这个规律。因为，"除了动物和植物的人工培育以外，他再没有更好的观察场所了。"(《反杜林论》)达尔文面向生产实践，从观察和研究栽培植物和家养动物的变异开始,认真总结劳动人民和育种家们培育新品种的经验。在这方面,当时的英国正是标准的国家。随着资本主义工业的发展,农业也走上了资本主义道路,出现了大型的农场和牧场,开始了广泛的选种和育种工作。当时在英国选种成风,人们成立了鸡、鸽、狗等新品种培育俱乐部,培育了大批家畜和家禽的新品种,为达尔文认识变异的普遍性和人工选择的创造作用提供了良好的条件。达尔文认真地考察和研究了小麦、玉米等栽培植物的培育经过,仔细地观察了鸽子、鸡、猪、狗、牛、羊等家畜、家禽各个品种之间的差异,并研究产生这些差异的原因;他向许多有实践经验的农学家和园艺家学习,直接进行调查,翻阅了大批有关选种的资料,其中也包括中国古代有关这方面的资料。

　　达尔文还重点研究了各种家鸽品种的差异和起源。他设法从世界各地搜集到各种类型的家鸽品种。有人从我国福州、厦门给他寄去鸽子的标本。有人从美洲、印度和波斯给他寄去标本。他亲自饲养各种鸽子,还参加了伦敦的两个养鸽俱乐部。他把各个家鸽品种进行比较,研究它们在外部形态和骨骼构造等方面的差异和共同点。还将家鸽和野生岩鸽进行杂交试验和比较。通过以上研究证明:所有的家鸽品种都起源于野生岩鸽。但这些品种之间的差异却很大,其中至少有 20 个品种从外形上看就像各不相同的鸟类一样。它们相互之间差异为什么这么大? 原来,这些差异是人工培育造成的。岩鸽从野生到家养,生活条件发生了很大的变化;又由于杂交等原因,引起岩鸽的广泛变异。人们对这些变异通过汰劣留良,选择那些符合自己需要的变异,这些变异代代相传、逐渐积累起来,差异离原种岩鸽愈来愈扩大,便产生了新的品种。达尔文还发现中国古代劳动人民早就根据同样的道理选育了很多农作物、猪、金鱼、菊花和牡丹的新品种,从而加深了他对人工选育创造性作用的认识。达尔文指出:"选择"是人类创造有用的动物和植物品种的关键,并把这种选择称为"人工选择"。他指出:物种在人的干预下是可以改变的:具有各种明显特征的品种,可以起源于共同的祖先。这证明,家养动物和栽培植物新品种主要是通过人工选择造成的,而不是上帝创造的。

图 1　家鸽的品种

1. 英国传书鸽(左上角示英国传书鸽的头部);2. 纯种鸽;3. 毛领鸽;4. 非洲枭鸽;5. 球胸鸽;6. 英国短嘴翻空鸽;7. 英国扇尾鸽;8. 浮羽鸽

三、找到了自然选择的规律

　　总结了人工选择的作用后,达尔文想:在家养动物和栽培植物新品种形成过程中,人们通过人工,选择对人有利的变异,培育出新品种。在这里,人起了主导作用。那么在自然界中是什么力量起主导作用,也就是起着选择的作用呢?

　　达尔文是通过以下分析研究去认识的。经过多年的观察,他发现生物普遍具有很高的繁殖率,一切动植物都有按照几何级数 2,4,8,16……迅速繁殖后代的趋势。即使繁殖率很低的生物也不例外。例如大象这种繁殖很慢的动物,一般能活一百岁。假如一对象在 30—90 岁这段可生殖的期间内仅生 6 只小象,据达尔文计算,经过 740—750 年之后,这对象的后代就有 1900 万只。如果这样繁殖下去,在不长的历史时期内,整个地球就要被它塞满了。至于那些繁殖率比较高的生物,例如鳕鱼,一次产卵就有 1000 万,如果都能发育为成体,并继续繁殖下去,就更不堪设想了。但实际情况并不是这样。总的说来,自然界各种生物成体的数目总是保持着相对的稳定,从来没有过哪一种生物独霸着整个自然界的现象。那么,这是什么因素起着制约作用呢?达尔文认为这种因素只能是在自然界内部,是生物同环境之间矛盾斗争的结果。他认为生物无限繁殖的趋势必然导致食物和空间不足,显得繁殖过剩;而每一个胚胎或幼体都力争发育成长,这就必然引起生存斗争。在生存斗争中,那些具有某种有利于生存斗争的变异的个体,最有希望达到成熟和繁殖后代,这些变异也就有了遗传下去的趋势;那些具有有害变异的个体,比较容易在斗争中死去,并逐渐消失。就是说适者生存,不适者淘汰。达尔文把生物在生存斗争中“最适者生存”的作用与“人工选择”相比拟,称之为“自然选择”。意思是指自然环境在起着“选择”作用。他提出,这种选择长期作用的结果,有利的变异代代累加起来,性状分歧愈来愈显著,通过中间类型的消灭而导致新物种的产生。在这里,他还没有认识到内部质变的过程,有其不足之处。但在达尔文看来,物种就是这样在生存斗争的过程中,经过自然选择的历史性作用,逐渐产生新的物种,实现着生物的进化。

因此,达尔文十分肯定地说:“可以全无疑虑地断言,许多自然学者直到最近还保持的、也是我过去所接受的那种观点——即每一物种都是个别创造出来的——是错误的。我完全相信,物种不是不变的;那些所谓属于同属的物种,都是另一个一般已经灭亡的物种的直系后代,正如现在会认为某一个种的那些变种,都是这个种的后代。此外我又确信自然选择是变异的最重要的、但是不是唯一的途径”。(《物种起源》)另外,达尔文还认为拉马克的“用进废退”、外界环境条件对生物的直接作用等也能引起变异和发展。

这样,达尔文经过长期艰苦的研究工作,终于找到了以自然选择为核心的进化理论。这个理论虽然还有片面性,例如过分强调生存斗争:从对立统一的观点来看,他对生物与环境相适应的一面没有足够的重视。但对整个生物界的发生和发展,做出了比以往任何进化学说都更加科学的、令人信服的解释,主要的是不需要借助于任何超自然的力量,不需要求助于虚妄捏造的“造物主”,只要用变异、遗传和自然选择就能够解释现在世界上形形色色的生物是怎样产生的道理。

达尔文找到了生物有机界发展的规律。这是一个伟大的发现。但为了验证他的认识的正确性,建立起严格的科学理论,他决定不轻率发表他的见解,而继续刻苦钻研。他甚至忘记了自己身体的疾病,而信心百倍地工作着。1842 年 6 月,他用铅笔写成一个 35 页的理论提要。1844 年夏,又在这个基础上扩充为 230 页的提纲。这时,他的进化理论已经基本酝酿成熟了。

他把自己的新观点告诉了好朋友赖尔和植物学家霍克,并对霍克讲了“物种起源”这一题目。同时也告诉了他的哥哥。赖尔和他哥哥都叫他早日发表这一新发现。并且提醒他说:“不然,将来会有人跑在你前面的。”但达尔文认为:在当时,神创论、物种不变论和目的论仍然占着统治地位,要用进化观点说服大家,就必须依靠大量可靠的证据,还必须做更大的努力。

图 2　经过人工选择
出现的长尾鸡

达尔文不但重视与他的理论相符的事实,而且尤其重视与他的一般结论相反的观察或意见,并立刻记录下来。他从不放过任何一种例外情况,而是反复进行观察、分析和实验,直至最后求得科学的解释。后来写《物种起源》时,有几章就是用来讨论这些"疑难问题"的。正因为他做了大量工作,使《物种起源》一书具有极大的说服力。

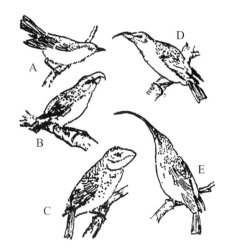

图3 夏威夷群岛上一科鸣禽类的分化
A. 系原始形态,喙正常,在树干上捕食昆虫;B. 喙弯如钩,在树中钩取鞘翅类的幼虫为食;C. 喙粗大,善于击破果实硬壳,食其种子;D. 喙尖细,专在枯枝上,捕食昆虫;E. 同D种一样,也是食虫的,而喙更加增长

四、进化论巨著《物种起源》的问世

经过长期的准备,达尔文已积累了大量事实和资料,有足够的证据证明他的理论了。在赖尔等朋友的鼓励下,他决定开始写作。他要向上帝公开宣战了。

1856年5月,他开始著述《物种起源》。12月,他写完前三章,至1858年6月写完第十章,即计划中大书的一半左右。就在这时,发生了一件事,使他改变了原来的计划。原来他有一个朋友,名叫华莱士,是在1855年认识的,那一年华莱士发表了一篇初步具有进化思想的论文,引起了他和赖尔的注意。研究进化论的共同志愿使他们建立了友谊的通信关系。1858年春天,华莱士正在国外。他也经过自己的研究,不约而同地发现了"自然淘汰"在变种形成中的作用,便立刻将其中的主要论点记录下来,写成一篇题为《论变种无限地离开原型的倾向》的手稿,并在这年夏天寄给达尔文,但没有请达尔文帮助发表,只是说:"如果你认为这篇文章有点价值的话,请你转给赖尔一看。"达尔文看了华莱士的手稿后,震动很大。他写信告诉赖尔说:"你的话已惊人地实现了——那就是别人跑在我的前面。""我从未看到过比这件事更为显著的巧合,即使华莱士手中有过我在1842年写出的那个稿子,他也不会写出一个比这手稿更好的摘要来,甚至他用的术语现在都成了我那些章段的标题"。经过激烈的思想斗争,他决定把华莱士的文章送到刊物去尽快地发表,虽然这样做达尔文的优先权便将让给华莱士。后来,在赖尔和霍克的要求下,才将华莱士的手稿和达尔文1844年写的《物种起源》提纲送到林奈学会上同时宣读。

但他们在 1858 年同时发表的论文,由于过分简单,没有详细的事实论证,特别是由于物种不变的陈旧观点在大多数人头脑中还根深蒂固,所以除了少数早已关心进化论的人以外,没有引起社会上足够的注意。在这种情况下,达尔文决定加快速度写出《物种起源》。他改变了原来的大书计划,而在原来草稿的基础上进行压缩,加以提炼。终于在 1859 年 11 月 24 日出了《物种起源》第一版。这时离他开始研究这一问题的 1837 年算起,整整过了 22 个年头。第一版 1250 册,出版后第一天全部卖完。1860 年 1 月接着出第二版,很快又畅销一空。它的出版震动了当时整个世界。

达尔文在《物种起源》中,用极其丰富的材料,令人信服地论证了有生命的自然界是在不断变化的。它有自己的发生和发展的历史,现在世界上一切生物都不是特殊的创造物,而是少数几种生物的直系后代。生物进化是客观事实,而且有规律可循,它们由简单到复杂、由低级到高级不断地发展着。其动力就是自然界内部的矛盾斗争。它击破了物种不变论的形而上学观点,致命地打击了自然科学中的目的论,戳穿了千百年来神创论关于上帝创造万物的谎言,把人们从宗教神学的迷信、落后和无知中解放了出来。

因此,《物种起源》出版后,始终关注着自然科学领域里的斗争的无产阶级革命导师马克思和恩格斯很快就阅读和研究了这本书,并给予很高的评价。当时马克思和他的朋友们有好几个月不谈论其他东西,而谈论达尔文和他的发现的革命力量。马克思称赞说:"达尔文的著作非常有意义,这本书我可以用来当作历史上的阶级斗争的自然科学根据。……尽管还有许多缺点,但是在这里不仅第一次给了自然科学中的目的论以致命的打击,而且也根据经验阐明了它的合理的意义……"也正因如此,恩格斯在总结 19 世纪自然科学重大成就时,把达尔文进化论列为三大发现之一。

原文载于:《化石》,1977(2):26—28(笔名金桦)。

善于从我国古代农业成就中吸取营养的伟大生物学家——达尔文

张秉伦

伟大的生物学家达尔文之所以能以大量的事实令人信服地证明了今天的整个有机界、植物和动物,因而也包括人类在内,都是延续了几百万年发展过程的产物,发现了我们星球上有机界的发展规律,从而"推翻了那种把动植物看作彼此毫无联系的、偶然的、'神造的'、不变的东西的观点,第一次把生物学放在完全科学的基础上……",有力地打击了形而上学的自然观,为马克思主义提供了自然科学的根据,作出了划时代的贡献,不仅与他数十年如一日坚持实践、刻苦钻研、认真总结劳动人民的生产经验和同事们的大力支持有关;而且与他善于吸收世界各国人民创造的有关科技成就和文化遗产,加以去粗取精、总结提高是分不开的。达尔文从我国劳动人民培育的优良品种中吸取的科学营养和从我国古学者的著作中引证的大量文献资料,作为他的学说的佐证,就是最好的例证。

我国人民在长期的生产实践和科学实验中,不仅把很多野生动植物驯化为家养动物和栽培植物,而且通过改良营养条件、人工选择、杂交和嫁接等途径培育了千千万万种优良品种。其中金鱼、家蚕、水稻、果树、竹类、花卉等等,品种之多是任何国家难以比拟的。达尔文通过对我国当时已经输入到英国的家养动植物的观察和研究,依靠别人的报道和介绍以及直接查阅或请别人翻译中国古籍等方式,获得了大量的有关遗传和变异的典型资料、人工选择的方法和原理、动植物的起源和家养的历史等宝贵资料。据不完全统计,在他的几部主要著作中先后引证或提到中国材料的就有一百多处,涉及猪、羊、马、狗、葵、兔、鸡、鹅、鸭、金鱼、家蚕,水稻、桃、杏、甜瓜、香蕉、菊花、牡丹、雪松和竹子等动植物。甚至连我国人民"畜养蝉于笼中以闻其声"和"用雄鸟为诱媒置于陷网相近之处,以激起其他鸟类之竞争心而捕之"也不忽视,一一收入他的著作之中。这些杰出的成就,无疑使达尔文学说的内容更加充实,理论更加完备。

一

达尔文以自然选择为核心的进化学说是建立在生物广泛变异的基础上的,以变异为材料经过自然选择实现着生物的进化。尽管达尔文当时对变异的原因了解得还很不够,但他搜集的大量物种变异的材料,却是客观事实。这就使得他的学说直到今天还具有生命力。在他的著作中曾多次论证当时已输入英国的中国家养动物和栽培植物发生变异的典型材料,经过仔细研究,提出了自己的见解。

例如,他说:"桃在中国还产生了一小类具有观赏价值的树,即重瓣的桃花;其中有五个变种现在已被引进到英国，花的颜色从纯白，通过淡红，一直到深红。其中有一个叫'山茶花'的变种，开有直径 $2\frac{1}{4}$ 时以上的花朵，而那些结果种类的花，其直径最多不会超过 $1\frac{1}{4}$ 时。重瓣花桃的花具有一个奇异的性质，它常常结双重或三重的果实。"达尔文是用重瓣花的例子来说明延续性变异的(图1)。他还把中国桃核与英、法、巴西等国家的桃核进行比较分析，结果发现："中国水蜜桃的核在长度和扁平程度上远比斯密尔那扁桃核为甚"，这"使我注意到连接桃和扁桃的若干变种"。他还说："中国的蟠桃是所有变种中最值得注意的一个；它的顶端是如此之扁，以致围绕着核的不是果肉层，而只是粗糙的果皮"，达尔文由此得出结论："从这一阶段向前跨进一步，就可以导致偶尔从种子育成的劣等桃的发生。"(图2)

图1　重瓣花桃树的花的变异

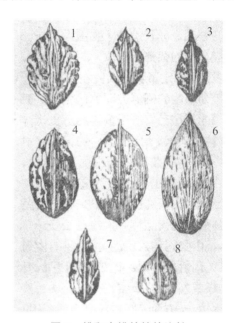

图2　桃和扁桃的核的比较

1. 普通英国桃；2. 深红重瓣花中国桃；3. 中国水蜜桃；4. 英国扁桃；5. 巴西隆那扁桃；6. 麻拉加扁桃；7. 软皮法国扁桃；8. 斯密尔那扁桃

　　至于艳丽多姿，变化万千的中国菊花，达尔文更是感慨不已："从中国最初引进的那些(菊花)变种如此富有变异性，'以致很难说出哪种是变种的本来颜色，哪种是芽变枝的颜色'。同一植株在某一年只开浅黄色的花，而在下一年只开玫瑰色的花；然后又改变过来，或者同时开两种颜色的花，现在这些彷徨变种都消失了。当一个枝条变成一个新变种的时候，一般都能被繁殖下去而且保持它们的纯度。"

　　不同品种之间的差异性不仅表现在外形上，而且有些品种之间的繁殖率也有很大的差异。我国人民培育的优良品种中，有很多是具有很高的繁殖率的。就拿绵羊来说，当时一般绵羊一胎只产一只羊羔，而我国上海绵羊却能一胎产2—3只羊羔。因此达尔文在论述不同品种之间繁殖率的差异性时，也是引用中国上海绵羊作为"显著的事例"的。他说："若干品种之间在妊娠力上有很大差异，有些一般在一胎中能产两头、甚至三头羊羔，关于这一点，最近在动物园中展览过的引人注意的上海绵羊提供了一个显著的事例。"

　　这些仅仅是达尔文亲自看到我国人民培育的新品种中的一部分，这些新品种，用达尔文的话来说是"培育者可惊的技巧和坚持性"留下的"成功的永久纪念碑"。这些"奇异的""如此富有变异性""最值得注意的""显著的例子",不仅加深了达尔文关于变异普遍性的认识,而且也为他的理论提供了有力的证据。

二

达尔文为了解决自然界物种起源问题,他首先研究了人工条件下的品种起源问题,人工选择的原理,即动植物在人的干预下可以发生变异,具有明显不同特征的品种可以起源于共同的祖先。使他联想到自然界是否也有一种类似人工选择的过程来实现物种的变化和发展呢?多年的观察和研究使他相信,在生命自然界中确实存在着类似人工选择的过程,通过它来实现着生物的进化。达尔文把它称为自然选择。因此可以说达尔文以自然选择为核心的进化论是直接受到人工选择的方法和原理的启发的,并且受到了我国古代人民的人工选择的影响。

我国古代学者在总结劳动人民生产经验的基础上,记载了很多关于人工选择的方法和原理。早在两千多年前的《氾胜之书》中就记载了穗选法;从《齐民要术》也可以看到,在北魏以前人工选择已经在猪、羊、鸡、蚕和黍、粟、稷、秫等家养动物和栽培植物中普遍地运用了。宋朝刘蒙在《菊谱》中已经指出:"花之形色易变","岁取其变以为新"。这种以变异为材料,通过人工选择,可以形成新的生物类型的思想与达尔文的理论是十分一致的。达尔文在广泛研究我国古代人工选择的基础上,着重分析研究了我国家蚕、金鱼、猪和果树等的人工选择方法和培育的过程,并且详细地转引到他的著作中去。从字里行间可以看出他对我国人民采用改良营养条件和生活环境,促使生物发生变异,再经过选择和隔离饲养等措施来培育新品种,是经过非常深入的研究的,而且充满着友好的称颂。

图 3　金鱼的几个品种

例如:他说:"金鱼被引进欧洲,不过是两三个世纪以前的事情,但在中国自古以来它们就在拘禁下被饲养了……因为'中国人正好会隔离任何种类的偶然变种,并且从其中找出对象,让它们交配'。所以可以预料,在新品种的形成方面曾大量进行过选择,而且事实也确实如此。在一种中国古代著作中曾经说到朱红色鳞的鱼最初是在宋朝于拘禁情况中育成的,'现在到处的家庭都养金鱼作为观赏之用'。""金鱼,由于养在小鱼缸中,并且由于受到了中国人的细心照顾,已经产生了许多族。"(图 3)

又如,他根据中国的古籍的记载,说中国绵羊的选种过程是这样的:仔细挑选用来传种的幼绵羊,给它们丰富的养料,并把它与羊群隔离起来。还说"中国人对于各种植物和果树也应用了同样的原理"。也就是说,我国人民在栽培植物和家养动物中已普遍运用选择那些符合人们需要的变异个体,改善它们的营养条件,隔离培养,避免混杂,让那些具有相同变异的个体进行交配,使变异积累,再优中选优,逐渐培育出各种各样的新品种。这些都是达尔文关于人工选择理论的重要组成部分。达尔文根据上述的分析，认为中国古代早已发现了人工选择原理。所以他在《物种起源》中写道："如果以为人工选择原理是近代的发现，那就未免与事实相差太远……在一部中国古代的百科全书中已有关于选择原理的明确记述。"

三

达尔文对于我国人民所创造的杰出成就不但给予热情的称颂，而且维护了我国人民在世界科学史上应享受的荣誉和地位，纠正了前人的一些错误看法，肯定了我国人民在家蚕、兔、猪、鸡、牡丹等动植物的驯养方面的优先权。例如：桃在我国的栽培已有三千多年的历史，《诗经》中已有"桃之夭夭，灼灼其华"的记载，《尔雅》中也有"冬桃"和"榹桃"（即山桃）的记载，《齐民要术》中关于桃的特性、繁殖方法和栽培技术已有相当详尽的研究。长期以来我国人民培育了各种各样的桃树品种。大约在公元一、二世纪前后，桃由我国传入伊朗，再由伊朗传到希腊，以后又传到世界各国。但是长期以来，很多"第一流的权威们"无视事实，一方面认为从未发现过野生桃，一方面又断言桃是由波斯（即伊朗）引进欧洲的，还认为桃"在那个时期变种很少"。达尔文根据康得多尔的研究，概括地引证了他的结论："根据桃在较早时期不是从波斯散布出来的事实，并且根据它没有道地的梵文名字或希伯来文名字，相信它不是原产于亚洲西部，而是来自中国的'未知之地'。"这就纠正了"第一流的权威们"的偏见。近年来，在我国浙江河姆渡遗址中，发现了六七千年前的野生桃核；在我国西部和西北部山区也发现了桃的野生种和近缘种如山桃、甘肃桃等，从而证实了达尔文引证康得多尔的判断是正确的。

我国饲养猪的历史也是非常悠久的。早在殷商时代就有猪的阉割的记载。无疑这对于驯服猪的凶猛性格、防止早配乱配、有利于淘劣选良、提高猪的经济利用价值起过积极的作用，所以一直沿用到今天。在历代劳动人民的精心培育下，我国选育了很多早熟、易肥、耐粗饲料、肉质肥瘦适中、繁殖力强的优良品种。汉唐以来，我国猪种先后传入世界各地与本地猪杂交，培育了很多新品种。现在世界上很多著名猪种都有中国猪血统。例如：对于近代西方著名猪种的育成起过很大作用的罗马猪就是由中国华南猪和罗马本地猪种育成的。英国大白猪（即大约克夏猪）也是用中国华南猪和英国约克夏的本地猪种杂交育成的。同样，英国巴克夏猪、美国的波中猪都有中国猪的血统。对此，达尔文曾作过充分的肯定和高度的评价。他说："一位卓越的中国学者相信这个国家饲养猪的时期从现在起至少应当追溯到4900年以前"，"现在中国人民在猪的饲养和管理上费了很多苦心，甚至不允许它们从这一地点走到另一个地点"。"这等猪显著地呈现了高度培养族所具有的那些性状，所以无可怀疑地它们在改进我们欧洲品种中是有高度价值的"。据达尔文的考证：以前在太平洋中的各个岛上有过一个具有小型、耳短、背有隆肉等特征的奇特的猪品种，"自从欧洲猪和中国猪引进到这等岛屿之后，这个品种由于同它们不断地进行杂交，在50年内就几乎完全消灭了"。达尔文对中国猪的研究是非常深入的，甚至他认为那修西亚斯给"帕氏印度野猪"的定名"是不幸的"。"我这样说是因为野生原种并不产在印度，而这个类群的最知名品种是从暹罗和中国输入的"。

再如，我国是世界上养蚕最早的国家，积累了丰富的养蚕经验，培育了很多优良品种，先后运到世界很多国家。现在世界上所有养蚕的国家，最初的蚕种和养蚕方法都是直接或间接地由我国传去的,为世界做出了有益的贡献。达尔文系统地研究了中国养蚕的历史和现状,甚至中国蚕的雌雄比例都有具体的统计,他对中国设有专门单位生产蚕种产生很大的兴趣,多次引用中国养蚕事例来说明他的论点。他认为给予幼虫的食物的性质在某种程度上对于品种的性状是有影响的,"但是在许多现存的、大大改变了的族的产生中,最重要的因素无疑是在许多地方长期地对于每一个有希望的变异给予了密切的注意"。他明确指出:"人们相信中国养蚕是在公元前 2700 年,它曾在不自然的和多样的生活条件下被饲养着,并且被运送到许多地方。"蚕是"在 6 世纪带到君士坦丁堡的,其后从那里又带到意大利,1494 年输入到法国"。

此外,像"牡丹在中国的栽培已经有 1400 多年了,并且育成了 200—300 个变种";"交趾鸡是来自中国的"等等,维护它们在中国栽培或饲养历史的例子是数不胜数的。他概括地指出:在中国"植物和动物长久以来就受到了非常细心的管理,因而我们可以希望在那里发现深刻变化了的家养族"。这种分析是完全符合事实的,充分反映了达尔文对我国人民在家养动物和栽培植物方面付出了巨大的劳动和智慧所创造的杰出成就是多么景仰,充满着在中国一定能发现更多的深刻变化了的家养族的信心。

应当指出,达尔文引证中国的资料是大量的,但是由于他本人并未到过中国,毕竟不能了解我国古典文献的全貌,因此在他的著作中不可能全面反映我国古代人民在农业和生物学方面的全部成就,甚至还有一些错误的观点。尽管如此,上述事例足以说明我国人民的杰出贡献丰富了达尔文的思想,充实了达尔文理论的内容,为达尔文学说提供了现实的典型资料和历史根据;同时随着达尔文著作在世界各国的传播,也帮助了各国人民对我国古代人民在农业、生物学等方面所创造的杰出成就的了解,维护了我国人民在世界科学史上应该享有的荣誉和地位。他不愧为善于吸取外国科学营养的模范学者,中国人民的诚挚好友!

原文载于:《植物杂志》,1978(4):4—7。

中国古代关于遗传育种的研究

张秉伦

我国是世界上最大的动植物起源中心之一。很多家养动物和栽培植物,是我国古代劳动人民从野生动植物驯养和培育出来的。不仅这样,许多世纪以来,我国古代劳动人民还通过改良营养条件、人工选择、杂交育种等实践和研究,创造性地培育了大量的动植物优良品种,积累了极其丰富的遗传育种知识。

古代对遗传性和变异性的认识

遗传和变异是生物界的普遍现象。生物的进化过程,就是遗传和变异对立统一的过程。如果只有遗传,没有变异,那就没有进化发展了,野草就不可能进化为谷子,类人猿也就不可能进化为人了。但是如果只有变异,没有遗传,下一代将会和上一代面目全非,稻子也就不成其为稻子,人也就不成其为人了。遗传育种正是建立在遗传和变异基础上进行的。

所谓"种瓜得瓜,种豆得豆"和"类生类"等,讲的就是遗传现象。我国古代人民很早就从这种普遍的遗传现象中,认识到各种生物都存在着遗传性。古籍中有很多关于生物的"性""本性"或"天性"的记载,认为生物种类不同,本性也不一样。其中有一大部分讲的就是遗传性。并且认识到遗传性和生活条件有密切的关系。因此在生产中,必须"适其天性",而不能"任情返道",必须"顺物性,应天时",满足生物的生活条件,才能得到好的栽培或饲养的结果。

但是,遗传性并不是一成不变的,我国古代早就认识到生物具有变异性。所谓"一树之果有酸有甜",说的就是变异性,并且认识到变异是普遍发生的。这可以从古代对由于变异而形成的不同品种的认识来说明。早在两千多年前的《周礼》中,就记载了谷子有成熟期比较长的"穜"和成熟期比较"稑"。《尔雅》中记载关于生物的变异就更多了。仅马就有三十六个品种,并且描述了它们的差异,如马的毛色就有黑白杂毛的马和红白杂毛的马等等。北魏贾思勰在《齐民要术》中说:"凡谷成熟有早晚,苗秆有高下,收实有多少,性质有强弱,米味有美恶,粒实有息耗。"描述了谷子不同品种的成熟期、形态、品质、产量和出米率各不相同的特性。明代宋应星在《天工开物》中说:"粱粟种类甚多,相去数百里,则色味形质随之而变,大同小异,千百其名。"反映了古代对于变异普遍性的认识。

至于变异的原因,今天我们知道,营养条件、理化和生物因素等等,都可以引起变异的发生。我们的祖先虽然不可能像我们今天这样认识深刻,但是他们已经认识到环境条件的改变对生物变异的巨大影响。宋代王观在《扬州芍药谱》中说:"今洛阳之牡丹,维扬之芍药,受天地之气以生。而大小深浅,一随人力之工拙而移共天地所生之性,故异容异色间出于人间。"又说:"花之颜色之深浅与叶蕊之繁盛,皆出于培壅剥削之力。"明代李时珍在《本草纲目》中也说:"欲其花之诡异,皆秋冬移接,培以粪土,至春盛开,其状百变。"说明通过改变营养条件、嫁接等可以导致变异的产生。

尤其可贵的是我国古代已经知道变异是形成新生物类型的材料。宋代刘蒙在《菊谱》中描写了三十五个菊花品种以后,有这样一段精彩的评论:"余尝怪古人之于菊,虽赋咏嗟叹尝见于文词,而未尝说其花怪异如吾谱中所记者,疑右(古)之品未若今日之富也。今遂有三十五种。又尝闻于莳花者云,花之形色变易如牡丹之类,岁取其变以为新。今此菊亦疑所变也。今之所谱,虽自谓甚富,然搜访有所未至,与花之变异层出,则有待于好事者焉。"值得注意的是,这里真实地反映了栽花人的宝贵经验,如牡丹之类花的形色经常在变异,只要年年选取有变异的,保存它的变异,就可以形成新的生物类型。刘蒙据此推测,丰富多彩的菊花品种也是通过对变异的选择而形成的。这种以变异为材料可以实现由少数类型到多数类型的思想,不仅可以直接指导生产实践,而且也反映了我国古代已经具备了生物进化观念。

关于人工选择的应用和研究

我们的祖先,不仅认识到变异的普遍性和它同环境条件的关系,而且认识到人类可以利用变异为材料,通过人工选择来培育新品种。人工选择的实质,就是淘汰那些不符合人们需要或嗜好的变异的个体,让那些具有符合人们需要或嗜好的变异的个体留传后代,这样经过长期的去劣留良的选择作用,符合人们需要的新的生物类型就形成了。自古以来,我国勤劳智慧的劳动人民在生产实践中,充分利用变异为材料,广泛地采用存优汰劣的留种和选种技术,创造了无数的优良品种,为人类做出了贡献。我国栽培植物和饲养动物,包括花卉、家蚕和金鱼等品种之多,是别的国家不能相比的。

选择的方法也是多种多样的。穗选法最早见于公元前 1 世纪的《氾胜之书》,书中说:"取麦种,候熟可获,择穗大强者"收割下来,成束晒干,收藏好,"顺时种之,则收常倍"。到北魏,《齐民要术》中关于人工选择的记载就更多了,在猪、羊、鸡、蚕和黍、粟、穄、秫等家养动物和栽培作物中,普遍地应用人工选择的方法来选育新品种。宋代还有芽变选择的记载,欧阳修在《洛阳牡丹记》中说,牡丹"潜溪红"这个品种,"本紫花,忽于丛中特出绯者一二朵,明年移在他枝,洛阳谓之转枝红"。这是芽变选择在育种上的具体应用。现在知道,芽变是植物体细胞的突变,是可以遗传的。在金鱼人工选择方法中,不仅采取淘劣留良的方法,而且采用隔离饲养,从中找出合适的金鱼让它们交配,来选育为人们所喜好的新品种。《朱砂·鱼谱》(1596 年)中说:"蓄类贵广,而选择贵精,须每年夏间市取数千头,分数缸饲养,逐日去其不佳者,百存一二,并作两三缸蓄之,加意培养,自然奇品悉备。"《金鱼图谱》(1848 年)中,更进一步记载了创造性的人工选种和育种的方法:"咬子时雄鱼须择佳品,与雌鱼色类大小相称。"就是说,在金鱼雌雄交配的时候要精选种鱼,有意识地进行育种。这种精心选择,隔离培养,选择具有相似变异的雌雄个体进行交配,可以使符合人们需要或嗜好的变异积累起来,形成新的品种。可见我国早在达尔文之前,选育良种已经达到了相当高的水平。所以达尔文曾经系统地描述了中国关于金鱼人工选择的过程和原理,并且说:"中国人曾经运用这些相同的原理于各种植物和果树上。"他在《物种起源》中还说:"如果以为选择原理是近代的发现,那就未免和事实相差太远,……在一部古代的中国百科全书中已经有关于选择原理的明确记述。"

现代常用的两种选种方法——混合选择法和单株选择法，在我国古代也是相当突出的。

混合选择法，就是根据育种的目的，每年按照一定的经济目的，从大田或留种地中，选出一定的优良植株，经过复查，去掉不良植株，把全部优良植株混合脱粒、混合贮藏和播种，并且和原品种以及标准品种进行比较。这样经过连续几年的选择，就可以从混杂群中选出性状一致的优良品种。我国劳动人民继西汉创用穗选法以后，到了北魏，混合选择法已经达到相当高的水平。《齐民要术》中详细地记载了这一方法："粟、黍、穄、粱、秫，常岁岁别收，选好穗纯色者，劁刈高悬之。至春，治取别种，以拟明年种子，其别种种子常须加锄先治而别埋，还以所治穣草蔽窖。"意思是说：粟等五谷，要年年选种，把好的穗子割下来，悬挂高处，来年春天单独种在特设的留种地里，精心培育，准备作为下一年的种子。为了避免和其他种子混杂，要先处理，埋藏好，埋藏种子的洞口，要用脱粒后的原穣草掩盖。这种和近代混合选择法十分近似的方法，在选种史上比德国选种家仁博于1867年改良黑麦和小麦使用的混合选择法要早一千三百多年。

单株选择法，是用一个具有优良性状的单株或单穗选育新品种的方法。这在我国清代康熙年间（1662—1722年）就已经相当普遍地应用了。例如，据《康熙几暇格物编》（上册）记载，康熙年间乌喇劳动人民曾经发现"在树孔中忽生白粟一科"，不同于一般粟子，后用这棵白粟播种，"生生不已，岁盈亩顷"，终于选育出味既甘美、性复柔和而高产的优良品种。康熙获得这一良种以后，又叫人在山庄里进行试验，果然发现这种良种"茎干、叶、穗较他种倍大，熟亦先时"。而且用来制作食品，"洁白如糯米，而细腻香滑殆过之"。这是目前所了解的关于单株选择的比较早的记载。其实单株选择法可能在这之前很早就有了。《康熙几暇格物编》上也说："想上古之各种嘉谷或先无而后有者，概如此，可补农书所未有也。"

康熙还运用劳动人民创造的单株选择法，选育成功了一种"早熟"、高产、"气香而味腴"的水稻优良品种——"御稻"。《康熙几暇格物编》（下册）记下了这个选育过程，"丰泽园中，有水田数区，布玉田谷种，岁至九月，始刈获登场。一日循行阡陌，时方六月下旬，谷穗方颖，忽见一科，高出众稻之上，实已坚好，因收藏其种，待来年验其成熟早否。明岁六月时，此种果先熟。从此生生不已，岁取千百，四十余年以来，内膳所进，皆此米也。其米色微红而粒长，气香而味腴，以其生自苑田，故名御稻米。"由于用单株选择法选育成功的"御稻"生长期短，成熟早，既适于关外无霜期比较短的地区种植，又适于南方一年两熟。因此在康熙五十四年（1715年）推广到江浙一带，"令民种植"，第一年就在苏州地区获得一年两熟的成功，第二年在总结经验教训的基础上，又和对照田进行对比试验，结果"御稻"两季亩产共五石二斗，比对照田每亩多收一石三斗。四年以后，每亩两季最高达到六石八九斗，相当于原对照田的1.7倍，增产效果明显。后来推广到安徽、江西等地，都获得好收成。可见"御稻"的单株选择是十分成功的。它比现代选种史上维尔莫林在1856年开始的甜菜单株选择要早一百多年。

杂交育种和杂种优势利用

人工杂交是人工创造生物新类型的一种方法。通过杂交形成的新种（或品种），可以把两个或两个以上亲本的优良性状结合起来，成为一个具有更高生产性能和更能抵抗不良环境新的生物类型。杂交分有性杂交和无性杂交，这两种方法在我国古代的应用都是相当突出的。

　　骡子是利用杂种优势的典型例子。现在人们把母马配公驴生的骡子叫马骡,古代叫"赢"(读 yíng 赢音),把母驴配公马生的骡子叫驴骡,古时叫"驶騠"(读 juétí 决提音)。我国早在春秋时期就记载了赵简子有两个骡子。屈原楚辞中也有骡子的记载。说明我国至少在春秋时期就有了马和驴的杂种,异种间可以杂交产生新种早就为我国劳动人民在生产实践中运用了。

　　《齐民要术》关于马驴杂交和杂种优势的记载就更清楚了:"赢:驴复马生骡则难,常以马复驴,所生骡者,形容壮大,尔复胜马。"《本草纲目》中说"骡大于驴,而健于马"。方以智的《物理小识》中说"骡耐走,不多病"等等。马和驴杂交产生的杂种——骡,结合了马和驴的优良性状,而胜于马和驴。它从马那里得到体大、快跑、力大、活泼等优点,又从驴那里得到步伐稳健、不易激动、忍耐力强、耐粗饲的特点。因此,既适宜于载重走险路,又适宜在农村干搬运工作。到目前为止,像骡这样有用的种间杂种,在家养哺乳动物中还是少见的。而我国劳动人民早在两千多年前,就利用种间杂交,获得了杂种优势明显的骡。直到今天,这种杂交育种,还在生产实践中广泛地应用。

　　《天工开物》中还记载了家蚕不同品种之间的杂交试验:"凡茧色唯黄白两种。川、陕、晋、豫有黄无白,若将白雄配黄雌,则其嗣变成褐茧。"又说:"今寒家有将早雄配晚雌者,幻出嘉种,此一异也。"可见宋代我国劳动人民已经广泛地应用品种间的杂交,并且得到了兼有双亲优点的"嘉种"。

　　无性杂交的嫁接技术,也是我国首创的。在我国,嫁接技术究竟什么时候开始,现在还没有定论。靠接法的记载见于《氾胜之书》:先种瓠十棵,等长到二尺左右,"便总聚十茎一处,以布缠之五寸许,复用泥泥之,不过数日,缠处便合为茎,留强者,余悉掐去,引蔓结子"。由于十棵瓠根吸收的养料供给一棵瓠子的地上部分生长发育,结果得到硕大丰满的果实。

　　汉以后嫁接技术发展到不同种的植物之间的嫁接。《齐民要术》中,就有利用不同种的树木进行嫁接,来提早果树结实和改良品质的记载。比如梨的嫁接,可以用棠树或杜树做砧木,用梨树苗作接穗,梨结得大而细密。证实嫁接繁殖比实生苗繁殖又快又好。而且还研究了接穗因采用的部位不同,跟结果早迟和树形好坏直接相关。到金元时期,据《务本新书》记载,当时已经有身接、根接、皮接、枝接、靥接和搭接等六种嫁接方法,应用于桑树嫁接。关于嫁接的作用和原理,在我国古代也有一定研究,认识到"一经接博(缚),二气交通,以恶易美,以彼易此,有不胜言者矣"。(《务本新书》)陈扶摇《花镜》中说:"凡木之必须接换,实有至理存焉。花小者可大,瓣单者可重,色红者可紫,实小者可巨,酸苦者可甜,臭恶者可馥,是人力可以回天,惟在接换之得其传耳。"嫁接时间宜在春分前秋分后,因为这时候皮层比较容易分离,树液流动旺盛。

　　新中国成立后,我国广大贫下中农和科技人员继承我国古代关于遗传育种的科学遗产,广泛开展人工选择和杂交育种的科学实验,为发展农业生产作出了贡献。

　　原文载于:中国科学院自然科学史研究所主编《中国古代科技成就》,中国青年出版社,1978:335—343.

茶

张秉伦

茶的起源和发展

我国是茶树的原产地之一,也是世界上发现茶树和应用茶叶最早的国家。我国茶叶一向以品质优良、品种繁多著称。现在世界上各产茶国家,都直接或间接从我国引种过茶树或茶籽。因此,各国现代语中的"茶"字,都是由我国"茶"字的广东音或厦门音转变而来。而陆羽《茶经》(780 年)又是世界上第一部茶的专著。

我国用茶历史悠久。茶在古代称荼,又名槚、蔎、茗、荈等。公元前 1 世纪王褒《僮约》中就有"武都买茶,扬氏担荷","烹茶尽具,酺已盖藏"的话,是我国烹茶、买茶的比较早的记载,也是后世认为饮茶起源于四川的根据之一。

茶叶的应用,一开始是用野生鲜叶直接作为药用或饮用的,后来才有栽培茶树。我国已经有两千多年的种茶历史了。到唐代,茶树栽培已经扩展到现在的江苏、安徽、江西、四川、湖北、湖南、浙江、福建、广东、云南、陕西、河南等省。当时农民致力种茶,崎角山麓遍植茶树,而且出现了官营茶园。关于茶树栽培的详细记载,比较早的见于唐代的陆羽《茶经》和《四时纂要》等;元代的《四时类要》等书,也有关于茶树栽培的详细记载。茶树是适宜短日照而且耐阴的植物,宋子安《试茶录》说:"茶宜高山之阴而喜日阳之早"。一定的阳光照射,能使茶树茂盛,但是日光太强,叶片老得快,制成茶叶品质不好。云雾缭绕的山区出产的茶叶,又嫩又香。所谓"高山出名茶",就是这个道理。所以我国古代茶园选择的标准,是"宜山中带坡坂"有树荫或北阴的地方,或者是"植木以资茶荫"。这样既有利于排水,又能提高茶树成活率和茶叶的品质。我国著名的绿茶婺源茶,就是栽培在乌桕树下的。如果平地种茶,那就要开沟泄水,因为茶树根受水浸泡容易死去。

茶籽需要经过一定的休眠期,并且要求保持一定的温度和湿度,才能发芽。古代劳动人民把成熟的茶籽,用湿沙土拌和,放在筐笼里,再加穰草覆盖,以免受冻。来年种在已经挖好并且上足基肥的茶坑里,精心管理,干时要浇水,合理施用人粪尿和蚕粪等有机肥料,"三年后每科收茶八两,每亩计二百四十科,计收茶一百二十斤。茶未成开,四面不妨种雄麻、黍、穄等"(《四时纂要》)。可见当时茶叶产量已经相当高,并且在茶苗阶段实行了茶粮间种。

古代采摘茶叶也是十分讲究的。陆羽《茶经》中说:"采不时,造不精,杂以卉莽,饮之成疾,茶之累也。"一般说来气温比较高的地区采茶比较早,气温比较低的地区采茶稍晚。同一采茶季节,唐、宋两代以早晨或阴天为采茶得时,而且讲究用指甲不用指头采茶。"以甲速断不柔,以指则多温易损。"制作高级茶叶,还要求根据茶叶的老嫩程度分别采摘,如分"芽如雀

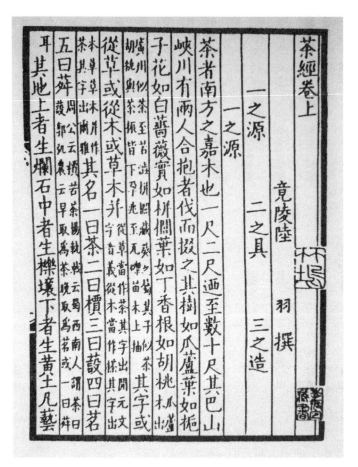

陆羽《茶经》书影

"舌谷粒"、"一枪一旗"（即一芽一叶）、"一枪二旗"等等。这样，加工的时候便于操作和掌握火候，外形也整齐划一。

关于茶叶的加工，根据陆羽的记载，三国魏张楫所撰《广雅》中说："荆巴间采叶作饼，叶老者饼成，以米膏出之，欲煮茗饮，先炙令赤色，捣入瓷器中，以汤浇覆之，用葱、姜、橘子芼之，其饮醒酒，令人不眠。"（引自《茶经》）

唐代的茶叶加工方法，已经有很大改进，并且发明了蒸青制法，就是把鲜叶采回，用蒸汽杀青，捣碎，制饼、穿孔，贯穿起来烘干，消除了以前茶饼的青臭气味，也便于贮藏和运输。所以在唐代，江南茶叶大量运销华北和塞外。

宋代是把鲜叶先洗涤后蒸青，蒸后压榨去汁，再制饼。从宋到元，人们为了简化制茶过程，保持茶叶真味，逐渐由蒸青饼茶和团茶改为蒸青散茶，茶叶蒸青后不揉不拍，直接烘干制成。全叶茶从此问世，古老的饼茶制法基本终结。

元末明初又发明了炒青绿茶，制法简单，省工省时，茶叶的色、香、味、形，都有很大改进，一直沿用到今天。明代以来，花茶和红茶的制法又相继发明。所以我们现有的绿茶、红茶、花茶等几种主要茶类，在明代就都有了。

绿茶的主要生产工艺包括杀青、揉捻和干燥等过程。杀青的目的是破坏酶类，防止发酵，保持天然色泽。所以绿茶又叫不发酵茶。杀青能使叶细胞里的水分向外扩散，降低膨压，使叶片呈现柔软状态，便于进一步加工揉捻而不至于破碎。揉捻目的是把茶叶捻成紧索,便于包装运输。同时由于揉捻,茶汁流出,凝集于表层,使茶叶油润,泡饮的时候浸出物也多。所以绿茶有香气高、滋味醇厚的特点。

红茶要经过萎凋、揉捻、发酵等加工过程。萎凋是使含有百分之七十以上水分的鲜叶失去一部分水分,降低细胞里的膨压,使细胞膜呈现松弛皱缩状态,便于揉捻的时候卷曲成条,不容易破碎。发酵是通过酶类微生物、氧化等作用,使茶叶发生化学变化,青草味消失。所以红茶又叫发酵茶。红茶气味芬芳,滋味醇厚,色泽乌黑油润,汤色红艳明亮。

花茶是选用浓郁芬芳的鲜花和上等绿茶窨(同"熏")制而成。最早在茶叶中掺入他种香料是在宋代。蔡襄《茶录》中说:"茶有真香,而入贡者,微以龙脑和膏,欲助其香。"以花窨茶,是明代开始的。明代程荣的《茶谱》中说:"木樨、茉莉、玫瑰、蔷薇、蕙兰、莲、桔、栀子、木香、梅花皆可作茶。诸花开时,摘其半含半放蕊之香气者,量其茶多少,摘花窨茶,三停茶,一停花。用瓷炉罐,一层茶,一层花,相间至满,纸箬封固入锅,重汤煎之,取出待冷,用纸封裹,火上焙干收用。"浓郁的鲜花香气,溶于清爽茶味之中,使花香茶味相得益彰,是花茶的特色。花茶属于特制茶。

就茶叶的品种来说,早在唐代,由于"风俗贵茶,茶之名品亦众"。蒙顶石花,顾渚石笋,福州方山露芽,霍山黄芽等十多种,都是当时的名茶。宋代仅福建一地的"贡茶",就有"万春银叶""上品拣茶"等四十一种之多。今天,茶的名品,更是数不胜数。在国内外市场上享有很高声誉的,就有安徽祁门红茶、黄山毛峰、齐云瓜片、太平猴魁,浙江狮峰龙井、平水珠茶,福建武夷岩茶,江苏碧螺春,云南红茶、普洱茶,台湾乌龙茶,以及各省窨制的高级茉莉花茶等等。

古籍中关于茶叶功效的记载

古今中外,人们之所以喜欢饮茶,是因为茶叶不仅是一种可口的饮料,而且饮茶有益健康。正因为茶叶具有这种功能,所以茶叶一经传入欧洲,很快就同咖啡、可可一起成为世界三大饮料之一。关于茶叶功效的记载,在我国古籍中讲的很多。例如《神农本草经》说,神农尝百草,遇毒,"得茶易解之";"茶能令人少眠、有力、悦志"。东汉三国的医学家华佗在《食论》中说:苦茶久饮,可以益思。明代顾云庆《茶谱》中说:"人饮真茶能止渴,消食,除痰,少眠,利尿道,明目益思,除烦去腻,人固不可一日无茶。"李时珍《本草纲目》中说:"茶苦而寒,……最能降火,火为百病,火降则上清矣。""温饮则火因寒气而下降,热饮则茶借火气而升散。"

据近代科学分析研究,饮茶确有清热降火、消食生津、利尿除病、提神醒脑、消除疲劳、恢复体力等功效。实践证明,劳动疲劳之后,尤其是脑力劳动困倦的时候,饮浓茶一杯,顿觉精神兴奋。因为茶中含有咖啡因,具有刺激神经、亢进肌肉收缩力、活动肌肉的效能,并且能促进新陈代谢。炎热酷暑,喝一杯热茶,便觉凉爽。在丰餐盛宴以后,泡饮一杯浓茶,油腻食物便容易消化。这是因为茶中含有芳香油,能溶解脂肪。有人曾经用白鼠做试验,发现每餐后饮茶十毫升的小白鼠,粪便中所含脂肪酸比不饮茶的少三分之二。还有人也证实,茶汁有中和由偏食蛋白或脂肪而引起的酸性中毒的功效。因此一些以肉食为主的民族,有"宁可一日无油盐,不可一日无茶"的说法。这些试验结果表明,我国古代关于茶叶功能的记载,是相当科学的。

此外,茶中含有多种维生素和氨基酸、矿物质等。维生素C能抗坏血病。维生素P可以减少脑出血的发生。茶鞣质能凝固蛋白质,而且具有杀菌和抑制大肠杆菌、链球菌、肺炎菌活动的作用,因而能治疗细菌性痢疾,对伤寒霍乱也有一定的疗效。茶叶还有助于增强血管弹性,预防动脉硬化。国内外研究认为,饮茶对治疗慢性肾炎、肝炎和原子辐射都有一定效果。自古以来,我国中医药方中常常用到茶叶,现在济南中医药方中还经常要用到松萝茶。可见我国古代认为饮茶有益健康,用茶治病,是有科学根据的。

茶香万里,情及五洲

　　茶不仅是我国人民的传统饮料,也是世界人民普遍爱好的饮料之一,因此,很早就成为我国出口的主要商品了。

　　公元 5 世纪,我国茶叶开始输入亚洲一些国家,17 世纪运往欧美各国。茶叶一旦传入外国,立即受到国外人士的珍视和欣赏,广为宣传,从此中国茶叶的功能和饮用方法,先后为世界各国所了解,饮茶风尚逐渐盛行全球。因此我国茶叶输出量与日俱增,19 世纪末叶以前,我国茶叶在世界市场上还是独一无二的。输出量最盛时期的 1886 年达二百六十八万担(合十三万四千吨),值银五千二百二十万两,占出口总值半数以上,而为我国出口商品的第一位。

　　我国不仅输出茶叶,而且向很多国家提供过茶树或茶籽。公元 9 世纪初茶树传入日本,17 世纪茶籽传入爪哇,18 世纪茶籽传入印度,19 世纪茶树先后传入俄国和斯里兰卡等国。爪哇和印度还分别在 1833 年和 1834 年从中国运走茶工和制茶工具,在国内试种茶树和制茶。

　　新中国成立后,我国茶叶不仅行销五大洲近百个国家和地区,而且为了增进亚非人民的友谊,我国政府还协助马里、几内亚、摩洛哥、阿富汗等国引种了中国茶。现在友谊之树,已经开花结果。马里的西卡索郊区试种我国茶树采制的第一批茶叶,品质优良,这种茶曾经在巴黎参加农业博览会,荣获一等奖。真是茶香万里,情及五洲。

　　原文载于:中国科学院自然科学史研究所主编《中国古代科技成就》,中国青年出版社,1978:404—410.

简析我国古代茶园设置和茶树栽培的方法

张秉伦

我国自然环境优述,南方气候温和湿润,雨量充沛、土壤肥沃,是茶树的原产地,也是世界上饮用茶叶最早的国家。至少已有两千多年的种茶历史了。劳动人民在长期的生产实践中积累了丰富的经验,可是由于历史上劳动人民学习文化的权利被统治阶级剥夺了,没能即时地记载下来,而文人又住往热衷于闲情逸致的吟咏,幸有一些农学家和对茶叶深有研究的作者对茶树的生物学特性和栽培方法有所述及,唐朝以后有关茶树栽培技术和提高茶叶质量的措施的记载逐渐丰富起来,虽然只是劳动人民实践经验的一部分,但终究是我们研究古代茶树栽培技术的重要资料,由此可以窥见一斑。

一、对茶树生物学特性的认识和栽培方法

《神农本草经》说:"茶生益州川谷山陵道旁,凌冬不死"。晋郭璞《尔雅注》中说:"树小如栀子,冬生,叶可煮羹饮。"唐陆羽《茶经》中进一步指出:"茶者南方之嘉木也,一尺二尺迺至数十尺,其巴山峡川有两人合抱者⋯⋯其树如瓜芦,叶如栀子,花如白蔷薇,实如栟榈,茎如丁香,根如胡桃","其地上者生烂石,中者生砾壤,下者生黄土"。宋子安《试茶录》云:"茶宜高山之阴,而喜日阳之早";明李时珍《本草纲目》说:"茶畏水与日,最宜坡地阴处"⋯⋯从这些简短的引述中,不难看出,我国人民很早就根据茶树的根、茎、叶、花、果实等基本上描述了茶就是我们现在所说的山茶科的植物,它是常绿的灌木或乔木,又是一种耐阴而宜短日照的植物,排水良好的坡地阴处、山陵、川谷或阳崖阴林都适宜茶树生长。古代人民这种对茶树生物学特性,包括对日光、水土要求的认识,正是当时茶园设置和栽培措施的主要理论依据。

我国茶树栽培有悠久的历史,东晋常璩撰《华阳国志》中曾谈到公元前一千多年,周武王联合巴蜀部落酋长伐纣,酋长带蜀茗进贡的事,并且记载了"园有芳蒻、香茗"。芳蒻是竹子,香茗是茶,既然种在园中当然有可能是人工栽培的,因此不少学者据此认为我国茶树栽培已有三千年的历史了;《四川通志》明确提出西汉时四川蒙山种茶的事实:"名山县之西十五里有蒙山其山五顶,形如莲花,五瓣,其中顶最高,名日上清峰,至顶上略开一坪,直一丈二尺,横二丈余,即种仙茶之处。汉时甘露祖师姓吴名理真者手植⋯⋯"据此,我国茶树栽培至少也有两千多年的历史了。究竟起于何时,有待进一步研究。

茶树经漫长的栽培历史,到了唐朝已经发展到现在的四川、陕西、河南、安徽、湖北、湖南、江西、江苏、浙江、福建、广东、云南等十多个省域。当时很多地区崎角山麓,遍植茶树,而且出现过相当规模的官营茶园,据《册府元龟》记载,元和十一年(816年),吴元济乱时,朝廷

特"诏寿州,以兵三千,保其境内茶园"。这种茶园的栽培技术和管理方法,虽因文献缺乏记载,无从确知,但仅以兵三千加以保护,可以推想它的面积之大和在国库收入中的重要地位。

关于唐朝茶树栽培方法问题,庄晚芳先生曾根据陆羽《茶经》中关于种茶"法如种瓜,三年可采",作过一些探讨。庄先生认为:"'法如种瓜'。据《齐民要术》的种瓜法推断,挖坑深广各尺许,施作基肥,播籽四粒。这与当前的茶籽直播法并无多大差别,并说种得好,管得好,三年可采茶。"[①]庄先生这种分析当有一定道理,但毕竟是一种推断。近年来,我们得到一本国内早已绝版的唐朝韩鄂撰《四时纂要》(万年十八年朝鲜重刻本影印、为日本僧送)内中有一节专论茶树找培和管理方法。据目前所了解,这是我国有关茶树栽培方法和管理方法的最早最详细的记载。从元朝王祯《农书》转引《四时类要》内容来看,《四时类要》可能是从《四时纂要》摘录的,或者就是《四时纂要》重版时将书名的"纂"字改成了"类"字。有待进一步研究。有关茶树栽培和管理的方法比王祯农书辑录的内容还要详细。这就为研究唐朝茶树栽培问题提供了新的直接资料。现将有关部分摘引如下。

"种茶:二月中于树下或北阴之地,开坎。圆三尺,深一尺,熟劚,著粪和土,每坑种六七十颗子,盖土厚一寸。强任生草不得耘。相去二尺种一方,旱即以米泔水浇之。此物畏日,桑下竹荫地种之,皆可。二年外方可耘治,以小便、稀粪、蚕沙浇壅之,又不可太多,恐根嫩故也。大概宜山中带坡峻,若于平地即须于两畔开沟垅泄水,水浸根必死。三年后每科收茶八两,每亩计二百四十科,计收茶一百二十斤。茶未成,开四面,不妨种雄麻、黍、穄等。收茶籽:熟时收取籽,和湿沙土拌,筐笼盛之,穰草盖,不尔即乃冻不生,至二月出种之。"

可见当时茶园选择标准是"宜山中带坡峻"之地,这样排水良好的地方,若于平地建立茶园则要开沟泄水,以防水浸根致死;播种方式是采用多籽穴播,而且有遮阴措施,以抵抗茶树幼苗期抵抗不良环境的能力,有助于提高茶树成活率和茶叶品质;种籽应用沙藏催芽的方法既能保持茶籽生活力,又能在种后提前出芽;肥料是以氮肥为主,既有基肥,亦施追肥;除草、浇水都很讲究,因而三年后,每科收茶八两(旧秤),每亩计 240 科,共收茶 120 斤。这些宝贵的经验,从宋、元、明、清有关农书和茶书记载来看,不仅一直沿用到清朝,而且为近代科学研究所证实。说明我国早在一千多年前的唐朝,茶树栽培已经达到了相当高的水平。有关种植密度、产量和茶与雄麻、黍、穄间种的问题是王祯《农书》等所没有记载的。

二、阳光、温度等对茶叶质量的影响及其措施

茶树是一种耐阴而宜短日照的植物,一定的阳光照射,可以促使茶树茂盛,但是日光太强或者终日在烈日下曝晒,不利于茶树生长和茶叶成分中有效物质的形成,而且叶片容易老硬,降低茶叶质量。所以很多古籍中都说"茶畏日"。宋子安《试茶录》中说:"茶宜高山之阴而喜日阳之早"就是这个道理。冯时可《茶录》还强调朝阳照射比夕阳照射为好:"产茶处,山之夕阳胜于朝阳,庙后山西向,故称佳,总不如洞山南向受阳气,特专称仙品。"黄儒《品茶要录》说:"茶之精绝者,其白合未开,其细如麦,盖得青阳之轻清者也;又其山多带沙石,而号佳品者,皆在山南,盖得朝阳之和者也。"

古代还认识到高山茶园和平地茶园对于日照的要求是有区别的。《大观茶论》说:"植茶

---

① 庄晚芳:陆羽《茶经》浅介,《自然杂志》,1卷2期。

之地，崖必阳，圃必阴"。因为高山往往云雾多，气温低，即崖岭"之性寒，其叶抑以瘠，其味疏以薄。必资阳和以发之"；而平地茶园，"土之性敷，其叶疏以暴，其味疆以肆，必资阴荫以节之"。因比当时劳动人民在平地开辟茶园"皆值木以资茶之阴，阴阳相济，则茶之滋长得其宜"。即是说高山悬崖的茶园要向阳，平地茶园要有遮阴树。目的是创造一个合适的温度和日照条件，使得茶树生长得其宜。

50年代以来研究指出：茶树在强光高温下，叶片气孔关闭，妨碍蒸腾作用，影响正常生长，减低产量，叶温过高还会影响光合作用中有机物质的合成，如果在高温开阔地区有遮阴树适当遮阴，既可以吸收一部分红外线而降低叶温，又能提供光合作用所必需的可见光。可见我国古代的分析是有科学道理的。

沈括在《梦溪笔谈》中说："今茶之美者，其质素良，而植之木又美，则新芽一发，便长寸余，其细如针唯芽长，为上品，以其质干土力皆有余故也。"栽什么树遮荫最好呢？《罗廪茶解》中认为："茶固不宜加恶木，唯桂、梅、辛夷、玉兰、玫瑰、苍松、翠竹，与之间植，足以蔽霜雪，掩映秋阳，其下可植芳兰幽菊，清芳之物。最忌菜畦相逼，不免渗漉滓厥清真。"足见当时对于遮阴树的选择是相当严格的。

由于遮阴树根系发达，能促进土壤熟化，落叶腐烂了也是很好的有机肥料，因而"质干土力皆有余"。而且可以防止霜雪冻害，又能抑制杂草丛生。近年来国外对于茶树遮阴问题进行了很多试验，证明了这一点。至今我国有些名茶产区还保留着这种传统的种法。如著名的婺源茶就是栽培在乌桕树下的，安徽歙县、江苏吴兴县的一些茶园也有遮阴措施，其中吴县东西山茶园周围或茶园中间常以果树、桂花树作为遮阴防护林，以调节小气候，来提高茶叶产量和质量，还能提供木材和水果，真是一举两得。英德红茶区，茶园也有遮阴措施，加上实行科学管理，大面积丰产茶园和小面积高额丰产茶园，层出不穷，长期保持着亩产干茶超千斤的丰产纪录。充分说明我国自唐宋以来创造的茶树遮阴措施，不仅有助于提高茶叶品质，而且能够提高茶叶产量。实属宝贵的经验。

三、高山出名茶问题

唐宋以来，由于"风俗贵茶，名品益众"，各种名茶中，一向以高山茶园所产最为名贵。据不完全统计唐朝有的蒙顶石花、顾渚紫笋、方山露芽、霍山黄芽等十多种名茶都是出在山区或高上之上，到了宋朝，名品更多，仅福建一省供封建朝庭享用的所谓"贡茶"就有"万春银针""上品拣茶"等名称花色达41种之多，现在宋朝子安《试茶录》的记载为例，分析如下：

当时建溪之焙有32种，"北苑首其一"，因为"北苑焙风气亦殊，先春朝跻常雨雾则雾露昏然，昼午犹寒，故茶宜之"。属于北苑茶的二十五个茶园中又以"苦竹园头甲之"。由于苦竹园头以高远居众山之首，"大山多修木，丛林郁荫相及"，所以这里产的茶最好。而"沙溪去北苑西十里，山浅土薄，茶生则叶细、芽不肥乳"。说明高山或深山里产的茶比山浅土薄之地所产的茶质量要好得多。

为什么高山产的茶质量要好呢？子安《试茶录》是这样描述和分析的："隄曶七闽，山川特异，峻极回环，势绝如瓯……厥土赤坟，厥植为茶，会建而上，群峰益秀，迎抱相向，草木丛条，水土黄金，茶生其间，气味殊美。岂非山川重复，土地秀粹之气钟，于是而物得以宜欤！"又说："建安茶品甲于天下，疑山川至灵之卉，天地始和之气，尽此茶矣。"

这就是说：高山茶叶品质优良，气味殊美的原因，是由于这一带群山环抱，势绝如瓯，草木丛生、水土相适、气候得宜的自然环境,最适宜茶树生长所致。冯时可《茶录》还对高山茶和平地茶进行了分析比较:"茶产平地,受土气多,故其浊;岕茗产由高山,浑是风露清虚之气,故为尚。"

同样,历史悠久,至今还名扬国内外市场的狮峰龙井、齐云瓜片、庐山云雾茶等都是以高山所产质量最好。例如:庐山云雾茶,据《江西通志》记载:"筐茶(即今庐山云雾茶)香味可爱,茶品之最上者","茶五邑俱产,唯庐山出者香味啜"。这是由于庐山海拔1400多米,地处长江中下游的鄱阳湖盆地的西北端,终年不绝的云雾,使得光照弱、湿度大,加上制作精细,使其具有形如石松、紧结圆直、绿润多毫,水底清亮,叶片嫩黄,从容舒展,香气醇口等特色。所以庐山云雾茶深受国内外人民的欢迎。朱德委员长诗云:"庐山云雾茶,味浓性泼辣。若得长年饮,延年益寿法。"

再如黄山毛峰,据许次纾于17世纪初撰写的《茶疏》云:"……若吴之虎丘,钱塘之龙井,香美浓郁,并可与岕雁行,次甫极称黄山"。说明黄山茶叶在三百年前就相当有名了。《黄山志》载:"莲花庵旁就石隙养茶,多轻香,冷韵袭人断腭,谓之黄山云雾茶。"据陈椽先生考证"黄山云雾茶",就是现在特级黄山毛峰的前身。

黄山云雾茶或黄山毛峰产在风景优美的安徽黄山,群峰高耸,最高达1700公尺以上,茶树分市在高山的山坞深谷之中,土壤为乌沙土,疏合适、排水良好,茶树根系发达,气候温和湿润,雨量充沛,相对湿度大,高山云海雾天,茶芽滋生润育,茶树周围林木丛生,日光直接照时短少,又不受寒风凌列和烈日曝晒,因此茶芽肥状,柔软细嫩。加上采摘及时,加工精致,使得黄山毛峰具有外形美观、白毫多,油润光滑,色泽嫩黄,冲泡时云雾结顶,香气馥郁,滋味醇厚,汤色明静、叶底鲜艳等特色而蜚声全国。我国高山名茶甚多,不容一一赘述。

自古以来,我国人民就认识到高山出名茶,并且从自然条件方面进行了分析。从今天的科学水平来看,高山出名茶主要是由于高山云雾多,终年云雾缭绕,使得光照弱,湿度大,空气纯洁清新,昼夜温差大,又富于紫外线照射,因而决定茶叶品质的茶鞣质和芳香类物质容易形成,加上高山林竹成荫,土质疏松,富于腐殖质,对茶树生长来说,形成一个得天独厚的环境,这就是高山出名茶的科学道理。可见我国古代推崇高山茶园的茶是有科学根据的。近年来福建省福安县还创造了高山茶园高产优质的经验,他们在1965年、1967年、1969年分别定植梅占、福安大茶、黄棪三个品种,均获得高产纪录(表一)。

表一:福建省福安县创造的高山茶园高产纪录①

名　　称	定植时间	每　亩　产　量			
		1972 年	1973 年	1974 年	1975 年
梅　　占	1965 年	402 斤	710 斤	733 斤	812.5 斤
福安大茶	1967 年	200 斤	451 斤	521 斤	904 斤
黄　　棪	1969 年	—	213 斤	392 斤	704 斤

这一经验充分说明,高山茶园不仅出名茶而且能高产。

今天,全国人民正在认真贯彻华主席关于"茶叶生产要有个大发展,速度要加快"和"全国茶叶有个发展规划好"等一系列重要指示,认真总结我国古代茶园设置和种植经验,作为

---

① 　根据安徽省农林科学院祁门茶叶研究所主编《茶叶科学简报》(1976 年 1 期)。

今天统一规划,全面安排的借鉴是很有必要的。本文仅一次尝试,错漏之处,在所难免,敬请批评指正。

主要参考文献

1. 陈椽:《安徽茶经》,安徽人民出版社。
2. 庄晚芳:《陆羽〈茶经〉浅介》,自然杂志,1978 年,1 卷 2 期。
3. 《茶叶科学简报》,1976 年第 1 期。
4. 中国农业科学院:《对当前几个茶叶科技问题的探讨》,《茶叶科技》,1977 年 2 期。

原文载于:《茶叶季刊》,1978(4):18—22。

试论唐朝茶树栽培技术及其影响

张秉伦　　唐耕耦

我国西南部自然条件优越,气候温湿,雨量充沛,土壤肥沃,是茶树的原产地。我国也是世界上饮茶最早的国家,而且已有两千多年的种茶历史了。现在世界上四十多个产茶国家都曾直接或间接地从我国引种过茶树或茶子。

茶叶,一开始是直接采用野生鲜叶,后来由于茶叶应用范围的扩大,不仅作为药物,而且逐渐以饮料作为主要用途。需要量日渐增多,野生茶树远远不能满足需要。人们势必要采拾茶子或掘取野生茶苗,加以人工繁殖。我国人工栽培茶树的历史十分悠久。相传西汉时,四川已有人工栽培茶树。东晋常璩《华阳国志》是汇集东晋以前的典籍编撰的。其中有关巴蜀产茶问题除谈到巴郡、蜀郡、南中郡皆出茶,所产之名茶已列为贡品以外,还有"园有芳蒻、香茗"的记载。园有香茗,当为人工栽培的茶树。后来茶树由云南、四川一带逐渐扩大到陕南、豫南和长江流域等地。但是由于资料缺乏,至今对唐朝以前茶树栽培技术还无法详知。

至唐朝,饮茶习俗风靡全国,茶叶生产有了巨大的发展,据陆羽《茶经》《新唐书·地理志》《唐国史补》等文献记载,唐朝全国产茶地已有五十多州郡,相当于现在的云南、四川、贵州、广东、广西、福建、浙江、江苏、安徽、江西、湖北、湖南、河南、陕西、甘肃等十五个省区。可见,我国现在主要产茶区,除台湾省外,早在唐朝已基本奠定下来了。当时"江南百姓营生,多以种茶为业"①;"江淮人,什二三以茶为业"②;祁门县"邑之编籍民五千四百余户,其疆境亦不为小,山多而田少,水清而地沃,山且植茗,高下无遗土"③,可见这些地区已经是畸角山麓,遍植茶树。甚至平地也有设置茶园,种植茶树的。

唐朝茶园已有三类:一是茶农经营的茶园。茶农分自耕农和佃农两种。自耕农在自己的土地上,种植茶树,采摘茶叶,加工制造,"由是给衣食,供赋役"③。佃农租种地主茶园,缴纳"茶租"。如陆龟蒙于顾渚山下置茶园租给茶农,"岁入茶租十许薄"④。顾渚山位在吴兴郡西北的长城县(今江苏长兴),是名茶紫笋茶产地。二是地主经营的茶园。地主依靠雇用长工、短工种植茶树,采摘鲜叶,加工制造。如"九陇人张守珪,仙君山有茶园,每岁召采茶人力百余人,男女佣工杂处园中。有一少年自言无亲族,赁为摘茶"⑤。可见每当采茶季节,地主茶园便要雇用大批男工、女工和童工采摘茶叶。三是官营茶园。封建政府从朝廷到州县,也利用官田设置茶园,甚至用暴力把民园变为官园。从唐穆宗曾令有关州府将茶园割属所管

---

① 《全唐书》卷 967:《禁国户盗卖私茶奏》。

② 《册府元龟》卷 510:《邦计部·重敛门》。

③ 《全唐文》卷 802:张途《祁门县新修阊门溪记》。

④ 《甫里先生文集》卷 16:《甫里先生传》。

⑤ 《太平广记》卷 37:《阳平谪仙》。

官府来看,唐朝官营茶园是相当普遍的①。又据《册府元龟》记载:"元和十一年(816 年)讨吴元济,二月诏寿州以兵三千保其境内茶园"②。寿州黄芽是当时名茶,唐朝廷因吴元济乱对淮西用兵时,特别强调要以兵三千保护寿州茶园,足见寿州茶园规模之大。

茶叶生产在唐朝的发展,必然在茶树栽培方面创造许多宝贵经验。但是,长期以来由于资料缺乏,对唐朝以前茶树栽培方法和茶园管理措施,一直无法确知。有些学者只能根据陆羽《茶经》中的简要记述,加以推断。陆羽《茶经》关于茶树种植方法仅有"法如种瓜,三年可采"一句概括性的话。庄晚芳先生认为:"《茶经》中谈到种茶'法如种瓜'。根据《齐民要术》的种瓜法推断,挖坑深广各尺许,施肥作基肥,播子四粒。这与当前的茶子直播法并无大差别。"③这样的推测,有一定的道理。但贾思勰是北魏时人,《齐民要术》主要是总结北魏以前的农业生产经验。而且主要是黄河流域中下游地区的农业生产经验。距唐朝时隔几百年,而且唐朝全国南北统一,经济重心逐渐南移,南方农业生产有很大发展。特别是茶树栽培,由于气候的关系,长期以来主要是集中于秦岭、淮河以南,茶叶生产的迅速发展,茶树栽技术定会有相应的发展。因此,如果仅据《齐民要术》中种瓜法来推断唐朝茶树如何栽培,不免使人产生不少疑问。唐韩鄂《四时纂要》回答了我们的疑问。

《四时纂要》在《新唐书·艺文志》农家类曾著录,《文献通考》亦存目,并引《郡斋读书志》说:"谔(鄂)遍阅农书,取《广雅》《尔雅》定土产,取《月令》《家令》叙时宜,采氾胜种树书,掇崔实试谷之法,并删《韦氏月令》《齐民要术》编成。"又引《书录解题》说:"虽时令之书,然皆为农事。"④此书大约成书于晚唐,无疑是总结唐以前农业生产经验的。《四时纂要》在国内早已散佚,1961 年日本东京山本书店将明万历十八年朝鲜重刻本《四时纂要》影印发行。该书对晚唐以前茶树栽培和管理方法包括种植季节、茶园选择、播种方法、中耕除草、施肥灌溉和遮阴措施等都有所论述。现抄录如下⑤:

"种茶:二月中于树下或北阴之地开坎,圆三尺,深一尺,熟劚,著粪和土,每坑种六七十颗子,盖土厚一寸,强任生草不得耘,相去二尺种一方。旱即以米泔浇。此物畏日,桑下竹阴地种之皆可。二年外方可耘治。以小便、稀粪、蚕沙浇壅之,又不可太多,恐根嫩故也。大概宜山中带坡峻,若于平地,即须于两畦深开沟垄泄水,水浸根必死。三年后,每科收茶八两,每亩计二百四十科,计收茶一百二十斤。茶未成开,四面不妨种雄麻、黍、穄等。"

"收茶子:熟时收取子,和湿沙土拌,筐笼盛之,穰草盖,不尔即乃冻不生,至二月出种之。"

从《四时纂要》上述记载来看,到目前为止,这是我国有关茶树栽培和管理方法等问题的最早最详细的记载。甚至后世一些农书或茶书均不如《四时纂要》详细。例如:元朝王祯《农书》转录《四时类要》⑥的种茶内容与《四时纂要》虽然基本相同,但不如《四时纂要》详尽。其中有关种植密度和产量以及茶在幼苗阶段与雄麻、黍、穄等高秆作物间种等,均为王祯《农书》所不载。同样,明朝《农政全书》和清朝《授时通考》等农书的有关茶树栽培的记载都是如此,并未超过《四时纂要》的内容,可见唐朝茶树栽培技术对后世影响之深。现扼要阐述

---

①　《唐大诏集》卷二,《穆宗即位敕》。

②　《册府元龟》卷 493《邦计部·山泽门》。

③　庄晚芳:《陆羽茶经浅介》,《自然杂志》1978 年 1 卷 2 期。

④　王毓瑚:《中国农学书录》。

⑤　唐韩鄂:《四时纂要》卷二。

⑥　《四时类要》至今未见,它和《四时纂要》究竟是什么关系? 是否就是《四时纂要》? 有待进一步研究。

如下：

首先，关于茶园选择问题，《神农本草经》中已谈到茶"生益州川谷山陵道旁，凌冬不死"。陆羽《茶经》中说："其地，上者生烂石，中者生砾壤，下者生黄土。"《四时纂要》指出茶园选择标准是"宜山中带坡峻"之地，若于平地建立茶园，则须于两畔开沟泄水。这是因为茶树怕水淹，"水浸根必死"。山坡上种植茶树，排水良好；若在平地建立茶园，容易碰到涝灾，不利于茶树生长，唐朝茶园主要是在丘陵地带的山坡地上，平地也有少量茶园，这种布局是合理的。

其次，关于茶子应用沙藏催芽的方法：把成熟的茶子先用湿沙土拌和，再放入筐笼中，上面盖以穰草。这样可以达到保湿保温，防止冻坏的目的。既可以保持茶子生活力，又可以在播种后提前出芽。这是我国人民发明的茶子沙藏催芽法，至今还有实用价值。过去人们常以王祯《农书》的记载为依据来推断这一方法发明于何时。甚至有人认为到了明代，才有这种方法的记述，其根据是徐光启《农政全书》的记载："熟时收茶子，和湿沙土拌，罗筐盛之，穰盖，不尔冻则不生"。其实，这和《四时纂要》记载的沙藏催芽方法完全一致。《四时纂要》的明确记载，使我们知道茶子沙藏催芽方法，早在唐朝已广泛应用，它的发明至少是在唐朝或唐朝以前。

第三，关于茶树种植方法。《四时纂要》记载的种瓜法如下："种瓜：是月（二月）当上旬为上时，先淘瓜子以盐和之，箸盐则不笼死。当开方园一尺，净去浮土。坑虽大，若杂以就土，令瓜不生。深五寸，纳瓜子四介、大豆三介于坑傍。瓜性弱，苗不能独生，故得大豆以起土，瓜生则掐去豆苗。"这是一种直播法，与庄晚芳先生据《齐民要术》中种瓜法的推断基本一致，但也不完全相同，我们认为《茶经》中种茶"法如种瓜"一句，以唐代《四时纂要》所载当时种瓜法来理解可能更为接近一些。而且这种每坑播子四粒的直播法，仅是唐朝茶树种植方法之一。

《四时纂要》记载的关于茶树种植方法，是一种多子穴播法：先在"树下或北阴之地"，"开坎，圆三尺，深一尺"，相去二尺种一方，每亩 240 坑，先把土捣碎，并铲除杂草和树根，以免树木草根自行滋生，妨碍茶子发芽生长，然后"著粪和土"，作为基肥，再把经过沙藏催芽处理的茶子在每个坑里播种六七十颗，上面盖土一寸。这种播种方式是一种"多子穴播法"。它对茶树抵抗不良环境有很大优越性，已为近代科学所证实。现在世界上不少国家在高山或高纬度地区种植茶树，仍采用多子穴播法。过去有人说种茶"多子穴播法"始于宋代，其实，这种每一坑种六七十颗茶子的多子穴播法，我国早在一千多年前的唐代就已经应用了。

第四，灌溉和施肥。茶在幼苗阶段，"旱，即以米泔浇"之，而且"强任生草不得耘"，以免损伤正在生长的幼芽或动苗。"二年外，方可耘治"，当然包括锄草、疏苗，也可以移栽他处。茶园除了要施足基肥，还要施用以氮肥为主的追肥，促使茶树苗壮生长，增强抗御病虫害的能力，并使茶叶鲜嫩，有利于提高茶叶产量和质量。因此《四时纂要》强调"以小便、稀粪、蚕沙浇壅之，又不可太多，恐根嫩故也"。小便、稀粪和蚕沙都是速效有机肥，也是新中国成立前我国农村广泛使用的农家肥，作为追肥，既能速效，又容易办到，是相当合理的。

最后，特别值得指出的是，对于茶树，当时已经认识到"此物畏日"，因此要种在"树下或北阴之地"，"桑下、竹阴地种之，皆可"。可见唐朝已经认识到茶树是一种喜阴而宜短日照的植物，并且采用了遮阴措施。茶在幼苗阶段与雄麻、黍、穄等高秆作物间种，对茶树来说，既能增强抵抗自然灾害的能力，又有遮阴作用。现代研究指出：一定的阳光照射，可以促使茶树茂盛,但是日光太强或者终日在烈日下曝晒,不利于茶树生长和茶叶成分中有机物质的合成,而且叶片容易老梗,降低茶叶质量,如果有林木适当遮阴,就可以避免以上这些不利因素而引起的弊病。我国人民早在唐朝就已认识到茶树"畏日",并采用遮阴措施以提高茶树成活率,是难能可贵的。此后,这一经验又得到了进一步的发展。例如:宋代茶书中强调茶宜"朝阳照射"。宋代《子安试茶录》中说:"茶宜高山之阴而喜日阳之早",明冯时可《茶录》还强调朝阳照射比夕阳照射为好;"产茶处,山之夕阳胜于朝阳,庙后山西故称佳,总不如洞山南向受阳气,特专称仙品"。黄儒《品茶要录》说:"茶之精绝者,其白合未开,其细如麦,盖得青阳之轻清者也,又其山多带砂石,而号佳品者,皆在山南,盖得朝阳之和者也"。就遮阴而言,宋代继承并发展了这一技术措施。宋徽宗《大观茶论》是这样分析的:"植茶之地,崖必阳,圃必阴。盖石之性寒,其叶抑以瘠,其味疏以薄,必资阳和以发之。土之性敷,其叶疏以暴,其味强以肆,必资阴荫以节之"[1],因此,"今圃家皆植木以资茶之阴,阴阳相济,则茶之滋长得其宜"[1]。也就是说高山悬崖上,由于云雾多,气温低,茶树必须向阳;一般茶园则要有遮阴树,目的是创造一个合适的温度和日照条件,使茶树生长得其宜。现代研究指出:茶树在强光高温条件下,叶片气孔关闭,妨碍蒸腾作用,影响正常生长,减低产量;叶温过高也会影响光合作用中有机物质的合成,因此在强光高温地区,如果有遮阴树适当遮阴,就可以吸收一部红外线而降低叶温,又能提供光合作用所必需的可见光。可见我国唐宋以来采用遮阴措施是有科学道理的。

北宋沈括在《梦溪笔谈》中说:"今茶之美者,其质素良,而植之木又美,则新芽一发,便长寸余,其细如针唯芽长,为上品。以其质干土力皆有余故也。"[2]以什么树遮阴最好呢? 明,罗廪《茶解》中说:"茶,固不宜加恶木,惟桂、梅、辛夷、玉兰、玫瑰、苍松翠竹与之间植,足以蔽霜雪,掩映秋阳。其下可植芳兰幽菊,清芬之物"。可见对于遮阴树的选择是很讲究的。现在我国有些茶区仍然保留着遮阴树的传统种法。例如:著名的婺源茶,就是栽培在乌桕树下的,安徽歙县、江苏吴县东西山茶园周围或茶园中都有果树、桂花等树木作为遮阴防护,调节小气候之用,来提高茶叶产量和质量,还能提供木材和水果,真是一举两得。根据《四时纂要》的记载,茶树遮阴措施,至少可以追溯到我国唐朝,就已在生产中运用了。

综上所述,唐朝茶叶生产的巨大发展,在茶树栽培方面积累了很多宝贵经验,在继承前人种茶经验的基础上,到唐朝,已经形成了包括茶园选择、土壤条件、种子贮藏和催芽方法,播种方式和密度,施肥灌溉以及遮阴措施等一整套茶树栽培技术,为唐朝以后茶树栽培技术的发展奠定了基础。其中茶园选择标准、茶子沙藏催芽法、播种方法(直播法和多子穴播法)和遮阴措施等栽培技术,不仅一直为宋、元、明、清各朝所沿用,而且至今还有实用价值。可见唐朝茶树栽培技术影响之深远。在国际上,也产生了深远的影响。英人威廉·乌克斯在《茶叶全书》中说:中国在唐朝陆羽《茶经》问世之前,"中国人对于茶叶问题并不轻易随便与外国人交换意见,更不泄露生产制造方法,直至《茶经》闻世,始将其中真情完全表达",使"当时中国农家以及世界有关者俱受其惠"[3]。其中日本就在唐朝从我国引种了茶子。延历二十四年(805年),高僧最澄(后通称为传教大师),由中国研究佛教返日,携回若干茶种,种植于近江(滋贺县)阪木村之国台山麓……次年,即大同元年(806年),另一僧侣弘法大师(名空

---

① 宋徽宗《大观茶论·地产》。
② 元刊《梦溪笔谈》卷 24。
③ 威廉·乌克斯:《茶叶全书》第一章茶之起源。

海)又从中国研究佛学归去,亦对茶树非常爱好,"携回多量茶子,分植各地,并将制茶常识传播国内"。种茶在日本获得成功,弘仁六年(815 年)又在首都附近五县广为种植①。可以想见,中国茶树栽培技术,早在唐朝就已传入日本。

原文载于:《科技史文集》(三)综合辑,上海科学技术出版社,1980:29—32.

---

① 威廉·乌克斯:《茶叶全书》第一章茶之起源。

在探求真理的道路上

——记赖尔和达尔文的友谊

张秉伦　　金吾伦

赖尔和达尔文是 19 世纪英国的两位杰出科学家。他们在地质学和生物学上的巨大成就,早已为世人所熟知。但是,关于他们所以能作出具有划时代意义的贡献的重要原因之一——他们在科学研究工作中相互帮助、相互促进的亲密友谊却了解得比较少。赖尔和达尔文之间的友谊非同寻常,它是在探求真理的道路上建立起来的,是在发展科学的共同理想中凝结成的。如同他们在科学上的杰出成就一样,他们的友谊也堪为世人的典范,是科学工作者学习的榜样。

(一) 在地质学领域内的互助互学,共同提高

赖尔比达尔文大十二岁。当赖尔《地质学原理》(第一卷)出版时,达尔文还是一个刚出校门的青年,是一个神创论者。当贝格尔舰起航时,由于汉斯罗教授的推荐,他带了《地质学原理》一书,不过汉斯罗教授当时还是居维叶"灾变说"的信徒,因此一再告诫达尔文不要接受赖尔书中关于地质渐变的观点。

因为达尔文参加远航的任务是研究地质学和无脊椎动物学,所以他一直把《地质学原理》带在身边,当作地质考察入门的向导。他越读越觉得书中的理论和处理地质学材料的方法对他有用,尤其是每当考察一个新地区时,更感到离不开《地质学原理》。他说:"当考查一个新地区时,没有比岩石的紊乱更使人绝望了",这时《地质学原理》"在许多方面对我都有极大的用途"。在《地质学原理》的指导下,达尔文在佛德角群岛的圣特雅哥岛发现了一段新隆起的海岸,这是一切火山岩起始的一个良好时代。这使他"清楚地看到赖尔处理地质学的方法非常优越,绝不是我携带的或以后读到的著作的其他任何作者所能比拟的"。达尔文从亲身的实践中体会到"赖尔的观点远远胜过了我们知道的其他任何著作中所提倡的观点",认为赖尔的著作是"可钦佩的书",他不顾最崇敬的老师汉斯罗的一再告诫,放弃门户之见,而成了赖尔观点的"热心信徒"。

1836 年,达尔文带着一个动植物的种是变化的科学见解回国。回国后,遇到的第一个难题是航行期间所获得大量标本的归宿问题。达尔文曾同很多"大人物"商谈,却得不到任何支持,这使达尔文十分灰心。就在这时,赖尔向他伸出了友谊的手,向他表示同情和支持,使达尔文深为感动,认为"比他(赖尔)这种热心的态度更为和蔼的东西再也没有了"。从此,达尔文同赖尔交往频繁。在交往过程中,赖尔那种"明朗、谨慎、果断,而且富于创造性"的思想,给了达尔文以十分深刻的印象。达尔文认为在伦敦的"那些大科学家中没有一个人能赶

得上赖尔的友善和仁慈"。因此,不久赖尔便成了达尔文"最有力的朋友"。达尔文把在航行考察中发现的足以证明南美大陆在近代地质时期中发生缓慢而逐渐上升的地质情况告诉赖尔;他和赖尔交谈关于珊瑚礁形成的理论;交谈他在赖尔渐变理论启发下,进一步扩大到发现有机物种的变异等等,赖尔鼓励达尔文尽快把自己的新发现和新成果写出来,还介绍达尔文参加英国科学协会……在赖尔的帮助下,达尔文回国后发表了一系列地质学著作,成了一位有声望的地质专家。

为此,达尔文将他的《考察日记》第二版献给赖尔,作为表示他的"感激和友情的最诚恳的标志"。达尔文的献词说:

"谨以感激和愉快的心情将本书的第二版献给皇家学会会员查理士·赖尔爵士。这本日记以及作者的其他著述如有任何科学价值,那么这主要是由于读了那本著名的、可钦佩的《地质学原理》得来的,特此致谢。"

赖尔并不以地质学权威自居,而是十分注意吸收达尔文这位后起之秀的长处。他大量引用了达尔文《航海日记》中的资料,不断充实自己的理论;在达尔文的帮助下,赖尔不仅改正了奴隶制度问题上的错误看法,而且在听了达尔文关于珊瑚岛的报告后,经过自己"许多天不能想任何事"的激烈思想斗争,终于放弃了他那得意的、曾经用来解释过很多地质现象的"火山口上升"的理论。他在给赫夏尔和达尔文的信中说:"关于达尔文的珊瑚岛的新理论,我有很多话要说。我已敦促惠魏勒(Whewell)去请达尔文在我们下一次的会议中宣读这篇东西。我必须永远放弃我那个火山口理论,但是开始这样做时,我感到痛苦,因为它曾解释了很多事……"现在赖尔从达尔文的新理论中认识到,过去解释的那些地质现象,其实与他的火山口上升理论完全没有关系,赖尔诚恳而欣然地接受了达尔文的理论。

赖尔和达尔文在促进地质学发展中互助互学,取长补短,为他们在研究物种起源上互相帮助,共同提高打下了基础。

(二) 赖尔对《物种起源》一书的支持和帮助

以自然选择为核心的进化论是达尔文在科学上的主要贡献,而这一理论的形成和被人们所接受也是与赖尔分不开的。达尔文在《物种起源》出版半年后给胡克(Hooker)的信中说道:"有一点是我看得很清楚的,没有赖尔、你、赫胥黎和卡本德的帮助,我那本书早已失败了。"那么,在进化论形成过程中,赖尔给了达尔文什么样的帮助呢?

我们在这里着重谈以下两点:

第一,赖尔在科学方法方面对达尔文的启示。达尔文回国后不久,便把注意力从地质学转移到生物进化的问题上来了。虽然他在环球考察期间形成了物种可变的思想,但是当时他对于生物究竟是如何进化的这个问题并不清楚。从何着手揭开这个"秘密中的秘密",也是颇伤脑筋的。后来他终于从赖尔的著作中得到了启示。他说:"回到英国以后,我觉得,遵循赖尔在地质学方面的范例,并且搜集凡是同动物和植物在家养状况下和自然状况下的变异有关的一切事实,或许会在整个问题上投射一点光明。"所谓"遵循赖尔在地质学方面的范例",主要是按照赖尔的"将今论古"的方法,即用"现在起作用的因素来说明地球表面过去的变化",表明地球有自己的变化历史,而"不可与创世论相混淆",从而推翻了上帝创造世界的谬说。达尔文正是根据赖尔的这种"范例",首先研究现在动植物在家养下的变异,得出了人工选择的理论:物种在人工干预下是可以改变的;具有各种明显不同特征的品种,可以起源于共同的祖先。这一理论后来扩大到自然界现在生存的那些动植物是如何进化的,形成了自然选择的理论:自然界的生物也普遍存在着变异性,由于生存斗争使那些具有有利变异的个体容易得到生存和留传后代的机会,而那些具有有害变异的个体容易死亡,通过长期的历史的适者生存、不适者淘汰的选择作用实现着进化。并根据不同地层中的生物遗迹——化石,论证了动植物具有悠久的历史,现在的生物是由远古时代少数几种生物进化而来的,决不是上帝各个创造的。

达尔文、赖尔和胡克

第二,赖尔对达尔文《物种起源》写作的鼓励和支持。达尔文一向认为,"在一种繁重的工作中,同情是一种有价值的和真实的鼓励"。达尔文于 1837 年开始写第一本关于物种起源的笔记,到 1844 年他的进化思想已基本成熟,并且把原来只有 35 页的提要扩大到 230 页的详细提纲;1856 年他把自己的进化思想告诉了赖尔和胡克等人。赖尔十分同情和支持达尔文的工作,劝他把这种新见解详尽地写下来,争取早日发表自己的创见,并且提醒他:"不然,将来会有别人跑到前面去"。达尔文在赖尔的敦促下,立即开始实施大规模的写作计划。两年后,到 1858 年已经写完了第十章,大约全书的一半。就在这时,华莱士从马来群岛寄来一篇论文——《论变种无限地离开其原始型的倾向》,并告诉达尔文如果认为论文还可以的话,希望把它转给赖尔去审阅。原来华莱士的观点和他的进化思想惊人地相似。用达尔文的话来说:"即使华莱士手中有过我在 1842 年写的那个稿子,他也不会写出一个比这手稿更好的摘要来,甚至他用的术语,现在都成了我那些章节的标题"。在这种情况下,达尔文为了不致引起华莱士的误会,经过激烈的思想斗争,打算中断自己的写作,而把华莱士的论文单独发表。眼看《物种起源》就要半途而废了……

在这关键时刻,熟知达尔文进化思想和他 20 年辛勤劳动的赖尔和胡克,不同意达尔文的打算,公正地把达尔文于 1842 年写的《物种起源》提纲和 1857 年给葛雷的一封关于自然选择问题的信与华莱士的论文同时在林奈学会上宣读了。并且由于赖尔和胡克的支持,当时一些反对这种新理论的人也不敢贸然进攻了。达尔文终于在赖尔和胡克鼓励下,继续执笔,写作《物种起源》。

《物种起源》完稿后,赖尔是第一个帮助审阅原稿的人,并且提出了许多异议和意见。其中一部分为达尔文所接受,在《物种起源》出版前两个月,赖尔就在英国科学协会地质小组向人们介绍了这本即将问世的科学巨著,并且给予了较高的评价:"在我看来,根据他的研究和推理,他对于同生物的亲缘关系、地理分布和地质连续有关的多种现象已经提供了清楚的解释,对于这些现象,没有其他的假设能够加以解释,或者曾经试图加以解释。"这使达尔文深受感动,因为赖尔当时是学术界颇有影响的人物,他的宣传"会使许多人放弃讥笑的态度而公平地考虑问题"。

特别值得指出的是,直到《物种起源》出版时,赖尔和达尔文在很多重大问题上还存在着原则分歧,《物种起源》中有些观点也是与《地质学原理》的见解针锋相对的。然而,赖尔既没有轻易附和达尔文的观点,更没有以权威自居,压制别人发现真理。相反,却给予由衷的同情和巨大的支持,千方百计地为其创造条件,鼓励达尔文尽早把研究成果公布于众,当达尔文及其学说受到宗教界疯狂反对时,他公开宣称自己是一个达尔文主义者,坚决站在真理一边,与赫胥黎、胡克等进步学者一道捍卫达尔文的进化论。

科学需要无私无畏精神,科学上的后起之秀更需要前辈科学家的奖掖、扶持,赖尔正是这样做的。尤其是赖尔当时在科学界享有盛名,这种精神更是难能可贵。

(三) 赖尔在达尔文的帮助下修正错误观点

赖尔关于地壳渐变的观点不仅推动了达尔文向进化论方面转化,而且为赫胥黎等人铺平了通往达尔文主义的道路。但是直到《物种起源》出版时,他还是坚持物种不变论的观点。在物种是否由上帝分别创造出来的,永远不变的,进化过程中有无创造力的干预以及人类起源等问题上,他和达尔文存在着原则的分歧。早在《物种起源》的写作过程中,达尔文就曾试探过不少博物学者的意见,但是从来没有遇到过一位对物种不变抱怀疑的人。"甚至赖尔和胡克,虽然他们都注意听取我的意见,也似乎决不赞同"物种起源学说。当达尔文劝赖尔改变物种不变观点时,赖尔感到十分不安,他常常带着恐惧的心情对达尔文说:如果我被迫背叛自己关于物种不变的信念,那么"《地质学原理》的下一版将会变成怎样的一回事和怎样的一种工作?"的确,赖尔在这个问题上"已经作过三十年的阅读、写作和思考工作"了,而且"一直保持着导师的地位",一般人都认为他是不会改变这一传统观念的。牛津主教韦勃弗斯在《每季评论》中曾评论道:"达尔文认为他可以把赖尔爵士算作他们的信徒之一,我们相信他是错了。"因为"没有人比赖尔爵士更清楚地、更合理地否认了物种可变的说法;再者,这种否认并不是发生在其生活的幼年时期,而是发生在其科学生活的体力充沛时期和成熟时期。"一个人要改变自己几十年所遵奉的传统信念并使之转到决然相反的观念上去,这是一种多么不容易做到的事情呵!

达尔文为了帮助赖尔的转变,千方百计地进行劝导。他考虑到这个问题在赖尔思想上已经根深蒂固,于是一方面以"那些旧派的地质学者们对于你的伟大观点,即变化的现存地质原因,承认得多么慢呀"为例,开导赖尔;另一方面向他讲自己的切身体会:"我记得,我经过很长的时间才转过弯来的",热忱地希望赖尔转变过来。"如果你确能转变过来,特别是我在这个转变中起了一点作用,我将会感到最大的喜悦。那时我会感到我的事业已经完成了。"

　　赖尔没有辜负达尔文的耐心帮助,在客观事实的教育下,终于转变过来了。1863 年前后他在谈话和书信中,有时已经像达尔文那样完全放弃了对物种不变性所持的信念。这时达尔文进一步敦促赖尔,希望他公开明确地表示自己已经相信物种不是不变的。"由于你以前曾持过相反的意见,这种影响就更大了。"赖尔后来根据达尔文的意见,终于表示了自己的新观点。对于赖尔的这一转变,达尔文感到由衷的喜悦。"鉴于他的年龄,他以前的观点以及他在社会上的地位,我认为他对这一理论的行动是英雄的。"他在给赖尔的信中说:"你已保持了三十年的导师地位,以后经过深思又把它放弃了,我很怀疑科学纪录中是否有过类似这样的事情。"赖尔这种勇于坚持真理,修正错误的精神得到了科学界的好评。

　　同样,在生物是否由上帝分别创造出来的和人类起源问题上,赖尔开始也是不能接受达尔文的观点的。当他看过《物种起源》原稿以后,曾向达尔文提出了一系列对自然选择学说表示怀疑的意见。希望达尔文能在原稿中加入加拉帕哥斯的生物是按照美洲的模式被创造出来的,在生物进化过程中还要加入"新的力量、属性和权力","进步的本质","改进的本性"之类的话。甚至在人类起源问题上,他还向达尔文提出过严重的警告,要达尔文在人类问题上要审慎。这些问题,集中到一点就是相信以自然选择为核心的进化论呢,还是相信神创论或者说生物的进化是超自然的智慧干预的结果。达尔文不仅没有接受赖尔这些意见,而且据理力争。他说:"我一生只做了一次这样的事,我敢反抗赖尔的那种几乎是超自然的智慧"。例如,赖尔提出要从创造的观点来看加拉帕哥斯群岛的生物问题,达尔文表示"我不能同意你的意见","如果物种是被创造出来以便同美洲的类型进行斗争的话,那么,它们必须以美洲的模式被创造出来","然而事实所指的正是相反的一面",即它们虽然具有南美洲生物的某些特征,却有很多明显的区别,甚至这个群岛中的各个小岛上的生物也不完全一样;关于要在自然选择理论中加进什么超自然的力量、属性、本质之类的东西,达尔文也是坚决反对的,他说:"如果有人要使我相信,必须在自然选择的理论中加上这些东西,那么我将把它当作垃圾抛弃掉,如果在系统的任何一个阶段上需要加入一些超自然的东西,那么我认为自然选择的理论就绝对没有价值了。"可见在这些原则问题上的争论是十分激烈的,然而态度是友好的,双方不但没有歧视,相反却为对方的理论提供事实以用来反对自己的理论,这种尊重科学、虚心诚恳的态度,足以为后人效法。

　　不久,胡克在赖尔家中做客,亲自看到赖尔简直"完全着了魔、并且心满意足地看着那本书(《物种起源》)"。达尔文得知后,就去信解除他的思想顾虑:你承认自然选择学说会不会对于你的著作有所损害呢?"我希望而且认为是不会的,因为顽固者的恶毒总是向第一个犯罪者发的,对于采纳他的观点的人,那些聪明而高兴的顽固者只是可怜他,认为他是受骗。"在另一封信中还说:"我是多么希望你的信仰能够准许你大胆地并且清楚地表示物种不是分别地被创造出来的,这样做固然是为了我自己,但也几乎同样地为了你。"

　　在人类起源的问题上,由于达尔文和胡克等人的帮助,赖尔也改变了原来的看法,就在《物种起源》出版后第二年,他写了一篇《从地质学看人类的历史》。

　　由于进化论的影响和达尔文等人的耐心帮助,赖尔不怕自己前后观点的矛盾,不顾自己名利得失,毅然改变了以前的错误观点:从怀疑达尔文自然选择学说到成为一个坚定的达尔文主义者;从警告达尔文在人类起源问题上要审慎到自己勇敢地论证人类进化的历史。赖尔的这种勇于坚持真理、善于修正错误的精神,在科学史上的确是罕见的。

　　赖尔和达尔文在探求真理的科学道路上互相帮助,互相学习,取长补短,共同提高,有力地促进了生物学和地质学的发展。这两位科学史上的伟人那种尊重客观真理、正确对待自己的理论,在探求真理、发展科学的道路上相互帮助,携手并进的崇高友谊和感人事迹,不仅在当时赢得了人们的普遍赞扬,而且直到今天仍然有着深刻的现实意义。

原文载于:《自然辩证法通讯》,1980(5):46—51。

落花生史话

张秉伦

落花生,亦名花生,俗称"长生果",属于豆科落花生属的一年生草本植物。它那羽状复叶昼开夜合,与地球自转而呈现的昼夜交替现象相当合拍,因而被人们视为一种"生物钟"。更奇妙的是它那黄色的小花在受精后,子房柄迅速延伸,长可达六寸以上,钻入土中,让子房在土中发育成茧状荚果,故名"落花生"。

花生的原产地和传播

落花生原产于南美洲的秘鲁和巴西,这是世界公认的。因为在秘鲁沿海地带史前的废墟中存在着大量的古代花生的考古学证据。1875 年在利马海岸的安康镇史前墓葬中又掘出了大约在公元前 750—前 500 年的炭化花生粒。另外,在巴西北部至南纬 35 度,从安第斯山麓到大西洋岸边,大约在一百万平方英里的地面上,广泛地存在着花生属的各种野生群,在其所包括的 35—40 个地区性的种内,已采集到这个属中的所有代表类型;而且美洲最早的古籍《巴西志》中已有关于花生植株形态的明确描述,古代印第安人把花生称为"安胡克",表明印第安人把它作为农作物种植,已有悠久的历史了。这些有力的证据,说明南美洲是在花生的原产地是毋庸置疑的。

花生在世界范围内的传播,是与哥伦布发现新大陆分不开的。哥伦布为了实现沿大西洋西航到印度的理想,他游说了很多国家的宫廷达十多年之久。直到 1492 年西班牙国王为了和葡萄牙争夺海上霸权,决定资助哥伦布三只帆船和沿大西洋西航的费用,授他海军大将衔,预封他为新发现土地的世袭总督等等。同年 8 月,哥伦布率领三只帆船和 90 名水手,经过 70 多天艰苦航行,到达了美洲,发现了新大陆。早期的航海家们把花生荚果带到了西班牙。1535 年出版的殖民者奥维多船长所著的《西印度通史》中首次引用了花生的西班牙名称"玛尼";在其后出版的恺撒的《护教史》中也曾提到了花生。恺撒是 1502 年到达埃斯帕尼尤拉岛的,1527 年开始了此书的编写工作,但直到 1875 年才出版。

大约在 17 世纪初期,随着殖民主义者贩卖奴隶的船只以及后来各国人民的友好往来,花生逐渐传入到非洲、亚洲和欧洲很多国家,以后又从非洲传入北美洲。

花生在作为油料作物而被利用之前,在农业中古的地位并不十分重要。因此,当花生开始传播到世界各地时,只不过作为奇花异果供人赏玩而已,因而发展相当缓慢,甚至对花生产生了许多误会和忌讳。如塞维尔城的一个内科医生蒙纳德于 1578 年所作的报道说:"秘鲁人送给他一种很好的果子,这种果子不生根,也不是什么植株长出来的,就像托马斯蜜蜂一样，是长在地下的。"①可见当时花生对欧洲人来说是相当神秘和陌生的。1609 年出版的《印加历史》中，有"生吃花生会造成头痛"等说法；1875 年出版的《护教史》中说："基督教徒是不吃它的，除非未婚的男子和小孩。奴隶们和老百姓吃它，但也不多吃，没啥吃头。"我国元代贾铭的《饮食须知》中还有："同生黄瓜及鸭蛋食，往往杀人，多食令精寒阳萎"；甚至在花生的原产地之一的巴西，还长期保留着一种传统的花生种植习惯："……不让男人参加种植，只能由印第安妇女或混血种妇女去种植，丈夫们对这项农活一无所知，如果是男人或男仆种了，就不会发芽。收获也是妇女们干的，而且按照习惯，当初是由谁去种植的，就由谁去采收。"这些忌讳、误解或习惯，反映了人们对于花生的生物学特性和使用价值认识不足，因而造成花生生产发展缓慢。直到 19 世纪上半叶，法国马赛的油坊开始从西非进口花生用来榨油以后，才促进了花生种植业的迅速发展。俄国在 1792 年引进花生，开始是种在敖德萨植物园作为观赏植物的，到 19 世纪才开始大面积种植。

很有意义的是，这种起源于南美洲由印第安人长期培育的农作物，经过了四百多年的"世界旅行"，已经选择在气候温和、土壤肥沃的温带地区获得巨大的发展，一些国家后来居上，种植面积不断扩大，而作为花生源产地的巴西和秘鲁，现在的种植面却已经是微不足道了。目前在印度、中国、巴基斯坦、美国和中非的一些国家，花生广泛地种植，逐步发展成为世界几个主要的花生集中产地了。

中国花生栽培的历史

中国是世界文明发达最早的国家之一，很多农作物都是中国古代劳动人民直接从野生植物培育出来的。中国很可能也是花生的原产地之一。因为 1958 年，在浙江吴兴钱山洋原始社会遗址中，首次掘得两粒完全炭化的花生种子②，用 ^{14}C 对同花生同一灶坑出土的稻谷、木炭等遗物测定，距今为(4700±100)年；1961 年，在江西修水县山背地区原始社会遗址中，再次掘得四颗完全炭化的花生种子③：其中一颗比较大，长 11 毫米，宽 8 毫米，厚 6 毫米；最小的一颗长 9 毫米，宽 6 毫米，厚 5 毫米。从外表可以看出种皮上的维管束，上下两面沿纵长中线各有一浅沟，从浅沟处很容易把两片子叶分开，胚根和胚轴都很明显。经 ^{14}C 鉴定同时出土的遗物，确定为公元前(2800±145)年。根据发掘现场土层剖面完整、均匀，没有为后期破坏的任何迹象来看，显然不可能为后来窜入的。这说明我国在新石器时代的末期就已存在花生，并直接地与人类生活发生了联系。它所处的年代较南美洲迄今为止所发现的花生最早遗存还要早一千多年。而且广西、云南、江西等省一些农业科研单位都曾反映过，他们已经采集到与花生形态极为相似的野生植物。这些野生植物，不仅茎叶与花生相似，而且有根瘤和地下结实的特征；但荚果比目前栽培花生的荚果小得多。它们与栽培种花生的亲缘关系如何，尚待进一步研究④。

另外，就文字记载来看，早在哥伦布发现美洲大陆之前，我国古籍就有花生的明确记载：如唐朝段成式《酉阳杂俎》中就载有一种"形如香芋，蔓生"、"花开亦落地结子如香芋，亦名花

---

① ［苏联］敏凯维奇：《油料作物》，农业出版社，1958 年。
② 浙江省文管会：《吴兴钱山洋遗址第一、二次发掘的报告》《考古学报》，1960 年 2 月）。
③ 江西农学院植物研究室：《江西修水山背地区遗址出土生物遗体鉴定书》《考古》，1962 年 7 期）。
④ 孙中瑞等：《我国花生栽培历史初探》《中国农业科学》，1979 年 4 期）。

生"。元人贾铭入明朝时已是百岁老人，明太祖召见他时，问其平日颐养之法，他讲"要在慎食"，并将所著《饮食须知》进览。书中载有："落花生，味甘、微苦、性平，形如香芋，小儿多吃，滞气难消"，还有"近出一种落花生，诡名长生果，味辛、苦、甘、性冷，形似豆荚，子如莲肉，同生黄瓜及鸭蛋食，往往杀人，多食令精寒阳萎。"此外，明人兰茂(1397—1476)的《滇南本草》亦有花生的记载。这些著作的成书年代都早于哥伦布发现南美新大陆之前，也是世界上关于花生最早的文献。因此，这些著作中提到的落花生，似乎不大可能是从南美洲传入的。

综上所述，我国已具有作为花生原产地的大部分证据；虽然尚未找到确凿的花生野生种群，但是我们认为中国很可能是花生的原产地之一。

16世纪以后，我国古籍中有关落花生的记载，更是屡见不鲜。如1503年的《常熟县志》、1504年的《上海县志》、1506年的《姑苏县志》、1587年王世懋的《学圃杂疏》、1593年李诩的《戒庵漫笔》、1604年冯应宗的《月令广义》、1620年周文化的《汝南圃史》、1621年王象晋的《群芳圃》等著作中都有花生的记载，其中较早的《常熟县志》中说："落花生，三月栽，引蔓不甚长。俗云花落在地，而子生土中，故名。霜后煮熟可食，味甚香美。"

至明末清初，我国沿海各省种植花生已较普遍；到19世纪，花生迅速推广到长江、黄河流域一些省份。1885年梁起在《花生赋》中赞云："仙子黄裳绉春榖，白锦单中笼红玉；别有煎忧一寸心，照入劳民千万屋。"可见花生已在当时人民生活中占有重要地位了。

我国人民在长期的国际友好交往过程中，曾多次从"西国""海上诸国"引种过南美洲的花生，如清代赵学敏《本草纲目拾遗》中曾引《福清县志》说："康熙初年僧应元往扶桑觅种寄回，亦可压油。"1887年的一次大花生的引进，是距今较近且有明确文字记载的引种工作。据《慈谿县志》记载："落花生，按县境种最广，近有一种自东洋至，粒较大，尤坚脆。"深受群众欢迎。山东蓬莱县还立有一碑记载了这一传入的经过。同样，国外也有从中国引种花生的。如欧洲曾从中国引进了花生。因此，直到今天，欧洲的一些国家还称花生为"中国坚果"。另外，据刚果布朗氏在1818年的《刚果植物志》中记载："花生是由中国传入印度、锡兰及马来群岛，尔后传入非洲的。"可见，中国的花生曾经传到过许多国家或地区。无数事实表明，各国人民的友好往来，有力地推动了花生在世界上的传播。

花生在我国人民长期精心培育下，包括引进的品种，现已有两千多个品种。我国生产上采用的花生品种主要属于：普通型、珍珠型、多粒型和龙生型。四种类型，各有千秋。

随着农村科学实验的开展，对花生生育特性有了进一步的了解。加上推广优良品种、合理密植和精耕细作等措施，花生单产不断提高，最高亩产达900多斤，这是我国花生栽培史上的最高纪录。

今天，我国已成为世界上种植花生最多的国家之一；花生不仅能满足国内人民的需要，还有一部分行销国外，在国际市场上，颇具盛名，被誉为"中国坚果"。

原文载于：《世界农业》，1980(8)：52—54。

我国古代对内分泌作用的认识和利用

张秉伦

我国古代人们通过临床观察、切除腺体等医疗实践和生产实践,在内分泌病变的观察和治疗、内分泌作用的认识和利用、性激素的应用和提取等方面,都积累了丰富的经验和知识。

一、对于内分泌病变的观察和治疗

临床内分泌病变的发现是推动内分泌学发展的动力。通过对内分泌病变的观察和治疗,可以为认识内分泌作用积累材料。下面,根据文献记载,探讨一下古代对于内分泌病变的认识和治疗。

1. 古代对内分泌作用的认识 《内经》是我国战国时期医学家总结当时及其以前的医学理论和经验的一部集体著作。在生殖方面,《内经》独重肾气,认为肾气的旺盛和衰退,直接关系到生殖机能的盛衰。限于当时解剖学的水平,对内分泌腺体及其作用尚无深刻的认识,但却认识到生殖机能与某些内分泌作用有关。并用任脉、冲脉和督脉来加以解释。任脉、冲脉、督脉不同于一般经脉,而是奇经脉的一部分。"冲脉、任脉皆起于胞中,上循背里,为经络之海。其浮而外者,循腹右上行,会于咽喉,别而络唇口,血气盛则充肤热肉,血独盛则淡渗皮肤,生毫毛。"[1]冲脉另一支出于阴部,夹脐两旁向上,到胸部而止。[2] 任脉另一支出于会阴部,上至前阴,沿腹部正中线,通过脐部、胸部、须部、至下唇中央,环绕口唇,沿面颊止于眼部。[2]

疾在冲脉,可引起月经不调、不孕症、哮喘、腹痛、肠鸣等病症;[2]疾在任脉,亦能引起疝气、赤白带、腹内肿块、胸腹部内脏机能失调等病症。[2]督脉,具有"总督诸阳"的作用。它起自会阴部,循背部脊柱正中线向上,经过后颈部,越过头部,止于颜面部的上齿龈的正中。在循行过程中,与脊髓、脑和其他阳脉相联系。[2]疾在督脉,可引起遗尿、病气、不孕症等病症。[2]张伯奇认为,"所谓任脉,冲脉、督脉","其实就是现在的内分泌作用"。[3] 任脉、冲脉、督脉是否专指内分泌作用,尚待进一步研究。但它们可以直接影响生育能力和乳汁分泌以及充肤热肉、毫毛有无等副性征的变化,在一定程度上反映了内分泌作用。例如,"月经,阴血也。属于冲、任二脉,上为乳汁,下为月水。"[4]"乳汁资于冲、任。若妇人疾在冲、任,乳少而色黄,

---

① 《黄帝·内经·灵枢》,卷十,《五音五味》。
② 参阅《素问·骨空论》。
③ 张伯奇:《我们古代对于内分泌的理论》,新中医药,1954(5)。
④ 孙一奎:《赤水玄珠·妇人门》,卷二十。

生子则怯弱多疾。"①"女子……二七而天癸至,任脉通,太冲脉盛,月事以事下,故有子。……七七任脉虚,太冲脉衰少,天癸竭,地道不通,故形坏而无子。丈夫……二八肾气盛,天癸至,精气溢泻,阴阳和,故能有子。"②说明冲脉、任脉同青春期及更年期的到来、月经起止、生育能力的具备及丧失是密切相关的,并能影响乳汁的分泌等。

先天性生殖腺缺失的人,由于"冲、任不盛"(即内分泌不发达),副性征也不发达。古代称之为"天宦"。属于"天宦者,未尝破伤,不脱于血,然此须不生。其天之所不足也,其冲、任不盛,宗筋不成,有气无血,唇口不荣,故须不生。"③李时珍认为:所谓"天"者,"阳痿不用",是"五种非男,不可为父"④的一种。说明古人已认识到生殖腺先天性缺失的男子,因内分泌失调,副性征不发达,也不能生育。

2. 关于性变问题的记载　脊椎动物和人类的性别,除了受遗传性基因的直接控制外,还要受到内分泌作用的影响和制约。如果内分泌出现异常,将会引起副性征的改变,甚至发生性反转,在人体则表现为女子男性化或男子女性化。商代,人们已发现"牝鸡司晨"的性反转现象。汉宣帝黄龙元年(公元前49年),"未央殿辂軨中雌鸡化为雄,毛衣变化而不鸣,不将,无距",说明性反转尚不完全,仅羽毛脱换成公鸡的样子;至元帝初元(公元前49—前43年)中,"丞相史家雌鸡伏子,渐化为雄,冠距鸣将"⑤,可见这只母鸡,曾经产过卵,后来渐渐长出雄鸡那样的鸡冠和距,能够啼鸣,也能率领母鸡。据马端临《文献通考》记载,唐宣宗大中八年(公元854年),河南考城县有一只公鸡变为母鸡,并能产卵;晋安帝元兴二年(公元403年),湖南衡阳有一只母鸡化为公鸡,经过80天,鸡冠又逐渐退化。⑥ 这些性反转和连续性反转的记载,已为本世纪科学实验所证实。现代内分泌学研究指出,母鸡通常只是左侧卵巢正常发育,右侧很小,不发育。如果左侧卵巢因病不能分泌雌激素,则右侧的性腺即失去雌激素对它的抑制作用,其髓质部分即发育为精巢,并能分泌雄性激素。这样,雌鸡就变为雄鸡。

在我国,对于人类两性畸形和女子男性化或男子女性化的发现也是相当早的。所谓"体兼男女,俗名二形",以及"五不女"中之"角"("古名阴挺")者⑦,多属于两性畸形。李时珍根据历史文献,对女子男性化和男子女性化的现象曾进行过整理。⑧ 所谓女子化为男子或男子化为女子,应理解为副性征或生殖器的局部变化,如音调变化,体形异性化,女子多毛,长胡须,阴蒂显著扩大成类似尿道下裂的阴茎,男子乳房发育成女性等等。或者本来就是假两性畸形,只因幼年表现不太明显而误以为是男孩或女孩,以后随着年龄的增大,内分泌作用的变化,而出现副性征上的明显变化。因此,所谓"女化男身""男化女身",当为女子男性化或男子女性化,而不是女子变为完全的男子或男子变为完全的女子。这种现象已为大量的临床病例所证实。现代内分泌学研究指出,有些内分泌病变可以引起女子男性化和男子女性

---

① 孙一奎:《赤水玄珠·妇人门》,卷二十三。

② 《内经·素问·上古天真论》。

③ 《内经·灵枢·五音五味》。

④ 李时珍:《本草纲目》,卷五十二。

⑤ 《汉书·五行志》。

⑥ 崔道枋《鸡的性反转》,载于《动物杂志》,1959年,第3期。

⑦ 李时珍:《本草纲目》,卷五十二,人部。

⑧ 李时珍:《本草纲目·人部》:"洪范《五行传》云:魏襄王十三年(公元前306年),有女化为丈夫。《晋书》云:惠帝元康(公元291—299年)中,安丰女子周世宁以渐化为男子……又孝武皇帝宁康(公元373—375年)初,南郡女子唐氏渐化为丈夫。《南史》云:刘宋文帝元嘉二年(公元425年),燕有女子化为男。《唐书》云:僖宗光启二年(公元886年)春,凤翔县女子朱龀化为丈夫,旬日而死。又《续后汉书》云:"献帝建安二十年(公元215年),越隽男子化为女子。"

化。例如,肾上腺综合征、多囊卵巢,都可以引起女子男性化。

本来,动物性反转和女子男性化或男子女性化纯属自然现象。然而,古人在解释这些现象时,往往夹杂着"天人感应"或迷信之说,把这些自然现象与国家的兴亡或人事的变更联系起来。《尚书·牧誓》:"古人有言曰:'牝鸡无晨;牝鸡之晨,惟家之索'。今商之受,惟妇言是用。"以雌鸡司晨的性反转现象比喻女人掌权的社会现象,认为商纣王听信妇言而亡殷。以后,更有"男化女,贤人去位;女化男,贱人为王"[①]之说,同样是以人之两性转化现象来喻国事之混乱。显然,这是十分错误的。

3. 甲状腺肿的发现和治疗   我国古代把甲状腺肿称为"瘿瘤"。早在战国时期,《庄子》中已有瘿病的记载。《吕氏春秋·尽数篇》:"轻水所多,秃与瘿人",认识到甲状腺肿与水土殊异有关。《山海经》中有食某种植物可以得瘿的记载:"有草焉,其状如葵,其臭如蘪芜,名曰杜衡。……食之已瘿。"[②]《神农本草经》中有用海藻治瘿的记载:"海藻……主治瘿瘤气,颈下核,破散结气,痈肿症坚气"。[③] 李时珍《本草纲目》也说:"海藻,咸能润下,寒能泄热行水,故能消瘿瘤、结核、阴㿗之坚聚。""昆布,主治十二水肿、瘿瘤聚结气、瘘疮。""海带,治水病瘿瘤,功同海藻。"[④]现代内分泌学研究指出,碘是合成甲状腺激素的主要原料之一,人体中的碘,一般都来自饮食。如果在水土和食物中缺碘的地区长期生活,人体取碘量不足或者由于甲状腺聚碘能力减低,都可能引起甲状腺激素合成不足,甚至患甲状腺肿。因此,常用补碘的方法来加以防治。这与我国古代对甲状腺肿的认识和用含碘量较高的植物来治疗的方法,是完全一致的。

值得指出的是,唐代孙思邈除用上述方法治疗甲状腺肿外,还发明口服鹿靥(鹿甲状腺)和羊靥的方法,"五瘿丸方:取鹿靥以佳酒浸,令没,炙干,内酒中更炙,令香。含咽汁,味尽更易,尽十具愈"。"治靥瘤方:海带、干姜(各二两),昆布、桂心、逆流水柳须(各一两),羊靥(七枚)阴干,蜜丸如小弹子大,咽津。"[⑤]据现代科学分析,动物甲状腺中含有大量的甲状腺素,对因缺乏碘质而引起的甲状腺肿大或机能衰退症,具有特殊疗效。一千三百年前,孙思邈就已用动物甲状腺治疗甲状腺肿,实在难能可贵。

至于甲状腺肿的手术切除疗法,据《魏略》记载:贾逵曾"与典农校尉争公事,不得理,乃发愤,生瘿。后所病稍大,自启愿欲令医割之。太祖惜逵忠,恐其不活。教谢主簿,吾闻'十人割瘿九人死'。逵犹行其意,而瘿愈大"。[⑥] 看来,在曹魏时期就已有甲状腺肿的切除疗法,只是手术还不够完善,因此疗效不太理想。

上述几种内分泌病变及其治疗方法,反映我国古代对于内分泌作用已有相当认识,并在征服某些内分泌病变的过程中作出了重要贡献。其他如侏儒人、巨人等内分泌病变也有记载,这里不再一一赘述了。

---

① 李时珍:《本草纲目》卷五十二,人部。
② 《山海经·西山经》。
③ 《神农本草经》卷下,本经中品。
④ 李时珍:《本草纲目》卷十九,水草类。
⑤ 孙思邈:《备急千金要方》卷二十四,瘿瘤第七。
⑥ 转引自晋代陈寿:《三国志》卷十五,《贾逵传》。

二、从阉割术看我国古代对性腺内分泌作用的认识和利用

早在殷商时代(公元前 16 世纪至公元前 11 世纪),我国就已采用动物阉割术,即切除性腺的技术。甲骨文中的猪字有: 、 等等。""即豕;""像牡之形,画势于旁,即豭之初文[①]。也就是公猪。"",据闻一多考证,就是"豕"字,即阉割后的猪。[②] 周代,还设官掌"颁马攻特"。[③] "攻特",就是施行马的阉割术。以后,还施之于牛、羊、鸡等家养动物。这些方法至今仍在民间沿用。

动物阉割后,由于生殖腺缺失,不仅繁殖能力丧失,内分泌作用也有明显的改变,因此,副性征发生显著的变化。为观察性腺内分泌作用创造了有利条件,如《礼记》:"豕曰刚鬣,豚曰腯肥"。崔憬云:"豕本刚突,劇来性和";[④] "犍者骨细肉多,不犍者骨粗肉少";[⑤] 此外,如去势的猪肉"稷而易熟,香而不腥臊……其未经去势之豭猪肉、娄猪肉皆不堪食";[⑥] "阉了则骨细肉多,易长易肥";"羊须骟过最美";[⑦] "六畜去势则多肉,而不复有子",[⑧] 等等,都是说未阉割的六畜皮厚、毛硬、骨粗、肉少、性格凶猛、肉味不美。而阉割后的六畜,则骨细、肉多,长得快,膘肥腯圆,性格温顺,肉也易熟味美。

从动物身上切除内分泌腺体,观察有机体内分泌机能的变化或副性征的改变,是现代研究内分泌作用时所采用的有效方法之一。牲畜通过阉割,牲欲受到抑制,有利于合群饲养,汰劣留良,选育良种;同时由于性腺所产生的激素刺激的消失,使得体内异化作用降低,同化作用加强,可以提高动物的经济利用价值。这就表明我国古代早已把内分泌作用的研究运用到生产实践中去了。

阉割术施行于人体称为"宫刑"。甲骨文中的""字[⑨],示男性生殖器旁置一把"刀"。说明殷商时代已有了宫刑。《左传》中也有阉人的记载。《尚书·吕刑》和《周礼·司刑》都说周代有墨、劓、剕、宫、大辟等五种刑法。颜师古说:"宫,淫刑也。男子割腐,妇人幽闭。"[⑩] 又"中兴之初,宦官悉用阉人,不复杂调他士",[⑪]说明东汉初年宦官中也普遍使用阉人。直至清代,宫内太监都经过阉割。应当指出,这宫刑并不是从内分泌学研究的角度来进行的,而是一种残酷的刑法。据明代周祈《名义考》:"宫次死之刑,男子割势,妇人幽闭,男女皆下蚕室。蚕室,密室也,又曰荫室。隐于荫室一百日乃可,故曰隐宫割势,若犍牛,然幽闭若去牝豕子肠,使不复生,故曰次死之刑。"即男子割势,像阉割犍牛那样切除睾丸;妇人幽闭则像阉割母

---

① 陈梦家:《殷虚卜辞综述》。
② 闻一多:《释为释豕》,载于《考古社刊》,第 6 卷。
③ 《周礼·校人》。
④ 《尔雅郭注义疏》下之六,释兽。
⑤ 贾思勰:《齐民要术》,卷六,养猪第五十八。
⑥ 王士雄:《随食居饮食谱·毛羽类》。
⑦ 杨屾:《豳风广义》卷下,饲豚子法。
⑧ 沈括:《梦溪笔谈》卷二十四,杂志。
⑨ 河南省安阳市文化局编:《殷墟》,1976 年 8 月。
⑩ 班固:《汉书·刑法志第三》。
⑪ 范晔:《后汉书·宦者列传》。

猪那样割去"子肠"。《三农纪》称母猪阉割为"势其藁",即割去卵巢。可见,"幽闭"也是与切除女性生殖器官有关的残酷刑法。

这些残酷的刑法,在客观上提供了观察内分泌作用的条件:"宦者,去其宗筋,伤其冲脉,血泻不复,皮肤内结,唇口不荣,故须不生。"[①]说明我国早在战国之前就已经认识到后天切除生殖腺,能直接影响到肤色、胡须等副性征的变化。

三、性激素的应用和提取

用内分泌腺体的浸出液或腺体分泌的活性产物进行注射和用同类腺体的干粉来喂饲动物或供病人口服,以观察腺体失去的机能是否能够恢复,也是内分泌学的研究方法之一,并且在临床上广泛地应用。

我国早就应用含有雄性激素的动物脏器,如鹿肾(割取睾丸和阴茎,除去残皮及油脂,风干或阴干)、驴肾、海狗(海豹)肾等,作为补肾、壮阳、益精的药物,来治疗某些性机能失调的疾病。用胎盘(又名人胞、胎衣、紫河车等)作为滋补壮阳药物,至少始于唐代。"人胞虽载于《陈氏本草》,昔人用者尤少。近因丹溪朱氏言其功,遂为时用。而括苍吴球始创大造丸一方,尤为世行。"[②]明代,则用胎盘制成丸剂、散剂、粉剂,医治"男子遗精"、"阳事大痿"、"月水不调"、妇女乳少和不孕症等疾病。[②]据现代生物化学分析,胎盘中含有人绒毛膜促性腺激素(HCG)、人绒毛膜生长激素——促乳素(HCGP)、人绒毛膜促甲状腺激素(HCT)以及胎盘γ-球蛋白、胎盘白蛋白等成分。由此可见,古代利用胎盘治疗疾病和滋补身体是有科学道理的,所以沿用至今。

唐代孙思邈《备急千金方》中的洗手面药方、面黵药方,多用猪羊胜(胰腺),用动物的胰腺作为护肤润色的药物,至今仍列为某些化妆品的配方之一。

性激素在性腺、肾上腺、脑垂体前叶等腺体中形成,进入血液,各自以独特的代谢产物由尿中排出。这些特异的代谢产物虽比原来激素的作用弱得多,但仍存在生物活性,并具有和原来激素相似的特殊影响,仍属于激素之列。东汉甘始、东郭延年和封君达等人曾饮尿以强壮身体[③]。唐代孙思邈也曾推荐用尿沉渣治病。北宋时,还成功地从大量人尿中提取性激素制剂——"秋石",并应用于医疗实践,取得良效。"秋石"制取法有几种,其原料、疗效不尽相同。用人尿制取秋石,见于《水云录》《苏沈良方》及《本草蒙筌》等书中。前二者所记的制法分阳炼法和阴炼法两种。其阳炼法是:"小便不计多少,大约两桶为一担,先以清水,挼好皂角浓汁,以布绞去滓。每小便一担桶,入皂角汁一盏。用竹篦急搅,令转百千遭乃止,直候小便澄清。白浊者皆碇底,乃徐徐撇去清者不用,只取浊脚,并作一担桶。又用竹篦子搅百余匝(次),更候澄清,又撇去清者不用。十数坦不过取得浓脚一、二斗。其小便,须是先以布滤过,勿令有滓,取得浓汁,入净锅中煎干,刮下捣碎。再入锅,以清汤煮化,乃于筲箕内(布纸筋纸两重,倾入筲箕内),丁(滴)淋下清汁,再入锅熬干,又用汤煮化,再以前法丁(滴)淋,如熬干色未洁白,更准前丁(滴)淋,直候色如霜雪即止。乃入固济砂盒内,歇口可煅成汁,倾出,如药末成窝,更煅一两度,候莹白色即止。细研入砂盒内固济,顶火四两,养七昼夜(久养

① 《内经·灵枢·五音五味》。
② 李时珍:《本草纲目》卷五十二,人胞。
③ 范晔:《后汉书·方术列传》。

火尤善），再研……。"①加入浓皂角汁就是利用皂角中的皂甙和蛋白汁来促使人尿中的甾体激素（主要是雄性激素和雌性激素）沉淀，经过滤、加热、沉淀、升华等物理、化学过程，即可得到性激素制剂。宋代以来，秋石主要是用作强壮药和助阳药，治疗"瘦疾"、咳喘、"颠眩、腹鼓"诸疾，并且取得了很好的疗效。这与现代某些性激素的临床应用有相似之处。至于这种秋石的性激素含量多少，还有哪些成分，尚待进一步研究。

秋石的制取曾引起不少学者的重视和研究，并给予很高的评价。英国著名学者李约瑟说："毫无疑问，在公元 11 世纪到 17 世纪之间，中国医学化学家得到了雄性激素和雌性激素的制剂，并且在那个时代半经验性的治疗中，可能十分有效，这肯定是在现代科学世纪之前任何类型的科学医学中的非凡成就。"②

综上所述，我国古代对内分泌作用的认识和利用是相当远古的，尤其是在公元 11 世纪，我国人民已经在实践中成功地应用了皂甙沉淀甾体激素这一特异性反应，因而得到国内外许多学者的赞誉；但是，由于长期停留于经验的阶段，而没有上升到理论的高度，因此到了明朝，药物学家陈嘉谟在《本草蒙荃》中把加皂角汁提炼秋石的方法指责为："玄妙尽失，于道何合，于名何符"之后，这一提炼秋石的方法也就逐渐失传了。清代则以人中白和岩盐或以食盐加秋天的水来制取秋石，显然这已不是利用皂角汁从人尿中提取的性激素制剂了。这一经验教训是值得认真汲取的。

原文载于：《科技史文集》（四）生物学史专辑，上海科学技术出版社，1980：202—207.

---

① 苏轼,沈括:《苏沈良方》,人民卫生出版社,1956。

② Joseph Needham(李约瑟):Clerks and craftsmen in China and the West,p. 315.

中国古代对动物生理节律的认识和利用

张秉伦

动物的生理活动或生活习性常常具有一定的节律性。很多动物的觅食、生长、繁殖和迁徙，明显地具有周年、周月、周日节律。由于它们能起到计时的作用，又与生理活动有关，因此人们又称其为"生物钟"或"生理钟"。

几千年来，人类一直在观察着各种循环往复、周而复始的自然现象，并且发现在生物体内存在着种类繁多的有节律的活动规律。在我国浩如烟海的古籍中，不时可以发现一些有关生物节律的记载。其中论述较多的有与地球公转相应的周年节律，又有同月亮盈亏和与其有关的潮起潮落相应的太阴月节律和潮汐节律，还有与白天和黑夜交替相应的近似昼夜节律等珍贵内容，甚至还有利用这些节律来定农时、测潮汐和改变生物节律为生产服务等的生动事例。在生物节律机理尚未完全揭晓的今天，认真发掘我国古代有关生物节律的记载和论述，为现在的研究提供一些历史资料是很有必要的。下面分述几种与外界时间信号相对应的节律。

一、从物候观测看古代对动物周年节律的利用

一年春夏秋冬四季循环，生物是以其新陈代谢变化作出反应的。如秋去冬来，有些动物随之进入休眠状态，直到来年一定季节又复苏起来，生长繁殖……新陈代谢的这些变化，意味着它们具有一种测量日照长度变化的能力，即具有与地球绕太阳公转周期相应的周年节律。我国古代的物候历就是根据天象、气候和动物的来去飞鸣及植物的生长荣枯制定出来并指导农业产生的。实际上是对生物周年节律的应用。

我国古代物候观测至少可以追溯到周朝。早在三四千年前，郯国（今山东郯城一带）就以家燕迁徙的周年节律来定春分。《夏小正》中已经按一年十二个月分别记载了动植物的物候、气象、天象和农事活动等内容，它是我国人民在三千多年前为便利农业生产而发明的第一部物候历。《夏小正》全文不到四百字，涉及动物物候的就有昆虫、鱼类、鸟类和哺乳类等几十种动物生理活动和生活习性的周年节律。它实际上是我国古代劳动人民在实践中利用生物节律作为适时安排农业生产活动的突出事例。因篇幅所限，不容一一罗列。仅以其正月和九月为例，释其要义，列表于后，以窥一斑。

此后，战国末期成书的《吕氏春秋·十二纪》以及汉代成书的《礼记·月龄》《淮南子·时则训》和《逸周书》等著作中都有物候历的内容。尤其是《逸周书·时训解》以五天为一候、按一年二十四节气七十二候记载了当时的物候是我国物候历的一大进步。到了北魏这种具有七十二候的物候历正式载入国家的历法之中，而且以后历代大都沿用了这一传统。

		原　文	释　文
正月	物　候	启蛰;雁北乡;雉震呴;鱼陟负冰;囿有见韭;田鼠出;獭祭鱼;鹰则为鸠;柳稊;梅杏柂桃则华;缇缟;鸡桴粥。	冬眠的虫苏醒了;大雁向北飞去;野鸡振翅鸣叫;鱼由水底游冰层下;园里韭菜又长出来了;田鼠出穴活动;水獭捕鱼陈于水滨;鹰变为鸠(古人误认为鸠是鹰变来的,其实是鹰去鸠来);柳树生出花序;梅、杏、山桃都开花了;缟(一种莎草)已结实(古人误认缟草花序为实,实际上是缟草长出花序);鸡又开始产卵了。
	气　象	时有俊风;寒日涤冻除。	时而和风吹来;虽然还有寒意,却能消融冻土。
	天　象	鞠则见;初昏参中,斗柄县在下。	鞠星又能看了;黄昏时参宿星在中天;北斗星的斗柄向下。
	农事活动	农纬厥耒;农率均田、采芸。	修整耕具耒耜,整理疆界;规定一个奴隶要为奴隶主耕多少田、采摘芸菜。
九月	物　候	遰鸿鹰;陟玄鸟;熊罴豹貉鼶鼬则穴;荣鞠……	大雁又从北方飞往南方;燕子高飞而去;熊、罴、豹、貉、鼶、鼬等哺乳动物住进洞穴;黄色的菊花开放了……
	天　象	内火,辰系于日。	太阳靠近大火(星宿二),大火隐而不见随后大火和太阳同时出现,好像联系在一起的样子。
	农事活动	树麦……	抓紧冬小麦的播种……

说明:《夏小正》九月未记气候。

此外,在一些诗词歌赋中也有物候观察的记载。如《诗·豳风·七月》载:"五月鸣蜩""六月莎鸡振羽""十月蟋蟀入我床下";唐朝杜甫诗云:"杜鹃暮春至,哀哀叫其间。"[①]南宋诗人陆游在《鸟啼》诗中说:"野人无历日,鸟啼知四时。二月闻子规,春耕不可迟;三月闻黄鹂,幼妇悯蚕饥;四月鸣布谷,家家蚕上簇;五月鸣家舅,苗稚厌草茂……"[②]等都是诗人留心观察物候和认真总结劳动人民经验的诗篇。

李时珍在《本草纲目》中不仅总结了古人关于虫鱼鸟兽的物候知识,而且又增加了很多新的观测内容。如他说:秧鸡"夏至后夜鸣达旦,秋后则止","仲冬鹡鸰不鸣,盖冬至阳生渐温故也"(卷48);黄鹏"立春后即鸣、麦黄椹熟时尤盛,其音圆滑,乃应节时之鸟";反舌鸟"立春后则鸣啭不已,夏至后则无声,十月后则藏蛰"(卷49);螳螂"深秋乳子作房,粘着枝上,其内重重有隔,每房有子如蛆卵,至芒种后一齐出,故月令云:仲夏螳螂生也"(卷41)等等。

我国积三千多年物候观测的经验,资料极为丰富,仅就上述部分资料来看,生物周年节律在一段时期内是相对稳定的,否则人们就不容易认识到像"春分之日元鸟至"这样的规律。但是若以更长的时间尺度来看,这种周年节律并不是固定不变的。如近年来物候观测结果,春分时节家燕只能到达上海一带,元朝迺贤在《京城燕》诗中自注云:"京城燕子,三月尽方至,甫立秋即去",同现在物候观测记录相比,来去各短一周。可见家燕迁徙这样的周年节律是可以提前或推迟的。我国古代还有利用低温和暗条件改变家蚕化性节律的记载。据公元

①　仇兆鳌注:《杜少陵详注》卷40。
②　陆游:《鸟啼》(《陆放翁全集》卷29)。

4世纪郑辑之所著《永嘉郡记》记载,在自然条件下第一化"螵珍蚕"卵孵出第二化"螵蚕"所产的卵是滞育卵,当年不再孵化。滞育在自然选择上具有度过缺食或恶劣气候及同步群体发育等优越性。所以"螵珍蚕"在自然条件下,世代如此,一年二化。但是,为了生产的目的,第一化"螵珍蚕"卵经过低温催青、延期孵化条件的处理,孵出的第二化蚕(叫爱珍蚕)所产的卵却不滞育,当年可继续孵化出第三化蚕(叫爱蚕)……[1]可见低温和暗条件可以改变二化性蚕原有的一年二化的节律。这种变化可能是通过内分泌腺激素分泌的变化,而使其化性节律发生改变的。

二、太阴节律

一个太阴月(亦称朔望月)长约二十九天半,其间月亮盈亏各一次。地球上很多生物的生理活动和生活习性与月相这种变化十分合拍。我们称这种节律为太阴节律或周月节律。

我国古代关于太阴节律的认识是相当精到的。《吕氏春秋》中已有关于动物的生长发育与月相变化关系的论述:"月也者,群阴之本也。月望则蚌蛤实,群阴盈;月晦则蚌蛤虚,群阴虚"。[2]其他著作中也有类似的记载。如《淮南子·天文训》载:"月死而嬴胧脘(脘,肉不满也)";王充《论衡·顺鼓篇》载:"月毁于天,螺蚄舀缺";宋代吴淑《月赋》中描述:"陆机揽堂上之辉,圆光似扇,素魄如圭,同盛衰于蛤蟹,等盈阔于珠鼋";明代李时珍在《本草纲目》中说:嬴,"螺蚌属也,其壳旋文,其肉视月盈亏"。故王充云:"月毁于天,螺消于渊"等等。都是说螺蚌之类的海洋动物,每当月望的时候,贝壳内皆满实,而当月晦时,贝壳内却显得不盈满了。它们的增大或缩小,同月相变化有着"同盛衰""等盈阙"的规律。

现代研究指出,月亮盈亏的周期性变化确实能影响某些动物生殖腺的增大或缩小。因此上述"月望则蚌蛤实,群阴盈;月晦则蚌蛤虚,群阴亏"之类的论述,可理解为月望时,蚌蛤之类的海洋动物生殖腺增大,肉体丰满,充满贝壳之内;而月晦时生殖腺缩小,肉体消瘦,贝壳内显得空虚而不满实了。

李时珍在《本草纲目》中明确提到蟹在繁殖季节"腹中之黄(即生殖腺),应月盈亏"(卷45);《尔雅翼》中说"腹中虚实,亦应月"[3]。都是说蟹在繁殖季节生殖腺的增大或缩小与月相变化密切相关。古希腊亚里士多德(公元前384—前322年)曾经指出海胆的大小随月相而变化[4],而我国古代已认识到蚌蛤等"群阴类"动物都有随着月相变化而增大或缩小的规律。

同样,蚌类其他生理代谢活动也具有太阴节律。如晋代郭璞《蚌赞》云:蚌"含珠怀璠,与月盈亏,协气朔望";宋代陆佃《埤雅》记载:"蚌,孚乳以秋……其孕珠若怀孕然,故谓珠胎,与月盈朒";《后山谈丛》载:"蚌,望月而胎";《本草纲目》载:"左思赋云:'蚌蛤珠胎与月盈亏是矣',其孕珠如怀孕,故谓之珠胎"等等;都反映了蚌蛤之类的生长发育随月相变化而变化,当月望时,蚌蛤生长发育旺盛,分泌物增多;而月晦时生长发育缓慢,分泌物也就减少。所以古人认为蚌蛤孕珠也具有太阴节律。

---

①　汪子春:《我国古代养蚕技术上的一次重要发明——人工低温催青制取生种》,昆虫学报,1979(2)。

②　《吕氏春秋》卷九·精通篇。

③　罗愿:《尔雅翼》。

④　李约瑟:《中国科学技术史》第一卷、第二分册,科学出版社,1975:320。

三、潮汐节律

由于引潮力的作用,海水平均以 24 小时 50 分为一个周期交替涨落,这就是有节律的潮汐现象。很多海洋生物的生长、繁殖及其活动规律也与潮汐节律惊人地合拍。因此海洋生物是研究生物节律的重要对象之一。我国人民自古以来就很注意观察总结海洋生物与潮汐节律的关系,并把这些具有潮汐节律的生物称为"应潮之物"。种类之多,不胜枚举。下面只能引述一部分记载。

据晋代孙绰《海赋》记载:"石鸡清响以应潮。临海县有石鸡,在海中山上,每潮水将至,辄群鸣相应,若家鸡之向晨也";梁代沈约《袖中记》载:"移风县有鸡,潮水上则鸣,故呼为潮鸡";任昉《述异记》还载有一种名叫"伺潮鸡","潮水上则鸣"等等,都是说"石鸡""潮鸡""伺潮鸡"的啼鸣具有潮汐节律。每当潮水将至,则要啼鸣。

此外,汉代杨孚《临海水土记》记有一种名"牛鱼"的动物,"象獭,毛青色黄似鳝鱼,知潮水上下";唐朝段成式《酉阳杂俎》中记载:"数九生海边,如彭螖,取土作丸,数至三百则潮至,人以为潮候"[①];李时珍《本草纲目》记载"彭螖而生于海中,潮至出穴而望者,望潮也"。此外据记载鳕鱼、车渠、海豚、牡蛎、蚌蛤、蟹类等海洋动物也具有潮汐节律。说明古人对于动物潮汐节律的观察是十分广泛的,显以它们的活动规律作为潮候。

长期广泛而深入的观察,积累了丰富的知识,尤其是对蚌蟹等海洋动物的觅食、生长等潮汐节律的认识,更为深刻。如宋代苏颂:牡蛎"每潮来诸房皆开,有小虫入,则合之,以充腹"[②]。牡蛎属瓣鳃纲,左(下)壳较大且凹,附着它物,右(上)壳较小,掩覆如盖,潮至上壳打开,积极寻找食物,而潮退时,则躲在紧闭的硬壳里。甚至把它们从原来的环境移到另一环境中去,仍能保持原来的潮汐节律。从而证实了古代的记载。

宋朝杨宽《西溪丛语》记载:"海上人云:蛤喇、文蛤皆一潮生一晕。"说明当时劳动人民已经认识到蛤蜊等瓣鳃纲动物贝壳生长纹是每潮增加一层,也就是说,贝壳上的生长纹忠实地记录了潮汐节律。现代研究发现,瓣鳃纲贝壳的生长只有在两瓣张开时才能进行,闭合时生长受到阻碍。一天之内两瓣时张时开,生长也时快时慢,这样就必然要在贝壳上留下明暗相间的痕迹——生长纹。同样,珊瑚骨骼和鹦鹉螺外壳上生长纹也是生长节律的忠实记录。这些生长纹由化石保存下来,正是今天"古生物钟"研究者据以推断史前年、月、日、时之间关系的重要依据。并且取得了一些令人关注的研究成果。他们所依据的原理和我国宋代就已认识的牡蛎外壳"潮来则开","蛤蜊、文蛤一潮生一晕"规律是十分相似的。

关于蟹类的潮汐节律,宋代付肱《蟹谱》载:"蟹之类,随潮解甲,更生新者,故名望潮",又说:"蟹随大潮退壳,一退一长";宋代罗愿《尔雅翼》载:"蟹,字从解,随潮解甲也。壳上多作十二点深臙脂色"。宋代苏颂也说:"蟹,其类甚多……其扁而最大者。后足阔者,名蝤蛑,南人谓之拨棹子,以其后脚如棹也,一名蟳。随潮退壳,一退一长,其大者如升,小者如楪,两螯如手,所以异于众蟹也。"这里"随潮解甲,更生新者",或"随潮退壳,一退一长"。应如何理解呢? 据现代研究发现,招潮蟹白天外壳颜色变深,晚上颜色变浅,黎明时颜色又变深,而且这种颜色改变的时间每天比前一天大约晚 50 分钟,正好与海潮合拍。因此"随潮解甲"或"随

---

① 以上均见于清朝余思谦:《海潮集录》"应潮之物"篇。

② 转引自李时珍《本草纲目》。

潮退壳,很可能是白天看到颜色变深,晚上看到颜色变浅而误认为是脱壳了。因为在 24 小时 50 分钟内脱壳一次,似乎不大可能,至于"随大潮解壳"是否可能,有待用科学实验进一步证实。

四、关于昼夜节律的认识和应用

地球不停地自转,因而出现了昼夜循环交替的现象。这样,地球上绝大多数生物在 24 小时之内都要经历一段光亮和黑暗的时间。生物在氏期的进化过程中,对这种昼夜循环交替的现象,是以某种生理活动或生活习性具有近似 24 小时的周期性变化作出反应的。因此称它为近似昼夜节律。人类早已注意到这些现象并以它来报时。我国古籍中有很多利用动物报时的例子。例如,自古以来,人们就知道公鸡鸣晨,明朝薛惠《鸡鸣篇》关于公鸡啼鸣与天象关系的记载最为详细:"鸡初鸣,日东御,月徘徊,招摇下;鸡再鸣,日上弛,登蓬莱,辟九闼;鸡三鸣,东方旦,六龙出,五色烂"。而且"鸣不失时,信也"[1]。从而知道公鸡一鸣、再鸣、三鸣是什么时间。《洞冥记》中还有以鸟候时的记载:有一种"贡细鸟","形似大蝇,状如鹦鹉,声闻数里之间,如黄鹄之音,国人常以此鸟候时,名曰候日虫";还有一种"喜日鹅","至日出时衔翅而舞",因此又名"舞日鹅"。

有关夜行动物的记载,反映了动物的昼夜活动节律。李时珍在《本草纲目》中曾做过系统的收集和整理,并加以补充。如"抱朴子曰:鹤知夜半,当以夜半鸣,声唳云霄";鹑"夜则群飞,昼则草伏";唐朝陈藏器说:鸥鹧"夜飞昼伏";鸮"盛午不见物,夜则飞行";夜行(又名气盘虫)"有翅飞不远,好夜中行";李时珍说:蜚蠊"好以清旦食稻花,日出则散";狐"日伏穴,夜出窃食";蝙蝠"夏出冬蛰,日伏夜飞";貉"日伏夜出"等等。

近半个世纪以来,研究证明:利用动物生理活动的近似昼夜节律,可以有效地防治有害动物,如一定剂量的安非他明在一天的某一时刻可杀死 77.6% 的受试豚鼠,而另一时刻同样剂量的药物却只能杀死 6% 的受试豚鼠;苍蝇在下午受到杀虫剂的喷洒,死亡率比较高。另外根据癌细胞增生的昼夜节律,发现癌细胞在某些时刻更容易受到 X 光的破坏等等。因此开展昼夜节律的研究,为农业和医学服务是有广阔的前途的!

五、关于生物节律成因问题的讨论

我国古代对动物生理活动节律成因的问题常常是用"物类相感",或"气类相感"来解释的。如《尔雅注疏》中说:"鸡为积阳、南之向火,阳类炎上,故阳出鸡鸣";寇宗奭说:"鸡鸣于五更,日至巽位,感动其气。"[1]把与太阳有关的节律称为阳类,而与月球有关的节律称为阴类,月球是"群阴之本也"。清朝余思谦在解释"应潮之物"时说:"物之应潮者,乃是气类相感,皆理之常也,无足多异。""气"在古代是指形成万物的最根本的物质实体,"气类"即"物类"。"气类相感"或"物类相感",显然比较强调外因的作用。段成式在《酉阳杂俎》中说得更明确:蚌蛤的生理活动节律,如果"不逐月盈亏,纵有天中匠,神工讵可成",把蚌蛤的太阴节律的形成说成主要是受月相变化的影响。但是古代对外因(如月相变化)如何通过内因起作用尚不太明白,当然我们对古人是不能苛求的。

---

① 转引自李时珍《本草纲目》卷四。

直到今天,生物节律成因问题尚未完全揭晓,目前主要存在着两种对立的看法,即内生论和外生论。内生论者认为生物节律是生物体内固有的一种自由运转、独立自主的"时钟",由生物自身规是着像钟表一样的周而复始的循环周期,是生物在长期进化过程中形成的结果,是内源的或内生的;外生论者认为生物节律是生物体对来自宇宙环境的某种有节律的刺激信号的反应,它们受外力的调节,是外源的,或外生的。两派都有一定的实验根据,各执己见争论不休。

我们认为内生论完全排除外界环境中天体的、理化的和生物的因素对各种生物节律形成的作用,那么,它就很难解释为什么三四千年前家燕在春分时节到达郯国(今山东郯城),现在春分时节却只能到达上海一带呢?为什么现在家燕在北京来去的时间比元朝时各长一周呢?为什么珊瑚骨骼化石上的生长纹与它生活时代一年的天数基本一致呢?

外生论认为生物节律的形成完全导源于外界信号的刺激,把复杂的生命活动简单化为物理的机械作用。因此它也无法解释那些无外界时间信号刺激的生理节律,如人的心跳每分钟70次左右,呼吸每分钟20次左右,更解释不了为什么一些生物在实验室条件下仍然保持着它原有的节律?为什么把招潮蟹从一个海潮地带移到另一个海潮地带,它仍然保持着原来生活的那个地区的潮汐节律呢?

内生论和外生论之争,归根结底是生物节律形成过程中内因和外因作用之争。生物是复杂的有机体,而且总是生活于一定的环境之中。它不仅是内部各种矛盾的统一体,也是生物本身与外界环境条件之间矛盾的统一体。就其内部的矛盾统一来说,任何生物从整体到细胞内部都充满着矛盾,生物依靠其细胞、组织、器官的各种生理功能的相互协调和制约,来完成代谢、生长、繁殖等生命活动。生理节律就是这种相互协调和制约的矛盾统一的结果。各种生理活动都有各自的节律性。由于生物本身的复杂性,其节律必然是广泛的、多样的,而且因为种类的不同,或者同一种类的不同个体,甚至同一个体的不同年龄、性别等差别,其节律也不尽相同。就生物与外界环境之间的矛盾统一来说,在外界环境条件的影响下,生物能在一定的范围内调整自己的节律,使其与周围环境条件相适当是生物的本能。外界环境中的天体的、生物的、理化的因素不同程度的影响是某些节律形成的条件,而生物自身的生理活动的因素是生理节律形成的根据。外因通过内因起作用。具体说来,外因对生物节律形成主要起着选择和调整的作用。例如:

1. 选择作用:外界生物的、天体的、理化的因素对生物广泛而多样的节律能够起到自然选择的作用。宇宙中的自然节律(如周年、周月、周日、潮汐等节律)长期周而复始、循环往复的作用,使那些在生理上和行为上比较适应外界节律的生物个体能够得到较好的生活条件,从而容易生存下去,繁衍后代;而那些经过调整仍然不能适应外界节律的生物个体则逐渐减少,甚至淘汰。长期自然选择的结果,必然形成与外界节律基本一致的生物群或生物种。这就是某些生物节律与宇宙节律那么合拍的重要原因之一。

2. 调整周期的作用:生物节律具有相对的稳定性,而且能够遗传给后代。如家燕在相当长一段时期内,迁徙的时间大致相同;在北方出生的小燕,到了秋天,羽毛刚丰却能先它们的亲鸟飞往它们从来未曾去过的南方;一年二化的"蟓珍蚕",在自然条件下一年二化,世代如此,但是已经形成的节律并不是固定不变的,我国古籍中记载的家燕迁徙时间的改变,和利用低温催青的方法使二化性"蟓珍蚕",变为多化性家蚕,就是自然条件和人工条件调整生物节律的明显例证。1924年,加拿大诺万(W. Rowan)教授曾做过一个有意义的实验。他在秋天网获了若干只正在向南迁徙的一种候鸟(*Junco hyemalis*),把它们分成两组,一组放在寻常的环境里,这时昼长一天短似一天;另一组则利用日光灯把昼长一天无地延长。到了十二月间,第一组候鸟很安静;第二组却大有春意,不但歌唱起来,而且生殖腺都发展到了春天的模样。这时把它们放出来,虽然气温已是零下 20 ℃,但是凡是经过日光灯照射的,不但不向南迁徙,而且统统向西北方飞去,而未经日光灯照射的则大部分留在原地。这些实验表明,外界条件的改变可以改变家蚕的化性和候鸟的迁徙的周年节律。但是外界因素是通过其内部生殖腺或内分泌作用的变化而起作用的。在这些情况下,外界条件是起着一种调整周期的扳机作用。我们相信,随着生物节律研究的逐步深入,以外界因素为条件、外因通过内因起作用,而引起生物节律改变的例子会越来越多。

在生物节律成因问题尚未完全揭晓的今天,我们初步整理了中国古代有关动物节律的记载,并结合部分现代研究的成果,提出了一些浅显的看法,以供商榷,不当之处,热望读者批评指出。

本文在写作过程中,曾得严敦杰先生和陈美东、刘金沂等同志的支持和帮助,特此致谢。

参 考 文 献

[1]　比宁著,祝宗岭、韩碧文译:《生理钟》(科学出版社,1965 年版)。

[2]　A. 皮尔兹、R. 范贝弗著,王树凯、刘锦城译:《生物钟》(科学出版社,1979 年版)。

[3]　竺可桢:《竺可桢文集》(科学出版社,1979 年版)。

[4]　曹婉如:《中国古代的物候历和物候知识》(《中国古代科技成就》,中国青年出版社,1978 年版)。

[5]　尹赞勋、骆金锭:《从天文观测和生物节律论证古生物钟的可靠性》(《地质科学》1976 年第 1 期)。

原文载于:《动物学报》,1981(1):98—105。

茶香四溢　艺贯古今

我国古代茶树栽培技术及其影响

张秉伦

唐代诗人顾况在《茶赋》中写道:茶能"滋饭菜之精素,攻肉食之膻腻,发当暑之清吟,涤通霄之昏寐"。茶之妙用真是难以尽言,无怪成为目前世界上受到普遍喜爱的非醇性饮料。

我国是茶树的原产地。许多古籍如《桐君录》《茶经》《尔雅注疏》《云南大理府志》《贵州通志》和《续黔书》等著作中都有野生大茶树的记载。著名的植物分类学家林奈最早根据中国茶树标本定名为"Thea sinensis",意即中国茶树。

我国也是世界上饮茶、种茶最早的国家,在栽培技术方面积累了丰富的经验,对世界很多种茶国家产生了巨大的影响。目前世界上 51 个产茶国家都先后直接或间接地由我国引种过茶树和茶子,同时也传入了中国的栽培技术。

早在唐朝,我国茶子连同种桓方法就传到了日本和朝鲜。日本如桓武天皇建历 23 年(公元 804 年)高僧最澄来华到天台山国清寺学佛,耳闻目睹种茶和制茶方法,次年返回国时,携回茶子种于近江(滋贺县)阪本村之国台山麓;806 年弘法大师又从中国携回大量茶子在日本种植,并且传授制茶方法。

据朝鲜李朝时代的《东国通鉴》已载:公元 828 年,新罗兴德王的使者金氏从唐朝文宗受赐茶子,带回国内,种植于全罗道智异山。后来有关种茶的书籍,如陆羽的《茶经》、韩鄂的《四时纂要》等都先后传到日本和朝鲜。现存的《四时纂要》(明代万历重刻本)就是日本人从朝鲜发现的。

1684 年,爪哇先从日本引进茶树,以后又多次从中国引种茶树或茶子;1833 年 Jacobson 第六次从中国携回茶子七百万粒,同时聘请中国茶工 15 人,带回制茶工具多种。

1780 年印度由东印度公司的船从中国运入少量茶子至加尔各答,分植于包格尔和加尔各答的植物园中;1793 年印度有几个科学家随驻中国公使马克尼亚至中国购买茶子,种在皇家植物园中,以后又多次引进中国茶种,但都未成功。直到 1834 年印度茶叶委员会秘书戈登(C. J. Gordon)和古茨拉富(C. Gutzlaff)教士至中国访求栽茶和制茶的专家传授技术经验,并聘请雅州茶叶技师到印度做指导,据说曾在阿萨姆州杰浦尔立碑纪念从中国引种茶树成功。

19 世纪以后,我国茶树先后传入俄国和斯里兰卡(原锡兰)等许多国家。新中国成立后,我国茶叶生产蒸蒸日上,行销五大洲近百个国家和地区,而且还协助马里、几内亚、摩洛哥、阿富汗等国引种中国茶树。现在友谊之树都已开花结果。印度、斯里兰卡、日本、苏联和印度尼西亚茶叶年产量都超过 100 万担。其中印度和斯里兰卡两国约占全世界总产量的一半。

美国茶与咖啡贸易杂志主编威廉·乌克斯在1935年出版的《茶叶全书》中记载："种茶和制茶方法起源于中国,现今各产茶国家均直接或间接采用中国旧法",稍加改良。可见我国在种茶和制茶技术上,对世界贡献很大。

我国人民的种茶经验,源远流长。

开始,古代人民是直接采用野生茶,后来才有人工栽培茶树。相传,西汉甘露祖师吴理真曾在四川蒙山上清峰种植茶树(见《四川通志》)。东晋常璩《华阳国志》中明确记有"园有芳蒻香茗"。芳蒻是竹子,香茗即茶。园有香茗,当然是人工栽培的茶树了。

《神农本草经》和晋郭璞《尔雅注》中已有茶树生物学特性的记载,但未提到具体种植方法。到了唐代,茶叶生产发展迅速,全国已有六十多个州郡产茶,并出现了颇具规模的"官营"茶园,种植管理方面的经验也更加丰富。

如唐代陆羽在《茶经》中不但描述了茶树的根、茎、叶、花、果实等生物学特性,而且提到不同土壤对茶叶质量的影响。最先记载"法如种瓜、三年可采"的种茶方法。稍晚,唐代韩鄂《四时纂要》的记载就更详细了:

"种茶:二月中于树下或北阴之地,开坎,圆三尺,深一尺,熟劚,著粪和土,每坑种六七十颗子,盖土厚一寸,强任生草不得耘。相去二尺种一方。旱即以米泔水浇之。此物畏日,桑下竹阴地种之皆可。二年外方可耘治,以小便、稀粪、蚕沙浇拥之,又不可太多,恐根嫩故也。大概宜山中带坡峻。若于平地即须于两畔深开沟垄泄水,水浸根必死,三年后每科收茶八两,每亩计二百四十科,计收茶一百二十斤。茶未成开,四面不妨种雄麻、黍穄等。"从这里可以看出当时对于茶园设置、灌溉、排水、施肥、除草都很讲究。播种是采取"多子穴播法"。这种方法,至今在高山地区发展茶园仍有实用价值。此外,《四时纂要》中还记载了种子"沙藏催芽法"。书中说:"收茶子:熟时收取子,和湿沙土拌,筐笼盛之,粮草盖,不尔即乃冻不生。至二月出种之。"这种方法既能防冻,又能保持一定的湿度,对于保持茶子的生活力和在种后提前发芽,成效显著。沙藏催芽法对于其他干果植物种子(如栗子)的贮藏保管也有实用价值。

宋元以后,我国茶农十分重视日照长短与茶树生长和茶叶质量的关系。如宋·子安《试茶录》记载:"茶宜高山之阴,而喜日阳之早";明代冯时可《茶录》中还强调朝阳照射比夕阳照射为好。他认为夕阳比朝阳强烈,因此,茶园如果在庙后山西向,"总不如洞山南向受阳气,特专称仙品。"黄儒《品茶要录》中也说:"茶之精绝者,其白合未开,其细如麦,盖得青阳之轻清者也;又其山多带沙石,而号佳品者,皆在山南,盖得朝阳之和者也。"现在知道,茶树是耐阴而喜短日照的植物。一定的阳光照射,可以促使茶树茂盛,保证光合作用的进行。但若终日曝晒于烈日之下,强光高温,不利于茶叶成分中有效物质的合成,而且叶片易老,茶叶质量降低。

《大观茶论》中认为高山茶园和平地茶园对于日照的要求是有区别的:"植茶之地崖必阳,圃必阴。"因为高山上往往云雾缭绕、光照弱、湿度、气温低,即"崖岭之性寒,其叶抑以瘠,其味疏以薄,必资阳和以发之",所以要向阳;而平地茶园,尤其是在南方,茶树在高温开阔地带生长,"土之性敷,其叶疏以暴,其味强以肆,必资阴荫以节之"。因此,当时要求茶农在平地开辟茶园,"皆植木以资茶之阴,阴阳相济,则茶之滋长得其宜",即在高山崖岭种茶要向阳,在平地种茶最好有遮阴树,以创造一个合适的日照和温度条件。

至今著名的婺源茶仍然在茶园中适当地方种植着一些乌桕树;江苏吴兴东西山茶园常以果树和桂花树作为遮阴防护林,以调节小气候。近年来斯里兰卡等国家也在开展遮阴措施与茶叶产量和质量关系的试验研究,并发表了一些研究报告。这个问题是很值得进一步研究的。

此外,我国人民对茶树的选种早有重视。如宋朝宋子安就对东溪(今福建省建阳、建瓯一带)已有的茶树品种进行了调查研究。他在《试茶录》中描述了白叶茶、柑叶茶、早茶、细叶茶、稽茶、晚茶、丛茶等七个品种的形态、生育特性、制茶品质、栽培特点和产地分布等。明代罗廪的《茶解》中也记有茶子的水选法。可见在此以前已很重视优良茶树的选种。

明末清初的一些著作中还记载了老茶园更新的方法。如《物理小识》记载:"树老则烧之,其根自发。"《巨庐游录》记载:"山中无别产,衣食取办于茶,地又寒苦,茶树皆不过一尺,五六年梗老无芽,则须伐去,候其再孽。"可见当时主要是采取砍伐或烧去老茶树的地上枝干,待其根部另发新枝来进行老茶园更新的。

我国人民最早发现茶叶的饮用价值,把野生茶树培育成栽培植物,并将许多宝贵的经验传播到世界上许多国家。目前许多国家的茶叶生产在数量和质量上都有迅速发展,很值得我们重视。

原文载于:《植物杂志》,1982(2):40—41。

吴汝纶比严复略胜一筹

张秉伦

1895年严复意译了赫胥黎的《进化论与伦理学》前两章,并附自序1篇和19段按语,取名《天演论》,此书尚未公开出版,译稿就在许多进步人士中传开了。清末散文家吴汝纶得到译稿后,爱不释手,大加赞赏,甚至手录附本,秘之枕中。吴汝纶还亲自为其作序,并请人为此书打开销路,以广流传。①

严复《天演论》的翻译和出版,时值帝国主义列强加紧瓜分中国,中华民族亡国灭种之危险迫在眉睫。《天演论》中以"物竞天择""优胜劣败"的自然规律推论自强保种之事,以"国贵自主""贵以人持天"等思想,激励人们奋发图强,与天争胜。《天演论》在客观上起到了敲起警钟、惊醒同胞、激励民众、救亡图存的作用,其影响是当时任何一本书都不能相比的。在10多年时间里,《天演论》先后出版了30多种版本,其中一本则是吴汝纶的《节本天演论》(全名《吴京卿节本天演论》)。

《节本天演论》对"原本删节过半、亦颇有更定"②,文字更精炼,内容更科学、更准确。值得注意的是严复和吴汝纶在对待进化论和社会达尔文主义问题上,在对待赫胥黎和斯宾塞的态度上,显然是有区别的:严复在翻译赫胥黎的著作时,超出原著加了大量的按语,不厌其烦地宣扬赫胥黎的主要论敌斯宾塞的社会达尔文主义,并对斯宾塞推崇备置,而对赫胥黎则多所非难。如《导言一·察变》文末按语中在提到达尔文、哥白尼的贡献时,认为斯宾塞比达尔文还要高明:"斯宾塞尔者,与达同时,亦本天演著《天人会通论》,举天地人形气心性动植之事而一贯之。其说尤为精辟宏富","体大思精","欧洲自有生民以来,无此作也"。对斯宾塞赞扬和钦佩之情跃然纸上;对斯宾塞宣传的社会达尔文主义的内容也是心悦诚服的:"天演之义,所苞如此。斯宾塞氏至推之农、商、工、兵、语言、文学之间,皆可以天演明其消息所以然之故,苟善悟者深思而自得之,亦一乐也。"甚至虚张声势地说什么斯宾塞的理论"每经一攻,其说弥固,其理弥明"。③ 相反对待赫胥黎,则指责他"意求胜斯宾塞,遂未尝深考斯宾塞氏之据耳"③,仅仅"执其末以齐其本,此其言群理,所以不若斯宾塞氏之密也,且以感通为人道之本,其说发于计学家亚当·斯密,亦非赫胥黎氏所独标之新理也"。④ 而且是"语焉不详者矣"③。一褒一贬,充分反映了严复对社会达尔文主义者斯宾塞比对进化论创始人达尔文及其捍卫者赫胥黎则更为崇拜,显然是错误的。正是在这一点上,吴汝纶在《节本天演论》

① 《答吕秋樵》"吴挚甫尺牍"卷。
② 《桐城吴先生日记》"西学下"第九,吴先生按语。
③ 严复:《天演论下·十五·演恶》,严复按语。
④ 严复:《天演论上·十三·制私》,严复按语。

中却是采取非常谨慎的态度，他不但在《节本天演论》中把上述严复吹捧、颂扬斯宾塞及其理论、贬低指责达尔文、赫胥黎及其学说的言论删除殆尽，而且在《导言二·广义》中还特别指出斯宾塞理论的错误："锡彭塞（即斯宾塞）偏主息盈，以消虚为异体之天耗，于理疏矣。"可见在对待达尔文、赫胥黎与斯宾塞的态度上，在对待进化论与社会达尔文主义问题上，吴汝纶显然比严复略胜一筹。

原文载于：《志苑》，1982(2)：44。

十二生肖与动物崇拜

张秉伦

十二生肖又称十二属相，是用十二种动物来表示十二地支的一种民间纪历法。即子——鼠、丑——牛、寅——虎、卯——兔、辰——龙、巳——蛇、午——马、未——羊、申——猴、酉——鸡、戌——狗、亥——猪。其起源于何时，尚无定论。但是，早在先秦的一些史籍中已有马、牛、龙、蛇与午、丑、辰、巳"四支"相配应的记载。如《诗经》中有"吉日庚午，既差我马"；《左传》僖公五年有"龙尾伏辰"的记载等。可能是由于十二生肖为民间所用，不受先秦文人重视，而没有将十二种动物与十二地支相配完整地记载下来。直到王充著《论衡》时才有"十二辰禽"的记载，如《物势篇》中就有子鼠、丑牛、寅虎、卯兔、辰龙、巳蛇、午马、未羊、申猴、酉鸡、戌狗、亥猪。而在《言毒篇》中又提到辰为龙。这样十二辰禽不仅完备了，而且与流传至今的完全相同。此外，还有一些古籍中也有类似的记载：南齐沈炯作十二属诗，始有十二属之称，《南齐书·五行志》中有按人之生岁称属某种动物的记载。

为什么用这十二种动物来记年或记月、日呢？我们认为是与古代人对动物崇拜分不开的，理由如下：

其一，这十二种动物都是中国古代人们崇拜的对象，它们多和农牧、狩猎生活息息相关，如：牛、马、羊、兔、鸡、犬、豕等。"龙"是幻想出来的动物，或是几种动物合体的复合神，其实它的出现及其多种神性，都是作为崇拜的对象，别无其他含义。

其二，十二生肖中的具体动物往往随着不同地区不同民族的崇拜对象的不同有相应的变化。某些民族不崇拜龙，更加崇拜别的动物，于是就将十二生肖中的龙改为相应的动物。如云南傣族把龙改为蛟或大蛇，而把蛇改为小蛇，把猪改为象；牢哀山的彝族把龙改为穿山甲；新疆维吾尔族把龙改为鱼；黎族十二兽中无虎而增加了虫，排列顺序也有所变化。

这种情况，在世界上其他文明古国也有，如埃及和希猎人特别崇拜牡牛，因此埃及和希腊的十二兽中不仅有牡牛，而且排在十二兽之首；同样巴比伦人特别崇拜猫，在巴比伦的十二兽中，猫排在首位；印度人崇拜狮子，因此他们的十二兽中以狮子代替了虎……

其三，动物崇拜主要意图是企图通过祭祀活动，甚至建宇设庙如龙王庙、马神庙，把某种动物敬奉为神，以乞求其保佑、赐福、免祸消灾；以某年属某物，或某月属某物、某日属某物，或以某些动物来命名某些星座，与动物崇拜含有相同的意义。因此，可以说以十二兽记年、月、日本身就是动物崇拜的一种方式。

其四，从民族学资料中可得到验证。刘尧汉先生对哀牢山彝族保留下来的十二兽壁画及其祭祀活动，曾做过很有意义的研究。庙内正壁中央上端绘有红底黑色虎头，虎头右下侧依次绘有虎、兔、穿山甲(龙里)、蛇、马、羊;左下侧依次绘有猴、鸡、狗、猪、鼠、牛。平时,该庙周围各彝村某家的牲畜若生病,便自行在该畜纪日(马日、牛日、羊日……)前往祭祀。每隔三年首月(即虎月)的第一个虎日,还要联合举行一次大祭。这些都为十二生肖起源于动物崇拜说,提供了活的资料。

原文载于:《大自然》,1984(1):35。

我国古代对动物和人体生理节律的认识和利用

——兼论生物节律成因问题

张秉伦

动物和人体的生理活动或生活习性都呈现出一定的节律性。从动物的觅食、生长、繁殖，到人类的作息、代谢、体温变化，以至候鸟的南来北往，花卉的开放、凋谢……都具有一定的时间节律，如周年、周月、周日节律等等。由于它们能起计时的作用，又与生理活动有关，因此人们称其为"生物钟"或"生理钟"。

在相当长的时期内，国外科学界曾把这些可以用来计时的生理活动或生活习性的现象，称为"科学奥秘"，或"生物学之谜"。近半个世纪以来，许多国家的科学工作者从生理学、生态学、生物物理和生物化学等角度做了大量的研究工作，力求揭示这一奥秘，至今虽然对生物钟的机理尚未完全揭晓，但已取得了一些可喜的成果，并且开始注意在农业、医学、古生物学和天文学等领域中应用这些研究成果。

其实，几千年来，人类一直在观察着各种循环往复、周而复始的自然现象，并且发现在人体或生物体内存在着多种有节律的活动。在我国浩如烟海的古籍中，不时可以发现一些有关生物节律的记载。其中论述较多的有与白天和黑夜交替相应的近似昼夜节律，又有同月亮盈亏和与其有关的潮起潮落相应的太阴月节律和潮汐节律，还有与地球公转相应的周年节律等珍贵的内容，甚至还有利用这些节律来定农时、测潮汐和提高疗效等生动事例。在生物钟机理尚未完全揭晓的今天，认真发掘我国古代有关生物钟的记载和论述，为现在的研究提供一些历史资料是很有意义的。下面分述几种与外界时间信号相对应的节律。

一、近似昼夜节律的记载和应用

地球绕地轴不停地自转，使地球上呈现出昼夜循环交替的现象。这样，地球上绝大多数生物，包括人类在内，在 24 小时之内都要经历一段光明和一段黑暗的时间。生物和人在长期的进化过程中，对这种昼夜循环交替的现象，是以某种生理活动或生活习性具有近似 24 小时的周期性变化作出反应的。因此称它为近似昼夜节律。人类为了计量时间，曾经想过多种办法，从水漏、沙漏、更香到今天的机械、电子以至原子钟，已经花费了许多个世纪的时间，然而很多动物却本能地根据太阳月亮和地球的位置来校正自己的时钟和日历，并以特定的方式表现出来。人类早已注意到这些现象，并用它来报时。我国古籍中有很多利用动物报时的例子。如：自古以来，人们就知道公鸡鸣辰，明朝薛惠《鸡鸣篇》关于公鸡啼鸣与天象关系的记载最为详细："鸡初鸣，日东御，月徘徊，招摇下；鸡再鸣，日上驰，登蓬莱，辟九阁；鸡三鸣，东方旦，六龙出，五色烂。"（《古今图书集成·历象汇编·乾象典》）方千诗云：鸡"未鸣方见海底日，良久远鸣方报辰"，（宋罗愿《尔雅翼》）还说鸡"鸣不失时者，信也"。从而知道公鸡一鸣、再鸣、三鸣是什么时间（即太阳在什么位置）。《洞冥记》中也有以鸟候时的记载："贡细鸟"，"形似大蝇，状如鹦鹉，声闻数里之间，如黄鹄之音也，国人尝以此鸟候时，名曰候日虫"。还有一"喜日鹅"，"至日出时衔翅而舞"，因此又叫"舞日鹅"。

有关夜行动物的记载，反映了动物的昼夜活动节律。李时珍在《本草纲目》中，曾做过系统的收集和整理，并加以补充。如抱朴子曰："鹤知夜半，尝以夜半鸣，声唳云霄"；鹌"夜则群飞，昼则草伏"；唐陈藏器说鸥鹠"夜飞昼伏"；鸮"盛午不见物，夜则飞行，常入人家捕鼠食"；夜行（又名气盘虫）"有翅，飞不远，好夜中行"；李时珍说：蜚蠊"好以清旦食稻花，日出则散也"，狐"日伏穴，夜出窃食"，蝙蝠"夏出冬蛰，日伏夜飞"，貉"日伏夜出"等等。

国外在二百年前，Linnaeus第一次宣布植物按一定时间间隔开花，并且设计了"花钟"，后来人们又根据鸟类的生活习性（如啼鸣）设计了"鸟钟"，即以在不同时间开放的花卉或啼鸣的鸟类图案来代替表盘上的数字。从此以后，生物钟问题引起了人们的重视。动物昼夜活动规律也成了研究生物钟的重要课题之一。我国古代利用家禽和鸟类来报时，以及对其他动物活动规律的观察，实际上是研究生物钟的先声。当然在二百年前，无论是中国还是外国，人们还只停留在对自然界的观察，至于在实验室内观察、研究生物节律的成因，则是20世纪以后的事了。

人体生理和病理活动与昼夜循环交替的关系，祖国医学论述甚多。如《内经》载："人生有形，不离阴阳"（《素问·宝命全形论》）。"阴平阳秘"人的身体就健康，如果"两者不和"即阴阳失调，人就会生病（《素问·生气通天论》）。由于"人与天地相参也"（《灵枢·岁露篇》），因此反映人体生理现象的阴阳变化与自然界的关系是十分密切的："阴中有阴，阳中有阳。平旦至日中，天之阳，阳中之阳也。日中至黄昏，天之阳，阳中之阴也。合夜至鸡鸣，天之阴，阴中之阴也。鸡鸣至平旦，天之阴，阴中之阳也。故人亦应之"（《素问·金匮真言论》）。表明人体生理活动随着太阳对地球照射强度在昼夜24小时呈周期性变化而变化。同样人体生病以后，多数病理过程也有这种昼夜节律："夫百病者，多以旦慧、昼安、夕加、夜甚。"这是由于"朝则人气始生，病气衰，故旦慧；日中人气长，长则盛邪，故安；夕则人气衰，邪气始，故加；夜半人气入藏，邪气独居身，故甚也"（《灵枢·顺气一日分为四时》）。长期以来，中医对这类症状呈周期性变化的疾病，是应用阴阳学说加以解释的。

汉代医学家张仲景，在认真钻研《内经》和《难经》的基础上，并广泛收集有效方剂，著成《伤寒卒（杂）病论》，因此书辗转流散，经后人多次收集整理成《伤寒论》和《金匮要略》。他在《伤寒论》中将急性热病分为六个症候群，即太阳病、阳明病、少阳病、太阴病、少阴病、厥阴病。并指出这六种病症的缓解时间分别为：太阳病从巳至未上，阳明病从申至戌上，少阳病从寅至辰上，太阴病从亥至丑上，少阴病从子至寅上，厥阴病从丑至卯上。就拿太阳病来说，它的症状是患有"脉浮，头项强痛，恶寒"等，它的缓解时间是从巳至未（9时～15时）上，而这段时间正好是太阳经经气旺盛之时。看来太阳病的缓解是由于太阳经经气旺盛，以正压邪，才使症状得到暂时减轻或解除的。可是，陆渊雷在编著《伤寒论今释》时，对此却完全加以否定，他说："六经病之欲解时，理论、事实俱不合者也"，"即当剪辟，毋使徒乱人意"。我们认为这种不加分析，全盘否定的态度，未免过于草率。因为近人做过经络穴位电位值的测定，他们根据"一日分为四时"的论述，分别在早晨、中午、傍晚和夜半四个不同的时间里，所测得的电位值是不同的；同时在各条经络的盛衰时间里，其有关穴位的导电量也不相同，说明经络电势具有周期性的变化。着来从生物钟的角度去研究古代关于病理过程和经络盛衰的周期性变化,可能有助于上述问题的解决。

在针灸治疗方面,祖国医学认识到在不同的时间里针灸某些穴位,具有不同的疗效。现在已经证明,确有一些疾病在一天中某一时刻针灸某些穴位进行治疗,比在其他时刻针灸同样的穴位,效果要好得多。例如,因感冒咳嗽引起的支气管哮喘,在后半夜发作显得比较厉害,针灸医生于后半夜针手太阴肺经的井穴少商,往往能获得显著的疗效。这是祖国医学利用生物针治病的生动事例之一(参见《科学画报》1978 年第一期赵友琴《祖国医学和生物钟》)。

人体在不同时间对不同药物的敏感性也是不同的。现代研究表明,药物的吸收、代谢和排泄速度都存在着昼夜节律性的变化。我国自古以来,对于进药的时间是很讲究的。如张仲景认为"桂枝汤"应该"半日许令服,三服尽";而"理中汤"则要求白天吃三服,夜里也要吃两服。元代医学家王好古认为发汗药应在中午阳分时间用,下午不当发汗。他说:"非预早之早,乃早晚之早也。谓当日午以前为阳之分,当发其汗,午后阴之分也,不当发汗。故曰:'汗无太早,汗不厌早,是为善攻'"(王好古《此事难知》)。明代孙一奎根据《本事方》指出:"卫真汤",在"夜半子时(23 时~1 时)肾水极旺之时,补肾实脏,男子摄血化精"(孙一奎《赤水玄珠》)。也就是说,在夜半子时,人体对这种药的吸收、代谢最快,因而适时服药,效果也就最好。

药物吸收及其疗效随昼夜节律而变化已为动物实验所证实:同样剂量的安非他明在一天的某一时刻可杀死 77.6% 的受试豚鼠,而在另一时刻使用却只能杀死 6% 的受试豚鼠。此外,现已证明癌细胞的增生也其有昼夜节律,在某些时刻癌细胞的分裂速度比在其他时刻快;同时,在某些时刻瘤细胞更容易受到 X 光的破坏。我国古代关于进药和治疗时间与疗效关系的临床经验,是值得进一步研究,加以总结提高的。

二、太阴节律

一个太阴月(亦称朔望月)长二十九天半,其间月亮盈亏各一次。巧妙得很,地球上很多生物的生理活动和生活习性与月相变化十分合拍,或者说人和动物的一些生理活动或生活习性具有大约二十九天半这种太阴月的周期。我们把这种节律称为太阴节律或周月节律。

我国古代对于生物生长、活动与月相变化关系的认识是十分精到的。《吕氏春秋》中已有关于动物的生长发育与月相变化关系的论述:"月也者,群阴之本也。月望则蚌蛤实,群阴盈;月晦则蚌蛤虚,群阴亏"(《吕氏春秋·精通篇》)。其他著作中也有类似的记载,如《淮南子·天文训》载:"月死而蠃蛖脺(脺,肉不满也)";王充《论衡·顺鼓篇》载:"月毁于天,螺蚄舀缺";宋代吴淑《月赋》中描述:"陆机揽堂上之辉,圆光似扇,素魄如圭,同盛衰于蛤蟹,等盈阙于珠龟";明代李时珍在《本草纲目》中说:蠃,"螺蚌属也。其壳旋文,其肉视月盈亏。故王充云:月毁于天,螺消于渊"等等,都是说螺蚌之类的水生动物,每当月望的时候,贝壳内皆满实;而当月晦的时候,贝壳内却显得不盈满了。它们的增大或缩小,同月相变化有着有"同盛衰""等盈阙"的规律。

现代研究指出,月亮盈亏的周期性变化确实能影响某些动物生殖腺的增大或缩小。因此,上述"月望则蚌蛤实,群阴盈。月晦则蚌蛤虚,群阴亏"之类的论述,可理解为每当月旺之时。螺蚌之类的水生动物,生殖腺增大,肉体丰满,因而充满贝壳之内;而当月晦之时,生殖腺缩小,肉体消瘦,贝壳内就显得空虚而不满实了。李时珍在《本草纲目》中还明确提到蟹在繁殖季节"腹中之黄(即生殖腺),应月盈亏";《尔雅翼》中也说"腹中虚实,亦应月"都是说蟹在繁殖季节生殖腺的增大或缩小与月相变化密切相关。古希腊亚里士多德(公元前384—前322年)曾经指出海胆的大小随着月相而变化,而我国《吕氏春秋》中已指出蚌蛤等"群阴类"水生动物都随着月相变化增大或缩小的规律。这些真知灼见,如果没有长期深入的观察和研究是绝对不可能的。

同样,蚌类其他生理代谢活动也具有太阴节律。如晋代郭璞《蚌赞》云:"万物变蜕,其理无方,雀雉之化,含珠怀珰,与月盈亏,协气朔望";宋代陆佃《埤雅》记载:"蚌,孚乳以秋……其孕珠若怀孕然,故谓珠胎,与月盈朒";《后山谈丛》载:"蚌,望月而胎";李时珍在《本草纲目》中也说:"左思赋云:'蚌蛤珠胎与月盈亏是矣',其孕珠如怀孕,故谓之珠胎"等等。都反映了蚌蛤之类的生长发育随月相变化而变化。当月望时,蚌蛤生长发育旺盛,分泌物增多;而月晦时生长发育缓慢,分泌物也就少。所以古人认为蚌蛤孕珠也具有朔望月的节律。

《归安县志》载:"相传,月河有大蚌,形如覆舟,腹怀宝珠,常月夜浮水面。"反映蚌的活动与月亮的关系。

关于人体生理活动的太阴节律,古代也有木少论述。如《内经·八正神明论》中说,人体的营卫气血与月相有着密切的关系:"月始生,则气血始精,卫气行;月廓满,则气血实,肌肉坚。月廓空,则肌肉减,经络虚,卫气去,形独居。"这段论述是否正确,尚须科学实验进一步检验证实。而有关周期性出血与月相变化的论述,确是反映了人体生理活动是具有太阴节律或月周期的。例如月经,现在也认为是一种"生物钟",宋代陈自鸣在《妇人良方》中指出:"经血盈亏,应时以下,常以三旬一见,以象月盈则亏也",李时珍在《本草纲目》中说:"其血上应太阴,下应海潮。月有盈亏,潮有朝夕,月事一月一行,与之相符,故谓之月水、月信、月经。经者,常候也。"最近德国妇科专家检查了一万零四百位妇女的月经周期,结论是望月夜晚妇女月经出血量成倍增加,而其他情况下正相反。可见"上应太阴,下应海潮"是有一定科学根据的。

另外,明代孙一奎《赤水玄珠》中还记载了一个男性周期性出血的病案,也具有明显的太阴节律。这一特殊病例是:"又见一男子,每齿根出血盈盆,一月一发,百药不效,历十余月,每发则昏昧",这种"一月一发,百药不效"的周期性出血,今天看来,应属于"生物钟"的太阴节律。但是这条资料是否可靠呢? 新中国成立后我国又出现了类似的病例,为我们提供了可信的证据。患者王××,男,35岁,曾于1959年9月25日因齿龈出血四天住院,后来患者发现其发作的规律性,即每隔三十天左右发作一次,而且与月相有一定的关系。发作前情绪紧张、烦躁不宁、夜不安寝、乳房发胀;发作时全身紫癜、齿衄、鼻出血、偶有便血……而且无特殊疗效,经用某些药物医治,虽然能暂时使某些症状缓解,但不能影响以后的周期,如果长期使用某种药物后还能产生耐药性(参见《中医杂志》1963年第4期)。从古代的"百药不效",到科学发达的今天,仍然没有特效疗法,看来从生物钟的角度进一步探讨这类周期性疾病的病理机制及其治疗措施是很有必要的。

三、潮汐节律

太阳和月球相互作用,同时也都对地球表面有引力作用。尽管月球的质量比太阳的质量小,但由于月球比太阳离地球近得多。因此,主要由于月球的作用,形成海水的交替涨落,平均以24小时50分钟为一个周期。这就是有节律的潮汐现象。很多海洋生物的生长、繁殖和其他活动规律都与潮汐节律惊人地合拍。因此海洋生物是研究生物钟的重要对象之一。我国人民自古以来就很注意观察总结海洋生物与潮汐节律的关系,并把这些具有潮汐节律的生物称为"应潮之物"。种类之多,枚不胜数。下面只能引述其中一部分记载。

据晋代孙绰《海赋》记载:"石鸡清响以应潮,临海县有石鸡,在海中山上,每潮水将至,辄群鸣相应,若家鸡之向晨也。"梁代沈约《袖中记》中也说:"移风县有鸡,潮水上则鸣,故呼为潮鸡";任昉《述异记》还记载有一种名叫"伺潮鸡","潮水上则鸣"等等,都是说"石鸡""潮鸡""伺潮鸡"的啼鸣具有潮汐节律,每当潮水将至,则要啼鸣。

此外,汉代杨孚《临海水土记》记有一种名"牛鱼"的动物,"象獭、毛青色黄似鳝鱼,知潮水上下";唐朝段成式《酉阳杂俎》中记载:"数丸生海边,如蟛蜞,取土作丸,数至三百则潮至,人以为潮候",明朝李时珍《本草纲目》记载:"蟛蜞而生于海中,潮至出穴而望者,望潮也。"①此外,据记载鳟鱼、车渠、海豚、牡蛎、蚌蛤、蟹类等海洋动物都具有潮汐节律,说明古人对于动物潮汐节律的观测是十分广泛的,并以它们的活动规律作为潮候。

长期广泛而深入的观察,积累了丰富的知识,尤其是对蚌蟹之类的海洋动物的觅食、生长等潮汐节律的认识,极为深刻。如宋代苏颂说:牡蛎"每潮来诸房皆开,有小虫入,则合之,以充腹"。牡蛎属瓣鳃纲,左(下)壳较大且凹,附着它物,右(上)壳较小,掩覆如盖,潮至上壳打开,积极寻找食物,而潮落时,则躲在紧闭的硬壳里。甚至把它们从原来的环境移到实验室或另一环境中去,它们仍能保持原有的潮汐节律。从而证实了古代的记载。

宋朝姚宽《西溪丛语》中进一步指出贝壳上生长纹与潮汐的关系:"海上人云:蛤蜊、文蛤皆一潮生一晕",说明当时劳动人民已经认识到蛤蜊等瓣鳃纲动物贝壳上生长纹每潮增加一层,也就是说,贝壳上的生长纹忠实地记录了潮汐节律。现代研究发现,瓣鳃纲贝壳的生长,只有在两瓣张开时才能进行,闭合时生长受到阻碍,一天之内,两瓣时张时开,生长也时快时慢,这样就必然要在两瓣贝壳上留下明暗相间的痕迹——生长纹。同样,珊瑚骨骼和鹦鹉螺的外壳都具有一天增加一条生长纹的特点。这些生长纹由化石保存下来,正是今天古生物钟研究者们以此推断史前年、月、日、时之间的重要依据,并且取得了令人振奋的研究成果②。这些成果的取得所依据的原理与我国早在宋代就认识到牡蛎外壳"潮来则开",与"蛤蜊、文蛤皆一潮生一晕"是完全一致的。真可谓开生物钟研究之先河。

又如,蟹类的潮汐节律,据宋代傅肱《蟹谱》记载:"蟹之类,随潮解甲,更生新者,故名望潮。"又说"蟹随大潮退壳,一退一长",宋代罗愿《尔雅翼》则说:"蟹,字从解,随潮解甲也,壳上多作十二点深胭脂色。"宋代苏颂也说:"蟹,其类甚多,……其扁而最大者,后足阔者,名蟳蝑,南人谓之拨棹子,以其后脚如棹也,一名蟳,随潮退壳,一退一长,其大者如升,小者如櫟,两螯如手,所以异于众蟹也。"这里"随潮解甲,更生新者","或随潮退壳,一退一长"是值得商榷的。据现代生物钟研究发现,招潮蟹(由于雄蟹前面长着一个大螯,看上去很像拉提琴的样子,因此又叫提琴蟹)白天颜色变深,晚上颜色变浅,黎明时颜色又变深,而且这种颜色变深的时间每天比前一天大约晚50分钟,正好与海潮合拍。因此"随潮解甲,更生新者"或"随

---

① 以上均见清朝余思谦:《海潮集录》"应潮之物"篇。

② 1963年,威尔斯(Wells)通过珊瑚化石和现代珊瑚骨骼的生长纹对照,知道短条细纹代表一昼夜,两个粗条纹之间代表一周年,从而计算出中泥盆世(约三亿七千万年前)一年约有396天……与天文学计算结果大致相符,从而为天文学的理论计算提供了古生物学的证据,最近彼德卡恩和斯蒂芬·M·蓬比又根据同样的原理,利用鹦鹉螺化石上的生长纹,指出三千万年前一个月是25天;七千万年前一个月是22天;而四亿年前一个月只有9天,证明月球绕地球角速度在不断变慢。这些成果引起了天文学界极大的关注。

潮退壳,一退一长",很可能是白天看到深胭脂色,晚上看到颜色变浅,而误认为是"随潮解甲"或"随潮退壳"了。因为在 24 小时 50 分钟内脱壳一次,似乎不大可能。至于随"大潮解壳,一退一长",是否可能,有待于进一步用科学实验证明。

四、从物候观测看古代对动物周年节律的应用

一年春夏秋冬,四季循环,生物是以其新陈代谢变化作出反应的。例如快到冬天的时候,有些动物随之进入休眠状态,直到来年一定季节又复苏起来,生长繁殖。现代研究,认为新陈代谢的这些改变,意味着它们具有一种测量日照长度变化的"时钟",即具有与地球绕太阳公转周期相应的周年节律。我国古代的物候历正是根据天象、气候和动物的来去飞鸣及植物的生长荣枯制定出来,指导农业生产的。实际上也是对动植物以新陈代谢的变化适应地球公转的周年节律的应用。

我国物候观测至少可以追溯到周朝。《夏小正》中已经按一年十二个月分别记载了动植物的物候、气象、天象和农事活动等内容。它是我国人民在三千多年前为便利农业生产而发明的第一部物候历。《夏小正》全文不到四百字,涉及动物物候的就有昆虫、鱼类、鸟类和哺乳类等几十种动物生理活动和生活习性的周年节律,它实际上是我国古代劳动人民在实践中利用生物钟作为适时安排农业生产活动的突出事例。因篇幅所限,不容一一罗列,仅以《夏小正》中正月和九月为例,摘引其中有关物候、天象和农事活动的内容,以窥一斑。

正月

物候:启蛰;雁北乡(大雁向北飞去);雄震呴(野鸡振翅鸣叫);鱼涉负冰(鱼水底上升近冰层之处);囿有见韭;田鼠出;獭祭鱼(水獭捕得鱼多了,陈于水滨,犹如人祭祀献生之状);鹰则为鸠(古人误认为鸠是鹰变来的,其实是鹰去鸠来);梅杏杝桃则华,缇缟(莎草结实,因莎草花序和实相似,古人误认为实,其实是生出花序);鸡桴粥(鸡又开始产卵了)。

天象:鞠则见(鞠星又能看见了);于昏参中(黄昏时参宿星在中天);斗柄县在下(北斗星的斗柄向下)。

农事活动:农纬厥耒、农率均田、采芸。

九月

物候:遰鸿雁(大雁又从北方飞住南方);陟玄鸟(燕子高飞而去),熊罴豹貉鼺鼬则穴;荣鞠(菊花又开了)。

天气:内火(太阳靠近大火——星宿二,大火隐而不见)辰系于日(随后大火和太阳同时出没,好像联系在一起的样子)。

农事活动:树麦(进行冬小麦播种)。

此后战国末期的《吕氏春秋·十二纪》以及汉代成书的《礼记·月令》《淮南子·时则训》和《逸周书》等著作中都有物候历的内容。尤其是《逸周书》以五天为一候,按一年二十四节气七十二候记载了当时的物候,是我国物候历的一大进步。到了北魏这种具有七十二候的物候历正式载入国家的历法之中,而且以后历代都沿用了这一传统。

此外,在一些诗词歌赋和医药书中籍中也有物候观测的记载。如《诗·豳风·七月》一篇中有"五月鸣蜩""六月莎鸡振羽""十月蟋蟀入我床下"等等。唐朝杜甫诗云:"杜鹃暮春至,哀哀叫其间"(《杜少陵集》);南宋诗人陆游在《鸟啼》诗中说:"野人无历日,鸟啼知四时。

二月闻子规,春耕不可迟;三月闻黄鹂,幼妇悯蚕饥;四月鸣布谷,家家蚕上簇;五月鸣家舅,苗雉厌草茂……"(《陆放翁全集》)等都是诗人留心观察物候和认真总结劳动人民经验的诗篇。

李时珍在《本草纲目》中不仅总结了古人关于虫鱼鸟兽的物候知识,而且又增加了很多新的观测内容。如他说:秧鸡"夏至后夜鸣达旦,秋后则止","仲冬鹖鴠不鸣,盖冬至阳生渐温故也"(卷48);黄鹂"立春后即鸣,麦黄椹熟时允盛,其音圆滑,乃应节时之鸟";反舌鸟"立春后则鸣转不已,夏至后则无声,十月后则藏蛰"(卷49);螳螂"深秋乳子作房,粘着枝上,其内重重有隔,每房有子如蛆卵,至芒种节后一齐出,故月令云:仲夏螳螂生也"(卷41)等等,显然比《夏小正》和《月令》等著作的记载要详细得多。

我国积三千多年物候观测的经验,资料极为丰富,是世界上任何国家所不能比较的。从上述资料来看,生物的周年律在一段时期内是相对稳定的,否则人们就不容易认识到像"仲春之月元鸟至","仲秋之月元鸟归"(礼记,月令),"春分之日元鸟至行"(《逸周书·时训解》)这样的规律;但是若以更长的时间尺度来看,这种周年节律并不是固定不变的。例如:近年来物候观测结果,家燕近春分时节正到达上海[1],又如元朝乃贤在《京城燕》诗中自往云:"京城燕子,三月尽方至,甫立秋即去",同现在的物候观测记录比较,来去各短一周。可见家燕迁徙这样的周年律是可以提前或推迟的。

五、关于生物节律成因问题的讨论

我国古代对动物和人体生理节律的解释,多见于以上几种有与外界时间信号相对应的节律。在人体近似昼夜节律方面,有时以人体内部的生理活动来解释。如《内经》等医学著作中用气血运行来解释多数病理过程的"旦慧、昼安、夕加、夜甚",或用阴阳二气的盛衰来解释某些疾病的加重或缓解。而气血运行或阴阳二气的盛衰,又随着地球自转而呈现的昼夜循环在变化着。初步地认识到外因是通过件内生理功能的变化才形成了某些疾病的昼夜节律;在动物方面,则更多的是直接用"物类相感"或"气类相感"来解释的。如《尔雅注疏》中说:"鸡为积阳,南之向火,阳类炎上,故阳出鸡鸣,以类感也。"寇宗奭说:"鸡鸣于五更,日至巽位,感动其气也。"(《本草纲目》)清朝余思谦在解释"应潮之物"时说:"物之应潮者,乃是气类相感,皆理之常也,无足多异。"(余思谦《海潮辑说·应潮之物》)"气"在古代是指形成宇宙万物的最根本的物质实体。"气类"即"物类"。在这里"气类相感"或"物类相感",实际上是指具有类似节律的物质实体相互作用或相互感应。显然比较强调外因的作用。段成式说得更明确:蚌蛤"虽因雀变化,不逐月亏盈,纵有天中匠,神工讵可成"。把蚌蛤的太阴月节律的形成说成主要是月相变化的影响。但是古代对外因(如月相变化)如何通过内因起作用尚不太明白。当然我们对古人是不能苛求的。

直到今天,生物钟机理尚未免全揭晓,目前主要存在着两种对立的看法,即内生论和外生论。内生论者认为:生物钟是生物体内固有的一种自由运转、独立自主的时钟,由生物自己规定着像钟表一样的周而复始的循环周期,是生物在长期进化过程中形成的结果,是内源的,或内生;外生论者认为:生物钟是生物体的生理功能对来自宇宙环境的某种外部有节律的刺激信号的反映,它们受外力的调节,是外源的,或外生的。两派都有自己的实验根据,

---

① 竺可桢:《竺可桢文集》,科学出版社,1979:475。

各执己见,争论不休。

我们认为内生论和外生论都有一些片面性。内生论完全排除外界环境中生物的、天体的和理化等因素对各种生物节律形成的作用,那么它就很难理解为什么三四千年前家燕在春分时节达列郯国(今山东郯城),现在春分时节却只能到达上海一带呢?为什么家燕在北京的来去时间比元朝时各长一周呢?为什么现在珊瑚骨骼上一年只有360条左右的生长纹,而三亿七千万年前的珊瑚化石上每年平均有398条生长纹,一条生长纹是一昼夜生长节律的记录,正好与天文学计算的那时一年的天数基本相符呢?更解释不了为什么在实验室中可以用光和温度来重新校正近似昼律节律等等。

外生论认为生物节律的形成完全导源于外界信号的刺激,把复杂的生命活动简单化为物理的机械作用,显然也是片面的。因此它也无法解释那些无外界时间信号刺激的生理节律,如人的心跳,每分钟70次左右,还有呼吸每分钟20次左右,它也解释不了为什么有一些生物节律在实验室条件下仍然保持着它原有的节律?为什么把招潮蟹从一个海潮地带移到另一个海潮地带,它仍然保着它原来生活的那个地区的潮汐节律呢?

内生论和外生论之争,归根结底是生物节律形成过程中内因和外因的作用之争。毛泽东《矛盾论》"唯物辩证法认为外因是变化的条件,内因是变化的根据,外因通过内因起作用"。

生物是复杂的有机体,而且总是生活于一定的环境之中,它不仅是内部各种矛盾的统一体,也是生物本身与外界环境条件之间的矛盾的统一体。就其内部矛盾的统一来说,任何生物,从整体到细胞内部都充满着矛盾,生物依靠其细胞、组织、器官的各种生理功能的相互协调和制约,来完成代谢、生长、繁殖等生命活动。生理节律就是这种相互协调和制约的矛盾统一的结果。各种生理活动都有各自的节律性,由于生物和人体本身的复杂性,其节律必然是广泛的、多样的。而且会因为种类的不同或者同一种类的不同个体,甚至同一个体由于性别、年龄、动静和健康状况等差别,其节律也不尽相同。就生物与外界环境之间的矛盾来说,应该看到"每一事物的运动都和它的周围其他事物互相联系和互相影响着"(毛泽东《矛盾论》)。在外界环境条件的影响下,生物能够在一定范围内调整自己的节律,使其与周围环境条件相适应是生物的本能。外界环境中的天体的、生物的、理化的等因素不同程度的影响是某些生理节律形成的条件,而生物体内生理活动的因素则是生理节律形成的根据。外因通过内因而起作用。具体说来,外因对这些节律的形成主要起着选择的和调整周相的作用。例如:选择作用:外界生物的、天体的、理化的等因素对生物广泛而多样的节律能够起到自然选择的作用。比如,宇宙中的自然节律(如周年、周月、周日、潮汐节律等)长期周而复始,循环往复的作用,使得那些能在生理上、行为上比较适应自然界(外界)节律的生物个体能够得到较好的生活条件,从而容易生存下去,繁衍后代,而那些经过调整仍然不能适应外界节律的生物个体则逐渐减少,直至淘汰。长期选择的结果,必然形成与外界节律基本一致的生物群或生物种。这就是某些生物节律与宇宙节律那么合拍的原因之一。

调整周相的作用:生物节律具有相对的稳定性,而且能够遗传给后代,如家燕在相当长一段时期内,总是在一定的时间到达某地,在北方出生的小燕到了秋天,羽毛刚丰,却能先它们的亲鸟飞往它们从来未曾去过的南方。但是,已经形成的节律并不是不能改变的。公元4世纪,我国郑辑之所著《永嘉郡记》中已经记载了利用低温和暗条件,使二化性"螔珍蚕"变为多化性蚕①，即改变了它原有的节律。在自然条件下，第一化"螟珍蚕"卵孵出的第二化"螟蚕"所产的卵是滞育卵，当然不再孵化。滞育在自然选择上具有渡过缺食或恶劣气候及同步群体发育等优越性。所以"螟珍蚕"在自然条件下，世代如此，一年二化。但是，第一化"螟珍蚕"卵经过低温催青、延期孵化条件的处理，孵出的第二化蚕（叫爱珍蚕）所产的卵却不滞育，当年可以继续孵化出第三化蚕（叫爱蚕）……可见外界因素（低温和暗条件）可以改变二化性家蚕原有的一年二化的节律。1934 年剑桥大学 V. B. Wigglesworth 指出：昆虫进入滞育是由于某些激素的暂时缺乏而引起的。因此，我们认为低温和暗条件可能是通过内分泌腺的激素分泌的变化，而使其化性节律发生改变的。

1924 年，加拿大诺万（W. Rowan）教授曾做过一个有意义的实验。他在秋天网获了若干只正在向南迁徙的一种候鸟（*Junro hgemalis*），把它们分成两组，一组放在寻常的环境里，这时昼长一天短似一天；另一组则利用日光灯，人工地把昼长一天天地延长。到了十二月间，第一组候鸟很安静，第二组却大有春意，不但歌唱起来，而且内部生殖腺都发展到了春天的模样。这时把它们放出来，虽然气温已是零下 20 ℃，但是凡是经过日光灯照射的，不但不向南迁徙，而且统统向西北方飞去，而未经日光灯照射的，则大部分留在原地②。这一试验表明，外界条件（如日照长度）的改变可以改变候鸟迁徙的周年节律，但是外部因素是通过其内部生殖腺膨大这一内因的变化而起作用的。在这种情况下，外界条件是起着一种调整周相的作用。我们相信，随着生物节律研究的逐步深入，以外界因素为条件，外因通过内因起作用，而引起生物节律改变的例子会越来越多。

在生物节律成因问题尚未完全揭晓的今天，我们根据中国古代有关生物节律的记载，结合部分现代研究的成果，提出了上述一些浅显看法，以供商榷。由于水平和条件的限制，缺点错误在所难免，热望读者给予批评指正。

本文在写作过程中，曾得到严敦杰先生、赵发琴、陈美东和刘金沂等同志的支持和帮助，特此致谢。

参 考 文 献

[1]　E·比宁著，祝宗岭、韩碧文译：《生理钟》，科学出版社，1965 年版.

[2]　A·皮尔兹，R·范贝弗著，王树凯、刘锦城译：《生物钟》，科学出版社，1979 年版.

[3]　竺可桢：《竺可桢文集》，科学出版社，1979 年版.

[4]　曹婉如：《中国古代的物候历和物候知识》，自然科学史研究所主编《中国古代科技成就》，中国青年出版社，1978 年版.

[5]　赵发琴：《祖国医学与生物钟》，《科学画报》，1978 年第一期.

[6]　尹赞勋、骆金锭：《从天文观测和生物节律论古生物钟的可靠性》，《地质科学》，1976 年第一期.

原文载于：《科技史文集》（第 14 辑）综合辑（2），1985：132—140.

---

① 汪子春：《我国古代养蚕技术上的一项重要发明——人工低温催青制取生物种》，昆虫学报，1979(2)。

② 竺可桢：《竺可桢文集》，科学出版社，1979：508。

"秋石"在安徽

——从炼丹术到性激素的提取

张秉伦

安徽古代盛行炼丹,早在西汉时淮南王刘安就在寿春(今寿县)聚集数千名宾客研讨学问,写下了很多著作,刘安等人还从事炼丹。传世的《淮南子》和《淮南万毕术》中就提到了汞、铅、丹砂、曾青、雄黄等炼丹物质及其变化,其中关于"曾青得铁则化为铜"[①]的记载,即天然硫酸铜溶液与铁接触,铁能取代硫酸铜里的铜,就是现代的金属置换反应,也是我国后来"胆水炼铜法"的理论基础;据《郡国志》《广舆记》《江南通志》《嘉庆合肥县志》等书记载,汉末中国炼丹大师魏伯阳曾在巢湖之滨,今肥东县境的四顶山(又名朝霞山)炼丹,如《郡国志》谓此山为"魏伯阳炼丹之所","即魏伯阳以白狗试丹处",《广舆记》亦云:此山乃"魏伯阳炼丹之所,丹成以犬试之,即去"等等,首创了以动物试验新丹毒性的药物之动物试验方法;三国时庐江魔术师兼炼丹家左慈(字元放)曾在天柱山炼丹,葛洪之师"郑君曾与左君于庐江铜山中试作(黄白术),皆成也。"(葛洪《抱朴子》内篇)葛洪一再申述他们炼丹术之渊源,起源于左慈,可见左慈对魏晋以后道家炼丹术之影响;相传葛洪还在泾县琴溪一带炼丹(见《泾县县志》)……凡此种种,足证安徽古代是有炼丹传统的。

炼丹术本意,旨在求"不死之药",或企图通过炼丹服食解脱厄运,或借助丹药,寻求刺激。企图通过金石之精气,使人长生不死、得道成仙,当然是违反自然规律的,也是不可能实现的,然而在科学寓于迷信之中或科学中夹杂着迷信的时代,对此是不足为怪的。事实上,炼丹家们在自己的实验工作中积累了大量的物质变化的经验知识,却是现代化学的先声,并且促进了药物学的发展,而且中国炼丹术大约在唐宋时期就传到了阿拉伯,以后又传到了欧洲,对近代化学的诞生产生了巨大的影响。

炼丹可分为炼金和炼丹两部分。前者是制造金银等贵重金属,与冶金史关系颇大,不属本文讨论范围,故从略;后者为寻求灵丹妙药,炼秋石就是其中一例。

关于"秋石"的最早记载,见于《周易参同契》卷上:"古记题龙虎,黄帝美金华,淮南炼秋石,王阳嘉黄芽。"这里的"龙虎"乃指《龙虎经》这部典籍,"美金华"是一种金丹神仙术,"黄芽"为以铅矿冶金之意,当属黄白术,"淮南炼秋石"是指淮南王刘安炼秋石丹。但"秋石"究竟为何物? 这里都没有明说,必须继续查找资料。

《本草纲目》记载:"时珍曰:淮南子丹成,号曰秋石,言其色白质坚也。"道藏经中《大丹记》依托"太素真人魏伯阳口诀"亦云:"淮南王炼秋石,八月之节,金之正位也,缘其色白,故曰秋石",这两条资料告诉我们秋石的质地是"色白质坚也"。

---

① 刘安:《淮南万毕术》。

托名为葛洪的著作《稚川真人校正术》又载："淮南王炼秋石,以产无穷之宝,故上帝惜之,而又哀悯众生,万劫一传得之,得者非宿有仙骨,苟传非人,殃及九祖。"可见秋石确是一种疗效极高的药物。但是仍不知炼秋石之原料为何物?《许真君石函记》却给我们一点启示,该书"日月雌雄论"篇在强调该派炼丹方法时说:"不受傍门并小术,不言咽唾成金液,不炼小便为秋石……"。这就从反面告诉我们古代是有人以小便为原料来炼秋石的。

从以上资料可以得出这样的结论:汉唐以来,关于淮南王炼秋石的记载屡见不鲜,说明淮南王刘安等人炼秋石一事是比较可靠的;自淮南王开始炼秋石作为有效药物的传统在我国一直传世不泯,只是由于丹家惯用隐语或别名,故弄玄虚,以示神秘,其主要目的在于保密,以致淮南王炼秋石所用原料及其方法,没有和盘托出,至于淮南王炼秋石是否加了什么别的物质,秋石的成分如何? 就更不得而知了。不过炼秋石可以治病的思想在道家中一直影响很大,这就导致了 11 世纪沈括在安徽宣城进行的一次从尿中提取性激素秋石的伟大实践。

沈括(1031—1095 年),字存中,本为钱塘(今浙江杭州)人,是中国古代著名的科学家。《宋史·沈括传》称他"博学善文,于天文、方志、律历、音乐、医药、卜算无所不通,皆有所论著"。因此英国李约瑟博士称他为"中国整部科学史上最卓越的人物"。据《东都事略》和《宋史·沈括传记载》,都说沈括曾在宣州任职。《宁国府志》中记载沈括曾任过宣州监税务,熙宁四年(1017 年)和熙宁十年又两任宣州知州。沈括还自称"嘉佑中予客宣之宁国",即寄居在其兄沈披处。据刘尚恒先生考证,沈括一生在皖南先后生活过一二十年,安徽几乎成了他的第二故乡。[①]

根据沈括在《苏沈良方》中记载:"时予守宣州",身体欠佳,听说"广南道人"会制秋石销售于市,他便亲自在宣城试制,所用原料和方法都清楚地记在《苏沈良方》中。其法分阳炼法和阴炼法,阳炼法尤有意义,兹摘原文如下:

小便不计多少,大约两桶为一担。先以清水搜好皂角浓汁,以布绞去滓。每小便一担桶,入皂角汁一盏。用竹篦急搅拌,令转千百遭,乃止。直候小便澄清,白浊者皆淀底,乃徐徐撇去清者不用;只取浊脚,并作一担桶。又用竹篦子搅百余匝,更候澄清,又撇去清者不用,十数担不过取得浓脚一二斗。其小便须是先以布滤过,勿令有滓。取得浓汁入净锅中煎干,刮下捣碎再入锅以清汤煮化,乃于筲箕内丁淋下清汁。再入锅熬干,又以清汤煮化,再依前法丁淋,如熬干色未洁白固,更准前丁淋,直候色如霜雪即止,乃入固济砂盒内,歇口火煅成汁,倾出。如药未成窝,更煅一两度,候莹白色即止。细研入砂盒内固济,顶火四两,养七昼夜。(久养火尤善)……

这是一个相当科学的方法,其中包括沉淀和提取分离等方法,尤其是加入浓皂角汁,主要是利用皂角汁中皂甙来促使人尿中的甾体激素沉淀这一特性反应。这样甾体激素包括雄性激素和雌性激素。国外 1909 年温道斯(Windaus)才报告了地芰皂宁能定量地沉淀甾体;1927 年威廉斯·阿什曼(Williams Ashman)等才发现孕妇尿中有大量性激素,随后不久人们才从尿中把纯净的甾体激素分离出来。因此,生物化学家鲁桂珍、李约瑟指出:炼秋石的"最终产物无疑是真正的混合物,由睾丸、卵巢、肾上腺皮质和胎盘的甾体所组成"。

关于这种秋石的疗效,沈括记载了四个病例:一是他父亲沈周,曾得瘦疾,且咳,凡九年,万方不效,服此药而愈;另一是他的本家"予族子尝病颠眩、腹鼓、久之渐加喘满,凡三年垂

困,亦服此而愈"。另外,沈括本人和他父亲的朋友郎简之妻服秋石均有很好的疗效。宋明时期,这种秋石一直作为强壮药和助阳药在民间和皇宫中应用着,这与现代某些性激素的临床应用很有相似之处。可能由于它是性激素的特异性产物,既具有一般性激素的活性,又无性激素的明显副作用。因此,沈括在宣城任职期间炼秋石这一杰出成就,曾引起国内外众学者的重视和研究,并给予极高的评价。如英国著名学者李约瑟与鲁桂珍指出:"毫无疑问,在公元 11 世纪到 17 世纪之间,中国医学化学家得到了雄性激素和雌性激素制剂,并且在那个时代半经验性的治疗中,可能十分有效,这肯定是在现代科学世纪之前任何类型的科学医学中的非凡成就。"他们还把秋石制备看作是当代生物化学的一次自觉的和有胆量的卓越先行。他们的论文被译成了英、德、日、法……多种文字,引起了世界科学史界、化学界、生物学界、医学界的很大关注。但是,李约瑟和鲁桂珍没有考证出做出这一贡献的就是沈括;日本宫下三郎首先指出沈括原始地记载了上述性激素制取的方法,国内杨存钟、孟乃昌等人又做了进一步的研究,我们认为这一方法就沈括把他自己在宣城任职期间所进行的实践做了忠实的记录,其渊源可能要追溯到淮南王时代。

然而,这种以尿加皂角汁制成秋石,到了清代却湮没无闻了,代之而起的是以食盐加泉水熬成的"秋石",至今桐城等地仍在生产,据 1958 年调查,此方法是取洁净泉水与食盐熬煮,滤去杂质,制成秋霜,然后装在瓷碗内,再置炉中烤两小时,促其凝固成固体,即成咸秋石。这种"咸秋石"当然不会具有性激素的疗效,而只能作食盐代用品或"多作口腔咽喉疮之外用药"了。

追溯炼秋石的渊源,回顾性激素制剂之秋石的兴衰,不禁令人兴奋和遗憾交加;喜看今日许多传统名药恢复生产,展望他日若有有识之士(如药物化学家)如果能模拟沈括在宣城的实验,再利用现代仪器设备进行分析检测,然后经过动物试验和临床试验,加以总结提高,使其传统名药焕发青春,岂不乐哉!

参 考 文 献

[1] 苏轼、沈括:《苏沈良方》,人民卫生出版社,1956 年.

[2] Joseph Needham. *Clerks and Craftsmen in China and the West*: *Lectures and Addresses on the History of Science and Technology*. Cambridge University Press,1970,p. 315.

[3] 薮内清:《明清时代的科学技术史》,京都大学人文科学研究所刊,1970.

[4] 曹元宇:《中国化学史话》,江苏科技出版社,1979.

原文载于:《生物学杂志》,1986(1):25—27。

再论十二生肖起源于动物崇拜

张秉伦

十二生肖,就是以十二种动物来表示十二地支,即子——鼠、丑——牛、寅——虎、卯——兔、辰——龙、巳——蛇、午——马、未——羊、申——猴、酉——鸡、戌——犬、亥——豕。它是一种民间纪历法。

关于十二生肖的起源和为什么用这十二种动物与十二地支相配? 说法甚多。主要有"以二十八宿之象"说、"阴阳相克"说、"每肖各有不足之形"说、"以足上趾爪奇耦之数辨辰数之奇耦"说……[①];国外还有沙畹(Chavannes)和博尔(Boll)等人主张的"它们是从邻近的突厥人或古代中东国家传到中国"说,也有以德莎索(De Saussure)等人主张的"它们原来就出中国"说[②]。长期以来,各执一端,莫衷一是。李约瑟博士对后两种说法进行了考证,亦未得出结论,只是说:"不过对于科学史家来说,不论它们是谁创造的,意义都是一样。"但又说:"这些议论,大部分需要根据目前关于文献年代及其可靠性的了解,重新加以考虑。""考证起源的意义,看来完全属于考古学和人种学的范围。"[③]刘尧汉先生曾据新中国成立后在川滇彝族地区的调查资料,提出"十二兽"历法起源于原始图腾崇拜,并说"在川滇彝族的每种动物图腾中,已有虎、龙、蛇、羊、猴、鸡、鼠、牛等八种动物,属于纪日'十二兽',只有马、猪、狗、兔这些纪日'四兽'尚未查到其作为图腾……"[③]笔者亦曾撰写过《十二生肖与动物崇拜》一篇拙作。据甲骨文及其演变后的汉文资料查到了对马、牛、羊、鸡、犬、豕、龙、虎、蛇、兔、猴十一种动物崇拜资料;又据《中国民族志参考资料汇编》查到了傈僳族和纳西族均以鼠等动物为图腾。[④] 也就是说十二生肖中的动物都是中国先民们的崇拜对象。现据笔者新近见到的文物资料,结合其他文献资料,再论十二生肖起源于动物崇拜,以就教于国内外学者。

一

有关"十二生肖"的记载,目前以秦简《日书》背面的《盗者》一节中的记载为早:"子,鼠也。丑,牛也。寅,虎也。卯,兔也。辰,(缺)。巳,蟲也。午,鹿也。未,马也。申,环也。酉,水也。戌,老羊也。亥,豕也。"只是与后来流行的十二生肖不完全相同。但据于豪亮先

---

① 李诩:《戒庵老人漫笔》,中华书局,1982:267—270。
② [英]李约瑟:《中国科学技术史》第四卷,第二分册,科学出版社,1975:557。
③ 刘尧汉:《彝族社会历史调查研究文集》,民族出版社,1980:78—98。
④ 张秉伦:《动物崇拜与十二生肖》,中国科学技术史学会第二次代表会议论文,全文未发表。

生考证:"古蠹、虫不分","虫字一名蝮";"环"读为"猨",猨即猿;"水"读为"雉"……①这样就与后来流行的十二生肖相当接近了,但还缺辰龙。

东汉王充《论衡·物势篇》中也只有子鼠、丑牛、寅虎、卯兔、巳蛇、午马、未羊、申猴、酉鸡、戌狗、亥猪相配。也是缺辰龙,不过《论衡·言毒篇》中却能找到"辰为龙"的记载,这样与流行传至今的十二生肖就完全相同了。蔡邕《月令问答》中所记亦然。南齐沈炯作十二属诗、始有十二属之称;《南齐书·五行志》和《周书·宇文护传》,都有按人之生岁称属某种动物的记载。

但是,能否据上述记载,就认为十二生肖出现于秦汉时代,进而推论出中国十二生肖晚于西方而外国传入的呢? 答案是否定的,因为早在先秦或与先秦有关的经传史籍中,已有马、牛、龙、蛇分别与午、丑、辰、巳"四支"相配应:如《诗经》中记有"吉日庚午,既差我马",注"午为马";②《左传》僖公五年有"龙尾伏辰"记载;《吴越春秋·阖闾内传》中说:"吴在辰地,其位在龙;越在巳地,其位在蛇";《礼记·月令》中说:"出土牛以送寒气",疏曰:"月建丑能克水,故作土牛以毕送寒气也",郑注"作土牛者,丑为牛"……可能由于十二生肖为民间纪历法,不受先秦文人重视,而没有把它们完整地记载下来,或因时代久远,文献散佚不全所致。看来,李约瑟博士提出的"大部分需根据目前关于文献年代及其一可靠性的了解,重新加以考虑"的见解,只能解决一小部分问题。而他认为"考证起源的意义,看来完全属于考古学和人种学的范围",却给了人们一定的启示。

十二生肖究竟起源于何时? 如何解决十二生肖是"外来说"还是中国原有说的问题,我同意刘尧汉先生从图腾崇拜入手,可能有助于问题的解决。

二

为什么用这十二种动物来纪历呢? 我们认为是与原始先民的动物崇拜分不开的。

原始民族把某些动物尊奉祖先或神灵,是原始民族或原始宗教中一种普遍现象。中国和世界上其他文明古国一样,都曾盛行过动物崇拜。其主要原因是那时生产力极其低下、认识能力非常有限。由于对那些与生活息息相关的动物(如马、牛、羊、鸡、犬、豕等)的依赖感,对危害生命安全的动物(如虎、狼、狮、蛇等)的恐惧感,对一些超过人类的动物器官功能(如鹰、隼的视觉、狗的嗅觉等)的崇敬感,对某些不可解释的自然现象(如龙卷风、雷、雨等)的神秘感……都可能导致原始先民把它们当作自己的祖先或自然神而加以崇拜。虽然动物崇拜是原始氏族的产物,但它却像牛的反刍一样,成了奴隶社会乃至封建社会的人们世世代代经常咀嚼的精神食粮。这就为我们寻找原始氏族的动物崇拜对象提供了方便。

我们认为十二生肖起源于动物崇拜,主要理由如下:

1. 十二生肖中的每种动物都是中国古代的动物崇拜对象。早在殷墟卜辞中就有把殷周围的氏族称为"马方""羊方""虎方"等记载,这些族名来源于他们的动物图腾,即崇拜的动物;正如《史记·五帝本纪》所记载的一样:"炎帝欲陵侵诸侯,诸侯咸归轩辕,轩辕乃……教熊、罴、貔、貅、貙、虎,以与炎帝战于阪泉之野,三战,然后得其志。"郭沫若等认为这实际上

---

① 于豪亮:《云梦秦简研究》,中华书局,1981。

② 《毛诗注疏》卷十,《小雅·南省嘉鱼之什·吉》。

是以野兽命名的六个氏族,共同组成一个部落。① 即以虎等六种动物为图腾的氏族。殷商时代以龟甲和牛虎等兽骨占卜凶吉,以及解剖鸡观其骨或观其胃中食物以卜凶吉,正是当时人们迷信某些动物具有预卜人类未来的灵性,进而相信这些动物的某一部位也有灵性的反映。更有甚者,《山海经》中的许多神灵,无论是历史传说中的人物,还是各地区的神灵,往往都描绘成奇特的动物,至少也要与某种动物有联系。虽然这些奇特的动物——几种动物合体或人与动物合体——在世界上并不存在,但是构成合体动物神基础的每一种动物都是与人的生命、农牧生活息息相关的常见动物。这是动物崇拜进一步神化的反映。其中与十二生肖有关的动物包括马、牛、羊、龙、虎、蛇、狗、豕等等。其他古籍中关于动物图腾的记载,更是屡见不鲜,如《诗经》中有龙旗图腾;《传·咸文》中有玉兔的神话;《埤雅》中提到楚人谓之沐猴……至于三皇之时,人们"乍自以为马,乍自以为牛";②犬戎族以犬作为他们的祖先和族名加以崇拜;"句"以豕为方国名称;周以马作为祖先③……这种以动物作为自己祖先,更是动物崇拜的最普遍形式;此外,傈僳族以鼠、羊、虎等动物作为他们的姓氏图腾,彝族以猴、鸡、鼠等八种动物作为他们的图腾,也是这种动物崇拜的反映。总之,十二生肖中每一种动物都是中国古代的动物崇拜对象,而且马、牛、羊、鸡、犬、豕和蛇、虎、龙又是中国古代最主要的崇拜对象。这是讨论十二生肖起源于动物崇拜的前提。

2. 十二生肖中的具体动物往往随着不同民族、不同国家崇拜对象的不同而有相应的变化,则是十二生肖起源于动物崇拜的明显例证。如:龙,在某些场合或许是指某种爬行动物,《左传》中有担任养龙的豢龙氏和御龙氏,甚至说夏君吃过龙肉,如果这不是神话,当指某种实在的动物;但是,一在更多的场合,龙是幻想出来的,或是几种动物的合体。龙一旦以这种形式出现及其所赋的多种属性,都是作为崇拜对象的,别无其他含意。正因为如此,十二生肖中的龙,历来是中国人的崇拜对象;但是中国某些少数民族并不崇拜龙,于是把十二生肖中的"龙"改为他们所崇拜的相应动物。如云南傣族则把"龙"改为"蛟"或"大蛇",而把"蛇"改为"小蛇",此外,还把"猪"改为"象";哀牢山的彝族又把"龙"改为"穿山甲";新疆维吾尔族却把"龙"改为"鱼";黎族十二生肖中却无"虎",而增加了"虫",排列顺序也有所变化。

这种随着不同民族崇拜对象的不同,十二生肖发生相应变化的情况,不仅在中国不同民族中如此,而且在其他文明古国之间也可得到证明:如埃及和古希腊人特别崇拜"牡牛","牡牛"死后还要举行特别隆重的葬礼。1858 年发掘了一座"牡牛"古墓,其规模比当时国王的墓葬还要庄重得多,④因此古埃及和希腊的十二生肖中不仅有"牡牛",而且排列在十二生肖之首,其他几种动物与中国也不尽相同,其顺序如下:牡牛、山羊、狮、驴、蟹、蛇、犬、猫、鳄、红鹤、猿、鹰。同样,巴比伦人特别崇拜猫,因此他们的十二生肖中不仅有猫,而且排在十二种动物之首,各种动物及其排列顺序也不尽相同:猫、犬、蛇、蜣螂、驴、狮、公羊、公牛、隼、猴、红鹤、鳄。印度人比中国人更加崇拜狮子,所以他们的十二生肖中的动物与中国相比,只是把"虎"改为狮,其他完全相同,排列顺序也完全一致。这种十二生肖随不同民族、不同国家崇拜对象发生相应变化的例子,还可以在许多民族中找到。说明十二生肖纪历法和动物崇拜一样具有各民族的固有特色。

---

① 郭沫若:《中国史稿》第一册,人民出版社,1975:118。

② 转引自王充《论衡·自然篇》。

③ 《左转》襄公二十四年。

④ 《动物崇拜》,载《新建设》杂志,1963 年。

3. 动物崇拜把某种动物作为自己的祖先,或敬奉为神,甚至设立"龙王庙""马神庙"等等,主要意图是企图通过祭祀活动,乞求保佑、赐福于人,而不要降灾祸。以某年(某月、某日)属某种动物的纪历法,或以某种动物来命名星座,与动物崇拜含有相同的意义,因此可以说:十二生肖本身就是一种崇拜的方式。山西玉皇庙内的十二元辰真君(即十二生肖神)塑像、十三曜星君塑像、二十八宿星君塑像,就是最好的证明。此庙建于宋熙宁九年(1076年),金、元、明、清历经重修和扩建,现在的规模为至元二年(1265)年重建的规模。[①] 在此庙西庑的上三间内,三面墙壁的台座上共立十二尊十二元辰真君塑像,正面六躯、南北各三躯。像高约 2 米,面像年龄各不相同,头均戴冠,每冠前方的园牌内各绘有十二生肖中的某一动物;每尊塑像均身着正襟大肥袍、端坐庄重、道貌岸然,颇有神灵的威严。这是集十二生肖崇拜和动物崇拜于一身的典型,也是十二生肖与动物崇拜之间联系的有力证明。

4. 唐朝盛行用十二生肖之明器殉葬。最近在厦门大学人类学博物馆看到的十二生肖明器,形状均为着衣人身,头则分别为十二生肖中的某一动物头,形象逼真,栩栩如生。这与中国早期崇拜复合神的思想是一脉相承的,也是崇拜十二生肖的例证之一,继而为十二生肖起源于动物亲拜提供了又一旁证。

5. 关于崇拜的形式,从民族学中加以考察,还可窥见一斑。刘尧汉先生在哀牢山彝族地区调查到很有意义的资料:在云南省哀牢山上段南涧彝族自治县南境虎街附近的一座山神庙内还保存有十二生肖的壁画。正壁中央上端绘有红底黑色大虎头,虎头左下侧依次为虎、兔、穿山甲、蛇、马、羊画像;右下侧依次为猴、鸡、狗、猪、鼠、牛画像。平时该庙周围各彝村某家的牲畜若生病,他们便自行在该畜纪日(如马日、羊日、牛日、猪日……)前往祭祀,以祈保佑,每隔三年远近各彝村还要联合举行一次大祭。白天祭祀时主祭巫师将所祭羊头割下投入龛前火塘烧烤后,剥取额骨占卜。如果额骨表面呈现出像彝文羊字"(＋)"形裂纹,便预示着母虎神将于当晚降临,晚上接着祭祀,还有歌舞等活动,其中有模仿十二种动物动作的"十二兽"舞。[②] ……这种保存至今的十二生肖壁画及其祭祀活动,为十二生肖起源于动物崇拜提供了民族学的活资料。

三

综上所述,我们认为十二生肖与动物崇拜有十分密切的联系,其思想渊源可以追溯到远古时代的动物崇拜,绝不是秦汉时代才出现的。加之动物崇拜是许多原始民族的普遍现象,动物崇拜对象和十二生肖都有各个民族或国家的各自内容和特色,因此,子鼠、丑牛、寅虎、卯兔……应为中国所固有的十二生肖,所以沙畹等人的"外来说"是站不住脚的。其他文明古国的情况亦应如此去考查。至于文章开头提到的几种历史上的说法,也是缺乏证据的:"五行相克"说,王充已指出:"以十二辰之禽效之,五行之虫以气性相克,则尤不应";"二十八宿"说,王伯厚也曾指出不妥:"以二十八宿之象言之,唯龙与牛为合,而他皆不类";"每肖皆有不足之形"说,笔者认为:所谓鼠无牙、牛无齿、虎无脾、兔无唇、马无胆、鸡无肾、犬无肠、猪无肋,均与事实不符;"以足上趾爪奇耦之数辨辰数之奇耦"说,笔者认为亦不完全符合事实,如蛇无足,如何辨奇偶? 何况奇偶两数至多只能将这十二种动物分为两类,怎么能将十二种

---

① 高寿田:《晋城玉皇庙塑像》,《山西文物》,1983 年第 2 期。

② 刘尧汉:《彝族社会历史调查研究文集》,民族出版社,1980:78—98。

动物的排列顺序决定呢?

十二生肖中除龙为幻想动物以外,均与人们的生活、畜牧、狩猎活动息息相关,因此人们对它们的生活习性和活动规律是比较熟悉的。并且十二生肖为民间纪历法,它是为生产服务的,而历法总是与天象分不开的。因此我们认为,除十二生肖起源于动物以外,每肖的排列顺序,应从动物生活习性和生产活动入手,结合天象运行规律去探求,才可能有助于问题的解决。

原文载于:《科学史论文集》,中国科学技术大学出版社,1987:307—314。

"秋石方"模拟实验及其研究[①]

张秉伦　孙毅霖

1963 年英国科学史家李约瑟和鲁桂珍宣称:"在 10—16 世纪之间,中国古代医学化学家以中医传统理论为指导,从大量的人尿中成功地制备了相当纯净的性激素制剂(秋石方),并利用它们治疗性功能衰弱者……"[②]此后,他们又发表了一系列有关秋石方的论著[③],至少以七种文字发行到很多国家,在同行中引起了轰动。美国芝加哥大学生殖内分泌学家威廉斯·阿什曼(W. Ashman)和雷迪(A. H. Reddi)评述说:

"李约瑟和鲁桂珍揭开了内分泌学史上激动人心的新篇章……向我们显示了中国人在好几百年前就已经勾画出 20 世纪杰出的甾体化学家在二三十年代所取得的成就之轮廓。"[④]

日本宫下三郎自 1965 年开始,先后发表了三篇论著[⑤],对秋石方的起源、发展和应用作了系统的考证,他明确指出:"1061 年沈括制造方法的记录,是年代最早的",特别是"利用皂甙(saponin)和 3β-OH 甾体化合物的沉淀反应,从人尿中提取某种雄性激素是划时代的"。[⑥]

中国,继 1976 年北京医学院杨存钟发表几篇有关秋石的论文以后[⑦],不少书刊用专门的篇章或段落,介绍了这一"奇迹",并肯定李、鲁的重要发现;1982 年太原工学院孟乃昌发表的《秋石试议》论文[⑧],详细探讨了秋石的六种制备方法,得出的结论基本上是与李、鲁一致的;虽然有些学者对性激素说持怀疑态度,但未发表论文;唯台湾大学刘广定于 1981 年陆续发表了三篇论文[⑨],否定秋石为性激素之说,其主要依据可归纳为以下三点:一、不是所有的皂甙都能与胆固醇或其他类固醇化合物形成沉淀,也不是所有的类固醇化合物都能与地芰

①　本文的模拟实验曾得到宣城地区制药厂领导的支持,李荣俊、叶莐、张霄翔、江浩舟等同志参加了部分模拟实验工作;钱临照、王奎克、赵匡华三位教授曾对本文初稿提出过宝贵意见,特此鸣谢。

②　Lu. G. D. and J. Needham, Medieval Preparations of Urinary Steriod Hormones,Nature,12,1963.

③　Lu. G. D. and J. Needham, Medieval Preparations of Urinary Steriod Homones, Med. Hist. 8(2), pp. 101-121,1964. Proto-Endocrinology in Medieval China, Japanese studies in the Histosy of Science, pp. 150-171,1966. Sex Hormones in the Middle ages, Endeavour, 27, pp. 131-132,1968.

④　Williams-Ashman, A. H. Reddi, Actions of vertebrate sex Hormones,Physiological Reviews. pp. 71-72,1971.

⑤　[日]宫下三郎:《1061 年に沈括か制造した性ホルモソ剂に ついこ》,日本医学史杂志,1965,11(2).(日)宫下三郎. 性ホルモソ剂の创成[A]. 薮内清. 宋元时代の科学技术史,京都大学,1967.

⑥　[日]宫下三郎:《汉药·秋石の药史学の研究》,关西大学,1969.

⑦　杨存钟:《我国十一世纪在提取和应用性激素上的光辉成就》,《动物学报》,1976 年第 6 期,第 192—195 页;《沈括对科技史的又一贡献》,《北京医学院学报》,1976 年第 2 期,第 135—139 页;《世界上最早的提取应用性激素的完备记载》,《化学通报》,1977 年第 4 期,第 64—65 页。

⑧　孟乃昌:《秋石试议》,《自然科学史研究》,1982 年第 4 期,第 289—299 页。

⑨　刘广定:《人尿中所得秋石为性激素之检讨》,《科学月刊》,1981 年第 5 期;《补谈秋石与人尿》,《科学月刊》,1981 年第 6 期;《三谈秋石》,《科学月刊》,1981 年第 8 期。

皂宁产生沉淀物的;二、制备秋石所用的原料都是童尿,几乎不含有性激素;三、秋石在常温下潮解,与甾体性激素的稳定性不吻合。

显然,以李约瑟、鲁桂珍与刘广定为代表形成了两种截然不同的观点,或者说,都是从理论分析得出的两种结论是根本对立的,孰是孰非,需要人们运用实验手段,作出科学的判断。美国席文(N. Sivin)曾建议人们做皂角①汁沉淀法的实验②,我们经过长期酝酿,终于选择了沈括当年提炼秋石的所在地宣城作为模拟实验场所,对秋石方三种典型提炼法进行了模拟实验,并对最终产物进行了理化检测和分析。

一、模拟实验

古代提炼秋石的方法很多,《本草纲目》中就列举了六种,我们仅就李、鲁特别感兴趣的阳炼法、阴炼法和石膏法作了模拟实验。

1. 阳炼法 沈括在《苏沈良方》的"秋石方"中云:

"小便不计多少,大约两桶为一担,先以清水按好皂角浓汁,以布绞去滓,每小便一担,入皂角汁一盏,用竹篦子急搅,令转百千遭乃止,直候小便澄清。白浊者皆定底,乃徐徐撇去清者不用,只取浊脚并作一满桶,又用竹篦子搅百余匝,更候澄清,又撇去清者不用,十数担不过取得浓脚一二斗。其小便须是以布滤过,勿令有滓。取得浓汁入净锅中熬干,刮下、捣碎,再入锅,以清汤煮化,乃于筲箕内布纸筋纸两重,倾入筲箕内,滴淋下清汁,再入锅熬干,色未洁白,更准前滴淋,直候色如霜雪即止,乃入固济砂盒内,歇口、火煅成汁,倾出。如药未成窝,更煅一两遍,候莹白五色即止。细研入砂盒内固济,顶火四两,养七昼夜,久养火尤善,再研。每服二钱,空心温酒下……"

文中"小便一担,入皂角汁一盏"。盏有大小,且浓度不一,我们从《药剂学》中检索到在宋元明清时期,一白大盏相当于0.2升容量③。现在很难确定这一白大盏是否与沈括所用的一盏等于同一容量单位。不过即使两者不等值,我们也可认为一盏的最大容量不会超过0.2升。问题是,每盏所含皂角汁的浓度究竟是多少呢?我们只能采取沉淀剂过量的办法,通过对照,配制了高浓度的皂角汁溶液,即每盏含有200克干皂角搓揉出来的有效成分。

在收集来的每桶尿中(50公斤左右),徐徐加入一盏皂角汁④,经过搅拌、沉淀、去清,再搅拌、沉淀,去清后,得白浊浓脚0.5升左右。将白浊浓脚放入砂锅中加热蒸发,熬干物表面呈棕红色,为了排除各种可能的人为因素,又反复试验,均获同样结果。经过分析,笔者认为,尽管大量的色素随上清液一起除去,但不可避免地,沉淀物中还或多或少地隐含着来自人尿和皂角的微量色素。开始,它们被白浊的浓脚湮没,一旦将浓脚加热熬干,隐含的色素又显现出来,沈括可能也得到同样的结果,所以,沈括又"刮下、捣碎,再入锅,以清汤煮化,乃于筲箕内,布纸筋纸两重,倾入筲箕内、滴淋下清汁,再入锅熬干,色未洁白,更准前滴淋,直候色如霜雪即止。"李约瑟认为:"这是一个用沸水完全萃取甾体性激素的过程,同时也是尿中的色素逐步地被排除的过程。"⑤笔者多次重复这个步骤,发现这种解释难以自恰,也与实

---

① 现名皂荚(*Gledischia Sinensis*),"皂角"为中国古代名称,本文仍沿用古名。

② 刘广定:《补谈秋石与人尿》,《科学月刊》,1981年第6期。

③ 湖北中医学院主编:《药剂学》。

④ 中国皂荚(*Gledischia Sinensis*)按其形状主要有两种:一名柴皂,另一名牙皂(宣城中药店均有售)。

⑤ G. D. Lu and J. Needham, Medieval Preparations of Urinary Steriod Hormones. *Med. Hist*,1964,8(2),p.101.

验结果不符。因为,既然这是用沸水完全萃取甾体性激素,那么甾体性激素应该溶解于沸水里,留在滤液中;而色素也溶解于沸水,同样保留在滤液中,不可能逐步被排除,熬干后仍为棕红色。相反,经过一次又一次地捣碎、煮化、过滤,纸上的不溶物却越来越洁白。我们怀疑,有可能纸上的不溶物才是有用的,因为现代的化学知识表明许多甾体性激素并不溶解在沸水里。仔细阅读沈括原文,发现就沈括的描述来说,既可理解为弃下(滤过液)留上(纸上的不溶物),又可理解为弃上留下。为保险起见,我们将上下两种产物全部保存,分别装入砂坩锅内,"歇口、火煅成汁,倾出,如药未成窝,更煅一两遍,候莹白五色即止,细研入砂盒内固济,顶火四两、养七昼夜……"这一过程,李、鲁认为"有珍珠似的甾体结晶升华"。孟乃昌认为"从原文看,是没有(升华)"。我们认为要想准确地把握这一过程,首先要理解"歇口","顶火"这两个关键词的涵义。歇口,敞口也;顶火,盖上贴火也[①]。显然,敞口火煅,会导致大量的升华物逃逸;盖上贴火,又难以在顶盖上形成升华物。在模拟实验中,我们保守地放弃"歇口""顶火"这两个步骤,用盐泥固济后,将温度控制在 180—220℃ 之间,3 小时后可见升华物。温养 5—7 天,升华物渐增,最后得到 4 种不同的产物:升华物 A 和 B,不升华物 a 和 b。阳炼法的流程和产物如下:

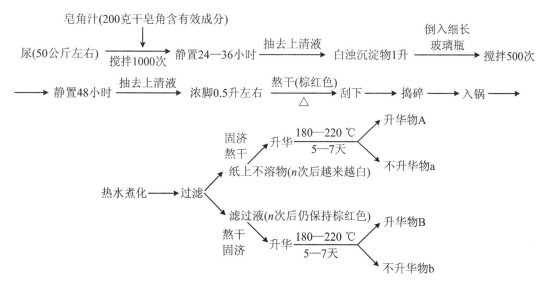

我们无法确定哪一种产物是"相当纯净的性激素制剂(秋石)",只好全部保留分别作进一步检测。值得注意的是,每 50 公斤人尿,一般能得到 0.5 克升华物 A,1 克升华物 B,30 克不升华物 a 和 4 克不升华物 b,见表 1。而沈括提炼的秋石方,规定"每服二钱",北宋二钱相当于现代的 7.46 克[②]。这种秋石如果真是纯净的性激素,那么,每服二钱性激素是人体所不能忍受的。

2. 阴炼法　沈括在《苏沈良方》中云:

"小便三五石,夏月虽腐败亦堪用,分置大盆中,以新水一半以上相和,旋转搅数百匝,放令澄清,撇去清者,留浊脚。又以新水同搅,水多为妙。又澄、去清者,直候无臭气,澄下秋石如粉即止,暴干刮下,如腻粉光白,粲然可爱,都无臭味为度,再研……"

①　承蒙赵匡华教授指点,在《道藏源流续考》(第 90、150 页)中查到这两个词的注释,谨致谢意。

②　吴承洛:《中国度量衡史》,第 60 页。

表 1　秋石阳炼法模拟实验数据简表 [*]

日期 年 月 日	序号	尿量（公斤）	皂角品名	皂角汁重量（克）	浊脚（毫升）	浓脚（毫升）	浓脚干重（克）	滤过液干重（克）	不溶物干重（克）	升华物A干重（克）	不升华物a干重（克）	升华物B干重（克）	不升华物b干重（克）
1986 4 14	1	52	柴皂	260	1250	615（白）	38（棕）	6（棕）	31（白）	0.4（棕）	30（白蓝）	1（白）	4.5（灰白）
1986 4 14	2	53	牙皂	265	1225	610（白）	36（棕）	5（棕）	30（白）	0.5（棕）	29（灰白）	1（白）	4（灰蓝）
1986 4 15	3	49	牙皂	245	1180	595（白）	35（棕）	5（棕）	30（白）	0.4（棕）	29（灰白）	1（白）	4（浅灰）

＊每 100（克）皂角汁相当于柴牙皂原生药 80（克）。皂角法 pH≈5，尿液 pH≈6。

这种阴炼法简单易行，没有蒸发、升华等过程，只需在小便中和以新水即可。为了减少因用水产生的误差，我们不用宣城水厂处理过的自来水，选择了当地还在使用的井水。在每桶人尿中（20 公斤），徐徐加入 30 公斤井水，搅拌静置后，抽去上清液，再和以井水，如前搅拌静置，反复三次，可获 200 毫升左右的无臭味白色浓脚，见表 2。

表 2　秋石阴炼法模拟实验数据简表

序号	日期	尿量（公斤）	次第	水（公斤）	搅拌次/时	沉淀（时）	浓脚毫升	晒干天	色泽	数量（克）
1	4.25	20	1	30	500/5′	36	310			
			2	10	500/5′	36	240			
			3	10	500/5′	36	210	2	洁白	9.5
2	4.25	20	1	30	500/5′	36	300			
			2	20	500/5′	36	255			
			3	20	500/5′	36	200	2	白	9

这浓脚是甾体性激素吗？李约瑟说："由于甾体都是以可溶性结合物的形式，（沉淀）似乎是不可能发生的。"[①]孟乃昌也认为"产物作为水难溶性的无机物沉淀，主要的、大量的是磷酸（氢二）钙、磷酸镁、草酸钙……如果附带吸着一些甾体性激素，也是为量微少"[②]。值得注意的是，这种用阴炼法得到的几乎不含性激素的秋石，沈括认为"与常法（阳炼法得到的秋石）功力不侔"。[③]

在阴炼过程中，有一个加水的步骤，李约瑟说"不清楚稀释的目的是什么，至少是无害的，因为这可能有助于除去像尿素和盐类等可溶性物质"。孟乃昌对此有较好的解释，他认为"尿中磷酸根、草酸根离子和钙镁离子等克分子浓度积早已超过相应难溶化合物的溶度积，其所以不沉淀出来，是初排出的尿有胶体保护作用，而阴炼法加水稀释，各种物质浓度均降低三分之一以上，无机盐浓度降低仍能保证它们超过各该溶度积，只有数量级的差别才能改变析出沉淀的可能性，而保护性物质浓度降低三分之一以上，却使它们在接近临界的保护

---

① G. D. Lu and J. Needham, Medieval Preparations of Urinary Sreriod Hormones, *Med. Hist.* 8（2），pp. 101—121，1964.

② 孟乃昌：《秋石试议》，自然科学史研究，1982（4）：289—299。

③ 沈括：《苏沈内翰良方》，"秋石方"，修敬堂版。

性失去,在千百次剧烈搅拌下,旧平衡打破了,促使磷酸钙、镁,草酸钙等沉淀析出来"[1]。这一解释很能说明一些问题。因为尿本身是一种水溶性胶体,加入水以后,将其保护胶冲稀了,这样就促进了磷酸根、草酸根等离子的沉淀。

就沉淀物的数量来说,孟乃昌认为阴炼法远多于阳炼法的浊脚。实验表明两者相差无几。这两种炼法所得浊脚数量上的接近,虽然尚难断定两种提炼法所得成分的一致,但皂角汁与水作为稀释剂所起的作用似乎有某种相似之处。

将沉淀物置于阳光下暴干,所得秋石洁白光滑,但并不含有李约瑟所推断的"具有相当浓度的脂肪"。李约瑟是从"尿源可能含有糖尿病人排出的脂肪尿"这一假设推断出来的,但这种假设有点牵强。仔细分析导致李约瑟误解的原因,可能源自叶梦德《水云录》中"澄下如腻粉"的"腻粉"。沈括的原文是秋石"如腻粉光白",腻粉即水银粉(Hg_2Cl_2)[2],强调了秋石像水银粉一样光白的特征。这些特征与笔者在阴炼法中得到的秋石外观比较吻合。如果排除了高浓度脂肪存在的可能性,那么李约瑟的"游离的甾体性激素会吸附到脂肪上进入沉淀"的说法也就难以成立了。

3. 石膏提炼法 石膏法为明代著名药学家陈嘉谟首创,陈云:

"炼,务在秋时,聚童溺多着缸盛……每溺一缸,投石膏末七钱,桑条搅混二次,过半刻许,其精英渐沉于底,清液自浮于上,候其澄定,将液倾流,再以别溺满换,如前投末混搅,倾上留底,俱勿差违……方入秋露水一桶于内,亦以桑条搅之,水静即倾,如此数度,滓秽洗涤,污味咸除,制毕,重纸封,面灰渗,待干成块,坚凝圆圆取出之。英华之轻清者,自浮结面上,质白。原石膏末并余滓之重浊者,并聚沉底下,质缁而暗面者留用,底者刮遗。"[3]

模拟实验正处春季,且露水难以收集,则以井水代之。这个实验使用了石膏末作沉淀剂,陈嘉谟虽然对石膏末作了定量规定,"每溺一缸,投石膏末七钱",相当26克。但由于缸有大小,不是固定的容量单位,今天很难确定一缸容量之多少。我们在模拟实验中,同时收集三桶各50公斤尿,分别投入9克、13克、26克石膏末试之,发现所得浓脚并不随石膏末的成倍增加而明显增多,见表3。

表3 石膏炼法模拟实验详细数据表

序号	日期	尿量(公斤)	石膏末量(克)	搅拌次数/时	沉淀(时)	浓脚(毫升)	次第	水(公斤)	沉淀(时)	浓脚(毫升)	晒渗日	秋石量(克)	色泽
1	1986-5-7	50	26	1000/10′	36	1350	1	30	6	1020			
							2	30	6	890			
							3	30	6	785	3	53	白
2	1985-5-7	50	13	1000/10′	36	1290	1	30	6	1010			
							2	30	6	865			
							3	30	6	765	3	42	洁白
3	1986-5-7	50	9	1000/10′	36	1260	1	30	6	980			
							2	30	6	830			
							3	30	6	730	3	35	洁白

可见,如果一缸仅以50公斤尿计算的话,我们投以石膏末七钱作沉淀剂是过量的。浓

① 孟乃昌:《秋石试议》,自然科学史研究,1982(4):289—299。

② 见《本草纲目》"水银粉"条。

③ 陈嘉谟:《重刊增补图象本草蒙荃》,明金陵万卷楼刻本。

脚晒干后成块,上下质地差不多,颜色洁白,分不出陈嘉谟所说的轻清者与重浊者之界限,很难将石膏末余滓等"底者刮遗"。或许,这与古今石膏质量不同有关,古代石膏粗劣,乃有余滓,现代石膏纯净,故无沉渣。

不少学者注意到陈嘉谟对秋石阴阳二炼法的批评,陈云:

"世医不取秋时,杂收人溺,但以皂荚水澄,晒为阴炼,锻为阳炼。尽失于道,何合于名?媒利败人,安能应病,况经火炼,性却变温耶。"[①]

有人认为,这是"在性激素提取方面极为显著的倒退,这一倒退的主要标志乃是对加皂角的极力否定"。[②] 我们认为,陈嘉谟作为当时著名的药物学家,他是否用皂角汁和石膏末做过对照试验,尚难定论。但能否认为否定加皂角汁就是倒退呢?为此我们做了皂角汁与石膏末两种提炼法的对照实验,结果见表4。

表 4　皂角汁与石膏末提炼结果对照 *

日期			尿量 (公斤)	沉淀剂	数量 (克)	搅拌 (次/时)	沉淀时	浓脚 (毫升)	色泽
年	月	日							
1986	4	29	50	石膏末	20	1000/10′	36	1320	洁白
			50	皂角汁	225	1000/10′	36	1180	浅白

* 100 克皂角汁相当于 80 克猪牙皂生药。气温 24 ℃。

从得到的中间产物来看,石膏末的作用显然要优于皂角汁,不仅浓脚的数量要多140毫升,而且颜色也明显白一些。因此,陈嘉谟否定皂角汁,选择新的沉淀剂石膏末似乎不能简单地认为就是倒退,相反,沉淀剂石膏末的使用无疑地为当时开辟了一条不同于阴阳法提炼秋石的新途径,这种提炼法在以后出版的本草书中多有记载。

二、理化检测

获得各种样品后,我们借助中国科学技术大学结构成分分析中心的先进设备,采用物理化学手段,分别作了检测。

1. 物理方法　我们根据各种样品的不同性状,选择气相色谱-质谱联用仪,或辅之以 X 射线衍射仪和 X 射线荧光光谱仪交叉检测,所有检测方法和结果以表5列出。

---

① 陈嘉谟:《重刊增补图象本草蒙筌》,崇祯元年金陵万卷楼刻本。
② 阮芳赋:《性激素的发现》,科学出版社,1979:149。

表 5　各种秋石物理检结果

炼法	产物	性质	气相—质谱联仪	X射线衍射	X射线荧光	主要成分
阳炼	升物物A	棕色,油状,溶于乙醇、苯等	没有出现甾族化合物的特征峰	—	—	$C_{15}H_{31}—OCH_3$、$C_{17}H_{31}C(\!=\!O)—OCH_3$、$C_{19}H_{36}$、$C_{17}H_{35}C(\!=\!O)—OCH_3$、$C_{19}H_{27}OH$、$C_{12}H_{14}O_4$
	升华物B	白色,粉末状,溶于水以及甲醇	同上	有明显的晶态峰,与 NH_4Cl 的标准强线数据吻合	主要元素为 Cl、S	NH_4Cl、S
	不升华物a	蓝白色,粉末状,不溶于水、乙醇		有不明显的晶态峰和非晶态峰,与 $NH_4MgPO_4 \cdot H_2O$ 标准强线数据吻合	主要元素为 P、Mg、Ca、Si、S、Zn、K、Cl	$NH_4MgPO_4 \cdot H_2O$、Ca^{2+}、SO_4^{2-}、SiO_4^{2-}、Zn^{2+}、Cl^-
	不升华物b	灰蓝色,粉末状,微溶于水,不溶于苯、乙醇		有明显的晶态峰和非晶态峰,与 NaCl 和 $CaSO_4$ 的标准强线数据吻合	主要元素为 Cl、P、S、Na、K、Mg、Si、Al、Ca	$NaCl$、$CaSO_4$、PO_4^{3-}、Mg^{2+}、SiO_4^{2-}、Al^{3+}、K^+
阴炼	秋石	白色,粉末状,不溶于水和有机溶剂	—	有晶态峰与非晶态峰,与 $NH_4MgPO_4 \cdot 6H_2O$ 和 $MgSO_4 \cdot 7H_2O$ 的标准强线数据吻合	主要元素为 P、Mg、Ca、S、Si、Zn、Cl、K、Al	$NH_4MgPO_4 \cdot 6H_2O$、$MgSO_4 \cdot 7H_2O$、Ca^{2+}、Al^{3+}、K^+、Zn^{2+}、SiO_4^{2-}、Cl^-
石膏炼	秋石	洁白色,粉末状,不溶于水,不溶于有机溶剂	—	有明显的晶态峰和非晶态峰与 $NH_4MgPO_4 \cdot 6H_2O$、$CaSO_4 \cdot MgSO_4 \cdot 7H_2O$、$Al_2(Mn_2)SiO_5$ 的标准强线数据吻合	主要元素为 P、S、Mg、Ca、Si、K、Al、Zn、Cl	$NH_4MgPO_4 \cdot 6H_2O$、$CaSO_4$、$MgSO_4 \cdot 7H_2O$、$Al_2(Mn_2)SiO_5$、K^+、Cl^-

　　我们还将升华物 A 和 B 的质谱图分别与在同等条件下得到的胆固醇、雄酮、睾酮、雌二醇等 4 种甾体化合物标样的质谱图加以比较(见图 1);将各种样品的 X 射线衍射图分别与胆固醇、雄酮等 4 种甾体化合物标样的 X 射线衍射图作了对照(见图 2)。显然,所有的秋石样品都没有显示甾体化合物应有的特征峰。

　　物理检测的结果表明,以上三种方法提炼的秋石,都不是甾体性激素,而是以无机盐为主要成分的混合物。同时,我们还发现,不升华物 a、阴炼的秋石及石膏炼的秋石,它们的主要成分非常相近,在这个共性的背后,很可能隐藏着秋石方的本质,我们不妨大胆地推测,当年沈括阳炼秋石的真正产物或许不是别的,而是不升华物 a。

　　2. 化学方法　甾体化合物对某些化学试剂有特殊的颜色反应,据此,我们利用这些化学反应分别检测各种样品中甾体性激素存在与否。所有样品的化学检测结果如表 6。

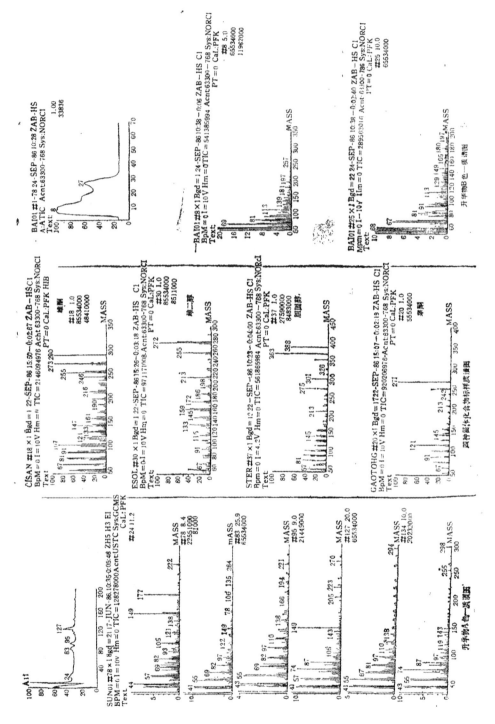

图1 阳燧秋石升华物样品与甾体化合物标样的质谱图对照

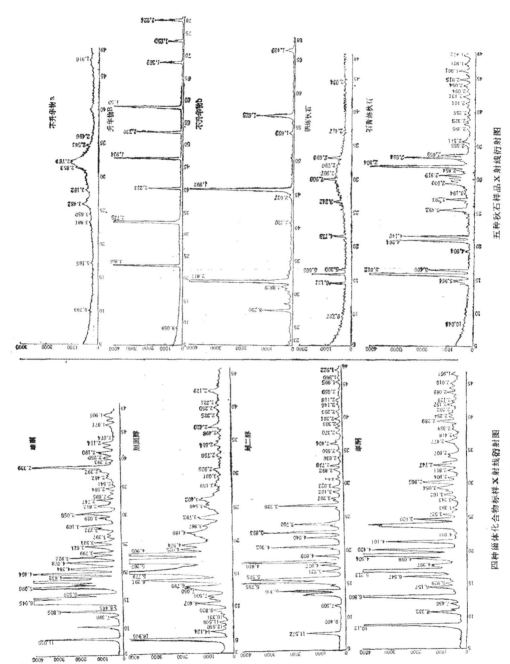

图2 秋石各产物样品与甾体化合物标样的X射线衍射图

五种秋石样品X射线衍射图

四种甾体化合物标样X射线衍射图

表 6　各种秋石样品的化学检测结果表

样品种类		Salkowski 反应	Liebermann 反应	Tschugaeff 反应
阳炼秋石	升华物 A	—	—	—
	升华物 B	—	—	—
	不升华物 a	—	—	—
	不升华物 b	—	—	—
阴炼秋石				
石膏炼秋石				

化学检测的结果与物理检测的结果是一致的。通过理化方法的交叉检测,可以肯定以上三种提炼法所得到的秋石都不是甾体性激素,也就是说,根据现有文献的记载,中国古代并没有像李、鲁等所推断的那样,早在 10—16 世纪就成功地从人尿中提取了相当纯净的甾体性激素制剂。人们或许会问,中国古代这种提炼方法,尤其是加皂荚汁的提炼法,颇具科学性,为什么提炼不出甾体性激素呢? 问题在哪儿?

三、分析讨论

早在本世纪 20 年代,人们就已经知道尿中含有各种性激素。1927 年,德国的生理生化学家阿什汉(S. Aschheim)和桑达克(B. Zondek)首先从孕妇尿中提取出雌激素。最早从尿中得到雄性激素结晶的是德国的布特南特(A. Butenandt),1931 年,他从 15000 升的尿中提取出 15 毫克的雄酮结晶[1]。后来测得一般正常人在 24 小时的尿中可被提取的各种性激素,约 20 毫克,而这些性激素的提取,在近现代主要是采用有机溶剂萃取的方法,溶剂的选择以及操作步骤的改变,往往会直接影响性激素的提取效果。因此,对这些提炼过程中的关键步骤科学地加以考查,或许能够找到问题的答案。

1. 皂角(*Gleditscbia sinensis*)的分析　李约瑟对在尿中加入皂荚汁极感兴趣,并给予高度评价。他凭着多年从事生化研究的直觉,对照 1909 年德国温道斯(A. Windaus)用地芰皂宁定量地沉淀胆固醇的经典发现,推断出中国古代医学化学家利用皂角中的皂甙沉淀了尿中某些种类的甾体激素,但又指出"还不能确定皂角(*Gleditschia sinensis*)中含有的各种皂甙的活性"[2]。问题是既然皂角的皂甙活性没有确定,又怎能知道它具有地芰皂宁沉淀尿中甾体激素的活性呢?

一般来说,甾体皂甙(不是全部)可以与胆固醇以及具有 3β-羟基的甾体化合物生成难溶性的分子复合物,从溶液中沉淀出来,如地芰皂宁就具备了这一活性,而三萜皂甙,由于分子结构的不同,则不能与胆固醇等生成难溶性的分子复合物。

那么,生长在中国的皂角含有哪种皂甙呢?《中药大辞典》云,"荚果含三萜皂荚,鞣质。其皂甙元具有 $C_{30}H_{48}O_3$ 的实验式。"[3]1934 年,苏州东吴大学沈康平先生对皂角的皂甙作了初步的研究,他用 95% 与 50% 的乙醇溶剂从皂角粉末中提取 6.4 克皂甙,又分别测定了这

---

① 自然科学史研究所近现代史研究室:《二十世纪科学技术发展简史》,科学出版社,474 页。

② G. D. Lu, J. Needham, Medieval Preparations of Urinary Steriod Hormones, *Med. Hict.*, 1964, 8(2):101—121.

③ 《中药大辞典》,上海人民出版社,1977;114。

些皂甙的溶解度,熔点(199—201 ℃)、确定了分子式($C_{52}H_{101}O_2$)等,并用石蕊试纸测验皂甙溶液的酸碱度,结果显酸性[①]。30 年代,我国生化学家还无法测定皂甙元的分子结构,但根据沈康平提供的数据推断,它是一种含羧基的三萜皂甙。这种皂甙的活性如何呢？至今未见这种皂甙与甾体化合物的复合沉淀的实验报告,笔者有兴趣地做了这方面的工作。

a. 提取与鉴别　取猪牙皂粉末 100 克,柴皂粉末 50 克,分别置于沙氏提取器(Soxhlet extracter),用 95％的乙醇回流萃取 8 个小时,经一系列处理后,得到粗牙甙 6.27 克、粗柴皂甙 2.53 克。根据某些化学特性反应可以有效地鉴别皂甙的种类,所用方法和结果以表 7 示之。

表 7　皂甙种类化学鉴别结果表[*]

品名 \ 方法	pH	Liebermann 法	泡沫法
牙皂	6	＋	＋
柴皂	6	＋	＋

* ＋为三萜皂甙阳性反应。

显然,牙皂及柴皂皂甙属于三萜皂甙而不是甾体皂甙。

b. 试管混合模拟　温道斯 1909 年的实验论文指出,"在 90％的乙醇溶液里,0.1 毫克的胆固醇与地芰皂宁化合有一个看得到的沉淀。"[②]那么属于三萜皂甙的牙(柴)皂甙与胆固醇等甾体化合物有没有这种特性的反应呢？笔者动手设计了一个实验,将不同剂量的牙(柴)皂甙分别溶于 5 毫升 95％的乙醇溶液中,放置备用;对应配制不同剂量的胆固醇、雄酮、雌二醇和睾酮等 4 种标样的甾体化合物,分别溶于 5 毫升 95％的乙醇溶液中,一一混合,仔细观察,都未见到沉淀现象发生[③]。

可见,溶于 95％乙醇的皂角皂甙,并不具备与胆固醇以及其他甾体性激素复合发生沉淀的活性。其实,不仅是这种皂角皂甙不具备这种活性,早在 1930 年,德国生化学家科夫勒(L. Kofler)和劳姆(H. Raum)就发现,"在做实验的皂甙之中,只有地芰皂宁、仙客来皂甙、钠-依来特皂甙等能够在胆固醇作用下沉淀,而七叶皂甙、丝石竹皂甙、麦氏远志精皂甙、a -长青藤皂甙、麦氏铃兰皂甙等,都不能在溶液中通过胆固醇的作用发生沉淀,因此,与胆固醇作用出现沉淀性不是皂甙的一般特性。"[④]而李约瑟等人在没有查明中国皂角中所含各种皂甙活性的情况下,以地芰皂宁等沉淀胆固醇的个别现象推广为所有皂甙的一般特性,以此得到的结论也就难免失之偏颇了。

那么,中国古代医学化学家何以在人尿中加入皂角汁呢？笔者以为,这可能是中国古人在提炼秋石时,把皂角汁作为一种去除人尿中污秽的洁净剂。《本草纲目》中曾有记载:

"古人惟取人中白、人尿治病,取其散血、滋阴、降火、杀虫、解毒之功也,王公贵人恶其不洁,方士遂以人中白设法锻炼,治为秋石。"[⑤]

沈括在《苏沈良方》中云:"世人亦知服秋石,然非清净所结。"[⑥]很清楚,从直接以人尿为

①　沈康平:《皂荚皂甙的初步研究》,苏州《东吴学报》,1934 年第 6 期。

②　A. Windaus. Uber die Entgiftung der. Sponine durch cholestelin Z. *physiol*,*Chem*. 1909,42,pp. 238—246.

③　皖南山区还产有一种肥皂角(*Cymnoclaus Chinensis*),在王奎克教授提议下,我们按照上述几个步骤作了提取、鉴别和混合试验,结果表明,肥皂角皂甙也不具备沉淀甾体化合物的活性。

④　L. Kofler and H. Raum. ,"Precipitation of Uasions Saponins by sterols",*Biochem*,*Z*,1930,p. 219.

⑤　李时珍:《本草纲目》卷 52,上海鸿宝齐书局。

⑥　沈括:《苏沈内翰良方》,修敬堂版。

药到提炼人尿为秋石方的演变,"王公贵人恶其不洁"是主要的动因。最原始的火炼秋石,还保留着尿中的糟粕,到了沈括时代,人们已经想到首先应该使沉淀物洁净。而皂角的洗涤功能及它们的广泛应用,肯定引起了中国古人的注意。另外,皂角也是常用药物之一,最早的药草书《神农本草经》把皂角列入中品药物。因此,中国古代炼丹方士很自然地会用皂角作为去除人尿中污秽的洁净剂。当人尿中加入皂角汁以后,他们发现沉淀得到的浊脚比自然沉淀得到的人中白(溺白垽)既多又白,以所以,就把这一过程记载下来,流传至今。现在我们知道,所谓皂角汁的洁净剂作用,主要是皂角汁里的三萜皂甙与尿中的硫酸铵,磷酸镁、钙等中性无机盐类复合产生沉淀,及三萜皂甙本身是一种表面活性物质,可以促进这种沉淀产生,古人不知其作用原理,只是经验性地把皂角汁作为提炼秋石过程中净化人尿的清洁剂而已。

2. 蛋白质的分析　李约瑟还注意到阴炼法中可能存在的蛋白质所产生的沉淀剂作用,他认为,"只要有蛋白质的存在,所有的尿甾体化合物将随着蛋白质的沉淀而沉淀"。[1] 但尿中的蛋白质从哪儿来呢? 他认为,"中世纪中国人肾病频繁,以致在每次收集的尿中,很可能有肾病患者排泄的某种蛋白质";"中世纪中国的血吸虫病广泛蔓延,也是产生蛋白质的一种可能";而且,"皂角汁中也有蛋白质"。[2]

应该承认,中世纪的中国,确实有肾病患者,也不乏血吸虫病人,但是没有任何迹象表明,这些患者的尿会用来制药,相反,作为制备药剂的人尿,历来都受到医药学家、炼丹方士的重视,中国传统用来治病和延年益寿的人尿,通常是选自无病健康者。而提炼秋石,从本质上说就是由提纯浓缩人尿演变过来的,如前所述,"王公贵人恶其不洁,方士乃炼之"。因此,医药学家对人尿的要求更高,反对"杂取人溺"[2]"童便须用 13 岁以前无病童子"。[3] 更有甚者,有的医学化学家对尿提供者的饮食还作了特殊的规定:

"秋石法,用童男童女洁净无体气疾病者,沐浴更衣,各聚一石。用洁净饮食及盐汤与之,忌葱蒜韭姜辛辣膻腥之物……"[4]

这种对尿提供者在饮食上的讲究,虽然不一定具有代表性,但至少可以说明,中国古代医学家是非常注意人尿的筛选的,一般情况下,收集的尿源中不可能存在肾病患者和血吸虫病人等排出的某种蛋白质。

皂角汁中是否含有植物蛋白质呢? 在所有可查到的有关皂角成分分析的实验报告中,都没有提到皂角含有蛋白质的成分,可以肯定,蛋白质不是皂角中的主要成分,或许存在一些,但其数量很可能少到可以忽略不计的程度。在这一点上,孟乃昌也认为,"沉淀反应是否需要蛋白质,它自何而来,还值得进一步研究。"[5]

即使尿中存在血吸虫患者、肾病患者排出的某种蛋白质,皂角汁中含有的少量植物蛋白质,是否就一定能够沉淀性激素呢? 据报道,人尿中尿素的含量高达 3000 毫克/100 毫升,为血液中尿素含量 20 毫克/100 毫升的 150 倍[6]。尿素是蛋白质的变性剂,毫无疑问,在高浓度的尿素作用下,即使人尿中存在某种蛋白质,也必然会发生变性,使甾体性激素由于蛋白

---

① G. D Lu. , and J. Needham, Medieval Preparations of Urinary Steriod Hormones, *Med. Hist.*, 1964, 8(2), pp. 101—121.

② 陈嘉谟:《重刊增补图象本草蒙荃》,崇祯元年金陵万卷楼刻本。

③ 张秉成:《本草便读》。

④ 李时珍:《本草纲目》卷 52,上海鸿宝书局。

⑤ 孟乃昌:《秋石试议》,《自然科学史研究》。

⑥ A. 费刊:《尿液分析》,广东科技出版社,1980。

质受体空间结构的改变,失去活性中心而不能与之结合。更有意思的是,人尿中高浓度的尿素虽然导致蛋白质变性,但不会引起蛋白质的沉淀,只有设法除去变性剂尿素之后,蛋白质才得以沉淀[1]。阳炼法中,在沉淀过程之前,并没有任何除去尿素的手段和步骤,所以沉淀也就无从谈起。

3. 水和石膏末的分析　　在阴炼法和石膏炼法中,要在尿中加入水和石膏末。其中,李约瑟肯定了石膏末的作用,他认为,"石膏末可能有助于沉淀蛋白质,因此,也当然沉淀与蛋白质结合的甾体激素。"[2]根据前面的分析,这个结论似乎不能成立。笔者认为,在这里可能水作为稀释剂、石膏末作为弱电解质都起了促使沉淀的作用。

我们已经知道,尿溶液是一种胶体溶液,当水或石膏末分别加进胶态溶液的尿中时,就可能打破这种胶态系统内的稳定性。其中,石膏末是一种难溶的电解质(其溶度积 K_{sp} 为 $2.45×10^{-5}$),它可以破坏胶体微粒上的双电层,使大量悬浮在胶体溶液中的溶积度较小的无机盐得以沉淀。那么,尿中存在的甾体激素是否沉淀呢? 1930 年,美国生化学家福克(C. Funk)和海伦(B. Harrow)用有机溶剂从尿中萃取甾体激素,他们发现先加电解质盐酸,使尿中的不溶物沉淀后,再作尿液的有机萃取,由此得到的激素剂量比不加电解质盐酸,直接萃取所得到的激素剂量还稍有增加[3]。1934 年,汪猷和吴宪,先加电解质盐酸于尿中,使之沉淀,再加石灰水中和,滤去沉淀物,然后进行尿液的有机萃取,获得的激素量与尿未作处理的萃取量相等[4]。这些结果充分说明,尿液中的甾体激素并没有因为电解质的加入随着不溶无机盐的沉淀而沉淀,它们依然溶解在尿液之中。

综上分析,我们发现,不论是在尿液中加入皂角汁,或者石膏末,还是用水稀释,都有一个相同的化学效应,那就是破坏胶体溶液的双电层,引起或加速尿液中存在的大量不溶物沉淀,而甾体性激素仍保留在尿的上清液中。这些沉淀物尽管由于沉淀剂的不同,在数量上稍有差异,但其主要成分基本相似,这在物理检测中得到验证。既然在提炼秋石的第一步沉淀过程中,中国古代医药学家、炼丹方士使用皂角汁、石膏末和水等不能像李约瑟等所推断的那样沉淀尿中的甾体性激素,那么,以后建立在沉淀物基础之上的蒸发、过滤、升华、结晶等步骤,显然是不可能得到甾体性激素制剂的。也就是说,中国古代炼丹方士和医药化学家制备的秋石方不是甾体性激素制剂,而仅仅是与人中白具有类似功能的、以无机盐为主要成分的药物。

根据现有文献记载,通过对秋石方的三种典型提炼法的模拟实验、理化检测及其初步分析,可以得出上述结论。但有一种可能性是不能排除的,即中国古代炼丹家和医家对自己的研究成果常视为不传之秘,也许有些重要制炼方法并未写到公开发表的文献中去。因此,我们希望今后还能找到更多的文献记载,以便对此向题展开进一步的讨论,包括对我们实验结果的纠正。

原文载于:《自然科学史研究》,1988(2):170—183。

---

① 沈同:《生物化学》,人民教育出版社,128。

② J. Needham, G. D. Lu. Sex Hormones in the Middle ages. Endeavour, 1968, 27, pp. 131—132.

③ C. Funk and B. Harrow, *Biochem. J.* 1930, 24, p. 1678.

④ Yu Wang and Hsien Wu, *Chinese. J. physi.*, 1934, pp. 209—218.

人痘接种法的发明与影响

张秉伦

天花,大约在汉代由战争中的俘虏传入我国,所以又名"虏疮"。中医以此疮形似痘称为"痘疮",还有"天痘""天行痘"等多种多样的名称,其实都是由天花病毒引起的一种烈性传染病。它通过接触传染或飞沫传播,危害极大。天花早期症状有高热、头痛、全身酸痛、呕吐等,继而依次出现斑疹、丘疹、疱疹和脓包,最后结痂、脱痂。天花患者多为儿童,从未感染过天花的成人也有患此病者。凡患天花者,如果治疗不及时,"剧者必死"。不仅广大人民群众深受其害,就连封建统治阶级也不能幸免。据说清朝顺治皇帝福临就是患天花死去的,康熙曾说他因避天花传染,不敢进宫去看他父亲的病。患天花较轻而幸存者,也将在皮肤上留下许多脱痂后的瘢痕,俗称"麻子"。

天花在全世界夺去了无数人的生命,我国医家为了征服天花这种恶性传染病,付出了巨大的心血。但在唐朝以前,医家对此病一直采取消极治疗。后来人们发现天花患者只要幸存下来,终生再也不会感染天花,于是设想能不能用一种方法先使健康儿童轻度感染天花而获得终生不再患天花的预防目的呢? 人痘接种法,又称"种花""种痘"的发明,正是在这一宝贵思想的启发下,在医疗实践中应运而生的。它是我国人民对全人类最伟大的贡献之一!

人痘接种法究竟发明于何时,过去说法不一:相传宋真宗时(968—1022年),丞相王旦之子曾被来自峨眉山的"神医"接种过人痘,但此说至今仍缺乏有力的证据,学术界也未认可。现在比较一致的看法是,至迟在16世纪,我国人民已经发明了人痘接种法。此说史料比较可靠,旁证材料亦足,因此已被学术界普遍接受。如1727年成书的俞茂鲲《痘科金镜赋集解》中说:"闻种痘法起于明朝隆庆年间(1567—1572年)宁国府太平县,姓氏失考,得之异人丹传之家,由此蔓延天下。至今种花者,宁国人居多。"这段资料明确地说:人痘接种法最早兴起于16世纪的宁国府太平县(今安徽省黄山市黄山区),然后才从这里传遍天下。虽然最早开展人痘接种法的人姓名失传了,但直到1727年前后,全国从事人痘接种术者,仍然是宁国府人居多。可见宁国府的人痘接种法在全国影响之大、时间之长。又如1663年成书的董含《三冈识略》中还记有安庆张氏3代以来以痘浆染衣,让小儿穿着,可发轻症,以达到终生不再感染天花的目的。1663年,安庆张氏种痘已经延传了3代人,那么第一代开始种痘的时间大约在16世纪末。这条资料也是记载我国有关人痘接种法的早期文献之一。

人痘接种法在安徽发明以后,逐渐推广到全国。张璐的《张氏医通》中说:"近年有种痘之说,始自江右,达于燕齐,近则遍行南北。"俞茂鲲还说:"近来种花一道,无论乡村城市,各处盛行。"自康熙二十年(1681年)太医院御医朱纯嘏给清廷皇家子孙种痘成功后,清政府更加大力推广,全国无论朝野,还是内地、边疆都有种痘预防天花。康熙帝在《庭训格言》中写道:"国初人多畏出痘,至朕得种方,诸子女及尔等子女皆以种痘得无恙。今边外四十九旗及喀尔喀诸藩,俱命种痘,凡所种皆得善愈……遂全此千万人之生者,岂偶然耶。"

人痘接种法在全国推广后,医家在医疗实践中创造了多种多样的接种方法。张璐的《张氏医通》(1695 年)和歙县著名医家吴谦主编的大型医学丛书《医宗金鉴》等著作中作了详细的记载。据载,人痘接种法主要有痘衣法和鼻苗法两类:

痘衣法:即上述安庆张氏的种痘方法。就是取天花患儿的贴身内衣或用天花患者的痘浆染在衣服上,给健康未出痘的小儿穿着二三日,以达到种痘预防天花的目的。被接种儿童一般在着衣后 9～11 天时开始发热,为种痘已成功。用此法虽然成功率较低,但若成功,发热出症症候轻,危险性较小,早期应用此法较多。

鼻苗法:包括浆苗法、旱苗法、水苗法 3 种。

浆苗法是取天花患儿的新鲜痘浆,以小棉花团蘸取后,塞入被接种儿童的鼻孔内,以引起发痘,达到接种预防的目的。由于此法往往需要直接刺破患儿痘疮获得新鲜痘浆,病家通常多不愿意接受。而且此法危险性较大,有可能使被接种者感染上重型天花,甚至死亡。因此浆苗法在古代的实际应用较少。

旱苗法是取天花患者痊愈期的痘痂研成细末,置入曲颈银管的一端,对准被接种者鼻孔吹入,以达到种痘预防天花的目的。一般在种痘后第七天开始发热,为种痘已成功。此法以其简便和较安全而多用,但因旱苗吹入鼻孔后刺激鼻黏膜,鼻涕增多,有时会冲去痘苗而无效。

水苗法是取痊愈期痘痂 20～30 粒(片),研为细末,和净水或人乳三五滴,调匀,用新棉花摊成薄片,裹上所调痘苗,捏成枣核样,以线拴住,塞入鼻孔内,12 小时后取出,以达到接种预防天花的目的。通常在接种后七日发热见症,为接种成功。水苗法是我国古代人痘接种的早期几种方法中效果最好的一种。

自旱苗法和水苗法发明以后,人们对痘苗的贮藏也很讲究,一般在痘痂脱落后,要用乌金纸包好,紧封在干净的瓷瓶中备用。

科学在发展,人痘接种的方法在实践中还在不断地改进。后来医家在接种部位上逐渐改为上臂外侧擦划出来的伤痕处;在选择苗种上将直接取天花患者的痘痂(亦称"时苗")逐渐改为种痘后出痘的痘痂(又称"熟苗"),减轻了痘苗的毒性,因此更加安全。清代朱奕梁在《种痘心法》中说:"此苗传种愈久,则药力之提拔愈清,人工之选炼愈熟,火毒汰尽,精气独存,所以万全而无害也。若时苗能连种七次,精加选炼,即为熟苗。"这种对人痘苗精益求精、一代代连续选育的方法,完全符合现代制备疫苗的原理。其中"提拔愈清,人工之选炼愈熟,火毒汰尽,精气独存"已经上升到理论的高度,它和今天用于预防结核病的"卡介苗"的定向减毒选育,使菌株毒性汰尽,抗原性独存的原理,是完全一致的。"卡介苗"是 20 世纪初发明的(是把一株有毒力的牛型结核杆菌,通过牛胆汁培养基培养,每 3 个星期左右传种一次,共传代 230 多次,历时 13 年之久,才得到一株无毒活菌株,最后制成"卡介苗"),而我国早在 16 世纪 60 年代,就已经通过人体连续接种得到"火毒汰尽,精气独存"的痘苗了。值得注意的是,古代安徽制备的人痘苗种曾一度领先全国,许多邻近省市都到安徽购买人痘苗种。

随着人痘接种法在全国的推广,接种方法的逐步完善,痘苗质量的不断提高,接种效果也愈来愈好。1740 年,张琰在他的《种痘新书》中说:"种痘者八九千人,其莫救者二三耳。"可见种痘成功率是很高的。所有这些对于防止天花这种烈性传染病的流行起到了显著的作用,也挽救了千千万万个儿童的生命。于是人痘接种法的影响很快就飞跃出国界,传到了异国他乡。据歙县俞正燮《癸巳存稿》记载:"康熙时,俄罗斯遣人到中国学痘医,由撒纳特衙门移会理藩衙门，在京肄业"，回到俄罗斯推广人痘接种法；不久人痘接种法又从俄罗斯传到土耳其；1717 年，英国驻土耳其大使夫人孟塔古，在君士坦丁堡看到当地人为孩子们种痘预防天花，效果很好。由于她的弟弟死于天花，她自己也曾感染过天花，于是给她的儿子种了人痘。后来她又把这种方法传入英国，得到英国国王的赞赏。不久，人痘接种法就盛行于英国，再由英国传到欧洲各国和印度。另外，1721 年美国医生波尔斯在美国首次为自己的儿子和两名奴隶接种了人痘。乾隆九年(1744 年)中国的痘苗接种医师李仁山开始将人痘接种法传到日本长崎；乾隆末年朝鲜半岛已有人痘接种法的记载了……到 18 世纪中叶，我国发明的人痘接种法已经传遍欧亚各国以及美国等国家，产生了广泛的影响。法国启蒙思想家、哲学家伏尔泰(Valtaine，1694—1778 年)对人痘接种法非常赞赏，他说："我说 100 年来中国人就有这种习惯(指人痘接种)，这是被认为全世界最聪明的、最讲礼貌的一个民族的伟大先例和榜样"。

18 世纪末，英国医生真纳(Edward Jenner，1749—1823 年)发明牛痘接种法就是受中国人痘接种法的直接影响。

新近有资料表明，真纳在发明牛痘接种法之前，曾是一名兼职的人痘接种法的医生。德国医史学家文士麦(G. Venzmer)在其所著《世界医学五千年史》中说：真纳的"职业责任使他频繁地到坐落在他乡下的家附近的庄园去。在那里，他必须为男人们和女仆们作抗天花的预防接种。一般的做法是让天花的脓液干燥，挑在细丝末端上，然后将这种变弱了的天花病毒放到皮肤上那已擦划出来的伤痕里。由于让皮肤这一点上出天花的结果，人们通过一种较温和的方式获得一生中足以抵抗此种严重的、致命的、毁损容貌的普遍流行疾病的能力……"可见真纳曾是一位对中国人痘接种法相当内行的医生，正是中国人痘接种法这种免疫思想和医疗实践，为真纳发明更加安全的牛痘接种法准备了思想前提和实践基础。1796 年真纳将痘苗由人痘改为牛痘接种试验成功，而且更加安全可靠。1798 年他发表了有关牛痘接种法的论文，产生了广泛影响。此后，牛痘接种法逐渐替代了人痘接种法。1805 年，澳门的葡萄牙商人将牛痘接种法传入我国。由于牛痘比人痘更安全，我国人民也逐渐地用牛痘替代了人痘，而且改进了种痘的技术。六安的一部地方志中还保存一份推广牛痘接种法的告示。可见我国人民不仅善于发明创造，而且善于接受外来的科学文化，使我国固有的科学文化更加灿烂。同时也说明：科学应是全人类的共同财富，从历史上看，各个国家、民族和地区之间的科技交流是非常有益和必要的。

现在人们在庆幸全球基本上消灭了天花这种烈性传染病的时候，不会忘记安徽医家发明的人痘接种法对人类的伟大贡献！更值得欣慰的是，由于人痘接种法所揭示的人工免疫思想和方法，现已形成一门内容丰富的新兴免疫学，正在为人类战胜各种病魔发挥着巨大的作用。

原文载于：张秉伦等主编，《科技集萃》，安徽人民出版社，1999：94—99。

栽培作物起源问题的证据和案例分析

张秉伦

中国是世界文明古国之一。中国文明的起源问题,从 1654 年开始就成为欧洲学术界热烈讨论的问题,前后历经三百多年的争论,至今仍是海外学术界重大争论的对象之一。争论的焦点基本上是外来说与本土说之争。外来说起于西方,最早为西来说,后来又有北来说,南来说,而以西来长期流行,至今仍在西方占主导地位。1976 年前苏联瓦西里耶夫出版的《中国文明起源问题》一书,可视为总集外来说之大成;在国内绝大多数学者持本土说,新中国成立之后,由于各地考古的重要新发现,又出现了多中心论与黄河中心论之争,至今也未达成共识。总之中国文明的起源问题,不仅是中国而且是世界文明起源的大问题,是值得列为重大工程项目,采用多学科合作、多层面研究才有希望解决的重大问题。

尽管目前关于文明的标志是什么、文明包括哪些要素迄今尚无统一说法。但是文明起源的经济基础是不可忽略的,中国又是农业文明古国,拙意以为从某种意义上说农业文明的起源是中华文明起源的重要基础。由农业文明产生的经济基础而导致了其他文明标志的诞生,诸如社会管理权力、共同的信念和信仰乃至城市、国家、文字、宗庙、礼仪等等。

农业的起源必然要追溯到栽培植物和家养动物的起源。本文以栽培植物起源为例加以叙述。大量栽培植物的出现引起了人类生活的巨大变化,栽培植物产量明显提高,产生的剩余价值是一切文明标志诞生和发展的物质基础。栽培植物的出现使劳动得到分工,对工具也有进一步要求,并使人们得到一定的闲暇,由此为科学技术乃至艺术的成长创造了先决的条件。

据估计,全世界大约有 35 万种植物,而与人类生活关系密切的栽培植物大约有五六百种。这几百种栽培植物中有哪些是中国人最先由野生植物培育出来的?又有哪些是中国人独立培育出来的?很难想象,一个文明古国的栽培植物没有自己培育的,都是由国外引进的。现在人们习称古老的栽培植物中的稻、麦(大、小麦)、粟、稷、高粱、玉蜀黍、白菜、荠菜、瓜、麻、棉、茶,以及一些果树和花卉都起源于中国,并有不少论据,但是不少论证尚欠规范,甚至证据不足,因而并未都得到世界的公认;就国内而言,认识也不尽相同,尤其是玉蜀黍、花生和棉花等争论更大。其主要原因是证据尚不充分或研究方法和手段尚有缺陷,迫切需要多学科合作,利用最新的科学知识和先进的实验手段进行综合性研究,才有可能拿出令人信服的论据来,从而为"中华文明探源工程"奠定重要的基础。

一、栽培作物起源的证据问题

论证栽培作物起源的证据相当复杂,除地理纬度、地质情况、气候条件、生态环境等以外,从科技史角度来看,以下几个方面的证据是不可缺少的。

1. 野生种及其广泛的变异

远古人类开始种植作物只能"就地取材",将野生植物驯化为栽培植物,很难想象他们远隔重洋、越过千山万水把异域的野生植物拿到本地来培育成栽培作物。因此世界各国科学工作者都把寻找野生种作为论证栽培植物起源的非常重要的证据,甚至希望找到野生种花粉粒的化石,如本世纪初墨西哥城在建立"拉丁美洲之塔"时,发现了野生玉米花粉粒化石,就是非常重要的证据;又如茶树栽培问题,印度曾长期以中国没有找到野生种茶树而否认中国是最早栽培茶树的国家,直到五六十年代我国学者在西南山区找到了大批野生种茶树,后来又在神农架地区找到灌木型野生种茶树,这场争论才告结束。前苏联瓦维洛夫曾提出变异中心即起源中心的理论,固然有失偏颇,但既然有了野生种,又有几千年栽培的历史,由于自然界的原因和人工选择的结果,必然会产生广泛的变异,这也应视为重要证据之一。这也是比较容易找到的证据。例如宋《新安志》记载的当地的水稻品种就有二三十种,明代黄省曾《稻品》记载了以苏州地区为主的水稻品种多达 41 个等等。全国究竟有多少个品种尚无准确的统计。这可作为水稻栽培起源于我国的有力证据之一。

2. 考古学的证据

主要是栽培植物的遗存(植株、果实、花粉等)甚至是陶器等文物上的印痕和装饰图案等能够反映栽培植物起源的证据。现在的主要问题,有的是尚缺乏考古学证据,如在花生是否为中国人独立培育的栽培作物的争论中,就明显缺少确凿的考古学证据;有的虽有考古学证据,但没有经过严格的 ^{14}C 和树轮校正等年代学的鉴定,更未进行过分子水平 DNA 的鉴定,这方面尚有大量的科技考古工作要做。

3. 古老文字记载的名称和性状描述是重要的证据之一,甚至神话传说都可作为旁证

任何一种栽培植物的育成,先人不可能不给它取个称谓,而且它与人们生活息息相关,肯定会在古老的文字中记载它的名称,甚至有性状和用途的记述,有的还编有美好的神话传说。如果一个国家没有某种栽培植物的古老文字记载的名称,是很难确证这种植物是在这个国家最先栽培而培育出来的,甚至连原产地都难确认。例如 19 世纪中叶以前,世人都认为桃树的原产地在波斯,而达尔文根据桃在波斯没有古老的希伯来文字的名称,而否定桃树的原产地为波斯。他又根据自己搜集的各国桃核标本的原始性,预言桃树的原产地在中国西北部,并被后来事实所证实。有关古老文字的记载,我国有得天独厚的条件,并已有大量成果可以利用。

以上三个方面的证据是最基本的证据,而且要综合分析,切不可仅据某一证据就断言起源问题,此外还需与世界上其他国家的同类证据进行比较研究,看谁的证据最早、最充分,继而断定某种栽培植物起源于那个国家或地区。或结合其他证据论证是否有两个或两个以上栽培起源中心。

迄今世界各国有关栽培作物起源问题的论证,异彩纷呈,不胜枚举,下面仅就证据问题选出几个案例初步分析,以窥一斑。

二、玉米和水稻栽培起源的主要证据

在各种栽培作物起源问题的论证方面,玉米和水稻的证据是比较充分的,为了节省篇幅,分别以表格形式列出它们的主要证据(表1、表2)。

表 1　玉米栽培起源的主要证据

古生物与考学证据	古老的名称、神话和相关文献记载	野生种极其广泛的变异(品种系列)
1. 化石:20 世纪初,墨西哥城建造"拉丁美洲之塔"时,发现了野生玉米的花粉化石,距今约 8 万年之久。 2. 考古:墨西哥、秘鲁、智利等国的古墓中都有玉米植株和果穗的遗迹,证明玉米在这些国家的栽培至少有五千年的历史;在古陶器上有玉米粒或果穗图案装饰。	1. "秘鲁"一词在印第安的语言里是"玉米之仓"的意思; 2. 印第安有些部落是以"玉蜀黍"命名的; 3. 墨西哥南部的瓦哈卡州的印第安部落至今每年还要举行盛大集会隆重祭祀"玉米神",庆祝征服自然的胜利。 4. 秘鲁有"太阳的儿女"卡巴克和奥伊罗结为夫妇,依靠种植玉米繁衍后代的神话故事。 5. 1492 年哥伦布发现新大陆以后,玉米传播世界各地的线路比较清楚,文献资料相当充分。	1. 中美洲农村田野上还能找到类蜀黍或称大刍草,被认为是玉米野生种,但尚未见到分子水平的研究。 2. 野生玉米穗轴只有 2.4 cm 长,到 16 世纪初已增到 13 cm;玉米叶由 8 片增至 42 片,高度由 40 cm 增至 70 cm;玉米粒由 8 行增至 26 行,千粒重由 50 g 增至 1200 g,品种系列:有硬粒型、糯质型、粉质型、甜质型、爆裂型等等,可见变异是相当广泛的。

表 2　水稻栽培起源的主要证据

古生物与考学证据	古老的名称和相关文献资料	野生种极其广泛的变异(品种系列)
1. 1991 年在河南贾湖遗址发现栽培稻距今 7800—9000 年;1973 年浙江河姆渡遗址发现大量的稻谷、稻叶、谷壳、茎秆,距今约七千年(秦国最早的稻粒遗存距今 5500 年,巴基斯坦最早的稻谷遗存距今约 4500 年);全国现已发现新石器时代的水稻遗存至少 50 多处。 2. 1997 年,在苏州发现距今 6000 余年的古稻田遗址 450 m²。除有散落的粳稻炭化米外,还有灌溉设施。 3. 河南渑池县仰韶文化遗址中发现有栽培稻的植株遗存和印在陶片上的谷粒痕迹等。	1. 甲骨文中有"稻"字的多种写法; 2.《诗经》中有"黍稷稻粱"等字,此后"稻"的文献资料极其丰富。 3. 宋代曾安止有《禾谱》专著(已佚),部分内容保存在明清地方志中。 4. 明代黄省曾撰有《稻品》,是现存完整的最早水稻专著。 5. 其他农书中关于水稻及其栽培方法更是屡见不鲜。	中国东起台湾、西迄云南、南到海南岛、北至北回归线都有野生稻生长和繁殖的痕迹,具有代表性的有以下几种野生稻。 1. 华南野生稻生长在淹水较深的沼泽地,有横卧水中的葡萄茎和多年宿根,容易脱拉;与籼稻杂交可以结实。一般认为是籼稻的野生祖先。 2. 巢湖一带发现过野生稻,可在深浅不同的水中生长,穗有芒,籽粒短圆、易脱落、颖片灰褐色,米微红,称"櫓稻",一般认为是粳稻的野生祖先。 3. 广东海康曾发现过"鬼禾"野生器。 4. 宋《禾谱》中有多少品种不详,宋《新安志》中记载了新安地区水稻有二三十个品种,明黄省曾《稻品》中明确记载了以苏州地区为主的水稻有 41 个品种,全国究竟有多少水稻品种,尚无精确统计。

从上表可以看出,玉米和水稻起源的证据相对而言基本达到了论证栽培作物的证据要求,也较令人信服,但这并不意味着这两种作物起源的所有问题都解决了,尤其是随着科技的发展,新的科技考古方法和手段的不断进步。还有大量的工作要做。仅就水稻而言,继日本利用四粒古水稻种子进行分子水平研究,证明日本水稻来自中国后,我国也开始了相关研究。但有关籼稻和粳稻与野生种关系从分子水平的比较研究,以及籼稻和粳稻究竟最先起源于我国哪一地域尚待进一步深入研究。

三、关于落花生栽培起源问题主要证据的比较

落花生起源于美洲的证据比较充分，并为全世界大多数国家的学者所认同。随着多起源中心理论的兴起，我国学者也发现了若干有关落花生起源的"证据"。那么，中国是否为落花生起源地之一呢？且看表3。

表3　落花生起源问题主要证据之比较

美洲起源说主要证据	中国是否为花生起源地之一的问题
1. 秘鲁利马北安孔镇古墓中发掘出距今2000多年的炭化花生粒。 2. 美洲现存最早的古籍之一《巴士志》中有落花生植株形态的描述。 3. 古印第安人称落花生为"安胡克"，即有古老的名称。 4. 巴西曾发现十几种野生型落花生品种。 5. 哥伦布1492年发现新大陆以后，落花生逐渐传遍世界各地，传播线路比较清楚。15世纪末到16世纪初传入中国。	1. 1962年江西修水县在原始社会遗址中曾发现4粒炭化花生，据称至少有4千年的历史。但子粒肥大，椭圆形。其中一粒长11毫米，宽8毫米，厚6毫米，胚根、胚轴明显。 2. 所谓"花生化石"问题。其实不属野生种，又未经过 ^{14}C 和树轮校正，疑点甚多，其形态大小几与现代花生没有多大区别，后来由于专家否定，才未发表。 3. 1492年哥伦布发现新大陆之前，中国文献有"长生果""千穗子"等名称及其形态描述。《食物本草》记载"落花生，藤蔓……开花落地，一花就地结一果，大如挑核，深秋取食，甘美异常，人所珍贵。"该书题为李杲撰，但为万历四十八年(1620)刻本。 4. 1503年《常熟县志》载："三月栽，引蔓不甚长，俗云花落在地而生子土中，故名。"等等。

从表3不难看出，在江西修水县发现的四粒炭化花生，显然不是野生种，而且未经 ^{14}C 和树轮校正等鉴定，究竟是四千年前的遗物，还是后来窜入的，尚难肯定；至于哥伦布发现新大陆之前，我国文献中有关"长生果""千穗子""落花生"等名称，甚至有形态描述的问题，尚需进一步论证、确认。

最后，需要指出的是，如果有些栽培植物只能取得部分证据，短时期内很难找到更充分的证据，那也无妨，特别是在其他国家的证据也不充分的情况下，可以恰如其分地给予初步结论。例如前些年由于猕猴桃的营养价值极高，而在世界上掀起"猕猴桃热"时，不少国家都想争"优先权"或"发明权"，即争自己国家最先将野生种猕猴桃培育成人工栽培的猕猴桃，因为野生种猕猴桃，世界上很多国家都可以找到，而其他证据各国一时都难以找到，后来我国学者在唐诗中发现庭院内有"一架猕猴桃"的诗句，比其他国家仅多这一条资料也是非常重要的证据，因而可以说猕猴桃至迟在唐朝中国人就开始栽培了。

总之，栽培植物起源问题是中华文明起源问题的重要经济基础，理论明确，方法成熟，手段越来越先进，只要组织多学科合作，给予必要的经费支持，可望为中华文明探源工程取得令人瞩目的成绩。以上浅显发言，若有不妥，诚望批评指正。

原文载于：2001年原始农业对中华文明形成的影响研讨会会议论文，2001.

中国古代五种"秋石方"的模拟实验及研究

张秉伦　高志强　叶青

　　1963 年,鲁桂珍和李约瑟博士在英国《自然》杂志(*Nature*)上发表了《中世纪的尿甾体性激素制剂》[①]论文,首次提出:"甾体性激素的生理和生化知识是近代科学的一项杰出成就,它起源于 19 世纪的移植实验与 20 世纪的未皂化油脂检验。因此,人们一定不会期望在古代或中世纪科学的某一时期,有可能制备这种具有活性的药剂。但是,最近我们从一本药草全集中(本文作者按:实指《本草纲目》)偶然发现,在 10—16 世纪之间,中国的医药化学家已经完成了这项工作。他们以中国传统的理论(而不是以近代科学的理论)作指导,从大量的尿中,成功地制备了较为纯净的(in relatively purified form)雄性激素和雌性激素混合制剂,并用它们治疗性功能衰弱者。"1964 年 4 月,他们在英国《医学史》(*Medical History*)杂志上发表了同名论文[②],进一步利用现代内分泌学和生物化学知识,对中国古代记载的六种提炼秋石的方法:即秋石还原丹、阳炼法、阴炼法、颐氏秋冰法、刘氏秋石法和石膏提炼法(均摘自李时珍《本草纲目》)如何提取出比较纯净的性激素做了较为详尽的分析。1968 年又在《努力》(*Endeavour*)上发表《中世纪对性激素的认识》(*Sex Hormones in the Middle Ages*),李、鲁二位再次强调:"毫无疑问","中国古代的药物化学家获取了雄性激素和雌性激素制剂,这在当时主要凭经验的医疗中还是有很好疗效的。在现代科学之前,这肯定可以看作是医药科学上一项非凡的成就。"[③]后来李约瑟又在其巨著《中国科学技术史》中再次肯定了中国古代的这项非凡成就[④]。由此,"性激素说"在国际上产生了广泛的影响:

　　美国芝加哥大学生殖内分泌学家威廉斯·阿什曼(W. Ashman)和雷迪(A. H. Reddi)曾给予高度评价:"李约瑟和鲁桂珍揭开了内分泌学史上激动人心的新篇章……向我们显示了中国人在好几百年前就已经勾画出 20 世纪杰出的甾体化学家在二三十年代所取得的成就之轮廓"[⑤];从 1965 年开始,日本宫下三郎先后发表了 3 篇论文[⑥⑦⑧],对秋石的起源、发展和应用作了系统的考证,他明确指出:"1061 年沈括制造方法的记录,是年代最早的",特别是"利用皂甙(saponin)和 3β-OH 甾体化合物的沉淀反应,从人尿中提取某种雄性激素是划时

---

① Lu G D, Needham J. Medieval Preparations of Urinary Steroid Hormones[J]. *Nature*, 1963, (12).

② Lu G D, Needham J. Medieval Preparations of Urinary Steroid Hormones[J]. *Med. Hist.*, 1964, 8(2):101—121.

③ 潘吉星:《李约瑟文集》,辽宁科技出版社,1986,第 1053 页。

④ Needham J. *Science and Civilisation in China*. Vol. V:5. Cambridge University Press, 1963:301.

⑤ Ashman W, Reddi H. Actions of Vertebrate Sex Hormones. *Physiological Reviews*, 1971:71—72.

⑥ [日]宫下三郎:《1061 年に沈括か制造した性ホルモソ剂についこ》,日本医学史杂志,1965,11(2)。

⑦ [日]宫下三郎:《性ホルモソ剂の创成》.薮内清:《宋元时代の科学技术史》,京都大学,1967。

⑧ [日]宫下三郎:《汉药·秋石の药史学の研究》,关西大学,1969。

代的";中国杨存钟先后发表了题为《我国十一世纪在提取和应用性激素上的光辉成就》[①]《沈括对科技史的又一重要贡献》[②]《世界上最早的提取,应用性激素的完备记载》[③]等系列论文,宣扬和支持"性激素说";1982 年,山西太原工学院孟乃昌先生发表论文《秋石试议》[④],主要是在鲁、李二位工作的基础上,从文献考证和理论分析角度深入探讨了秋石的 6 种制备方法,孟在具体问题上提出了一些不同见解,但基本结论是与李、鲁一致的。还有不少论著中转引李、鲁二氏"性激素说"的,姑且从略。我们知道国内有些学者对"性激素说"是持保留意见的,但公开对性激素说提出质疑者,惟有台湾大学刘广定教授一人。他于 1981 年在台湾的《科学月刊》杂志上陆续发表了题为《人尿中所得秋石为性激素说之检讨》[⑤]《补谈秋石与人尿》[⑥]和《三谈秋石》[⑦]等 3 篇论文,从理论上进行分析和探讨,对秋石为"性激素说"提出了质疑。刘广定先生的主要依据可归纳为以下三点:(1) 不是所有的皂甙都能与胆固醇或其他类固醇化合物形成沉淀,也不是所有的类固醇化合物都能和地芰皂宁产生沉淀物。(2) 制备秋石所用的原料都是童尿,几乎不含有性激素。(3) 秋石在常温下潮解,与甾体性激素的稳定性不能吻合。至此,鲁、李二氏所分析的 6 种秋石方,是否为性激素制剂,则形成了两种截然不同的观点。看来仅根据文献解读和分析,已难达成共识,而结合原始文献记载的炼制方法进行严格的模拟实验,并加以检测,则不失为一种有效的方法。

1987 年,张秉伦和孙毅霖就鲁、李二位最感兴趣的阳炼法、阴炼法和石膏法进行了模拟实验和理化检测,证明这三种秋石方不含性激素[⑧],受到刘广定[⑨]、赵匡华[⑩]教授和席泽宗院士[⑪]等科学史家的高度评价。其中赵匡华教授等指出:"张秉伦等以相当严谨周密的模拟实验来分辨这项争论,结果令人信服地证明了刘广定的见解是正确的,沈括得到的'秋石'只是以氯化钠为主的无机盐混合物,并不含性激素,于是使这一问题的讨论告一段落。"但也出现了不同意见[⑫]。尤其是美国黄兴宗先生等又对阳炼法和秋石还原丹进行了实验研究,其中阳炼法与张秉伦、孙毅霖实验结果相同,不含性激素;而秋石还原丹的实验结果含有性激素,其产物是:$C_{17} - C_{27}$ 类固醇的结构。因此黄兴宗认为:"鲁、李二人所提出的论点,即中国人首先从尿中离析类固醇激素,并将这一结果运用到医学中是相当正确的。但是他们对中国人所采取的所有操作程序都能得到类固醇制剂的设想是不正确的。"[⑬]不过黄兴宗先生使用的是现代"真空浓缩干燥法",不是严格按照古代炼制方法进行的模拟实验,缺乏说服力。正如刘广定教授所说:黄兴宗等"有关'秋石'的研究整个过程甚不严谨,张秉伦的论文与之相

① 杨存钟:《我国十一世纪在提取和应用性激素上的光辉成就》,动物学报,1976,(6):192—195。
② 杨存钟:《沈括对科技史的又一重要贡献》,北京医学院学报,1976(2):135—139。
③ 杨存钟:《世界上最早的提取,应用性激素的完备记载》,化学通报,1977(4):64—65。
④ 孟乃昌:《秋石试议》,自然科学史研究,1982,1(4)。
⑤ 刘广定:《人尿中所得秋石为性激素说之检讨》,科学月刊,1981(5)。
⑥ 刘广定:《补谈秋石与人尿》,科学月刊,1981(6)。
⑦ 刘广定:《三谈秋石》,科学月刊,1981(8)。
⑧ 张秉伦、孙毅霖:《"秋石方"模拟实验及其研究》,自然科学史研究,1988,7(2):170—183。
⑨ 刘广定:《科学与科学史研究:再从秋石谈起》,科学月刊,1988,19(11):829—830。
⑩ 赵匡华,周嘉华:《中国科学技术史·化学卷》,科学出版社,1998.绪论。
⑪ 席泽宗:《古新星新表与科学史探索:席泽宗院士自选集》,陕西师范大学出版社,2002:726。
⑫ 郭郛,李约瑟,成庆泰:《中国古代动物学史》,科学出版社,1999:244。
⑬ Huang H T,Rodriguez E,Torres V,Gafner F. Experiments on the Identity of Chiu Shi(Autumn Mineral)in Medieval Chinese Pharmacopeias. *Pharmacy in History*,1990,(2).

较,直有霄壤之别"。① 此外,黄先生得到的 C_{17}-C_{27} 类固醇结构,不能肯定都是性激素。因此,黄先生说他们得到的"类固醇的全部鉴定,尚在进行中",但 18 年过去了,至今却未见公布结果。

鲁桂珍博士健在时,阮芳赋先生曾就张秉伦和孙毅霖的三种秋石方模拟实验和黄兴宗的阳炼法模拟实验的结果,以及刘广定的理论分析等否定性激素说之实例,与鲁桂珍进行过专门的讨论和询问。鲁桂珍认为"有关模拟实验可能有问题,例如实验的条件、方法等,某一环节上的疏漏,均可能导致失败。并且古书上提到的炼制法,也还没有全部尝试过。在这样的情况下,不宜过早下否定结论。"②

为此我们将鲁、李二氏明确认为含有性激素的 6 种秋石方中至今没有做过模拟实验的和虽有实验研究但仍有争议的方法,以及祝亚平认为可能含有性激素的"乳炼法"一并进行实验研究,即以下 5 种秋石方:(1) 秋石还原丹(已有"真空浓缩干燥法"实验,但非模拟实验);(2) 颐氏秋冰法;(3) 刘氏保寿堂经验方;(4) 阳炼法(已做模拟实验,还存在一些争议);(5) 乳炼法。希望对目前学术界凡有人明确指出含有性激素的各种秋石方制法,给出我们的实验结果和理论分析。

1. 秋石还原丹

李时珍《本草纲目》卷五十二引《证类本草》经验方:

"其法以男子小便十石,更多尤妙。先支大锅一口于空室内,上用深瓦甑接锅口。以纸筋杵石灰,泥甑缝并锅口,勿令通风,候干。下小便约锅中七八分以来,灶下用焰火煮之。若涌出,即少少添冷小便,候煎干,即人中白也。入好罐子内,如法固济,入碳炉中煅之。旋取二三两,再研如粉,煮枣瓤,和丸如绿豆大。每服五七九,渐加至十五九。空心温酒或盐汤下。其药常要近火,或时复养火三五日,则功效更大也。经验良方。"③

鲁桂珍和李约瑟对这一方法做了如下分析:"经过简单的蒸发过程,整个的含脂粉末被放在升华器中,活性甾体被小心升华。众所周知,甾体激素在温度低于其熔点时(130—210 ℃)不会被破坏。那么无疑这是一项技巧的运用,因为固济这个词在炼丹术和技术著作中具有升华器的意思。由于整个尿液蒸发后的固体都被用来升华,这种方法一定是一个很复杂的过程。"④在这里有两个重要的细节被李约瑟等忽视了。第一,尿液在用"焰火煮之"的过程中,水分尚未蒸干前,锅底已有部分沉淀,需减小火力,不断铲动,才能煎干。否则锅底沉淀已焦,而上层还没有煎干。当锅底温度远远超过 300 ℃时,性激素必然被破坏。第二,"如法固济,入碳炉中煅之"。这里的"煅,即用烈火"⑤。因此"入碳炉中煅之"其温度至少在 400—500 ℃以上。毫无疑问甾体激素会被破坏。连赞同李、鲁二氏性激素说的孟乃昌先生也认为秋石还原丹炼制不出相对纯净的性激素。孟乃昌说:"这个煅热有多高温度,不易确切决定,应在 500 ℃以上,已超过了尿中多种有机物包括甾体性激素的挥发、分解、破坏的温度"(孟乃昌,1982,487 页);美国黄兴宗先生等用"真空浓缩干燥法"对秋石还原丹进行的实验研究,用 150—500 毫升男子尿液在真空中浓缩干燥,其沉淀物人为控制在 150—180 ℃中升

① 刘广定:《科学与科学史研究:再从秋石谈起》,科学月刊,1988,19(11):829—830。
② 马伯英:《中国医学文化史》,上海人民出版社,1997:628。
③ [明]李时珍:《本草纲目》,商务印书馆版本影印,中国书店出版,1988:5。
④ Lu G D, Needham J. Medieval Preparations of Urinary Steroid Hormones. *Med. Hist.*, 1964, 8(2):101—121.
⑤ 陈国符:《道藏源流考》,明文书局,1993:46。

华 20 小时,得到的淡褐色晶体粉末,经检验含类固醇。这样做既不符合入锅"焰火煮之"和"煎干"过程,更没有"入碳炉中煅之"操作过程。而是根据现代有关甾体激素升华的温度,人为控制在 150—180 ℃ 之间升华,古人根本没有甾体激素升华温度的知识,在没有温度计的时代,也难将火候控制在此温度范围内。因此,这显然与"秋石还原丹"炼制法的记载不符。因而其结论恐难令人信服。为了弄清秋石还原丹是否为"比较纯净的性激素",我们按文献记载严格设计了模拟实验流程(图 1),进行了模拟实验。为慎重起见我们取出部分中间产物以便进一步分析。

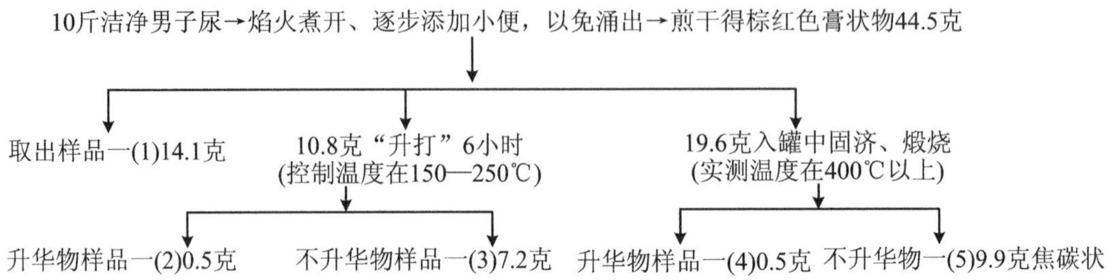

10斤洁净男子尿→焰火煮开、逐步添加小便,以免涌出→煎干得棕红色膏状物44.5克

取出样品一(1)14.1克　　10.8克"升打"6小时(控制温度在150—250℃)　　19.6克入罐中固济、煅烧(实测温度在400℃以上)

升华物样品一(2)0.5克　　不升华物样品一(3)7.2克　　升华物样品一(4)0.5克　　不升华物一(5)9.9克焦碳状

图 1 "秋石还原丹"模拟实验流程图

其中 10.8 克人中白"升打",获得样品一(2)和样品一(3)的过程是对照实验,目的是为了弄清古人炼丹时具体在哪一步含有性激素或被破坏了。

根据样品的不同性状和检测设备的具体要求,用不同方法对样品进行前处理后,借助中国科学技术大学结构成分分析中心的进设备,采用物理方法和化学方法分别作了交叉检测。物理方法用气相色谱-质谱联用仪(Gas Chromatogragh/Mass Spectrometer 主机型号 GCT-MS),或旋转阳极 X 射线衍射仪和电子能谱仪。化学方法是利用甾体化合物对某些化学试剂有特殊的颜色反应,如:Salkowski 反应,将样品溶于氯仿中,加入浓硫酸,如有一定量的甾体化合物存在,则氯仿层出现红色或青色,硫酸层出现绿色荧光;Liebermann-Burchard 反应,将样品溶于醋酸酐中,加入浓硫酸数滴,如有红→紫→青→蓝→绿的一系列颜色变化,表明样品中有甾体化合物。分别检测各种样品中甾体激素存在与否。本文所有检测仪器相同,其中电子能谱仪检测结果按元素含量递减排列,后文恕不赘述。检验结果如表 1。

表 1 秋石还原丹样品理化检测结果

样品号	化学检测		物理检测			
	Salkowski	Liebermann	色质联仪	X 射线衍射	电子能谱仪	检测出的化学成分
一(1)	无显色反应	无显色反应	无性激素特征峰	—	—	$NH_2-CO-NH_2$ 等
一(2)	无显色反应	无显色反应	无性激素特征峰	—	—	C_8H_9NO、C_7H_7NO 等分子量均低于 200
一(3)	无显色反应	无显色反应	—	与以下标准强线吻合:KCl、NaCl、$K_3Na(SO_4)_2$	C, N, O, Cl, Na, Mg, P, K, S	KCl,NaCl,$K_3Na(SO_4)_2$

续表

样品号	化学检测		物理检测			
	Salkowski	Liebermann	色质联仪	X射线衍射	电子能谱仪	检测出的化学成分
一(4)	无显色反应	无显色反应	无性激素特征峰	—	—	$H_2N-CO-CH_2-NH_2$、$C_7H_{11}NO$
一(5)	无显色反应	无显色反应	—	与以下标准强线吻合：KCl、NaCl、$K_3Na(SO_4)_2$	C、Cl、Na、O、N、Mg、K、P、S	KCl、NaCl、$K_3Na(SO_4)_2$

图2—图4为"秋石还原丹"样品一(1)、一(2)、一(4)色—质谱图。

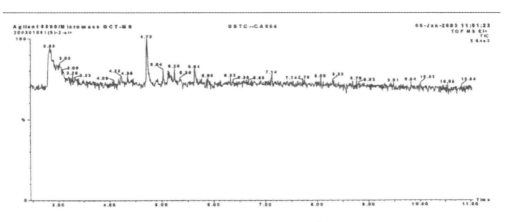

图2　秋石还原丹升华物色谱图

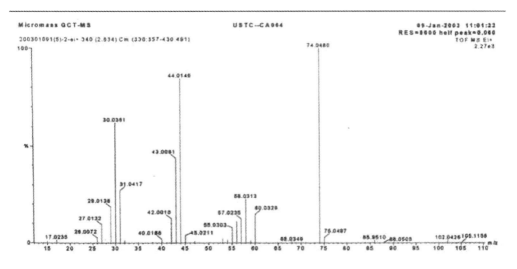

图3　秋石还原丹升华物质谱图1

检测结果表明：5个样品均无甾体激素的特殊颜色反应；样品一(1)、一(2)、一(4)所有色—质谱图经与甾体化合物标样图比较，均无甾核的碎片峰，且所有化合物分子量均在200

以下,而甾体激素分子量在 300 左右。说明经过高温处理,长链分子发生裂解,其他结构的分子也会出现碎片。其中样品一(1)含尿素及其他成分,但无甾体激素。说明将尿液煎干成人中白时,可能已不含性激素。样品一(2)含有 C_8H_9NO、C_7H_7NO 等小分子有机物,但无甾体激素;样品一(3)为 KCl、NaCl、$K_3Na(SO_4)_2$,均是无机盐,这说明,即使把温度人为控制在性激素不被破坏的范围内,"人中白"也升打不出性激素。样品一(4)为淡黄色油状升华物,其化学成分含有 $H_2N—CO—CH_2—NH_2$、$C_7H_{11}NO$,分子量分别为 74 和 125,没有羟基和甾核的碎片峰,不属性激素。即使样品一(4)也是终产物,其成分也不含甾体激素。终产物样品一(5),为黑色焦炭状固体,可研成粉末。其成分是以 KCl、NaCl、$K_3Na(SO_4)_2$ 为主的无机盐混合物,不含性激素。

通过不同方法交叉检测证明"秋石还原丹"不含性激素,更不用说"较为纯净的(in relatively purified form)雄性激素和雌性激素混合制剂"了。其原因并不复杂,尿液蒸发快干时,温度明显升高,尤其是锅底内壁温度在 300 ℃ 以上。"入碳炉中煅之"时,虽然我们尽量控制火候,但温度都在 400 ℃ 以上,即使蒸干过程还有少量性激素不被破坏,那么火煅时性激素也全部被破坏了。

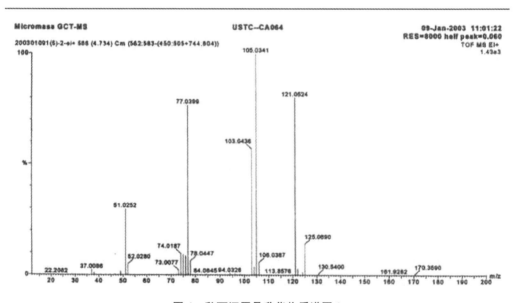

图 4　秋石还原丹升华物质谱图 2

2. 颐氏秋冰法

李时珍《本草纲目》卷五十二引《杨氏颐真堂经验方》:

"用童男童女尿各一桶,入大锅内,桑柴火熬干,刮下入河水一桶,搅化,隔纸淋过,复熬刮下,再以水淋炼之。如此七次,其色如霜。或有 1 斤入罐内,上用铁灯盏盖定,盐泥固济,升打三炷香。看秋石色白如玉,再研。再如前升打。灯盏上用水徐徐擦之,不可多,多则不结,不可少,少则不升。自辰至未,退火冷定。其盏上升起者,为秋冰,味淡而香,乃秋石之精英也。服之滋肾水,固元阳,降痰火。其不升者,即寻常秋石也,味咸苦,蘸肉食之,亦有小补。"

李约瑟说:"这里我们又一次看见了提纯过程的运用,以使可溶性物质诸如尿素、某些盐以及色素首先分离出去,然后甾体激素进一步与尿酸盐、无机盐及变性蛋白质等物质分离,因为甾体激素比这些物质可溶性更差。"(潘吉星,1986,320页)李约瑟对"……隔纸淋过,复熬刮下,再以水淋炼之。如此七次,其色如霜……"理解似乎有误,他认为,首先分离出去是可溶性物质诸如尿素、某些盐以及色素,好像是弃去滤过液留取纸上物,然后升打。我们认为这里"隔纸淋过、复熬刮下……"并不是将滤过液弃去,而是将滤过液熬干,弃去纸上物。为慎重起见,我们设计的模拟实验将纸上物及滤过液熬干剩余物均保留样品。操作流程如图5。

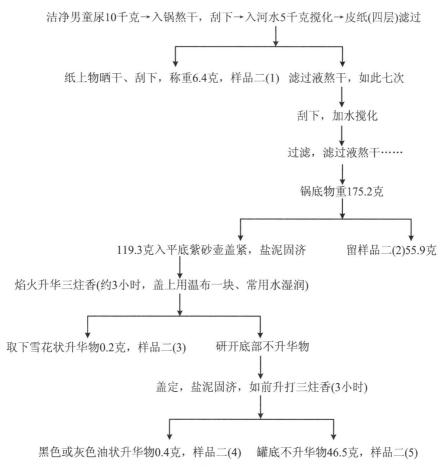

洁净男童尿10千克→入锅熬干,刮下→入河水5千克搅化→皮纸(四层)滤过

纸上物晒干、刮下,称重6.4克,样品二(1)　　滤过液熬干,如此七次

刮下,加水搅化

过滤,滤过液熬干……

锅底物重175.2克

119.3克入平底紫砂壶盖紧,盐泥固济　　　　　留样品二(2)55.9克

焰火升华三炷香(约3小时,盖上用温布一块、常用水湿润)

取下雪花状升华物0.2克,样品二(3)　　　研开底部不升华物

盖定,盐泥固济,如前升打三炷香(3小时)

黑色或灰色油状升华物0.4克,样品二(4)　　罐底不升华物46.5克,样品二(5)

图5　"颐氏秋冰法"模拟实验流程图

需要说明的是,由于童男童女尿中性激素成分基本相同,我们只取童男尿液实验。关于"灯盏上用水徐徐擦之,不可多,多则不结,不可少,少则不升"。孟乃昌在《秋石试议》作过详细分析(孟乃昌,1982,497页),我们理解擦水是为了降温、以利冷凝。经过反复实验,我们发现温度太高或太低均收集不到升华物。我们在操作时,利用高温温度计将罐底温度控制在100—300 ℃之间;同时还发现,罐的深度不能太高,否则,盖内侧收集不到升华物,而升华物多分布在罐四周不同高度内壁上。根据前述检测原则和方法,5个样品检测结果如表2。

表 2　颐氏秋冰法样品理化检测结果

样品号	化学检测		物理检测			
	Salkowski	Liebermann	色质联仪	X 射线衍射仪	电子能谱仪	检测出的化学成分
二(1)	无显色反应	无显色反应	无性激素特征峰	—	—	无溶于甲醇的有机物特征峰
二(2)	无显色反应	无显色反应	无性激素特征峰	—	—	亚甲基对苯酚、$C_2H_5NO_2$
二(3)	无显色反应	无显色反应	无性激素特征峰	—	—	$C_7H_8O_2$（对羟基苯甲醇）
二(4)	无显色反应	无显色反应	无性激素特征峰	—	—	$C_{15}H_{31}COOCH_3$、$C_{17}H_{35}COOCH_3$、$C_{11}H_{12}$、邻苯二甲酸二烷酯等*
二(5)	无显色反应	无显色反应	—	与以下标准强线吻合KCl、NaCl、$K_3Na(SO_4)_2$	C、O、N、Cl、Na、Mg、K、S	KCl、NaCl、$K_3Na(SO_4)_2$

＊ 样品二(4)气相色谱/质谱联用仪的质谱图中无甾体化合物质谱图,中国科学技术大学理化科学中心负责气相色谱/质谱联用仪检测的李前荣副教授认为邻苯二甲酸二烷酯是污染的非尿液成分。

　　检验结果表明,以上 5 个样品均无性激素的特殊颜色反应。对纸上物样品二(1)用甲醇提取,经气相色谱—质谱联仪检测,无溶于甲醇的有机物特征峰,而甲醇是大部分甾体激素的良好溶剂。因而纸上物也就没有甾体激素了。究其原因我们认为:假定甾体激素在第一步将尿液熬干时,性激素还有少量没有被破坏,那么在下一步过滤时甾体激素则会通过滤纸进入过滤液。检验结果再次证明,大分子有机物被高温破坏,小分子有机物被过滤出去了;纸上物样品二(1)并没有鲁桂珍、李约瑟所说的甾体激素进一步与"尿酸盐"等物质分离出来。事实上甾体激素在第一步将尿液熬干时,性激素就已被破坏,秋石还原丹模拟实验结果已说明这一点。样品二(2)、二(3)、二(4)色质联仪检测均无甾体化合物特征峰。样品二(2)为亚甲基对苯酚和 $C_2H_5NO_2$。样品二(3)、二(4)可视为模拟实验终产物升华物部分。样品二(3)通过质谱图可分析出的成分是对羟基苯甲醇($C_7H_8O_2$),但无甾体激素;样品二(4)成分有 $C_{15}H_{31}COOCH_3$、$C_{17}H_{35}COOCH_3$ 等等,这两种物质均为长链烷酯,没有甾核,与甾体激素结构完全不同;从质谱图看出,它们没有羟基和甾核的碎片峰。样品二(5)为终产物不升华部分,经 X 衍射仪检测,其成分为 KCl、NaCl、$K_3Na(SO_4)_2$ 晶体。总之颐氏秋冰法不含性激素,更不用说"较为纯净的雄性激素和雌性激素制剂"了。

　　我们分析"秋冰法"炼制不出性激素原因有三,其一,童便性激素含量很少;其二,皮纸过滤部分性激素可进入滤过液中;其三,每次煎至浓稠状时,温度迅速上升,都在 400 ℃以上,多次熬干破坏了性激素。因此在炼制过程中性激素被破坏或流失了。

3. 刘氏秋石法

明李时珍《本草纲目》卷五十二引《刘氏保寿堂经验方》:

"用童男童女洁净无体气疾病者,沐浴更衣,各聚一石。用洁净饮食及盐汤与之,忌葱蒜韭姜辛辣膻腥之物。待尿满缸,以水搅澄,取人中白。各用阳城瓦罐盐泥固济,铁线扎定,打火一炷香,连换铁线,打七火,然后以男、女者称匀,和着一处,研开。以河水化之,隔纸七层滤过,乃熬成秋石,其色雪白。用洁净香浓乳汁和成,日晒夜露,但干即添乳汁,取日精月华四十九日,数足收贮配药。"

李约瑟认为,"这里对待尿液提供者的规定很有趣,升华的详情与前面很相似。乍一看,文中说升华物在水中溶解似乎很让人吃惊,因为假如升华物由自由甾体组成,它就不能进入溶液。但是似乎可能是这种情况:在硫酸盐复合物加热分解时,葡萄糖苷酸复合物则不分解,升华物因此分为可溶和不溶两部分。如果以不同方式结合的荷尔蒙复合物之间存在特定差别的话,那么这个过程也许是另一种经验分馏方法,产生高度专一特性的终产物。"(潘吉星,1986,321页)我们认为人尿"以水搅澄,取人中白",童尿中本来含量有限的甾体激素绝大多数已随上清液除去;人中白升打后,对"……以男、女者称匀,和着一处,研开。以河水化之,隔纸七层滤过,乃熬成秋石,其色雪白"的理解,是取升华物还是取罐底不升华物容易产生歧义,我们认为,是将升打的罐底不升华物"研开。以河水化之"。李约瑟也感到不好理解,他说"乍一看,文中说升华物在水中溶解似乎很让人吃惊,因为假如升华物由自由甾体组成,它就不能进入溶液"。而且张秉伦、孙毅霖秋石方"阴炼法"模拟实验和前文所述都能说明这里的人中白不含性激素,那么后面的"分馏"也就不是性激素的分馏了。尽管如此,我们还是设计并进行了模拟实验,并在不同阶段留有中间产物,以供参考。由于童男童女性激素成分基本相同,我们只取男童尿液实验。流程如图6。

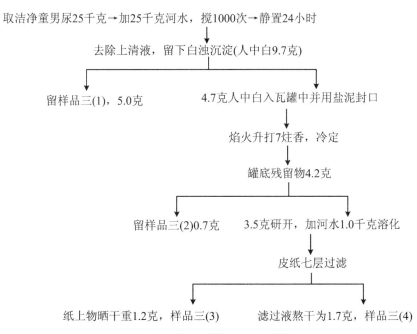

图6 "刘氏秋石"模拟实验流程图

样品检验结果见表3。

表 3　刘氏保寿堂经验方样品理化检测结果

样品号	化学检测		物理检测		
	Salkowski	Liebermann	X 射线衍射	电子能谱仪	所含化学成分
三(1)	无特殊颜色反应	无特殊颜色反应	与 KCl、NaCl、MgKPO₄ · 6H₂O 或 MgNH₄PO₄ · 6H₂O 标准强线数据吻合	C、O、P、Ca、Cl、N、Na、Mg、K、S	KCl、NaCl、MgKPO₄ · 6H₂O 或 MgNH₄PO₄ · 6H₂O
三(2)	无特殊颜色反应	无特殊颜色反应	—	—	—
三(3)	无特殊颜色反应	无特殊颜色反应	—	—	—
三(4)	无特殊颜色反应	无特殊颜色反应	与 KCl、NaCl、K₃Na(SO₄)₂ 标准强线数据吻合	C、O、Cl、N、Na、K、Mg、P、S	KCl、NaCl、K₃Na(SO₄)₂

检验结果显示,四个样品均无性激素的特殊颜色反应。实验证明,在沉淀人中白的过程中,性激素没有沉淀,已随上清液除去。样品三(1)已无甾体激素,即使前述的流程容易产生歧义,经过后面的多次升打、过滤、熬干也不可能有性激素。样品三(4)为模拟实验的最终产物——秋石,只是去除了样品三(1)中的 $MgKPO_4 \cdot 6H_2O$ 或 MgNH4PO4 · 6H₂O,其成分是 KCl、NaCl、K₃Na(SO₄)₂,无甾体激素成分。

4. 阳炼法

由于阳炼法在《苏沈良方》中的记载比《水云录》更早更翔实,因而以《苏沈良方》本为据,加之张、孙在 1988 年的论文中已全文照录[①],为节省篇幅,这里从略。

阳炼法是最值得重视的,假如像李、鲁二位所说利用皂荚汁提炼出性激素了,则最能"显示了中国人在好几百年前就已经勾画出 20 世纪杰出的甾体化学家在二三十年代所取得的成就之轮廓"[②]。张秉伦和孙毅霖的阳炼法模拟实验已证明该法炼制不出性激素,此后,黄兴宗的实验研究结果也证明了不能炼制性激素。但郭郛先生与李约瑟、成庆泰合著的《中国动物学史》中根据 1909 年温道斯(A. Windaus,1876—1950)发现地芰皂宁可与胆固醇形成不溶于乙醇的沉淀,而认为:"沈括的阳炼法中就是用皂角浓汁来沉淀尿中甾类化合物,这可算是不谋而合的成就。"他引用了《中药大辞典》中国皂荚果的化学成分后断定:"所以人尿里的雌性激素如 β-雌二醇、雌酮等可以形成沉淀,黄体酮、妊娠二酮、雄酮等不形成沉淀。"[②]为此我们再次进行详细讨论。

中国皂荚(*Gleditsia sinensis* Lam)主要成分有三萜皂甙、鞣质,此外还含蜡醇、廿九烷、豆甾醇、谷甾醇等[③]。据已经报道的成分中不含有地芰皂宁(Digitonin),张秉伦和孙毅霖的模拟实验已经证明皂荚中的三萜皂甙不具备与胆固醇以及其他甾体激素复合发生沉淀的生物活性[④]。与胆固醇作用出现沉淀不是皂甙的一般特性。值得注意的是皂荚中含有的豆甾

---

①　张秉伦,孙毅霖:《"秋石方"模拟实验及其研究》,自然科学史研究,1988,7(2):170—183。

②　郭郛,李约瑟,成庆泰:《中国古代动物学史》,科学出版社,1999:244。

③　江苏新医学院:《中药大辞典》,上海人民出版社,1975:37,1101,1144。

④　林吉文:《甾体化学基础》,化学工业出版社,1989。

醇,现代化学工业上以豆甾醇为原料可以合成孕激素———黄体酮,但是这一合成的实现要经过一系列复杂的化学反应,需要具备催化剂等多种反应条件(林吉平,1989,123—124页),在阳炼法中根本不具备这些反应条件,因而不可能实现这一合成反应。而且,即使这种合成能够实现的话,其产物黄体酮也不能与地芰皂宁形成不溶性沉淀,因为黄体酮没有 3-β 羟基(林吉平,1989,21 页)。此外,其他的雌性激素通过以天然的甾族化合物(如豆甾醇)为原料合成相当困难,因为天然的甾族化合物中并无现成的具有芳香的 A 环结构,而且由天然的甾族化合物合成雌激素时,必须设法除去原甾核 C_{10} 位上的角甲基,这一反应也难以实现。所以皂荚在阳炼法中不能沉淀甾体激素,也不能参与合成某种甾体激素,而只是起表面活性剂的作用。

　　郭郛先生在《中国古代动物学史》[①]中还说:张、孙的实验"阳炼法的升华物 A 中,尚检出 C_{17}、C_{29} 等长链化合物,可能是甾体化合物的片断,这样的模拟实验有待于进一步设计和重复。"他还认为,模拟实验所用原料 50 千克人尿加 200 克皂荚质可能少了些,没及沈括所用原料十余石的 1/10 或 1/20。我们认为模拟实验没有必要用那么多原料,黄兴宗的实验是只用 500 毫升尿,张、孙用的尿量是他的 100 倍,怎能说所用的原料少了呢?何况我们用的气相色谱—质谱联仪标准灵敏度可达 0.1 微克(10^{-7} 等量级),如果在如此高精度下都检测不出性激素,还能称"较为纯净的(in relatively purified form)雄性激素和雌性激素混合制剂"吗? 那么,有没有可能因为中国皂荚中某些能够沉淀性激素的成分由于含量少,而影响实验结果呢? 其实张秉伦、孙毅霖的模拟实验,已经采用了沉淀剂过量的办法。尽管如此,为进一步验证阳炼法能不能炼制出性激素,我们将皂荚汁剂量在原模拟实验基础上加倍,再次做模拟实验。流程如图 7。

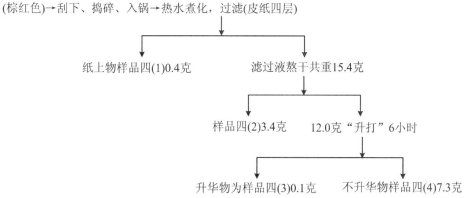

洁净男子尿液30千克→加皂角汁(由240克干皂角制取)→搅拌1000次→静置34小时→

倒去上清液→白浊沉淀液→搅拌500次→静置48小时→倒去上清液→浓脚约0.3升,熬干

(棕红色)→刮下、捣碎、入锅→热水煮化,过滤(皮纸四层)

纸上物样品四(1)0.4克　　滤过液熬干共重15.4克

样品四(2)3.4克　　12.0克"升打"6小时

升华物为样品四(3)0.1克　　不升华物样品四(4)7.3克

图 7　"阳炼法"模拟实验流程图

　　由于沈括阳炼法中"……滴淋下清汁,再入锅熬干"一句,究竟是弃上留下,还是弃下留上,容易产生歧义,为此我们对 4 个样品都作了检验。检验结果见表 4。

　　从检验结果看,四个样品均无甾体激素的特殊颜色反应。其中样品四(1)含有 SiO_2 晶体,无甾体激素晶体存在。SiO_2 可能是井水的成分;四(2)无甾体化合物特征峰,含有

①　郭郛,李约瑟,成庆泰:《中国古代动物学史》,科学出版社,1999:244。

$C_{29}H_{60}$、$C_{17}H_{35}COOCH_3$ 等有机物，$C_{29}H_{60}$ 为长链烷烃，$C_{17}H_{35}COOCH_3$ 为烷酯；四（3）含有 $C_{15}H_{31}COOCH_3$、$C_{17}H_{35}COOCH_3$ 等，这两种物质均为长链烷酯，没有甾核。从质谱图看出，它们没有羟基和甾核的碎片峰。样品四（4）应为终产物，其成分是 KCl、$NaCl$、$K_3Na(SO_4)_2$ 等无机盐。检验结果再次说明，阳炼法炼制不出性激素。即使中间产物或容易产生疑义的终产物也无甾体性激素。只能得到一些烷烃、烷酯等长链化合物。

表4 阳炼法样品理化检测结果

样品号	化学检测		物理检测			
	Salkowski	Liebermann	色质联仪	X射线衍射	电子能谱仪	检测出的化学成分
四（1）	无特殊颜色反应	无特殊颜色反应	—	有明显晶态峰，与 SiO_2 标准强线数据吻合	C、O、N、Ca、P、Si、Na	SiO_2，余为非晶态，无甾体激素晶体
四（2）	无特殊颜色反应	无特殊颜色反应	无甾体化合物特征峰	—	—	$C_{29}H_{60}$、$C_{17}H_{35}COOCH_3$ 等等
四（3）	无特殊颜色反应	无特殊颜色反应	无甾体化合物特征峰	—	—	$C_{15}H_{31}COOCH_3$、$C_{17}H_{35}COOCH_3$ 等等
四（4）	无特殊颜色反应	无特殊颜色反应	—	与 KCl，$NaCl$，$K_3Na(SO_4)_2$ 标准强线数据吻合	C、O、N、Cl、Na、Si、Mg、P、K、S、Ca	KCl、$NaCl$、$K_3Na(SO_4)_2$

5. 乳炼法

乳炼法在明代高濂《遵生八笺》（1591年）称"乳炼秋石奇方"。

鲁桂珍和李约瑟博士并未提及乳炼法能炼制出性激素，祝亚平在《道家文化与科学》中认为："通过对《遵生八笺》中乳炼法的分析，似乎可以得出这样的结论：中国明代的炼丹方士已经通过在人尿中加有机物质的方法，成功地取得了甾体激素。所以人工制取性激素的历史性发明应归功于中国的道家。"不过这个结论"究竟是否成立，还是要通过模拟实验来验证"（祝亚平，1995，224页）。为此，我们对乳炼法进行了模拟实验研究。乳炼法原文如下：

"童便二桶，用皂角十二两，水九碗，煎至三碗。倾入便内，用桃柳枝搅打便水二千余下，淀清，倾去浊脚。次将杏仁十两打碎，煎汁三碗，倒在便内，又如前搅打二千余下，去清留浊。又将猪油脂十二两熬成汁，去滓，倾入便内，又搅千余下，浮膜倾去，又淀清。将人乳汁用滚汤泡成块，倾入便内，再搅如前。又淀一日，倾去清水。下底浊粉浆水，用木勺盛起，倾桑皮纸上。先将毛灰一缸，作一沉窝，将桑皮纸放灰上，以渗便水。纸上干白腻粉，即成秋石矣。不可动摇，晒一二日，瓷瓶收起。每秋石一两，入柿霜三钱同和。每用，白滚汤调服一二分起，至七八分止，空心时服。此粉益寿延年，返元还本，发白变黑，百疾不生。不必配药，谓之乳炼法也。"（明《遵生八笺》卷十七）

这种"乳炼秋石奇方"与前面讨论过的炼法有较大的差异,添加剂除皂角汁外,还有杏仁汁、猪油脂汁和人乳汁等有机物,较为复杂,需要详细分析。祝亚平将乳炼法的炼制过程分为5个步骤进行(祝亚平,1995,220页),我们认为基本上是合理的。在此基础上我们设计的流程如图8。

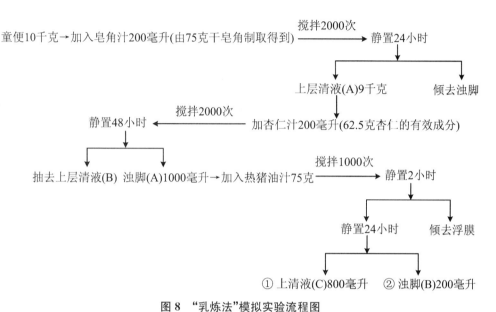

图8 "乳炼法"模拟实验流程图

需要说明的是原文献在此处没有说明弃留情况,祝亚平的步骤分析中也没有说明,为了慎重起见,我们对上述清液和浊脚分别继续进行模拟实验(图9、图10)。

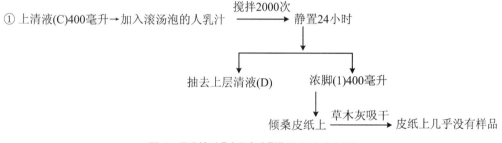

图9 "乳炼法"中"清液"模拟实验流程图

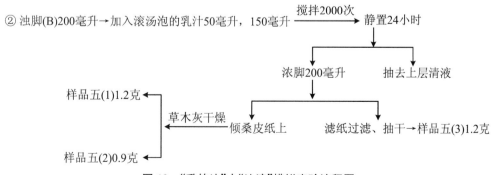

图10 "乳炼法"中"浊液"模拟实验流程图

　　模拟实验中加入乳汁 50 毫升的一组,得到的样品呈片状、1.2 克、棕红色,皮纸过滤,灰干,我们将样品编号为五(1)。加入乳汁 150 毫升的一组,得 200 毫升浓脚均分两份,一份皮纸过滤,灰干,样品片状、0.9 克、棕红色,样品编号五(2);另一份滤纸过滤,抽干,样品片状、1.2 克、棕红色,样品编号五(3)。从以上实验数据可以看出:乳汁量大则终产物明显增多;乳汁量相同,用皮纸过滤所得终产物样品量少,用抽滤方法样品量大。说明皮纸孔径比滤纸大。

　　此外,我们用剩余的 400 毫升上清液(C)进行如下非模拟实验:

$$上清液(C)400毫升 \xrightarrow{离心沉淀} 浓脚(3)50毫升 \xrightarrow{加热} 黏稠状物质 \xrightarrow{真空干燥} 样品五(4)0.25克$$

分析上面的实验流程如下:

　　第一步,尿液中加入皂角汁,搅拌后静置,尿液中出现沉淀物。而后去浊留清,尿液中的沉淀物如磷酸盐、尿酸盐等被分离出去。这是乳炼法和其他秋石方不大相同的地方。

　　第二步,在清尿液中加入杏仁汁,前面的实验表明尿液中的蛋白质未能沉淀甾体激素,因此杏仁汁中蛋白质可以暂不考虑,而杏仁汁中的脂肪油则会吸附部分性激素上浮。甾体激素若不能大量沉淀出来,通过去清留浊的操作,后面甾体激素的含量则更少,分离的难度就更大了。

　　第三步,加入猪油脂汁,可加速甾体激素的沉淀。但除去上浮的凝固脂肪层即浮膜,又会流失部分性激素,因为浮膜吸附了甾体激素。

　　第四步,① 在上清液(C)中加入人乳汁后,可以看到此时溶液中没有明显的分层现象,得到的基本上是胶体。② 在浊脚(B)中加入人乳汁,人乳汁被滚汤处理以后,变性后的蛋白质自然不能吸附甾体,但会加速沉淀,脂肪则会吸附部分性激素。

　　最后一步,过滤和干燥,① 上清液(C)中加入人乳汁后得到的胶体,经过 6 层桑皮纸过滤后几乎没有最终产品,只是在桑皮纸上有些稍显褐色的薄层颜色。② 浊脚(B)中加入的人乳汁有较多的样品生成。实验中用到的 6 层桑皮纸比 1 层滤纸的孔径还要大些,甾体激素的分子量在 300 左右,还是属于小分子,即使有未被吸附的甾体激素,也会从桑皮纸的小孔中被滤出去。这可以从最后的检测结果中得到验证。

　　样品五(2)为模拟实验的终产物,样品五(4)为非模拟实验的产品,我们一并对其进行理化检测,结果如表 5。

表 5　乳炼法样品理化检测结果

样品号	化学检测		物理检测	
	Salkowski	Liebermann	气相色谱-质谱联仪	所含化学成分
五(2)	无特殊颜色反应	无特殊颜色反应	无甾体化合物特征峰(先用甲醇萃取)	$C_{16}H_{22}O_4$ 等等
五(4)	有颜色反应	有颜色反应	有胆固醇的特征峰	C_2H_5NO、$C_3H_5O_2$、胆固醇等等

　　五(2)中的 $C_{16}H_{22}O_4$ 显然不是甾体化合物,因为甾核就有 17 个碳原子,即甾体化合物至少含 17 个碳原子。非模拟实验产品五(4)虽然有甾体化合物的特征颜色反应,但是经过 GC-MS 检测后证明引起颜色反应的是胆固醇(含量为 8.545%),胆固醇属于甾体化合物,但是非甾体性激素。样品五(4)的检测结果证明:按模拟实验未能很好地收集到的样品五(1)

中也不含甾体激素。

上面的检验结果表明,乳炼法得到的最后产品"秋石"中不含甾体激素。

通过理论分析和模拟实验,我们发现以上五个"秋石方"均炼制不出性激素。加上前人做过的阴炼法和石膏法模拟实验,检测结果证明不含性激素,且无争议。目前学术界凡有人明确指出能够制备性激素的七种秋石方,经过模拟实验和理化检测,均无性激素成分,更不用说是较为纯净的性激素制剂了。至于中国古代究竟有多少种秋石方,它们是否为性激素制剂?我们正在系统搜集,在前人工作的基础上,现已累计搜集到 40 种秋石方,它们绝大多数与已经做过模拟实验的秋石方大同小异,但仍须进一步分析研究。

原文载于:《自然科学史研究》,2004(1):1—15。

黄山第一部植物图志

——《黄海山花图》及其《笺卉》

张秉伦

黄山以其雄奇挺秀著称于世。峰峦峻迭,怪石竞起;云烟翻腾,浩瀚似海;苍松枝虬,千姿百态;奇葩异卉,迥绝人寰。其中云海与奇峰、怪石并称黄山三奇,故黄山又有黄海之称。自古以来,文人墨客,笔之歌咏,图之丹青,传于世者,不知凡几。释雪庄《黄海山花图》与友人吴菘为之笺注的《笺卉》尚存,堪称黄山第一部植物图志。

释雪庄,法名道悟,字云舫,号悭堂,又号通源,别号铁山道人、黄山墅人、沧溟道者,楚州(今江苏淮阴)人,生卒年不详。他性孤高、能诗、善绘事,尤工山水、墨竹、花卉,与弘仁(浙江)齐名。康熙年间他披发行游黄山,"遂挂瓢笠松间,依古洞以栖,继取桠槎架层,覆皮如囊,时人无知者。糇糒不足,则掇草根木叶食之。日对奇峰,弦歌自乐。无何,名动四方,或荐诸朝,使者三返,强起至京师,不逾月,坚请还山。人闻其行,重之。时以衣粮相赠,则援笔写山花数种以报,千态百姿,悉人目未经见者"。[1] 此外,吴荃《黄山图·序》和潘次耕《黄山游记》[2]亦有详略不等的类似记载。可见雪庄是一位奇行异操的僧人,既不戚戚于贫贱,又不汲汲于富贵,他陶醉于大自然,自称秀色可餐,在黄山皮蓬幽居三十余年,作黄山图四十三帧(苏宗仁先生称"雪庄黄山图 60 幅"),并绘黄山奇卉一百多种,[3]袅娜多姿,形象生动。去世后,墓塔在黄山炼丹塔下,今名雪庄塔。

雪庄师承宋元画风、近学程正揆,颇有创新,有不少惊人之作,[3] 现在《木莲花图》为例(今藏安徽省博物馆)。构图自然潇洒,用笔流畅自如,粗大的枝条横贯画面,细枝挺拔交错;花叶扶疏、翁郁清丽;叶片正侧向背,搭配得当;白色花朵,或含苞待放,或展瓣吐蕊,形象逼真,依稀可鉴。画面左下方填诗曰:"木莲今岁多情怀,夏日开过秋又开,似要山僧写香色,证明云舫有仙来"。诗画相映、浑然一体,不但使《木莲花图》增辉,而且真实地记录了木莲花这一稀世名贵花木的重花现象!时在戊戌秋七月,即康熙五十七年(1718 年)。(参见附图:雪庄《木莲花图》)

雪庄所绘黄山花卉,"悉世人未曾经见者",多为无名山花,友人吴菘为其定名,从此黄山许多无名野花有了自己的正名。

吴菘,字绮园,歙县人,以举人授中书,五上春宫不第,遂不复仕,筑亭穿沿,莳花以奉母,

① 汪洪度:《黄山领要录》卷下,"皮篷",详见民国《歙县志》卷十"雪庄传"。
② 潘次耕:《遂初堂文集·游黄山记》。
③ 张国标:《新安画派史论》,安徽美术出版社,1990:279。

平生尤多义,镞砺于学,淹贯经籍,善诗歌,有《四岳》《四明》《匡庐》《御览》诸集,^①另有《笺卉》一卷,此乃他将雪庄所绘三十五种奇花异卉一一加以笺注而成。诚如作者自序所云:"楚州雪庄师,居皮蓬,寝食芳菡,时携纸笔,于幽崖邃壑间,貌形写照,务得其神,余因为谱之,命曰《笺卉》。殆嵇含之《草木状》、郑虔之《本草记》所未尝载者也。"^②"聊附山史之未云尔"。^③ 吴菘第一次将雪庄所绘黄山三十五种野花异卉,加以定名,描述其色香或记生长环境、或述形态特征,使鲜为人知的黄山野花异卉,跃然纸上,它们多姿多彩,令人倾倒,芳香覆郁令人陶醉。正如张潮主跋曰:"黄山诸卉予虽未见,观绮园之所笺,诚有足令人爱玩而不忍掷置者也。"^④显然,《笺卉》可视为黄山第一部植物志。其中有些命名和描述相当准确和科学,可鉴定出何科何属。如金缕梅为金缕梅科,金缕梅属(*Hamamelis japonica*, S. etz);旌节花为旌节花科,旌节花属(*Stachyurus*, *Praccox*);璎珞花为豆科,璎珞属(*Amhertia nobilis*);山樱为蔷薇科,樱桃属(*Prunus Pseudo-Cerasus*);木莲花为木兰科,木兰属(*Magnolia obovata*);玉铃花为齐墩果科,齐墩果属(*Styrax obassia*);杜鹃花为石楠科,石楠属(*Phododendronindicum*);四照花为山茱萸科,山茱萸属(*Cornus Kousa* Buery);腊瓣花为腊梅科,腊梅属(*Corylopsis Spicata*);其他二十多种花卉结合雪庄《黄海山花图》,也都依稀可鉴。特别值得指出的是,商务印书馆出版的《植物学大词典》曾引用过《笺卉》中不少描述,而且明确指出,玉铃花、四照花"名见《笺卉》";至于金缕梅,《植物学大词典》虽说"名见《黄山志》",但其名和描述与《笺卉》相比,仅"翩翩"与"翩翻"或"翩反"一字之差,其余完全相同,可见其学术水平之高。

雪庄《黄海山花图》和吴菘《笺卉》曾寄给清代著名鉴赏家宋荦。宋荦,字牧仲,号漫堂,当时任江陵巡抚,住节苏州。宋荦收到《黄海山花图》和《笺卉》后非常欣赏,又为其注疏题诗并序曰:"楚州雪庄悟公,住黄山之皮蓬,性孤高,有花癖,尤善绘事,时时含丹晼粉,于幽崖邃壑中,貌人间未见花,久之成峡。新安吴生绮园笺其名,寄余平江官舍,戊寅七年携过沧浪亭,流览一再过,各即其名状而疏之。并系以诗,用补山志之未备。其中数种不可名,亦未能成诗,故阙之。"^⑤宋荦注疏题诗共二十种,名曰《黄海山花图咏》。并改杜鹃花为香杜鹃;改囊环为紫绮玉环,其余十八种名同。也就是说,宋荦"不可名,亦不可诗,故阙之"者计十五种。每首诗前均有疏注,记花之形状、色香,颇似熟谙诸花者,然宋荦终生未曾至黄山,比较宋氏疏注与吴菘《笺卉》内容,宋荦疏注乃参照《黄海山花图》增减吴菘《笺卉》而成。

雪庄《黄海山花图》和宋荦所咏山花诗,曾被清代制墨名家曹素功、汪节庵等选为制墨题材,得以在民间流传。现在尚存有汪节庵所制《黄海群芳图墨》一套,共二十锭,每锭墨正面为图,上题花名;背面均题五绝一首。首锭诗前有小序,诗后分署宋荦字号名款及小印,末锭署有"古歙汪节庵谨制"。序和诗文与《黄海山花图咏》大同小异。

道光年间,雪庄所绘山花图辗转到了麟庆手中,当时麟庆得到的是宋荦题句的二十种山花图,称《黄海奇葩图》册,后归太平苏宗仁先生收藏。^⑥ 最近觅知史树青先生珍藏着《黄海山花图》全册,其中图十二页,收花三十三种,并有吴菘手书笺题十二页,相对呈合璧之形,册后附宋荦诗十二页,共三十六页。十分珍贵!

① 道光:《歙县志》卷八"士林"。
② 吴菘:《笺卉·序》,见《昭代丛书》乙集,卷十五。
③ 吴菘:《笺卉·序》,见《黄山丛刊》本。
④ 张潮:《笺卉·跋》,见《昭代丛书》乙集,卷十五。
⑤ 宋荦:《雪梅山花图咏》,见《西陂类稿》,卷四十。
⑥ 史树青:《雪庄〈黄海山花图〉记》,见《学林漫录》1980年第2期,中华书局出版。

　　吴菘《笺卉》最早刊于何年？不详。《四库全书总目》曾据安徽巡抚采进本，予以存目，但将雪庄误印成雪花，不知采进本刊于何年，目前所知最早的版本，是康熙年间歙县张潮所辑《昭代丛书》乙集收有《笺卉》。

　　《黄海山花图》和《笺卉》，是雪庄和吴菘于康熙年间合作而成，应视为黄山第一部植物图志，也可视为我国名山第一部植物图志。如能将它们与宋荦诗句合璧出版，不仅具有重要的学术价值，而且也有很高的艺术价值！

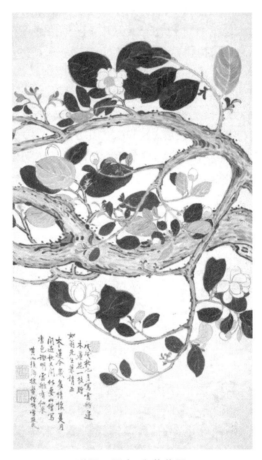

附图　雪庄《木莲花图》

原文载于：《志苑》，2002(2)，56—57。

印刷、造纸 与 古钱币

关于翟金生的"泥活字"问题的初步研究

张秉伦

北宋庆历年间(1041—1048 年),毕昇发明的活字印刷术,是我国古代一项杰出的科技成就。

毕昇发明泥活字及其印刷方法,在沈括(1031—1095 年)《梦溪笔谈》中有详细的记载:"其法:用胶泥刻字,薄如钱唇,每字为一印,火烧令坚。先设一铁板,其上以松脂蜡和纸灰之类冒之。欲印,则以一铁范置铁板上,乃密布字印,满铁范为一板,持就火煬之,药稍熔,则以一平板按其面,则字平如砥。若只印三二本,未为简易,若印数十百千本,则极为神速。常作二铁板,一板印刷,一板已自布字,此印者才毕,则第二板已具,更互用之,瞬息可就。"

可见毕昇发明的活字印刷术,包括造字、排版和拆版等一整套过程。其原理和现代铅印排字基本相同。这是印刷史上一次大革命。

从 13 世纪起,我国活字印刷术曾先后传入朝鲜和其他一些国家,并且得到世界友好学者的高度评价。但是,由于毕昇造的泥活字早已散佚,毕昇用泥活字印过什么书?也至今无考。因此有些人对毕昇发明泥活字印书问题表示种种怀疑和猜测。如"罗振玉以为泥字不能印刷;胡适以为火烧胶泥作字,似不合情理,也许毕昇所用是锡类,美国斯文格尔(W. T. Swingle)以为毕昇的活字是金属做的,所谓胶泥刻字,乃是作铸字的范型"①,还有人以为"泥活字即石膏字之误"②,等等。对此,张秀民同志曾予以批驳。

最近我们在安徽省泾县得到一批清代翟金生自制的泥活字,为进一步推翻上述的种种臆说和猜测,提供了新的物证。

翟金生,字西园,安徽省泾县水东人,生于清代乾隆年间,是个秀才,以教书为业。"时尚好古","读沈氏《梦溪笔谈》,见泥印活板之法而好之,因抟土造锻",他"以三十年心力,造泥字活板,数成十万","坚贞同骨角"③。参加造字的还有其子翟发曾、翟一棠、翟一杰、翟一新四人。道光甲辰(1844 年),翟金生七十岁时,由孙子翟家祥、内侄查夏生帮助检字,学生左宽等人帮助校字,用白连史纸"试印其生平所著各体诗文及联语为两册"④。取名为《泥版试印初编》,即泥斗版(图 1、图 2)。

道光丁未(1847 年)九月,又排印江西省宜黄县黄爵滋著《僊屏书屋初集诗录》,即澄泥版。此次调查未见。但在《僊屏书屋初集诗录》道光二十六年印本中,有黄爵滋自序。序言

---

① 张秀民:《中国印刷术的发明及其影响》。
② 张秀民:《中国印刷术的发明及其影响》。
③ 翟金生:《泥版试印初编》包世臣序。
④ 翟金生:《泥版试印初编》包世臣序。

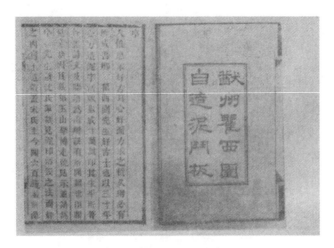

图 1 《泥版试印初编》书影之一

图 2 《泥版试印初编》书影之二

云:"去岁过泾,翟君西园复以泥字排印为请,遂于旅次付门人洪子龄、王句生暨儿子秩林重为订之"[1],排印四百多本。并说:"此序因泾友排印而作",刻本"仍以此序冠之"[2]。可作旁证。

咸丰七年(1857年)翟金生又翻印明代翟氏老家谱,名为《水东翟氏宗谱》,封面上题有"泥聚珍版重印"字样(现存北京图书馆)(图3)。

近年来我们又在泾县水东公社和厚岸公社获得一批泥活字,至今保存完好,确有"坚贞

① 黄爵滋:《仙屏书屋初集诗录》自序。
② 黄爵滋:《仙屏书屋初集诗录》自序。

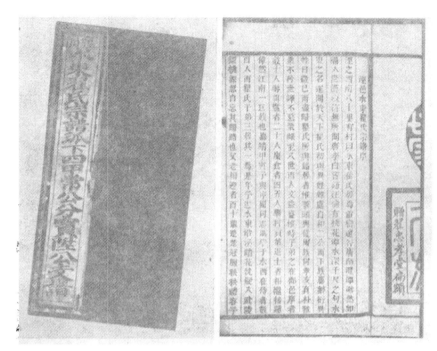

图 3 《水东翟氏宗谱》书影

如骨角"之感，印刷后仍然字划清晰、美观大方。1962 年自然科学史研究室曾在安徽省徽州文物商店购得一盒泥活字，不知何人所刻。经与翟金生《泥版试印初编》和《水东翟氏宗谱》的字体比较鉴定，可证这批泥活字也为翟金生一家所刻。这两批泥活字的规格大小和型号完全一致，都分为大、中、小、次小四号，或称一号泥方字、二号泥方字、三号泥长方字、四号泥方字(图 4、图 5)。据泾县文化馆同志介绍，还有特大号泥方字，现已散佚。以上四号泥活字均为阳文反体字，显系作为印刷之用。其规格大小如下页表 1。

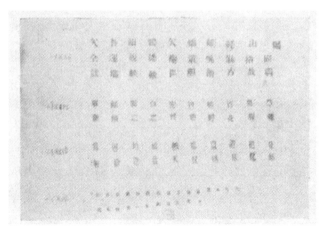

图 4 大、中、小、次小四种泥活字

此外，还有白丁、一号阴文正体泥方字、二号阴文正体泥方字、三号阴文正体泥长方字四类。白丁是活版印刷中作为填充空间的材料，相当于现在铅字排印中的空铅。其中各号阴文正体泥字，我们初步认为是字模，因为阴文正体字显然不能直接排版印刷。另外，现已发现五对阴阳文、正反体字完全可以配对，其中包括三对一号阳文反体泥方字和一号阴文正体

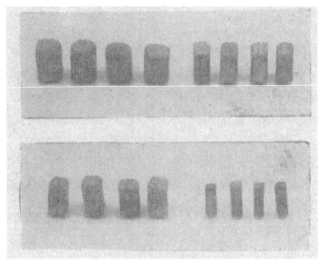

图 5　大、中、小、次小四种泥活字

泥方字、两对三号阳文反体泥长方字和三号阴文正体泥长方字,只是阳文反体字较阴文正体字字划较细,这是由于字模先烧干,再以湿胶泥制字,然后再烧干失去水分收缩之故。翟金生是根据毕昇的方法制造泥活字,并汲取了后来铜括字和铅活字制法中先作字模,再以字模制字的经验,发展了泥活字的制造方法。有了字模,再制泥活字,特别是常用字,如"之"、"也"等字,多达二十余印,就方便得多了。由此可知:翟金生制造泥活字的过程是先以胶泥制阴文正体泥活字弘,烧干作为字模,再以此字模制出阳文反体泥活字,稍加修整后,烧干备用。

综上所述,泥活字并不像有些人想象的那样十分脆弱,一触即碎,它不仅能够印书,而且从《泥版试印初编》和《水东翟氏宗谱》(泥聚珍版)的印刷质量来看,字划匀晰,印刷精良。所以当时人说:木活字印书至两百部,字画就因吸水膨大而模糊,而泥活字版可印制千万册而不失真①。

翟金生以三十年心血,克服重重困难,刻制泥活字十万有余,并把自己的诗文联语用泥活字排印出来,这种自刻自著自编自印,在印刷史上也是罕见的。

本文在调查泥活字过程中曾得到安徽省泾县文化馆洪振国同志和泾县广播站丁宏源同志的大力支持和帮助,特此致谢。

表 1　翟金生泥活字规格大小一览表(平均值)

尺寸 \ 字号	一号泥方字	二号泥方字	三号泥长方字	四号泥方字
长	0.90 cm	0.70 cm	0.75 cm	0.40 cm
宽	0.85 cm	0.66 cm	0.60 cm	0.35 cm
高	1.20 cm	1.20 cm	1.20 cm	1.20 cm

原文载于:《文物》,1979(10):229—232。

---

① 翟金生:《泥版试印初编》包世臣序。

新作问世　巨著增辉

——评英文版《纸和印刷》及其中有关安徽历史上造纸和印刷的成就

张秉伦　黄世瑞

一

美籍华人、芝加哥大学教授钱存训博士撰著的《纸和印刷》已由英国剑桥大学印刷所出版发行了。此书是著名的英国李约瑟博士《中国科学技术史》宏伟计划中的第五卷第一分册。

由于李约瑟博士年逾八秩，为了加快他的后几卷巨著的出版计划，拟由亲自撰著改为与有关学者联合著述。钱存训博士撰著的《纸和印刷》便是继李约瑟博士过去与鲁桂珍、王玲诸先生合作后的又一新的发展。

钱存训先生于1947年赴美进修时曾选修《西洋印刷史》，曾讲授过《中国印刷史》。他对中西印刷史、书史有很深的造诣，近些年又悉心研究造纸史，是造纸和印刷史方面的著名权威之一。因此，他承担李约瑟博士巨著中这一分册的撰著任务是非常合适的。

钱存训博士在系统研究中国古代有关造纸和印刷的历史文献的基础上，广泛参阅了各种纸和印刷的论著，比较了中国和西方造纸和印刷的历史，并经常与李约瑟博士商榷，终于以485页的篇幅和200幅插图，生动地论述了中国造纸和印刷的历史，堪称一部图文并茂、内容翔实、比较完备而又系统的杰作，与国内外已经出版的同类著作相比，确有许多独到之处。这部新作问世，无疑会给李约瑟博士那部巨著增辉。李约瑟亲自为该书撰写了序言，表明这是一次成功的合作。

《纸和印刷》全书共分十章：第一章导言，概括论述了纸和印刷的起源、发展、传播以及与印刷有密切关系的制墨的历史。第二章至第四章专论纸的发明和发展，造纸技术和工艺流程、纸张和纸品的各种用途。钱教授在这部分详细研究了各种大小不同、重量各异、不同抛光、不同颜色的纸的特殊制法，还叙述了中国古代五花八门的、令人叹为观止的用纸方法，如纸在书法、绘画、印刷、仪礼、货币、服饰、纸甲、被褥、墙壁、包装、风筝、灯笼、扇子、雨伞等方面的妙用，完全可以使西方读者耳目一新。第五章至第七章，是该书的主体部分，其中包括中国印刷术的起源和发展、印刷的工艺流程以及印刷的艺术价值，雕版印刷的发生和完善，活字印刷术的发明和普及以及书籍的装帧等；在时间上一直叙述到19世纪初叶。而此时，钱教授认为全世界"拥有的中文书刊之多超过了其他各种文字书刊的总和"。第八章和第九章，分论中国造纸和印刷西传中亚和欧洲，东传日本和朝鲜，南传南亚和东南亚的过程。第十章综述了造纸和印刷对世界文明的贡献：包括纸在中西文化中的地位，印刷对西方文明的影响,印刷在中国图书出版中发挥的作用及其对中国学术和社会的影响。

二

该书的最大特点之一就是采用了对比的研究方法。它既不像某些科学史著作那样就事论事,无视其他;也不像某些国家的科学史带着明显的民族偏见,唯我独"尊";而是凭借作者有机会览及有关中外造纸和印刷的各种文献的得天独厚的条件,以严肃的科学的态度从世界范围内来分析比较与造纸和印刷有关的各种发明孰先孰后,并结合当时的物质条件、技术前提和社会、文化的背景进行研究探讨。这样,不但得出的结论更加令人信服,而且读了该书,既能学习中国造纸和印刷的历史,又能了解其他国家造纸和印刷史的概况,这种对比科学史的研究方法至今仍是国内科学史著作中的薄弱环节。

例如作者在导言部分探讨中国造纸和印刷先于欧洲的原因时,就是应用对比科学史方法的明显例证。他在占有大量资料的基础上,首先排比了以下事实:中国发明造纸是在公元前的事,公元 1 世纪初纸已用于书写,2 世纪初就采用新的纤维做原料开始大量生产纸,3 世纪时纸在中国已广泛使用。中国发明造纸后不久就越出国界向世界传播:2 世纪东传日本、朝鲜;3 世纪开始西传;7 世纪传到印度,12 世纪纸在印度已经普及;8 世纪中叶传到西亚;10 世纪传到非洲;由于阿拉伯人垄断了造纸业长达 5 个世纪,因此直到 12 世纪欧洲才出现造纸;16 世纪传到美洲,19 世纪传到澳大利亚。这样,造纸从中国传到整个世界至少用了一千五百多年。关于印刷,作者认为公元七百年前后中国人首次使用雕版印刷,11 世纪中叶使用活字版;而在欧洲,纸从 9 世纪通过阿拉伯传入欧洲后,到 12 世纪才开始造纸,14 世纪出现雕版印刷,15 世纪中叶出现活字印刷……

鉴于发明造纸和印刷所需要的一切原料、设备,"无论是在西方还是在中国都是可以得到的"。"为什么在一种文化里导致了其发明,而在另一种文化里却没有呢?""是什么因素和背景促使了这两项伟大发明很早就出现在中国文化里,而西方却落后了很长一段时期呢?"作者认为,中国在纪元前很多世纪就有在水中漂絮的习惯并能在帘席上形成薄毡,很可能这种附在帘席上的剩余纤维偶尔晒干形成的薄片启发了人们的造纸思想。随着对纸需求量的增加,造纸原料由破布、渔网、大麻纤维逐渐过渡到使用优质经济的楮树皮纤维,这是促使造纸术进展过程中的重要发明;而在欧洲显然没有人利用过楮树皮,看来当时欧洲人并不懂得栽培此树。作者强调,普遍要求更好的书写材料,是导致中国发明和利用纸的另一个重要因素。缣帛价值昂贵,竹简木牍笨重,相比之下,纸就比较价廉而轻便,是一种更为理想的书写材料,因此早在公元 2 世纪朝廷正式采用纸之前,纸在中国已成为绝对时兴的书写工具了;而在欧洲,纸与纸莎草(又称纸草纸)或羊皮相比并没有显出更大的优越性。纸莎草来源丰富,并不昂贵,也许同纸一样轻便,羊皮虽然贵些,但表面光滑,较纸耐用;由于纸的易碎性,欧洲人曾禁止用于官方文书。更因欧洲人在十字军东征期间和其后一段时间对来自"敌方"上地上的任何东西都持敌视态度,当纸从阿拉伯传入欧洲时,它并不是一件受欢迎的商品,甚至克拉尼修道院院长和牧师们还对用纸进行过攻击。这就是说,欧洲既缺乏发明造纸的思想基础和社会背景,又没有及时认清这一发明的深远意义而急起猛追,相反却盲目加以拒绝。这样,"欧洲当然不可能在印刷广泛传播之前发明和发展造纸技术"了。

同样,在印刷术发明的问题上,作者是通过印刷术发明的技术前提和社会文化对印刷术的需要来进行对比分析的。他认为,中国很早就应用印刷的原因:主要是由于很早就发明了纸;对印章和墨拓的运用,奠定了印刷的基础;由于汉字是书写复杂的表意文字,因而需要求助机械复制著作;由于科举需要儒家经典作为标准以及手工无法满足对佛经大量复制的需要等,确实促进了印刷术的广泛应用并使它发展到一个很高的水平。而在欧洲,纸很晚才传入,印章没有移用作复印的可能;拓印到19世纪才传入;书写字母拼写的文字相对比较简单,因而对借助机械复印的要求也就不那么迫切。发明印刷术的必要材料和技术前提,不是没有产生,便是没有引向印刷这一方面。加之欧洲不存在诸如与佛教有关的那种对大量复制品的要求,直到15世纪中叶以后,这种情况才有所改变。因此,在此以前西方是谈不上印刷术发明的。通过这种对比以后,作者在书中还针对过去西方有些人认为谷登堡为"印刷之父"的观点列举了很多西方文献,令人信服地证明了所谓"印刷之父"谷登堡的印刷是受到中国影响的,这就是说中国活字印刷术不仅比谷登堡活字印刷早400年,而且是他进行活字印刷的思想渊源。这是钱教授的一大贡献!

　　这种对比的研究方法在书中是比比皆是的。如墨——作为印刷的基本材料之一,钱教授在书中也作了专题讨论:从中国墨的起源和发展、颜料和结构、制墨工艺到墨在文化艺术发展中的作用,都有详细的叙述。他既考证了日本和朝鲜墨是模仿中国的;误称的"印度墨"很可能是源于中国的;但又列举事实说明中国不是唯一用墨的文明古国。他说:已有证据表明,埃及墨比中国墨更早一些,因为至迟在纸草纸发明时,埃及人已经用墨了,而纸草纸大概发明于公元前2500年前(中国最早墨的痕迹是公元前14世纪到公元4世纪)。埃及墨是液状,其色素可能由动物骨骼烧制而成。在西亚可能从公元前1100年开始采用埃及墨;《新约》和《旧约》里有几条关于墨和书法的参考资料,表明犹太人在埃及时也可能学会了墨的制法。希腊人用不同类型的墨于羊皮和纸草纸上,墨的颜料是由干酒糟或烧象牙制得,像中国墨一样,一般呈固态,使用前加水研磨。罗马墨亦与此类似,不过它是用添加色素法,这些色素是由古墓中半碳化的人骨、某种泥土或矿物、松脂、沥青烟、乌贼墨、油烟等制得。油烟与乌贼墨写于纸草纸上,并可用湿海绵洗去。万载存真的中国墨具有不同的特色,引用劳菲尔的话说:"中国墨有两点不同于其他国家墨的特色:第一是它的颜色深沉纯正,第二是经久而色不变,几乎是磨灭不掉的。中国古文献可以浸水几周但字迹不褪。哪怕是远在汉代书写的文献,至今墨迹的光辉和美观依然如新。印刷品也同样如此,元、明、清留下来的书籍,其纸张、字迹依然完美无损。"他认为这些显著的优点,当然是由于各种不同的成分和制造工艺的精湛所致,其价值在国内外都是不言而喻的。在国内,一块令人倾倒的名墨,简直是价值连城;在国外,无论是东半球还是西半球,则往往有模仿的赝品出现。尽管中国墨以其特殊的质地在世界许多地区为人们竞相访求、仿造,但正如他引证的17世纪路易斯·利考特和18世纪迪哈尔德的话那样:"中国墨太妙了,迄今为止在法国想仿造也仿造不出来";"欧洲人千方百计仿造这种墨,但最终都失败了。"这种对比研究的方法无疑是符合历史事实的,因而更有说服力。类似的例子还有很多,不再一一列举了。

三

　　安徽历史上在造纸和印刷方面曾有诸多贡献。钱存训教授《纸和印刷》中曾多次涉及安徽历史上的成就。

　　在造纸方面,从纸质莹净绵密、洁白光泽、号称"纸寿千年"的宣纸,到匀薄如一、价值百金的澄心堂纸都有述及。在谈到纸的特殊用法时,除了南唐利用纸妙制纸甲、纸铠用于军事外,还特别提到安徽宋代"黔歙间有些人将纸衣做得如门扇大小,许多宦游之上旅行时穿以御寒",此外,他还引用了清代泾县胡韫玉《纸说》中很多资料。

在制墨方面,涉及安徽的资料更多,从李超、李廷珪、张遇、潘谷等人在徽州制墨的名家,到他们的制墨配方和工艺流程,应有尽有。还提到从 16 世纪以来,许多藏墨目录已由墨工、墨商、藏墨家出版,主要是关于墨的鉴赏艺术。"最早最有影响的两本雕版书,一本是方于鲁的《方氏墨谱》,内有 380 多幅插图,按形状和图案分为六类,18 年后,他的同行对手程大约(程君房——笔者注)出版了另一本《程氏墨苑》,内有 500 幅彩色图案和诗文赞词及友人的颂德函。这两本书性质与内容相似,它们的许多图案是一样的。但后者不仅在插图和艺术风味上都超过了前者,而且还有许多特点为前者所没有。如从马托·赖斯所赠的欧洲雕刻中摹仿西洋字母和圣经中的图画。摹仿西洋字画的书,这在中国也许是第一本。""另一类墨录由墨商所出,内容除上述项目外,还有价格,这显然是为销售服务的。""早期的例子如《墨史》,作者程义是安徽歙县一个墨店店主,他把墨的名称、原料、种类、重量、价格、朋友对各种墨的赞辞一一列表",等等。

在印刷方面,书中涉及安徽历史的成就也很多。在谈到木活字印刷时,他说:"第一次应用木活字的功绩应归于王祯(1290—1331),他的《农书》第一次对木活字的用法作了详细介绍。王祯于 1290 年至 1301 年在旌任地方官,木活字即在其任职内的 1297 年和 1298 年做成。"作者在谈到北宋毕昇发明泥活字印刷时还根据《农书》记载说:"至少可以说明泥活字印刷在 13 世纪中期曾被再次用过",然后又详细介绍了清代翟金生(安徽泾县人)的泥活字及其所印书籍。他说:"沈括的记载再次激起学者对泥活字印书的兴趣,就是安徽泾县的一个教师翟金生,他花了三十年时间于泥活字的制备上,并且调动了家族中能帮忙的人手一起干,到 1844 年,他已拥有五种大小不同型号的活字十万多个,用这些泥活字,他至少印了三部书。第一部则是他的诗词集,名曰《泥版试印初编》,内有五首诗述及他自撰、自编、自刻、自印的过程,他可以称得上迄今所知的第一个也许是唯一的著者并印者的中国人……"他据此明确指出:"有些学者曾怀疑泥活字印书的可能性,但现存徐志定[①]和翟金生泥活字印刷的书,可谓铁证如山,不容置疑了。"为此,书中不但收有翟氏《泥版试印初编》和《翟氏宗谱》的泥版书影,还有现存翟氏泥活字及其新印字样的插图两幅,既可使世人一饱眼福,又能肃清"泥活字不能印书"的种种忆说之影响。书中涉及安徽的成就还有一些,因篇幅所限,不再赘述。

智者千虑,难免一失。毋庸讳言,钱存训教授这部著作中,在征引资料、年代考订和某些看法方面,还是有些疏漏之处的。下面提出几点,以供商榷。

其一,关于澄心堂纸,钱教授认为是在南京制造的,不知有何证据?据《负暄野录》记载,明确指出"南唐以徽纸作澄心堂纸得名"。米芾虽然不同意以徽纸为澄心堂纸的说法,而持澄心堂纸即池(州)纸说。蔡襄《文房四说·纸说》中指出,李主澄心堂纸"出江南池、歙二郡"。我们查阅了有关澄心堂纸的早期资料,虽所产州郡不尽相同,但都在皖南一带是无疑的,却未见南京制造澄心堂纸的记载,不知钱先生何据,特提出就教。另外,书中认为澄心堂为"李后主皇宫名",亦欠准确,据《后山丛谈》记载,为李后主(李煜)祖父李昪节度金陵时的住宅名,实际是南唐烈祖李昪宴居、读书或批阅奏章之所。据《梦溪笔谈》云,至"后主时,监造字澄心堂纸承御"。监造不等于就地制造。

---

① 曾在山东泰安制磁活字印书。

其二,关于王祯在安徽旌德任职期问题,书中写为:"王祯于 1290 年至 1301 年在旌德任地方官。"而王祯 1313 年自序云:"前任宣州旌德县县尹时,方撰《农书》,因字数甚多,难于刊印,故尚己意命匠造活字,二年而工毕。试印本县志书,约六万余字,不一月而百部齐成,一如刊板,始知其可用。后二年予迁信州永丰县,挈而之官。"据此,一般认为王祯在旌德县任职六年,即 1295 年至 1300 年;亦有人根据元代一度规定县尹任职期限为三年,序中"后二年"是前文的顺推,而认为他在旌德任职仅三年。虽然这两种看法尚有待统一,但王祯在旌德任职绝不会从 1290 年至 1301 年,达十一二年之久。至于书中关于翟金生泥活字的制法"大概是在泥块未干之前用铜模做的"观点,似乎不合情理。一是翟金生因家境贫寒、无力付梓之苦,才促使他仿造泥活字,若能制铜模,何不以铜制铜活字印刷;二是现存有大量阴文正体泥字模,并找到了一些与阳文反体泥活字完全配对的泥字模。我们认为,翟氏泥活字是先制泥字模再以泥字模制成一个个泥活字的。最近钱存训教授来信中表示同意我们这一浅见,为对读者负责,希望再版或译为中文本时予以注意。

虽然书中小的疏漏还能列举,但是瑕不掩瑜。综观全书,无疑是一部有关中国造纸和印刷史的杰作,也是迄今已经出版的同种著作中最优秀的一本。这部新作问世,无疑将为李约瑟博士那部《中国科学技术史》巨著增辉!

原文载于:《安徽史学》,1986(6):65—69。

"关子"钞版之发现及其在印刷史上的价值[①]

张秉伦

1985年,我们在安徽省文物普查珍品展览会上,有幸见到一套金属关子钞印版。经查,此为东至县文物考古队和地方志办公室联合调查组于1983年在该县废品中转仓库内发现的,其更具体的来源有待进一步查考。

图1

这套关子钞印版包括:票面文版、尾花版、敕准版、关子库印、关子监造印、国用钱关子印、关子富富印、颁行印,共八块。各种印版均为0.4 cm厚金属板刻制而成,金属成分尚待检测。印版四角有双排镂空系纽之定位细孔。

关子票面文版:长22.5 cm,宽13.5 cm,重1000 g。顶部和底部为纹饰;中部上方横额有"行在榷货务对桩金银见钱关子"十三字,正中是"壹贯文省"四个楷书大字,其两侧分置小字铭文各三行,共七十七字,连读为:"应诸路州县公私从便主管,每贯并同见钱七佰七十文足,永远流转行使,如官民及应干官司去处,敢有擅减钱陌,以违制论,徒贰年,甚者重作施行,其有赍至关子赴榷货务对换金银见钱者听"(文中标点为笔者所加),均为阳刻反字(图1)。

尾花版:长16 cm,宽7.3 cm,重488 g。素面阳刻花瓶居中,周边以卷云纹拱托,瓶口插有"圣花"图案,似为吉祥物,因此又称宝瓶图案版(图2)。据第十七届行在会子背印为灵芝图,十八界会子背印瓶图,因此宝瓶图案可能印在关子背面。

敕准版:长18.7 cm,宽13.5 cm,重943 g(图3)。均有阳刻反字,横额有行书"敕准"二字,下有隶书律文七条:

——伪造人不分首从并行处斩;

——知情停藏及卖给人减犯人罪壹等并配远恶州;

——知情转将行用人,不问已未行用减犯人罪壹等,并配贰阡里,谓亲于伪造处转将行用者;

① 本文在调研中曾得到东至县文化局张北进同志的大力支持,在此表示衷心感谢。

图 2

图 3

——知情引领买卖般贩人,减犯人罪壹等,并配贰阡里;

——徒中及窝藏之家能自告获,却与免罪仍推赏;

——诸色人告获、捕获,与补保义郎,不愿补授者支赏钱贰万贯,其犯人家产尽数给告捕人；

——官吏失觉察,甲保乡隅官不举觉,并□□准施行。

其他几块印版大小及印文可见表1和图2。

这套关子钞印版经古钱币专家汪本初等鉴定,既非冥钞钞版,亦非古董商翻版或伪造,而南宋实物[①]。

中国纸币正式出现始于北宋"交子",宋末为解决财政困难又大量发行纸币"会子"等。"关子"发行的主要原因是南宋小朝廷处于内忧外患之中,通货膨胀严重,"会子"泛滥,失去信用。因此,早在1260年就打算另发新币,废除"会子":"景定元年,丞相贾似道欲造关子,罢十七、十八界会子"[②]。《宋史·贾似道传》载:"复心楮作银关,以一准十八界会之三,自制其印文如贾字状行之,十七界会子废不用。"

表1　其他关于印版大小、重量及印文

名称	大小(cm)	重量(g)	字体	印文
颁行印	14.7×5.6	312	阳刻楷书	"景定伍年颁行"
库印	5.6×5.7	121	阳刻九叠篆	"行在榷货务金银见钱关子库印"
监造印	5.5×5.5	107	阳刻九叠篆	"金银见钱关子监造检察之印"
国用钱关子印	6.0×5.7	137	阳刻九叠篆	"国用见钱关之印"
关子富富印(残)	5.5×4.0	85	阳刻九叠篆	"□□□见钱关子富富印"

《宋季三期朝政要》卷三明确记载:"景定五年元旦造金银见钱关子,以一准十八界会之三,出奉宸库珍货(原注:别本作宝)收弊楮,废十七界不用。其关子之制,上黑印如西字,中红印三相连如目字,下两旁各一小长黑印,宛然一贾字。关子行,物价益踊。"[③]这里景定五年元旦造关子,与钞版中的颁行印"景定伍年颁行"完全一致。类似记载还见诸《续文献通考》卷七、《续资治通鉴》卷十七、《宋史·食货志》等著作。

金银见钱关子从景定五年开始印造,以便民旅交易之用。印刷地点开始在杭州"行在、都省、三省大门内,以都司提领"[④]。咸淳七年以行在纸局所造关子纸不精,命四川制造司抄造输送。贾似道本想以金银见钱关子来维护其货币信誉,由于南宋朝廷腐败,经济萧条,物价飞涨,货币仍不断贬值。尽管他采取了一系列行政措施,千方百计地维护金银见钱关子信用,但直到公元1279年,扰攘十一年之久的关子终于随着南宋小朝廷的覆亡而消失了。

在金银见钱关子发现之前,国内早期纸币仅有北宋钞版拓本和南宋钞版实物各一件,北宋钞版拓本一般认为是"交子",然面值迄今尚无定论;南宋钞版称"行在会子库"。金银见钱关子钞版之发现,尽管还有一些问题值得进一步探讨,但无疑是古钱币史、经济史、法律史、印刷史上一件大事。

就印刷史而言,据《宋朝事实》卷十五记载,北宋四种交子是"同用一色纸印造,印文用屋木人物、铺户押字,各自隐密题号,朱墨间错"[⑤],应是多色印刷。至于官交子,据《全蜀艺文

---

① 汪本初:《安徽东至县发现南宋"关子钞版"的调查和研究》,安徽金融研究,增刊4。

② 卫望月:《关子钞版及其他》,安徽金融研究,增刊2。

③ 宋季三朝政要:卷三,商务印书馆,1928:43。

④ 《咸淳临安志》卷九。

⑤ 转秦子卿:《略论南宋纸币"关子"》,载《中国钱币论文集》,中国金融出版社,1985:259—263。

志》转载费聚原著中关于官交子的格式,更是黑、蓝、红三色印刷。然因实物无存,仅有孤本,难见其端倪;同样行在会子库钞版仅存一块,亦难恢复其原貌。而金银见钱关子钞印版一组八块,根据前引《宋朝事实》等书记载,基本上可以恢复其朱墨二色印刷之原貌。再就印刷质量而言,金银见钱关子钞版设计大方,图文并茂,结构简洁,造型雅致;镌刻细腻,纹饰流畅,字画得体,布局肃穆,印刷精良。比目前所见到的各种宋元钞版所印制纸币都要规整、清晰得多。充分反映了南宋时印刷技术的精良。

原文载于:《中国印刷》,1989(24):84—86。

关于翟氏泥活字的制造工艺问题①

张秉伦

据沈括《梦溪笔谈》所载,我国北宋庆历年间(1041—1053)布衣毕昇发明了泥活字,创活字印刷术。这是我国科学技术史上的一大发明。然而,九百余年后的今天,毕昇所造泥活字早已无从寻觅;至于曾否印过何种书籍,不仅无书可考,而且历代未见著录。因此,在国内外绝大多数学者公认我国毕昇是活字印刷术发明家的同时,也有少数学者对毕昇泥活字提出了种种疑问。如罗振玉认为"泥不能印刷",胡适认为"火烧胶泥作字似不合情理,也许毕昇所用是锡类"等等②。这实际上是怀疑沈括《梦溪笔谈》所记毕昇发明泥活字印刷术史料的真实性。然而,现存翟金生据《梦溪笔谈》所载毕昇泥印活板之法而仿制的泥活字及其所印书籍,则可使上述这些怀疑涣然冰释。

翟金生(1775—?)字西园,号文虎,安徽泾县人。其"先祖驾部震川公,讲明正学,著述甚富,殁祀乡贤";自谓"下里寒儒,乡贤后裔"。一生以教书为业,精诗善画,颇有艺术才能。他深感其先祖"遗编蠹蚀",殊为可惜,总想付梓刊行。但刻板印刷费资甚巨,以金生家境,颇"乏开镌之力"。③ 后读沈括《梦溪笔谈》,"见泥印活板之法而好之",因而"每于课读之余,不惮烦劳,竭智虑以穷其术",④终以"三十年心力,造泥活字板,数成十万"。⑤ 从而成功地开展了翟氏的泥活字印刷事业。

道光二十四年(1844),翟金生七十岁时,在儿孙们协助下,用白连史纸"试印其生平所著各体诗文及联语"两册,⑥取名《泥板试印初编》(图版壹,1),并附五言绝句数首,言其自刊、自检、自著、自编、自印诸事。

就印刷质量而言,《泥板试印初编》字划精匀,纸墨清晰。如果不是封面注明泥板印刷,很难看得出是泥活字板。包世臣在为此书作序时指出,木字印数稍多之后,木质就会胀大,字划往往变得模糊,"终不若泥板之千万印而不失真也"。⑦ 可见,泥活字印刷比木字印刷有更大的优越性。

道光二十七年(1847),翟氏又用小字排印了江西宜黄友人黄爵滋诗集《仙屏书屋初集》五册十八卷。封面印有"泾翟西园泥字排印"小字两行。诗集中的小注,字体更小。

① 本文在调研过程中曾得到华觉明先生、张秀民先生、董家骧先生、张宏礼同志的支持和帮助,在此一并致谢。
② 张秀民:《中国印刷术的发明及其影响》,人民出版社,1958:73。
③ 翟金生:《泥板试印初编》"自序"。
④ 同上书,"翟一杰自识"。
⑤ 同上书,"包世臣序"。
⑥ 同上书,"包世臣序"。
⑦ 同上书,"包世臣序"。

　　咸丰七年(1857),翟金生年已八十三岁,又命其孙翟家祥利用翟氏泥活字排印了明朝嘉靖年间(1522—1567)翟震川修辑的翟氏老家谱,名为《泾川水东翟氏宗谱》,封面左题"大清咸丰七年仲冬月泥聚珍重印"一行(图版壹,2)。

　　翟金生泥活字板《泥板试印初编》和《泾川水东翟氏宗谱》在北京图书馆、安徽省图书馆、安徽省博物馆和泾县文化馆等单位仍有珍藏。翟氏所造泥活字及其所印书籍的传世,证实了沈括关于毕昇发明泥活字印刷的记载的可靠性。张秀民先生于 1961 年[1]、笔者于 1979 年[2]曾先后著文论及。笔者又经多方搜集,亦保存了一部分翟氏泥活字,并曾配齐一套作为中国古代科技成就之一送加拿大、美国展览。翟金生自造泥活字决非"雕虫小技",其在中国科学技术史上的地位是不可低估的。

　　然而,关于翟氏泥活字的制造工艺问题,由于翟氏没有系统地记载下来,给研究工作造成了一定的困难,以致产生了一些值得商榷的观点。如张秀民先生用力甚勤,曾由翟氏所印泥版书籍中集得数语,排列如下:

　　"抟土蒸炉,煎铜削木","直以铜为范","调泥埏埴,磨刮成章"。

　　张秀民先生据此推测说:"好像是先做木模,或浇铸铜模,后造泥字,入炉烧炼,再加修整。"[3]这种解释有令人费解之处:若先浇铸铜模,何不直接浇铸铜活字,以铜活字印刷呢? 而且浇铸十万多个铜模,费用很高,这与翟金生本意不符。问题是以上几句话,原文中并非如此连贯在一起,而是摘自若干篇章的。排列的次序不同,就可有不同的解释。对于这个问题,应该联系上下文,理解它的本来含义,然后进行重新排列,才能勾画出翟氏造泥活字过程的轮廓。如翟金生在《泥板试印初编》"自序"中说:

　　"自揣雕虫小技……于是调泥埏埴,刮制成章,制字甄陶、坚贞。拟石蜂采花而酿蜜,镇日经营;狐集腋以成裘,频年积累……"

　　这里说到用水调和黏土,制成一个个坚硬的泥字。

　　又在《泥板造成试印拙著喜赋十韵》中云:

　　"卅载营泥板,零星十万余;坚贞同骨角,贵重同璠玙。直以铜为范,无将笔作锄……"

　　这里的"直以铜为范"是说直接用铜范来密布泥活字,亦即排版。铜范就是《梦溪笔谈》中所说的铁范。以铜代铁,其用相同。绝不是指以铜浇铸字模,否则前两句已指出泥活字"坚贞同骨角",怎么能以铜字模再来"修整"呢? 而且,"无将笔作锄"一语是对应于"直以铜为范"而言的,意思是说,有了泥活字,就不必再用笔来抄写,直接用铜范排版,便可印书了。因此,"直以铜为范"说的是排版工艺,与泥活字本身制造工艺无关。至于"煎铜削木"可能是指排版的工艺过程。因为用泥活字印刷时,须用蜡(石蜡或蜂蜡)做粘固剂,"煎铜"即是用火熔化铜范中的蜡剂;又在排版时,活字之间会有间隙,或版面安排时,须留空白,这就需要"削木"以填。或者是指制造最小号字的铜模,因为至今只发现了大、中、小三种型号的泥字模,而未发现次小号泥字模,而且次小号字太小,以泥制模恐有困难。

　　另一方面,要探讨翟氏泥活字的工艺过程,还须结合翟氏泥活字实物,进行研究。

　　从中国科学院自然科学史所、安徽省博物馆、泾县文化局以及笔者所收藏的数千枚之多的翟氏泥活字来看,约可分为一号泥方字、二号泥方字、三号泥长方字、四号泥方字和小圆圈

①　张秀民:《清代泾县翟氏的泥活字印本》,文物,1961(3)。
②　张秉伦:《关于翟金生的泥活字问题的初步研究》,文物,1979(10)。
③　张秀民:《清代泾县翟金生的泥活字印本》,文物,1961(3)。

五种,亦即大、中、小、最小四种型号字和句号(图版壹,3)。其规格大小如表1。

表 1　翟氏泥活字规格大小表(平均值)

	一号泥方字 (cm)	二号泥方字 (cm)	三号泥长方字 (cm)	四号泥方字 (cm)	句号 (cm)
长	0.90	0.70	0.75	0.40	0.60
宽	0.85	0.66	0.60	0.35	0.30
高	1.20	1.20	1.20	1.20	1.20

各型号字均为明体字(俗称宋字)、阳文反体,直接可用于印刷;圆圈可用于句逗。另外,还有相当数量的白丁和各种型号的阴文正体字。白丁可能是作为填空用的,相当于现代铅字印刷中的空铅,或者是制阴文正体字剩下的泥坯。

问题是这些型号的阴文正体泥字究竟是做什么用的? 从长宽尺寸来看,它们分别与相应型号的阳文反体泥活字一致,而高度仅有0.5厘米左右,不及各种型号泥活字的一半,显然不便印刷,而且阴文正体泥字如直接用于印刷,印出来的则是空心反体字,不合印刷常规。因此,笔者认为这些阴文正体泥字不是直接用于印刷,而可能是作为字模使用的。现在已经找到五对阴阳文正反体可以配对的泥活字和"字模",每对字体和笔画完全相同,只是阳文反体泥活字笔画比阴文正体的泥字笔画细一些(图版壹,4),这可能是以先烧干的阴文正体泥字为字模,用湿胶泥制出阳文反体泥活字,稍加修整,再烧干,失水、收缩所致。

字模问题,《梦溪笔谈》中并无记载。这些阴文正体字模是否单个刻制的? 翟金生为什么要制这么多字模呢? 笔者认为这些字模不是单个刻制的。因为如果是单个刻制的,为什么不直接刻成阳文反体字,而要多此一举呢! 此外,每个阴文正体字模,字画平整,没有明显刀痕,而字画周围并不十分平整,显然是以其他阳文反体字为模制成的。这样说,是否意味着还有一个专制木模或金属字模的过程呢? 当然不是,因为如果要专制木字模,可直接刻成阴文正体木字模,而这些阴文正体泥字模就不必要了;如果专制金属字模,当为阳文反体字,可直接用于印刷,并与阳文反体泥活字相矛盾。我们知道,明清时期皖南的雕版印刷和活字印刷都相当发达,仅泾县赵绍祖就曾刻印过《泾川丛书》四十五种,七十卷,潘锡恩也印有《乾坤正气集》等。因此,翟金生便可能用胶泥在现成的阳文反体字上制得阴文正体泥字模,然后再用这种泥字模制成阳文反体泥活字,这比单个刻制泥活字要方便得多。当然,一些奇缺的单字还是要单个刻制的。

关于翟氏泥活字的成分,经中国科学院上海硅酸盐研究所帮助分析化验,结果见表2。

表 2　翟氏泥活字的化学成分

化学成分	SiO_2	F_2O_3	Al_2O_3	TiO	MnO	Na_2O	MgO	K_2O	CaO	烧失
测定值(%)	54.50	9.58	26.68	1.06	0.08	1.08	1.93	2.43	0.26	1.99

又承建筑材料工业部地质公司研究所用X射线衍射仪进行分析,知其矿物组成为石英和长石,用差热分析法知其烧成温度为870 ℃左右。

综上所述,翟氏泥活字的制造工艺过程应该是:先选择适当的黏土和水制成胶泥;制坯;在现成的阳文反体字上制成阴文正体泥字模;再用泥坯以阴文正体字为模制成阳文反体泥活字;最后经870 ℃左右的高温焙烧,使其变得"坚贞同骨角"。因此,时至今日,存世的翟氏泥活字仍不失其"坚贞",依然可用于印刷。

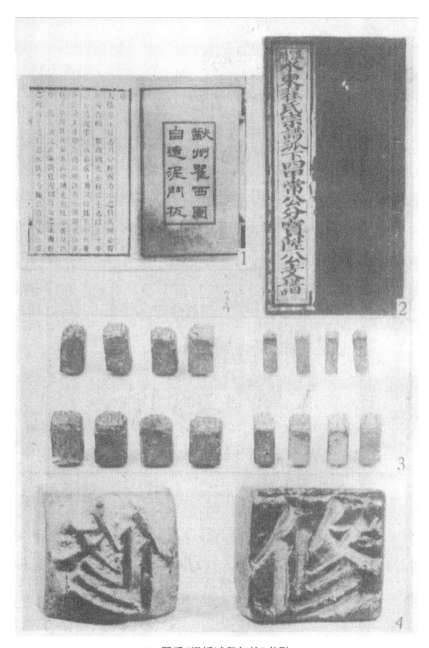

1. 翟氏《泥板试印初编》书影
2. 《泾川水东翟氏宗谱》书影
3. 翟氏四种型号泥活字
4. 阳文反体泥字和阴文正体字模对照

原文载于:《自然科学史研究》,1986(1):64—67。

泥活字印刷的模拟实验

张秉伦　刘云

活字印刷术是中国古代的伟大发明之一,活字印刷的模拟实验已成为当今印刷史研究中的重要课题。由于古籍中有关活字版的制作及其印刷过程的许多技术问题的记载往往不详,甚至缺如,因而仅凭简略的文献记载来探讨当时的印刷技术,难免会产生各种怀疑或臆测,学术界的意见也很不统一。为此,我们根据沈括《梦溪笔谈》中有关毕昇发明泥活字的原始记载,并参照翟氏泥活字的制造工艺,仿制出六千余枚泥活字,对泥活字印刷进行了模拟实验。现将其中关键性技术问题叙述如下:

一、胶泥的制作

一般认为,胶泥是黏土加工而成的。但也有人持不同观点。冯汉镛先生新近指出:"现据古方书,考证出胶泥乃是炼丹用的'六一泥',对毕昇铸字材料的怀疑应该解除了。"[1]并据古籍记载引录了十二种"六一泥"配方,言"合成六一泥的主要原料是赤石脂(包括白石脂)、白矾、滑石、胡粉(包括黄丹)、牡蛎(包括蚌粉)、盐、卤、醋等,故它虽称为泥,而实质并非泥土"。[1]对此,我们认为,姑且不论这些原料的收集、加工及制成活字并非易事,至少比用黏土加工成活字要复杂得多。即便如冯先生所引北宋张锐《鸡峰普济方》中炼"伏火丹砂"时所用的"胶泥、纸筋打相着,三分泥、一分砂,相合固济",也该是以泥土为主。如果毕昇所用胶泥不是泥土制成的,何以"火烧令坚"后称为"燔土"?何况炼丹家们用的胶泥或"六一泥"也不尽相同,故毕昇所用的胶泥究竟是十二种"六一泥"配方哪一种也难确定;加之毕昇和炼丹家使用胶泥的目的不同,其原料也未必相同。若如冯先生所言,使用胶泥的目的是利用其"粘合力很强"、"防止断裂",那么具备这种性能的黏土随处可以取到,大可不必多此一举要选用七种原料配成"六一泥"。结合翟金生泥活字现存实物的化学成分[2]以及我们所做的物相分析,证明这些泥活字都是黏土加工制成的。并不是什么"六一泥",只不过是这些黏土加工得十分细腻而已。为此,我们不采用任何一种的"六一泥"配方,而是直接利用采自淮南八公山黏土(其实,别地黏土也是可用的,我们只是就便使用了雕塑家从八公山运来的黏土),筛去石块等杂物,加水和成泥浆,用布过滤、沉淀,抽去上清液,再以草木灰隔布吸湿。初步风干后揉熟成坯备用。实验证明,这种泥坯质地相当细腻、黏性很好,便于加工、煅烧过程中无开裂现象,完全符合制泥活字所用胶泥的标准。

---

① 冯汉镛:《毕昇活字胶泥为六一泥考》,文史哲,1983(3)。

② 张秉伦:《关于翟氏泥活字的制造工艺问题》,自然科学史研究,1986(1)。

二、泥活字的制造

关于泥活字的制造工艺,沈括《梦溪笔谈》中所记毕昇遗法,只有"以胶泥刻字,薄如钱唇,每字为一印,火烧令坚"四句话。根据"以胶泥刻字",毕昇似乎是直接在胶泥字坯上刻成阳文反体字的。我们的实验表明,在胶泥字坯上直接刻字是可行的。关键是胶泥坯的干湿度要掌握好。胶泥坯过于湿软,字体、笔画则易变形;胶泥坯过于干硬,则比在木块上刻字还要困难得多,不如翟金生先制字模再制泥字方便,即先刻阳文反体木字或利用现成的雕版上的阳文反体字制成阴文正体泥字模,再以泥字模制成泥活字(阳文反体)。能否直接用木块刻成阴文正体木字模而节省一道工序呢?结论是否定的。因为阴文正体木字模笔画无法平整,依此制成的阳文反体泥活字笔画则高低不平,并留有明显的刀痕,不便印刷。可见翟氏制字工艺与现代铅字制造过程及其原理更加相近。我们仿照翟氏泥活字制造工艺先刻阳文反体木活字、制成阴文正体泥字模、再据此制出若干阳文反体泥活字,其效果很好。另外,我们还利用现代制铅字用的阴文正体条状铜字模(字模型号为 24 点新头条字)直接制成阳文反体泥活字,每人每小时可制五十多字,既方便而且形状十分规整,除原料以外,字体和笔画几与铅字无异。

毕昇遇"有奇字素无备者,旋刻之,以草火烧,瞬息可成"。[①] 对于常备字是否以"草"烧,不得而知。我们将以上几种方法制成的泥活字,经过进一步阴干后,均"火烧令坚"。为了控制温度,我们是把阴干的泥活字放在马弗炉中加以焙烧的,其烧成温度为 600 ℃,结果所有泥活字无一开裂现象。也不像一般人所想象的那样"非常脆弱,一触即破",而是个个"坚贞如骨角"(图 1)。这种泥活字与"瓷活字"有何区别,是否将它们经过 1300℃以上高温,就"煅烧为瓷"呢[②]? 前已述及毕昇临时补刻的"奇字"是以草烧的,温度不会太高,即使常备字也无1300℃以上高温煅烧的规定,所以由此怀疑黏土制胶泥刻字会成瓷活字是没有根据的。至于瓷活字或清代徐志定磁版的制造工艺,至今尚未研究清楚,称为瓷活字或磁版,该是有别于泥活字而言,至少原料和温度都不会相同。鉴于水墨印刷的需要,瓷活字或磁版可能是未经上釉而经过高温烧结的素烧瓷,或者是以素烧瓷为内坯,有字的一面不上釉,而其他几面均上釉。为了验证上述的分析,我们以白瓷土为原料,依泥活字制法制出几枚瓷活字坯,经过 1300 ℃以上高温焙烧,制成素烧瓷活字,结果个个"坚致胜木",洁白如瓷,十分漂亮。

三、排版印刷

关于泥活字排版印刷的可行性,《梦溪笔谈》中已有明确的记载,翟氏泥活字排印的《泥版试印初编》《仙屏书屋初集》《修业堂集》《水东翟氏宗谱》以及李瑶排印的《南疆绎史勘本》《校补金石例四种》等,进一步提供了有力的佐证。可是,近年来冯汉镛先生却认为"泥土铸成的字,如经千三百度以上的高温,烧煅为瓷,则其吸水力接近零,就不能作印刷用。如用千度左右温度烧炼为陶,则其吸水力为百分之二十,同样也不能印刷,即令勉强付印,而'泥埏

---

① 沈括:《梦溪笔谈》卷十八。
② 冯汉镛:《毕昇活泥字胶泥为六一泥考》,文史哲,1983(3)。

体粗’,印出的字迹模糊,也难以应用”。①

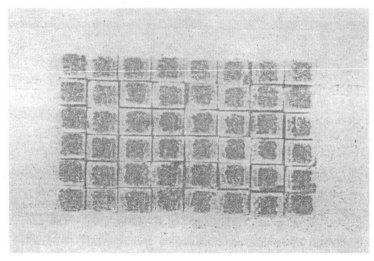

图 1　仿制的部分泥活字照片

　　前已述及,泥活字与瓷活字不能混为一谈,毕昇遗法中“火烧令坚”也未说明“用千度左右温度烧炼为陶”。那么,经过 600 ℃ 高温焙烧的泥活字能否进行印刷呢? 为此,我们用自制的泥活字按毕昇遗法亲自进行了排版印刷试验。版式为半叶十行,行十七字,四周双边,双鱼尾。文字内容是《梦溪笔谈》卷十八关于毕昇发明活字印刷术的那篇原始记载。结果证明,并无“泥埏体粗”、“字迹模糊”的现象,而且黑色均匀,字体清楚,不乏爽心悦目之感(见图 2)。同样,经过 1300 ℃ 高温焙烧的瓷活字(素烧瓷)也是可以印刷的。其关键在于印墨的选择,如果印墨太稀,笔画易被墨运,而使字体模糊,且色泽较淡;如果印墨太稠,印刷效果也不佳。选择适当浓度的印墨或用油墨印刷,效果都很好。

图 2　仿制的泥活字排版印刷照片

---

　　①　冯汉镛:《毕昇活字胶泥为六一泥考》,文史哲,1983(3)。

版印书籍唐人尚未盛为之自冯瀛王始印
五经已后典籍皆为版本庆历中有布衣
毕昇又为活版其法用胶泥刻字薄如钱
唇每字为一印火烧令坚先设一铁版其
上以松脂腊和纸灰之类冒之欲印则以
一铁范置铁板上乃密布字印满铁范为
一板持就火炀之药稍镕则以一平板按
其面则字平如砥若止印三二本未为简
易若印数十百千本则极为神速常作二
铁板一板印刷一板已自布字此印者缒

梦溪笔谈卷十八

泥活字模拟印刷样张

梦溪筆談卷十八

毕则第二板已其更互用之瞬息可就每一字皆有数印如之也等字每字有二十余印以备一板内有重复者不用则以纸贴之每韵为一贴木格贮之有奇字素无备者旋刻之以草火烧瞬息可成不以木为之者木理有疏密沾水则高下不平兼与药相粘不可取不若燔土用讫再火令药镕以手拂之其印自落殊不沾污昇死其印为余群从所得至今保藏　沈括

中国科大科学史室　澄泥版

原文载于:马泰来等主编,《中国图书文史论集》上篇,正中书局,1991:57—62。

范礼安与西方印刷的回传

——关于最早传入中国的西方印刷设备及其所印书籍问题的讨论

张秉伦　孙舰　吕凌峰

印刷术是中国古代最伟大的发明之一,对人类文明的发展产生了巨大的作用。唐宋时期正值中国雕版印刷日渐成熟之际,毕昇又于 11 世纪中叶发明了泥活字印刷术。它比 1450 年德国谷登堡的活字印刷要早 400 多年;元明以降,又有木活字和铜、锡、铅等金属活字问世。活字印刷术曾传到世界很多国家。但中国活字印刷始终没有得到应有的发展,更未取代雕版印刷的主流地位,学术界已有众多讨论。从技术角度来看,至少有两点值得反思:

其一,中国活字的制造方法,既未像活字印刷术传到朝鲜后那样大规模地铸造金属活字,更未像西方那样先刻钢模,来冲制金属字模,再制成金属活字,用于印刷,而是以逐个地雕刻活字为主,从而影响了制字的规模和效率;

其二,虽然宋元时期,中国的机械,包括人力、畜力、风力、水力机械已相当发达。但中国人从未利用机器来进行印刷,以提高印刷速度和减轻劳动强度,依然靠传统的手工操作从事印刷活动,从而未能直接进入以机器印刷为技术标志的近代印刷阶段。

以上两点与 1450 年德国谷登堡创用铅、锌、锡合金铸造金属活字,以改制而成的第一台木质结构金属螺杆印刷机进行印刷后,欧洲很快进入了印刷近代化阶段,形成了鲜明的对比。西方印刷技术后来居上了,以致才有西方印刷技术的回传。那么,西方印刷技术的回传究竟可追溯到何时,最早传入了哪些印刷设备、印刷过什么书籍? 本文拟在前人研究的基础上试作讨论。

(一)

研究西方印刷技术的回传,或研究中国近代印刷史,首行遇到的问题就是第一台印刷机何时传入中国,印刷过什么书籍? 关于这个问题. 目前学术界的意见并不相同,范慕韩先生主编的《中国印刷近代史(初稿)》[①]总结了三种观点并提出新的见解,其他学者也发表了不同观点,现依次概括如下:

1.《中国印刷近代史》中说:张秀民认为范礼安(A. Valigani, 1539—1606 年)从印度到日本携有西洋印刷机,1510 年在日本印刷了第一部西文活字书,后来继续刊印,通称"切支丹本"(Chritian edition 音译)。这一观点显然有误,抑或印刷错误,因为 1509 年范礼安还未出生。不过我们在张秀民先生著作中看到范礼安传到澳门的第一台印刷机是在 1590 年。

---

① 范慕韩:《中国印刷近代史初稿》,印刷工业出版社,1985。

并用西洋活字印刷了拉丁文《日本派赴罗马之使节》。次年欧洲印刷术传入日本。①

2. 傅振伦,在《中国活字印刷术的发明和发展》文中认为从葡萄牙输入日本的印刷机和活字是 1590 年,曾于 1591 年在九州、长崎一带印刷称作"切支那本"的教会宣传书籍遭排斥其时间基本正确,但未涉及经过澳门传入日本问题。

3. 日本中根胜认为:日本"遣欧少年使节"于 1590 年返抵长崎,带回印刷机、铸字模型和三种罗马体活字,以及纸张、油墨。此后出版了几种西文和罗马拼音的日文活字版印刷的书籍。1612 年幕府颁禁信仰外教的命令,印刷出版活动被迫终止,于 1614 年将印刷设备转运到澳门。此观点对日本的叙述较清楚。而且提到了包括印刷机在内的多种印刷器材,但未涉及这台印刷机及其他设备是否经过中国澳门再传到日本的问题,更未提到是否在澳门印过什么书的问题,而且给人的印象,好像西方印刷技术是经过日本再传入中国的,时在 1614 年。

4.《中国近代印刷史(初稿)》在概括以上三种观点以后,又提出一种新见解,即中根胜、张秀民、傅振伦诸文讲的是一回事,但设备转运到澳门的时间晚于 1590 年,也可认为标有 1590 年出版的《日本赴罗马之使节》是稍迟数年后在澳门排印的。此观点显然是受中根胜见解的影响较大而提出的猜测。

5. 张树栋先生等《中华印刷通史》②认为:凸版印刷制造机械进入中国,当以清万历十八年(1590)欧洲耶稣会士在澳门出版印刷拉丁文《日本派赴罗马之使节》为最早。既然在澳门排印,自然用的是从欧洲运来的铅印设备,这批铅印设备,有可能是日本大正年间(1573—1591 年)天主教组成的"遣欧少年使节"从欧洲返回日本长崎带来,后因幕府严禁信仰外教而转运到澳门的那批铸字和印刷设备。这是 1998 年以前国内关于西方印刷设备最早传到澳门及其印刷书籍的较为谨慎的推测,但仍坚持"1590 年说"。

6. 杨福馨先生在《澳门印刷技术及其发展》一文中提到西方印刷技术传入澳门。确切的时间是在 1588 年,最先由耶稣会澳门区主教范礼安神父将西方的活版印刷从欧洲经印度的果亚带到了澳门。并于 1588—1590 年间用活字印刷机在澳门印刷了第一批拉丁文书籍,用活字印刷的第一本书是《天主教青牧学院·孤儿院》③。这是国内印刷史研究中的最新观点,但嫌简略且与上述观点一样没有何证据,又无参考文献,读之,不敢轻信。尤其是在多种观点并存的情况下很难取舍。

产生上述不同见解和存在问题的主要原因,是国内缺乏早期文献记载和实物证据,国外研究进展的文献也很不足。笔者有幸于 2001 年 6 月随中葡科技交流学术代表团前往葡萄牙进行学术交流,在十多天的时间里,参观了葡萄牙一些著名图书馆和设在里斯本的澳门历史档案中心,并且访问了 16—17 世纪印刷史专家马托斯博士和他的印刷史研究中心。刻意搜集了有关这方面的资料并在里斯本宫殿图书馆费尽周折,终于亲眼目睹了 16 世纪在澳门印刷的原版书。现将我们已掌握的资料,综述如下,以供讨论。

---

① 张秀民,韩琦:《中国活字印刷史》,中国书籍出版社,1998:200.(注:另外张秀民《中国印刷史》,也是持 1590 年说。)

② 张树栋等:《中华印刷通史》,印刷工业出版社,1999:429—440。

③ 杨福馨:《澳门印刷技术及其发展》,印刷杂志,2000(3):42。

（二）

要想弄清最早传入中国澳门的印刷设备及其所印书籍的确切年代，有必要对前文已提到的范礼安这个关键人物在东方的相关活动有所了解。

亚历山大·范礼安（Alessandro Valigani，1539—1606 年）意大利人。18 岁在巴度阿（Padua）大学民法系获博士学位，曾在保罗四世（Paulo Ⅳ）教廷实习过，为阿丁卜斯（Aleemps）主教服务，1566 年正式参加耶稣会教团，时年 27 岁。

1573 年日月，范礼安奉教团总主持艾·梅图里亚努（E. Mercuriano）之命前往印度和日本传教。同年 9 月抵达印度果阿（Goa）；1578 年 9 月到达澳门。12 月 1 日，他在澳门致艾沃拉主教特迪·布拉同萨（T. de Bragance）信中说："我已申请将印刷技术带到日本，旨在能够印刷适合日本的书籍。"这就是后来西方印刷设备东传的最初动因。

1579 年 7 月，范礼安到达日本。在那里他所做的与后来西方印刷设备东传有关的一件事，就是他组织了第一个前往欧洲访问的日本教使团（又称"日本遣欧少年使节"）。他们于 1582 年 3 月经澳门西行。可是范礼安没有按原计划随日本赴欧使团继续西行抵达欧洲，因为 1583 年他被任命为东印度大主教，不得不留在果阿。

直到 1587 年 5 月，返回的日本赴欧便团携带着包括印刷机在内的西方印刷设备途经果阿时，他又和日本赴欧使团一起带着西洋印刷设备，由果阿出发，经过马六甲，于 1588 年 7 月到达澳门。由于日本幕府反对传教，他们被迫在澳门等待了一年多时间[①]。此期间，他们原本打算带到日本的西方印刷设备，在澳门耶稣会住地开展了后文将要讨论的第一批印刷活动；直到 1590 年 6 月这批印刷设备才离开澳门，于同年 7 月运到了日本，又在长崎、九州一带印刷过一些西文书籍。

（三）

那么，第一次运到澳门的西方印刷设备，除活字印刷机以外，还有哪些器材？ 在 1588 年 7 月—1590 年 6 月间，这些西方印刷设备在澳门究竟印刷过哪些书籍或其他印刷品呢？

这两个问题，目前都很难准确地回答。比较保险的做法，就是对标明当时在澳门印刷的现存版本进行分析，再结合其他文献，可望给出初步结论。现已查明：至少在 1588、1589、1590 年先后进行过三次活字印刷，其中 1589、1590 年两次印刷的是同一本书。

在澳门印刷出版的现存最早的一本书，是 1588 年印刷的萨拉马克（Salamanca）曾于 1575 年出版过的让·布尼法修（Loanne Bonifacius）的书：《天主教青少年避难所》（Christiani Pueri Institutio），亦有译为《基督教儿童避难所》。该书现存里斯本的宫殿图书馆，据说是现存于世的唯一孤本，经我一再恳求，图书馆管理人员才将这部稀世版本展现在我们面前：该书保存完好，是硬壳精装，封面长 16 cm、宽 11 cm；内页齐装订线度量：宽 10 cm、长 15.5 cm。纸质厚重、淡白色，对着光隐约可见有砂纸留下的细帘文，与中国 16 世纪纸张有所不同。据管理人员说，这是"剑麻纸"。全书为拉丁文，用油墨和活字印刷而成，共 252 页，书名页和倒数第 12 页都盖有葡萄牙宫殿图书馆图徽，这就是大家所关心的在澳门用西文活字印刷的第

① 文德泉：《百周年——澳门印刷业》（承蒙中葡科学历史中心提供资料，在此表示感谢。）

一本书（图1）。从图中可看出：标明"在澳门印刷""1588"字样。该书在1988年，即在澳门印刷四百周年之际，已影印出版了两个版本（图2、图3）。

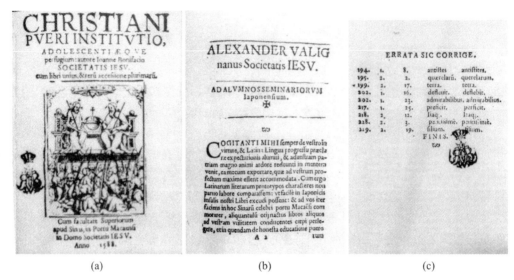

(a) (b) (c)

图1　1588年澳门用金属活字印刷的《基督教儿童避难所》

（(a) 为书名页；(b) 为正文第一页；(c) 为末页）

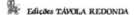

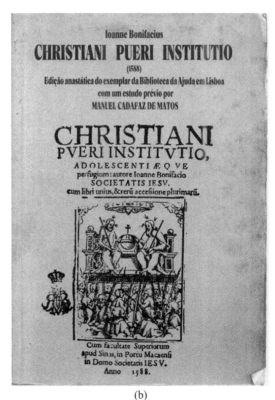

(a) (b)

图2　1988年葡萄重新印出版《天主教青少年避难所》的两个版本

在澳门印刷的现存第二本书就是通常所说的《日本赴欧少年使节》，其原文《De Missione

Legatorum Iaponensium and Romanam Curiam，Rebusque in Europa》。这是关于日本代表团在罗马的会读和在欧洲见闻的一本书，由桑多斯译成拉丁文，第一次在澳门耶稣会住宅印刷，时在 1589 年(图 4)、1590 年又进行了一次印刷，书名稍有改动(图 5)。这两个版本均有存世①，用纸张和油墨以及印刷情况与在澳门印刷的第一本书基本相同。

综上所述，1588 年由西方运到澳门的第一批印刷设备，至少包括一台印刷机、一套四种型号的金属活字、油墨和纸张，如果日本中根胜所言确切，还应该有铸字模型；至少在澳门耶稣会住址于 1588、1589、1590 年分别进行了三次印刷，共出版了两种书三个版本。至于是否还有其他印刷品，待考。

然而，由于这批印刷设备所印书籍，均为拉丁文，又是宗教内容，加之当时印刷活动仅限于澳门一隅，使用时间不到两年，所以第一次西方印设备及其活字印刷技术的传入，对中国影响不大。但这毕竟是西方印刷术的第一次传入，而且是先传到中国，再由中国传到日本的，这是研究中国近代印刷史不可回避的问题之一，特呈浅见，以供讨论。

本文得到国家科技部中葡科学历史中心项目资助，在此表示感谢！

图 3　1589 年在澳门用金属活字印刷的《日本赴欧少年使节》

图 4　1590 年在澳门用金属活字印刷的《日本赴欧少年使节》

原文载于:《中国印刷》,2001(11):41—44。

① M. C. de Matos. The Missions of Portugese Typography in the South of China in the 16th and 17th Centuries. Revista Portugesa de Historia de Livro, Lisboa, 1999:86—87.

关于中国人自铸铅活字问题的讨论

——徐寿等人仿效西法自铸铅活字成功

张秉伦

活字印刷术是北宋毕昇的伟大发明,而且泥活字、木活字、金属活字等印刷在中国古代应有尽有,但真正取代中国雕版印刷乃至活字传统印刷而成为中国印刷主流长达一百多年的,则是西方印刷术东传后的中文铅活字印刷。那么中国作为印刷术发明的故乡,何时自铸铅活字便成了印刷史专家关注的问题之一。根据张秀民先生研究[①],在鸦片战争前,我国一直有人在用铅活字,并提供了两条文献资料:其一是陆深(1477—1544)在《金台纪闻》中的记载:"近日毗陵人用铜、铅为活字,视板印尤为巧便,而布置间讹谬尤易。夫印已不如录,犹有一定之义,移易分合,又何取焉?兹虽小故,可以观变矣。"[②]说的是明弘治末年至正德初年(1505—1508)在常州的金属活字印刷情况;其二是清代湖南新化魏崧《壹是纪始》(成书于道光十四年,即1834年)卷九的记载:"活板始于宋,……明则用木刻,今又用铜、铅为活字。"

对于陆深记载的铅活字,张秀民先生予以相当高的评价,"常州人不但用铜版,又创为铅字,这在制造金属活字方面有卓越的成就"。并且批评陆深"表示反对,这简直是因噎废食了"。最后感慨:"可惜当时常州的铅印本与铜印本一样,都没有传下来。"正因为印本不传,所制活字更是不存,加之陆深的记载过于简略,可以有不同理解。因此钱存训先生认为陆深上述记载"只是含糊地提到,在16世纪初常州印刷者曾制'铜铅字',但是指的是铜与铅的合金,而不是两种单独金属活字。所谓'铜'活字,必然是合金,因为纯铜太软,不能使用,铜中必然掺加锡或铅来增加硬度,就和古代制造青铜兵刃和器物一样"。[③]钱存训先生虽未提魏崧的记载,但按照他的上述观点,魏崧所说"今又用铜、铅为活字"理应作同样解释。

我们赞同钱存训先生"所谓'铜'活字,必然是合金"的观点,中国古代铜活字不会是纯铜活字。但也不会是用纯铜加纯铅制成活字,或用纯铜、纯铅分别制成活字。钱先生认为陆深所制是"铜铅字",可视为一种新观点。其实,金简在《武英殿聚珍版程式》中曾指出"陆深《金台纪闻》所云铅字之法,则质柔易损,更为费日损工矣"[④],因而没有采用铅活字,而是新刻木来印刷武英聚珍版书籍,但他并未说铅绝不能制活字;范慕韩主编的《中国印刷近代史(初稿)》中也简略提及"毗陵(即常州)有铜版和铅字版"[⑤];而有些印刷史著作在谈到中国金属活字印刷时对陆深或魏崧是否制过铅活字,以及后文将要提到的王锡祺的工作却只字不提,可

① 张秀民:《中国印利史》,上海人民出版社,1989:728—729。
② 张志强:《江苏图书印别史增补》,江苏人民出版社,1995:94。
③ 钱存训:《纸和印刷》(《中国科学技术史》第五卷第一分册),科学出版社,上海古籍出版社,1990:94。
④ 金简:《武英殿聚珍版程式》,《钦定四库全书》史部·政书类,考工之属。
⑤ 范慕韩:《中国印别代史(初稿)》,印刷工业出版社,1995:46。

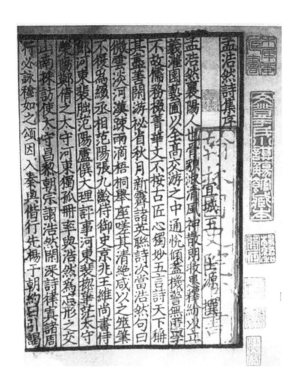

能也是持不同观点的反映。学术界存在不同观点是正常的现象。看来,陆深和魏崧所言"用铜、铅为活字",究竟是用铜铅制成"铜铅字",还是用铜和铅分别制成活字,尚难定论。即使陆深等人曾经制造过铅活字,那么它是如何制造出来的? 在现有文献中更难找到蛛丝马迹。它究竟是铸成的,还是单个刻制的? 这是铅活字印刷能否更好地推广普及的关键。张秀民先生并未明说,不过张先生一贯主张中国铜活字是刻制出来的,这种观点已为不少学者所接受,而且他与其贤甥韩琦合著的《中国活字印刷史》在总结"中国活字印刷技术困难"时,曾对中西活字印刷进行了比较:"西方的活字印刷因为是字母,其活字制造法是用钢模来冲制字模,再制活字,用于印刷。而中国活字印刷采用的方法不同,也没有像朝鲜那样大规模铸造活字,而是笨拙地雕刻金属活字。"[1]这里应似包括铅活字也是"笨拙地雕刻"出来的,而不是铸造出来的。我们认为在鸦片战争之前这个结论基本上是正确的;至于个别学者认为《金台纪闻》记载的是以铜及铅的合金"铸成活字"[2],我们认为恐属推测之言,从现有文献资料来看,根本看不出是铸成金属活字。

　　19世纪初,欧洲人由于到中国传教、经商或在西方研究汉学等需要,纷纷研制中文铅活字。经过了单个刻制铅活字,利用雕版翻铸后再锯成铅活字、刻制"叠积活字"、先刻钢模再铸铅活字,或先用钢板刻制字范来冲制铜模,再制铅活字等艰难曲折的试验过程,直到19世纪30年代才利用钢模制出成批铅活字,可供排版印刷。需要指出的是,早期中文铅活字的研制,几乎多由外国人在境外进行,其中只有梁发、屈昂等少数中国人在外国人主持下参与了部分实践。其中戴尔等研制的铅活字在中国影响较大,从此中文铅活字在我国很多地方开始应用于印刷,但多为西方印刷机构所为,或中国人向他们购买铅活字和其他设备进行

①　张秀民,纬琦:《中国活字印刷史》,中国古籍出版社,1998:195。
②　潘吉星:《中国活字印刷史》,辽宁出版社,2001:89。

印刷。

那么,中国人何时开始自铸铅活字呢?

此前,张秀民先生曾对淮安王锡祺(1855—?)在鸦片战争后利用铅活字印刷的资料进行过总结,并被有些学者引用:1893 年,王锡祺说:"迩年予得泰西活字,颇印乡先哲遗著";1875 年王锡祺路过上海时曾用活字印刷过王德舆《金壶浪墨》,错误满纸,几不能读;1887 年他又根据抄本作了补正,推测如果"重铸铅板,亥豕鲁鱼之消,或可免焉";民国《山阳县志》《清河县志》都说他"自铸铅版";段朝端《回赎铅铸书版记》也说他"家有质库,铅锡不出售,辄以铸版,积数年成《小方壶斋丛书》如(若?)干卷"。看来王锡祺"自铸铅板"确有此事,但疑问颇多。其一,王锡棋何年"自铸铅板",是用什么方法"自铸铅板"的? 其二,他铸的到底是铅版、锡版还是铅锡混合版? 文中没有说清楚,过去当铺所压当的多为锡器或称镴器……而铅制品极少,因而有人怀疑他所铸的可能是锡版[①]。《中国印刷近代史(初稿)》也认为"王锡祺所铸为锡版,非铅版。王氏之后不见有人再制铅字,而西洋印刷术开始在中国逐渐推广开来"[②]。看来王锡祺所铸是否是铅活字,也难定论。

同治十三年六月二十二日(公元 1874 年 8 月 5 日)《申报》上刊登了《论铅字》一文,明确记载了中国人自铸铅活字的事。该文在简要叙述中西印刷术发展情况后,有一段文字为研究中国人仿效西法,自主铸造铅活字提供了重要史料,现摘录如下:

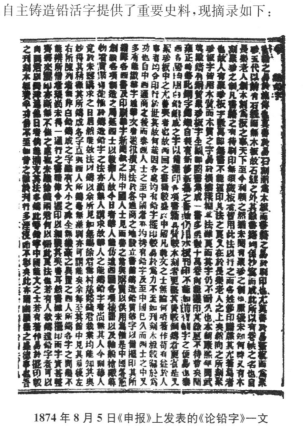

1874 年 8 月 5 日《申报》上发表的《论铅字》一文

泰西各国均用白铅铸成之字,以备摆印各项书籍。其质较木刻者更坚,其费较铜铸者更

①　张秀民:《中国印刷史》,上海人民出版社,1989:728—729。
②　范慕纬:《中国印别近代史(初稿)》,印刷工业出版社,1995:46。

省,是又聚珍版中之尤善美者也。……自中西通商后,而泰西人士至中国者亦均携有铅字,及至中国已久,而西士之中又多有能识华字通华文者,遂推广其法,于各通商之地设立书馆,铸造铅质华字,以备摆印其所翻译各西书及印刷华字新闻纸之用。中国人见而善之,常与购买,以供用焉。惟是中国各宪创设各项制造之局,延西士以教华人。故今日者,华人能仿造西国各项机器以及轮船枪炮等物者,实繁有徒;惟于铸造铅字之法亦尚无人讲求,故华人之能铸铅字者,尚无其人。今则华人竟于未经讲求之日,居然能效法以铸。以余所见,如无锡徐君雪村、慈溪钱君裁棠均能知其奥妙,得其精微,其所铸成各字,直与西人所铸毫无差别,亦可谓能矣! 余每至其馆中,见其前后左右所陈列者,无非白铅铸成之字。虽有大小之殊,全无纤豪〔毫〕之异,置之西人所铸各字之间,几不能辨。所惜者,现尚未得一通行之书籍。俾令摆印以细观其美善耳。然书虽未摆印,而字实甚整齐。将来摆印亦断无不佳之处也。未识徐、钱两君何以晤(通"悟")其良法也。若有人欲铸造铅字者,可以向两君以问津焉。他日者倘能扩充其法,多铸此等铅字,中国能文之士若有著作,易于摆印,较之刊刻木板费半功倍,不至如昔之难于刊行多湮没而不彰矣! 此亦阐幽显微之盛德事也。吾愿有志之士,无惜资本而习学此技艺,不但利人,亦且利己也。无徒笑予有癖嗜于西法可也。

　　由此可见,在西方人研制中文铅活字成功后,正在中国推广应用的年代,1874 年无锡徐雪村和慈溪钱裁棠已能仿效西法自铸铅活字了。这位无锡徐雪村就是徐寿(1818—1884),《清史稿》有传,而慈溪钱裁棠生平事迹待考。徐寿"于西学具窥原委,尤精制器",他在与华衡芳等试制中国第一艘火轮船时,"造器置机,皆出寿手,不假西人,数年而成"。后被曾国藩以"奇才异能"召入幕府,继而在上海设江南制造局,徐寿"于船炮枪弹多所发明,自制强水、炸药等,又翻译《西艺知新》《化学鉴原》等西书凡十三种"。[①] 他是我国近代学习和引进西方科学技术的启蒙者和先驱者之一,而且他与其子徐建寅为了制硫酸、硝酸、硝化棉和炸药,曾于同治十二年在江南制造局建成我国第一座铅室[②]。可见徐寿等人完全有能力、有条件仿效西法,独立自主地铸铅活字。

　　《申报》上发表《论铅字》一文赞扬徐寿、钱裁棠自铸铅活字成功,是中国近代印刷史上很重要的事,然而《清史稿·徐寿传》和中国印刷史论著均未略提此事,甚至有关徐寿的专著,对此也只字不提,只有台湾出版的苏精著《马里逊与中文印刷出版》一书在注释中略提此事[③]。而徐寿、钱裁棠自铸铅活字的成功,要比前贤引述的王锡祺 1887 年推测如果"重铸铅板,亥豕鲁鱼之消,或可免焉"要早十多年,也比他 1893 年自称"迩年予得泰西活字"早一二十年;徐、钱二氏的铅活字是仿西法也是用"白铅"铸成的,而王锡棋所铸是铅版、锡版,或锡铅混合物却不能定论。另外《论铅字》文中还有一些重要内容是有关王锡棋文献资料中缺少的,如就铅活字质量标准而言,徐、钱二氏所铸铅活字"直与西人所铸毫无差异","虽有大小之殊,全无纤豪〔毫〕之异,置之西人所铸各字之间,几不能辨"。这里可能包括徐、钱二氏的铅活字与西人铅活字一样具有大小不同型号,而且标准相同,把它放在西人各字之间,以致"几不能辨"。可见仿制是很成功的。又如关于这批铅活字的数量,文中虽未有具体说明,但从馆中"前后左右所陈列者,无非白铅铸成之字"来看,数量是相当可观的;曾"令摆印以细观其美善耳",虽未摆印书籍,而据"字实甚整齐"推断,"将来摆印亦断无不佳之处也"。可见,

①　《清史稿》卷 505"徐寿传"。
②　汪广仁,徐正亚,等:《海国撷珠的徐寿父子》,科学出版社,2000:31。
③　苏精:《马里逊与中文印刷出版》,台湾学生书局,2000:280。

徐寿和钱裁棠对传教士铸制铅活字之法确已"知其奥妙,得甚精微",自主铸造这批铅活字是相当成功的。

当然,《论铅字》一文还给我们留下了一些悬念,徐寿和钱裁棠自铸铅活字,是用木模翻铸再锯成活字,还是用钢板刻制字范,来冲制铜模,再制铅活字呢?这些铅活字后来印刷过什么书籍没有?下落何处等问题,文中都没有交代,我们只能做些推测:

徐寿曾借鉴在上海洋人厂中观察到的模压设备和技术,用钢板精心刻制了一副墨西哥银元压模,冲制过精美的墨西哥银元,与原币相比,简直难以分辨。以致英国传教士韦廉臣(A. Williamson,1829—1890)回国时,曾特意从他那里换了几十枚他仿制的墨西哥银元,送到伦敦博物馆收藏①。据此我们可以推测徐寿和钱裁棠的铅活字很可能是先刻钢质字范来冲制铜模,然后再制成铅活字的。这也与上文提到的他对西方人制造铅活字之法"知其奥妙,得其精微"是一致的。若是如此,就能不断地制出成批的铅活字。

另外,由于徐寿建议和筹划,江南制造局于1868年设翻译局,不但翻译西书,而且负责译著的刊印和出版。从1867—1892年共翻译出版书籍二百多种,据此可以推测,徐寿等所制铅活字或许曾在江南制造局翻译馆应用于正式排版印刷。

以上仅属推测,推测不能代替史实,究竟结论如何,有待学界同仁进一步研究。不过,虽然尚有一些悬念,但决不影响《论铅字》一文的印刷史料价值。我们认为,在没有发现新资料之前,《论铅字》一文是我国成功仿效西方,自铸铅活字的最早文献,徐寿和钱裁棠也是我国成功仿效西法自铸铅活字的先驱之一。

一年后,即1875年8月11日,上海善善堂张某在《申报》上刊登广告说:"本堂特出心裁,兼采西法,造有大小铅字,共计五种,各字俱全",并附刊各字式样;五天后,即8月16日,他又登广告称:"本堂于书版内一切应用器具及油墨等物,并印书机器,无一不备。"②这里所谓"特出心裁,兼采西法'是否意味着不完全仿西法,而是有所区别或有所改进?值得研究。但无论如何,这时上海已有华人自制铅活字,并备有其他印刷设备和物料供应市场了!

从1587年西方金属活字及其印刷机器和物料第一次运到澳门,并印刷了两种西文书籍三个版本③,到徐寿等人自主仿制铅活字成功,经历了二百八十九年,从戴尔铅活字试验成功,到徐寿等人仿效西法自铸铅活字,也经历了近40年。西方印刷技术在中国传播和应用,直到中国真正掌握铅活字的制造和印刷技术,所用时间如此之长,值得深思!

原文载于:《中国印刷》,2003(7):66—70。

---

①　汪广仁,徐根业:《海国撷珠的徐寿父子》,科学出版社,2000:7。

②　苏精:《马里进与中文印刷出》,台湾学生书局,2000:281。

③　张秉伦,等:《范礼安与西方印刷技术的东传》,中国印刷,2001(207):41—44。

"蚁鼻钱"的 X 射线荧光法无损检测

张秉伦　毛振伟　池锦棋　张振标

楚币在中国古货币体系中占有重要的地位,而独树一帜的蚁鼻钱又是楚货币家族中庞大的成员。蚁鼻钱又称鬼脸钱,通常把它视为楚国铜币,是一种辅助主币使用的小额货币,1949 年以来,在湖南、湖北、安徽以及山东曲阜等古楚疆域内均有出土,发现地点共有 46 处,出土钱量数以万计,说明楚国铸造蚁鼻钱数量很多;1982 年以来又先后在安徽繁昌县发现蚁鼻钱范两块,上海博物馆从冶炼厂的废铜堆内发现蚁鼻钱范两块,武汉市文物商店也曾拣选到蚁鼻钱范一块,这些都为研究蚁鼻钱提供了条件。以往对蚁鼻钱的研究,仅限于释文、地域以及楚文经济的关系等方面,这显然是不够的。本文借助于中国科学技术大学的现代科学仪器和阜阳市标准计量单位的测试设备,对 9 种 17 枚蚁鼻钱进行了 X 射线荧光法无损检测,以便进一步认识蚁鼻钱的内涵,推测当时冶铸钱币的技术问题等。

一、关于"蚁鼻钱"著录情况和检测品种简介

钱币资料关于蚁鼻钱的著录情况,限于历代资料缺乏,现仅据笔者所存近年出版的资料简述如下:

丁福保编:《古钱大辞典》收录蚁鼻钱 4 种;

郑家相编:《中国古代货币发展史》收录蚁鼻钱 9 种;

丁福保编:《历代古钱图说》收录蚁鼻钱 4 种;

图家文物局中国古钱谱编辑组:《中国古钱谱》著录蚁鼻钱达 18 种,居各谱之首;

江苏古籍出版社高汉铭编:《简明古钱词典》收录蚁鼻钱 5 种。

各家著录互有异同,除去相同品种,共有约 20 种。

本次送检的样品,有的有出土地点,已注明,有的由于年代较久,没有收藏记录,有的是泉友帮助提供的,共有九种十七枚。(为便于对号,顺序编号记录如下)

1. "圻"字贝,通称"圻",出土地点不明;

2. "金"字贝通称"金",出土地点不明;

3. "羿"由汪本初同志提供,称"十字贝",肥西县出土;

4. "哭"比普通"哭"贝下多一横划,临泉县出土;

5. "哭"比普通"哭"贝上多一横划,临泉县出土;

6. "哭"为合背,两面字同,出土地不明;

7.　"资"字贝(各六朱)外有黑漆古色,出土地不明;

8.　"资"字贝(各六朱)外无保护层,出土地不明;

9.　"买"上横划的5号类型同,出土地不明;

10.　"君""君"字贝,出土地不明;

11.　"资"字贝,外形比7、8均大而重,出土地不明;

12.　"买"合背,锈蚀而残,出土地不明;

13.　"买"上横划和5号同一类型,出土地不明;

14.　"资"字贝(各六朱)普通品,出土地不明;

15.　"买"字贝,由张秉伦同志提供,广德出土;

16.　"买"字贝,同上;

17.　为不规则形,像残贝,又像铜块,出土地不明;

二、计量测试数据

样品按以上已定顺序,提请阜阳市标准计量测试研究所重量、长度室实测,记录如表1。

表1　蚁鼻钱标准计量测试数据记录

顺序号	1	2	3	4	5	6	7	8	9	10	11	12	13	14	15	16	17
宽度 (mm)	13.90	11.24	11.20	10.72	11.22	12.63	12.28	11.36	10.96	12.00	12.20	13.04	13.00	11.00	未测	10.58	9.82
高度 (mm)	21.38	17.50	18.34	17.54	17.20	20.68	20.40	21.28	17.16	19.00	23.18	20.04	17.60	19.40	未测	15.88	15.00
厚度 (mm)	2.60	2.54	2.70	3.80	1.72	3.12	3.54	2.62	2.00		3.20	2.50	2.12	3.10	未测	2.78	5.00
重量 (g)	2.93	1.95	1.93	2.25	1.52	3.10	3.15	2.58	1.40	2.10	3.82	2.41	1.63	2.72	未测	2.10	2.83

三、蚁鼻钱 X 射线荧光无损检测

(一)仪器和实验条件

日本岛津产的 VF-320 型 X 射线荧光光谱仪;端窗铑(Rh)靶 X 射线管;管压—管流为 40 kV—60 mA;真空光路;其他条件见表2。

表 2　测量条件

分析线	2θ	电平(V)	道宽(V)	晶体	探测器	测量时间(秒)
PbLa₁	33.91°	0.8	2.5	LiF(200)	S.C	100
pbBG	35.00°	0.9	2.8	LiF(200)	S.C	40
CuKa	45.02°	0.8	2.6	LiF(200)	S.C	100
CuBG	43.00°	1.0	2.0	LiF(200)	S.C	40
SnLA₁	66.87°	0.8	2.0	Ge(111)	F.P.C	100
SnBG	65.00°	0.8	2.0	Ge(111)	F.P.C	40

注:S.C为闪烁计数管;F.P.C为流气式正比计数管。

背景的扣除采用 VF-320 机上计算机软件进行,在分析线附近选一点,测量背景强度 I_{BG},然后乘一个系数 h,得到分析线处的背景值 I_{iBG},即

$$I_{iBG} = hI_{BG}$$

常数 h 用不含分析元素的空白试样预先测出,Pb,Cu 和 Sn 的 h 值分别为:1.84654,4.46265 和 1.14717。

由于分析线强度 I 受仪器漂移影响较大,故选用一块由 Pb,Cu 和 Sn 组成的青铜块作参比样,分别测出被测样品中和参比样品中元素 i 的分析线净强度 I_i' 和 $I_{i参比}'$,然后用 $I_I = I_i' / I_{I参比}'$ 作为被测样品中分析元素 i 的测量净强度,这样可以补偿仪器的漂移影响。

(二)样品与实验

1. 样品制备

在测量之前,将钱币用洗涤剂清洗干净,在钱币的背面找一片稍平的地方罩上一个中间有直径为 8 mm 孔厚度为 1 mm 的不锈钢片,孔位对准在样品稍平的地方,放入样品盒中,然后进入仪器测量。

2. 标样的测试和纯元素强度的计算

我们将标样 KBS11 作为标样,测出 Pb,Cu,Sn 分析线净强度,然后把测出的净强度和推荐值输入计算机,用基本参数法程序计算出纯 Pb,Cu,Sn 分析线的净强度:$I_{(Pb)} = 12.6121$,$I_{(Cu)} = 2.28125$ 和 $I_{(Sn)} = 4.1198$。

3. 样品的主要成分和次要成分的分析

我们共测了 17 个蚁鼻钱,分别测出它们的 Pb,Cu,Sn 分析线净强度,用基本参数法程序计算出主要成分 Pb,Cu,Sn 的含量。还用半定量方法分析了 Sb,As,Zn,Ni,Fe,Cl,S,P,Si 和 Al 的含量。结果见表 3。

表 3　十七枚蚁鼻钱币分析结果

编号	定量分析(%)				半定量分析(%)									
	Pb	Cu	Sn	总	Sb	As	Zn	Ni	Fe	Cl	S	P	Si	Al
1	88.47	4.07	4.97	97.51			0.043	0.017		0.087	0.035	0.53	1.28	0.48
2	77.71	8.90	9.34	95.95	0.27	0.72		0.085	0.36	0.075	0.031	0.50	1.48	0.45
3	29.04	4.15	41.23	74.42	0.38	1.83	0.072	0.103	18.38		0.066	0.35	3.19	1.14
4	83.61	5.67	6.48	85.76	0.36	0.40		0.080	0.083	0.070	0.035	0.55	1.38	0.53
5	19.41	69.16	4.61	93.18	0.27	1.88	0.51	0.135	1.08	0.082	0.216	0.044	2.03	1.02
6	51.37	24.97	20.60	96.94	0.10	0.77	0.043	0.069		0.834	0.050	0.20	0.66	0.10
7	47.89	12.99	22.33	83.21		0.50	0.070	0.075	11.79	0.084	0.056	0.65	2.38	1.18
8	73.22	9.27	12.73	95.22	0.21	0.44		0.103	1.21	0.057	0.041	0.69	1.45	0.57
9	14.54	63.60	9.63	92.77		0.55	0.030	0.052	2.20	0.019	0.215	0.048	3.03	1.09
10	48.44	19.14	22.63	91.21	0.35	0.65	0.035	0.128	3.44	0.046	0.005	0.91	2.19	0.98
11	70.56	7.65	17.93	98.16	0.37	0.49	0.018	0.077	0.42	0.031	0.042	0.22	1.30	0.81
12	76.66	7.17	7.18	81.01	0.38	0.32	0.064	0.055	2.94	0.011	0.040	0.20	3.09	1.88
13	19.15	73.16	1.41	93.72	0.36	0.16	0.043	0.121	3.29		0.109	0.035	1.47	0.68
14	47.62	20.91	26.57	95.10	0.33	0.33	0.060	0.117	0.87	0.066	0.135	0.25	1.80	0.92
15	84.19	10.01	2.23	96.43	0.24	0.76	0.038	0.054	0.46	0.021	0.025	0.19	1.22	0.56
16	17.53	12.00	67.87	97.40	0.32	0.39	0.077	0.087	0.20	0.025	0.044	0.092	0.87	0.49
17	6.19	89.69	2.26	98.14	0.49	0.23	0.029	0.135		0.061	0.072	0.19	0.41	0.24
注	(铅)	(铜)	(锡)		(锑)	(砷)	(锌)	(镍)	(铁)	(氯)	(硫)	(磷)	(硅)	(铝)

四、结论与讨论

通过科学技术的检测结果,我们对蚁鼻钱的研究有以下几点新的认识:

1. 未通过科学检测以前,一般认为蚁鼻钱为"铜质货币",有的想当然把它划归青铜类。通过本次分析,并非如此。从表 3 数据看出 1、2、4、8、15 等含铅量高达 70%—80% 以上;八个品种均超过 50% 以上。含铜量 50% 以上的仅三个品种(17 号除外),最低为 1 号仅含 4.07%。所以把蚁鼻钱笼统称为铜贝或划归青铜类,显然是不妥当的。

2. 由此说明,楚国对于蚁鼻钱的用料、配比尚无统一的规定,可能就地取材配料,因此不同地区、不同时期铸造的蚁鼻钱的成分是不同的。

3. 而且值得注意的是,我们发现三枚蚁鼻钱上有黑漆古,第 7 号样品就是其中之一,检测结果含铜量仅 12.99%,而铅和锡含量则分别为 47.89%,22.33%;鉴于蚁鼻钱属于小额货币,表面极不平整光滑,黑漆古似乎不是特殊加工而成的,这对于黑漆古形成的研究,可能有重要启示。

原文载于:《科技考古论丛》,中国学科技术大学出版社,1991:213—215(3).

方"四朱"的新发现及内涵研究

张秉伦　毛振伟　池锦祺　张振标

方形四朱钱币,新中国成立后出土甚少,近得四朱4枚(分别编号:1号"敬",2号"吕",3号"小吕",4号"同"),均为民间收藏,据说出自河南和安徽交界地区。由于该品种少,收藏不易,研究方面还存在着薄弱环节。本文重点试图对四朱中一枚尚未著录的新品种——"周"提出初步认识,就教于泉家。同时,通过现代科技仪器的测试,进一步认识四朱的内涵,改变以往不科学的材质定论。

一、众说纷纭话四朱

郑家相称:"小圜金者近年出土,圆形圆孔之特小三朱四朱是也,初铸为圆形,后乃方形杂见。"《续泉汇》:"四朱阴文小钱背平,殊厚重,圆孔,面大背小,字画方整,用品钱无作阴文者,此钱制甚精,陈寿卿得于齐地。"《俑庐日札》:"凡阴文四朱皆凿款钱文用刻字,始见于此,若蜀之直百五铢,有背刻阴文数字者或以为奇,不知已见于四朱,且彼乃鼓铸后加刻一二字,此则全系刻字尤奇也。"《汉法钱权·跋》:"有铜或圆或方,圆者如钱,径二三分,厚半分许,中有小圆孔,方者大小厚薄亦如之。面刻阴文四朱二字,或刻四字,右为地名,左为四朱,或一面刻地名,一面刻四朱,重如其文,大小厚薄虽异,而轻不甚相殊。历代谱家皆未著录,同、光以来陈簠斋王文敏始得之,近年燕市时有售者。罗叔言参事亦提数品……《汉书·食货志》云:孝文五年更铸四朱钱,其文为半两,使民放铸。武帝建元以来,钱益多而轻,有司言半两法重四铢,而奸或盗摩取溶去,乃悟此四朱铜片,盖当时官吏持以权法钱之轻重者也。"袁寒云曰:"下蔡四朱,秦初并天下时制也,审其文字尤与秦泉合,古愚藏。"《善斋吉金录》:"四朱方圆各泉,前人未著录,自《续古泉汇》始列于无考品中,云此钱制甚精练,寿卿新得于齐地。按《汉书·文帝纪》五年四月除盗铸钱令,更造四朱钱,《食货志》孝文五年为钱益多而轻,乃更铸四朱钱,其文为半两,除盗铸钱令,使民放铸,又自孝文更造四朱钱,至是岁四十余年,从建元以来用少,县官往往即多铜山而铸钱,民以盗铸,不可胜数。据此则此泉可考矣。盖公家所铸,略依八株半两之制,文曰半两,远方郡邑不知朝廷制度,于是遵依诏令仿榆荚之大小铸如是泉,而厚则倍之,以符四朱之数,泉文亦依诏令曰四朱。何县所铸则加县名于上。"郑家相《小圆金》:"以形制而言,自秦始以后,钱货制作莫不皆作方孔,汉钱无圆孔之制,而三朱四朱皆作圆孔,其非汉物……以文字而言,纪地之制,盛行于春秋战国,汉行半两五铢纪地未见,而四朱则纪地其非汉物。"

透过这众说纷纭的议论,不难看出四朱钱在钱币研究中的不平常的地位,并早为诸多钱币学家所关注。但由于他们很少接触到实物,或仅从资料上加以研究,故议论当然不尽完善,看法不一,定论也难免失之偏颇。

我们从《汉书·文帝纪》五年四月除盗铸令,更造四朱钱。《食货志》孝文帝五年为钱益多而轻,乃更铸四朱钱,其文半两,除盗铸钱令,使民放铸,又自孝文帝更造四朱钱,至是岁四十余年。根据历史文献记载,孝文帝除盗铸钱令,使民放铸达四十年,山东、河南、安徽部分郡邑远离帝都,当时交通不便,四朱半两很难普及,民间即可私铸,以应流通之需,依照诏令仿榆荚大小,厚则倍之。铸方形四朱工艺简单,铸行的时间先后不同,出现了或方或圆,轻重有殊,大小不一,或精或粗的四朱不同品类,铸地加一地名刻于钱背以示区别。这一时期出现的四朱钱不是为历史的必然么?

二、四朱新品种"　"初释

这四枚四朱钱币,除前人在钱币资料已著录的"敬"字一枚;"吕"字两枚外,现重点对以往钱币资料未曾著录的"　"字新品种提出初议。据阜阳地区博物馆韩自强馆长研究认为,"　"即古"香"字,其根据是:汲古书院即文学博士岛邦易编《殷墟卜辞综类》甲骨:林二二五一五:"乙酉卜才(在)香贞,王今夕亡咎。"金五八三:"庚戌壬卜才桑贞,今日步于香亡灾。辛亥王卜才香贞,今日步于熹亡灾"。林泰辅(1921年)编《龟甲兽骨文字》、金祖同(1939年)编《殷契遗珠》关于香字分别为故"　"应释为香。

香在甲骨文中有关征人方的资料中出现香的地名。陈梦家说:"自查力东南行经香、桑、乐、雷等地。最后一地距商(邱)约九日行程。在商之西,香当今何地不详。"根据这一记载,香既然离商(邱)九日行程,按日行40公里计,在其西,可以预计当属河南商丘西300—400公里范围以内的古香地铸行。从字形上分析"香"从"禾",从"　"(水)。古"　"四点的特征,表示气味四溢,此简化为两竖,据推测是为了刻字的简化或方便而为之。

据王献唐著《中国古代货币通考》四朱出于河南者,有甾四朱,"苗"、"菌"一字。《汉书·地理志》:"梁国有甾县,古戴国,故城在河南考城东南。有宜阳四朱,战国的韩邑,汉置县,故城在今河南宜阳西50里。有陈四朱,为古陈国,汉置县,即今河南淮阳县治。"所以,这枚未著录的"　"(香)四朱,发现于河南是很自然的事。

同时出土的吕四朱,据王献唐研究,"吕"在江苏铜山县北,与河南近邻。

三、对方四朱的再认识

方四朱历来众说纷纭,大致可分为:印玺说;钱权(砝码)说;圆金货币说;等等。这无形中给四朱披上了神秘的色彩。

印玺说:主要以"敬"字为代表,该文模铸,出土较多;字形统一,规格一致,所以有人称之玺印。可是玺印怎能众人一印一玺一字呢? 因此,我们认为此说难以成立。

钱权(砝码)说:从出土的四朱可知,形制方圆各异,大小不同,轻重厚薄有别,文字有铸成凿成之分,还有三朱四朱之异,有纪地和不纪地之分。这样如何能作为衡量钱币轻重之标准砝码呢? 故此说法也欠说服力。

圆金说:主要以古钱币学家郑家相为代表,他研究认为该货币是战国末期铸行刀布之区的齐地改铸圆金之制。鉴于圆形圆孔之便利,由齐地改创,其相近地区仿效铸行使用。

从现有的资料与实物进行观察研究、归纳起来一般可以作如下结论：

四朱为先，三朱为后；纪地在先，不纪地在后；圆形为先，方形为后；以铸字为先，刻字为后；阳文为先，阴文为后。

凡铸成圆形，面著阳文为纪地又纪重的四朱皆为先铸之品。有的圆形圆孔并纪地纪重，面或背刻凿而成，或仅纪重，则为后铸。因其多民间交换需要而产生私铸，其初尚有定制，重量无大差异，铸造工整统一，广而行之则粗制滥造，逐步减轻，形成大小不一，轻重有殊的四朱钱，为今日留下可供研究的各式各样、品种繁多的实物样品。

四、方四朱的计量测试

方四朱的计量测试数据

品种顺序	1号（敬）	2号（吕）	3号（小吕）	4号（香）	备注
宽度(mm)	11.24	9.20	9.00	8.69	
高度(mm)	10.94	8.92	7.78	9.02	
厚度(mm)	3.70	3.32	3.70	3.86	
重量(g)	1.72	1.15	1.38	1.89	

以上数据由阜阳市标准计量测试研究所提供。

五、方四朱的科学内涵

方四朱古钱，从来没有人科学地测试过它的元素成分，一直认为它是青铜铸币。我们用现代科学测试手段，采取无标样的 X 射线荧光基本参数法在无损伤的条件下，对它们进行了主要元素的定量分析和次要元素的半定量分析，其结果如表：

方四朱测试分析结果

编号	品种	定量分析%				平定量分析%								
		Pb 铅	Cu 铜	Sn 锡	总	As 砷	Zn 锌	Ni 镍	Fe 铁	Cl 氯	S 硫	P 磷	Si 硅	Al 铝
1号	敬	59.66	14.29	19.60	93.55	0.48	0.194	0.159	1.98	0.12	0.15	0.38	2.16	0.38
2号	吕(大)	81.11	4.34	10.55	96.00	0.97	0.044	0.018	0.61	0.35	0.08	0.16	1.20	0.56
3号	吕(小)	68.60	13.73	14.47	96.80	0.64	0.085	0.091	0.44	0.15	0.31	0.15	0.85	0.41
4号	（香）	96.15	2.01	0.33	98.49				0.03	0.56	0.07	0.05	0.52	0.28

从上表可以看出，四枚方四朱中含最高的是 Pb（铅），Pb 含量最少的有 59.66%，最高的则达 96.15%，而 Cu（铜）、Sn（锡）的含量很低，都不超过 20%，尤其是 4 号样品，Cu 含量只有 2%，Sn 的含量仅千分之几。以往把它们归属于青铜类的钱币，显然是不科学的。中国的珍贵文物包括古钱币，种类繁多，以往大多数是凭人们的经验和历史记载来把它们归属于那一类材质，这样的判断，缺乏科学性，容易被表面现象掩饰本质内涵，这四枚钱即是一例。

由于文物的特殊价值很珍贵,一般不容许有任何损坏,而 X 射线荧光光谱法,可以在无损伤的条件下作出科学的判断,所以它是科技考古中理想的工具。

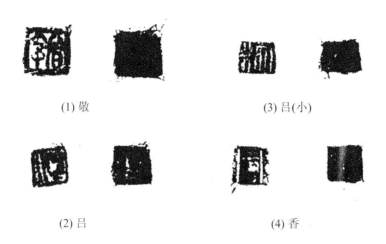

(1) 敬　　　　　　　　　　　(3) 吕(小)

(2) 吕　　　　　　　　　　　(4) 香

原文载于:《钱币文论特辑》(第二辑),1994:75—79。

地方科技

安徽历史上主要科技人物及其著述(一)

张秉伦

引 言

中国古代科学技术发展史上,曾经涌现了许许多多杰出的科学家、发明家,他们创造了极其辉煌的科技成就,留下了浩如烟海的科技文献,使我们中华民族毫无愧色地并立于世界文明民族之林,而且在一个相当长的历史时期内,中国科学技术都居于世界的领先地位。

中国古代科技成就是整个中华民族共同的智慧结晶,在这些辉煌成就中,安徽古代人民曾为此作出了不朽的贡献。《安徽历史上主要科技人物及其著作述要》将扼要地介绍安徽古代在天文学、数学、物理学、化学、生物、地学、农学和医学等领域内涌现的科技发明家及其主要著作。从这些发明家及其主要著作中我们可以看到,她既拥有当时处于世界领先地位的杰出成就,也拥有名列国内先进行列的科技成果;不仅有居住在兄弟省市做出重要贡献的科学家,而且有外省籍科学家在安徽从事的科学实验和完成的著作。尽管历史上妇女和劳动人民的地位十分低下,他们的发明创造往往由于封建统治阶级的蔑视而湮没无闻,但是安徽仍有像王贞仪那样的女科学家和像卫朴那样的平民历算家以及像朱东海、汤天池、刘守宪等等能工巧匠。

如果按历史朝代顺序来看,安徽科学技术的发展有一个明显的特点,即明末清初以后,由于西方近代科学的兴起和迅速发展,中国科学技术相对地落伍了,而安徽明清时期的科学技术却在全国独树一帜。尽管这没有也不可能挽救处于封建社会末期的科技落后局面,但却形成了以方以智、梅文鼎、程大位和郑复光等人为代表的安徽天文、数学、物理的研究中心,新安医学吸引了全国许多学者前来研讨学问,人才辈出,且有"家族链"和"师承链"的特色。究其原因,笔者初步研究认为,当然与安徽的经济情况和资本主义的典型代表——徽商的发展,以及安徽文风之盛,印刷业的兴旺是分不开的。同时,也与安徽学者的刻苦钻研精神和部分学者对文字狱的畏惧,纷纷弃士求学,且能正确对待西方科学,取他人之长,补己之短有密切关系。

《安徽古代主要科技人物及其著作述要》共辑录一百多位科技人物,数百种著作,由于笔者水平有限和苦于文献不足,难免挂一漏万,错误缺点亦在所难免,如蒙学者和广大读者补充指正,不胜感激。

这份资料在编写过程中,曾蒙陈昌驰同志的支持和帮助,夏文或、周元二同志参加了附表的资料收集和最后编印工作。

天文、数学类

王蕃和《浑天图记》

王蕃(219—257 年),字永元,三国时庐江人。"博学多闻,兼通艺术",仕吴为散骑常侍,且为天文学家和数学家。据《三国志·王蕃传》及陆凯疏,可知王蕃性情爽朗刚直,遭吴主亲信万彧陈声等人诬陷,吴主孙皓积恨在心,"忿其苦辞恶其直对,枭之堂殿,尸骸暴弃",时年 38 岁。王蕃之死,"郡内伤心、有识悲悼"。

王蕃在天文数学上的主要成就是:根据张衡的浑天学说和自己观测天象的经验,重作浑天仪,并写了《浑天图记》,分周天为 365.1/4 度,立黄赤交角为 24 度(今测交角为 23.5 度)。他还修正了张衡的球体积公式中取用 $\pi=\sqrt{10}(=3.162)$ 的圆周率,在他的浑仪论说中取用 $\pi=\frac{142}{45}(=3.1556)$,显然比张衡求出的圆周率为小,而比后来刘徽求出的圆周率较大。据说,他的浑天仪也比张衡的灵巧,移动方便。张衡以四分为一度,圆周长 1.46 丈;他以三分为一度,圆周长 1.095 丈(见沈约:《宋书》卷 23,《天文志》)。《畴人传》称"其立论考度通达平正,可为言天家之圭臬矣"。

耿询造水动浑天仪

耿询(? —617 年),字敦信,隋时丹阳人(今安徽当涂人),技巧绝人。文帝时从故人高智宝受天文、算术。《隋书·耿询传》载:"询创意造浑天仪。不假人力,以水转之,施于暗室中,使智宝外候天时,动合如符契。"这种不假人力、以水推动的浑天仪,不仅是在我国史籍中第一次出现,而且说明其中可能出现了控制齿轮转动的某种原始形式的擒纵器。

程大位的《直指算法统宗》

程大位(1533—? 年),字汝思,号宾渠,安徽休宁人。少时读书极为广博,对数学和文字学颇感兴趣。二十岁以后在长江中、下游地区经营商业,随时随地留心数学著作,于公元 1592 年完成他的杰作《直指算法统宗》(又称《算法统宗》)十七卷。是书自序云:"参会诸家之法,附以一得之愚,纂集成编。"公元 1598 年,程大位又对《直指算法统宗》"删其繁芜,揭其要领",约束为《算法纂要》四卷,与十七卷本先后在屯溪刊行。

《直指算法统宗》的特点及其贡献在于:第一,全书 595 个应用题的数字计算都是用珠算盘演算的,而不用筹算方法;第二,最早使用珠算开平方和开立方;第三,记有他自己创制的"丈量步车",并绘有图。这种"丈量步车"是用竹篾制成,可以卷绳,测量田地时类似卷尺;第四,附录有北宋元丰(1084 年)以来的刻本数学著作 51 种(现仅存 15 种)。总之,它是一部比较完备的应用算术书。明末李之藻编译《同文算指》时,发现西方著作有不足之处,即从程大位的《算法统宗》中摘录了不少应用问题补充进去。这是一部流传极广的数学著作,明清两代曾不断翻刻、改编,"风行宇内",凡习计算者,"莫不家藏一编",影响之大,在中国数学史上是罕见的。

方中通和《数度衍》

方中通(1633—1698 年),字位伯,号陪翁,方以智次子,桐城人。少时承袭家风,于书无所不读,尤好天文历算。初学于汤圣弘,1653 年在南京遇梅文鼎、薛仪甫,并与薛仪甫同向西洋人穆尼阁问历算。1659 年到北京,又与汤若望论历法。1661 年,方中通年仅二十七岁即完成了他的二十四卷巨著《数度衍》。此书囊括古今中外,被誉为数学百科全书,且论及对数,是我国古代论对数的第一人。此书中之筹算,尺法对梅文鼎产生了一定影响。

此外,方中通还有《揭方问答》《浮山文集》等著作。

梅文鼎的《弧三角举要》等书

梅文鼎(1633—1721 年),字定九,号勿庵,安徽宣城人。自幼受其父梅士昌和塾师罗玉宾影响,学识渊博,尤精历算。当时天文数学很少受人重视,卓有成就之古代数学名著,大多失传;西洋数学虽有传入,因"译书者识有偏全,笔有工拙",使读者费解。梅文鼎兼顾中西之学,认为"法有可采何论东西,理所当明何分新旧"。这种科学态度指导他数十年如一日,废寝忘食地从事天文数学研究。他一方面不遗余力地表彰中国古代数学,使濒于枯萎之古代数学获得新生,同时又整理和疏解西洋数学,使移植过来之西方数学长根成干。他年三十时(1662 年),研究大统历法,即颇有心得,著成《历学骈枝》二卷(后增修成四卷)。从此,毕生研究天文学和数学,覃思著述,锲而不舍,取得了光辉的成就,对清代天文学和数学起着很大的推动作用。

据《宁国府志》记载,他的著作达八十八种之多。仅他自撰《勿庵历算书目》中就有七十余种,各有提要。其中天文学著作四十余种,有阐明古代历法的,有评论《崇祯历书》的,有介绍近人著作的,有说明自己创制之测量仪器的;清朝官修《明史·历志》采用了他的手稿。数学著作二十余种。其孙梅毂成编辑《梅氏丛书辑要》六十卷(1761 年),收数学著作十三种四十卷,包括《方程论》六卷(1672 年);《筹算》二卷(1678 年);《平面三角举要》五卷、《弧三角举要》五卷(1684 年);《勾股举隅》一卷、《几何通解》一卷、《几何补编》四卷(1692 年);《少广拾遗》一卷(1692 年);《笔算》五卷(1693 年);《环中黍尺》五卷(1710 年);《堑堵测量》二卷、《方圆幂积说》一卷(1710 年);《度算释例》二卷(1717 年)等。其中《平面三角举要》和《弧三角举要》是我国最早的三角学和球面三角的专著,《几何补编》是欧几里得《几何原本》流传中国之前,梅文鼎自创的立体几何学专著。阮元在《畴人传》中指出:梅文鼎"其论算之文务在显明,不辞劳拙,往往以平易之语解极难之法,浅近之言达至深之理,使读其书者不待强求而义可晓然。诚以绝业难传,冀欲与斯世共明之,故不惮反复再三,以导学者先路,此其用心之善也"。梅文鼎一生著述之多,贡献之大,在明清时代是首屈一指的,屹立于 17 世纪世界数学家之林也是当之无愧的。

梅以燕,字正谋,文鼎子也,康熙癸酉举人,于算学颇有悟,入有法与加减同理而取径特殊,能于恒星算指中摘出致问(引《畴人传》卷三十九)。

梅文鼐《步五星式》和梅文鼏《中西经星同异考》

梅文鼐,文鼎弟,字和仲,初学历时,未有五星通轨,无从入算,与文鼎取元史历经,以三差法布为五星盈缩立成,然后算之。共成《步五星式》一书。

梅文鼏,文鼐弟,字尔素,与两兄皆精研历算之学。夜则披图仰观,昼则运筹推步,考订前史,辑有《中西经星同异考》。

梅毂成与《数理精蕴》等

梅毂成(1681—1763年),字玉汝,号循斋,又号柳下居士。是梅以燕之子,梅文鼎之孙,自幼随祖父梅文鼎研究天文数学,以聪慧见赏于文鼎。康熙五十一年(公元1712年)召赴内廷,充"蒙养斋律历渊源总裁"。康熙六十年,百卷大著《律历渊源》书成,其中《数理精蕴》部分,多为梅毂成手笔。乾隆四年(1739年)又撰《兼济堂历算书刊谬》。乾隆七年完成的《历象考成后编》,毂成也是主编人之一。晚年退休乡里把程大位《算法统宗》"重加校订,删其繁芜,补其遗缺,正其讹谬,增其注解",至乾隆二十五年完成《增删算法统宗》一书。因为不满意魏荔彤新刻《历算全书》编次谬乱,乃"重为厘正,汰其伪附,去其重复,正其鲁鱼"。至乾隆二十六年,编成《梅氏丛书辑要》。对其祖父文鼎业绩,颇有维护发扬之功。另有《赤水遗珠》《操缦卮言》等著作。

梅钫,字敬名,毂成长子。能解勾股八线之理。梅钫,字导和,毂成第四子。毂成纂丛书辑要六十余卷图皆钫所绘,删定统宗图十七、八皆出其手(引自《畴人传》卷39)。

汪莱和《衡斋算学》等

汪莱(1768—1813年),字孝婴,号衡斋,安徽歙县人。少时读书勤奋,虽无师承,却能潜心钻研,《十三经注疏》能背诵如流,且能心通其意。尤善历算,通中西术。曾自制"浑天简平"等仪器,进行天文观测。于公元1799(?)年撰《衡斋算学·第一册》,苦心孤诣,致力于数学研究,陆续完成《衡斋算学》八册,抒发个人见解,于高次方程解法尤多创见,与焦循、李锐齐名,为我国清代数学研究成绩卓著者。

汪莱还著有《参两算经》《校正九章算经》《磬折旁线解》《乐律逢源》《禹贡图考》《说文声类》《声谱》《复戴通义》等,足证其功底之深。

汪莱于1807年到北京,考取八旗官学教习,以优贡生入史馆,纂修《清史》中之天文志,时宪志。1809年任安徽石埭县训导,公元1813年卒于官,享年仅46岁。

王贞仪和《地园论》等

王贞仪(1768—1798),字德卿,安徽天长县人,寄居南京。祖父王者辅(惺斋)藏书极丰富,著述亦多,且热心于律数。父王锡琛精于医术。贞仪自幼随祖母董氏读书。二十五岁与宣城詹枚结婚,女红中馈之余仍钻研学术,不废吟诵。惜结婚五载,竟与世长辞,年仅三十岁。她在短暂一生中却留下了许多著作:《象数窥余》四卷,《算术简存》五卷,《星象图解》二卷,《绣纸余笺》十卷,《筹算易知》《重订筹算证讹》《西洋筹算增删》《女蒙拾诵》《沉疴呓语》各一卷,《文选诗赋参评》十卷,《德风亭初集》十二卷等等。遗憾的是除现存《德风亭初集》十二卷外,其他诸稿未见刊行,亦不知亡于何时。幸存的《德风亭初集》中有《岁差日至辨疑》《地圆论》《月食解》《经星辩》《日月五星随天左旋论一、二、三》《勾股三角解》《医方验钞》等篇章,反映她在天文、气象、数学、医学等方面都有一定造诣,而在天文学方面做的工作尤多。如根据中西历法,参以个人测验,批评了当时一些学者对岁差、星差推算的错误,《地圆论》宣传了地圆思想,《月食解》解释了月食的原因,《经星辩》驳方中通关于"经星之极,定于二十八宿"之错误等等。王贞仪作为封建礼教、"男尊女卑"桎梏下一名闺阁秀女,笃嗜这些科学而有所成就,确是难能可贵,并值得称颂的。

胡宗绪的《岁差新论》等

胡宗绪,字袭参,号嘉遁,清安徽桐城人,十岁丧父,家境贫穷。母教甚严,他亦勤勉。中康熙辛卯举人,被荐充明史馆编纂,成雍正庚戌进士,授编修,迁国子监司业。他学术渊博,凡天文、历数、兵法、刑律、地理、六书、音韵均有研究。天文学著作有:《昼夜仪象》《说象观》《岁差新论》《测量大意》《九九浅说》《数度衍参注》;地理学著作有:《禹贡备遗》《方舆考》《台湾考》《苗疆纪事》等;因与梅文鼎商讨数学,写有《梅胡问答》。其他著述涉及经、史、文字、音律者甚多,人们比为方以智,可参考《环隅集》。

刘茂吉的《北极高度表》等

刘茂吉,字其晖,清安徽旌德人。他于天文学、地理学颇有研究,曾制造"浑天球""量天尺""自鸣钟"等,均很精密。著有《北极高度表》《天地经纬象数要略》《坤舆图说》《京省全图》等。其后裔刘守宪,亦颇有才智,曾制造一架精巧自鸣钟,分为三层,下层报时刻,中层列节气、上层悬日月。开动后,时刻和节令既很准确,日月出没亦与自然现象完全一致,观者都惊叹其奇巧。

齐彦槐的《天球浅说》等

齐彦槐(1774—1841年),字梦树,号梅麓,又号萌三,安徽婺源(今属江西)人。嘉庆进士,授庶吉,选金匮知县,有治绩。尝建海运议于苏抚陶澍,得旨优奖以知府候补,学术上精鉴藏、工艺法,擅诗词,尤长骈体律赋。著有《双溪草堂诗文集》《书画录》《天球浅说》《海运南漕业议》等书。并据梅文鼎、江永之研究,曾刻"中星仪""自动浑天仪"三台(一贮婺源,一置徽州,一赠杭州)。又仿西人运水法,制龙尾、恒升二车,效率为翻车五倍,林则徐曾取该车验以塘水,水塘十亩、深二尺,戽乾七寸仅需三刻钟。当时安徽之日晷制造已很发达,为适应日晷流动之需,齐彦槐于嘉庆二十四年(1819年)创造了一种面东西活晷,它可以随不同地点进行调节。

江泰临著《中心图表》等

江泰临,字云樵,安徽全椒人,清朝后期天文学家、数学家之一。在天文学上,他利用三角原理测量太阳距地高度及太阳半径,写成《高弧细学》一书;又著《中心图表》等。《四部总录·天文类》引其自序云:"略谓量晷景测中为验时之要;而中心则有岁差,故汤若望之中心表,胡亶之中心表谱,试以今测时刻,已差十分矣。兹以道癸未冬至天正星度为定,推得七十二候各中星时刻以立表,而冠以四十五火星图,并附各星赤道度岁差表,中星时刻日差表,太阳黄赤生度表,二十八宿赤道积数表,卑仰测者,逐年退日,依法加减,可以中心求时刻,可以时刻求中心。"在数学上,他研究球面三角颇有心得,著有《弧三角举隅》。此外,他还制造过"简平仪""中心盘""比例规""混天球"等,都很精巧。

叶棠的《数理阐微》等

叶棠,字松亭,清代桐城人,对天文数学地理各科都有研究,《安徽通志·方技》载:叶棠"笃志力学,凡天文地(理)与算数无不得其精蕴"。著有:《浑天恒星赤道全图》《天元一术图说》《数理阐微》《勾股论》。

吴琅的《周髀算经图注》

吴琅,字杉亭,清代安徽全椒人,著名文学家吴敬梓之子。禀其父文学教养,亦承梅文鼎、戴震之影响,善于诗词。著有《周髀算经图注》。《周髀算经》乃我国古算经之一,失传千余年,经梅文鼎、戴震之推崇、考校,方为人知,惟因文字古奥,不易通晓。吴琅特演笔算、附以绘图,并谓西法之三角,乃仿《周髀》之勾、股、弦。是书论述详明,使读者易于了然。

医　学　类

华佗的"华佗观形察色并三部脉经"等

华佗(生卒年有争论),又名旉,字元化,沛国谯人(今安徽亳县)。华佗于公元208年前被杀,本传又说他"年且百岁而犹有壮容",推测他大约生于公元2世纪初。据《后汉书》和《三国志》本传记载,华佗"兼通数经,晓养性之术"。沛相陈硅曾举他任孝廉,太尉黄琬亦曾"征辟"他去做官,他都拒绝了,可见他是薄于名禄、不愿为统治阶级效劳的民间医生。后来曹操请他看病,强迫他为侍医,他又借故回家,推说妻病,屡经催促,坚决不归。曹操派人查明妻病是假,于是把他关进监狱,最后竟遭杀害。

有关华佗医疗事迹,现存有《三国志》中记载其诊治病例十六则;《甲乙经·自序》中记一则;《后汉书·华佗传》引《华佗别传》记五则;《太平广记》载四则,共二十六则(相同或类似者除外)。此外,《后汉书》本传云:华佗"精于方药。处剂不过数种,心识铢铢,不假称量;针灸不过数处。若病发结于内,针药所不及者,乃令先酒服麻沸散,既醉无所觉,因刳破腹背,抽割积聚;若在胃肠,则断截湔洗,除去疾秽。既而逢合,敷以神膏,四五日创愈,一月之间皆平复"。这就是举世闻名的利用麻沸散麻醉后施行剖腹术的奇迹。此外,华佗还提倡体育疗法,创造了"五禽戏"。他的学生吴普、樊阿、李当之等都是名医。樊阿长于针灸,吴普著一《吴普本草》,李当之著《李当之药录》。他们在不同的领域为医药学的发展作出了贡献,而华佗的教诲之功是不可没的。

关于华佗著作,众说纷纭,[①]但《梁七录》载有《华佗内事》五卷,《隋书·经籍志》载有《华佗观形察色并三部脉经》一卷,《华佗枕中灸刺经》一卷,应为事实,又有《华佗方》十卷,注为吴普撰。然这些著作早已散佚,现在尚可从王叔和《脉经》卷五《扁鹊华佗察声要诀》之截录,唐《千金方》和《外合秘要》之引证窥见一斑。现存华佗《中藏经》疑为宋人伪托,但其中亦可能包括一部分当时残存之华佗著作,可资参考。

杨介的《存真图》

杨介,字吉老,安徽泗州人。宋代著名医生,著有《存真图》一卷。杨介自序云:"崇宁(1102—1106年)中刑'贼'于市,郡守李夷行遣医并图工往观,扶膜摘膏,曲折图之,尽得纤悉。介取以校之,其自喉咽而下,心、肺、肝、脾、胆、胃之关属,小肠、大肠、腰肾、膀胱之营叠,其中经络联附,水谷泌别,精血运输,源委流达,悉如古书,无少异者"(转引《中国医籍考》)。

---

① 有人据本传中记有华佗在狱中烧其著作,认为现存华佗著均为伪托,似不合情理。华佗烧书即便属实,亦只能烧其狱所著,总不能将其入狱前全部著作烧尽。

可惜这部书早已失传,但其图谱部分却通过元代孙焕《重刊玄门脉识内照图》而保存下来了。从现在的重刊内照图来看,不仅绘有整个内脏的正面图和背面图,而且还有"肺侧图""心气图""气海隔膜图""分水兰门图""命门大小肠膀胱之系图"等各系统的分图。它标志着我国人体解剖学的巨大进展,并为医学发展提供了十分具体形象的内脏结构和部位的图谱,依今之解剖学标准观之,虽有疏略粗糙不当之处,但在当时却具有世界先进水平。

陈文中的《小儿病源方论》等

陈文中,字文秀,安徽宿州符篱人,宋代医家,明大小方脉,尤精小儿痘疹。曾为安和朗判太医局,兼翰林良医。金亡归宋,处涟水十五年,颇有医名。撰有《小儿病源方论》和《小儿痘疹方论》,并与郑惠卿同编《幼幼新书》。

《小儿病源方论》四卷,刊于1254年。卷一为养子真诀及变蒸,币点介绍小儿护理;卷二论三关指纹及面部颜色,并附望诊图;卷三至卷四论小儿惊风及痘疹证治,全书先论后方,内容简要,重点特出,对临床颇有参考价值。《四库未收书目提要》指出:"考诸家目录所载小儿方证各书、今多不传,此本(《小儿病源方论》——作者注)依宋刻影写,亦谨存之秘籍也。"

汪机的《医学原理》等

汪机(1463—1539年),字省之,别号石山居士,安徽祁门人,明代医家。父汪谓为当地名医。汪机初为诸生,后承家学,随父行医,据《祁门县志》载:"行医数十年,活人数万计。"加之秉性耿直,不阿权贵,医名更著。学术上推崇朱丹溪学说而不株守,强调补气血为主,且偏于理气,认为"阳有余"为卫气有余,"阴不足"乃营气不足,主张以参芪兼补阴阳。《明史·方技传》称其通医术,"治病多奇中"。

他据医学理论研究和临床实践,写有医学著作十三部,共七十六卷:《续素问钞》三卷,《订补脉诀刊误》二卷,《运气易览》三卷,《针灸问对》三卷,《外科理测》七卷(附方一卷),《痘治理辨》一卷(附方一卷),《推求师意》二卷,《伤寒选录》八卷,《本草会编》二十卷,《医学原理》十三卷,《医续》七卷,《内经补注》一卷,以及由其弟子陈桷于正德十四年(1519年)取汪机临床验案编辑而成的《石山医案》三卷(附案一卷)。其中以《石山医案》《外科理测》《医学原理》较为著名,《针灸问对》中关于"针能泻有余,不能补不足",很值得进一步研究。

陈嘉谟的《本草蒙诠》

陈嘉谟(1486—? 年),字廷采,安徽祁门人,明嘉靖时名医。主要著作为《本草蒙诠》十二卷。陈氏编著是书,已是年逾古稀之人,为求其精,不惜五易其稿,历时七载,于1565年大功告成,此时陈嘉谟已八十高龄矣!《本草蒙诠》共载药物742种,其中除了295种仅附录药名外,另447种药讨论甚详。李时珍在《本草纲目》中评论道:"每品具有气味、产、采、治疗方法,创成对语,以便记诵,间附己意于后,颇有发明,便于初学,名曰《蒙诠》,诚称其实。"此外,陈嘉谟还有《医学指南》一部,为医学入门之作。

江瓘编《名医类案》

江瓘,字民莹,明嘉靖时(1522—1566年)安徽歙县人,初为诸生,因病弃仕学医,在当地颇有声望。他一生主要贡献在于收集历代名医临床验案,旁征经史子集资料,加之家藏秘方和个人医案,历二十年功夫,编成《名医类案》十二卷。全书内容丰富,按病症分类编辑,分列二百零五门,有些重要病案还附有江氏评论。《四库全书总目提要》指出:江氏对前人之说所加评论,"亦多所驳正发明,颇为精当"。此书未及刊行江瓘即殁,后由其子江应宿又搜集江瓘及自己医案,重新编次、增补而成。

明清时代,中国医学特点之一,是出现了专门收集各家医案的著作。在这类著作中首推江瓘《名医类案》。另有魏玉璜的《续名医类案》、喻昌的《寓意草》、叶天士的《临证指南医案》等都很著名。

徐春甫的《古今医统》等

徐春甫(1520—1596年),字汝元,号东皋,又号思鹤,安徽祁门人,为当地名医。据《祁门县志》载:"徐春甫,居城东,幼师汪宦,医家书无所不窥。官太医院,居京邸,全活甚众"。著作有《古今医统》一百卷、《医学人们捷要六书》《内经要旨》《医学未然金鉴》。其中以《古今医统》最为著名,它是一部综合性医书,内容系辑于明以前历代医籍和有关资料,自云"合群书而不遗,析诸方而不紊,舍非取是,类聚条分,共厘百卷",包括历代医家传略、《内经》要旨、各家医论、脉候运气、经穴针灸、各科病症诊治、历代医案、验方、本草、救荒本草、制药、通用诸方、养生等。所引资料极为丰富,既引录古说,亦有徐的理论阐发;既"统集异同",又"井然区别",对理论研究和临床应用,均有较高参考价值。

隆庆二年(1568年)徐春甫发起组织"一体堂宅仁医会",为我国最早医学会之权舆,会旨为"穷探《内经》、四子①之奥,精益求精,深戒询私谋弊;会友之间'善相劝、过相规、串难相济'"。会员 46 人,均为福建、四川、江苏、湖北、河北、安徽等地的名医。

孙一奎的《赤水玄珠》等

孙一奎(1520—1600年),字文垣,号东宿,别号生生子,安徽休宁人。明代医家,以医术游于公卿间,又在三吴、徽州、宜兴等地行医甚久。用药多重温补,在医学理论上有所发挥,对于命门、三焦、火、气等都有个人见地。著作有四种:

1.《赤水玄珠》三十卷,专以明证为主,引录文献 265 种,结合自己临床经验,对于寒热、虚实、表里、气血八端,辨析最详,论辩古今病症名称相混之处,极为明晰,因而后世多所推重,惟怯损劳瘵门附方外还丹,专论以人补人以及采炼之法,殊非正道,不可取。2.《医旨绪余》二卷,为《赤水玄珠》续编,主要以脏腑、气血、经络、腧穴推明阴阳五行之理,并对前代诸家作了较公正的评述。3.《孙文垣医案》(又名《孙氏医案》)五卷,本书由其子泰来、泰明根据孙氏临床治验编成,包括《三吴治验》二卷、《新都治验》二卷、《宜兴治验》一卷。4. 另外还有《痘疹心印》,足见他造福于人民甚多。

方有执的《伤寒论条辨》等

方有执(1523—1594年),字中行,明代安徽歙县人,精于医学,于伤寒论用力更深。方氏认为后汉张仲景《伤寒论》原本本是伤寒杂病相兼,由于晋王叔和编次已有改移,金成无已作注又多所窜乱,因而弥失其真,乃竭二十余年之力,推原作者之意,寻求端绪,为之考订,于公元1592 编著成《伤寒论条辨》八卷;并附《本草钞》一卷,将《伤寒论》中 113 方所用 91 种

---

① 四子指张仲景、刘完素、李东垣、朱震亨四大名家。

药,具钞而附说;《或问》二卷,凡 46 则,设问答以发挥"条辨"未尽之义;《痉书》一卷,以辨痉与惊风之疑。本书分类明确,重点特出,在各家对《伤寒论》注释中,颇有影响。方有执完成此书已是七十一岁高龄。

有执殁后,其版散佚江西,俞昌遂采缀有执之说,参以己见,作《伤寒尚论篇》盛行于世,而有执之书遂微。康熙年间林起龙得方氏原本,恶俞昌之剽袭旧说而讳所自来,乃重为评点刊行,并以《尚论篇》附后,以证此事。(待续)

原文载于:《安徽史学》,1984(1):59—66。

安徽历史上主要科技人物及其著述(二)

张秉伦

医学类(续)

安庆张氏发明"痘衣法"

种痘发明于何时,至今尚无定论。但据可靠记载,至迟在 16 世纪中叶,安徽人已经发明了人痘接种术。如清代俞茂鲲在《痘科金镜赋集解》(1727 年)中说:"闻种痘法起于明朝隆庆年间(1567—1572 年)宁国府太平县……由此曼延天下。"又董含《三冈识略》(1653 年)记载:"安徽省安庆市张氏三世以来用痘浆染衣,使小儿穿着,可发轻症,以预防天花。"可见 16 世纪安徽人发明了人痘接种术是比较可靠的。它是早期免疫学的重大成就,为天花的预防开辟了一条行之有效的途径,在世界医学史上占有重要的地位。

1688 年俄国最先遣人"至中国学痘医"(见《癸巳存稿》),不久人痘接种法又从俄国传入土耳其,1717 年经英国驻土耳其大使蒙塔古夫人传入英国,至 18 世纪人痘接种已传遍欧亚大陆。1796 年英国人琴纳才发明了更为安全的牛痘接种法。

方广的《丹溪心法附余》

方广,字约之,号古庵,安徽休宁人,明代医家,著有《丹溪心法附余》二十四卷。刊于公元 1563 年。

据《四库全书总目提要》载:方广"因程用光所订朱震亨《丹溪心法》,赘列附录,与震亨本法或相矛盾,乃削其附录、独存一家之言,别以诸家方论与震亨相发明者,分缀各门之末"。每病下凡增补者,均以"附论""附脉理""附诸方"标出,且有方氏按语,以"广按"标注,以发明丹溪原旨。另卷首增刊丹溪本草衍义补遗、丹溪十二经见证、丹溪论、河间风热湿燥寒论、诊家枢要、十二经脉歌等。本书对临床颇有参考价值。

吴昆的《素问注》《医方考》等

吴昆(1551—? 年),字山甫,别号鹤皋,明安徽歙县人。幼年读书,兼习医学,后以科场失利,便一意研究岐黄,博览医书。为求深造,又游历江浙湘鄂豫冀等省,访求名医,互相探讨,先后拜了七十多位老师,获得很多难得的医学知识,在安徽、河南等地行医,全活很多人。他的治疗方法,不完全依照古人成法,颇多创造。对《内经》、针灸等,皆有研究。著有《医方考》《素问注》《脉语》《针方六集》《药纂》《砭碣考》等。下面介绍主要的三种:

《素问注》即《黄帝内经素问吴注》,共二十四卷。刊于1594年。为素问主要注本之一。名医汪昂认为素问吴注"间有阐发,补前注所未备;然多改经文,亦觉嫌于轻擅"。

《针灸六集》共六卷,刊于1618年,本书刊本不多见,有抄本流传。

《医方考》共六卷,刊于1584年。本书在方剂书中颇有影响,深受医者欢迎。清《日本访书志》评其"撰之于经,酌以己见,订之于证,发其微义,匪徒苟然志方而已。今观其所著,皆疏明古方之所以然,非有心得者不及,此信为医家巨擘"。

吴勉学的《古今医统正脉全书》等

吴勉学[①],字有愚,安徽歙县人,明代医家。曾校刻《河间六书》《古今医统正脉全书》,撰《师古斋汇聚简便单方》。

《古今医统正脉全书》,又名《医统正脉》,刊于1601年,为较早汇刻的医学丛书。吴勉学以"医有统有脉,得其正脉,而后可以接医家之统,医之正统,始于神农、黄帝,而诸贤直溯其脉,以绍其统于不衰,犹之禅家仙派,千万世相继而不绝,未可令其阙略不全,使观者无所考见也"。故由王肯堂辑录自《内经》起至明代主要医籍,共收四十四种,诠次成编,而以"医统正脉"为书名。各书多经吴勉学亲自校正,为较好的医籍版本。

程衍道的《医法心传》等

程衍道(1573—1662年),字敬通,安徽歙县槐塘人。皖南名医之一。1640年曾校刊王焘《外台秘要》,并为之作序。自著《医法心传》《心法歌诀》《眼科良方》三种。《医法心传》论病五十二种,以理论为主;《心法歌诀》论病五十四种,以病统方,以辨证用药为主,二书各有侧重,可互参阅读,既便于理解,又易于记忆,临证时既有规可循,又有法可守。《眼科良方》述证二十种,并列方剂二十一首。

汪昂的《素灵类纂约注》等

汪昂(1615—1694年),字訒庵,安徽休宁人。明时为诸生,以文学见长,著有《訒庵诗文集》。1644年清兵入关,汪颇有明末遗民之恨,毅然弃举子业,笃志方书,著有《素灵类纂约注》《本草备要》《医方集解》《汤头歌诀》等名著。

《素灵类纂约注》三卷,刊于1686年。选录《素问》和《灵枢》除针灸以外的主要内容,分类编纂,详加注解。采集各家注释约十分之七,汪氏自注约十分之三。自云"或节其繁芜,或辨其谬误,或畅其文义,或详其未悉,或置为阙疑。务令语简义明,故名约注"。本书在《内经》节注本中颇有影响。

《本草备要》八卷,刊于1694年。自序云:"特衷诸家本草,由博返约,取适用者凡四百品,汇为小秩,某药入某经,治某病,必为明其气味形色,所以主治之由。间附古人畏恶兼施、制防互济、用药深远之意。而以土产、修治、畏恶附于后,以十剂宣通补泻冠于前,既著其功,亦明其过,使人开卷了然。"以后增订时又补入60味药,其特点是由博返约、既备且要。是书由于切合临床实用而广为流传。

《医方集群》,成于1682年,书中选录临床常用方剂,"正方三百有奇,附方之数过之",共约七百首左右,分类归纳为二十一门。各方说明主治,介绍组成,解释方义,及附方加减等。

---

① 《中国人名大辞典》吴勉学条云:字肖惠,待考。

由于作者"博采广搜,网罗群书,精穷蕴奥;或同或异各存所见,以备参稽",可谓内容详备,应用方便,故对临床颇有参考价值。最后附有救急良方,也很实用。

《汤头歌诀》一卷,刊于1694年,本书选常用方剂二百九十首,编成七言歌诀二百余首。每方下有简要注释,说明方义、主治、应用等。因系歌诀体裁,便于习诵,加以选方实用,注释简要,故流传很广。至今学中医者,尚都以本书为入门之阶梯。

总之,汪昂的医学著作对医学的普及,确实起了很大的作用。

周子干著《慎斋医案》

周子干,字慎斋,明太平县人,少年因腿疾,行路不便,甚至有人说其命不长,子干自信可治愈,乃发愤研究医学,著有《慎斋医案》数十卷。

王尚

王尚,明休宁人,少年时习外科,精伤科。凡跌打折伤,或脑裂额者,无不应手而愈,有腹穿肠出者,则浣肠纳入腹中,用桑皮线缝合定期收口。

郑重光的《温病论补注》等

郑重光,字在章,安徽歙县人,清代医家,著有《温病论补注》和《伤寒论条辨续注》。

《温疫论》原为明吴有性所著,郑氏予以补注,是研究瘟疫的早期著作,撰于公元1642年。本书对后世温病学发展有推动作用。

程应旄的《伤寒论后条辨直解》等

程应旄,字郊倩,安徽歙县人,清代医家。1670年著成《伤寒论后条辨直解》六集十五卷。另有《伤寒论赘余》《医径句测》刊行于世。

程氏认为《伤寒论》原文"断章处翻有气脉可联,隔部中不无神理可接;其间回旋映带之奇,宛转相生之妙,俱在此集中,俱在此集外;篇章固非死篇章,则次第自非呆次第"(自序)。所以他的注解特别注意每条承上启下之关联处。综观全书要旨在于一个"辨"字,非但去辨伤寒,而且可合杂病去辨,因此,每条注释、颇为入理。

程国彭的《医学心悟》等

程国彭(1680—1733年),字钟龄,安徽歙县人。少时酷爱医学,刻苦攻读,因而医术高明。晚年到黄山天都普陀寺修行,法号普明子,负有盛誉。程国彭汲取各家学说,结合自己三十多年临床经验,于1732年著《医学心悟》五卷,书末附有《外科十法》。是书乃中医门径之书,论述简要,深入浅出。其目的是为便于门子学习。前一部分是有关基本理论及治疗的论述,后一部分是对常见疾病具体诊治的介绍。其理论部分如对虚火和实火的论述,既简明扼要,又切于实用。特别是对医门八法的阐释,真可谓"详而不繁,简而能备",实为从实际经验中体会出来的心得。本书其他部分亦都具有这样的特点。因此《郑堂读书记》评曰:《医学心悟》"条分缕析,因证定方大抵一衷于古,而又能神而明之,以补昔人智力所不逮。盖昔人论分,分则偏;钟龄之论合,合则全。剖抉辨晰,悉归简易"。《外科十法》也是"言简而赅,方约而效",对后世学者卓有影响。

夏禹铸著《幼科铁镜》

夏禹铸,名鼎,贵池人,清康熙时名儒,学识渊博,兼通医学。夏氏为儿科世医,著有《幼科铁镜》六卷,刊于公元 1695 年。本书是他的丰富临床经验的总结。卷一主要论述小儿推拿的应用及临床医生应注意的事项;卷二论述望形色及新生儿疾病;卷三为惊痫病;卷四为麻疹、伤寒、吐泻、痢疾等病;卷五为儿科杂症;卷六为儿科药性及诸汤方。

吴谦修撰《医宗金鉴》

吴谦,字六吉,安徽歙县人,乾隆时(1736—1795 年)任太医院判,供奉内廷,为《医宗金鉴》总修官。

1739 年吴谦和刘裕铎奉敕修撰《医宗金鉴》,1742 年书成,全书共 90 卷,分十三部分,凡十五种①是我国综合性医书中最完备而又最简要的一种。《郑堂读书记》谓其"每门又各分子目,皆有图、有说、有方、有论,并各有歌诀,以便记诵。凡论一证,必于阴阳、表里、寒热、虚实八者,反复详辨,故谓之心法。大都理求精当,不尚奇邪,词谢浮华,惟期平易,酌古以准今,芟繁而摘要。古今医学之书,此其集大成矣"。《四库全书总目提要》评其"根据古义,而能得其变通;参酌时宜,而必求其征验,寒热不执成见,攻补无所偏施。"因此,它不但当时作为太医院教科书,而且自刊行后二百多年来一直作为初学中医者必读书,流传甚广,影响很大。

吴澄著《不居集》

吴澄,字鉴泉,号师朗,安徽歙县人。清乾隆四年(1739 年)著成《不居集》五十卷。分上、下二集。上集三十卷论"内损",下集二十卷论"外损",是一部内容丰富的虚损病专著。他首创"外损学说",同时在虚损治疗中强调"托法";在药物上善用人参,可资临证参考。

顾世澄著《疡医大全》

顾世澄,字练江,芜湖人,乔寓扬州,三世业医,行医四十年,著有《疡医大全》四卷,刊于公元 1760 年。

《疡医大全》系汇集自《内经》以下历代外科著述并分类编纂而成,书中引录前人论述,或逐句注释,或多附以顾氏按语及经验方药。资料丰富,病名详细,尤其是介绍唇裂修补术,在麻醉、手术步骤、缝合止血、术后护理等方面,均接近现代医术水平。再如肛门闭锁、阴道锁等手术也达到了科学要求。因此,本书对外科临床很有参考价值。

端本绪著《医方汇纂指南》

端本绪,字仪标,清当涂人,著有《医方汇纂指南》八卷,成于 1777 年。作者摘自古今医书,于每方之下,先详脉理,次及病因,再次治法,颇为明晰,便于医家参阅。

余霖著《疫疹一得》

余霖,字师愚,安徽桐城人,清代医家,长于治疗疫病,主张用石膏重剂。据《清史稿》载:"乾隆(公元 1736—1795 年)中,桐乡疫作,余氏投以石膏,辄愈,后至京师,又逢疫作,诸医以

---

①　其中《订正伤寒论注》十七卷和《订正金匮要略注》八卷,为吴谦亲自订正。

张介宾温补法多无效,以吴有性疏解分消法治之亦不验,余氏以大剂石膏,应手而痊,活人无数。"著有《疫疹一得》二卷,刊于公元 1794 年。余氏认为"非石膏不足以活热疫",创用了有名的清瘟败毒饮等方,为医家所推崇,书中所附治疗验方,亦颇多经验心得,对温病学有所贡献。

郑梅涧的《重楼玉钥》等

郑梅涧(1727—1787 年),名宏纲,字纪元,梅涧为其号,又号梅涧山人,安徽歙县人。得家传喉科,对中医喉科有深刻研究,且有丰富的临床经验,为一代喉科名家,有"南园喉科"之称。著有《重楼玉钥》一书。

《重楼玉钥》分上、下两卷,上卷为咽喉病总论,有论八篇,分别论述三十六种喉风的名称、症状、治疗、方药;下卷专论喉科的针灸疗法。书中所列"养阴清肺汤"尤有科学价值,在白喉抗菌素问世之前,他创立的治疗白喉病的方剂甚为有效。《重楼玉钥》刊行于 1838 年,是一部密切结合临床的专著,较为实用。郑梅涧还著有《捷余心语》一篇,纂有《痘疹正传》《灵药秘方》各一集。他对瘰疬(淋巴结核)的治疗,亦有贡献。

其子郑瀚(字枢扶,号若溪)撰有《重楼玉钥续编》《咽喉辨证》《喉白阐微》等著作。

程文囿的《医述》等

程文囿,字杏轩,号观泉,安徽歙县人,清代徽州名医。著有《医述》十六卷,《杏轩医案》三卷。

《医述》编撰始于 1792 年,成于 1826 年,初版刊行于 1833 年。其主要价值在于:对两千年来中医学术进行一次系统的概括和总结,"溯其源流,分证治,剖其是非得失,荟萃群家,折衷一是,摘要而述,醇而不缺",对中医各家学说作了客观、公允的评价,把三百多部中医著作的主要学术观点,有系统、有条理地展现出来,由博返约,给人们一个比较完整的中医学术发展的轮廓。在编辑中,对资料的处理作了慎重而严肃的选择,即便在引用时,有节录数行、采摘数语、撷拾数字之分,但都十分尊重作者原意,对每一问题都尽可能搜罗有代表性观点,既不拘泥于一家一言,更不回避学术观点不同之矛盾,因而比较完整地保存了中医学术的历史面貌,对于继承中医遗产具有重要意义。

顾锡著《银海指南》

顾锡,清代医家,字养吾,桐乡(桐城北)人,长于眼科,著有《银海指南》,又名《眼科大成》,共四卷,刊于公元 1819 年。

《银海指南》对六气七情与眼病的关系、各种目疾的诊治均有论述,并列载眼科方剂 186 首,后为医案。本书特点,除系统阐述理论外,还强调内服药以治本的重要性。

胡澍著《内经素问校义》

胡澍(1825—1872 年),字荄甫,一字甘石,号石生,安徽绩溪人,少业儒,咸丰举人,官户部郎中。中年多病,因治医术。他在北京时得宋版《内经》,乃以元代熊宗立本、明代道藏本及唐以前古书,悉心校勘,著《内经素问校义》,惜草创未就,今仅存数十条。他治学严谨,发明古义,考证精确,甚有创见。

严大勋的《医学指南》等

严大勋,字广誉,清安徽桐城人。祖父严宫方博览医书,洞悉微奥,医治平常疾病,与他人无异,独群医束手病症,经他治疗,便有奇效,人多奇其方。父亲严诊(字尊五),亦不应举子业,而从事医术,治病亦多奇效。大勋秉承先辈医术,著有《医方捷诀》《医学十三科》;且以其术传其子严谨(字春来),遇贫人就医常给予药物而不取钱,家境因此贫困,但迄无悔心,金陵彭镜湖称其为"仁医"。著有《医学指南》《医方辟谬》。大勋的儿子严颢(字守愚,号克斋)又传其家学,著有《杂症一贯》《女科心会》《虚损玄机》《非风条辨》等书,不愧为医学世家。

周学海的《周氏医学丛书》等

周学海,字澄之,安徽建德人,清光绪十八年(1892)进士,曾任内阁中书,官至浙江候补道,潜心医学,为人治病,辄有奇效。著有《形色外诊简摩》《伤寒补例》《脉简补遗》《诊家直诀》等书,并汇刻《周氏医学丛书》。其中《形色外诊简摩》二卷是以望诊为主的专书,收集整理历代有关望诊理论,以《内经》为主,条分缕析,阐明其理。本书收在《周氏医学丛书》内。

《周氏医学丛书》三集,共收三十二种医学著作,包括医经、本草、脉学、证治各类,内容相当广泛,是中医丛书中主要的一种,刊于公元1891—1911年。

陆以湉的《冷庐医话》等

陆以湉,字定圃,桐乡(桐城)人,清代医家。读书极博,精于医学,著有《冷庐医话》和《再读名医类案》及《冷庐杂识》。

《冷庐医话》,作者自谓"摭拾见闻,随笔载述"而成,刊于光绪二十三年(1897年)。全书五卷。卷一、二记述医范、医鉴、慎疾、慎药、诊法、用药以及对古今医家、医书评论;卷三至卷五按病证、针药等搜集历代名医治案,附以己意,推究原委,评其利弊,分析颇有见识。

程建勋

程建勋,字君望,清代黟县人,善画通医,尤精痘疹,时称"天花圣手",尝辑痘书,自序其意,以察色验气为主。

程曦编《医家四要》

程曦,安徽歙县人,清代新安名医,编有《医家四要》,分为《脉诀入门》《病机约论》《方歌别类》《药赋新编》等四篇,各成一卷,均为医学启蒙之作。

张杲撰《医说》

张杲,字季明,宋新安人。师承其父彦仁,彦仁师承其父子发,子发师承其兄张扩,张扩师承庞安时,三世业医,至张杲医理尤精。1189年撰《医说》,晚年定稿,书成十卷,凡分四十七门。系搜采传记、寻讨见闻,有涉于医者,分类录载。论及历代名医、医书、本草、针灸、诊法、医方、内科杂病、妇人、小儿、疮疡以及奇疾急救、食忌摄生、金石药戒、医功医戒等。《四库全书总目提要》云:"取材既富,奇疾险证,颇足以资触发。而古之专门禁方,亦往往古矣。盖三世之医,渊源有自,固与道听途说者殊矣。"是一部比较著名的著作。

农 业 类

陈翥著《桐谱》

陈翥,字子翔,自号咸聱子,宋铜陵遗民。因喜好种植桐和竹,又自称桐竹君。著《桐谱》一卷,成书于 1049 年。

《桐谱》内分十目:一、叙源;二、类属;三、种植;四、所宜;五、所出;六、采斫;七、器用;八、杂说;九、记志;十、诗赋。

丁黼撰《桐谱》

丁黼,字文伯,石埭县人。宋淳熙进士,嘉熙三年(1239 年)在抗元战役中阵亡。据乾隆《江南通志》农圃类著录,丁氏撰《桐谱》一卷。

朱橚 的《救荒本草》等

朱橚,朱元璋第五子,祖籍安徽濠州人。初封吴王,寻改封周王,治所开封。因建文帝怕朱棣夺帝位,朱橚又是朱棣同母弟,即将他囚置京师;成祖(朱棣)即位后,复爵归旧封;未久又被告"有谋反行为",几遭杀戮。他几经刺激,即专心学术,除擅长诗词外,还潜心植物学研究,把许多野生植物栽植于园圃中,亲自观察,详加记录。于公元 1406 年著成《救荒本草》二卷,记载了草类 245 种,木类 80 种,谷类 20 种,果类 23 种,菜类 46 种,共计 414 种植物。除 138 种见于前代本草外,新增 276 种。专为救灾目的写成专著,实为创举。更难能可贵的是,此书不但详述了各种植物的产地、名称、性状特征、性味及烹调方法,而且对各种植物的根、茎、叶、花、果实等都绘有逼真的插图,以便人们辨认。所以"中外公认,这是 15 世纪初期植物学界调查研究最忠实的科学记录"(引自中华书局 1959 年影印明嘉靖四年刊本《救荒本草·后记》)。

此外,朱橚还与滕硕、刘醇等取古今方剂编辑《普济方》一书,集方书大全,为我国明代以来最大的一部方书。

喻仁和喻杰著《元亨疗马集》

喻仁、喻杰兄弟,明南直隶六安州之名兽医。兄字本元,号曲川;弟字本亨,号月川。兄弟二人根据亲身医治牛马疾病的经验,著成《疗马集》四卷,亦称《元亨疗马集》。是书实用价值极高,历来书商一再翻刻,书名亦多种多样,诸如《牛马驼经》《元亨疗牛马驼集》;所附的治牛部分题作《牛经大全》,或《水黄牛经大全》。内容有的只附有"牛经",有的只附"驼经",更有的只附有治马部分,其实都是这一部书。

现存较早的本子是万历三十六年(1608 年)丁宾作序的本子。据王毓珊研究,本书好像就是那年写成的。丁序本全书四卷,分别以春、夏、秋、冬标名。

《疗马集》问世之前,明代曾有几种兽医著作,如《司牧安骥集》《马书》等等,内容亦甚丰富,但多属官刻,编辑却欠剪裁。而《疗马集》作者不但亲躬兽医,精通业务,又有较高的文化,因而能取精用宏,后来居上,编撰出如此一部总结性的兽医经典,使其他同类著作不免相形见绌,而不大流行了。此外书中还引用了很多兽医书,如《师皇秘集》《伯乐遗》《明验方》

《岐伯对症》等近数十种之多，均不经见，可能出于历来各地名医之手，附录于书，亦颇有价值。三百多年来，时至今日，《疗马集》仍有很大参考价值，实在是难能可贵的！因此 1958 年《中国兽医学》杂志为纪念这部书刊行 350 周年时，于船先生称赞这部名著是"祖国兽医遗著中流传最广，而最被人珍视的一本不朽之作"（于船：论祖国兽医学中一部不朽的著作——《元亨疗马集》，《中国兽医杂志》1958 年第十期）。

薛凤翔的《牡丹八书》等

薛凤翔，字公仪，明亳州人。明代亳州牡丹极为有名，作者自家园中种植尤多。据《古今图书集成·草木典·牡丹部》载：薛凤翔著有《牡丹八书》《亳州牡丹表》《亳州牡丹史》三种书。《牡丹八书》，即一种、二栽、三分、四接、五浇、六养、七医、八忌，各自成篇，详论培养方法。《亳州牡丹表》分两部：一为"花之品"，次第牡丹花为神品、名品、灵品、逸品、能品、具品六等；二为"花之年"，以牡丹子生者二年为"幼"、四年为"弱"、六年为"壮"、八年为"强"，各注明宜接、宜分的时令。《亳州牡丹史》，其内容完全是牡丹的品种，一一记明花的名称、颜色、形状等。有人认为以上三部书实际上是同一部书的组成部分，而且还有一部分没有收入，全书共四卷，《牡丹八书》《亳州牡丹表》各为一卷，是全书的精华，也许曾分别单行，因而迷其所本。书名当为《亳州牡丹史》（四卷）①。

鲍山撰《野菜博录》

鲍山，字元则，号在斋，明婺源人。曾在黄山隐居七年之久，尝遍野菜滋味，一一按照品类、性味以及调制方法，撰成《野菜博录》三卷，成书于 1622 年。书中所记野菜 435 种③，分草、木二部，再依可食部分的不同各细分若干组，每种都有附图，旁注性状和食法，都很简要。

包世臣的《齐民四术》等

包世臣（1775—1855），字慎伯，安徽泾县人，嘉庆戊辰举人。喜好研究学术，曾任江西新喻县令一年，即便免职，一生多半为谋衣食转涉于楚、蜀、江、浙、燕、齐、鲁、豫等地。比较深入社会，了解当时民生急需解决的问题。著有《中衢一勺》《艺舟双楫》《管情三义》《齐民四术》，统名为《安吴四种》（安吴为泾县旧名，包氏为泾县人，故以地名名其书）。

其中《齐民四术》所论为"农""礼""刑""兵"。他自称："农以养之，礼以教之，不率教则有刑，刑之大则为兵"。其"农"之部分亦非都讲农事，仅其中"农政"一卷确以农业技术为内容，包括辨谷、任土、养种、作力、蚕桑、树植、畜牧等七节，可视为农书。作者自称幼年学过种地，后来又奔走四方，留心政事，觉得"治平之枢在郡县，而郡县之治首农桑"，因此收集古来农学学说，再结合当时的生产实践著成是篇。

潘之恒著《广菌谱》

潘之恒，字景升，歙县人，侨寓金陵，明嘉靖年间做过官。著有《广菌谱》一卷，书中所记菌类共十五种。

---

① 王毓瑚：《中国农学书录》，农业出版社，1964：172。

汪昂著《日食菜物》

汪昂,字訒庵,休宁人,寄籍浙江丽水,是明末秀才。喜欢收集医方(详见医学类)。著有《日食菜物》一卷。本书收在《汪訒庵全书》中。

余鹏年著《曹州牡丹谱》

余鹏年,原名鹏飞,字伯扶,安徽怀宁人,乾隆举人,又是诗人、画家。著有《曹州牡丹谱》一卷。成书于1792年,书中记录了五十六种颜色的牡丹花,后附曹州通行的栽培技术七条,所记十分详尽。由于曹州同亳州都是牡丹的著名产地,因此本书颇有参考价值。(待续)

原文载于:《安徽史学》,1984(2):72—78。

安徽历史上主要科技人物及其著述(三)

张秉伦

水 利 类

孙叔敖与芍陂

孙叔敖(生卒年不详),春秋楚庄王时安徽淮南霍邱人。公元前 597 年左右,他主持修建了著名的芍陂水利工程。《淮南子》载,"孙叔敖决期思之水而灌雩类之田",即根据自然地形,运用水平原理,从今河南固始县西北部把发源于大别山之水,引到芍陂(今安徽寿县境内的安丰塘),形成一座"陂径百里"(《通典》)的大型蓄水工程,而且"陂有五门、吐纳川流"(《水经注·肥水注》)。即相度地势,开凿溢水和泄水口道五处,用以调节水量,又开凿子午干渠多处分段引水,因而"灌田万顷"。这是我国古代历史上最早的一项大型蓄水灌溉工程,充分反映了安徽古代劳动人民在和大自然斗争中显示出的智慧和力量。它和后来的都江堰、灵渠、郑国渠一样以最古老的水利工程闻名于世。

刘信

刘信,汉高祖的侄儿。汉高祖得天下后,封刘信为舒城"羹颉侯"。刘信到了舒城,见当地常患水旱,乃发动民众,兴修七门堰,储水灌溉农田,使当地人民倍受其惠,人民为了纪念他,修建了刘候庙(《舒城县志·重修刘候庙记》)。

王景

王景,东汉著名治水专家,曾修治过开封的浚仪渠和汴渠。

公元 83 年,王景任庐江郡太守,见境内芍陂年久失修,便发动群众开辟荒废,修复芍陂。又教给农民使用牛耕和铁犁方法,劝民努力蚕织,并将方法和注意事项刻在石上,分送各地,以便普及和经常化。庐江郡人民对此传颂不绝。

常三省

常三省,字鲁轩,安徽泗县人,明嘉靖进士,水利学家。据《泗虹合志》载:泗县经常遭受水患,三省上书请开沟疏浚,分散水势,以救泗城,因触怒统治者,遭撤职处分,但他仍力主实行,因受到群众支持,治水主张方能实施。

汪应蛟

汪应蛟,字潜夫,明代安徽婺源人,万历二年进士。授南京兵部主事,累迁至南京户部尚书,后官北方。为人亮贞有守,视国如家。汪应蛟在科学技术史上的主要功绩在于农田水利方面。

万历三十年(1602年)汪应蛟就想根本解决河北水利问题,提出变河北为江南的宏远计划,可是明王朝这时已日趋腐败,未能实施。天启年间(1621—1628),当他代任天津巡抚,驻兵天津时,看到天津附近之葛沽、白塘诸田,尽属荒芜,询问百姓,都说地"斥卤不可耕"。汪应蛟对此并不以为然,提出"地无水则碱,得水则润,若营作水田,必当有利"。遂募民垦田五千亩,十分之四为水田,终获亩收四、五石的成效。这是天津附近大规模地改造盐碱洼地,种植水稻的开始,农民备受其惠。汪应蛟后官保定,又提出改造保定附近"荒土连封,蒿莱弥望"面貌的计划,建议开渠作堰,改作水田,可得良田七千顷,岁收数万石,以资军饷和民用。可是,汪应蛟的建议,神宗非但未允,相反,中国水利史上这样的有识之士却在魏忠贤乱政时,因客氏求墓地逾制,汪有违言,见忤去职,后卒于家。著作有《古令夷语》《中诠》。

左光斗

左光斗,字遗直,号浮丘,安徽桐城人,明万历进士,授御史。天启四年(1624年)任左佥都御史,不畏权势,敢抗阉党。参与杨涟劾魏忠贤,且亲刻魏忠贤三十二斩罪,为魏忠贤诬陷,与杨涟同毙于狱中;后追赠太子少保,溢忠毅。后人感其德,特立左忠毅公祠(现桐城北大街尚存)。

左光斗任御史期间,办理屯田,兴修水利,提倡种稻,颇有政声。如他巡视京畿后,认为"北人不知水利,一年而地荒,二年而民徙,三年而地与民尽矣。今欲使旱不为灾,涝不为害,唯有兴水利一法。"经过精心研究之后,向明王朝提出"三因""十四议"建议,摘其要点为:一因天时,二因地利,三因人情;一议浚川,二议疏渠,三议引流,四议设坝,五议建闸,六议设陂,七议相地,八议筑塘,九议招徕,十议择人,十一议招将,十二议兵屯,十三议力田设科,十四议富民拜爵。实施以后,水利大兴,从来"不知稻为何物"之京畿农民,才知种稻,备受其惠,感激不已。

物理、化学及其他类

朱载堉的《乐律全书》等

朱载堉(1536—1610年),字伯勤,号句曲山人,是明仁宗庶子郑靖王后代,其父朱厚烷因不满于世宗(朱厚熜),于1549年被削去封爵,因于凤阳"高墙"。朱载堉时年十四岁,痛心父亲无罪被囚,遂搬宫外,艰辛独处十九载。穆宗即位后,虽其父复封开封,父死后他理应承袭封爵,但因宗室子弟不惜手段争夺王位,坚决辞去封爵,专心于乐律、历算之研究。他的主要著作是《乐律全书》,内含十三部著作。其中除《算学新说》和《历学新说》两部分别论算学和历法外,其余十一部均为乐律著作,最著名的是《律学新说》和《律吕精义》。

《律学新说》成书于明万历十二年(1584年),朱载堉用等比级数的方法平均分配倍频程的距离取公比为 $\sqrt[10]{2}$,使得十二律中相邻两律间的频率差完全相等,所以称为十二平均律;

《律吕精义》又做了进一步的阐述。有关十二平均律的数学演算,更详细地记载在他的数学著作《嘉量算经》中。

十二平均律的发明,改变了两千多年来的"三分损益法"的旧律,为音律学的发展做出了划时代的贡献,现代乐器(包括钢琴)都是用十二平均律来定音的。朱载堉的发明比欧洲的音乐理论家梅尔生(1588—1648 年,法国人)的同样发明早 52 年。19 世纪德国物理学家赫姆霍茨(1821—1894 年)曾对朱载堉和他的发明给予了高度的评价。

郑复光撰《镜镜 [诊] 痴》等

郑复光(1780—? 年),字元甫,安徽歙县西张龄桥人,当过监生。曾以深通算学而知名海内,对于解方程等数学问题研究尤其精微。他博览群书,治学严谨,重视实验,关注西学,又广交国内科学技术名士,因而见多识广。1842 年著成《弗隐与知录》一书,把当时认为奇怪的各种现象归纳成百余条,用物性、热学、光学等原理加以解释。1846 年又印行了《镜镜诊痴》五卷,计 283 条,约十四万字。全书分为"明原"(第一卷)、"释园"(第二、三卷)、"述作"(第四、五卷)三部分,分别论述光学基本理论,眼睛和光学仪器的基本性能,球面镜及凹、凸镜组合的望远镜、显微镜等成像原理以及光学仪器的制造工艺,系统地总结了当时中外的光学成就,是我国近代史上第一部较为完整的光学著作。他还制造了我国第一台幻灯和望远镜,为我国近代技术研究的先驱者之一。

程君房刻《墨苑》

程君房,明万历时徽州人,制墨名家。为了宣传他的制墨业,曾刻一部《墨苑》,请画家丁云鹏、吴左干、郑千里为之作画标图。此书为艺林珍品。

方于鲁刻《墨谱》

方于鲁,明万历时徽州人,制墨名家。为了与程君房竞争,刻一部《墨谱》,插图也为丁云鹏、吴左干所绘,此书亦艺林珍品。

曹素功刻《墨林》

曹素功,清初歙县人,制墨名家,与后来汪近圣、汪节庵、胡开文并称为清代徽州墨业四大家。曾刻《墨林》一书,将其十八种珍品荟萃于此书。

汪楫撰《中州沿革志》等

汪楫,字舟次,休宁人,侨居扬州,康熙间举鸿博,授检讨,充册封琉球正使。官至福建布政使。撰有《中州沿革志》《琉球奉使录》《观海集》等。

瞿金生的泥活字和《泥版试印初编》

瞿金生(1774——? 年),字西园,安徽泾县水东人。他是个秀才,以教书为业。"时尚好古","读沈氏《梦溪笔谈》,见泥印活板之法而好之,因抟土造锻","以三十年心力,造泥字活板,数成十万","坚贞同骨角"。1844 年,瞿金生七十岁时,"试印其生平所著各体诗文及联语为两册",取名《泥版试印初编》。

1847 年,又排江西省宜黄县黄爵滋著《仙屏书屋初集诗录》。

1857 年瞿金生又翻印了明代瞿氏老家谱,名为《水东瞿氏宗谱》。

以上三种泥版,至今尚存,保存完好。瞿金生所造泥活字至今仍"坚贞同骨角"。

泥活字本为毕昇所发明,但由于毕昇所造泥活字早已散佚,毕用泥活字印过什么书,也至今无考,因此罗振玉、胡适和美国斯文格尔等氏,对毕昇发明泥活字印书问题表示种种怀疑和猜测。瞿金生所造的泥活字及其印刷的三部书,表明泥活字不仅能够印书,而且印得很好,有力地驳斥了"泥字不能印刷"等种种怀疑和臆测,捍卫了中国"四大发明"之一的崇高地位。因而瞿金生的泥活字及其所印的三种泥版书籍已成为珍贵的文物和善本古籍。由笔者提供的部分瞿氏泥活字,1982 年曾作为中国古代科技成就之一前往加拿大等国展览。(待续)

原文载于:《安徽史学》,1984(3):78—80。

安徽历史上主要科技人物及其著述(四)

张秉伦

能工巧匠类

马钧

马钧,字德衡,三国时人。其籍贯,一说魏人,生于扶风(今陕西省扶风县)[①];一说,据安徽通志载,是三国时盱眙人[②]。孰是孰非,有待进一步查考。

马钧幼年贫苦,刻苦自学,不尚空谈,专心致志地钻研机械设备,成为一位伟大的机械发明学家。后人称颂他"巧思绝世"。他最突出的成就是改进绫机和发明翻车。马钧感到当时的绫机笨拙而效率低,"丧功费日,乃思绫机之变"。他对旧绫机进行改进,把50蹑、60蹑的绫机都改为12蹑,使操作简易方便,提高了生产效率,因而得到了推广,促进了丝织业的发展。据《后汉书·张让传》载:东汉人毕岚曾"作翻车",供洒道之用,但不知毕岚的翻车是否就是后来的龙骨车。而马钧所作翻车,无疑是用于农业灌溉的龙骨水车。其结构精巧,"灌水自覆,更入更出","其巧百倍于常",因而迅速得到推广,受到普遍欢迎,至今一千多年仍在沿用。在近代水泵发明之前,翻车是世界上最先进的提水工具之一。此外,马钧还制成了久已失传的指南车,改进了连弩和发石车,又曾利用机械传动装置,创造了以木为轮、以水为动力的"变巧万端"之水转百戏[③],足见马钧在传动机械研究方面造诣之深。

汪少微

汪少微,南唐歙州人,工人,所制"龙尾砚"极为有名。

朱蓬

朱蓬,南唐歙州人,墨工,所造墨称"元中子",又名"麝香月",盛传不衰。

诸葛高

诸葛高,北宋宣城人,普通工人。祖辈制笔,至诸葛高时作了重大改进。梅尧臣、苏东坡

---

① 周世德:《马钧》(《中国古代科学家》,科学出版社,1963年第二版,第42页)。
② 安徽省屯溪市科学技术委员会:《科技资料》,1978年10月。
③ 以上均引自《三国志·方技传》。

和林和靖等赞曰:"笔工诸葛高,海内称第一","诸葛笔譬如内法酒、北苑茶,纵有佳者,尚难得其仿佛";"顷得宛陵葛生笔,如麾百胜之师,横行纸墨,向所如意"。可见,诸葛高所制之笔的声誉了。

无名氏

公元 1259 年,寿春府(今安徽省寿县)人民创造了竹筒内装火药和"子窝"(弹丸)的管形火器——"突火枪"。据《宋史·兵志》记载:这种"突火枪"以巨竹为筒,内安子窝,如烧放焰绝然后子窝发出,如炮声远闻百五十余步。它是管形武器的始祖,近代枪炮的雏形。管形武器的出现是兵器发展史上一次重大突破。

汤天池

汤天池,又名汤鹏,清康熙年间芜湖县人,铁匠,锻铁作画,技巧妙绝,用铁如柔毛,随意屈伸,图绘形态各尽其妙,栩栩如生,别具一格,与名家争巧,当时书画家无不为之赞赏叹服。梁同书诗云:"彩绘易化丹青改,此画铮铮长不毁。"

蟹钳

蟹钳(失名,蟹钳是其诨号),徽州人。据《碑传集·四巧工传》载:其人善制铜,精于练铜及缕彩。右手仅二指,然钳物却伸屈自如,如同蟹钳,因此得名。蟹钳所制墨范可与丁南羽所制比美,是当时著名的雕刻家。

张立夫

张立夫,清歙县人,出身于普通雕刻工人之家。从小就从事雕版篆刻,无论籀、篆、钟彝、花、鸟、虫、鱼、书、画、摹、刻,均不爽毫发。徽州大的建筑物如宗庙、寺堂两边联语,多为名家手笔,大半为张氏兄弟手刻,今虽年隔久远,寺庙颓落,但涂金缕炭,穷极华丽,犹可时见。张立夫兼通书法,其字法亦神采飞跃,所刻竹杖笔架,尤为人珍重。

程以藩

程以藩,清代新安人,著名的漆器工。据《碑传集·四巧工传》载:程氏所制漆器,精制者有银胎、嵌鉤等分别,一般漆器亦五彩绚烂,雕镂精致,色泽鲜明。而且漆器不论大小,载重不论轻重,均不摧裂,其补漆旧物也同原物颜色一致,了无痕迹。

刘守宪

刘守宪,清旌德县人,年轻时曾制日月自鸣钟,下报时刻,中部列节气,上部悬日月。此钟运动,与节气时刻皆能符合。此外,他还造了许多其他奇器。

芮伊

芮伊,字与权,清宣城人,善巧思,能手制自鸣钟及各种测量器。《安徽通志》引《宁国府志》云:芮伊"性多巧思,能制自鸣钟及诸测量器,尝得西洋书百余卷,皆通其法"。

朱东海

朱东海,清怀宁县人,织布工人。据《怀宁县志》记载,他所用的布机,同行中没有一人会使用,所织的布纱均匀,线细密,异常精巧。"盛水不漏",价钱公道。道光之后,徽浙间布商均争购,人们称其为"东海布",或以其住处朱家岩名其布。

余香

余香,清黟县人,石工,少年聪慧,曾用石料做成箫笛,吹起来很合音律,其上还有字画,时人称为绝技。

综 合 类

管仲著《管子》

管子(?——公元前645年),名仲,安徽淮北颍上人,生活于公元前7世纪之春秋时代。管仲少时曾与好友鲍叔牙合伙经商(现在颍上县尚有纪念鲍的"古分金台"遗迹);后来在齐国为相,佐齐桓公成就霸业多年,大会诸侯十六次。他不但是我国古代伟大的政治家、军事家、思想家,而且也是一位提倡发展生产、关注科学技术的科学家。

《管子》一书为管仲及其后人所著,书中涉及许多自然科学的光辉论述。如:《地图篇》论述了地图在军事上的用途,指出地形、距离和城邑大小对军事的重要性,是我国先秦地图学之重要文献;《侈靡篇》提出"天地不可留,故动、化,故从新"的科学自然观;《地数篇》载有"山上有赭者,其下有铁","山上有慈石(即磁石)者,其下有铜金"等矿物分布规律,也是世界上关于磁石的最早记载;《地员篇》论述了各种地形、土壤、地下水位对植物生长的影响,注意到植物垂直分布的现象,含有极其宝贵的植物生态学知识;本篇还有数学方面的九九口诀的最早记载;《度地篇》总结了古代劳动人民在灌溉与堤防工程技术方面的宝贵经验,提出了改造河川的理想,指出善为国者,当先除其五害,"五害之属,水为最大",因此,它又是我国古代水利方面的重要文献。

刘安与《淮南子》

淮南王刘安(公元前179—前112年),刘长之子,在寿春(今寿县)时凭借刘氏亲王的资格聚集宾客方术之士数千人,据《汉书淮南王传》载,他们多为江淮间人,著名者有苏飞、李尚、左吴、田由、雷被、毛周、伍被、晋昌等"八公"(今寿县城北仍有八公山。相传刘安宾客八公常在此休息游玩,因以八公名这座山,以示纪念)。他们有的擅长文学,有的研究道术,刘安本人即是著名的炼丹炼金家,亦是辞赋能手。在刘安主持或支持下,他们共同撰写了很多著作(据《汉书·艺文志》载:有《淮南内》21篇,《淮南外》33篇,《淮南王赋》82篇,《淮南王群臣赋》44篇,《淮南杂子星》19卷;此外《汉书·淮南王传》载:"又有中篇八卷,言神仙黄白之术,亦二十余万言"),惜大多失传了,现存的代表作是《淮南子》;另有一部不完整的《淮南万毕术》,为清代重辑。

《淮南子》(又名《淮南鸿烈解》),二十一卷,内容包罗万象,相当庞大。究其主导思想是推崇老、庄而贬儒、法两家,这显然与汉武帝"罢黜百家,独尊儒术"和以刑法治天下是针锋相对的。

《淮南子》极力描绘宇宙万物的形态,并追溯古往之传说,因而反映了他们和许多前人对宇宙和事物的认识,保存了很多中国古代哲学和科学的知识。在《淮南子》和《淮南万毕术》

中涉及天文、物理、化学、生物、药物等内容，而《淮南子·天文训》最为有名，向为学者所重视。它不但总结了前人的经验，奠定了二十八宿及支干纪年的基础，而且敢于反对天圆地方说，提出"天之圆不中规，地之方不中矩"，是我国古代天学文的重要文献之一。另外，《淮南子》和《淮南万毕术》两书中提到汞、铅、丹砂、曾青（铜矿之一）、雄黄等药物及其化学变化，受到人们的重视。如《淮南万毕术》中有关金属置换的"曾青得铁则化为铜"的记载，是我国胆水炼铜法的理论基础。又《淮南子》中说"若以慈石之能连铁也，而求其引瓦，则难矣"，"及其于铜则不通"。说明当时已经认识到磁石只能吸引铁而不能吸引其他金属或物体。

另有《淮南王养蚕经》，《崇文总目·农家类》注明刘安撰，王毓瑚认为此书为民间流传的一种蚕书，与淮南王刘安无干。此书为北宋初期以前著作，早已亡佚。

桓谭著《新论》

桓谭（约公元前 23—公元 50 年），字君山，沛国相（今淮北市）人。其父任过汉朝太乐令，掌管伎乐，亦好音律，善鼓琴；又遍读"五经"，唯只明训诂大义，不求章句，所学既博且精，对天文学更有研究，力主"浑天说"。代表作为《新论》。据《后汉书·桓谭传》载：《新论》共二十九篇，惜已亡佚。但从《太平御览》及《艺文类聚》中尚可窥见一斑。

桓谭认为："天非故为作也"（《新论·祛蔽》），"灾异变怪者，天下所常有，无世而不然"（《新论·谴非》），反对天有意志，有目的，反对"天人感应"理论，对流行的神学目的论提出了挑战；还以蜡烛光形容人之形体与精神的关系，认为形毁神亡犹如烛尽光灭；又说"生之有长，长之有老，老之有死，若四时之代谢"（《新论·形神》）。这种把人的生死现象看成是一种自然现象，是对秦始皇、汉武帝以来方士们所宣传的"长生不老"术的有力批判。因此，唯物主义思想家王充在《论衡》中赞曰："桓君山作《新论》，论世间事，辨昭然否，虚妄之言，伪饰之词，莫不证定"；又《新论》记载："因延力借身重以践碓，而利十倍。杵春又复设机关，用驴、骡牛、马及设水而春，其利乃且百倍。"是我国古代水碓发明的重要文献。

更为勇敢的是，光武帝刘秀迷信谶纬之说，桓谭却认为谶纬之说是"奇怪虚诞之事"，甚至当着光武帝的面"极言谶之非经"（《后汉书·桓谭传》），因而被光武帝斥之为"非圣无法"，要把他杀掉，逼得桓谭叩头流血，才得幸免。此时桓谭已是古稀之年，竟贬为六安郡垂，郁郁不乐，死于途中。桓谭反对谶纬迷信的斗争，对两汉科学技术的发展产生了一定的积极影响。

嵇康《嵇叔夜集》和嵇含《南方草木状》

嵇康（223—262 年），字叔夜，三国时魏铚人（今宿县西南），早孤，有奇才，为建安以后一位杰出诗人，写下了六七万言之诗文；不仅擅长音乐，弹琴能手，而且也是绘画大家。据张彦远的《历代名画记》载，嵇康的画列在晋代 23 位名家之内，其在绘画史上的地位可以想见。著作有《嵇叔夜集》，内有他的宇宙观。在当时，嵇康就认为自然是变化的，这是难能可贵的。

其子嵇绍（字延祖），其孙嵇含（263—303 年）为嵇绍从子，字君道，曾居河南巩县，自号亳丘子。自幼好学，能文章，永兴（304—306）中累官襄城太守，著有《南方草木状》（有人认为《南方草木状》非嵇含所作，嵇含另有《南方草物状》。亦有人不同意这种看法，孰是孰非，尚在争论中，有待进一步考证。这里姑且存疑），内载华南地区 80 种植物，是我国最早的地方植物志，可谓开地方植物志之先河。尤其是书中关于利用惊蚁消灭柑橘害虫的记载，是生物防治的最早记载,西方 19 世纪才有类似记载,所以英国李约瑟博士认为:"这肯定是任何文献中关于这个问题的最早记载。"

方以智的《物理小识》等

方以智(1611—1671 年),字密之,号曼公,安徽桐城人。其父祖辈都是名士和官吏,参加过反对宦官专权的政治团体"东林党"。方以智少年时代和陈贞慧、吴应箕、候方城参加"复社"活动,同宦党残余势力进行斗争,有"明季四公子"之称。他于崇祯十三年(1640 年)中进士,授翰林院检讨。清兵入关后,"复社"人物惨遭杀害,方以智更名改姓为吴石公,化装南逃,隐居五岭,卖药度日,此间曾短期任明桂王之东阁大学士,礼部尚书,后又卖画行医为生,浪迹桂林。明亡后愤然出家为僧,改名大智,字吴可,号弘智,又号药地、五老、浮庭、墨历、愚者大师、浮山愚者、报丸老人等,1671 年去江南吉安拜谒文天祥墓,中途死于万安,葬于安徽枞阳县浮山东麓。

方以智"好学覃思,自童迄白首,手不释卷",学识渊博,深为王夫之(1619—1692 年)所敬佩。他对天文、地理、历史、物理、生物、医学、哲学、文学、音乐和书画都有研究,堪称明末大科学家和思想家。他在我国第一次把知识分为三类:自然科学("物理")、社会科学("宰理")、哲学("物之至理")。他的著作甚多,主要的有《通雅》和《物理小识》,已收入《四库全书》。《四库全书提要》称其"考证奥博,明代罕与伦比"。

方以智的主要科学著作为《物理小识》,十二卷(原附《通雅》之后,后由其子方中通将其分开,独立成书)。方以智在二十岁开始著此书,历时二十二年方成。全书包括天文、地理、历史、风雷、雨旸、人身、医药、饮食、衣服、金石、器用、草木、鸟兽、方术等,可谓 17 世纪初叶一部民间"百科全书"。该书不但阐明了朴素的唯物主义思想,而且积极倡导科学实验的方法,在总结古代力学、声学、光学、热学、磁学、电学等方面知识的基础上,通过实验提出了许多精辟的见解。尤其是他用有棱宝石、三棱形水晶把光分成五色,并认为与背日喷水而成的五色彩虹同属一类物理现象,这比牛顿分光实验还要早三十多年。此外,书中关于炼焦和用焦的记载,比欧洲要早一个多世纪。

《物理小识》的科学价值尚待进一步发掘。

江永的《翼梅》及《推步法解》

江永(1681—1764 年),字慎修,清安徽婺源(今江西婺源)人,康熙时诸生,读书好深思,长于比勘,博古通今,于步算钟律声韵尤精,著有《周礼疑义举要》《礼记训义择言》《深衣考误》《礼书纲目》《律吕阐微》《春秋地理考实》《读书随笔》《古音标准》《四声切韵表》《音学辨微》等。永读梅文鼎书有所发现,作历算书八卷:学补论、岁实消长辨、恒气注术辨、冬至权度、七致衍、金星发微、中西合法拟草、算剩。后又作数学一卷,名曰正弧三角疏义,续算剩所未尽。是书初名《翼梅》,还有《推步法解》五卷。《畴人传》称:"慎修专力西学,推崇其至,故于西人作法本源发挥殆无遗蕴。然守一家言以推崇之故并护其所短,恒气注术辨,专申西说,以难梅氏,盖犹不足为定论也。"江永认为"五星皆以日为心,如磁石之引针"(《翼梅》卷五),这是对太阳引力思想迸发出的一星智慧的火花。

戴震的《策算》等

戴震(1724—1777 年),字东垣,安徽休宁隆阜人。中国著名哲学家、经济学家、考据学家、皖派学术代表人物,并在天文、地理、数学、物理、历史等方面均有深刻研究。乾隆年间赐进士,授翰林院庶吉士,任《四库全书》编纂官,一生著述甚多,属于科学方面的有:1744年的《策算》一卷,叙述西洋筹算的乘除法和开平方法;1755年的《勾股割圜记》三篇,上篇介绍三角八线和平三角形解法,中篇为球面直角三角形解法,下篇为球面斜三角形解法。

戴震在数学上的最大贡献,是从明代《永乐大典》和其他古籍中,辑佚、校勘和复原失传三四百年的十部中国古代数学经典著作——《算经十书》。《算经十书》是:《周髀算经》《九章算术》《海岛算经》《孙子算经》《夏侯阳算经》《张丘建算经》《五曹算经》《五经算术》、祖冲之《缀术》(原书失传,后以《数术记遗》抵充)、王孝通《辑古算经》。这十部著作代表了中国唐以前的数学精华。戴在中国数学史上的功绩,是永远值得人们称颂的。

程瑶田的《通艺录》

程瑶田(1725—1814年),字易畴,安徽歙县人,与戴震、金榜同称江永高足。程瑶田性好深思,勤于钻研,中乾隆举人,一度任太仓州学政,余年均潜心学术研究,高龄九十而志学不衰。著有《通艺录》十九种,凡数学、天文、地理、生物、农田、水利、农具、兵器、乃至文字、声韵,无所不包,且有图解。自云:"以旧说纷纭舛误,非言重辞复,不足以尽其致。"既重视文献考证,亦注重亲身实践。因此,此书在考古学和生物学上均有一定贡献。

外省籍科学家在安徽的成就

魏伯阳在四顶山炼丹

魏伯阳(约100—170年),会稽上虞人(今浙江上虞县),所著《周易参同契》是世界上现存最早的炼丹术专著,号称中国炼丹术始祖。相传浙江上虞县之金垒观是他炼丹的地方。

现据《方舆胜览》《隋书·地理志》《江南通志》《合肥县志》《巢县志》《巢湖志》《庐州八景说》等考证,合肥东南七十里(今肥东县境)有四顶山(又名四鼎山、朝霞山),为魏伯阳炼丹之所,上有丹池,故址尚存。如丹徒李恩绶《巢湖志》云:四顶上"上有炼丹池,炉址今尚仿佛,一名朝霞山"。魏伯阳曾在此以白狗试丹。据《郡国志》云:此山乃"魏伯阳炼丹之处",又云:"即魏伯阳以白狗试丹处";《广舆记》亦云"府城东南,魏伯阳炼丹之所,丹成以犬试之,即去"。这就是著名的所谓魏伯阳以动物试验新药(丹)毒性的实验。

邓艾在淮河流域屯田

邓艾(197—264年),字士载,河南人,著有《济河论》。公元243年建议在淮河南北进行屯田。司马懿采纳了他的建议,于是"北临淮水自钟离而南,横石以西,尽沘水(今淠河)四百余里,五里置一营,营六十人,且佃且守,兼修广阳、百尺二渠(今亳县境内),上引河流,下通淮颍,大治诸陂于淮南颍北,穿渠三百余,溉田两万顷,淮南淮北皆相接连,自寿春到京师(即寿县至开封),农官兵田,鸡犬之声、阡陌相属"(《晋书》卷26《食货志》)。

沈括在宣城提炼"秋石"

沈括(1031—1095年),字存中,浙江钱塘人。是我国历史上一位卓越的科学家。他博学多才,成就卓著,在天文、地学、物理、化学、生物、医学以及水利、军事、文学、音乐等方面都有精湛的研究和独到的见解。他在科学上的主要著作——《梦溪笔谈》,是一部内容十分丰富,可谓集前代科学成就之大成的光辉巨著,受到中外学者的高度评价和推崇,被誉为"中国科学史上的坐标"。这里我们只介绍一下他在安徽宣城取得的一项科技成就。

熙宁九年(1076年),王安石变法失败。沈括被诬劾贬官,出知宣州(今安徽宣城一带),三年后改知延州。他在宣城任职期间,在当地百姓的帮助下进行了提炼"秋石"的科学实验,即在人尿中加入浓皂角汁,经过过滤、加热、沉淀、升华等一系列物理、化学过程,结果得到了莹白结晶的"秋石"。经李约瑟博士研究认为,这是从人尿中提取了雄性激素和雌性激素的制剂,并给予很高的评价:"这肯定是现代科学世纪之前任何类型的科学医学中的非凡成就。"

王祯在旌德著《农书》及其他

王祯,字伯善,元朝山东东平人。1295年任宣州旌德县尹,在职六年,提倡农桑,关注公益,开始编写《农书》,经过十年时间,直到调任江西永丰县尹后才完成。

王祯《农书》共36卷,刊于1313年。大约十三万字,插图三百多幅。其中最有特色和价值的是《农器图谱》部分,元朝以前没有任何一部农书可与它相比,元以后一些重要农学著作中的农器图谱部分也多转录或引白王祯《农书》。此外,王祯在旌德县任职期间还在当地木工辅助下创用木活字三万多个,同时发明了转轮贮字架,并于1298年试印了由他主编的《旌德县志》,这是世界上第一部木活字印的书。根据这次实际经验,他写了一篇《造活字印书法》,并绘制了"活字板韵轮图"附在农书之末,成为印刷史上的珍贵文献。王祯《农书》是一部有很高科学价值的农书,在我国农学史上占有崇高的地位。

鲁明善在寿县著《农桑衣食撮要》

鲁明善,元代新疆维吾尔族人,曾任安徽寿县尹,在职期间,著有《农桑衣食撮要》2卷。本书系采用按月编排的农家月令体例,在同类的农书中是比较完整的一部,是现存元朝主要农书之一。

韩梦周在来安县著《养蚕成法》

韩梦周(1730—1799年),字公复,号理堂,山东潍县人,乾隆丁丑进士,曾任安徽来安知县,因当地山多,便请来山东工人教农民养育山蚕,并撰写了《养蚕成法》一卷,包括"春季养山蚕法""山蚕避忌""养椿蚕法""茧绸始末""养蚕器具"等部分,并附"种簸箩椿树法"。

沈练在绩溪著《蚕桑说》

沈练,字清渠,江苏溧阳人,道光辛巳举人,夫妻二人都精于养蚕。他曾任安徽绩溪县训导,在当地提倡植桑养蚕,并将所著《蚕桑说》付刻,用以教导当地群众。退休后定居在休宁县,见一部《桑蚕辑要》。乃以此补充自己原著,成为《广蚕桑说》,咸丰五年(1855 年),《广蚕桑说》刚脱稿,沈练病,其子沈琪(季美)于同治二年(1863 年)将其刻行,并请沈练好友夏燮作序。光绪初年,浙江严州府设立蚕局,推广栽桑,由仲学辂(昂庭)对沈练著作加以疏通增补,题书名《广蚕桑说辑补》,重新付刻,实沈仲二氏合著。书中说桑的十九条,说蚕的六十六条,条理明晰,文字浅显,确是一部好书。(全文完)

原文载于:《安徽史学》,1984(5):75—81。

留得《桐谱》惠子孙

——陈翥传略

张秉伦

陈翥(约 1009—约 1056 年),字子翔,号咸聱子,又号虚斋,自称"铜陵逸民",北宋铜凌(今安徽铜陵县)人。他在林学史上的最大贡献,是他撰写了我国第一部,也是现存唯一的一部古代植桐专著——《桐谱》,为我国古代杰出的泡桐专家。

隐居不仕

陈翥始祖为汴梁武阳人,汉时一支迁往姑苏,后来子孙蕃衍,散处不一,祖上多有名人流芳史册。南唐时,"伯三公孙建中官宁国府判,因疾休致道经铜邑,殁于教授章纪公家,夫人偕子买地以葬,因立业土桥,遂为铜陵人","四世公孙曰陟公,倜傥好义",曾侨居县城附近,修筑花园一所,人称为陈公园[①]。又据光绪二十九年(1903 年)《金牛洞陈氏宗谱》记载:陈翥祖籍原居泾县云岭,后来他的祖辈"游于五松,爱凤凰山金牛洞"一带山光水色幽美,"遂卜居于此"。陈翥即陈涉之子(一说从侄)。陈翥之兄名陈翦,其弟名陈翊。

陈翥的出生年代不见史载,据《桐竹君咏》和《西山植桐记》载:宋庆历八年(1048 年),陈翥自称"吾年至不惑""吾今年四十矣"。据此推算,陈翥当生于宋大中祥符二年(1009 年)[②]。

陈翥幼年曾受到过良好的家庭教育,聪颖好学,后来父亲去世,自己长期体弱多病,自感"蝎蠹木虚,根枝不附",又因兄弟不睦,"志趣相畔,退为治生"。在这种逆境中,他立志不仕,选择了一面读书,一面务农的道路。从此,他过着隐居式的田园生活。

陈翥离开家庭后,到乌霞洞前,营造住宅,"杜门读书,家人妇子,非时不见,号称闭户先生"[③]。他"潜心经史,足迹不逾里间,行谊之美,俗恃以范,或比之陈太丘(陈实)云"[④]。他博学多才,涉猎甚广,不但精通儒、释、医、卜,而且懂得天文、地理、农林。一生撰写的书籍共有 26 部 182 卷,"又有十图"。可谓学贯天人,著作等身,是当时"乡人称德,朝野知贤"的学者。许多权贵名流一再荐举他为官,以致朝廷"三征七聘",他都辞而不就。因而世人钦佩不已,纷纷吟诗颂其德。如监察御史陈允赠诗云:"闭户有心观史籍,推窗无梦到簪缨。三征七聘浑闲事,竹外烟花自有情。"参知政事、邑人盛度公与陈翥幼同笔砚,因征不仕,赠诗一律:"曾

---

① 以上均见 1924 年《五松陈氏宗谱》。

② 陈翥的生年另有多种不同说法:《安徽历代名人》《可爱的安徽》等说是 982 年;《安徽科技史稿》说是宋太平兴国年间(976—974 年);《安徽古代科学家小传》说是宋真宗十一年(1008 年)等。

③ 明嘉靖《铜陵县志》。

④ 明《池州府志》(1546 年)。

记当年笔砚交,于今何事不同袍? 德星高耀陈公里,圣诏难宣翔凤豪。版筑无心思傅说,竹林有志愧山涛。知君非是寻常客,看破功名一羽毛。"宋景祐三年(1036 年)御史萧定基赠诗云:"五松卓越一贞儒,班马才能誉不虚。隐隐文光腾万丈,渊渊学间富三余。胸罗星斗天文象,心契山川地理图。七聘三征皆不就,优游林下乐何如。"①宝元、庆历年间,御史包拯两次荐征,因他不就,先后遣使赠送金缎、白金及咏轴。其中一幅咏轴云:"不听天子宣,幽栖碧涧前。钟鸣花寺近,肱枕石狮眠。禅有远公偈,辞能靖节篇。一竿堪系鼎,千古见心传。"②这些律诗,难免溢美之词,但陈翥在"学而优则仕"的封建时代,视仕途为敝屣,甘心过着耕读生活,隐居一生,是值得称颂的,而不应当认为:他由于父亲早逝,自己又体弱多病,从而失去了进取"功名"的机会,遂不得已而为之。

大约在宋嘉祐元年(1056 年),陈翥不幸英年早逝。对于陈翥卒于何年曾是一个久悬未决的问题。明《池州府志》说:"陈翥,宋嘉祐(1056—1063 年)间人"。据《五松陈氏宗谱》载,宋至和元年(1054 年)乾州刺史杜衍还有因陈翥避征不仕而赠诗一律,可见陈翥尚健在;宋嘉祐元年(1056 年)十月初七日,黄荆公寓铜陵,有挽悼陈翥一诗:"隐翁何事逝仙游,遐想遗芳泪暗流。洒落襟怀超俗侣,能全道德卧林邱。倾心夹辅收三益,握手交欢共四休。泣拜尊灵今日别,不堪回首思悠悠。"由此可以推断陈翥卒年,当在宋嘉祐元年,享年 48 岁。

宋仁宗于嘉祐七年(1062 年)颁诏:"已故隐逸道子陈翥公生平行实,笃志好学,杜门读书,专以圣贤道分自任,博综经史,抱德怀才,宪府尝举,屡辞不就,甘隐邱林岩穴,拟合导引配入乡贤,以励风教。"②此后萧定基、俞时昌、苏轼等亦有吟诵。

劈山植桐

宋庆历八年(1048 年)冬,陈翥年至不惑,才在家后西山之南得地数亩,原来这是在其兄弟陈翦、陈翊土地之间一块长满野生水竹的荒山。陈翥考虑到这里全是黄壤,不宜种桑,而适合泡桐、竹子的生长,于是决定"洗而植之"。可是就在他开始垦山时,却遭到了众多的非议:兄弟俩窃笑他这是"不能为农圃之事";别人讥笑他这是"治生之拙";还有一些好心人相劝:植桐、竹数亩,"不如植桑,且桑一年一叶,货之以买桐、竹,可数倍矣","分利之速,植桐不如植桑博矣"等等。陈翥不顾别人劝阻,更不怕讥笑,针锋相对地自取别号"桐竹君","以固而拒之"。这一是因为陈翥非常鄙视那种靠囤积居奇、投机取巧,以求不义之财的思想和行为;二是在农林关系问题上,他深刻地认识到,作为人们"衣食之源"的农业生产,固然"为世所急",但在满足吃穿的同时,还应该注意种植桐、竹,发展林业生产;三是在看待和处理用材林和经济林之间的关系问题上,他并不像有些人认为桐、竹"不如桑、柘,果实之木有所利",完全不赞成那种认为桐、竹不如经济树种"分利之速",而忽视用材林生产的做法。在 900 多年前,作为一个封建社会的知识分子,能有如此高明的认识,实在是难能可贵的!加上他对桐、竹的偏爱,向往"伺桐茂竹盛,则当列坐石,命交友,谈诗书,论古今,以招凉乎其下,岂有期我乎桑中之利哉"。因此,他力排众议,毅然决然地在西山之南辟山种植桐、竹。

---

① 以上诗文引自《五松陈氏宗谱》。
② 《五松陈氏宗谱》。

陈翥为了种好泡桐,他不但查阅宋以前数十种古籍中有关桐树的记载,而且他还十分重视劳动人民的实践经验,明确而深刻地认识到:"别土地之肥瘠,辨木之善否,明长育之法,识栽接之宜者,惟山家流能之。"因此他虚心地"召山叟,访场师",向有实践经验的群众请教;又不辞劳苦地"披榛棘之蘘薄,陟峰峦之险危,望椅梓以相近,求供把之见移,全根木之延蔓,择材干之珍奇。乃等地以森植,亦分株而封之"。就这样,他于当年就种植了桐、竹80株。三年后,至宋皇祐三年(1051年)冬,他在自己的土地上共植泡桐数百株,"南栽棘榆以累翊,北树槿篱以分翦",泡桐布于内,行列整齐,郁郁葱葱。

人工栽培桐树并非从陈翥才开始的。我国对桐树的认识和利用以及人工栽培的历史,十分悠久。相传早在夏代人们就以桐树来记物候,先秦时桐材已用于琴瑟和棺椁;周穆王西游时"乃树之桐";《古微书》中已有植桐数万株计的大面积桐树人工林的记载;贾思勰《齐民要术》已将桐树作为人工栽培的主要树种之一。然而在宋以前,古籍中有关桐树的记载十分粗略,在陈翥之前更无一部泡桐栽培专著。陈翥为了在这方面弥补他以前农家们的不足,并传给后代。因此,他在种植泡桐的同时,还进行了认真的观察和研究,结合自己的亲身实践,对宋以前典籍的记载和当时群众中的宝贵经验,进行了系统的科学的总结,撰成《桐谱》一书,在林学方面留下了一份宝贵的遗产。

重大成就

陈翥一生有26部著作,据《五松陈氏宗谱》记载:"后罹建炎(1127—1130年)兵燹,曾孙荣七负书避道,遇寇而殁,故书传于世,百无一二。"令天有幸见到的仅有《桐谱》一书。该书自序作于宋皇祐元年(1049年),何时脱稿付梓未详。

《桐谱》全书16000字左右,内分10目:叙源、类属、种植、所宜、所出、采斫、器用、杂说、记志、诗赋,是一部自成体系、颇具特色的谱录学专著。书中包括桐树的种类、分布、生物学特征、苗木繁殖、造林技术、幼苗抚育、砍伐和材质利用及其花叶应用价值等一系列的知识,比较全面地总结了前人和他自己关于泡桐种植和利用的一整套经验,从一个侧面反映了我国古代林业科技的光辉成就,它比欧洲、南北美洲及大洋洲于18世纪开始的桐树引种要早700年,至于拉丁美洲一些国家通过引种而成功地营造大面积人工桐林,以及出版有关桐树种植技术的书籍更是晚近的事情。

陈翥在林学史上的杰出贡献主要在以下几个方面:

(一)在桐树的分类方面,他已经注意到从桐树的形态学、生物学、解剖学等特征进行种的研究,清楚地认识到桐树(泡桐)、梧桐(青桐)和油桐三者之间存在着极大的差别,并根据桐树的叶形、花色、果实和材质,正确地把白花桐(白花泡桐)、紫花桐(绒毛泡桐)和一个白花桐的变种,归属为一类,其准确性相当于现代植物分类学上的玄参科泡桐属,并且突破了宋以前习惯于把桐树归属在"梧桐"之中的老框框,把梧桐科的青桐和大戟科的油桐,都排除在桐树类(泡桐属)之外,而分别归入另外两类中,从而消除了历史上桐树名实混乱状况,这比贾思勰等古代农学家显然前进了一大步,也是我国桐树分类史上的一次飞跃!

(二)在对桐树生物学特性认识和育种造林方面,陈翥总结了泡桐喜光、爱暖、宜肥沃疏松之地、不耐庇荫、尤怕积水的特性,是完全符合科学理论和现代造林实践的;古代关于桐树种植方法,《齐民要术》中仅有育取根蘖苗移栽一种方法,而陈翥在《桐谱》中已经总结出种子育苗(天然下种和人工播种)、压条育苗、留根育苗和分根移栽四种方法,并且比较了几种育苗方法的优缺点。其中播种、压条、留根三种育苗方法，都是陈翥第一次记载的，这对于推广桐树人工繁育和营造大面积人工林，无疑是极大的贡献！

（三）在桐树抚育管理方面，陈翥除了强调要松土、施肥、勤锄、除去周围草藤等措施外，还要保护幼苗，勿使树皮受伤，否则汁液外流，会形成疤节，以致造成空心。尤其是通过平茬、抹芽、修枝等措施培养高干林的方法，更是陈翥在《桐谱》中第一次总结出来的。即移栽时要平茬，或在来年春天齐土砍去，以土塞其空心，免为雨灌，让它别抽新苗，植后抽芽时必生歧枝，要经常观察，等歧枝长到五六寸许即去之，高者，手不能及，则以竹夹折之，"伺其大，则缘身而上，以快刀贴树身去之，慎勿留桩"；等到桐树长到一二丈高时，则多斜曲，可以物对夹，缚之令直，亦可以木牵之令直，"如此茸之，其长可至十丈"。充分显示了我国古代人民培养高干速生林的聪明才智，标志着我国北宋时期林业生产技术已发展到了很高的水平。

（四）在材质及其利用方面，陈翥在《桐谱》中科学地指出：泡桐具有"采伐不时，而不蛀蚀；渍湿所加，而不腐败；风吹日晒，而不坼裂；雨溅泥淤，而不枯苏；干濡相兼，而真质不变"等优点，因而其用途广泛，不但可以作为琴瑟之材，而且还可作为建筑和炊具等方面用材："故施之大厦，可以为栋梁、桁柱，木莫其固"。他还举一个例子证明，"今山家有以为桁柱地伏者，诸木屡朽，其屋两易，而桐木独坚然而不动，斯久效之验矣"。白花桐由于不易开裂，"今多以为甄、杓之类"等。

这些科学的总结，无疑对泡桐的推广应用起到了很大的作用。陈翥如愿以偿地实现了他当初撰著《桐谱》一书欲补"农家说"的意愿！

载誉古今

陈翥身为"布衣"，长期过着耕读结合、著书立说与种植桐、竹相兼的隐逸生活，如无亲身实践和刻苦研究，是不可能写出上述那些真知灼见的。《桐谱》书中，还有杂说、记志、诗赋等篇，由于阶级和时代的局限性，因而在书中还有一些缺点乃至迷信观点。在诗词中他对当时社会上某些是非颠倒、趋炎附势等丑恶现象，表示十分厌恶和不满，并淋漓尽致地进行了揭露，同时也流露出对一些社会问题消极无为的思想情绪。但这些与他对桐树的栽培和推广，以及他那种比较鲜明的唯物主义自然观和在大自然面前勇于探索的积极进取精神相比，是次要的。当他健在的时候，人们就为他那种不慕名禄，终生不仕，甚至三征七聘都辞而不就的品行歌功颂德，死后宋仁宗赐入"乡贤祠"享祀，受到尊重。他唯一留传至今的著作《桐谱》，是世界上最早的一部泡桐专著，也是现在仅存的一部我国古代《桐谱》著作，历来受到有识学者的推崇。自宋代陈振孙《直斋书录题解》著录后，《宋史·艺文志》《安徽通志》《池州府志》《铜陵县志》等均有著录，而且对后世著名的科学家和学者王象晋、李时珍、方以智、吴其浚等人都有过承前启后的作用，因而《群芳谱》《本草纲目》《通雅》等名著曾对《桐谱》详加引述；方以智在考证桐树种类时，就是以《桐谱》为准的；清代著名植物学家吴其浚则说："陈翥分别白桐（白花桐）、冈桐（紫花桐）甚明"，并将《桐谱》一书全文辑入他的《植物名实图考长编》"附录"中。

陈翥《桐谱》在历史上曾经多次翻刻，流传甚广，目前可见到的就有《说郛丛书》本、《唐宋丛书》本、《适园丛书》本、《丛书集成》本，以及建国后出版的多种版本。它对今天推广人工速生高干泡桐林仍有重要的参考价值。国外研究泡桐的学者，对这部著作也十分重视，美国

《经济植物》杂志1961年第1期刊登的《经济植物·泡桐》一文,在研究泡桐的起源和在亚洲的分布,以及引入欧洲和美洲的过程中,在叙述泡桐的经济价值和木材性质时,都曾引用了陈翥《桐谱》一书的资料。

陈翥不愧为载誉古今、惠及子孙的中外著名泡桐专家!

原文载于:安徽省政协编委会编《安徽著名历史人物丛书·科坛名流》,中国文史出版社,1991:520—527。

陈翥史迹钩沉

张秉伦

　　陈翥是我国北宋时期的一位著名的泡桐专家,他的名著《桐谱》一书,是世界上最早的一部泡桐专著,该书的杰出贡献,国内学者论述甚多,国外学者也有所引述;他的生平事迹,人们却知之甚少。其原因是《宋史》等所谓正史并未为其立传,《宋史·艺文志》仅著录了"陈翥《桐谱》一卷"六个字,同时代其他典籍中,亦未见他的史事,历代书目和收有《桐谱》之丛书序跋,或未提及,或失之简略。目前只能根据他的著作,包括诗赋并序言,以及地方志和家谱,对其生平事迹作一钩沉。

陈翥像
（取自《五松陈民宗谱》）

　　陈翥,字子翔,号咸聱子,自号"桐竹君",自称"布衣",自署"铜陵逸民"[①],为北宋铜陵人。至于他的祖籍源于何地,后居铜陵何方? 我们从两种陈氏宗谱中可略知梗概:据光绪二十九年(1903年)《金牛洞陈氏宗谱》记载:陈氏祖辈曾居泾县云岭,后来他们的祖先"遊于五松(今属安徽省铜陵市),爱凤凰山金牛洞(今安徽省铜陵县新桥乡金牛村)",山光水色幽美,

－－－－－－－－－－

　① 陈翥:《桐谱·序》。

"遂卜居于此"①；而"民国"十三年(1924年)《五松陈氏宗谱》的记载则更为详细，该谱前有大中祥符丙午[笔者按：疑为丙辰(1016年)之误]，至元丁亥(1287年)及"民国"十三年序文各一篇，概而言之：陈氏始祖先世为汴梁武阳人，汉时一支迁往姑苏，遂分道扬镳，祖上多有名人流芳史册。南唐时，"伯三公之孙曰建中，任宁国府判，以疾休致道，经铜邑千口湖"，"殁于教授章纪公家，夫人偕子买地以葬，因立业土桥，遂为铜陵人"。厥后子孙繁衍，散处不一，四世孙曰涉公，"倜傥好义"，"为人慷慨"，"尝侨居寓邑治之侧，于东隅作花园一所，人呼为陈公园，宋苏子瞻(苏轼)黄山谷(黄庭坚)觞饮于此，俱有题咏，公之从侄(杨序称其子)曰翥"②，陈翥之兄名陈翦，其弟名陈翊③。

陈翥生于何年？据《桐竹君咏》和《西山植桐记》载：庆历八年(1048年)，陈翥自称"吾年至不惑""吾今年四十矣"。据此推算，并考虑到古人年龄通常为虚岁，陈翥当生于北宋大中祥符二年(1009年)。

陈翥幼年曾受过良好的家庭教育，他虽然"少渐义方训，涉孤哀，沦于季孟，茕疾痁滞，十有余年。蝎蠹木虚，根枝不附。志愿相畔，退为治生"。④ 但他聪明好学，在这种逆境中，他选择了耕读结合的隐居式的田园生活。自号"虚斋"。

嘉靖《铜陵县志》记载："陈翥，笃志好学，杜门读书，家人妇子，非时不见，号称闭户先生。"⑤明《池州府志》(1546年)也说他"潜心经史，足迹不逾里间，行谊之美，俗恃以范，或比之陈大邱(陈实)云。"⑥《五松陈氏宗谱》中还有"虚斋翥祖马仁山藏修书舍图"一幅。

陈翥博学多才，涉猎甚广，不但精通儒释医卜，而且懂得天文地理。据《五松陈氏宗谱》记载：陈翥"撰述天文地理儒释医卜之书，凡二十六部一百八十二卷，又有十图"。⑦ 可谓学贯天人，著作等身，是当时"乡人称德，朝野知贤"的学者，许多权贵名流一再荐举为官，以致"三征七聘"，他都辞而不就，世人钦佩不已，因而纷纷吟诗颂德⑧。现摘引几首，以窥一斑。

天圣三年(1025年)九月十九日，监察御史陈允公因征不就，赠诗一律：

斩棘披茅构数楹，一帘风月一丝琴。

宁从野外藏奎耀，不向天边动客星。

闭户有心观史籍，推窗无梦到簪缨。

三征七聘浑闲事，竹外烟花自有情。

天圣五年，参知政事、邑人盛度公与陈翥幼同笔砚，因征不仕赠诗一律：

曾记当年笔砚交，于今何事不同袍？

德星高耀陈公里，圣诏难宣翔凤豪。

版筑无心思传说，竹林有志愧山涛。

知君非是寻常客，看破功名一羽毛。

景祐三年(1036年)九月十二日，殿中御史、江西萧定基，幼与虚斋公同席笔砚，因征不

---

① 周桂芳等撰：《金牛洞陈氏宗谱·新序》。

② 据《五松陈氏宗谱》两篇序交综合。

③ 陈翥：《桐谱·西山植桐记》。

④ 陈翥：《桐谱·西山植桐记》。

⑤ 嘉靖《铜陵县志》卷七："人物篇"。

⑥ 明《池州府志》卷七："人物篇"。

⑦ 《五松陈氏宗谱》卷一。

⑧ 参见《五松陈氏宗谱》卷一。本文所引律诗、咏轴，未注出典者均引自该谱卷一。

就,拜赠德誉一律:

> 五松卓越一贞儒,班马才能誉不虚。
>
> 隐隐文光腾万丈,渊渊学问富三余。
>
> 胸罗星斗天文象,心契山川地理图。
>
> 七聘三征皆不就,优遊林下乐何如!

此外,《五松陈氏宗谱》中,还有"宝元元年(1038 年)十月初六日,池州路总管府刺史包拯公荐征二次不就,遣使赍金段四端,咏轴一幅"的记载;庆历四年(1044 年)八月初七日,御史中承包公因征不就,又"遣使赍金段色纱二端、白金十两,咏轴一幅":

> 不听天子宣,幽栖碧涧前。
>
> 钟鸣花寺近,肱枕石狮眠。
>
> 禅有远公偈,辞能靖节篇。
>
> 一竿堪系鼎,千古见心传。

庆历八年(1048 年)冬,陈翥年至不惑,命乖强仕,堨篑不合,遂成支离①。才在家后西南之山得地数亩,原来这是在其兄弟陈翦、陈翊土地之间一块长满野生水竹的荒山,陈翥考虑到这里全是黄壤,非桑之宜,而适合桐竹的生长,于是决定洗而植之。可是就在他开始洗山时,却遭到了众多的非议:兄弟窃笑他这是"不能为农圃之事"②;也有人笑他这是"治生之拙"③;还有人好心相劝:植桐竹数亩,"不如植桑,且桑一年一叶,货之以买桐竹,可数倍矣"④,"分利之速,植桐不如植桑博矣"⑤等等。陈翥不顾别人劝阻,更不怕别人讥笑,毅然决然辟山植桐,并针锋相对地自取别号"桐竹君","以固而拒之"⑥。这一是因为陈翥非常鄙视那种靠囤积居奇,投机取巧,以求不义之财的思想和行为;二是在农林关系问题上,他深刻地认识到,作为人们"衣食之源"的农业生产,固然"为世所急",但在满足吃穿之用的同时,还应该注意种植桐竹、发展林业生产;三是在看待和处理用材林和经济林之间的关系问题上,他并不像有些人认为的桐竹"不为桑、柘、果实之木有所利",完全不赞成那种桐竹不如经济树种"分利之速"的观点,因而忽视用材林生产。在 900 多年前,陈翥作为一个封建社会的知识分子,能有如此高明的认识,实在是难能可贵! 正是由于这种正确认识,加上他对桐竹的偏爱,向往"伺桐茂竹盛,则当列坐石,命交友,谈诗书,论古今,以招凉乎其下,岂有期我乎桑中之利哉?"⑦因此,他能力排众议,毅然决然地在西山之南辟山种植桐竹。

陈翥为了种植好泡桐,他不但查阅了我国北宋以前数十种古籍中有关桐树的记载,而且还十分重视劳动人民的实践经验,明确而深刻地认识到:"别土地之肥瘠,辨草木之善否,知长育之法,识栽接之宜者,唯山家流能之。"⑧因此,他虚心地"召山叟,访场师",向广大有实践经验的群众请教;又不辞劳苦地"披榛棘之藂薄,陟峰峦之险危,望椅梓以相近,求供把之见移,全根本之延蔓,择材干之珍,乃等地以森植,亦分株而封之。"⑨就这样,他于当年就种植桐

---

① 陈翥:《桐谱·诗赋·桐竹咏并序》。
② 陈翥:《桐谱·诗赋·桐竹咏并序》。
③ 陈翥:《桐谱·诗赋·西山桐君咏并序》。
④ 陈翥:《桐谱·记志·西山桐竹志》。
⑤ 陈翥:《桐谱·记志·西山植桐记》。
⑥ 陈翥:《桐谱·诗赋·桐赋序》。
⑦ 陈翥:《桐谱·记志·西山桐竹志》。
⑧ 陈翥:《桐谱·采斫》。
⑨ 陈翥:《桐谱·诗赋·桐赋》。

竹 80 株,三年后即至皇祐三年(1051 年)冬,共植桐树数百株,"南栽棘榆以累翊,北植槿篱以分翦",①桐树布于内,行列整齐,桐茂森然。

陈翥在种植桐树的同时,为了补农家说之不足,聊以示于子孙,结合自己对桐树的观察研究,对北宋以前古籍的记载和当时群众中的宝贵经验,从理论和实践上进行了系统的科学总结,撰成《桐谱》一书,该书自序作于皇祐元年(1049 年)十月,何时脱稿付梓,未详。陈翥一生 20 多部著作,据《五松陈氏宗谱》记载:"后罹建炎(1127—1130 年)兵燹,曾孙荣七负书避道,遇寇而殁,故书传于世,百无一二。"②今天有幸见到的仅此《桐谱》一书。关于该书的学术价值及其在林学史上的地位,学者们论述甚多,无须多述。

陈翥卒于何年是一个久悬未决的问题。明《池州一府志》说:"陈翥,宋嘉祐(1056—1063 年)间人。"查《五松陈氏宗谱》,至和元年(1054 年)二月乾州刺史杜衍幼与虚斋读书友爱,因征不仕,还有赠诗一律:

> 巢许当年秉节高,首阳叔伯亦同操。
>
> 谁知千载无媲美,却有三征不就豪。
>
> 猿鹤忘机为伴侣,竹松对影绝尘嚣。
>
> 山中更美多情月,一片清辉是故交。

可见 1054 年陈翥尚健在;至和三年(即嘉祐元年,1056 年)十月初七日,黄荆公寓铜陵,则有挽吊虚斋先生一律:

> 隐翁何事逝仙游,遐想遗芳泪暗流。
>
> 洒落襟怀超俗侣,能全道德卧林邱。
>
> 倾心夹辅收三益,握手交欢共四休。
>
> 泣拜尊灵今日别,不堪回首思悠悠。

综合上述三条资料,可以推测陈翥卒年,当在嘉祐元年(1056 年),享年 47 岁,属于英年早逝!

本文除根据陈翥《桐谱》中的资料外,大多数取材于地方志和家谱,尤其是《五松陈氏宗谱》。家谱作为纪世族、叙昭穆、辨亲疏之作,向来井然有序,对本族名人(包括科学家的记载)往往相当详细,但亦难免过于褒奖。鉴于《五松陈氏宗谱》关于陈翥的资料十分难得,本文尽可能地引录了其中一部分与陈翥生平事迹有关的诗文,以供广大学者进一步研究。

原文载于:《中国科技史料》,1992(1):33—36。

---

① 陈翥:《桐谱·记志·西山植桐记》。

② 《五松陈氏宗谱》卷一。

《安徽省志·科学技术志》述评

张秉伦　　徐用武

《安徽省志·科学技术志》(以下简称"安徽科技志")是安徽有史以来第一部专门记述科学技术发展的大型综合性省级分志。它以马克思主义、毛泽东思想为指导,实事求是,厚今薄古,全方位地记述了有史以来安徽境内科技发展的史实。覆盖面之广,时间跨度之长,编纂难度之大,是前所未有的。它鲜明地体现了地方特色、时代特色和专业特色。充分客观地总结了安徽科技发展的成绩,也不回避发展过程中的曲折和失误,内容非常丰富,科技含量和科技水平在全国现已出版的 10 多部省级科技志书中名列前茅。它不仅是国内外人士了解安徽科技状况和水平最系统、全面、可信的著作,而且随着时间的推移,其价值会越来越高,将成为继往开来、服务当代、垂鉴后世之作。

地方志是一种特殊史书,在编纂内容和体例上都有严格要求,"安徽科技志"在遵守地方志编纂统一要求下,精益求精,大胆创新,形成了自己的特色;虽有个别小疵,但不失为上乘之作。

一、安徽科技志有以下四点值得称道

1. 厚今薄古,完整系统。除概述外,首篇用了 7 万字的篇幅,约占志书 6.4%,纵述从古代到近现代的科技发展及主要成就;从第二篇开始用 6 篇的篇幅,集中记述当代科技发展和重要成就,约占志书的 93%,充分体现了厚今薄古的原则,又符合完整而系统的要求。后者在已出版的省级科技志中尤为突出。

2. 篇目结构合理。规模适度,体例规范。当代科技学科门类众多,人、事纷繁,篇目如何分类,内容如何安排是个十分棘手的问题。"安徽科技志"把科学和技术的分类体系,与科学技术生产力性质及其社会实现领域的分类科学地结合在一起布局谋篇,既不是单纯的学科、专业分类,也不是单纯的国民经济部门分类,而是两者内在的统一。恰当的分类,决定了"安徽科技志"的科学构架,使众多事项得以分类集合,以免错位杂处,也使篇目规模得以控制,避免了有害无益的扩张。

"安徽科技志"篇、章、节三级标题规范、统一、醒目,篇、章都有无题小序或引言,节以下是最基本的实写条;事以类从,分类横排,纵记事实,层次清楚,处理得当;巧用表格,既节省了篇幅,又让人一目了然。

3. 文约事丰,要素齐备。全志记事突出科学技术主线,详略得当,时空明晰,以事系人,要素齐备;言简意赅,文风朴实,鲜见浮词,可读性强。其中以事系人,言易行难,人和事的判识取舍,是修志常遇到的一个棘手问题。"安徽科技志"始终贯彻以事系人,合理自然,实录科技人才最多。凡值得记载的人物分散在各学科各行业的记述和附表中。而不以人系事,更不因人独立篇章。这样既避免了与其他分志的交叉重复,又保证了体例的统一,是迄今出版的 10 多部省级科技志书中以事系人最多最好的一部。

4. 地方科技与人文事象的鲜明特色。农业从古至今都是我国十分重视的基础产业。"安徽科技志"从记述《夏小正》对淮北平原的物候、气象、农作物和天象的记载,以及王蕃等对古代天文学的贡献,到当代天文学、气象学对农业的贡献;从古代大型灌溉工程芍陂的选址与建成后千古受益、记唐宋以来圩区圩田的兴建和治理,到新中国成立的治淮工程、农田水利建设、江淮梅雨期的暴雨预报、红黄壤改良利用和砂礓黑土综合治理等等,反映了安徽地形、地势、土壤、气候等诸多制约因素及其综合影响下安徽农业科技活动的地域性特点。

笔墨纸砚的产地相对集中于安徽,并形成文房的"成套系列"名优特产,泥、木活字在印刷上的应用推广,除选材、制备与安徽得天独厚的资源有关外,同安徽的历史文化氛围、人才荟萃有很大的关联。文化本底深厚,正是科技发展的重要社会条件,科学技术也是广义的文化现象。从这个意义上,就不难理解"安徽科技志"记述了那么多著名思想家、科学家、技术发明家、医药学家和民间的能工巧匠,记述了那么多的传世科学名著。这从一个侧面反映了安徽科技文化发展与全国的共性,更显现了安徽的地方特征。

二、安徽科技志有以下几点创新

1. 首篇设置的创新性。地方志通常按门类横向展布空间层次,以时间为序排列记述事项,详今略古。迄今已出版的除"安徽科技志"以外的 15 部省级科技志书,无一例外地把建国前延绵数千年的选记事项集于全志的《概述》之中,而以全部篇章详记建国以后的事项。因而《概述》的篇幅少则三五万字,多则六七万字,以致建国前的记事求其详者,累赘列述史料,而淹没、弱化了上千年的科技发展梗概脉络;求其略者,又显支离破碎,不足以支撑进程的勾勒。这虽无可厚非,但总有失《概述》的要旨。"安徽科技志"却独树一帜,用七万字的篇幅,把大时跨、大空间的"古代、近代和现代科学技术"立篇置首,断代立章,分类设节,不拘泥于篇章一律横分门类的旧法,设节记事不求其全,但求其实,选要择精。从第二篇起再按门类横分纵写,主记当代。首篇虽仅占全志 6.4%,但难度极大。《概述》仅以一万零四百余字,通古贯今,勾玄提要,彰明脉络,揭示经验。这是安徽科技志的一大创新。

2. 立篇定名和表格使用的创新。除首篇设置外,在第五篇"社会事业"的定名上有所创新。该章的定名及内构章节纳入了属于社会基础设施的交通、邮电;属于社会公共事业的医药卫生、广播电视;属于对社会诸多领域进行技术监督的标准计量;属于社会文化事业的文化体育;属于社会安全体系的公安消防;属于社会公共工程的水利和相关的水文和水资源;以及决定人类社会可持续发展的环境科学和环境保护等方面内容。在已出版的其他省级志书中,仅一部"公共事业",内置章节有城乡建设、测绘、地震、环保、气象、广播电视、标准计量共七章。"公共事业"和"社会事业"在内涵和外延上是不同一的。"安徽科技志"以"社会事业"定名,与内置章节有领属关系,具有立篇定名的新意。

"安徽科技志"的表类简明,置位贴切,与篇章配伍,便于检索,文表相得益彰。列表最多的是科技成果,在已出版的其他省级科技志书中,大多是集汇于"科技管理"篇中"成果管理"一章中作附表。"安徽科技志"则采用重要论文和获奖成果细目列表置于相关篇章附后,而在"成果管理"章的第二节"统计和奖励"中,插列四个综合统计表。成果的数据统计列表与论文和获奖成果细目列表的功能不同,两者俱收入志,各得其所,是迄今为止所见地方科技志的独秀、创举。

3. 既不讳人隐事,亦不因人附势。安徽科技志所录人和事,尤其是当代部分,主要是经过专家鉴定、评审或各学科认真遴选出来的,虽然省内还有一些德高望重,资深位显的前辈,因与本志内容无涉而一概不录或涉及多少实写多少;对历史上的所谓"反面人物",对当代受批判或无学历、地位者,只要对安徽的科技发展作出过贡献,符合全志统一标准,均照录不误。如受人唾骂的曾国藩在安庆设立内军械所没有隐去;众所周知的方励之的名字(包括论文作者)出现 20 次之多;尤其是对小学都没念完、生活极为贫困的农民李式先还用了 200 余字概述了他的成果,并选入他的彩图一张。这种既不讳人隐事,也不因人附势的做法,本为修志者应遵循的原则,而如此实事求是,秉笔直书,在已出版的科技志中可视为大胆创新!

三、安徽科技志尚有一些值得商榷之处

第三篇"基础学科研究"的数、理、化、生四章均将第一节设为"沿革",而地球科学、天文学和气象学均未立"沿革"一节;又如天文和物理部分有天文学史和物理学史的成果,而其他学科缺如;志书前置彩图缺少安徽古代科技的图片;城乡建设方面略显单薄;个别史实的记述有失准确等,这可能与稿源有关。但从严格要求来说,还是值得推敲和改进的。

总之由安徽省科委投入巨资、经过众多编纂者 10 多年的辛勤耕耘,终于完成了一部思想性、科学性、地方性突出,文约事丰,详略得当的安徽省有史以来第一部科技志。全面记述了本省从古至今科技发展的历史和现状,引出了许多有益的经验和教训,具备了存史、资治、教化三大功能,对建设社会主义物质文明和精神文明有重要意义。

编纂科技志本身就是一个创举,而"安徽科技志"的编纂者勇于进取、精益求精,创获良多。与其他已出版的 15 部省级科技志相比,本志在完整而系统、以事纪人、科技与人文事相结合等方面则显得更胜一筹;在以篇目集中表现的系统构建(包括首篇设置、主篇定名、巧用表格)等方面更有诸多创新,对方志学编纂的理论与实践都有重要推动作用,实乃上乘佳志,也是一项重大软科学研究成果。

原文载于:《安徽科技》,1999(1):47—48。

《管子》中的科学技术

张秉伦

《管子》是我国古代一部内容丰富、影响深远的重要学术著作。作者托名管仲,虽非管仲所著,且非成于一时一人之手,但有管仲遗说遗事,可视为管仲及其后学论说的汇编,为管仲学派的代表作,基本上反映了管仲的思想观点。

管仲(? —公元前645年),名夷吾,字仲,谥曰敬,因此又称管敬仲,春秋时颍上(今安徽颍上县)人。早年家贫,曾伙同好友鲍叔牙(亦称鲍叔)经商谋生;当过兵,3次打仗,3次中途逃回家;3次出去做小官,3次被上司辞退①。后因预测守旧、腐化的齐襄公必垮,即与召忽、鲍叔牙议定分别辅佐公子纠与公子小白。后来小白入主齐国,史称齐桓公。经鲍叔牙力荐,桓公乃迎管仲为相。管仲相齐40年,被齐桓公尊称为"仲父"。他辅佐齐桓公改革内政,发展生产,很快收到了"通货积财,富国强兵"的效果,使齐国"九合诸侯,一匡天下",成为春秋时期第一个霸主。管仲是春秋时期杰出的政治家、思想家、军事家和经济家。《管子》一书是研究管仲及其学派的宝贵资料,内容涉及哲学、政治、经济、农学、军事等,并含有丰富的科学技术内容,是研究先秦科学技术史的重要典籍之一。

奖励科学技术的政策

管仲及其学派的治国思想中,包括"仓廪实则知礼节,衣食足则知荣辱"的进步观点,认为人们的道德情操,决定于人们的物质生活状况,把"国富而粟多"作为立国的根本,重视农业和工商业的发展,注重与农业、手工业关系密切的科学技术的发展;在实行法治的措施和办法中,强调法律(包括政策)先行:"凡将举事,令必先出。曰事将为,其赏罚之数,必先明之。"为了提倡科学技术的发展,《管子》中明确提出了一系列奖励科技发展的政策,如对于"民之能明于农事者","能蓄育六畜者","能树艺者","能树瓜瓠荤菜百果使蕃衮者","能已民疾病者","能知时,曰'岁且阨',曰'某谷不登',曰'某谷丰'者","通于蚕桑,使蚕不疾病者"等,都"置之黄金一斤,直食八石",而且对他们"谨听其言而藏之官,使师旅之事无所与"②。奖励范围包括农业、畜牧业、林业、园艺、医药、时令、桑蚕等7个方面,奖金为黄金1斤或相当于黄金1斤的粮食8担,还要免除他们的兵役,并把他们的经验记录下来由政府保存。这些奖励政策,正是"曰事将为,其赏罚之数,必先明之"的一种实例。像这样全面而具体的奖励科学技术的政策,在我国古代历史上是罕见的。无疑,对科学技术的发展有着重

---

① 《史记·管晏列传》。
② 《管子·山权数》。

大的促进作用。《管子》书中,就记载了当时科学技术发展所取得的丰硕成果,是我国先秦科技史上璀璨夺目的篇章。

关于万物本原的思想

关于万物本原的问题,《管子》中涉及三个范畴,即"道""精气"和"水"。"道"是继承老子的思想,"精气"说是诠释和改造老子"道"而成,"水"为万物本原的思想则是《管子》中首次提出的。

《老子》中说:"道生一,一生二,二生三,三生万物。万物负阴而抱阳,冲气以为和。"在这里,"道"是万物之本原,其中"万物负阴而抱阳,冲气以为和",是对前一句话的注释,意思是说阴阳二气涌摇,和而为三,以生万物。这是中国哲学史上第一次提出阴阳二气化生万物的思想。但在老子看来,阴阳二气并非本原,因为在此之上还有一个最高的、绝对的"道",即"道"是气之先、天地之外更为根本的东西。老子认为"可以为天下母"的"道","寂兮寥兮""视之不见""听之不闻""搏之不得","是谓无状之状,无物之象"。《管子》继承了老子"道"的思想,《管子·内业》中说:"道也者,口之所不能言也,目之所不能视也,耳之所不能听也。""凡道,无根无茎,无叶无荣,万物以生,万物以成,命之曰道。"在这里,无形的"道"被看作宇宙万物生成的本原,显然与老子的思想是一致的。但《管子》中还把老子的"道"改造为"精气"说。《老子》中说:"道之为物……寂兮冥兮,其中有精,其精甚真,其中有信。"《管子·内业》则将"有精"的"精"诠释为"精气":"精也者,气之精者也。"而且在很多场合,管仲学派的道与气是互通的。如《管子·内业》说:"道者,所以充形也。"《管子·心术下》则说:"气者,身之充也。"在这里道与气是同一种东西;又如《管子·心术上》说,道"其大无外,其小无内"。《管子·内业》则说,气"其细无内,其大无外"。道与气仍然没有什么区别。在此基础上,管仲学派进一步提出:"凡物之精,此则为生,下生五谷,上为列星。流于天地之间,谓之鬼神。藏于胸中,谓之圣人。是故民气,杲乎如登于天,杳乎如入于渊,淖乎如在海,卒乎如在己。"意思是说,一切物质现象和精神现象都是精气所产生的,它充塞宇宙之间"其细无内,其大无外","不见其塞","流遍万物","洒乎天下满",是无所不在,无时不有的。精气是构成万物的本原,而不像老子那样把气看作万物产生的中间环节了。管仲学派还认为"一气能变曰精","一气能化曰神",而且"化不易气"。这里的"一气"即"一物",表明"一气"即是化生万物的基础,它本身也是一物。"化不易气"显然包含着物质不灭思想的萌芽,后来被宋代张载和明代王夫之等人继承和发挥。

荀子的自然观中,既有《管子》和老庄的气论思想,又有所发展。总结《管子》和《荀子》的气论思想,可以得出这样的结论:中国气论哲学到战国时期已是指化生万物的元素和本原了。它是至精无形的、充盈无间的、能动的、可入的、无限的物质实体。秦以后,气论被历代哲学家继承和发展,整整延续了 2000 多年。它不仅是中国哲学的大宗和主流,而且渗透到各个学科中去,对中国古代科学技术的发展产生了广泛而深远的影响。

古希腊和古罗马曾有原子论作为万物之本原的学说。原子论和气论是东西方两种不同的物质观:原子论的原子是一个个被虚空间断的、有形的、不可分的、不可入的微小粒子;气论中的"气"是充盈无间的、至精无形的、能动的、可入的、无限的存在物。如果说原子论强调了物质存在的间断性,那么气论则主要强调物质存在的连续性,并进而探讨了连续和不连续形态间的相互转换。如果说古希腊原子论曾经预示着道尔顿原子学说出现的话,那么气论也许就是现代量子场论的滥觞。在一定程度上可以说,气论和原子论正是东西方古代哲学观念和思维方式在自然观及科学技术思想方面的体现和例证。

至于水为万物本原的思想,首见于《管子·水地》。该篇一开始虽说到地为万物之本原,但同时又认为:"水者,地之血气,如经脉之流通者也,故曰'水,具材也'。"即认为水是更基本更重要的东西,并明确推出结论:"是故具者何也? 水是也。万物莫不以生,惟知其托者能为之正。具者,水是也。故曰水者何也? 万物之本原也,诸生之宗室也,美恶、贤不肖、愚俊之所产生也。"

管仲学派提出的水为万物本原的思想,在先秦乃至整个中国古代自然观中都是颇具特色的。因为古代贤哲大都是用无形之物作为宇宙万物之本原,无论是老子的"道",还是前述的气论等,都是无形之物,这种传统几乎贯穿着整个中国古代自然观。而管仲学派提出的水为万物本原的思想,则用一种具体有形之物去说明宇宙本原,无疑是一种创造。虽然其中含有牵强附会的内容,但毕竟是宇宙统一性的最初认识。可惜水为万物本原的思想在后世没有得到继承和发展。

天地不坠不陷说和时空观

天地何以不坠不陷的问题,在春秋战国时期有过不少讨论,目前从先秦文献中可以看到当时的学者们对这个问题的解答,大体说来,有水浮说、气举说、运动说 3 种说法。其中水浮说和运动说都最早出现在《管子》中。

水浮说 《管子·地数》中说:"地之东西二万八千里,南北二万六千里,其出水者八千里,受水者八千里。"意思是说,大地是个近于正方形的实体,其具体数据虽然属于猜测,但它的意思是说这个方形大地一半没于水中,一半露出水上,载水而浮,所以不陷,因而被学术界称为"水浮说"。"水浮说"后来被浑天说所吸收,沿用了很长的时间。

运动说 管仲学派认为天地由于处在永不停息的运动之中,因而不坠不陷。《管子·侈靡》记载:"天地不可留,故动,化故从新,是故得天者高而不崩。"意思是说,天地的运动使其不断演进更新,永不毁坏。这就把运动本身看作保持天地不坠不陷的原因。这种思想是非常卓越的!

时空问题是一个既抽象又实际的根本问题。《管子》的作者们在我国历史上最早明确地提出了时间、空间的概念。"宙合"篇的"宙"含循环往复之意,喻日月往复,四时循环,所以一般指时间;"合"古义即"盒子",上下四方为"六合"。文称:"天地,万物之橐,宙合又橐天地。"意思是说万物纳于天地之中,天地又纳于时空之中。"宙合之意上通于天之上,下泉于地之下,外出四海之外,合络天地以为一裹。"意思是说,天地四海皆包含在宙合之中,宙合更扩展到万物之外。2000 多年前,《管子》的作者们对时空的这种认识,确实是十分卓越的! 后来墨家对时空问题又作了进一步的探讨。

三分损益法定乐律

乐律是对乐器上各种音调的获得方法以及各音调之间的频率关系进行数学研究的学科,它是包含物理学中的声学、音乐中的音响学和一部分计量学的综合知识。乐律起于何时,难以确考。相传"黄帝令伶伦作律",是用管壁均匀的竹管制成律管。在我国古代乐律学的发展中,选择 5 个音或 7 个音组成一个音阶的乐制,相传在公元前 11 世纪已经形成了。如唐代杜佑《通典》称:"自殷以前,但有五声。"《礼记·乐记》中也说:"昔者,舜作五弦之琴以歌南风。"其注云:"五弦,谓无文武二弦,惟宫、商、角、徵、羽五弦。"可见中国古代乐律是先有五声,后有七声。后来在七声的基础上,由于转调的需要又产生了十二律。十二律的产生,按《国语·周语》的记载是:周景王贵于其二十四年(公元前 521 年)向伶州鸠请教乐律,伶州鸠回答说:十二律即黄钟、大吕、太簇、夹钟、姑洗、仲吕、蕤宾、林钟、夷则、南吕、无射、应钟。

《管子》在乐律学上的主要贡献,在于它最先明确地说明了求宫、商、角、徵、羽五音的方法。《地员篇》说:"凡将起五音,凡首,先立一而三之,四开以合九九,以是生黄钟小素之首以成宫;三分而益之以一,为百有八,为徵;不无有三分而去其乘,适足,以是生商;有三分而复于其所,是成羽;有三分去其乘,适足,以是成角。"意思是说,定立五音音调,先将一分为三,经过 4 次推衍,即 $1 \times 3 \times 3 \times 3 \times 3 = 81$,得出五音之本黄钟宫音的弦(或管)长;81 再加它的 1/3,即 108 为徵音的弦(或管)长;108 减去它的 1/3,即 72 为商音的弦(或管)长;72 加它的 1/3,即 96 为羽音的弦(或管)长;96 减去它的 1/3,即 64 为角音的弦(或管)长。这种以一条被定为基音的弦(或管)长度为准,把它三等分,然后再减一分(损一)或加一分(益一)以定另一个音的弦(或管)长度的方法,就是我国乐律史上著名的"三分损益法"。从数学上讲,就是将基音的弦(或管)长连续乘以 2/3(损一)和 4/3(益一),依次得到 5 个音,即构成一个五声音阶:依弦(或管)长排列为徵(108)、羽(96)、宫(81)、商(72)、角(64)。

用"三分损益法"不但可由上述五声再加变宫(弦长为 $64 \times \dfrac{2}{3} = 42\dfrac{2}{3}$)和变徵(弦长为 $42\dfrac{2}{3} \times \dfrac{4}{3} = 56\dfrac{8}{9}$)两个半音,就可得出七声音阶,而且按"三分损益法"计算 12 次,就可以得出比基音高一倍或低一倍音的弦(或管)长,即高 8 度或低 8 度音的弦(或管)长,同时也完成了一个 8 度中 12 个音的弦(或管)长的计算。《吕氏春秋·音律》就有用"三分损益法"相生十二律的记载。由于用三分损一或益一的方法得到的音与原来的音相差 5 度,所以三分损益律实际上也就是"五度相生律"。这种律制在西方是由古希腊哲学家和数学家毕达哥拉斯(约公元前 580—公元前 500 年)提出的。然而《管子》中所述可能要比毕达哥拉斯更早一些。

《管子》中"三分损益法"的记载,是我国古代乐律研究上的一项杰出成就,也是我国古代物理学应用数学的最早例证。先秦时期十二律体系已经得到确定。中国古代以五音或七音配十二律,任何一律均可作为宫音。用"三分损益法"生律所得音程多为协和音程。由于这种律制简便易算,和谐悦耳,因此直到明代朱载堉发明十二平均律之前,它在中国乐律史上一直沿用不衰。中国古代在一个 8 度内的十二律、五声、七声音阶与当今音名、唱名的关系如下表所示:

十二律名称	黄钟	大吕	太簇	夹钟	姑洗	仲吕	蕤宾	林钟	夷则	南吕	无射	应钟	清黄钟
相当于今日音名	C	C$^\#$	D	D$^\#$	E	F	F$^\#$	G	G$^\#$	A	A$^\#$	B	C^1
五声音阶	宫		商		角			徵		羽			清宫
七声音阶	宫		商		角		变徵	徵		羽		变宫	清宫
相当于今日唱名	do		re		mi		fa	so		la		si	do^1

土坡与植被

　　《管子·地员篇》中有关土壤与植被的内容极为丰富。管仲学派根据土壤的质地、结构、盐碱度、肥力、植被、水文、地形等多种因素，把九州之土分成上中下 3 等 18 类 90 种；并把平原、丘陵、山地等特种地域的土壤分成 20 种，程度不同地叙述了各种土壤所宜之谷物、草木、果树，并对其生产能力作了比较。《管子·地员篇》可以说是我国最古老的有关生态植物学的篇章。

　　《管子·地员篇》对于不同地形上植物分布的差异有所认识，如说"其山之浅，有茏有斥（芹）；其山之臬（阜），多桔符榆；其山之末（半），有箭与苑；其山之旁，有彼黄蚕"。意思是说山中浅水处有茏芹等植物，山阜之地有榆属植物，山腰处有悬钩子属植物，山边上则生长着葫芦科的贝母。该篇还记载了有关植被的两个典型例子。其一是山地植物的垂直分布的记载，记述了一个山地按高度不同，从上到下分为"悬泉"、"   娄"、"泉英"、"山之嶈"、"山之侧"5 部分，每个部分列出所生长的两种草和一种树木名称。根据对这些草木名称的研究，其分布情况大致是："悬泉"生有禾木科和莎草科的草以及落叶松；"   娄"生有紫菀属与有气味的草以及柳属的丛生灌木；"泉英"生有伞形科的草和水菖蒲以及山杨；"山之嶈"生有旋花属的草和娄蒿以及刺榆。这种分布规律与现在华北地区山地植物分布基本相符。它是我国山地植物垂直分布的最早记载。其二，是列出了 12 种植物随地势高下的顺序分布，体现了植物与水分环境的关系。文中说："凡草土之道，各有谷造，或高或下，各有草土（物）。叶（荷）下于茭（菱或茭白），茭下于览（莞），觅下于蒲（香蒲属），蒲下于苇（芦苇），苇下于藋（旱生之苇），藋下于娄（娄蒿），娄下于荓（胡枝属，扫帚菜），荓下于萧（蒿属），萧下于薛（薛，莎草类），薛下于萑（萑，益母草），萑下于茅（白茅）。"它准确地说明了水生植物、湿生植物、中生植物、旱生植物在不同地势环境中的分布特点。这是古人对植物生长与环境（包括水分）之间存在关系作了深入观察的结果。

找矿经验

　　中国古代矿业已具一定规模，先秦文化典籍中，已明确记载了当时已知的铜、铁、铅、锡、金、银、汞等矿产的分布情况，反映了当时人们已经积累了一定的找矿经验。《管子》就是记载这种找矿经验的重要典籍之一。

　　《管子·地数篇》中说：天下"出铜之山四百六十七山，出铁之山三千六百九山"。这些数字虽然不一定准确，但反映了由于铜铁冶炼事业的发展，人们对这两种重要金属地区分布的重视，而且指出铁矿多于铜矿也是合乎实际的。

　　从大量的找矿实践中，人们总结了矿苗和矿物之间的共生关系。《管子·地数篇》最早记载了一些矿物的共生关系："山，上有赭者，其下有铁；上有铅者，其下有银。""上有丹砂者，下有黄金；上有慈石者，下有铜金；上有陵石者，下有铅锡赤铜。此山之见荣者也。"这里的"荣"，是"以草木之华荣喻矿藏之矿苗也"[①]。"山之见荣"就是矿山上矿苗的露头。现代矿物

---

　　① 郭沫若等：《管子集校》下册。

学证实:赭即赭石,多种铁矿石表面风化而成赭石;铅银矿共生现象是习见的;磁铁矿("慈石")与铜矿的上下共生关系,在某些矿床中也是存在的;上有陵石下有铅锡的现象也很普遍,上有陵石下有铜的现象更为普遍;至于"上有丹砂者,下有黄金",这里的"黄金",实指黄铜矿,丹砂和黄铜矿都是硫化物,可能共生。可见《管子·地数篇》记载的矿物共生现象,大体上符合现代矿床学的理论,是人们在寻找矿藏和采矿实践中的经验总结,对找矿具有指导作用。

水利学知识

《管子》的作者们对水利事业十分重视,《度地篇》较为集中阐述了他们的治水思想和措施,是先秦典籍中难得的一篇治水文章。概括起来,以下几点特别值得称道:

其一是治水的重要性。他们认为"善治国者,必先除五害","五害已除,人乃可治"。而"五害之属,水最为大",把治水当作治理国家的头等大事,强调"置水官,令习水者为吏"。当时能明确提出这种观点是很可贵的。

其二是对水体和水性的认识。他们把地表的水体按其来源的流经情况,分为干流、支流、季节河、人工河、湖泊等5类。在水性认识上尤为深刻:"夫水之性,以高走下,则疾至于漂石;而下向高,即留而不行";"水之性,行之曲,必留退,满则后推前,地下则平行,地高即控;杜曲则捣毁,杜曲激则跃,跃则倚,倚则环,环则中,中则涵,涵则塞,塞则移,移则控,控则水妄行"。前者说的是水性就下,后者说的是水流至弯曲处的情况。意思是说:水的本性是从高处流向低处,速度很快,而从低处往高处,则停留不进。水流至河道弯曲处,要停留后退,等待后面的水涌来,才把前面的水推向前进,但仍然是流向低处则行、高处则止;河水流至河道弯曲处就会冲击河岸,使之崩溃,与此同时流水本身也会由于受激而发生跃动,水跃动则流向会偏斜,流向偏斜则产生环流和游涡;环流和漩涡又会冲刷河床,使流水容挟泥沙;这些被容挟的流沙在流速减弱的河床中,就会发生沉淀和堆积,从而阻塞河道,使河道迁移;在迁移过程中,还会受到新的阻碍,使河水不遵循旧道而随意横流。在2000多年前,《管子》能对水性作如此深入细致的论述,而且认识到河道的演变是河水与河床之间复杂相互作用的结果,实在是难能可贵的!

其三,是兴修水利的经验总结。《管子》强调:在修筑堤防上,要选择合理施工季节,即以夏历春季为宜,因为这时"天地干燥""山川涸落","故事已,新事未起","夜日益短,昼日益长,利以作土之事,土乃益刚";指出堤要筑成"大其下,小其上"的梯形,以增强其稳固性,以免产生滑坡现象;筑堤取土应遵循"春冬取土于中(内),秋夏取土于外"的原则,即冬春枯水季节应在河床滩地取土筑堤,既可起到疏浚河床的作用,又可节约堤外土源,夏秋防汛抢险时,则在堤外取土筑堤;堤防修筑后还要经常养护:"岁埤增之,树以荆棘,以固其地,杂之以柏杨,以备决水。"即堤防每年要加固,堤上种上荆棘等灌木,以固堤身,还要栽上柏杨树等乔木,以备防汛抢险时作为埽料(即防水浪冲刷堤岸的材料)。这些经验,都是行之有效的好办法,至今仍在沿用。

其四,是明确记载了引水渠道的坡降问题。"高其上,领瓴之,尺有十分之,三里满四十九者,水可走也",即修筑堰坝等引水建筑物以抬高上游水位,引水渠道的进口处要用砖瓦修砌,渠道在3里距离内,渠底降落49寸,水就可以流通了。如以1里等于1800尺计,大约相当于万分之九的坡降。在今天看来,这种坡降大了些,但考虑到当时的测量、施工水平较低,渠道不可能像今天一样顺直平整,采用较大的坡降也是必要的。

其五,明确提出了开辟滞洪区的措施:"地有不生草者,必为之囊,大者为堤,小者为防,夹水四导,禾稼不伤。"即在不宜种植作物的盐碱洼地上,开辟滞洪区,并在其四周修筑堤防,以增加容蓄洪水的能力,保证防洪安全,使农业生产不受损失。这个经验在今天仍然是防洪的有效措施之一。

历法知识

《管子》十分强调历法对于"牧民者"的重要性,认为王者应该"经纬日月星辰用之于民","经纬星历以视其离,通若道然后有行",否则,将会"失国之基"。所以在论述王霸之术的《管子》中也保存了一些与历法有关的内容,主要集中于"幼官""幼官图""四时""五行"等篇中。据郭沫若等著《管子集校·幼官篇》引陈澧云:"《管子》'幼官'篇、'四时'篇、'轻重己'篇皆有与月令相似者,故《通典》云《月令》出于《管子》。"所谓月令,就是王者应该如何"因天时,制人事"之类的著作。所以大凡月令著作总有许多历法方面的知识。在《管子》的历法知识中,最引人注目的是"幼官"篇中有关记述:气在天道的作用下,每12天发生一次变化,全年30变。即把1年分为30个节气,1节气为12天。30个节气与四季相配,春秋各8个,夏冬各7个。

由于这种30个节气与中国古代通行的24节气的明显不同,所以引起现代学者的兴趣。有人认为它可能是春秋战国时代齐国地区所用的一种节气分法[1];陈久金则认为,"幼官"意即帝颛顼和夏禹时代的《月令》,并指出《夏小正》中反映的夏代历法是一种分1年为10个月、每月36日的十月太阳历,《管子》中的这种节气分法也是适应于这种十月历系统的,每个月正好3个节气,1年为360日,另有5日或6日为过年,不计在内[2]。另外,李零认为:在古代存在两种月令系统。一种是"四时时令",与四季、24节气相配合;另一种是所谓"五行时令",即按木、火、土、金、水五行分1年为12个月,与之相配的有一套30节气系统。《管子》中的30节气就属于这一系统,银雀山汉简《三十时》中的30节气也是如此。这种节气系统与24节气系统同样重要,汉代以后才逐渐被人遗忘[3]。

其他科学知识

《管子》中的科学知识非常丰富,除以上所述外,还有很多科技内容。例如在数学方面,《管子》把"计数"列为治理国家、认识事物的7条基本法则之一。认为"不明计数而欲举大事,犹无舟楫而欲经于水险也"。所谓"计数",《七法篇》说:"刚柔也,轻重也,大小也,虚实也,远近也,谓之计数。"可见"计数"就是与各种实际问题相关的具体数学。所以,尽管《管子》不是"计数"专著,但也有不少零星的数学知识,甚至有些内容达到了较高的水平。如在谈到土地种植分配时,有"十分之二""十分之四""十分之五""十分之六""十分之七"等简单的分数概念;而在《地员篇》记载"三分损益"的乐律计算方法时,说其法为"先主(立)一而三之,四合以九九",则相当于 $1\times3^4=1\times3\times3\times3\times3=81$,说明管仲学派实际上已经有了最早

① 《中国天文学简史》,科学出版社,1987:93。
② 陈久金:《陈久金集》,黑龙江教育出版社,1993:93。
③ 李零:《式与中国古代宇宙模型》,中国文化,(4):22。

的指数的初步概念。

又如在地图学方面，《管子》中设有"地图"专篇，突出地说明了当时地图在军事上的重要作用："凡兵主者，必先审知地图。輮辕之险，滥车之水，名山、通谷、经川、陵陆、丘阜之所在，苴草、林木、蒲苇之所茂，道里之远近，城郭之大小，名邑废邑困殖之地，必尽知之。地形之出人相错者，尽藏之，然后可以行军袭邑。举措知先后，不失地利，此地图之常也。"这段精彩的论述，说明当时的地图对地形地物的表示已很完备，内容多样复杂。这种地图的绘制想必是按一定的比例缩尺并使用了多种符号和说明方式作出的。它在中国地图学史上有重要价值！

总之，《管子》的问世是先秦科技史上一件大事，对后世科学技术的发展起了重要作用。

原文载于：张秉伦等主编，《安徽重要历史事件丛书·科技集萃》，安徽人民出版社，1999：1—15.

长江干流上第一座大浮桥

张秉伦

　　长江干流,江阔水深,地势险要,自古以来都被兵家视为"天险"。可是早在北宋初年,就曾在今天马鞍山市的采石矶架设过一座横卧长江干流的军用大浮桥,数十万人马过之,如履平地。而大浮桥的勘测设计者和主谋人,便是池州人樊知古。这一惊天动地的壮举,在《宋史·曹彬传、潘美传、樊知古传》《南唐李氏世家》以及《续资治通鉴》等书中都有不同程度的记载。

　　樊知古,又名樊若水,字仲师,唐末宋初池州人。五代十国时期,池州属南唐辖境。樊知古出身于池州的一个县吏之家,他自幼聪颖,但"举进士不第",又因"上书言事不报",因而对南唐统治者失去信心,于是谋划投归长江对岸的北宋。为了实现自己为北宋政权效力、迎接宋军渡江南下的愿望,他先来到采石,"渔钓江上数月",考察地形地物,揣摩在江面上架设浮桥大计,并多次"乘小舟,载丝绳维南岸,疾棹抵北岸,以度江之广狭"。他之所以选采石矶为架设浮桥地点,是因为这里江面较窄,历来是南北交兵过江的重要渡口。他根据勘测到的江面宽度、流水速度和收集到的风力大小变化等资料,作出了架设浮桥横卧长江干流的大胆设计。

　　北宋开宝三年(970年),樊知古投奔北宋。时值宋太祖赵匡胤正在调兵遣将,欲渡江讨伐南唐后主李煜,完成统一中国大业。于是,樊知古向宋太祖献策:在采石矶架设大浮桥,则"江南可取"。樊知古的献策正中赵匡胤下怀,然而在长江干流上架设浮桥乃亘古未有之事,真可谓匪夷所思;加之采石矶"绝壁临巨川,连峰势相向,乱石流濮间,回波自成浪"(李白诗),地势非常险要,是金陵(今南京)西南的天然屏障。古人形容这里的战略形势是"扼三江之襟要,溃江淮之腹心"。在这里架设浮桥能否成功? 战事后果如何? 宋太祖不得不考虑。赵匡胤不愧为杰出的政治家和军事家,他对樊若水的北归和献策,十分欣赏,立即"诏若水为赞善大夫","令送学士院,赐本科及第,解褐舒州军事推官……"而且果断地采纳了樊知古的从采石渡江讨伐南唐的作战方案和架设大浮桥的设计,当机立断"遣使诣荆湖,如若水之策,造大舰及黄黑龙船数千艘,将浮江以济师也"。

　　令到即行,荆南和朗州一带迅速掀起浩大工程,按照樊知古的设计分别制造大舰和黄黑龙船……

　　开宝七年(974年),数千艘大舰和黄黑龙船已按设计如数造成。宋军主帅曹彬等从湖北率军沿江而下,于闰十月到池州境内。原计划是"先遣八作使郝守濬率工匠自荆南以大舰载巨竹絙,并下朗州所造黄黑龙船,至采石矶跨江为浮梁"。当宋军过安庆时,负责架桥的官员和工匠们计议:"江阔水深,古未有浮梁而济者",对在江阔水深的水面上架设浮桥能否成功没有把握。为慎重起见,决定先在怀宁石牌口进行试架,结果获得成功。

不久，曹彬大军攻克当涂，驻军采石矶。"十一月甲申，诏移石牌镇浮梁于采石矶"。由于樊知古事前勘察设计十分精确，施工组织严密，加之在石牌口的试架经验，所以浮桥所用舟舰移至采石江面架设时，一切都很顺利，"系缆三日而成，不差尺寸"。主帅曹彬率 10 余万大军顺利飞渡长江，史称"王军过之，如履平地"。驻守江北和州的宋军都监潘美，继曹彬之后，又率 10 万步骑从浮桥上过江，与曹彬大军会合，20 余万人马直扑南唐都城金陵。

南唐后主李煜开始听说宋军跨江架设浮桥来攻时，不以为然地笑道："此乃儿戏耳！"后来派人调查确有此事，他又惊恐万状，立即命令数万甲士乘巨筏来破坏浮桥，结果被宋军歼灭。由于讨伐南唐的战事持续了 1 年多，宋军加余万兵马的粮食辎重，大多还要利用浮桥从江北运到江南。据史载：975 年农历十二月，南唐再次出兵企图破坏浮桥，结果又被宋军击溃。这也说明：采石矶大浮桥架设在长江上的时间，至少在 1 年以上。这是一座由千艘以上巨舰和黄黑龙船用缆索等物连接起来的巨大舟桥，犹如长虹卧波，天堑成通途。遥想当年的情景，一定十分壮观！

樊知古勘测设计并献策建造的采石矶大浮桥，无论是对北宋统一中国南方，还是对古代桥梁技术的发展都作出了巨大的贡献。仅就桥梁史而言，相传 3000 年前，周文王迎亲，在渭河上架设过浮桥；公元前 257 年山西蒲州（今风陵渡）架设过黄河大浮桥；东汉初汉水上架设过军用浮桥。而樊知古在长江干流上通过亲自勘测、设计的采石矶大浮桥架设成功，无论是江涛险状，还是动用舰船之多、规模之大，都超过了历史上任何一座浮桥。从所用器材看，它已显示了制式舟桥的某些特点。所以我国著名桥梁专家茅以升先生在《中国桥梁史》一书中说：宋军依樊知古之策建造的采石矶大浮桥，是我国在长江干流上建造的第一座正规军用浮桥，距今已有 1000 多年，在世界桥梁史和军事史上都有重要的意义。

现今我国桥梁专家利用高新技术，已在长江干流上建造了一座座飞架南北的长江大桥，使天堑变通途。可是每当人们谈起 1000 多年前，樊知古在采石矶架设大浮桥的壮举，仍然不禁拍案称奇！

原文载于：张秉伦等主编，《安徽重要历史事件丛书·科技集萃》，安徽人民出版社，1999:54—56.

霹雳炮和突火枪的发明

张秉伦

我国是世界上最早发明火药的国家,也是首先使用火器的国家。当人们逐渐地掌握了火药的燃烧、爆炸及其抛物性能后,相应地出现了燃烧性火器、爆炸性火器和管形火器。它标志着冷兵器时代的结束,火器时代的到来。

两宋时期,民族矛盾尖锐,民族之间的战争频繁。宋王朝为了抵御北方契丹、女真贵族的侵扰和巩固政权的需要,对于兵器的制造相当重视。《宋史》评论宋王朝"兵纪不振,独器甲视旧制益详",是比较符合史实的。宋代兵器制造技术确实比前代有重大进步。在今安徽境内,兵器制造业也很发达,其中"霹雳炮"和"突火枪"是具有世界意义的两大发明。

宋绍兴三十一年(1161年),南宋大臣虞允文(1110—1174年)在采石督率诸军与南下的金兵对峙。后来虞允文仅靠1万兵将大败金主完颜亮50万大军,在中国历史上创造了以少胜多又一战例。虞允文的胜利原因是多方面的,但就武器装备而言,主要是依靠了轻便快捷的战舰海鳅船和神奇的霹雳炮的战斗威力,结果才大败金兵。南宋诗人杨万里在《海鳅赋后序》中扼要地记载了这次战斗的经过:

> 绍兴辛巳(1161年),逆亮(完颜亮)至江北,掠民船,指挥其众欲济。我舟伏于七宝山后……舟中忽发一霹雳炮。盖以纸为之,而实以石灰、硫黄[磺]。炮自空而下落水中,硫黄得水而火作,自水跳出,其声如雷。纸裂而石灰散为烟雾,眯其人马之目,人物不相见。吾舟驰之压贼舟,人马皆溺,遂大败云。

这段史料真实可靠,其中使用的霹雳炮引人瞩目。明代方以智《物理小识》(卷八)、清代陈元龙《格致镜原》(卷二十四)等后人著作曾有不同程度的引述,因此影响颇大。尤其是《格致镜原》中的引述还传到其他国家。因为在19世纪到20世纪间,《格致镜原》先后由汉学家和传教士译成英、德、法、日等多种文字,因此与霹雳炮有关的这段史料早已传到世界很多国家。

那么,采石之战中使用的霹雳炮,究竟为何种武器呢? 国内外学术界有多种不同的观点。如法国伯希和(P. Pelliot, 1878—1945年)认为霹雳炮无疑是爆炸物,但未必是火炮;冯家声认为,大概采石所用霹雳炮有两种作用,一种是水面的爆炸声,以惊吓敌人;一种是石灰,飞扬以眯敌之目,恐怕里头有硝的作用,不只是硫黄、石灰而已;严敦杰认为是火炮;潘吉星认为1161年采石战役中使用的霹雳炮,既不是火炮或一般炸弹,也不是西方的"希腊火"或"自动火",而是借火箭原理推进的爆炸装置。换言之,它是原始的火箭弹[①]。李斌在他的博士学位论文中认为,采石霹雳炮是抛石机发射的火药爆炸性"烟雾弹"……

---

① 潘吉星:《中国火箭技术史稿》,北京:科学出版社,1987:53。

由于杨万里的原始文献所记的比较简略,霹雳炮究竟属哪种武器,特别是它是如何发射的? 是抛石机发射的,还是借火箭原理推进的,抑或用其他方法发射的? 我们认为还有进一步研究的余地。但根据霹雳炮"自水跳出,其声如雷",爆炸后石灰和硫黄烟雾"眯其人马之目,人物不相见"的记载,至少可以认为,霹雳炮是一种效果很好的火药爆炸性的"烟雾弹",而且是世界上有史料记载的最早的发烟弹。

南宋时,地处南北要冲的军事重镇寿春府(治今天安徽寿县)在兵器制造方面的成就也是十分突出的。据《宋史·兵志》记戴:"开庆元年(1259 年),寿春府造圈筒木弩,与常弓明牙发不同,箭置筒内甚稳,尤便夜中施放。"这应是我国弓弩武器的一大改进。然而意义重大、影响深远的则是同书记载的突火枪的发明:"开庆元年,寿春府……又造突火枪,以巨竹为筒,内安子窠,如烧放,焰绝,然后子窠发出,如炮声,远闻百五十余步。"这种突火枪的发明是武器史上的一次大飞跃,它是利用火药燃烧产生强大的气压,并在竹筒约束下增加"子窠"射程和控制方向的一种巧妙的应用。尽管对"子窠"为何物? 至今看法尚未统一。其中有人认为"子窠""可能是瓷片、碎铁子、石子之类的东西"。尚待进一步考证。但它是在火药点燃后产生的强大气压下发射出去的原始"子弹",则是无可怀疑的! 它不仅开后来管形火器使用弹丸之先河,而且已具近代枪炮构造的三要素:管形发射器、子弹、引火装置。因此,它是近代枪炮的鼻祖!

突火枪在寿春发明后,很快就在国内传开。开始时,管形发射器是以竹筒、木筒制造的,不久改用铜或铁铸造,并改名为"铳"。蒙古军在与南宋军队作战中学会了管形火器的制造,13 世纪末到 14 世纪初,蒙古军队在与阿拉伯人交战时,曾使用过各种火器,因而突火枪及其后继武器铳,也就传入了阿拉伯,接着又传到了欧洲,产生了广泛的影响。例如阿拉伯人把由蒙古人传入的突火枪发展成两种"马发达"(阿拉伯语"火器")。第一种是用一根短竹,内装火药,把小石球安置在筒口,点燃引线后,火药发作,就把石球冲去打人。第二种火器,是用一根长筒,先装火药,再把一个能活动的铁球或铁饼搁在筒内,并拴在火门旁边,然后装上一支箭;临阵时点燃引线,将火药引发,冲击铁球或铁饼而把箭推出射人。显然阿拉伯人的这两种火器,可能是在寿春府突火枪的基础上发展起来的。14 世纪中叶,欧洲人又从阿拉伯人那里学会制作铳,并改名为手持枪。正如前述,铳是在突火枪基础上发展起来的,可见突火枪对欧洲火器的影响!

原文载于:张秉伦等主编,《安徽重要历史事件丛书·科技集萃》,安徽人民出版社,1999:50-53.

附

从淮南子到科学城

——张秉伦先生就安徽科技史研究答本刊记者问

张爱冰

1990 年,国内第一部地方科技通史《安徽科学技术史稿》(45 万字)由安徽科学技术出版社出版,《史稿》课题组长、中国科学技术大学教授张秉伦先生就安徽科技史研究中的若干问题接受了本刊特约记者的专访。

○ 张先生,《安徽科学技术史稿》我已拜读,作为国内第一部地方科技通史,筚路蓝缕,功不可没。您能否在这里给我们介绍一下研究地方科技历史的原因和意义?

● 大家知道,李约瑟的《中国科学技术史》巨著正陆续问世并被不断翻译成中文,杜石然等的《中国科学技术史稿》亦已出版,它们都是以整个中国历史上的科技发展作为论述范围的,与地方科技史相比较,前者包括后者,但不能代替后者,正如世界科技史与中国科技史的关系一样,全国科技史没有也不可能把每个地区的科技发展情况及其特点展现在读者面前;各个地区科学知识的萌芽、积累,初步发展、高峰也不一定与全国同步;各个地区的科学传统也不尽一致。这就是我们《史稿》编写的出发点。

例如,安徽科学技术,从原始社会到 1985 年,大致经历了科学知识的萌芽、积累、初步发展、充实提高、繁荣、迟滞发展、空前发展几个阶段,这与全国基本上是一致的,但并不完全同步。全国古代科技发展的高峰是宋元时期,而安徽在隋唐宋元时期,随着全国经济文化中心的南移,科学技术正处在不断充实提高阶段。明清时期,尤其是明中叶到清末,曾长期处于世界领先地位的中国科学技术,逐渐落后于西方,但就国内而言,安徽科学技术却独树一帜,天文学、数学、物理学等在全国均处遥遥领先地位,印刷、造纸、医学(尤其是新安医学)、兽医、植物花卉等在全国也是颇有影响,因而这一时期可以说是安徽古代科技发展最繁荣的阶段。

○ 您刚才提到地区科学传统问题,就安徽而言,这个问题应如何认识?

● 中国古代的科学传统一向以农、医、天、算和手工业最为著名,安徽也不例外。《史稿》中所写的重点内容大多是在全国乃至世界上影响较大的学科,但各个学科的兴盛时期却不尽相同。就安徽地区特点而言,大致可分为两类:其一,从古至今一直在全国范围内处于举足轻重地位的有农田水利、矿冶、物理学中的光学和声学;其二,某一时期内在全国影响较大的学科有:汉魏时期的天文学和医学,唐宋时期的文房四宝,宋元明清时期的造纸、印刷、解剖学和农学,明清时期的数学、天文学与天文仪器制造、医学(尤其是新安医学)、畜牧兽医、生物学和徽州民建等。

以光学为例,淮南王刘安在寿县聚门客三千,熔儒、墨、道诸家,研讨学问,在天文、地理、气象、物理、化学等方面取得了众多的杰出成就。其中以水镜和平面铜镜组合使用,"高悬大镜,坐见四邻矣",标志着两次反射成像原理的问世,其基本原理已与近代使用的开管潜望镜很相似。关于"阳燧"取火原理的探讨以及冰透镜取火的大胆的科学实验("削冰令园,举以向日,以艾向其日,则生火"),在历史上都是值得称道的。宋代庐州慎县(今肥东梁园一带)"以新赤油伞日中复之,以水沃尸,其迹必见",这种用新红油伞在日光下滤取红色波段光,犹如现代的滤光器,它提高受伤部位与周围的反衬度,从而使青紫色伤痕容易看见,是全国关于滤光应用的最早记载。宋程大昌关于"以盆贮油"代替盆水,"对日景候之","约其所欠,殆不及一分"的日食观测方法和关于色散现象的卓越见解都在光学史上占有一席之地。明代方以智和他的学生揭暄不但对我国古代色散现象和海市蜃楼等光学现象进行系统的总结和发展,而且提出了"气光波动说"和"日光常肥、地影白瘦"的概念,后者颇类似今天所说的衍射现象。清代郑复光和他的弟弟郑北华对光学都很有研究,尤其是郑复光对几何光学及其仪器制造更为杰出,并且写出我国古代物理学史上第一部光学著作(《镜镜诊痴》)。此外他的《费隐与知录》中也不乏光学知识。建国后,安徽在激光及其应用方而有不少课题在各国居于领先地位。

再如声学。中国古代有关音律学上的重大发明几乎都与安徽有关。《管子》关于"三分损益法"的明确记载,是我国古代关于求宫、商、角、徵、羽五音方法的最早文献,它表明早在春秋战国时期我国人民已经从实践中总结出乐器的弦(或管)长同音高成反比的关系,这是我国古代音律学的杰出成就。"三分损益法"在中国一直沿用了两千年左右,此后音律学上一项划时代的贡献,就是朱载堉发明的十二平均律,并且在数学上公式化了,它比世界上最早发表的(1636年)梅尔塞恩的十二平均律还早52年。可是朱载堉的发明,在封建社会的中国却长期受到冷落,甚至遭到朝廷的反对,时隔一百多年后才出现了第一个真正的知音,也是朱载堉后世三百年中唯一的一个知音,他就是安徽的江永。江永不但对朱载堉十二平均律钦佩得五体投地,为其鸣冤叫屈,而且还补充对夹钟的算法,并以祖冲之密率代替原来的周公密率,使之更为精确。此外明代方以智对声音的产生、传播、隔音、共振等方面的研究都有过贡献,其中关于隔音室的记载,可能在我国历史上是最早的。

○《史稿》中明清时期着墨较重,写了三章。这一时期安徽科学技术迅速发展的原因何在?

● 这是一个较为复杂而又值得研究的问题。我个人认为,除了科学技术发展本身的因素和全国性共同因素外,下面几点值得特别提出:1. 安徽是明太祖的故乡,又是他的"兴王之地",因而享有了一系列的优惠政策。如,从洪武三年(1370)到洪武廿二年(1389)多次向安徽地区移民,增加、充实了劳动力;特别注意在安徽兴修水利,提倡农牧副业;朱元璋为报答"兴王之地"的人民对他在人力和物力上的支持,曾多次下令减免安徽地区的赋税,尤其是太平、广德、宁国等地区在朱元璋统治时期几乎每年都享有减免赋税的优待,而凤阳受到的优惠则更多,洪武十六年命令户部"永免凤阳、临淮二县税粮、徭役",这一切都无疑有利于生产的恢复和发展。2. 明中叶以后,徽商进入鼎盛时期,他们以经营盐业为中心,兼及其他各种行业,人数众多,资本雄厚,足迹遍及全国,甚至达到海外,成为当时中国首屈一指的商业势力。他们之中有些人集工商于一身,其经营带有明显的资本主义萌芽因素,这一切都促进了科学技术的发展。3. 从明王朝建立到鸦片战争时期,安徽地区,尤其是皖南地区战争很少,社会比较安定。

○ 能否就徽商问题更具体地谈谈您的着法?

● 徽商对科学技术发展的促进作用,主要表现在以下方面:1. 明清时期徽商中有相当一部分人具有较高的文化素养,他们之中不少既是商贾巨子又是文人学者,藏书刻书蔚为风气,促进了科学文化的繁荣。他们或以藏书富宏,高标风雅,招徕文人;或以刻书印书赢利起家,以其雄厚的经济实力在印刷质量上精益求精,标新立异,以至不惜工本,发展印刷事业,这是明清时期徽州印刷业昌盛的重要因素之一。印刷业的发达使得许多科技书籍有机会刊印出版,其中最突出的是医学著作。2. 徽商捐资办学,即今天所说的智力投资,培养人才,促进了教育事业的发达。如,明清时期徽州地区共有书院 54 所,占全省 133 所书院的 40% 以上,还有县学 5 所,社学 262 所以及数量更多的家族私塾,以至出现过"十户之村,无废诵读"的景况。文化教育事业的发达,必然会推动科学技术的繁荣。3. 徽商在往返各地的商业活动中,可接触到许多新知识、新事物,从中获得宝贵的科技信息。有些学者的重大成就就是在商业活动中搜集、整理并加以发展的,如著名商业数学家、集珠算之大成的程大位,他的杰出珠算著作《算法统宗》就是他在江、浙、鄂、赣等省经商过程中,搜集资料、研究撰写成功的。著名的歙县郑氏喉科,也是郑于丰、郑于藩在江西经商时遇到福建喉科名医黄明生,再三躬求,黄氏遂传其学,并出其书以授,后经郑氏后裔不断研究提高,才名噪一时。

○ 谈到郑氏喉科,使我想到您在安徽古代科技人才研究中提出的"家族链"与"师承链"的特点问题,这已引起学术界有关人士的极大兴趣。

● 古代没有我们今天概念的"科学家",在科技方面有贡献的人达到什么标准才算科学家也很难掌握。《史稿》成书过程中,已知的有名可考的安徽古代科技人物约 2000 多人,其中医家和名医就有 1500 多人;农学和生物学家 100 多人;天文数学家十人;能工巧匠 500 多人。科技著作(包括已经散佚而有著录的)千余种,其中医学著作 700 多种;农学生物学著作百余种;天文数学著作近百种;物理、地学等其他科技著作数十种。另外,地方志中也有不少科技内容。如果加上地方志,还可增 600 余种(今存 350 多种)。

安徽地处华东腹地,东接沿海,西承中原,襟江带淮,自古以来,人才辈出,成果累累,为中华民族的文明作出了杰出的贡献。著名科学家如:管仲、孙叔敖、刘安及其门客、华佗、桓谭、王蕃、嵇含、杨介、张杲、陈文中、沈立、程大昌、陈耆、朱熹、朱载堉、朱橚、方以智、程大位、喻仁、喻杰、梅文鼎、方中通、梅珏成、汪莱、江永、戴震、罗士琳、潘锡思、周馥、汪机、汪昂、陈嘉谟、徐春甫、郑梅涧、郑复光、郭怀西、翟金生等。

经初步研究,我认为安徽明清时期科技人才的出现有两大特点:1. 庞大的家族链。如宣州的梅文鼎,五世从事天文数学研究;歙县郑氏喉科 200 多年来代代相传,是我国献身喉科的最大家族;巢县汤山杨氏妇科,自明代杨树起,二十余代均以妇科治人。2. 师承链,或称师友链。以梅文鼎、方中通最为典型,汪机也很突出。如梅、方属师友链,他们通过江永、戴震,又扩展到江凌泰、汪莱、凌廷堪、王贞仪、罗士琳、俞正燮、郑复光、金望欣等人,他们师徒相承或私淑梅氏,从而形成了一个安徽数学学派。另外,《畴人传》中与梅文鼎同时代或稍后的 37 位畴人有 21 位直接或间接受教于梅文鼎,尤其是秀水张雍敬,不远千里,江夏刘湘奎,倾家荡产,投师宣城梅文鼎门下。

○ 清后期至民国年间,安徽科学技术的发展转入低谷,对这个问题,您有什么看法?

● 鸦片战争以后中国逐渐沦为半封建半殖民地社会,后来日本帝国主义又发动了侵华战争,使中国蒙受了极大灾难,加之中国反动政府腐败,政治动乱,全国经济崩溃,教育落后,科学技术是难以发展的,我想这是最主要的原因。安徽是全国的一部分,不但没有超脱全国这种大的社会背景,而且在某些方面其蒙受的损失和灾难比其他省区还要更大一些。如,安徽地区是太平天国的根据地之一,又是捻军起义的发祥地,清政府在这里进行了血腥镇压和疯狂掠夺,安徽的损失是极其惨重的,一度时期皖南"市人肉以相食,或数十里野无耕种,村无炊烟";皖北的舒、庐、六、寿、凤、定等处"但有黄蒿白骨,并无民居市政,或师行一日,不见一人。"安徽又是淮系、皖系军阀的老巢,新桂系军阀长期盘踞之地,其主要首领李鸿章、倪嗣冲、李品仙等人的无耻搜括使安徽民穷财尽,加之政府腐败,水利失修,水旱灾害不断,工农业总产值在全国只占很小的比重,教育不发达。到1949年,各级各类学校及在校人数均在全国名列倒数第二至倒数第五位。这种情况必然使科学技术一蹶不振,而且一直影响到新中国成立后。

目前安徽的状况有一些原因可以追溯到前一历史阶段。建国后,安徽科技的发展虽然有过曲折和教训,但总的来说发展速度是快的。安徽籍的学部委员有20名,仅次于苏、闽、浙、粤、沪、京、冀七省市,与山东并列全国第八名,1970年中国科大南迁合肥,1978年中央又决定要把合肥建成全国第二个科学城,可以说目前安徽地区的科学技术进入了历史上的空前发展阶段,主要的成就我们在《史稿》中已经写了,但也有一些不尽如人意或令人担忧的问题书中是没有写的,这一方面是我们研究得不够,意见还不成熟;另一方面,这本书公开发行,读者面较宽,考虑到影响问题。

○　如果作为一个讨论的问题呢?

●　既然作为学术讨论,我可以提出一些不成熟的看法。第一,尽管建国后特别是1978年以来在科研队伍的建设和落实知识分子政策方面做了大量工作,但由于经济和其他原因,省级科技人员比较集中的一些研究单位和高等院校还没有把科技人员完全充分调动起来,有的消息闭塞,甚至全国性的学术活动参加的很少,与安徽籍在省外的专家取得的联系不够,仅就20位安徽籍学部委员来说,他们都在省外工作,在《史稿》编写以前,很多人是不知道的,更谈不上争取他们支援安徽了。第二,安徽工业总产值在全国约居第15位,但人均收入在全国却是倒数第三位,每10万人中,大专以上文化程度的比例也是倒数第五位,文盲人数列全国第四位,这种状况是十分令人担忧的。第三,在科研决策和科研成果转化为生产力方面还大有文章可做。"六五"期间六千六百多项成果是很可观的,其中80%以上是属于技术型成果,有利于开发。但不少成果有的停留在实验阶段,有的处于中试阶段,有的虽然初步推广也没有坚持下去,至于认真开发推广到全国乃至国际市场的就更少了。有鉴于此,我认为,加强与国内外的联系,争取安徽籍在外省专家的支援包括科技决策方面的指导,提高选题的价值,把有限资金集中到有重大意义的课题中去,加强科技成果转化为生产力的研究,大力推广行之有效的研究成果,是我们的当务之急。

○　我想回过头来谈谈《史稿》本身的学术问题。听说你们在写作过程中还开展了一些专题研究,特别是"秋石方的由来和演变",涉及中国古代的性激素研究问题,据我所知,您所做的这个实验在海内外引起强烈反响,因为它实际上证明了李约瑟、鲁桂珍最为得意的一项发现是个失误。

●　作为一本地方科技通史,无疑是在汲取前人及当代学者研究成果的基础上完成的,《史稿》中凡是引用别人成果和结论的,我们都一一注明。尽管如此,我们在接受这一课题任务时,就曾希望在某些问题上有所突破,因而选择了国内外学者中长期悬而未决的几个问题进行了专题研究。比如用模拟实验指出了李约瑟、鲁桂珍的广为流传的"秋石方"性激素说的失误;对翟氏泥活字及其印本进行了系列研究;第一次论述了安徽数学学派问题;打破了科技史一般不写当代的框子,对建国后安徽科技的发展如何写进行了尝试。此外,北宋《相谱》专家陈翥的生平事迹,元代农学家鲁明善在安徽的活动等在史料方面可能是清代以来最为重要的一次发现。

关于"秋石方"的问题,早在 1963 年,李约瑟和鲁桂珍就宣称:在 10—16 世纪之间,中国古代医学化学家以中医传统理论为指导,从大量的人尿中成功地制备了相当纯净的性激素制剂(秋石方),并利用它们治疗性功能衰弱者。此后,他们又发表了一系列有关秋石方的论著,至少以七种文字发行到很多国家,在国内外同行中引起了轰动。美国学者评价李、鲁的工作揭开了内分泌学史上激动人心的新篇章,展现了中国人在好几百年前就已经勾画出 20世纪杰出的甾体化学家在二三十年代所取得的成就之轮廓。但台湾大学的刘广定教授于1981 年陆续发表了三篇论文,认为秋石方不是性激素。显然,以李、鲁与刘为代表形成了两种截然不同的观点,或者说,都是从理论分析得出的两种结论是根本对立的,孰是孰非,需要人们运用实验手段,作出科学的判断。我们经过长期酝酿,终于选择了沈括当年提炼秋石的所在地宣城作为模拟实验场所,开始了我们的工作。古代提炼秋石的方法很多,《本草纲目》中就列举了六种,我们仅就李约瑟、鲁桂珍认为可能提炼出性激素的阳炼法、阴炼法和石膏法作了模拟实验,采用中国所产的各种皂荚及当地的井水和人尿,在 1986 年严格按照《苏沈良方》等古籍的记载进行系统的模拟实验,再利用现代先进的设备,如 X 射线衍射仪。X 射线荧光仪、气相层析—质谱仪(GC-MS)等,测试了产物的成分。我们没有发现任何固醇类化合物存在,更不要说性激素了。我们得出的结论是,李、鲁最感兴趣的三种提炼秋石方的方法所得出的产物不是什么甾体性激素制剂,而仅仅是与人中白有类似功能的、以无机盐为主要成分的药物。当然,中国古代炼丹家和医学对自己的研究成果常视为不传之秘,也许有些重要制炼方法并未写到公开发表的文献中去。我们的这项研究成果发表后,的确引起不少反响,学部委员柯俊教授、钱临照教授、国际科学史研究院通讯院士、李约瑟顾问胡道静先生、北大教授、炼丹史专家赵臣华、台湾科学史学会负责人、台大教授刘广定都曾对我们的工作给予极大的支持和鼓励。

○ 谈到模拟实验,除"秋石方"以外,您的有关中国泥活字印刷的系列研究亦堪称一大杰作。学术界有人认为中国科大科学史研究室长期以来在钱临照先生的领导下,注重文献考证与现代科技手段的紧密结合,从而形成了科大的研究风格。

● 活字印刷是中国古代伟大发明之一,毕昇这一发明在《梦溪笔谈》中有确切记载。然而由于历史远久,毕昇泥活字早已无存,毕昇用它印过什么书没有,也至今无考。因此国内外有些竟对这一发明持怀疑态度。胡适、罗振玉和美国的 Swingle 曾有种种臆测,甚至认为泥字不能印刷。对此张秀民先生曾据翟氏泥活字印本予以驳斥,但从无泥活字实物的报导和研究。

1978 年我们在安徽泾县得到一批清代翟金生自制的泥活字,为推翻上述种种臆测提供了物证。翟氏为安徽泾县水东人,生于乾隆年间,是个秀才,"时尚好古""读沈氏《梦溪笔谈》,见泥印活板之法而好之,因抟土造锻","以三十年心力,造泥字活板,数成十万"。我们的研究就是在翟氏家乡搜集到 500 多枚泥活字的基础上展开的,历时十年,在国内发表拙作三篇。第一篇(1979 年)首次公布翟氏泥活字的型号、种类和大小及印本,其中多为《梦溪笔谈》所不载;第二篇(1986 年)研究胶泥制作、制字工艺、泥字成分分析和烧结温度,为复制工作提供依据;第三篇(1989 年),分别以毕昇、翟氏的制字方法复制泥活字六千多枚以及少量的瓷活字,按毕昇的方法模拟印刷获得成功,从而以文献记载与实物研究和模拟实验相结合,证明了泥活字印刷的可行性,捍卫了中国古代这一伟大发明的优先权。第四篇(英文)为第六届国际中国科技史学术会议论文(1990年)。早期发表的论文已为李约瑟巨著《中国科学技术史》第五卷一分册大量引录。我们所搜集的泥活字曾配齐一套赴加拿大、美国和香港巡回展览三年之久。中国历史博物馆最近从我处收藏了其中二百枚,本人留有三百多枚供研究和教学用。该研究中关于胶泥制作工艺还有广泛的应用价值,中国科学院华觉明教授、林文照教授、北京大学潘永祥教授、中国历史博物馆俞伟超教授、美国芝加哥大学钱存训教授等均对此项研究工作予以应有的肯定。

○《史稿》问世后,您还有一些什么样的设想?

● 这本书只是1985年以前研究水平的初步总结,由于我们的水平有限,加之时间的限制,还有很多资料没有发现,有的虽然见到了,但作为一本通史也不可能面面俱到;有的只能以统计数字表达;有的没有加以研究;有的把握不住也没有敢写,如北宋陈博,书中就没有提到;有些问题虽然做了研究,也只是初步的、肤浅的,如明清时期安徽科技发展动因问题,徽商与科技发展的关系问题等。由于作者专业的限制,书中天文学部分基本上是利用别人的成果,可以说是一个薄弱环节。旧石器时代的情况,我们知道得太少,新石器时代,和县和巢湖一带已有我们的祖先在那里繁衍生息,西周晚期皖南古矿冶是那样的发达,可是他们在当时和后来一段很长的时期内究竟是怎样征服自然和改造自然的,换句话说他们的科学技术水平如何,史籍中记载并不多,看来这只能有待于今后的考古发掘研究了。

这里顺便插一句,关于本书考古资料的运用问题。考古学资料在科学史研究中的意义我就不多说了。《史稿》大量征引考古学最新研究成果,采用的标准是:1. 在科学史上有重要意义的,或与科技史密切相关的;2. 正式发掘并有发掘报告的;3. 出土或传世品中确实具有安徽地方特征的;4. 资料截止日期为1985年。凡不在上述之列者,我们书中都未敢写。

在结束我们的谈话之前,我给你看两条《史稿》中没有涉及、我最近收集到的材料,以说明安徽科技史研究的意义、潜力和任务所在:1. 火药的发明地很可能在淮南,时间是汉代。梁·肖绮《拾遗记》中引述《淮南子》中的一条材料(今本《淮南子》中没有):"含雷吐火之术,出万毕之家。"含雷吐火即爆竹烟火之类的东西。2. 从笔记材料看,清代寿县已有人工降雨的尝试。

原文载于:《东南文化》,1991(2):364—369。

科技史文献 与 研究方法

鲁明善在安徽之史迹

——附《靖州路达鲁花赤鲁公神道碑》

张秉伦

　　元朝最高统治者为蒙古族,他们向以游牧为生,少事农桑。蒙古军开始南下时确有践踏庄稼、改农田为牧场之史实,致使关内农业遭到破坏;但是,从成吉思汗第三子窝阔台当政时开始,已重视农业生产,元世祖忽必烈即位后不久,就正式成立司农司,专管全国农业,并采取一系列重视农桑、防止土地兼并、奖励耕垦、减轻赋税等措施,也是不容忽视的政策。尤其是忽必烈还制定了一条包括官员和农民在内的农业奖惩政策,规定地方从事农业管理的官员及其他有关文官都有检查农业的职责。中统五年(公元 1262 年),鉴于过去地方官"往往任用非其人,致使恩泽不能下及,民情不能上达,掊克侵凌为害不一"的情况,决定选派"循良廉干之人"充当县尹,同时把"户口增、田野辟、词讼简、盗贼息、赋税平"列为考核他们的标准,作为晋升或革职的依据:"五事备者为上选,内三事成者为中选,五事俱不举者黜。"①至元六年(1269 年)又把考察地方官和中央官员劝课农桑的成败列为提刑按察司的重要任务之一,对于那些"不尽心,终无成效者"要进行"究治"。② 对于农民,凡"勤务农桑,增置家产者",要"依究得失,申报上同,量加优恤";而对那些"不务正业、游手好闲"者,将进行适当的管教或送去服劳役。③ 忽必烈还比较强调总结和推广农业生产经验,至元六年就曾下令搜集农业方面的资料,以便推广。忽必烈制定的这些政策对元朝其他统治者产生了深远的影响。正是在这种背景下,元人撰写的农学著作之多,为以前历代所罕见,可惜大多亡佚④,存世的仅《农桑辑要》《王祯农书》和《农桑衣食撮要》,而这三部重要农学著作都与安徽有一定的关系:宿县孟祺是《农桑辑要》作者之一;王祯在旌德县撰写《农书》,鲁明善监安丰路时撰成《农桑衣食撮要》,先后于安丰路、太平路任上两次刊行。本文试就鲁明善在安徽之史迹作一概述,以窥元朝重农政策之一斑。

(一)

　　鲁明善,名铁柱,维吾尔族人,出生于高昌回鹘王国。其父迦鲁纳答思,《元史》有传。虞集称其"以高昌令族通竺乾之奥学,明于物理,达于事变,受知于世祖皇帝,出纳君命,以通四

---

① 《元典章》二,"政圣卷一"。
② 《元典章》六,"台纲卷之二"。
③ 《通制条例》卷十六。
④ 现已亡佚的元人农学著作至少有:《务本新书》《士农必用》《韩氏直说》《种莳直说》《农桑要旨》《务本直言》《桑蚕直说》等。

方之使,以达万国之情。受贡献、锡燕飨。宽足以怀远,辩足以专对,明足以察其微,廉足以结其信。内无不虞之戒,外无弗率之征者……"[①]久居汉地、官至翰林学士承旨中奉大夫,遣侍成宗于潜邸;成宗即位迁荣禄大夫、大司徒;仁宗即位后,除司徒如故,又加开府仪同三司等职[②]。明善天资聪颖,随父入宫后,又为圣贤之学,文质彬彬,无用而不宜者。"内廷大臣有必阁赤之官,为天子主文史,任甚贵重。明善以父任从其长久之",亦即"以世家子执笔抽简于天子左右","天子察其贤,以奉议大夫(五品)使佐江西行省狱讼之事,曰理问。试用于昔日,而时称之曰能。"后来,鲁明善友人吴澄回顾说:"惟侯尝仕江西行省,绰有令誉。其牧郡也,廉正如江西时,声实孚于上下!"[③]其在江西政绩,可见一斑。

至大四年(1311年)正月,元武宗海山死,其弟爱育黎八达即位,是为元仁宗;是年八月,其父迦鲁纳答思去世,明善可能因奔丧还京,"归见天子,天子思其父而怜其才也,特命为中顺大夫(正四品)、安丰路达鲁花赤,所谓监也"。行前仁宗曰:"尚方有白玉之鞍,尝赐尔父乘之,今以付尔";又以御服赐之,曰:"以传尔子子孙孙,于方来使毋忘也。"这段史实,虞集在《神道碑》中均称为"延祐中归见天子"时之事,疑有误,因为"延祐中"距迦鲁纳答思去世甚远,不太合情理;成功允所撰《太平路鲁总管德政碑》,为鲁明善尚在任上之作比较可靠,据《德政碑》记载:延祐二年,鲁明善已由安丰路改授太平路;按元制一般是三年秩满,鲁明善当在至大四年末或皇庆元年初就任安丰路,因此,这段史实,作为至大四年秋冬之事比较合理。

(二)

鲁明善在安丰路任职期间,"修学校,亲帅师弟子为之讲明;修农书,亲劝耕稼;从义役,而民力始均;理狱讼,而曲直立判"。总之,"凡郡之当为者,如桥,如驿,如官舍,如蒙古阴阳医学,修之以序,民不告劳。""修农书,亲劝耕稼",即鲁明善在任安丰路达鲁花赤时,为劝农桑、便于农民安排一年农事而撰编的《农桑衣食撮要》,此书主要思想是以农桑为本,作为丰衣足食之道、国家长治久安之策,反映了汉民族传统的重农思想;又强调了合理利用天时地利、发展多种经营、广索自然之恩惠,在此基础上力争兼收"货卖"之利,即通过商品交换以取得更大的经济效益,反映了鲁明善已具有一定的经济思想;该书主要材料虽多取自元司农司《农桑辑要》,但经鲁明善逐月安排,成为条理井然之作,而且突破了月令旧例,大删礼俗、迷信内容,也是一大进步。因此,《四库全书总目提要》称:"明善是书,分十二月令,件系条别,简明易晓。使种艺敛藏之节,开卷了然。盖以阴补《农桑辑要》所未备,亦可谓留心民事,讲求实用者矣。"

虞集《神道碑》中还记有鲁明善在任安丰路时另一政绩:"慈姥矶为长江之险,始凿分流以避之;去淫祠,不竭山泽之利,大概有儒都之设焉。郡人惧其去而来者改其成法,乃刻石以识。"查《元史·地理志》,至元十四年改寿春府为安丰路总管府,次年定为散府,领寿春、安丰、霍邱三县;至元二十八年,"复升为路,以临濠府为濠州,与下蔡、蒙城俱来属"。因安丰路实际领寿春、安丰、霍邱、下蔡五县一州——濠州,濠州又领钟离、定远、怀远三县,均距长江甚远。长江之险"慈姥矶"不在安丰路所领境内,而在至元十四年升为太平路(领当涂、芜湖、

---

① 虞集:《道园类稿》卷四十三,"靖州路达鲁花赤鲁公神道碑"(元刊本)。本文引文未注出处者,均引自"神道碑"。

② 《元史》卷一三四,"伽鲁纳答思"传。

③ 杨镰:《鲁明善事迹勾沉》,新疆大学学报,1985(3)。

繁昌三县)境内。鲁明善监安丰路何以去太平路立下这一政绩,令人难解。是鲁明善应邻郡邀请所为,还是虞集把鲁明善后来任太平路总管时所为误作其在安丰路政绩呢?抑或不是长江中的慈姥矶,而是安丰路境内另有慈姥矶?尚难断定,姑且存疑。

鲁明善在安丰路任职秩满,回京报政,仁宗称许其政绩,"以为能非文吏所及",于是升为亚中大夫(从三品),改任太平路总管。

(三)

延祐二年,鲁明善以安丰路达鲁花赤改授太平路总管[①]。《神道碑》所记他在太平路任上政绩较为简略:"太平去南行台近,郡事小不便,悉得有所禀。无赖夺货于市,豪民夺人之妻,皂隶旁午索钱民间。监郡者尝仕于东朝,有所恃于政府,以挠其政。公直道而行,按以天子之法,而郡以治。凡守之所当为,视安丰为尤沛,然监亦不能有加于人也。郡有峨眉亭,郡人为之立碑,而公政系焉。故翰林学士临川吴文正公为之文,后世之信使也。公之于当涂,亦几于桐乡矣。"可见鲁明善在任太平路上,既受南御史台掣肘;又有东宫旧臣监郡,使鲁明善执政甚为不便。由于鲁明善秉公执法,终于在极端不利的环境条件下使太平路社会秩序得以改观,而且"凡守之所当为,视安丰为尤沛"。并在行将离任时修复了采石镇江中之名胜——峨眉亭。鲁明善自云:"蒙思守其土,幸与千里之民相安境内,凡有前代遗迹,不敢坐视其废坏。峨眉亭三门榱之朽者易矣,瓦之缺都补矣,壁之堑者今以甓矣。涂之以垩,缭之以楯,肇始于岁初,讫工于春杪,一时闻者乐趋其事,中朝达官大书其匾,亭与名额焕然一新。"[②]翰林学士吴澄应鲁明善之约请还写下了《峨眉亭记》。

《太平府志·名宦》记载其政绩是:"兴学校,劝课农桑,间(问)孤恤寡,兴利除害,定驿马,正里甲,以甦民困,民多感之。任满为立德政碑,纪其绩云。"[③]

"德政碑"乃成功允应芜湖县父老之请而撰写的碑文,载于《太平府志·艺文》,全文如下:

成功允:《太平路鲁总管政德碑》

延祐二年,中顺大夫、安丰路达鲁花赤鲁公铁柱改授亚中大夫、太平路总管。五年春,按行属邑,至芜湖邑,父老合词于分司,请总管德政碑。六年春,父老请邑文学掾撰碑词。父老曰:侯至吾邑,讲学劝农,问孤恤寡,平反狱词,宣剔德化。豪而疆者,屏息自悔;贫且弱者,拜手交庆。凡有便于民者,侯一切行之无留难。不数日而百姓为之改视易听。天下州郡长吏贤与否,愚所不得知,国家开运以来,吾邦太守公敏请勤如我侯者,政不多见。邑有孝子奉母谨,我侯闻之,命母子至于庭,深加奖掖,助以供养费,于是邑官吏捐奉各有差,吾闻老吾老以及人之老,我侯以之。邑有游惰滥名皂隶,什伍为朋,怙势用威,肆为奸宄,交结蟠固,习为故常,良善侧足而立,莫之谁何,我侯之至小诚大诚,轻者书过,重者拘役。吾闻恶不仁所以为仁,我侯以之。邑有站驿,役使不均,富者巧计自暇逸,贫者奔走困供给,我侯之至,安其余粮,第其高下,役有常数,日有多寡,悉厘旧弊。吾闻惟公生明,我侯以之。浮桥主渡为客舟,

---

① 成功允:《太平路鲁总管德政碑》,载《太平府志·艺文》(清康熙本,光绪二十九年重印)。
② 杨镰:《鲁明善事迹勾沉》,新疆大学学报,1985(3)。
③ 《太平府志·名宦》(清康熙本,光绪二十九年重印)。

往来害者甚夥,牙侩罔利为民间贸易害者,甚不便,侯皆斥谴之。矧侯于学校尤用情,新士服,制祭器,葺讲堂、斋庑各如度,刊大学经传授诸生,朔望讲说,下至小学皆成诵;复葺农桑为书以教人,皆我侯劝勉之力。郡临江有矶,曰望夫,曰磴矶,曰碛矶,悬崖千尺,危径一线,泝流挽缆,遭跌蹶而溺者,往往而有,我侯捐赀募工,倡率僚属,凿险开道,如履平地。是又为操舟者永久之利噫!侯恶恶至矣,而复有依凭军势,朋为 狡,肆行横逆,侯痛惩之。邑赖以清,昔之贤守,如文翁之兴学、龚遂之劝农、朱邑之廉节、召信臣之兴利,彼皆有其一,而人诵之,至今我侯则兼有之。今三年秩满,行将代去而厉操益清,存心益厚,去之日如始至时焉。余因思为政之道,得民且难,得其心为尤难。侯非真有以得其心,能至是乎?侯为人慈祥,岂弟简易、廉谨,不事边幅,专务以德化人,至于用刑,乃其不得已。公退之暇日,抚琴书字为常,澹然无营利息,是可尚也已。

秩满,鲁明善载誉离开太平路总府,转监池州。

(四)

池州自元初以来,火灾时有发生,民心浮动,鲁明善调查多火的原因,民俗都归之于风水迷信之类的传说,并认为与境内知乐亭被毁有关,鲁明善岂信为真,便反问道:"其信然乎?"后经实地踏查,终于查明了火灾的真正原因并落实了防火灭火措施:"疏沟渠,积塘沼,谨救援,严邻保";对于造成火灾原因之一的游民,也没法让他们居于业守。同时为了顺应民俗,又下令修复了知乐亭。此后二十多年,池州一直严守鲁明善制定的防火制度,不再发生火灾。百姓不忘其功,刻石以纪之,而且刓即重刻,一直保存了很多年……

鲁明善政绩,声振四邻。他监池州期间,福建遇有大案不决,浙省即请鲁明善前往审理。经过他察情明断,很多冤者得雪,少数罪者必惩。结案后他又回到池州,以至"部使都荐其名不可及也"。

约在至治末年,鲁明善在池州任满,才离开安徽,晋升为嘉议大夫(正三品),转任衢州达鲁花赤;衢州秩满又转桂阳。均有政绩,且于桂阳再刊《农桑衣食撮要》,并亲自编定《琴谱》八卷;桂阳任满,还京述职,丞相拟留他在大都任职,可是鲁明善叹道:"吾老而贫,得一小郡以治斯足矣!"于是派往靖州出任达鲁花赤。靖迫西南夷,置路又晚,图籍界线不清,于是鲁明善"画地图,考案牍,究其岁月,定地犬牙相制",想不到报到行省三个月不予处理,明善愤慨之下,辞职回到他曾精心治理过的太平府,"逍遥山水间,挥五弦而送飞鸿,遂终其身矣,得年六十有七,以礼葬于姑孰(今安徽当涂县)石城乡武林山之原"。

鲁明善在其二三十年仕宦生源中,"连领六郡,五为监一为守",其中在安徽"自淮历江,三治其邦",二为监,一为守。政绩卓著,声振朝野:"三加弥尊,上意所存";三刻金石,民心所在。晚年又定居太平路,最后长眠于当涂武林山之原。他在中国农学史上的最大贡献——撰写《农桑衣食撮要》,也是他监安丰路时所为。安徽人民是不会忘记这位维吾尔族农学家的!

附:靖州路达鲁花赤鲁公神道碑

国家郡县,天子置守令以治之,又以国人为监于其上。其初置监,非不信于守而置也,言语文字有不及者,监通之。今天下一家,表里无二,监之于守,势均位敌,惟其所能而用之。

监通于守，亦人材之盛者已，然必其敏于文学，达于政事，而后足以当之，至公之道也。若鲁公明善氏，以世家子执笔抽简于天子左右，亦为外宰相属，连领六郡，五为监，一为守，治政悉尽其道，因其天资之美，要其学问亦有以通之也。公讳铁柱，以明善为字，而以诚名其斋，盖尝学于曾子、子思子之书者也。公之先人伽鲁纳答思，以高昌令族通竺乾之奥学，明于物理，达于事变，受知于世祖皇帝，出纳君命，以通四方之使，以达万国之情，受贡献，锡燕飨。宽足以怀远，辩足以专对，明足以察其微，廉足以结其信。内无不虞之戒，外无弗率之征者，未必非得人之功也。故自禁卫领行人之使，积官至于开府仪同三司大司徒之贵，而不设他职者，信之深而用之专也。居汉也久，其子又为圣贤之学，乃因父字取鲁以为氏，文质彬彬，无用而不宜也。内廷大臣有必阇赤之官，为天子主文史，任甚贵重，明善以父任从其长久之。天子察其贤，以奉议大夫使佐江西行省狱讼之事，曰理问。试用于昔日，而时称之曰能。延祐中归见天子，天子思其父而怜其才也，特命为中顺大夫、安丰路达鲁花赤，所谓监也。且行，上曰："尚方有白玉之鞍，尝赐尔父乘之。今以付尔，"又以御服赐之，曰："以传尔子子孙孙，于方来使毋忘也。"其在安丰，修学校，亲帅师弟子为之讲明；修农书，亲劝耕稼；从义役而民力始均；理狱讼，而曲直立判。凡郡之当为者，如桥、如驿、如官舍、如蒙古阴阳医学，修之以序，民不告劳。慈姥矶为长江之险，始凿分流以避之。去淫祠，不竭山泽之利，大概有儒有之设施焉。郡人惧其去而后来者改其成法，乃刻石以识。秩满，报政入见上，益以为能非文吏所及，命以亚中大夫为太平守。于是国人自监而通为守者，济济出矣。然而太平去南行台近，郡事小不便，悉得有所禀；无赖夺货于市，豪民夺人之妻，皂隶旁午索钱民间，监郡者尝仕于东朝，有所恃于政府，以挠其政。公直道而行，按以天子之法，而郡以治，凡守之所当为，视安丰为尤沛。然监亦不能有加于人也。郡有峨眉亭，郡人为之立碑，而公政系焉。故翰林学士临川吴文正公为之文，后世之信史也。公之于当涂，亦几于桐乡矣。转监池州，池多火，公下车问其故，民咸曰："占地者言府治对齐山，山锐有火象，昔人为知乐亭以当之，谓水灭火也。"公曰："其信然乎。"行其地，则民有占居之者，而数毁焉。公曰良是矣。乃疏沟渠、积塘沼、谨救援、严邻保，简民之游惰喜生事者，居以业守，复知乐之亭，至于今二十余年，池不复火，民亦不忘，石刻之，刓即重刻。治池之可书者，具要是矣。闽有狱不决，浙省以其郡之无事也，傲往治之，从容得其情，多所平反，部使者荐其名不可及也。继以嘉议大夫监衢州，郡有古堰本可灌田数百顷，土民有擅其利者，民不敢言，吏不敢制。公按以法，水利均及于民，不待治而安矣。三年转监桂阳，前所治四郡，皆大郡。桂阳最远小，不足烦公。命下，公曰："亦天子之民也，何敢忽乎？"及至，会大旱，朝廷出不得已之政，试纳粟者以官，公亲劝之，绝与吏为欺，文具者得粟充积，郡人活焉，饥后火祷而息，旱祷得雨，如响斯答。桂阳安，而蛮獠起道州，帅府檄公督之，公明赏罚，示好恶、绝奸吏、兵法严整，而力求所生生之道，判者悦服，不战而定。邻郡虽干戈，公处之皆按堵。平日好鼓琴，得古人之意，至是亲定其谱为八卷，而郑卫之音不得少干于雅颂者矣。此所以善为政而异于常人者欤！及还京师，故人有执政者，见而叹曰："司徒公国之旧臣，大夫治郡有异政，宁久崎岖于江海间邪？"公曰："为政可以及人，庶几先君之意也。"丞相欲留为某部郎官，公叹曰："吾老而贫，得一小郡以治斯足矣！"乃得靖州。靖迫西南夷，公至不严而化，然五溪故地千八百里，有山谿之险，靖所领也。及田氏内附潜侵而有之。公曰："此则不可不治，他日无穷之害也。"乃画地图、考案牍、究其岁月定地，犬牙相制。状上诸行省以闻，三月不报。公曰："吾得言之矣，行不行天也。"乃解组还太平，逍遥山水间，挥五弦而送飞鸿，遂终其身矣。得年六十有七，以礼葬于姑孰石城乡武林山之原。公虽不得大有为时，六郡之政，班班明白，可示于后世矣。亦何憾乎。公娶畏吾氏，封云中郡夫人。子二人,长重喜,荫绛县长,今监抚之崇仁;次曰曼陀罗释理,通蒙古文字。女适广寿海牙。孙四,某某某某。重喜简静明决,世其父学化之以弦歌,守之以忠信,百里何有哉。集昔在著廷,知司徒之事,今得书靖侯之政,以遗重喜焉。君子之论,贤者,知世臣之可贵也。

铭曰:

江淮之间,名郡十数,昔保南土,恃以为固。淮水汤汤,寿为富强,池于(与)姑孰,江之腰腹。皇有万方,撤其险防,历监至守,安辑抚有。公生高昌,世有令望,力学稽古,父字氏鲁,天子见之,忆其父时,世祖神武,柔怀不怒,眷惟司徒,受贡考图,进其轓轩,德音是宣。尚论其世,民社攸寄。自淮历江,三治其邦。建学兴礼,以作民纪;三加弥尊,上意所存;三郡之绩;刻在金石。乃监于衢,积官以除,又迁桂阳,服领上荒,救灾去疠,鸣琴以礼,鬓发苍浪,归见庙堂。天子求归,留在左右,公请小郡,乃命于靖。茫茫山溪,慨久不治,亲至其封,以绝蚁封,上言不报,即理归道,山曰峨眉,桐乡在兹。长原幽宅,宁尔体魄,求诸前闻,为万石君,教忠之训,贤子受命,推以治邦,再世同风,太史载事,以告来世。

摘自虞集《道园类稿》(元刊本)卷四十三

原文载于:《农史研究》,1990(10):117—123。

诗词歌赋中的科技史料价值

张秉伦

我国上自三代，下迄明清，文人骚客，达官显贵，乃至布衣百姓，汇集了难以计数的诗词歌赋的篇章。在体裁上，有古风歌谣，也有律诗绝句，有鸿篇巨制，也有即事短章；在表现手法上虽然各异，但绝大多数体现了"感于哀乐，缘事而发"的现实主义精神，因而保存了许多历史信息，加之作者分布面广，内容几乎涉及各个领域；尤其是他们之中有些人对自然界深入细致的观察，或对科技新事物的关注，在托物咏怀，因事寄意的同时，留下了许多珍贵的科技史资料，甚至是最早的或唯一的科技文献资料。可是，由于诗词歌赋通常分散在数量众多的别集和各类总集中，查找起来相当困难，有些属于科技内容的，仅是只言片语，查找起来更是犹如大海捞针，因此科技史界至今尚未系统整理这方面的资料；而文学史界囿于学科的限制，对此亦未引起足够的重视。我们在前人工作的基础上，结合自己的收获，从几个方面列举一些典型事例，略论诗词歌赋中的科技史料价值，以期唤起科学史界对这一领域做更深入的研究。

一、《诗经》中的科技信息

《诗经》是我国古代第一部诗歌总集，编成于春秋时期，收集了西周初年至春秋中期约五百年间的诗歌三百零五篇，计七千二百余句，它的文学价值及其影响，文学界早已评论；它在科技史上的价值，也是不容忽视的。仅诗中引用的天文、气象、动物、植物、地理知识，都是反映我国先秦科技水平的重要信息，由于诗句朴实无华，相当真实，可视为当时的科技信史，因而历来受到学界重视。晋人陆机从《诗经》中选录了动植物 250 多种，其中植物 146 种，动物 109 种（包括鸟类 42 种，兽类 25 种，虫类 22 种，鱼类 20 种），撰成《毛诗草木鸟兽虫鱼疏》，成为我国古代第一部生物学著作，就是明证。此外还有《诗经地理考》以及今人夏纬瑛的《〈诗经〉中有关农事章句的解释》等，都是很好的说明。散见于各种科技史著作的诗句更多，如"十月之交"中的日月食，"七月流火"中的农事和物候，更是不胜枚举。

下面再着重举几条技术史资料：

1. 关于青铜器的大约有 200 多条 涉及青铜器品种可分为七类：鼎彝等器、钟鼓等器、和鸾等器、刀铲等工具、尊爵等酒器、戈矛等兵器、杂器等。反映了当时青铜器的广泛应用，并得到了考古发掘实物的证实，如果利用科技考古技术进行分析，结合《考工记》中的"六齐"进行研究，可望解决当时青铜成分的配比规律问题；另外，还有人认为当时对青铜的认识，包括选择冶炼和防锈措施：如《卫风·淇奥》中"有匪君子，如金如锡"，意思是说：有一个君子，他受过陶冶锻炼，有着美好的品格，就像提炼出来的铜和锡那样纯洁；《秦风·小戎》中"厹矛錂錞",意思是长矛柄尾的铜錞上浇灌了一层锡,目的是为了防锈。[①] 这在当时确实是一个重要的防腐措施!

2. 关于酒,《诗经》中大约有 100 多条资料 酒名就有八种之多:酒、醴、鬯、黄流、旨酒、春酒、清酒、 等,酒器有十二种:瓶、罍、尊、卣、斝、爵、兕、觥、匏、斗、璋、玉瓒、牺尊等;而且认识到了"丰年,多黍多稌,亦有高廪,万亿及秭,为酒为醴,蒸畀祖妣"[②](意思是丰收的年成,黍稌是多么多啊,还有那高大的粮仓囤积着很多粮食,用它来酿酒制醴,奉祀先祖先妣)。这种把丰收、粮食多了与酿酒联系起来,无疑是酿酒史上的珍贵的史料。

3. 关于颜料和染色的记载 《诗经》中反映的颜色包括红、黄、蓝、绿、青、黑等,除了用植物颜料茹 (茜草)、蓝、绿等外,可能还有矿物颜料;《唐风·山有枢》中"山有漆",和《庸风·定之方中》"树之秦栗,椅桐梓漆",不仅反映了当时对漆树的认识,而且可能人工栽培漆树了。此外还有椒、萧等香料的记载。总之,《诗经》成书年代久远,当时流传至今的文献又很有限,这部诗歌总集就显得格外重要了,当今科学史界在研究许多重要问题起源时,往往总要先去查找《诗经》,有时确能找到有关问题的最早记载,值得进一步发掘!

二、对自然现象的深入观察和深刻的认识

我国古代文人学士中,有很多人是热爱大自然的,对许多自然现象做过深入细致的观察,做了细致的描述,以达到托物咏怀的目的,因而保存了很多自然现象的真实史料,间有作者对这些自然现象的深刻认识或独到见解,下面略举几例在科技史上颇有价值的诗词,以窥一斑。

1. 关于相对运动的诗篇 行船与河岸相对运动的关系,是人们在生活中司空见惯的事例。梁元帝萧绎(公元 552—555 年在位)在其《早发龙巢》诗中云:"不疑行舫动,唯看远树来。"[③]在敦煌曲子中也有一首《浪淘沙》词,对行船与河岸相对运动的关系做了更深刻的描述:

"五里竿头风欲平,张帆举棹觉船行。柔橹不旋停却棹,是船行。

满眼风波多陕灼,看山恰似走来迎,仔细看山山不动,是船行。"[④]

这两首诗词多么微妙地刻画了船与河岸山林的运动关系,既揭示了河岸、山林的视运动也逼真地表现了它们之间的相对运动。在整个人类的文化史和科学史上,船与河岸、山林的运动关系,成了论述相对运动的一个传统例子,至今仍不失它的科学意义。[⑤]

2. 对于色散现象的初步认识 北周庾信《郊行值雪》诗中已有"雪花开六出,水珠映九光"之吟。[⑥] 这里的"九"应作"众多"解,因为古人还不知道白光是由七色光组成的。然而这却是对水滴散射现象最早的初步认识,直到南宋程大昌才在《演繁露》中对光的色散现象作了较精确的解释。

3. 水生动物与月亮的关系 宋吴淑《月赋》中写道:"园光似扇,素魄如圭,同盛衰于蛤

---

① 李素祯,等:《研究我国化学史应重视古籍〈诗经〉》,载于赵匡华:《中国古代化学史研究》,北京大学出版社,1985。

② 《诗经·周颂·丰年》,参见赵匡华主编:《中国古代化学史研究》。

③ 丁福保:《全汉三国晋南北朝诗》卷下。

④ 王重民:《敦煌曲子词集(修订本)》,商务印书馆,1956;31(参见戴念祖:《中国力学史》,河北教育出版社,1988)。

⑤ 戴念祖《中国力学史》,第 107 页。

⑥ 庾信《庾子山集·郊行值雪》。

蟹,等盈阙于珠龟。"①精确地表达了水生动物随月相变化的生长节律,而动物这种生长节律直到 20 世纪才为世界上科学家们普遍关注。

与生物节律相关的,还有元代逎贤《京城燕》诗的"小引"中写道:"京城燕子,三月尽方至,甫立秋而去。"竺可桢先生据此与现代物候相比,得出北京现在的燕子与元代相比,来去各相差一周的结论。我们据此认为生物周年节律虽然是相当稳定的,但不是永远不变的,为当代生物节律成因问题的争论,提供了重要的历史资料。①这个例子还说明有些诗词的"小引"或"序"也是很重要的,值得注意。

4. 重视天象异常现象的观测和记录 这在天文学史上具有重要价值。其中有些天象异常现象是由诗人即时记录在其诗篇中的。如梅尧臣《日蚀》诗云:"有婢上堂来,白我事可惊。天如青玻璃,水若黑水晶。时当十分园,只见一寸明。主妇煎饼去,小儿敲镜声。我虽浅近意,乃重补救情。星夜桂兔出,众星随西倾。"②这是作者于嘉祐三年描写当时人们观察日食的情景,十分形象生动;他还有一首《八月十三日观长星》诗云:"长星彗云出,天狗欲堕鸣。狗扫不见迹,昭晰河漠横。河汉秋转净,箕斗垂光晶。劝尔长星酒,收浸看太平。"③长星乃彗星之属。查《宋史·仁宗本纪》载:"嘉祐元年(1005 年)秋七月,彗出紫微垣,长丈余。八月癸亥,是夕彗灭。时尧臣正赴汴京途中。"可见《宋史》这条珍贵资料是参考了梅尧臣诗篇的,而且这首诗又是梅尧臣纪实之作,十分真实可靠。明张凤翼《处实堂集》中有一首因"异星有光如新月,感而作"。据严敦杰先生考证,这是一条关于新星的记录,并且描述了观察的简单过程,诗中虽未记载具体时间,但将诗文集中各篇编排次序研究一下,这颗新星很可能就是弟谷新星。同样,明孙承恩《星变》④诗可能也是关于一颗新星的记录,而且有"三岁三见之,简册所未尝"的诗句,乔小华同志正在进一步研究它。

三、提供了大量的动植物家化史的佐证

我国是很多种栽培植物和家养动物的原产地,它们是经过我国人民长期选育出来的,成为动植物家化史上的里程碑,学术界有关这类问题为论证是十分严格的,其中重要证据之一,就是有无最早的文献记载,古典诗词在这方面留下大量的佐证,有些诗词提供了最早的,甚至是唯一的记载,下面略举几例:

1. 大豆是我国人民最早选育成为栽培植物的记载 有关记载的诗句,首推《诗经》:"中原有菽,庶民采之","十月纳禾……禾麻菽麦","执之荏菽"。"菽"就是大豆,早期大豆是作为人们主粮食之一的。相传三国曹植(公元 192—232 年)在其兄曹丕(公元 187—226 年)逼迫下,七步之内吟成:"煮豆燃豆萁,豆在釜中泣;本是同根生,相煎何太急"这首著名五言诗。这一方面说明曹植诗才敏捷,另一方面也反映了三国时煮豆燃萁是黄河流域很普遍的事,所以曹植能信手拈来。直到宋代,苏轼《豆粥》诗中,还有"沙瓶煮豆软如酥"之吟,说明宋代仍有以豆为粥,作为主要粮食的。

2. 关于人工栽培猕猴桃的记载 猕猴桃原产我国,由于它的营养价值很高,在世界上

---

① 张秉伦:《中国古代对动物生理节律的认识和利用》,动物学报,1981(1)。
② 梅尧臣:《梅尧臣集》卷 28。
③ 梅尧臣:《梅尧臣集》卷 26。
④ 孙承恩:《交简集》卷 14。

享有盛誉,被誉为"中国鹅莓"(Chinese Gooseberry),但也有人昧其原始,尤其是随着世界猕猴桃热的兴起,不少人则认为中国只有野生种(其他国也发现了猕猴桃野生种),而无人工栽培的记载,这就涉及猕猴桃究竟是哪国人民最先栽培驯化加以利用的历史了,或者说这一"发明权"是不是属于中国的?孰是孰非,一度苦无确凿文献可证,成为一桩历史悬案。后来人们从唐代诗人岑参(公元715—770年)的《太白东溪张老舍即事寄舍弟侄等》诗中查出:"渭上秋雨过,北风何骚骚。天晴诸山出,太白峰最高。主人东溪老,两耳生长毛。远近知百岁,子孙皆二毛。中庭井栏上,一架猕猴桃。"其中"中庭井栏上,一架猕猴桃"可以肯定是人工栽培的猕猴桃,也就是说,至迟在唐代我国人民已经栽培猕猴桃了,这是任何一个国家都不能比拟的,从而解决了这一历史悬案,捍卫了我国人民关于这个问题上的优先权。

3. 我国金鱼家化史的最早证据   金鱼是我国特有的观赏鱼种,属于鲤科。它是鲫鱼在自然界变异成金黄色的金鲫,经过人们长期培养、人工选择、隔离培育、优中选优,才培育成现在的五光十色、千姿百态的观赏鱼类。它的家化史是先经过池养的半家化阶段,然后才进入盆养阶段。它的半家化阶段是从何时开始呢?苏东坡的两首诗提供了迄今为止最早的证据:1073年苏东坡在六和塔附近见到的情景是"金鲫池边不见君,追风直过定山屯。路人皆知路未远,骑马少年清且婉……"[①]1074年苏东坡在南屏净慈寺一带又看到放养的金鲫鱼:"我识南屏金鲫鱼,重来拊槛散斋余。还从旧社得心印,似省前生觅手书。"[①]这里提到的金鲫鱼和金鲫池,不仅表明当时杭州一带放养了金鲫鱼,还处于池养的半家化阶段,而且时间、地点明确,为我国金鱼家化史提供了迄今最早的证据。

四、晒青茶、炒青茶和"蚕蚁"的最早记载

我国是茶叶的故乡,茶叶生产加工在我国有悠久的历史。一般以为最早最原始的成茶是晒青茶,但在茶史文献中却无晒青茶的记载,后来我们在唐代诗人李白(公元701—762年)的《答族侄僧中孚赠玉泉仙人掌茶诗》中查到:"茗生此石中,玉泉流不歇。根柯洒芳津,采服润肌骨。丛老卷绿叶,枝枝相接连。曝成仙人掌,似柏洪岸肩……""曝成仙人掌"应是晒青制法,由此可见直到唐朝我国有些地区还保存了这种传统制法,这也是迄今为止所发现的关于晒青茶的最早记载!

其实,茶叶发展到了唐代,加工方法不断改进,但过去人们通常认为唐代只有蒸青茶,即利用蒸汽杀青制成的茶叶,而炒青茶则是宋明以后的事;可是唐朝刘禹锡(公元772—844年)的《西山兰茗试茶歌》却云:"山僧后檐茶数丛,春来晒竹抽新茸。宛然为客振衣起,自傍芳丛摘鹰嘴。斯需炒成满屋香,便酌砌下金沙水。骤雨松声入鼎来,自云满碗花徘徊。悠扬喷鼻宿醒散,清峭彻骨烦襟开。"根据"斯需炒成满屋香"以及沏茶情景的描述,这是炒青茶的铁证,填补了我国早期制炒青茶的史料空白,是极其珍贵的史料。

至于许多名品茶,几乎都有众多的诗篇加以吟诵,其中有的诗篇可能是某种名品茶的最早文献,很难一一列举。在此仅举一例,以窥一斑:北宋范仲淹(公元980—1052年)《斗茶歌》云:"年年春自东南来,建溪先暖水微开,溪边奇茗冠天下,武夷仙人自古栽。"可见武夷茶早在北宋时已誉满天下,成为"斗茶"的名品了。

此外,我国养蚕的历史十分悠久,不但出土文物为证,而且文献资料,代不绝书。现在

---

① 《东坡编年诗补注》。

人们普遍将刚孵出的稚蚕称为"蚕蚁",可是"蚕蚁"这个名称究竟出现于何时?《齐民要术》《秦观蚕书》等早期文献,直到南宋《陈敷农书》中均无记载,而在北宋梅尧臣(1002—1060年)的《蚕女》诗中却出现了"自从蚕蚁出,日日忧蚕冷"诗句。这是目前所知"蚕蚁"这个广为学术界和民间普遍采用的名称的第一次出现,或许就是梅尧臣创用的。而后南宋陆游(1125—1162年)《春晚书斋壁》诗中也有"郁郁桑连树,稚蚕细如螘"之吟。"螘"通"蚁";楼璹(1090—1162年)《织图诗》中还有"板条摘鹅黄,藉纸观蚁聚"等。都是将刚孵出的稚蚕比喻为"蚁"。可见"蚕蚁"这一沿用至今的科学名称,至迟在宋代就为诗人所采用或创用了。

五、纺织史上两条重要史料

中国古代纺织品众多,尤以丝织品的精美著称于世,很多精美的纺织品都有诗人的吟诵,这里仅举在纺织史上有特殊意义的两首诗为例:

其一,唐代宣州贡品"丝头红毯",又名红线毯,是当时极负盛名的纺织品,供皇宫跳舞之用,可是后来却失传了。关于它的生产方法和质量高低,更是一无所知,幸有白居易留有诗篇。白居易的诗历来标榜"非求宫律高,不务文字奇,唯歌生民病,愿得天子诗"。是一种现实主义的反映,特别重视诗的政治社会内容,他的《新乐府·红线毯》,可视为这种观点的代表作,从这首名作中,我们便可对"红线毯"略知梗概:

"择茧缫丝清水煮,拣丝拣线红兰染。染为红线红于兰,织作披香地上毯。
披香殿广十丈余,红线织成可殿铺。采丝茸茸香拂拂,线软花虚不胜物。
美人踏上歌舞来,罗袜绣鞋随步没。太原毯涩毳缕硬,蜀都褥薄锦花冷,
不如此毯温且柔,年年十月来宣州。宣州太守加样织,自谓为臣能竭力。
百夫同担进宫中,线厚丝多卷不得。宣州太守知不知?一丈毯,千两丝,
地不知寒人要暖,少夺人衣作地衣!"

这首讽喻诗不仅揭露了统治阶级为了自己荒淫享乐,毫不顾惜人力物力的罪恶,大声疾呼警告统治阶级"少夺人衣作地衣",而且真实地描述了宣州人民从精选蚕茧、缫丝、拣丝拣线、染色,直到织成十余丈大红丝线毯的过程,以及当时宣州红线毯质地优良,比太原毛毯柔软光滑,比成都锦褥厚实温暖的事实,表明了红线毯织造技术的细微精良。这是关于红线毯最翔实的史料。

其二,白居易《新乐府·阴山道》又云:

"元和二年下新敕。内外金帛酬马值。仍诏江淮马价缣,从此不令疏短织。
合罗将军呼万岁,捧授金银与缣采。谁知黠虏启贪心,明年马来多一倍。
缣渐好,马渐多,阴山虏,夺尔何!"

这首诗反映了唐代缣马交易中江淮人民的巨大贡献,同时也反映了缣马交易在客观上促进了织缣技术的提高,产品质量越来越好,结果换得马也更多,加强了国防。

六、备受科技史界青睐的煤炭诗

我国是世界上最早认识和利用煤炭的国家。可是我国早期开发利用煤炭的历史文献却少得可怜,这可能是与过去文人学士"尤多流连风景,张其事而不覆其实者"有关,但仍然有一些热心之士留下了一些有关煤炭开发利用的诗篇。早在南北朝时徐陵就有"故(奇)香分

细雾,石炭捣轻丸"的诗句。[1] 这是我国最早吟咏煤炭的诗句,反映了当时发香煤饼的功效和制作方法。[2] 至唐宋时期咏煤诗逐渐增多,这不仅是煤炭业空前发展的一个重要的旁证,而且使诗坛增添了新意。其中吟咏最详、备受科技界青睐的,当推北宋文学家苏东坡的《石炭》[3]诗:

"彭城旧无石炭,元丰元年十二月始遣人访获于州之西南白土镇之北,以冶铁作兵,犀利胜常,云:

> 君不见前年雨雪行人断,城中居民风裂骭。
>
> 湿薪半束抱衾裯,日夜敲门无处换。
>
> 岂料山中有遗宝,磊落如磐万车炭。
>
> 流膏迸乳无人知,阵阵腥风自吹散。
>
> 根苗一发浩无际,万人鼓舞千人看。
>
> 投泥泼水愈光明,铄石流金实精悍。
>
> 南山栗林渐可息,北山顽矿何劳锻。
>
> 为君铸作百炼刀,要斩长鲸为万段。"

该诗的短序标明了时间地点,即苏轼于宋神宗熙宁十年(1077年)四月由知密州改知徐州后不久,元丰二年(1079年)三月调至湖州之前,他组织人力在萧县白土镇之北找煤、采煤、冶铁作兵的情景。这首诗是反映北宋煤炭情况不可多得的文献,也是宋代煤炭开发利用情况的一个缩影,它是我国现代重要煤田基地之一的淮北濉萧煤田开发的最早史料;其中"投泥泼水愈光明"反映当时人们已经掌握了一定的烧煤经验,"阵阵腥风自吹散"说明人们已经认识到煤炭的风化和自燃现象;作者还清楚地认识到煤炭代替栗炭作燃料,将会使栗树免遭砍伐殆尽之厄运,从而保护了生态环境! 所以此诗备受科技史界青睐,是不无道理的!

七、有关澄心堂纸的难得资料

造纸是中国古代四大发明之一,纸不仅是文字传播的载体,它的多种用途和优良的品质更为诗人名士所称颂,世界上第一个赞美纸的人,可能就是晋朝的傅咸(公元234—294年),他的《纸赋》云:"……夫其为物,厥美可珍。廉方有则,体洁性贞。含章蕴藻,实好思文。取彼之弊,以为此新。揽之则舒,舍之则卷。可屈可伸,能幽能显。若乃六亲乖方,离群索居,鳞鸿附便,援笔飞书。写情于万里,精思于一隅。"由于纸是文房必需之品,所以历代以来,纸常是文人和艺术家评咏的对象,诗章极富,难以尽述。这里仅以澄心堂纸为例,以窥一斑。

澄心堂本是南唐烈祖李昪任节度使时宴居之所,至南唐后主李煜时,由于他擅长诗词书画,视皖南所产宜书宜画的纸为珍宝,特辟澄心堂贮存之,并设局令承御监造这种纸,故名"澄心堂纸",被誉为艺林瑰宝。可是在当时,这种纸只是极少数统治阶级能享用,而且鲜为人知。直至南唐覆灭,这种纸才落到一些诗人画家或文学家手中,一时惊为珍宝,争相吟诗赞颂,留下了极其珍贵的史料,尤其是关于澄心堂纸的流传、质量、制造方法和后来仿制情况

---

① 徐陵:《徐孝穆集·春情》。

② [明]杨慎《升庵外集》卷19载:"发香煤也,盖捣石炭为末,而以轻丸筛之,欲其细也……以梨枣汁合之为饼,置于炉中,以为香籍,即此物也。"参见戴念祖:《中国力学史》。

③ 苏东坡:《东坡诗集注》卷30;苏东坡还有一首与煤炭有关的诗,题为《田国博见石炭诗,有铸剑斩佞臣之句,次韵答之》。

等诗句,成了科技史界研究澄心堂纸的第一手资料。例如北宋刘敞(1019—1063年)曾从宫中得到澄心堂纸百枚,情不自禁地作诗云:"当时百金售一幅,澄心堂中千万轴……流落人间万无一,我从故府得百枚。"[①]刘敞赠欧阳修(1007—1072年)十枚,欧阳修得此纸和诗云:"君家虽有澄心堂,有敢下笔知谁哉……君从何处得此纸,纯坚莹腻卷百枚。"[②]并转赠梅尧臣两枚。后来梅尧臣也有诗云:"往年公(指欧阳修)赠两小轴,于今爱惜不辄开……文高墨妙公第一,宜用此纸传将来。"[③]可见南唐澄心堂纸落入北宋文人手中仍然视若珍宝,不敢轻易下笔。这固然与南唐后主的垄断使其成为稀世之物有关,但更主要的还是它的质量决定的。

关于澄心堂纸的质量,梅尧臣赞曰:"滑如春冰密如茧,把玩惊喜心徘徊。蜀笺脆蠹不禁久,剡楮薄漫还可咳……江南李代有国日,百金不许市一枚"[④]等等。这说明澄心堂纸细薄光润,洁白如玉,表面光滑如春冰,纤维致密如蚕茧,坚久耐用胜蜀笺,厚重明快赛剡楮,是价值百金不可多得的佳纸!

关于澄心堂纸的产地和制法,梅尧臣诗云:"澄心纸出新安郡,腊月敲冰滑有余",尤其是宋敏求(1019—1079年)也从南唐内府得到一批澄心堂纸除自己留用一部分外,又寄赠梅尧臣百枚,梅氏得之欣喜若狂,作了一首诗,道明了它的特殊加工方法:"寒溪浸楮春月夜,敲冰举帘匀割脂。焙干坚滑如铺玉,一幅百金曾不疑……"[⑤]说明澄心堂纸的制法是在寒溪中浸楮皮料,春碎后制成纸浆,在冰水中举帘荡纸、焙干后即坚滑如玉。这里强调用腊月冰水抄纸,意在使纸浆纤维悬浮效果更好。

梅尧臣得到南唐澄心堂纸后,曾转赠一些给歙县潘谷,潘谷便以此为样纸,如法炮制,终于仿制出大批澄心堂纸,据考证,宋代仿制的澄心堂纸比南宋古纸更轻一些,深为文人喜爱。宋太宗搜访古人墨迹,曾命王著摹勒《淳化阁法帖》十卷,题曰:"淳化三年壬辰岁十一月六日,奉旨摹勒上石,用澄心堂纸、李廷桂墨拓。"屠隆亦说:"宋纸,有澄心堂极佳,宋诸公写字及李伯时(名公麟)画多用澄心堂纸。"[⑥]可见宋仿澄心堂纸仍为著名画家所珍视。如果没有梅尧臣等人留下的这些诗篇,关于澄心堂纸的产地、制法和质量以及后来的仿制等技术史上的难题是难以解决的。

八、工具和计时器的重要篇章

生产工具是生产力的要素之一,科学仪器是科学实验的重要设备和手段,它们的出现往往能反映当时的科学技术水平,因此也是科技史不可忽视的研究对象之一。在漫长的历史长河中,我国人民曾经发明了各式各样的先进工具和仪器:然而很多却失传了,只能凭借资料以考证,以了解其基本结构和性能。其中有些工具和仪器因为制造奇特,巧夺天工,文人学士专门为它们写下了诗词歌赋,以致成为历史上最早的,甚至是唯一的文献资料。

就机械工具而言,西晋嵇含的《八磨赋》最为典型。其"外兄刘景宣作磨,奇巧特异,策一

① 潘吉星:《中国造纸史》,文物出版社,1979:86。
② 《欧阳文忠公全集·和刘厚澄心纸》(卷5)。
③ 梅尧臣:《宛陵先生全集·依韵和永叔澄心纸·答刘厚交》(卷35)。
④ 梅尧臣:《宛陵先生全集·永叔寄澄心堂纸二幅》(卷7)。
⑤ 梅尧臣:《宛陵先生全集·答宋学士次道寄赠澄心纸百幅》(卷27)。
⑥ [明]屠隆:《纸墨笔砚笺》。

牛之任,转八磨之重,因赋之曰:方木矩峙,园质规旋,下静似乾,上动似坤,巨轮内建,八部外连。"①意思是说刘景宣发明了奇巧特异的用一头牛牵引可以转动八部磨的连转磨,其主要构件是中间设一巨轮,轮轴直立在尊臼里,上端有木架控制,以防倾倒;在巨轮周围,排列着八部磨,轮辐和磨边都用木齿相间,构成一套齿轮系,牲畜牵引轮轴转动,八部磨就同时转动。磨是古代加工粮食的主要工具,这种"连转磨"显然可以大大提高效率,并节省劳动力,是粮食加工机械史上的一大进步。《八磨赋》是这一发明的最早最详细的文献资料,因而为正史、《太平御览》《王祯农书》以及科学技术史著作之广泛引用。

此后,唐陆龟蒙有《渔具赋》,梅尧臣有《蚕具赋》,都是研究渔业史和蚕桑史的重要文献资料。而对农具特别感兴趣的要数梅尧臣和王安石。梅尧臣于嘉祐二年(1057年)在汴京任参详度,曾作《和孙端叟寺丞农具诗》十五首(有的版本作十三首),当时王安石知常州,读到梅诗后,备极赞赏,乃命笔和之,又作《和圣俞农具诗十五首》。他们唱和的农具诗,均为五言古诗,但内容通俗流畅,寓意深刻,不仅反映了他们的重农思想,体现了朴实优美,"一洗五代旧习",而且反映了他们同情劳动人民,反映现实问题的鲜明立场。诗贵形象,从他们的农具诗中还可以看出当时农具的功能及其生产过程。如梅尧臣《耧耕》诗云:"农人力已勤,要在播嘉种。手持高柄斗,嘴泻三犁垅。月下叱黄犊,原边过废塚。"二百年后元代农学家王祯编撰《农书》时,在"农具图谱"部分选录了梅诗一首,王诗五首。

就科学仪器而言,我想先说明虽不属于仪器,但对仪器制造有重要意义的"常平支架"。早在西汉时,司马相如《美人赋》中就有"金錍熏香,黼帐低垂"的记载,据宋人章樵注:"錍,音匝;香球,衽席间可旋转者。"可见这是被中香炉的专用名词,而且可以任意转动,一定设有常平支架,否则是达不到这一目的的,从而可以推断我国人民早在西汉时就已发明了"常平支架"。

漏刻是中国古代的计时器,相传黄帝创观漏水、制器取则,以分昼夜。一般认为它起源于公元前三四千年的父系氏族公社时期,直到公元1899年,它作为官方的计时器仍在使用。几千年中漏刻得到了高度的发展,其式样层出不穷,精度不断提高。中国古人的聪敏智慧,使漏刻发展到了登峰造极的地步,文人学士留下了许多关于漏刻的铭赋。这里仅以浮箭漏、沙漏、田漏为例,说明赋、铭、词的文献价值。

西汉王褒《洛都赋》曰:"挈壶司刻,漏樽泻流。仙叟秉矢,随水沉浮,指日命分,应则唱等。"②据华同旭同志考证,该赋中所描述的漏刻显然是浮箭漏。王褒卒于汉宣帝在位期间(宣帝即位于公元前73年),距汉武帝太初改历不远,此赋为浮箭漏发明于西汉武帝时代提供了一条证据,可结合《汉书》"东方朔传"和"昌邑王传"来看,③而此赋比《汉书》成书年代要早得多,可以肯定它是目前所见关于浮箭漏的最早历史文献。

田漏,是农家计时器,梅尧臣有一首《田漏》诗云:

"占星昏晓中,寒暑已不疑。田家更置漏,寸晷亦欲知。

汗与水具滴,身随阴屡移。谁当哀其劳,往往夺其时。"④

这首诗既反映了农民珍惜时光,追求科学的强烈愿望,也表达了作者对劳动人民的同情,可

　　①　《王祯农书》,农业出版社,1981:287。
　　②　《古今图书集成·历法典》卷99。
　　③　华同旭:《中国漏刻》,安徽科技出版社,1931:44。
　　④　《王祯农书》,农业出版社,1981:362。

见我国古代有关时间计量是相当广泛的,更为重要的是这首诗为目前所了解的有关农家计时器——"田漏"的最早史料,因而被元人王祯《农书》引录。此外王安石也有咏田漏诗,[①]苏东坡在《眉州远景楼记》中也记述了当时田漏的使用情况。[②]尽管农家漏曾经较为普遍地在农村使用过,但如果不是这些文人学士的作品做了描述,恐怕今天的史学家对这种农家计时器就一无所知了。

壶漏使用时间很长,精度也很高,然对北方寒冷季节,水易结冰,使用不便,于是詹希元首创沙漏,以沙代水。这一发明是由宋濂(1310—1381年)《五轮沙漏铭》最早记录下来的:

> "挈壶建漏测以水,用沙易之自詹起。水泽腹坚沙复制,一日一周与天似。
>
> 郑君继之制益美,请惜分阴视斯晷。"[③]

该铭文前还有一段很长的序文,对五轮沙漏的结构和原理记述颇详。我们根据铭文和序文,可知五轮沙漏是詹希元发明制造的,与他同时代的郑永又作了改进。詹、郑二人同请宋濂作铭。刘仙洲根据此铭及其序文绘出了"詹希元五轮沙漏推想图",可见其史料价值。宋濂记录了我国历史上唯一的沙漏,此功不可没也。

九、科学家诗词是研究他们生平事迹不可忽视的史料

科学家诗词是研究科学家生平家迹、思想品质、科学活动和著作年代,乃至生前交游的重要文献。中国历史上的许多科学家都有诗文集,有的因年代久远或其他原因而散佚了全部或部分。如著名科学家张衡的诗文集仅有后人辑佚的《张河涧集》;祖冲之的《长水校尉祖冲之集》长达五十一卷,早已全部散佚,现在只知书名了;沈括有《长兴集》(见《沈氏三先生文集》),但已不全,近人胡道静先生辑有《沈括诗词辑佚》一册;李时珍也有一部诗文集,可是在清初就失传了。其他科学家如元代地图学家朱思本有《贞一斋诗稿》,明代植物谱录学家王象晋有《赐文堂集》,明代农田水利专家左光斗有《左忠毅公集》,明末徐光启有《徐文定公集》,清初王锡善有《王晓庵先生诗文集》,梅文鼎有《读学堂文钞》,清中叶女科学家王贞仪有《德风亭文集》,清末李善兰有《则古昔斋文钞》和《吟雪轩诗存》,医学家诗文集更多,如邹澍有《沙溪草堂诗集》等等,就不一一赘述了。研究这些科学家,尤其是研究他们为生平事迹,最好先查阅他们的诗文集。王贞仪的科学活动就是保存在《德风亭文集》中的,那是非看不可的,否则我们就无从了解王贞仪及其科学活动了。除上述科学家外,今后在研究某位科学家或科技人物时,最好先查找一下他是否留有诗文集,如有,一定要找来看看,或许可以提供重要史料,下面仅举两例,以资说明科学家诗词在科学史研究中的价值。

例一:陆羽(公元733—804年)是我国古代著名的茶叶专家,他的名著《茶经》是世界上第一部茶叶专著。关于他的生平事迹,都源于《全唐文·陆文学自传》和《新唐书·陆羽传》。而自传撰于上元辛丑(公元761年),距其逝世还有40多年,因此这篇自传充其量也只能算作陆羽的"我的前半生",可能正是由于这篇自传过于简略,使得《新唐书》和其他文献中关于陆羽,尤其是关于他晚年的记述显得特别单薄。可是近人从《全唐诗》中查出:陆羽有诗二首,句三条,联句十五首;他人赠寄陆羽的诗二十五首,与陆羽交往的友人达五六十人之多。

---

① 王安石:《王文公交集》卷40。
② 苏轼:《苏东坡全集》卷32。
③ 《宋文宪公全集》卷47。

这样对研究陆羽的生平事迹,尤其是后半生的活动具有重要价值。甚至从孟郊然《送陆畅归湖因凭题故人皎然塔陆羽坟》诗中,不但了解到皎然坐禅抒山妙喜寺,而且可知陆羽生前与皎然肝胆相照,仙逝世以后,两人亦伴眠一境。[①]

　　例二:陈翥(1009—1056 年)是北宋时期一位著名的泡桐专家,他的名著《桐谱》一书,是世界上最早的一部桐树专著,该书的杰出贡献,国内学者论述甚多,国外学者也有引述。可是关于他的生平事迹,人们却知之甚少。其主要原因是《宋史》等所谓正史并未为其立传,《宋史·艺文志》仅著录了“陈翥《桐谱》一卷”六个字;同时代其他典籍中,亦未见到有关他的史事,历代书目或收有《桐谱》之丛书序跋,或失之简略,或未提及。而他自己的诗赋和他人为陈翥的题咏却提供了重要的史料。据《桐竹君咏》和《西山植桐记》载:庆历八年(1048年),陈翥自称“吾年至不惑”,“吾今年四十矣”。据此推算,并考虑到古人年龄通常为虚岁,陈翥当生于大中祥符二年(1009 年);陈翥的诗赋对于研究他的植桐经历和思想境界具有十分重要的史料价值;而别人给他题赠的诗词,不仅反映了陈翥三征七聘,辞而不就的品德,而且告诉我们陈翥除了《桐谱》一书,是位泡桐专家外,还是一位精通天文、地理、医学等颇有学问的学者。如御史萧定基诗云:

　　　　“五松卓越一贞儒,班马才能誉不虚。隐隐文光腾万丈,渊渊学问富三余。

　　　　胸罗星斗天文象,心契山川地理图。七聘三征皆不就,优游林下乐何如。”[②]

　　此外,至和元年乾剌史杜衍尚有赠诗,表明是年陈翥尚健在,而至和三年(即嘉祐元年,1056 年)十月初七,则有挽吊一律,据此推测陈翥当卒于嘉祐元年(1056 年),享年四十七岁。[③]这样,通过陈翥自己的诗赋和他人为陈翥的题咏,便可把一向生平不详的世界第一部《桐谱》的作者——陈翥的生平事迹勾画出来。类似的例子还有一些,这里仅举两例以资说明在研究科学家生平事迹时,应注意研究他们的诗词以及别人为他们的题咏。

十、以诗、歌、赋等文体写成的科学论著

　　我国古代有些科学著作就是利用歌赋或骈文等文学体裁撰写的。如金元时代的《药性赋》,将 248 种常用中药,就其药性分为寒、热、温、平四类,每药用韵语写成赋体,介绍其性味、功用及临床应用;清代汪昂的《汤头歌诀》选用方剂 290 首,编成歌诀二百余首,按补益、发表、攻里、涌吐、和解、表里、消补、理气、理血、祛风、祛寒、利湿、润燥、泻火、除痰、收涩、痈疡、经产等,每方下有简要注释,说明方义、主治功用等;陈念祖的《时方歌括》列载常用方 100多首,依其性味分为十二类,正文以歌赋说明各方组成及主治,并附作者的注释和配伍、集录历代名医论说等。这类采用歌赋体裁写成的书,最大的优点是便于习诵,因而流传很广,对启蒙教育和科学普及起到很好的作用。特别值得提出的是吴师机的《理瀹骈文》一书,是以骈体文写成的,并用注文加以注释。专门论述外治,即临床治疗以薄贴(膏药)为主的治法,作者认为外治可与内治并行,而且能补内治之不及,中国医籍中在此书之前向无外治专著,本书第一次系统地对外治法进行了整理总结,不但有很高的应用价值,而且是第一部外治专著,其史料价值就可想而知了!

---

　　① 史念书:《〈全唐诗〉中的陆羽史料考述》,中国农史,1984(1)。
　　② 《五松陈氏宗谱》卷一。
　　③ 张秉伦:《陈翥史事勾沉》,中国科技史料,1992(1)。

至于用歌诀撰写的处方就更多了,这里仅以宋代疗齿良方为例,说明它的价值:

"猪牙皂角及生姜,西国升麻蜀地黄。木律旱莲槐角子,细辛荷叶要相当。

清盐等分同烧煅,研熬将来使最良。楷齿牢牙髭鬓黑,谁知世上有仙方。"

这是目前所知最早的药物牙粉(膏),表明我国人民早在宋代就发明了颇有疗效的药物牙粉(膏),加之处方中的药物,包括地道药材十分明确,很容易找到,因而可供今天研制药物牙膏的参考。

此外,数学著作中还有一些算法诗和算法口诀,元代的《算盘诗》早已成为证明珠算起源的佐证之一,而在人民群众中长期流传着"隔墙算""剪管术""秦王暗点兵"等数学游戏,也有用诗歌体裁写成的。其中有一首"孙子歌",曾远渡重洋,输入日本:

"三人同行七十稀,五树梅花廿一枝,七子团圆正半月,除百零五便得知。"①

其实,这正是著名的一次同余式问题,又称"韩信点兵"问题,它起源与《孙子算法》中的"物不知数"。18 世纪欧拉(1707—1783 年)、拉格朗日(1736—1813 年)等才对一次同余式问题进行研究;公元 1852 年英国传教士伟烈亚力(1815—1887 年)将《孙子算法》中的"物不知数"问题的解法传到了欧洲,公元 1874 年马蒂生指出孙子的解法,符合高斯定理,从而被西方称为"中国的剩余定理"。这一杰出成就,却能用歌诀表达出来,这不能不说是文学史和科技史上的奇迹。因而"孙子歌",经常为数学史著作所引用。

以上从十几个方面概述了诗词歌赋在科学技术史研究中的史料价值,目的在于唤起科学史工作者进一步发掘这类文献中的科技史料,以丰富和充实中国科技史的内容,同时也希望对今天的文学家有所启迪,更多地关注飞速发展的科技事业,使文坛增添新意,留下更多更好的科技篇章。由于这项工作开始不久,所举例证相对浩如烟海的古代诗词歌赋而言,无疑仅是挂一漏万,甚至有错误之处,热望同道批评指正。

原文载于:《中国科技史料》,1993(2):73—84。

---

① 引自程大位《算法统宗》(1592 年),其实在此之前早已流传民间了。

王 祯 农 书

张秉伦

　　《王祯农书》，原名《农书》，是元代写的一部大型农书，王祯撰。元刻本早佚，各家著录不尽相同。明代至少刻印过3次：即嘉靖九年（1530年）山东布政司曾据抄本刊印一次；万历二年（1574年）山东济南府章丘县县署又翻刻一次；万历四十五年（1617年）邓渼又据嘉靖本重刻一次；清乾隆年间修《四库全书》时又从《永乐大典》中将本书抄出单行，后来官方用活字排印了《武英殿聚珍版丛书》本，另有农学丛书本、万有文库本，皆源于库本；而闽本和广本却源于明嘉靖本。建国后中华书局和农业出版社分别于1956年、1963年出版过《王祯农书》，1981年农业出版社又出版了王毓瑚校本。

　　王祯（生卒不详），字伯善，元代东平（今山东东平县）人。曾任旌德（今安徽旌德县）、永丰（今江西省广丰县）县尹，撰成是书。与王祯同时代的戴表元为该书作序时称："丙申岁（1296年）客室城县，闻旌德宰王君伯善，儒者也，而旌德治。问之，其法：岁教民种桑若干株，凡麻苎禾黍牟麦之类，所以莳艺芟获，昏授之以方；又图画所为钱鎛耰楼耙　诸杂用之器，使民为之……如是三年，伯善未去旌德，而旌德之民赖尔诵歌之。"据《旌德县志》载，王祯自元贞元年任旌德县尹，然不独居高堂，"竞率家童辟廧西废圃，构茅屋三间，引鹿饮泉水注为清池，以种莲茭，仍别为谷垄、稻区，环植桑枣木棉，承民种艺之法。匾其居曰'山庄'，命其圃曰'偕乐'。"他在任期间为政清廉，惠爱有为，"凡学宫、斋庑、尊经阁及县治坛庙、桥道。损俸改修。为绅士倡，莅任六载，山斋萧然。尝著《农器图谱》《农桑通诀》，教民树艺"。大德四年调永丰县任职，又以教育和奖励农业为主要任务，继续撰写《农书》，大德八年《元帝刻行王祯农书诏书抄白》中已说明王祯著有《农桑通诀》《农器图谱》及《谷谱》等书，并受到朝廷重视。然王祯自序却是作于皇庆二年（1313年），王毓瑚据此认为王祯农书大约就是这一年全部完成的，或者此序作于正式刻行之前。

　　《王祯农书》由"农桑通诀""百谷谱""农器图谱"三部分组成。原为37集、370目，约11万字、有图300余幅。其中"农桑通诀"共6集，26目，包括农事起本、牛耕起本、授时、地利、孝弟力田、垦耕、耙劳、播种、锄治、粪壤、灌溉、劝助、收获、蓄积、种植、畜养、蚕缫、祈报等篇；"百谷谱"共11集，83目，内分谷属、蓏属、蔬属、果属、竹木、杂类。饮食类（附备荒论）等类别；"农器图谱"共20集，261目，内分田制门、耒耜门、钁锸门、钱鎛门、铚艾门、耙　门、蓑笠门、蒉篑门、杵臼门、食廪门、鼎釜门、舟车门、灌溉门、利用门、麰麦门、蚕缫门、蚕桑门、织纴门、纩絮门、麻苎门等20门类。末附杂录两篇。清修《四库全书》时，从《永乐大典》中辑出析为22卷，但内容与原书基本一致。

　　《王祯农书》是综合黄河流域旱地耕作和南方水田耕作的生产实践和技术经验写成的。"农桑通诀"属总论性质，基本思想是以农为本，综合天时、地利、人事诸方面有利因素来发展农业生产,概述了农业生产的发展历史以及农副业生产的各个环节和有关技术经验;"百谷谱"属各论性质,分项论述了各种大田作物、蔬菜、水果、竹木、药材的栽培和保护等技术以及贮藏,利用的方法;"农器图谱"约占全书80％的篇幅,是全书篇幅最大、也是最为人们称道的部分,附图300余幅,其中绝大多数为农器,每件农器附有图说或铭赞诗赋,说明每件农器的构造或用途,无论在数量上还是质量上都空前的,也是我国现存最古最全的农器图谱。它不仅包括了当时南北通行的农业生产工具,还描绘了当时处于世界先进水平的纺织机械、灌溉机械,甚至古代早已失传的机械,经王祯多方搜访、精心研究,也绘出了复原图,如后汉杜诗的"水排",利用水力鼓风来炼铁,到元朝制法已不可考,王祯将其复原了,并将原来的"皮囊"鼓风改为当时通用的"木扇"(简单的风箱)鼓风。从而为我国木扇出现的时代提供了佐证;又如西晋刘景宣发明的一牛转八磨,用力少而见功多,但久已失传,王祯恢复其制。绘成了"连磨"图;书中不仅及时地将江西等地的"茶磨"绘成"水转连磨",而且有王祯创制的"水砻"、"水轮三事"(用水转轮轴可做磨、砻、碾三种工作)图等。此外"授时指掌活法之图"也是王祯的一件值得称赞的创造。它集星 季节、节气、物候、农事于一体,把"农事月令"的要点全部集中在一张图中,以供"考历推图,以定树艺",而且有"授时厉每岁一新,授时图常行不易"的优点,使用时明确、方便,非常适用。

《王祯农书》以其卓越的成就历来受到好评。元朝政府在刊行《农书》的诏旨抄白中说:"该书考究精详。训释明白,备古今圣经贤传之所载,合南北地利人事之所宜,下可以为田里之法程,上可以赞官府之劝课。虽坊肆所刊有《齐民要术》《务本辑要》等书,皆不若此书之集大成也。"尤其是在农业机械史上,《王祯农书》更是具有开创之功,后来徐光启《农政全书》、清代《古今图书集成》和《搜时通考》等书中的农器图,均本此例,而且大部分图取自《王祯农书》,连文字说明也几乎大同小异,可见影响之大。所以《四库全书总目》称:"其书典瞻而有法,盖贾思勰《齐民要术》之流。图谱中所载水器,尤于实用有裨……引据赅洽,文章尔雅,绘画亦皆工致,可谓华实兼资。"

此外,《王祯农书》"杂录"部分"创活字印书法"一文,在印刷史上具有重要的意义。它不仅记录了王祯命工创造三万多个木活字的全部工艺过程、试印《(大德)旌德县志》成功,而且记录了王祯发明的转轮排字架,利用简单的机械,做到以字就人,提高了排字效率,系统地记录了木活字印刷的经验,是我国活字印刷术的宝贵文献之一。

参考文献

1. 梁家勉:《中国农业科学技术史稿》,农业出版社,1989。
2. 王毓瑚校:《王祯农书》,农业出版社,1981。
3. 张秉伦等:《安徽科学技术史稿》,安徽科学技术出版社,1990。

原文载于:陈远等主编《中华名著要籍精诠》,中国广播电视出版社,1994:110.

桐　谱

张秉伦

　　《桐谱》是中国古代一部专论泡桐的林学著作，北宋陈翥撰，自序作于皇祐元年(1049)，《直斋书录题解》《宋史·艺文志》《安徽通志》《池州府志》《铜陵县志》均有著录。现存主要版本有：《说郛》《唐宋丛书》《适园丛书》《丛书集成》等本，此外清吴其浚《植物名实图考长编》卷90"附录"也辑有此书全文；1981年农业出版社出版了潘法连《桐谱校注》本。

　　陈翥，字子翔，自号"咸聱子""桐竹君"。又号虚斋，自署"铜陵逸民"。安徽铜陵人，约生于大中祥符二年(1009)，卒于嘉祐年间(1056—1063)。陈翥幼年丧父。青年时期又抱病"十有余年"，但笃志好学。据《五松陈氏宗谱》记载：陈翥潜心经史，博学多才。撰述"天文、地理、儒、释、医卜之书。凡二十六部一百八十二卷，又有十图"。为当时乡人称德，朝野知贤的学者。但他立志不仕，朝廷屡荐为官，以致"七聘三征"，他都辞而不就，同时代的显贵名流为此纷纷吟诗称颂。如御史萧定基诗云："五松卓越一贞儒，班马才能誉不虚。隐隐文光腾万丈，渊渊学间富三余。胸罗星斗天文象，心契山川地理图。七聘三征皆不就，优游林下乐何如。"死后赐入"乡贡祠"享祀。他的26部著作，据称"后罹建炎兵燹，曾孙荣七负避道遇寇而殁。故书传于世百无一二"，幸存者仅此《桐谱》一卷。作者认为在重视作为人们"衣食之源"的农业生产同时，应当种植桐竹，发展林业生产，力排种植桐竹"不如桑、拓、果实之木有所利"的众说，不怕别人嘲笑，于庆历八年(1048)至皇祐三年(1051)，亲自在家后西山之南辟地数亩种植泡桐，从事泡桐生产和研究。他非常重视劳动人民的经验，明确而深刻地认识到在古代"别土地之肥瘠，辨草木之善否，知长育之法，识栽培之宜者，唯山家流能之"。因而他"召山叟，访场师"，虚心求教。此外，他还查阅了不少古籍。引录了几十条有关桐树的历史资料。才撰成这部《桐谱》专著。

　　《桐谱》内分10目：1叙源、2类属、3种植、4所宜、5所出、6采斫、7器用、8杂说、9记志、10诗赋。书前有自撰短序1篇，全书共约1.6万字。

　　《桐谱》乡从桐树的形态特征和生物学特性、品种和分类、产地分布，到桐树苗木繁育、造林技术、幼苗抚育，以至采伐和利用等方面比较全面而系统地总结了宋代及其以前我国古代关子桐树种植和利用的一整套经验。在分类方面，古代桐树名称繁多，类属不清，《齐民要术》已初步将"桐花而不实者曰白桐"与"子可食"的梧桐相区别。陈翥则进一步根据叶形、花色、果实和材质，将泡桐分为白花桐和紫花桐，并指出白花桐较普遍，紫花桐较少。在地理分布方面，纠正了过去关于泡桐主要分布于黄河流域，明确指出泡桐不仅能在四川长得好，而且"江南之地尤多"。在生物学特性和土宜方面，总结了泡桐喜光、喜暖，喜肥沃疏松之地、不耐庇荫，尤怕积水等特性。在育苗造林方法上，总结了天然下种、人工播种、压条繁殖和分根繁殖四种方法，强调人工播种要慎选圃地、施用基肥苗床高厚、均匀撒种，肥地一年可长高三四尺；至冬要换床移栽，否则由于一根不能自持，长大易被风折倒；并指出种子繁殖不如分根和压条繁殖简便、易行、见效快。在抚育管理方面，指出植后抽芽时，必生歧枝，要及时紧靠树干修枝，切忌留桩，否则会产生死节；若以物对夹树干，缚之令直，则可长至 10 丈高。若经常松土施肥、勤锄周围草藤，便可达到速生丰产的目的。在材质和用途方面，《桐谱》中指出了泡桐无论何时均不遭虫蛀，遇水湿不易腐烂，纵然风吹日晒也不开裂，在时干时湿的条件下不会改变原来的形状和性质，因此泡桐不仅是一种优质木材，而且是制造琴瑟的好材料，并指出桐花和树皮均可入药，"其花饲猪，肥大三倍"。这些科学的总结，无疑对泡桐的推广种植起到了积极的作用。

《桐谱》是我国，也是世界上最早论述泡桐的科学技术专著，也是谱录学的代表作之一。其中，关子桐树的品种分类，基本符合现代科学观点的要求，而有关泡桐的播种、压条、留根育苗，以及平茬造林，和通过平茬、抹芽、修剪等培育高干桐的技术方法，均是历史上最早的记载，反映了我国古代林业技术的杰出成就，在林业发展史上具有重要的地位。是一份珍贵的历史遗产，在大力推广速生丰产泡桐林的今天，仍不失它的参考价值。但由于时代和作者科学水平的限制，书中也有一些缺点和错误，如在"类属"中把泡桐与油桐并列，在"杂说"中宣扬以桐树生长好坏来推断当时政治是否清明，以及在诗赋中都有一些迷信传说等。

《桐谱》作为一部研究泡桐生产历史经验有价值的著作，早已受到重视，明代王象晋、李时珍、方以智、清吴其浚等著名学者都曾受其影响，建国后在我国科学史界和林业部门已引起了广泛的重视；国外研究泡桐的学者对这部著作也十分关注，美国《经济植物》（Economic Botamg）杂志 1961 年第一期刊登的《经济植物·泡桐》一文，在研究泡桐的起源和在亚洲的分布以及引入欧洲和美洲的过程时，在叙述泡桐的经济价值和木材的性质时，都曾引用了陈翥《桐谱》一书的资料。

参考文献

1. 王毓瑚：《中国农学书录》，农业出版社，1979。
2. 潘法连：《桐谱校注》，农业出版社，1981。
3. 张秉伦等：《安徽科学技术稿》，安徽科学技术出版社，1990。
4. 张企曾：《陈翥·〈桐谱〉和我国泡桐栽培的历史经验》，《农史研究》第 2 辑。

原文载于：陈远等主编《中华名著要籍精诠》，中国广播电视出版社，1994：98.

农桑衣食撮要

张秉伦

《农桑衣食撮要》是我国古代一部著名的按月令体裁撰写的农书。元鲁明善撰，成书于延祐甲寅(1314年)，延祐二年至五年(1315—1318年)他任太平路总管时又"复葺农书以教民"，至顺元年(1330年)曾再次刊刻，元刊本现已不再流传。明代三种早期刻本，两种题名《农桑撮要》，一种题名《养民月宜》。收入《四库全书》本是从《永乐大典》中辑录出来的，当为最善本，题名《农桑衣食撮》。此后又有《墨海金壶》《珠丛别录》《长恩书室》《半亩园》《清风室》《清芬堂》《农学丛书》《丛书集成》等刻本。另据王毓瑚考证《千顷堂书目》《补元史·艺文志》分别将该书名题为《农桑机要》《农案机要》皆系讹误。

鲁明善，名铁柱，维吾尔族人，出生于高昌回鹘王国。其父加鲁纳答思，久居汉地，宫至翰林学士，开府仪同三司等职，《元史》有传。明善天资聪颖，随父入官后，曾"以世家子执笔抽简于天子左右"；天子察其贤，以奉议大夫，使住江西行省狱讼之事；至大四年末或皇庆初年初命为中顺大夫、安丰路达鲁花赤(治所今安徽寿县)。在任期间，凡郡之所为者，如桥、驿、官舍、蒙古阴阳医学，修之以序，民不告劳，颇有政绩，而且"修农书，亲劝耕稼"，这就是他为了劝农桑，便于安排一年农事而编撰的《农桑衣食撮要》，延祐二年改投太平路总管，也做了不少好事，并"复葺农桑为书，以教人"；延祐六年转任池州路达鲁花赤，秩满后先后转监衡州路、桂阳路、靖州路等地。"连领六郡，五为监，一为守"，政绩卓著，声振朝野，"三加弥尊"，"三刻金石"。晚年定居他曾治理过的太平路，死后葬于当涂武林山之原。另有他亲自编定的《琴谱》8卷，目前未见流传。

《农桑衣食撮要》分上下两卷。全书以十二个月为序，逐月写进当月应做的农事，简明易晓，使种艺敛藏之节，开卷了然。内容包括气象、水利、农耕、园艺、蚕桑、农产品的收藏加工等诸多方面，"凡天时、地利之宜，种植、剑藏之法，纤悉无遗，具在是书"。但不引经据典，无繁琐考证，通俗易懂，一切讲求实用。该书虽属月令体裁，但突破月令旧例，很少写民俗和迷信的内容，更加切合生产实际。

《农桑衣食撮要》是鲁明善为了奖励农桑、便于农民安排一年农事而写的，其主要是想以农桑为本，作为丰衣足食之道，使国家长治久安，这与汉民族中传统的农本思想是一致的，书中强调了合理利用天时地利、发展多种经营、广索自然之恩惠，在此基础上还要求力争兼收"货卖"之利，即通过商品交换，以取得更大的经济效益。反映了进步的经济思想。它是我国元代留下的三部主要农书之一。也是我国历史上重要农书之一。

参考文献

1. 张秉伦:《鲁明善在安徽》,载《农史研究》,第 10 辑。

2. 黄世瑞:《杰出的维吾尔族农学家鲁明善》,载《农史研究》,第 6 辑。

3. 王毓瑚:《中国农学书录》,农业出版社,1979。

原文载于:陈远等主编《中华名著要籍精诠》,中国广播电视出版社,1994:112.

养 蚕 成 法

张秉伦

　　《养蚕成法》是我国古代一部柞蚕业专著。清韩梦周撰，成书于乾隆三十二年(1767年)前。光绪《山东通志》艺文志农家类著录，主要版本有《花近楼丛书》《农学丛书》等本，铅印本《湖蚕述》将其附录于后，农业出版社《柞蚕三书》校注本将其冠于首部。

　　韩梦周(1729—1799年)，字公复，一字理堂，山东潍县人，乾隆二十二年进士，官安徽来安知县，在任期间，惩蠹役，斥淫祀，劝农桑，训民节俭，创清江书院，立恤孤院，多有政绩。他见境内产椿槲(懈)，民多以为薪，便劝农民以椿槲饲养柞蚕，又手订育蚕及种树法——即《养蚕成法》散发给群众学习，还从山东请来有经验的柞蚕师傅，传授经验，致使"昔为荒废无用之地，今日多成产金之场"，因而"民用以饶"。《山东通志》"人物志"有传。

　　《养蚕成法》不分卷。包括"春季养山蚕法""秋季季养山蚕法""山蚕避忌""养椿蚕法""茧绸始末""养蚕器具""附种簝萝(柞树)、椿树法"。书前有"劝谕蚕文"，后有陈介祺"后记"，全书约5000字。

　　《养蚕成法》对柞蚕制种、饲育以及柞蚕丝的捻线和织绸方法都作了通俗简明的叙述，对柞树的种类和种植方法以及樗蚕的饲养也都有梗概的记载，其中比较详细地介绍了春蚕放养的收种、温种、拾蛾、配蛾、摘对、暖子、出蚁、河滩养蚁、进场、挪蚕、摘茧等技术，还介绍了秋蚕的选种、穿种、拴蛾、选场、浇子、开蚁、匀蚕、打铺以及山蚕避忌等技术。由于时代的局限性，书中也有一些迷信和不科学的内容。但总的来说，通俗易懂，适用性强是其主要特点。

　　我国古代对野蚕的利用历史悠久。据《古今注》记载。早在"汉元帝永光四年(前40)，东莱郡东牟山(今牟平县东牟山)，有野蚕为茧……收得万余石，民以为蚕絮"。此后古籍中关于野蚕成茧的记载屡见不鲜，但是直到明末清初，柞蚕放养技术才日渐成熟。而《养蚕成法》则是我国现存最早的一部柞蚕业专著，它标志着我国柞蚕业已形成一整套形之有效的技术体系。此书由于适用性强，曾不断翻刻，影响较大，此后在该书影响下，郑珍的《樗蚕谱》、王元綖的《野蚕录》、孙钟　亶的《山蚕辑要》等相继问世。形成了清末民初我国柞蚕史上的"黄金时代"，《养蚕成法》开创之功不可殁也。

参考文献

1. 王毓瑚：《中国农学书录》，农业出版社，1964。
2. 华德公：《我国古代人民对柞蚕的认识和利用》，《中国古代农业科技》，农业出版社，1980。

原文载于：陈远等主编《中华名著要籍精诠》，中国广播电视出版社，1994：123—124。

牡 丹 史

张秉伦

《牡丹史》。又名《亳州牡丹史》，属植物学著作。明薛凤翔撰，万历年间出版，《四库全书总目》"谱录类"存目。《古今图书集成·草木典》"牡丹部"载有薛凤翔《牡丹八书》《亳州牡丹表》《亳州牡丹史》三书，其实都是该书的组成部分，而且有一部分内容没有收入，这三本书可能单行，因而迷其所本。现存最早版本，是南京图书馆所藏该书的万历刻本，似是原刻。另外，1983 年安徽人民出版社出版了李冬生据手抄本加以点注的《牡丹史》4 卷。

薛凤翔，字公仪，安徽亳州人。生卒年不详，万历时由例贡仕至鸿胪寺少卿。祖父和父亲都是当时名士，分别在亳县城郊筑有"常乐园""南园"，博访名种，广植牡丹。据说亳州牡丹是从薛氏"常乐园"发展起来的。薛凤翔英年退隐，葺先人之旧庐，继承遗业，以莳花学圃自娱，"栽花万万本，而牡丹为最盛"，他对牡丹"培之最良，而嗜之亦最笃"。积累了丰富的经验。加之牡丹自唐代被誉为国色天香，身价百倍。后来栽培中心由长安东移洛阳，继而由陈州、天彭取而代之，至明时栽培中心已转移到了亳州。当时亳州四郊私人园圃多达 20 余所。每至暮春，名园古刹，灿然若锦，又为薛凤翔观察研究牡丹提供了极为有利的条件。正是在这种背景下，薛凤翔撰写了《牡丹史》4 卷。

《牡丹史》4 卷，仿史书体例，分为纪、表、书、传、外传、别传、花考、神异、方术、艺文等目，书前有袁中道、邓汝昌、李胤华序各 1 篇。

《牡丹史》的主要内容是：记录了当时亳州牡丹 267 个品种，分成神品、名品、灵品、逸品、能品，具品六类。并为 150 多个品种立传，描绘其形色；记亳州名园 15 个；总结了牡丹栽培和管理技术，包括种、栽、分、接、浇、养、医、忌 8 个方面；考证了有关牡丹的逸闻掌故；汇集了唐宋文人的关于牡丹的诗词歌赋。

《牡丹史》是一部内容相当丰富、颇有影响的牡丹专著，其中"表""书""传"是全书的精华部分，而且具有一定的文学性和艺术性。尤其是作者对 150 多个品种的性状和颜色进行了细致而形象的描述。非常引人入胜，真是"每一展阅，不绘而色态宛然，不圃而品伦错植，虽赤暑严霜、群芳凋后，亦复香气袭人，不春而春也"，可见作者描摹状写的功力。"八书"更是作者关于牡丹栽培管理技术的经验总结，至今仍不失它的参考价值。由于作者和时代的局限性，书中仍有一些荒诞不经的传说和蔑视劳动人民的思想情绪。纵观全书，无论是从资料价值来看，还是就对今天牡丹栽培的参考意义而言，《牡丹史》仍是一部有价值的著作。

参考文献

1. 王毓瑚:《中国农学书录》,农业出版社,1964。

2. 季冬生点注:《牡丹史前言》。

3. 张秉伦等:《安徽科学技术史稿》,安徽科技出版社,1990。

原文载于:陈远等主编《中华名著要籍精诠》,中国广播电视出版社,1994:118.

元亨疗马集

张秉伦

《元亨疗马集》，今称《元亨疗马牛驼经全集》，是我国古代一部总结性兽医经典。明代喻仁、喻杰兄弟共同编撰，约成书于明万历年间，丁宾作序于万历三十六年（1608年）。可能就是那一年付梓的。《四库全书总目》"医家类"存目。由于该书实用性很强，书商屡经翻刻，版本甚多。书名亦多种多样，诸如《疗马集》《牛马驼经》《元亨疗马牛驼集》《元亨疗马牛驼大全》等；所附治牛部分单行题名为《牛经大全》《水黄牛经大全》。内容有的只附有"牛经"，有的只附有"驼经"，有的只有治马部分。甚至所标书名与内容也不一定相符，但都源于同一部书。各种版本基本上源于丁宾序本或乾隆元年（1736）许锵序本，尤其是许锵序本流传甚广，而丁宾序本与许锵序本内容也不尽相同，如两本的"齿岁图"与"旋毛图"内容差别很大；丁序本的"东溪素问四十七论"，许序本中不全；丁序本有"赵泽中讲岐伯疮黄论""三饮三喂刍水论"，许序本无；许序本有"腾驹牧养法"，丁序本无，等。总之许序本错讹较多，内容间有窜乱。北京大学图书馆所藏天津李民旧藏善本书中，有明刊《新刻针医参补马经全书》4卷，著录撰者为"喻绀"。据王毓瑚考证，认为除了没有丁序外，其内容和分卷情况与本书之明刻丁序本全同。撰者作"绀"，系刻工误读错刻。本书的校注本有：乾隆五十年（1785年）郭怀西注释本《注释马牛驼经大全集》10卷；农业出版社1959年出版了于船校本，1963年出版了中国农业科学院中兽医研究所重编、校正《元亨疗马牛驼经全集》。

喻仁，字本元，号曲川；喻杰，字本亨，号月川。他们系兄弟二人。均为庐州府六安州人，生卒年不详，大约生活于明嘉靖至万历年间。他们幼业兽医，锲而不舍。自明王朝初都金陵在京畿附近发展养马业以后，江淮一带迅速成为全国养马中心之一，朝廷还选拔俊秀弟子学习兽医，以保护家畜的健康和繁育，明制还规定医者之子恒为医，考试成绩优秀者可享受国家薪俸。喻氏兄弟正是在这种背景下培养出来的优秀兽医人才。他们长期以兽医为业，活动于当时养马业发达的江淮一带，而且兽术高明。特别善于治马，"针砭治马，应手而痊"，治牛也很有成绩。"民赖以有耕者无算"，并且"不矜其功、不计其利，滋滋树德而衔泌自怡"，终于成为德高望重的著名兽医。他们重视兽医遗产，"究师皇、岐伯之经，泄伯乐、宁戚之秘"，搜寻前人有关兽医著作30余种，并吸收群众的经验，"间以己意自得之妙"，编撰了《疗马集》《疗牛集》。另外，《驼经》也可能是他们所撰。这三部书除各自单行外，为实用方便起见，也常合并为一部，称《元亨马牛驼集》或《元亨疗马牛驼大全》等。

《元亨疗马牛驼大全》，包括《疗马集》《疗牛集》《驼经》3种。其中《疗马集》内容最多，丁宾序本分春、夏、秋、冬4卷（许锵序本析为6卷）。春卷，"直讲十二论"；夏卷，"七十二大病"；秋卷，为"八证论"和"东溪素问碎金四十七论"；冬卷，为"经验良方"。《疗牛集》分为上下两卷,论相牛法,牛有 56 病及其治疗方法。《驼经》不分卷,论驼病 48 种,附治骆驼病药方 30 余种。

《元亨疗马牛驼大全》以中医阴阳学说为基础,体现了中医以脏腑为中心的整体思想,强调防重于治,把局部症状和全身症状归纳为表、里、虚、实、寒、热、正、邪八症,特别重视辨证施治。对各种病症大都有"论"阐明病因,有"因"表示症状。有"方"说明治法,包括针灸治法,外治法和内服药方,全书把中医阴阳学说、脏腑理论和辨证施治贯穿于病理、诊断和治疗等各个方面,自成体系,成为我国古代最为系统的一部总结性兽医典籍。在医学理论方面,设有"东溪素问碎金四十七论"专篇,对兽医经常遇到的有关马的生理、病理、色脉、杂症及治法中的 47 个疑难理论问题。以问答方式解释得极为明确;在诊断方面,系统地总结了色脉诊断和望形察色的方法,要求"凡查兽病,先以色脉为主,再令其步行听其喘息、观其肥瘦……然后再定阴阳",发展了中兽医的诊断学;在辨证施治方面,系统地总结了"八证论",使兽医治病有了明确的标准,对辨证施治的发展和推广,起到了重要的作用;在难治病症的研究总结方面,引经据典,研究总结出 72 种常见难治病症,号称"七十二大病"。对每一症状都指出其病因、病机、预后、转归和调养方法,义理精明,尤其是对症候群的特点描述相当详尽,在症状相同而病机不同时,还指出了相互区别的要点,这种类症鉴别是论治成败的关键,在症状相同而病不同时,应采用不同治疗方法,才能收效,使"七十二大病"具有科学的辨证基础,在治疗中主张"阴疴阳治阳方疗,阳症阴医阴药施"。至于书中的针灸、烧烙技术、药性摘要和经验良方,更是前人和喻氏兄弟长期临床实践经验的总结。

《元亨疗马集》实用价值极高,加之作者精通业务,又有较高的文化修养,在总结前人经验时能够用精取宏,融合自己的心得体会又浑然一体,文字质朴,内容丰富,图文并茂,可谓后来居上,标志着我国传统兽医学,尤其是马医学发展到了鼎盛阶段。因此自该书出版后,使其他同类著作不免相形见绌,而成为 300 多年来我国广大兽医最受欢迎的一部兽医经典著作。

《元亨疗马集》的成就和价值,早已受到人们的珍视,而且经久不衰。但由于该书相沿既久,书商不断翻刻,民间辗转传抄,讹谬剧增,奥义隐设,以致以讹传讹。清乾隆五十年六安兽医郭怀西对其进行了一次全面注释,他在丁序本的基础上,参照其他版本,"使讹者正之,隐者显之","有未备者详之,颠倒者顺之,残缺者补之"。对其他兽医著作中的"奥义良方,悉加添互爱",并附自己五十年心得,"以为世人小补",其中结合当时养牛业的发展,在牛病及其防治方面增添了大量的新内容,取名为《注释马牛驼经大全集》,为当时畜牧业的发展作出了新的贡献。1958 年,时值《元亨疗马集》付梓 350 周年。中国兽医协会召开了纪念会,《中国兽医杂志》还出版了纪念专号,称赞这部著作是"祖国兽医遗著中流传最广,而最被人们珍视的一本不朽之作",并号召人们学习和研究这部不朽兽医著作,次年农业出版社就出版了该书的于船校本。中国农业科学院中兽医研究所又以《元亨疗马集》致盛堂许锵序本和相石山房版许序本为底本,参照汝显堂梓等 3 种丁宾序本和其他几种许序本,以及日本夹注假名本《马经大全》,还有各种大兽医著作,进行了标点、增补、校正,并重新编排,插图亦据古本一一校正,使之臻于完善,定名为"重编、校正"《元亨疗马牛驼经全集》,由农业出版社于 1963 年出版。喻氏兄弟的著作又在社会主义阳光下重放光彩!

参考文献

1. 于船:《论祖国兽医学中一部不朽的著作——〈元亨疗马集〉》,《中国兽医杂志》,1958年第 10 期。

2. 王毓瑚:《中国农学书录》,农业出版社,1964 年。

3. 梁家勉主编:《中国农业科学技术史稿》,1989 年。

4. 张秉伦等:《安徽科学技术史稿》。

原文载于:陈远等主编《中华名著要籍精诠》,中国广播电视出版社,1994:118-120.

泥版试印初编提要

张秉伦

《泥版试印初编》作者翟金生,字西园,号文虎,清代安徽泾县水东翟村人,生于乾隆四十年(1775年),自称"下里寒儒,乡贤后裔",祖上不乏读书人。翟金生早年曾应童子试,因屡试不中,中年倦于进取,遂专以经术文章垂教后学,即靠舌耕为生。他能诗善画,擅长书法,颇有艺术才能,又性尚好古。他有感于一般人之著作常因雕版费用太大,作者往往无力刊行而湮没无闻,深为可惜。又读《梦溪笔谈》,见毕昇泥版活印之法而好之,于是不顾"家徒壁立室悬磬"之困境,每于课读之余,不惮烦劳,竭智虑以穷其术,坚定地率领其子发曾、一棠、一杰、一新等设法仿制泥活字,竭三十年之心力,终于制成泥活字十万有奇,火烧令坚,均为明体字(俗称宋字),约分为大、中、小、次小、最小五个型号。清人黄爵滋评曰:"夫材质得选故良,业专所习故精,当闻昌南之制,取土为先,练泥荡渺厥工备矣。君不远千里以求其材,不惜时日以尽其业,扩宋代宝藏之秘,重我朝聚珍之传,其有裨载籍,将为不朽功臣,岂比魏砖崔珑仅夸窑技而已哉。"(黄爵滋:《仙屏书屋初集》文录卷九"聚秀轩泥斗版")泥活字制成之后,他看到个个坚硬同骨角,非常高兴,心想有了这批泥活字,大概"印三篋之亡书,惟愁纸贵,慕五车之古本,不虑毫枯"了(翟金生:《泥版试印初编》自序)。但又担心以这批泥活字印书,会不会"墨以鸦粗,字如斗大"呢? 于是在道光二十四年(1884),其时他已近古稀之年,在其孙翟家祥、内侄查夏生、学生左宽、外孙查光鼎等人协助下,用白连史纸试印自己所撰各体诗集,名为《泥版试印初编》。

《泥版试印初编》排印成功后,翟金生想以这批泥活字实现自己长期的愿望:"表彰绝业,补缀残编",以免古今书籍漫漶,因而又排印了其他书籍。现已查明的有:道光二十七年(1847年),他带领其亲属翟廷珍、一熙、家祥、文彪、承泽等人,用小字排印了江西宜黄友人黄爵滋的《仙屏书屋初集》五册十八卷;道光二十八年,排印了族弟翟廷珍《修业堂集》二十卷,并附其子肯堂《留芳斋遗稿》一卷;同年,翟金生感到《泥版试印初编》中杂有"俗写字划"和"有应校字划,并有误拾之字",于是他对《泥版试印初编》进行增补修订,重新排印。取名为《泥版试印续编》;道光三十年,重新排印黄爵滋的著作,取名《仙屏书屋初集诗录》十六卷,附录两卷;咸丰七年(1857年),翟金生已八十二岁,又命其孙翟家祥用泥活字排印了明朝嘉靖年间先祖翟震川修辑的《泾川水东翟氏宗谱》。至此,翟金生用这批泥活字排印的书籍,至少已有四种六个版本,至今尚存,保存完好,他是我国清代,也是我国历史上用泥活字印书最多的出版家!

《泥版试印初编》为翟金生自著诗集,按诗体分为五言绝、六言绝、七言绝、五言古、五言律、七言律等部分。黄爵滋在《仙屏书画屋诗集》附录中评曰:"诗律之妙,文机之巧,烟墨辉彩,互相映发"(黄爵滋文录)。该书主要价值是:其一,它是我国现存最早的泥活字印本之一,而且字划精匀,纸墨清晰,行列整齐,美观大方。如果不是封面上标明泥版印刷,则很难一眼就能看出它是泥活字印本。尤其是翟氏所制泥活字实物尚有部分遗存,它们和该书相互印证,以铁的事实证明了我国北宋时期毕昇发明的泥活字印刷术的可行性;其二,通过该书的包世臣序和作者自序,以及从诗句的字里行间,可以看出翟金生再创泥活字的艰辛历程和工艺梗概。如包世臣序云"吾乡西园先生,好古士也,以三十年心力,造泥活字版,数达十万,试印其生平所著各体诗文及聊语";作者自序云:"自揣雕虫小技……于是调泥埏埴,刮制成章,制字甄陶坚贞。拟石蜂采花而酿蜜,镇日经营,集狐腋以成裘,频年累月";作者在《泥版造成试印拙著喜赋十韵》中又云:"州载营泥版,零星十万余。坚贞同骨角,贵重同璠玙。直以铜为范,无将笔作锄";此外,书中还有"抟土热炉,煎铜削木"等诗句,不但反映了翟氏再创泥活字印刷,频年累月,长达三十年,辛勤不倦的顽强毅力,而且制字工艺要比《梦溪笔谈》所载详细一些。尤其是现存实物中的泥字模、白丁、句读符号,更是《梦溪笔谈》所不载。根据这些现存实物,结合《泥版试印初编》中的有关记载,便可对翟氏泥活字的制造工艺有一个较详细的了解。其三,该书五言绝类有作者"拙著编成赋五绝句"一首,说明该书为翟氏自刊、自检、自著、自编、自印。这在印刷史上也是罕见的。

活字印刷术是中国古代伟大发明之一,研究者枚不胜数,然而由于历史久远,毕昇所造泥活字早已无存,加之人们对有关文献研究不足,故在相当长一个时期内,国内外有些学者曾对泥活字能否印刷持有疑义。如罗振玉以为泥字不能印刷;胡适以为火烧胶泥作字似不合情理,也许毕昇所用是锡类;美国斯文格尔(W. T. Swingl)以为毕昇的活字是金属做的;还有人认为泥活字即石膏字之误(张秀民《中国印刷术的发明及其影响》,人民出版社,1958年版,第73页、74页)等等。自1961年郑振铎先生廉价赎得《泥版试印初编》并捐赠北京图书馆善本室后,张秀民先生最先据此泥活字印本,对前述种种猜测和臆说予以澄清,并被广泛转引。1976年笔者在翟氏故里发现部分泥活字实物,至今包括笔者珍藏和经见的翟氏泥活字实物已有一万五千余枚,其中包括一号泥方字、二号泥长方字、三号泥方字、四号泥方字,相当于中、小、次小、最小四个型号,以及各种型号的泥字模、白丁和少量句读符号等(张秉伦:关于翟金生的"活泥字"问题的初步研究,《文物》,1979年第10期)。这批泥活字曾选配一套去美国、加拿大等国家巡回展出;1986年又研究了翟氏泥活字的制造工艺(张秉伦"关于翟氏泥活字的制造工艺问题",《自然科学史研究》,第5卷第1期),接着又带领研究生重新复制了一套泥活字凡六千余枚,并结合《梦溪笔谈》所载的印刷方法,进行模拟实验,获得成功(张秉伦、刘芸:"泥活字印刷的模拟实验",《自然科学史研究》,第8卷第3期)。此外,美国芝加哥大学钱存训博士在为李约瑟博士《中国科学技术史》撰著第5卷第1分册《纸和印刷》时,也对翟金生及其《泥版试印初编》做了介绍,明确指出:"有些学者怀疑制造泥活字是否可行。然而现存徐志定和翟金生所印各种书籍的版本足以证明泥活字确实存在过",翟金生"确是最早并也许是我们所知道的唯一的中国作家兼印工了"(李约瑟:《中国科学技术史》第五卷第一分册:钱存训著《纸和印刷》,科学出版社等,1990年版,第181、182页)。近年,我国台湾学者黄宽重先生又考证出南宋周必大(1126~1204年)曾用"胶泥铜版"印成《玉堂杂记》二十八事。至此,国内外怀疑泥活字印刷可行性的各种臆测便完全可以冰释了。

《泥版试印初编》共有两个版本,即道光二十四年版《泥版试印初编》,北京图书馆、安徽省图书馆等均有收藏;道光二十八年版《泥版试印续编》,北京大学图书馆珍藏一部。谨依北京图书馆藏道光二十四年本影印。

序

人憐患不好古而心好而力柰之積久則必有典成吾鄉　程西園先生好古士也以三十年心力造泥字活板成十萬試印其生平所著谷體詩文及聯語為兩冊誤有所聞間世而見其燭內其族弟玉山拏博走使生示並請序　先生讀沈氏筆談見泥印活板之法而好之因搏土造鍛益宋氏至今閱六百餘載而

包序

見也自五季有版本書傳始廣而宋版最工然皆木而非土惟日本有甎版則搏土為之精彩煥發如璽書然全版非活版筆談創載是法至明中葉活板之書始行于世如趙用賢所刻十子毛卓人初刻甘家張天如百三家皆以活版排印然字畫草率書行至邪讀者病之康熙中內府鑄精銅活字百數十萬排印典籍日久被主守盜竊過半乾隆中仍易以木于摻購人間

包序

難見之書多所排印而民間從而大盛近世則四川龍氏排方與紀要于甘肅湖南龔氏排郡國利病書于陝西卷累數八然不及全版之舊惟常州活版字體差大而工最整潔始惟以俱修譜刪及士人詩文小集近且排武備志成巨撰而講求字畫編擺行格無不精密又底刻而面寫檢校為易以細土鋪平版背折歸皆然然排武版片印及二百齣則字脈大糢糊終不若泥版之千萬印而不失真也　先生既造成武印已著以問世　　先生好古之勤見于泥字者尚如此況各體詩文章而智之以追古無稀其功力倍于造字則其深入于古無疑也世臣少小嘗與先生邂逅展後此四十餘年蓬轉半天下學殖荒落一非無成雜誦大菩傷悲卷大何能自已故走箪蹵學博日使先生知其固陋而曉然于傳聞之匯寶也道光甲辰秋冬

The Academic Value and the Purpose of the *Yinshan Zhengyao*(饮膳正要)(The Proper Essentials [for the Emperor's] Drink and Food)

Zhang Binglun

The author of *Yinshan zhengyao* (饮膳正要) Proper Essentials [for the Emperor's] Drink and Food, hereafter *YSZY*) is Hu Sihui (忽思慧). Hu is also Know as He Sihui (和斯辉). As a (probably Mongolian) senior court dietary physician of the Yuan (元,1279—1368) Dynasty,[①] he was familiar with both Mongolian and Chinese medical traditions. His biography is not found in the Yuanshi (元史, The Standard History of the Yuan) or the Xin Yuanshi(新元史, The New History of the Yuan) or in any other historical books. We can only base ourselves on a preface to the *YZSY* and on a memorial which Hu wrote to the emperor. We know that he was made the chief dietician for the court between 1314 and 1320, i. e. during the Yanyou (延祐) era. Since he was a court doctor for many years, Hu had accumulated a great deal of experience in many aspects of health and healing, such as cooking methods, nutrition theory and food therapy. During his professional period, he had the chance to select "special delicious recipes for foods and soups from the different dynasties, and all the famous herbal medical methods and some common cereal crops, fruit, vegetable which benefitted human health". Based on the above materials, Hu wrote his famous book, the *YSZY*, which is the oldest systematic nutrition book still extant in China today.

The *YSZY* has two scrolls (*juan* 卷) of text plus one of illustrations. It is composed of three parts:theory, therapy and food herbs. The book focuses on maintaining health, avoiding certain foods when one is ill, and procedures for ensuring the health of women and newborn children. The basic ideas concern the prevention of diseases before they appear. Therefore, the book emphasises "curing those who have not been ill and not treating the sick. More attention should be paid to abstaining from foods rather than to medicines".

---

① In the book *Yuan xiyuren huahua kao* (元西域人华化考, A Survey of the Sinicisation of Western People) it is said that Hu belonged to the Western people; Some other experts believe ha was a Semu (色目) citizen or an Islam hui (回) nationality. Detailed research is still required, however. A preliminary exposistion of this text may be found in English in Paul D. Buell, "The Yin-Shan Cheng-Yao, a Sino-Uighur Dietaty: Synopsis, Problems, Prospects", in Paul U. Unschuld (ed.) *Approaches to Traditional Chinese Medical Literature:Proceedings of an International Symposium on Translation Methodologies and Terminologies* (Dordrecht:Kluwer Academic Publishers, 1989), pp. 109-127.

The book tellls its reader: "If one covets delicious flavours, if one does not avoid contraindications, one will become a chronic invalid". A series of methods are introduced in the book to avoid contraindications, such as "health contraindications", "pregnancy-food taboos", "nurse-food taboos", "alcoholic drink contraindications", "what is the best suitable food in different seasons", "different adjustments to taste", "food contraindications when taking drugs", "harmful and beneficial foods", "food reaction", "food poison" and so on. These methods are used to explain the character of each food therapy. In different circumstances, we should use different methods so as to avoid contraindication. As for recipes, the author prefers to choose food thrapy. The main recipes are as follows: Special choice and rare foods—91 recipes; various liquid foods—56 recipes; "doses for the transcendent"—35 recipes and therapeutic foods to cure diseases—61 recipes. They include a total of 243 recipes. These recipes for therapeutic diets not only referred to many recipes long before the Yuan Dynasty, but also selected the current essentials of food therapy from the court to folk. Most of the recipes give us a detailed explanation as to their contents and how to make them; they also tell us the functions of such food therapy and the main diseases the foods could cure. There are two characteristics of those recipes. One is the use of meat as main ingredient in the foods for cultivating vitality. They are divided into different cooking methods such as: congee, soup, powder, wheat, gruel, cake, etc. The second characteristic is the use of Chinese herbal medicines like leechees, longans, ginger, jujubes as main ingredients for broths for medical use. Some recipes combine food and medicine to work together to cure certain diseases, and they are the essence of the whole book with the wealth practical values they have. In this book, food herbs are selected from 236 kinds of non-mineral Chinese medicinal which lack any toxicity, and they may be divided into rice and cereal crops which contain liquors; beasts, birds, fowl and fish; fruit; vegetables and other meterials. The properties, functions, indications and side-effects of each of these seven materials are described in the book, and some of them are even listed along with their method and area of production. In addition to descriptions in language, there are also many pictures. Basing ourselves on this information, one can practically make up some new recipes for food therapy. So, its practical value is remarkably large.

Generally speaking, *YSZY* was written to meet the needs of the life of the Yuan imperial court. Thus, the book discusses methods of maintaining the health of the Emperor and using food to cure common diseases at court. The author's memorial letter to the Emperor informs us that Hu aimed his book at the education of the Emperor, so that, as did the ancient Kings, he could eat, exercise and maintain his health in a proper way, allowing him to keep healthy and live a long life.

Based on the theory of that human beings were the most important creatures in the world, "as a human, you must perform some significant activity", Hu regarded maintaining one's health to be a very important task. He wrote "a healthy body can make you manage in changeable conditions, and in order to permit you to take charge of any work, one can do nothing but pay more attention to cultivating vitality". Citing some Chinese classical medical books such as *Huangdi neijing* (黄帝内经, Inner Canon of the Yellow Lord), the *Qianjin yaofang* (千金要方, Essential Recipes Worth a Thousand in Gold), Hu gave his idea on how to delay destiny, writing: "In ancient times, people who understood this principle, obeyed the order of yin-yang (阴阳), constantly living in harmonious circumstances, in accordance with the shushu (术数, the numbers [applied in] techniques), maintaining a regular diet and daily rhythm without working too hard. That is how they lived a long life at that time". Then again: "The most important principle of maintaining your vitalities is to keep things balanced. By keeping things balanced, you can avoid the diseases caused by 'Excesses' *guo* (过) or 'Insufficiencies' *buji* (不及)". Those principles remain the theoretical focus throughout the book. The Japanese expert Mr. Shinoda Osamu (篠田统) thought that the purpose of the book "is not so much to try and keep both body and spirit fit, but rather to keep an exciting sexuality and live forever". [1] This opinion is obviously wrong. There is an essential difference between "live forever" and "live longer". It is well-recognised that is impossible to live forever in any physical and scientific sense, but is is possible for us to live longer lives if we act appropriate to the circumstance in which we live and according to a correct theory and method. It is, however, understandable for Mr. Shinoda to advance the above idea, because there did are many recipes of food therapy for curing diseases like impotence, sterility, and others for enhancing one's sexual potency. For instance, among the 91 recipes of "rare delicacies", 55 contain a great deal of mutton, some of them requiring from between one to three sheep legs! so much usage of mutton is of course connected with the eating habits of the Mongolian people, who ruled China during the Yuan dynasty. Another important reason is that mutton can cure pains in the legs and waist, excite one, and strengthen a woman after she has given birth. When considering the sheep's liver, kidney, marrow, bone, feet and tail, we can find 77 recipes which make use of some part of a sheep. Most of these will aid in replenishing one's spirit, strengthening one's bones and sinew, curing weakness and exhaustion. Similar to the recipes above, in the recipes of "food therapy for diseases", half (of the 61 recipes) are designed to replenishing spiritual vitality and keeping the body healthy for a longer time. Different levels of body and spirit need different recipes of food therapy. Here we only analyse 3 recipes, congee of sheep marrow, spine and white sheep kidney. Congee of sheep bones was thought to cure consumption, as it is said in the *Mingyi bielu* (名医别录, Separate Record of Famous Doctors): "Sheep bone can cure consumption and feebleness. " Congee of sheep's spine can cure pains between leg and waist. Its recipe uses sheep backbone as a main ingredient, adding in some other herbal medicines like Cistanche salsa, and so on. It is because the sheep spine could "replenish the power of the kidney sphere, make veins open and clear, cure pain of waist". Cistanche

---

① Shinoda Osamu(篠田统): *Chūgoku shokumotsu shi* (中国食物史, Research into the History of Chinese Food) (Tōkyō: Shibata shoten, 1974), p. 234

salsa was thought to "replenish the kidneys and aid in the production of sperm, so that it can cure impotence, sterility, menorrhagia, aching back and legs, blood shortage and constipation". It is obvious that the last recipes are aimed more at a chronically thin person. Congee of white sheep kidneys can cure weakness and exhaustion, impotence, pain in back and legs. In addition to Cistanche salsa, it directly makes use of sheep kidneys, because the kidneys were considered able to: make one's kidneys much stronger than before, benefit one's marrow, cure kidney diseases, aching in the back or legs, and was good for legs lacking in energy, deafness, diabetes, impotence, and frequent micturition. Now, we would like to say that nearly every disease in the court may make use of these food therapy recipes. We can find food therapy recipes to cure some common diseases in the court such as diabetes, paralysis, and stomach diseases, in addition to 61 recipes for delaying destiny.

One interesting thing is that we cannot find the recipes to cure those diseases which did not frequently occur in the court. Goiter is a good example. The Jin (晋, 265—439) Dynasty doctor Ge Hong (葛洪, 284—364), in his book *Zhouhou fang* (肘后方, Prescriptions for Handy Use) had already given out the method of curing this disease, but the *YSZY* did not select this recipe. This evidence can prove that the purpose of this book is to meet the needs of the imperial court and not those of the common people. But after its publication in 1330, the influence of the book expanded from the imperial court to ordinary citizens. Common people had a chance to get help from the book, just as Yu Ji (虞集, 1272—1348) said in his preface: "This book causes all to live a contented life by having taught the One Man [i. e. the Emperor], and makes everyone live a long life by teaching you, too". This might be the most important work done by Hu.

The academic value of *YSZY* for the history of science lies in the following points:

1. Provides a complete and systematic summary on the achievements of nutrition before the Yuan Dynasty. Hu not only learned a lot of recipes of food therapies from ancient times, but also selected the essentials from medical books which existed before the Yuan Dynasty. For instance, the item on "Adjusting the Five Tastes" is based on *Huangdi neijing*, and also refers to some other books like *Jingui yaolüe* (金匮要略, Essentials and Discussions from the Golden Casket) etc. The Japanese expert Shinoda Osamu wrote that "Avoiding certain food when eating drugs" in *YSZY* is practically identical with the *Zhenghe bencao* (政和本草, Materia Medica of the Zhenghe Reign [1111—1117]) from the of Northern Song (宋, 960—1127) dynasty. [①] Some contents could found from other ancient books as *Zhouhou fang*, *Jingui yao lue*, *Waitai miyao* (外台秘要, Arcane Essential from the Imperial Library, author's preface 752). The section called "taboos during pregnancy" can also be found in Sun Simaio's (孙思邈, 581? —682) *Qian jin yaofang*. The recipes for food therapies were still taken from ancient typical recipes. "Various soups" comes from the verified recipes of food therapy; the 35 "food for

---

① Shinoda Osamu, op. cit.

immortals"recipes often occurred in some books for cultivating vitality; the 51 "dietary regimens" come from the *Taiping shenghuifang* (太平圣惠方,Imperial Grace Formulary from the Taiping Era (976—982), comp. 978—992), *Shengji zonglu* (Comprehensie Record of Sagely Benefaction, issued 1122). Some items even can be traced to the *Shiyi xingjing* (食医心镜,A Mirror of the Mind for Dietary Medicine) of the Tang (唐,618—907)Dynasty. The *YSZY* intentionally selected information for dietary hygiene, nutrition and health care, food therapy, in order to reedit and permit ordinary readers to learn easily about these things within the pages of one book, rather than by paging through several dozen different books. This could be said as one strong point of the *YSZY*. Since this book pays a lot of attention to the many extant medical books, its recipes and contents would be considered relevant to Chinese medicine. So, it is more reasonable and understandable than many other similar book.

2. This book has made selections from the essentials of dietary therapy in the Yuan Dynasty—from the court down to the folk. Therefore, the book enriched Chinese dietetics. Some recipes like "special delicious food" come directly from imperial food recipes, but some developments have still been made on them. As the territory of Yuan became larger and larger, many delicious food from other areas were selected for the imperial court, and this gave the auther a good chance to find some excellent recipes. Besides the above features, the *YSZY* pays much attention to the dietetic methods of the nomadic people, and preserver a great number of dietary recipes from other people. According to the account of the book, there was "Poerbi (颇儿必) congee" which comes from Mongolia;"Tianzhu (天竺,India']s Baerbu (八儿不) congee"and "Sasu (撒速) congee"; the Lygur nationality's "Shuoluo tuoyin" (搠罗脱因); Xingjiang (新疆)'s "Haxini (哈昔尼);Xifan's (西番)" "Zan fu lan" (咱夫兰); the Southern Fields' "Qilima (乞里麻) fish", and so on. Some recipes may be difficult to find in other medical books, as for "Huihuidouzi" (回回豆子), "Chichihana" (赤赤哈纳), both of them being first described by this book. The most important item might be the "Aciji (阿剌吉) liquor". It is believed to be an account of spirits in China. The invention of liquor is still a question to scientists. In Li Shizhen (李时珍,1518—1593)'s famous book *Bencao gangmu* (本草纲目, A Systematic Materia Medica), it says:"making liquor is not an ancient method, the method started from the Yuan Dynasty, which put spirits and distillers' grains into an urn, then steamed the blend, making the vapor float into a can". While in *YSZY*, the section on "Aciji liquor"says:"it tastes sweet and peppery, very hot, and toxic. This drink can drive cold spirit, melt frozen spirit. Steam it with good liquor, then collect its vapour which we called Aciji". Comparing this section with the one in the *Bencao gangmu*, we will find that they are very similar, both of them discussing some kind of liquor. Furthermore, the *YSZY* gives out this type of liquor's nature, function and toxicity, all the information of which could be considered as an important document in the history of Chinese liquor-making.

3. The third important aspect of *YSZY* is that it adds to Chinese pharmacy some

reliable knowledge, just as author's memorial to the Emperor introducing the book says: "In this book, you can find some things which cannot discover in any other materia medica." one example is in scroll 1, in the article on "soup of stir-fried wolf meat". It says: "In ancient materia medica we cannot read about wolf-meat, but now it's said that the nature of this kind of meat is hot, which can cure feeble. We haven't heard that it has any poison in it. Today we use it to strengthen our viscera and replenish the body's energy-level". In scroll 2 is found a detailed description on the functin of wolf-meat, wolf's throat, skin, tail and teeth. Even things which already appeared in other materia medica are given a new or additional explanation in the *YSZY*, making them more detailed than before. Here we only look one item—the "Taci buhua"（塔剌不花）, know as the marmot. According to the *Zhenghe bencao* article, "Marmot tastes pleasant, it very suitable for humans to eat, very fatty, lives in mountainous marshy places in Xifan（西番）, digs a hole in the ground for its home, is shaped like an otter, and the Yi（夷）People capture it and eat it". While the *YSZY* said: "The 'Taci buhua', also called the marmot, tastes pleasant, it non toxic, cures wild skin ulcers, and can be eaten when steamed. It benefits humans, living behind the mountains, and among marshes, and the Yi People capture and eat them. Despite its fattiness, we cannot find oil when it is steamed; it is tasteless in soups, it will make trouble if too much is eaten—by causing air to move in the body. Its fur can't hold water, but it is very warm; its head bone and teeth without the the meat of the lower jaw could be used to make baby fall asleep. Hanging one of these bones beside the baby, the baby will sleep more comfortably than before. " When comparing these two items, we will find that *YSZY*'s item gives us more detailed information than others, especially the sentence of "it will make some trouble when too much is eaten", such sentence can hardly be found in other materia medica. It shows that is derived from daily experience especially related to dietetics. It is very reliable information. Another interesting item is that "eating one yolk without cooking it can cure anuria". This item could not be found in any other pharmacy books before the Yuan Dynasty.

Of course, as a marvellous book on diet and nutrition the *YSZY* still has some shortcomings. Some famous medical achievements found in the *Piweilun*（脾胃论, Essays on the Spleen and Stomach）and the *Tangye bencao*（汤液本草, Soup and Potion Materia Medica）were not selected by *YSZY*. It seems to pay less attention to such diseases like goiter, eye diseases caused by vitamin deficiencies. But these shortage do not reduce its influence and its important position in the history of nutrition and dietetics. The most important thing is that *YSZY* is the first systematic nutrition book in China.

原文载于：K. Hashimoto *et al*.（eds）. *East Asian Science: Tradition and Beyond*, 339-344. 1995, Kansai University Press, Osaka.

《饮膳正要》及其在食疗学上的价值

张秉伦　方晓阳

　　《饮膳正要》是我国现存第一部较为系统的营养学专著。作者忽思慧,又作和思辉,是元代蒙古族医学家,兼通蒙汉两种医学,关于他的生平事迹,《元史》和《新元史》均无记载,目前只能根据本书序言和进书表,略知他自元仁宗延祐年间(1314—1320)就被选为宫廷饮膳太医,任职多年,元朝皇帝素来重视饮膳事宜,世祖忽必烈时即设饮膳太医四人,其职能是"于本草内选无毒、无相反,可久食、补益药物,与饮食相宜,调和五味及每日所造珍品"。忽思慧作为皇家饮膳太医多年,在烹饪技艺、营养卫生、饮食保健等方面积累了丰富的经验,在任职期间"将累朝亲侍进用奇珍异馔、汤膏煎造及庄诸家本草、名医方术,并每日必用谷肉果菜,取其性味补益者"撰成《饮膳正要》。

　　《饮膳正要》共三卷,通观全书内容,主要由论、方和食物本草三部分组成。其论要在强调养生,饮食避忌和妇幼保健,不治已病,"故重食轻货,盖有所取也"的同时,告诫读者"若贪爽口而忘避忌,则疾病潜生",从而提出了一系列的避忌方法,如"养生避忌""妊娠避忌""乳母避忌""饮酒避忌""四时避忌""五味偏走""服药食忌""食物利害""食物相反""食物中毒"等,以说明各种食疗品位,当审视各种具体情况下何者为宜、何者为忌,以便趋利避害有所遵循。其方,即食疗方,主要集中在"聚珍异馔"(95方)、"诸般汤煎"(54方)、"神仙服食"(25方)和"食疗诸病"(61方)等部分,共235方。这些食疗方集朝野之精华,汇古今之良方,大都标明各方的组成和制法,食养食疗的功效或主治病症,既有以肉食为主的羹、汤、粉、面、粥、饼等延年抗衰老的品味,又有以荔枝、桂、姜、枣等各种中草药制作的医疗保健汤煎。还有食药结合针对某种疾病的食疗方,是全书的精华,颇有实用价值。食物本草是选非矿物、无毒性之药物236种,分为米谷品44种,其中酒(13种)、兽品(35种)、禽品(18种)、鱼品(22种)、果品(39种)、菜品(46种)、物料(28种)。共七类,述其性味、功能、主治病症及副作用,有的还注明产地、制作方法、图文并茂,可供选配新的食疗方,有一定的实用价值。

　　从整体上说,《饮膳正要》是为了满足元朝宫廷生活的需要而撰写的,因此也涉及帝王的保健和宫中常见病的食疗方法等问题;从《进书表》来看,忽思慧是想以此书进劝皇上借鉴先圣保摄之法,期以获安。跻身于健康长寿之列。忽思慧从人为万物之灵,"人生应有作为"出发,强调保养身体的重要性:身安则心能应万变,主宰万事,非保养何以安其身,进而根据《黄帝内经》《千金要方》等中医经典提出长寿的命题:"夫上古之人。其知道者,法于阴阳,和于术数,饮食有节,起居有常,不妄作劳,故能长寿。"并且概括成基本原则:"保养之道,莫若守中。守中,则无'过'与'不及'之病。"这种长寿之道和基本原则是贯穿于全书的理论核心。日本学者篠田统曾认为:此书的写作目的"不是为了保持健康的身体和健全的精神,而是为了保持旺盛的性欲和长生不老"。虽然有失偏颇,但它是从部分药方的配伍区别的,并认为

"长生不老"是违反自然规律的,也是不可能实现的;但对假如将"长生不老"作为一种对生命的追求。对健康长寿的探索却是可以理解的:"其知道者……故能而寿"即是关于生命与自然相互关系的研究。在讲求与自然协调的基础上追求和探索健康长寿,不也是今天生命科学为之奋斗的目标之一,甚至治疗阳痿、不育等食疗方,其立方与用药虽源于传统的中医理论,但这些中医理论正在不断地被现代医学所证明,也正在不断为开发和制造"功能性食品"服务,以具有"益肾气,强阳道"(《食医心镜》)的羊肉为例,在《饮膳正要》的食疗方中占有很大比重,如"聚珍异馔"中94方,就有55方突出了羊肉的用量,有些方中用羊肉一脚子,多达三脚子,如此大量使用羊肉,除了与元朝最高统治者的民族食性相关外,更主要的是因为羊肉具有益气补虚、治虚劳羸瘦、腰膝酸痛或产后冷虚的作用,如果加上用羊肝、肾、髓、骨、蹄、尾及其他植物性药材共同组方,则效用更强。"聚珍异馔"中则77方与羊品有关,这些部件大都具有补虚强肾,益精补髓,治疗虚劳羸瘦或阳痿遗溺的作用;同样"食疗诸疾"61方中也约有半数是以补中抗衰为处方立意的,而且随着虚损伤败程度的差异,食疗方也不尽相同。仅以羊骨粥、羊脊骨粥、白羊肾粥三方为例,羊骨粥主治虚劳、寒中、羸瘦;羊脊骨粥主治下元久虚、腰肾伤败,以羊脊骨为主,并加有肉苁蓉等草药;羊脊骨"补肾虚、通肾脉、治腰痛",肉苁蓉"补肾益精……治男子阳痿、女子不孕、带上血崩,腰膝冷痛、血枯便秘"。显然后方对于长期虚弱无力之症更有针对性;白羊肾粥主治虚劳、阳道衰败,腰膝无力,除了用肉苁蓉等药外,则直接采用羊肾,羊肾具有"补肾气、益精髓,治肾虚劳损、腰膝疼痛、耳聋、阳痿、尿频"等功效,这样,宫中不同程度的虚损伤败症都可以找到相应的食疗方。此外,"食疗诸疾"61方中除了抗衰延寿之外,还有一些治疗消渴、中风、脾胃虚弱等宫中常见病的食疗方,而宫中不常见的病,如由于缺碘而引起的甲状腺肿大,虽然早在晋葛洪《肘后方》中已有治疗方法,《饮膳正要》却未收录,这些都说明该书的写作目的是为了宫廷生活的需要。但是,《饮膳正要》自元天历三年(1330年)刊行以后,它的作用和影响早就越出了宫廷,正如元人虞集在序中所言:"盖欲推一人之安而使天下之人举安,推一人之寿而使天下之人皆寿"。这也是忽思慧对今人的最大的贡献。

《饮膳正要》在食疗学上的主要价值在于:

一、广征博采医药学典籍,对我国元代以前的营养学成就进行了一次较为系统的总结。忽思慧不但从前人经验方中裁化、演绎了一些食疗处方。而且书中之论,如四时所宜、五味偏走、服药食忌、食物利害、食物相反、食物中毒、禽兽变异等几科都与元以前医药学著作密切相关,如"五味偏走"基本以《内经》为依据, 参《金匮要略》等著作。日本学者篠田统认为《饮膳正要》"服药食忌"与宋《政和本草》卷二"服药食忌"相比,除少数不同条文外,基本相同,有些内容还可以追溯到《肘后方》《金匮要略》《外台秘要》等著作中去。"妊娠食忌"的内容在孙思邈的《千金要方》中也可以找到。食疗处方也有不少是从前人经验方中裁化、演绎过来的,如"诸般汤煎"基本上选自食疗验方,"神仙服食"35方多见于修炼养生著作,"食疗诸病"51方则引自《太平圣惠方》《圣济总录》。有的还可以追溯到唐代《食医心镜》等等,这种有目的地将元代以前有关饮食卫生、营养保健和食疗知识搜集起来,加以整理,清晰地呈现在读者的面前,使其不再散见于非营养学、食疗学著作中,是《饮膳正要》一大贡献。同时也因为该书广征博采医学典籍,因而它更加符合中医理论,也较科学合理。

二、选收了元代朝野食疗方的精粹,丰富了食疗学的内容。其中"聚珍忌馔"直接取自元朝宫廷膳谱,多所创新。尤其是元朝随着疆域的不断扩大,其属地"遐迩罔不宾贡,珍味奇品,咸萃内府",尽所享用。《饮膳正要》又特别注重各民族的食疗方法,因而保存了大量的兄弟民族的食疗方法。据书中记载,除了蒙古族的"颇儿必汤"等很多食疗方外,还有天竺的"八儿不汤""撒速汤",维吾尔族的"搠罗脱困",新疆所产的"哈昔泥",来自西番的"咱夫兰",南国的"乞里麻鱼"等等。有些品味不仅为其他医药文献所罕见,而且回回豆子、赤赤哈纳等均由本书首次记载。尤其是记载了"阿剌吉酒"——烧酒。烧酒的起源问题,至今仍有争论,李时珍《本草纲目》云:"烧酒非古法也,自元时始创其法,用浓酒和糟入甑蒸,令气上,用器承取露。"《饮膳正要》"阿剌吉酒"条载:"味甘辣,大热、有大毒。主消冷坚积,去寒气。用好酒蒸熬,取露,成为阿剌吉。"从制造工艺来看,与《本草纲目》的记载基本一致,当属烧酒一类无疑,而且明确了烧酒的性味、功效和毒性等医疗保健的用途,是中国酿酒史上一条重要文献。

三、《饮膳正要》对本草学也有所补充,忽思慧在进书表中说:"本草有未收者,今即采摭附写。"如卷一"炒狼肉汤"条说:"古本草不载狼肉,今云性热治虚。然食之未闻有毒,今制造用料物以助其味,暖五脏、温中;"卷三还对狼肉、狼喉嗉皮、狼皮、狼尾、狼牙的作用作了较详细的记述;对以前本草曾经记载过的一些药物,《饮膳正要》也有所补充使之更加详细,如塔剌不花,一名土拨鼠,《政和本草》载:"土拨鼠,味甘平无毒,主野鸡瘘疮,肥美,食之宜之。生西番山泽,穴土为窝,形如獭,夷人掘取食之。"《饮膳正要》则说:"塔剌不花,一名土拨鼠,味甘无毒,去野鸡瘘疮,煮食之宜人。生山后草泽中,北人捆取以食,虽肥,煮则无油,汤无味,多食难克化,微动气。皮,作番皮,不湿透,甚暖。头骨,去下颏肉,令齿全,治小儿无睡。"两相比较,《饮膳正要》中的土拨鼠条显然更加详细,尤其是"多食难以克化",属饮食卫生内容,本草中较少出现这种语言,如非平时实践,很难有此真知灼见;再如"治小便不通鸡子黄一枚生用",也未见元代以前本草书籍中有过记载等等。

总之,《饮膳正要》是在继承古代医药学成就和广泛搜集当代各民族食疗方法的基础上,结合个人饮膳经验撰写而成的,有论、有方,还有食物本草,自成体系。全书选精用粹,质朴无华,图文并茂,内容丰富,具有独到的见解和鲜明的民族特色,是民族文化融合的结晶,也是我国第一部独具一格的营养学专著。据此,不仅可以窥见元朝宫廷饮膳之一斑,而且对于研究元代医药史、营养卫生和烹饪以及蒸馏酒的早期医用情况,都是很好的资料,还可以为研究民族文化交流提供素材;书中许多食疗方法以及重食轻货、重视妇女妊娠胎教,优生优育等思想,仍不失它在今天的参考价值。当然,作为一部营养学集大成的著作,也有它的不足之处,如《脾胃论》《汤液本草》等在医药上有些卓越成就,在《饮膳正要》中没有反映出来,或许因写作目的限制。由于缺碘引起的甲状腺肿大和由于缺乏维生素引起的目疾等,在《饮膳正要》中也未引起足够的重视。但瑕不掩瑜,《饮膳正要》作为我国第一部较为系统的营养学专著,在营养学和食疗学上都占有重要的地位!

原文载于:《中国烹饪》,1996(10):44—45。

中国古代"物理"一词的由来与词义演变[①]

张秉伦　　胡化凯

基于数学和实验的"物理学"(physics),产生于西方近代科学革命之后,并成为现代自然科学中的一个基础部门。它主要研究物质的基本结构、基本性质及其运动的基本规律。现代物理学根据所研究的物质运动形态和具体对象的不同,已分为众多的分支,如力学、声学、热学和分子物理学、电磁学、原子物理学、原子核物理学、固体物理学等等,它们还可以分为若干更小的分支。可以肯定,随着科学的发展,物理学的分支,还会越来越多。因此"物理学"的内涵是随着时代和科学的发展在不断演进的。那么中国古代"物理"或"物理学"的涵义是什么,或者说"物理"一词最早见于何书,在漫长的历史长河中是怎样演变的呢? 戴念祖先生在《中国物理学史略》一文中[②],对物理词义的演变曾有简略考证。王冰先生,对我国早期物理学名词的翻译和演变[③]亦有专题研究。本文在此基础上,就"物理"一词的辞源和演变作较为系统的探讨,以求教于诸位专家。

1 "物理"一词的出现和一般词义

戴念祖先生认为中文"物理"一词出现并不晚,约公元 2 世纪成书的《淮南子》中就有物理一词。[②]从"物理"概念的形成过程来看,至迟在战国时期已见端倪,《庄子·知北游》说:"天地有大美而不言,四时有明法而不议,万物有成理而不说。圣人者,原天地之美而达万物之理。"《庄子·秋水》也有:"语大义之方,论万物之理"之说。"万物之理"正是"物理"一词的基本含义。天地之运行,四时之交替,万物之生衰,古人都将其看作"物理"的表现。在此基础上,《荀子·解蔽》作了进一步总结:"凡以知,人之性也,可以知,物之理也。"这里"物理"一词虽未连用,但从上下文看是专讲观物知理的。所以唐扬倞注曰:"以知人之性推知,则可知物理也。"就目前所知"物理"一词首见于《鹖冠子·王鈇》:"庞子曰:'愿闻其人情物理'。"鹖冠子相传为战国楚人,因隐居深山以鹖羽为冠而得名。《汉书·艺文志》著录有《鹖冠子》一篇。这里的"物理"显然可释为事理。此后"物理"一词作事理解释,一直被广泛应用,并延续至今。如《宋书·晋熙王刘昶传》载:"晋熙太妃谢氏,沈刻无亲,物理罕见。"《晋书·明帝纪·太宁三年》载:"帝聪明有机断,犹精物理。"司马光《乞去新法之病民伤国者疏》称:"不幸所委之人於人情物理多不通晓,不足以仰副圣旨";清戴名世《兔儿山记》云:"呜呼,此山在禁

① 本文得到博士点基金资助,并得到石云里同志的帮助,在此表示衷心感谢。
② 戴念祖:《中国物理学史略》,物理,1981,10(12):662—639。
③ 王冰:《我国早期物理学名词的翻译与演变》,自然科学史研究,1995,14(3):215—226。

中,异时虽公卿不能至,而今则游人羁客皆得游览徘徊而无所忌,盖物理之循环往复有固然者"。近人李广田《论文学教育》说:"诗以表现人情物理为主"等等,都是以"物理"作事理解。当然也有将"物理"转意为景物和情理的。如唐高仲武《中兴间气集·张南史》载:"张君奕碁者,中岁感激,……稍人诗境。如'已被秋风教忆鲙,更闻塞雨劝飞觞。可谓物理俱美,情致兼声。"这里的"物理"显然是指景物与情理之意。类似用法甚多,不再赘述。此外,"物理"一词还有泛指事物的道理,并寓意自然规律的。如《周书·明帝纪》"人生天地之间,禀五常之气。天地有穷已,五常有推移,人安得常在! 是以生而有死者,物理之必然。"这里的"物理"虽可释为事物的道理,但又寓有自然规律的含义。同样,宋代张耒《明道杂志》说:"升不受斗,不覆即毁,物理之不可移者。"亦可作事物的道理解,并寓有自然规律的含义。至于清代何琇《樵香小记·马牛其风》曰:"或曰牛走顺风,马走逆风,核诸物理无此事。"这里的"物理"既有事实的意思,又有事物道理的含义。值得注意的是南宋朱熹在注《礼记·大学》中的"致知在格物,物格而后知至"时说:"物格者,物理之极处无不到也。"这里的物理虽然泛指一切事物之理,但他把物理与格物致知联系在一起了,因此明清时期西学东渐时,很多人把物理学译为格物或格致之学,这大概与朱熹的解释有一定的关系。

2 "大物理"或广义物理学

明代方孔昭,五经皆有述,独精于易,以象数为理,评其时论,晚年自号潜老夫,其随笔稿曰《潜草》,其中说:"圣人观天地,府万物,推历律,定制度,兴礼乐,以前民用,化至咸若,皆物理也。"他还说:"言义理,言经济,言文章,言律历,言性命,言物理,各各专科,然物理在一切中,而易以象数端几格通之,即性命生死鬼神,祇一大物理也。"这种分类是否科学? 姑且不论,但在方孔昭的心目中,观天地,府万物,推历律,定制度,兴礼乐,乃至以前民用,化至咸若,都是物理;而且在各各专科的"物理"之外,还有范围更广的"大物理"。就目前所知,"大物理"一词首见于此,这也是关于大物理的明确定义。其实,中国古代的"物理"一词一直是指"大物理"或广义物理学。

《说文》:"物,万物也。"那么"物理"就有万物之理的意思,即"大物理"或广义物理学。这种大物理或万物之理的概念,在战国时期即已产生,前引《庄子》和《荀子》的有关材料即说明了这一点。《淮南子·览冥训》是一篇研究自然界万物与人类关系的篇章。该篇在强调顺应天道,掌握自然万物相互感应规律的同时,深感物类相感,非常玄妙深微,按当时的认识水平,即所谓"知不能论,辨不能解",并且列举了以下例证:"夫燧之取火,磁石之引针,蟹之败漆,葵之乡(向)日,虽有明智,弗能然也。"接着感慨道:"故耳目之察,不足以分物理;心意之论,不足以定是非。"根据上下文,显然《淮南子·览冥训》中的物理,既包括今天仍属于物理学范畴的阳燧取火和磁石引针,同时又包括属于植物生理学范畴的葵之向日等等。至于蟹之败漆虽然有待验证,但它绝不是现代物理学的范畴。所以我们认为这里的"物理"是指包括近代物理学内容在内的万物之理,即"大物理"或称广义物理学。甚至宋代高似孙《子略》卷四在评述《淮南子》一书时说:"况其推测物理,探索阴阳,大有卓然出人意表者。"这就不仅是指上述几个例证,而是泛指全书内容了。也就是说把《淮南子》中涉及天文、历法、物理、化学、生物等方面的内容均视为"推测物理"的范畴了。

晋张华《博物志》卷四,置有"物性""物理""物类"等标题。其中"物理"标题下包括麒麟斗而日蚀,鲸鱼死而彗星出,婴儿号妇乳出;地三年种蜀黍,其后七年多蛇;久积艾草后津液下流成鈆锡；煎麻油，水气尽则无烟；积油万石则自然生火等等异奇现象和传说，都属于"物理"一类，显然是大物理概念的应用。

南宋邵雍以日月星辰水火土石为八卦之象，推而至于寒暑昼夜的往来，风雨露雷的聚散，性情形体的隐显，走飞动植的动静，而被称作"物理之学"。如邵伯温评述《皇极经世》是"以阴阳刚柔之数穷律吕声音之数；以律吕声音之数穷动植飞走之数，易所谓万物之数也……论《皇极经世》之所以为书，穷日月星辰飞走动植之数，以盖天地万物之理，述帝王霸之事"①。所以《四库全书总目提要》卷二十一则说："邵子数学，本於（李）之才……《皇极经世》盖所谓物理之学也。"

《诗经》有"螟蛉之子，果蠃负之"。释诗者长期以为果蠃（细腰蜂）无子，则取螟蛉之子，"视之曰：'类我类我'，久则肖之矣。"直到陶弘景才指出，此说"斯为谬矣"，并得出细腰蜂取螟岭"拟其子大为粮也"的科学结论。罗愿《尔雅翼》引陶弘景语后评曰："按陶氏之说，实当物理。"②此后王夫之在《诗经稗疏》中也记为"细腰之属必贮物之使子自食，计日食尽而能飞"。并指出："虫非能知文言六兰者，人之听之，仿佛相似耳。物理不审，而穿凿之说，释诗者之过。"③可见果蠃之争中"物理"一词，是大物理专指动物行为的例证。

明李时珍《本草纲目》，是一部典型的医药学巨著。该书卷三十"虫部"引言中，列举了昆虫的形态特征，行为性气，录其功，明其毒，"故圣人辨之"。又说"圣人之于微琐，罔不致慎，学者可不究夫物理，而察其良毒乎？"可见李时珍把动物行为习性，形态特征，毒性功用都视为"物理"范畴。以致熊文举序评《本草纲目》说"察物理之攸归，穷诊候之妙术"；李建元《进〈本草纲目〉疏》更说其父李时珍《本草纲目》"虽命医书，实该物理"。显然他是把《本草纲目》全书视为"物理"范畴，是典型的"大物理"。

3　古代中国以"物理"为书名的几部著作

就目前所知，中国古代至少有三部以"物理"为书名的著作。从这些著作的内容亦可看出中国古代"物理"研究的范围。

其一是晋杨泉杂采秦汉以前诸子学说，撰《物理论》，《隋书·经籍志》著为16篇，已佚。但自唐以来类书多有引录，清孙星衍、黄奭、王仁俊皆有辑佚本，其中王仁俊辑本最为精当。现存辑佚本一卷，内容涉及天文、历法、地理、物候、农学、医学、手工业工艺等方面，《物理论》力图从当时可能达到的理论水平，去解释自然界各种事物的本质，即自然之理。相当于自然哲学，当属大物理范畴。

其二是王宣（虚舟）著的《物理所》，所谓"物理所"，应是物理之道。"王虚舟先生作《物理所》，崇祯辛未，父老为梓之。"④可惜我们至今未见此书。但从其学生方以智《物理小识》引录内容来看："虚舟子曰：'道无在无不在也。天有日月岁时，地有山川草木，人有五官八骸，其至虚者即至实者也，天地一物也，心一物也。唯心能通天地万物，知其原即尽其性矣。'"④可见王宣的《物理所》是论物理之道，也是大物理的范畴。

① 何丙郁：《从科技史观点谈易数》，载《中国科学史论文集》，联经出版事业公司，1995。
② 罗愿：《尔雅翼》（卷26），黄山书社，1991。
③ 王夫之《诗经稗疏》，载于汪子春，等：《中国古代生物学史略》，河北科学技术出版社，1992：161。
④ 方以智：《物理小识》，万有文库本。

其三是方以智的《物理小识》，这是中国古代以物理为书名的最大一部著作。该书十二卷，内容包括天文、历律、风雨、雷旸、地学、占候、人身、医学、金石、器用、草木、鸟兽、鬼神、方术、异事，凡十五门。其"物理"当指天地万物之理，泛合自然科学和技术，在基本观念上又涉及哲学，可视为古代一部小百科式的自然科学和技术著作。也可以说是古代"物理"概念的综合和集大成者，是典型的"大物理"或广义物理学。清代天文数学家揭暄对《物理小识》有深入研究并有发明，因而于藻在为《物理小识》作序时曾称"子宣（即揭暄）于物理有深入处，醉心于此书"。这里的"物理"也是"大物理"。

4　西方古代"物理学"的范畴

同样，在古代西方，"物理学"也是关于自然之理或者说是自然科学的总称。古希腊亚里士多德曾写过一部《物理学》(Φνδικη)，从字源学角度来看，Φνδικη 来自希腊文 Φνδιζ（自然）；从内容来看，这是一本以自然界为特定对象的哲学，它不同于现代物理学，却包括近代物理学，也包括化学、生物学、天文学、地学等在内，总之涉及整个自然科学。基本上是研究自然界的总原理和物质世界运动变化的总规律。

亚里士多德还根据研究的对象和目的，将科学（知识）分为四大类：一是作为求知的工具，亚里士多德称之为"分析法"的逻辑学；二是以求知为目的的科学（即为求知而求知的科学）相当于理论科学，它又分成第一哲学、数学、物理学。其中物理学包括天文、气象、生物、生理、心理等；三是探求作为行为标准的知识——实践科学；四是寻求制作有实用价值和艺术价值东西的知识——即制作（生产）科学①。可见亚里士多德的"物理学"是关于物的原理的科学，即相当于中国古代的"大物理"。

西方古代基本遵循着亚里士多德的科学分类，即物理学是关于物的原理的科学，是作为大物理范畴看待的。直到 1666 年巴黎科学院成立时科学仍分成数学和物理两大类，只不过数学包括力学和天文学；而物理学还包括化学、植物学、解剖学、生理学等等。① 可见法国直到 17 世纪，物理学也是大物理或广义物理学。

综上所述，无论中国还是外国，古代"物理"或"物理学"都是关于万物之理、物之原理的知识，其内涵虽不尽相同，研究范畴也在不断变化，但都是大物理或广义物理学。其涉及的内容小到包括现代物理学在内的若干学科，大到整个自然科学或自然哲学。

5　关于"物理学"的翻译

物理学的希腊文是 Φνδικη，中世纪拉丁文由希腊文音译为 physica。近代译成欧洲各民族词汇时，出现两种情况，一种是按希腊文或拉丁文音译，另一种则是利用本民族语言中现成的词译，英文译名就用了 physics 一词。② 随着西学东渐，我国在介绍西方科学的过程中，对物理学（physica 或 physics）的翻译，也有上述两种情况。只不过在用本民族现成的词译时，出现过多种译法，据王冰等人的研究，《西学凡》《空际格致》《名理探》等将物理学译成"格

---

①　[英]亚·沃里夫著，周昌忠译.《十六、十七世纪科学、技术和哲学史》(上册)，商务印书馆，1995:76。

②　[古希腊]亚里士多德著，张竹明译:《物理学》("译者前言")，商务印书馆，1982。

致""格物""穷理""体学""形上学"等;《职方外纪》曾据拉丁文 physica 音译成"费西卡",[①]还
有音译成"费西伽""湅尼渣"的。而直接将 physica 或 physics 译成"物理学"或"物理"的年代
至今尚无定论。国内学者提供的最早"物理学"和"物理"译名都见诸于本世纪初的教科书。
如 1900—1903 年上海江南制造局刊印的《物理学》(该书是日本饭盛挺造编纂,丹波敬造和
紫田承桂校补,藤田丰八译成中文,我国王季烈润色和重编);1902 年翻译的《物理易解》等。
此后以物理学或物理为书名者就逐渐普遍了。王冰先生经过系统研究后提出:"我国物理学
名词的翻译、演变乃至定名,在相当程度上受到日本教科书中所使用的日文汉字译名的影
响。至清末,一些基础词汇,如'物理学''分子''原子''温度''比热''当量''波''周期''干
涉''感应'……在形式上甚至与日文译名完全相同,它们被沿用至今。"[②] 王冰先生专治物理
学史,且对中日物理学交流有深入的系列研究,其关于"我国物理学名词的翻译、演变,乃至
定名,在相当程度上受到日本教科书所使用的日文汉字译名的影响"的结论可谓创见,亦多
启发。不过,根据前文考证,我国古代"物理"和"物理之学"与西方古代物理学(physica 或
physics)的内涵甚为相似;我国古代载有"物理"的一些著作也早已传到日本,因此,从逻辑推
理来看,似应说,日文物理学的翻译受到了中国古代"物理"一词的深刻影响。抑或首先在我
国将 physica 或 physics 译成"物理"或"物理学",尔后为日本人所接受,亦未可知。据查,李
之藻(1569—1630 年)和傅泛际(1587—1653 年)于 1628 年译毕、1631 年陆续印行的《名理
探》中已有"物理"的译名:"物理者,物有性情先后。宗也、殊也、类也,所以成性者,因在先;
独也,依也,所以具其情者,因在后。"此文原意是阐述宗、殊、类三公为本然之属,所反映的是
事物的本质属性,因在先;而独、依二公为依然之称,所反映的是事物的非本质属性,因在
后。[③]《名理探》是 17 世纪初葡萄牙的高因盘利大学耶稣会会士的逻辑讲义,用拉丁文写成。
原名《亚里士多德辩证法概论》,原书刊于 1611 年。我们尚未查到拉丁文原版书,因此还不
敢说"物理"一词肯定对译于拉丁文"physica",但从《名理探》中有关"物理"的引文来看实际
上是讲形性学的,仍属中国古代"大物理"的范畴! 因而这种翻译是准确的。

原文载于:《自然科学史研究》,1998(1):55—60。

---

①　王冰:《我国早期物理学名词的翻译与演变》,自然科学史研究,1995,14(3):215-226。
②　王冰:《近代早期中国和日本之间的物理学交流》,自然科学史研究,1996,15(3):232。
③　李之藻,傅泛际译:《名理探》(温公颐:《中国近古逻辑史》,上海人民出版社,1993:109-115。)

商代劓刑、宫刑与"劓殄"

——兼与秦永艳先生商榷

张秉伦

秦永艳先生在《寻根》2003 年第 2 期上发表的《浅谈商代的刑罚》一文，读之受益匪浅。秦先生将商代刑罚分为徒刑、肉刑和死刑三类。其中徒刑包括"骨靡"（相当于战国时的"城旦"，即服劳役）和囚刑；肉刑只有墨刑和刖刑，而无劓刑和宫刑；死刑包括辟刑、剖刑和族诛。本文仅就商代的劓刑、宫刑与"劓殄"进行讨论。

一、商代应有劓刑

据《甲骨文合集》载，至少有四片甲骨上的文字与劓刑有关（图 1—4）：

1. 贞 𑀁 《甲骨文合集》5996 片；
2. 于 𑀁 《甲骨文合集》5997 片；
3. 𑀁 《甲骨文合集》5998 片；
4. 𑀁 《甲骨文合集》5999 片。

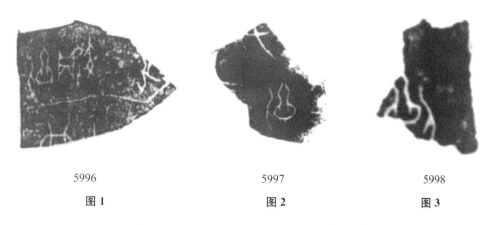

5996   5997   5998

图 1   图 2   图 3

以上四片甲骨中的"𑀁"系鼻梁下有翼。其旁置刀（𑀁 或 𑀁），旧释劓可信。《汉语大辞典》所收 𑀁 字（乙三二九九）和 𑀁 字（前四·三二八），也是鼻旁置刀，同样释为"劓"字，即劓刑。劓同劓《说文·刀部》："劓，刑鼻也，从刀臬声。"甲骨文中劓字频出，说明劓刑在商代是比较普遍使用的一种刑罚，而且为后世所沿用，并构成中国古代五种刑罚（墨、劓、刖、宫、大辟)之一。从《尚书·周书·吕刑》可知劓刑是仅比墨刑较重的刑罚;“墨辟疑赦,其罚百锾……劓辟疑赦,其罚唯倍……剕辟疑赦,其倍差……宫辟疑赦,其罚六百锾,大辟疑赦,其罚千锻。”由此可见,对墨、劓、剕(刖)、宫、大辟有疑问者可赦,但罚金依次由少到多,反映了各种罚刑轻重的不同。甚至到了唐朝,少数民族地区可能还有劓刑,如《新唐书·吐番传上》还说,“其刑虽小,罪必抉目,或刖、劓。”中国古代的劓刑都源自商代。不知何故,秦永艳先生所述商代肉刑中没有包括如劓刑?

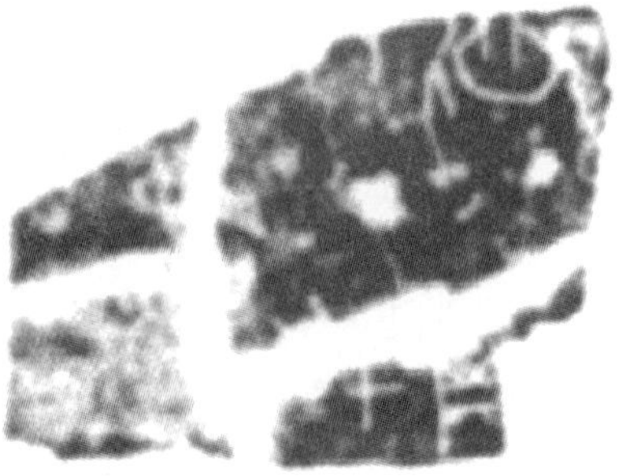

5999

图 4

二、商代宫刑考

《甲骨文合集》中第 525 片卜骨上有这样一段卜辞(图 5):“庚辰卜王朕羌不”。这里的“联”为王自称,代词;羌为受动词;,或释死,或释凶。关键的字,它与前文劓的甲骨文字貌似相似,实则不同。因为虽然两字右旁均置刀,但字左旁系前文所述鼻梁下有鼻翼;而字左旁不可能鼻翼长在鼻梁之上,却与《甲骨文合集》中第 18270 片的““字神似,或为此字之省写(刻),应释为男性生殖器为宜,其旁置刀成,赵佩馨在《甲骨文所见商代王刑——并释刓、刴二牢》文中释为“椓”。即割去男性生殖器之形,也就是宫刑中的去势。因此,这段卜辞的意思是:庚辰中,商王用刀除去羌人生殖器(即施宫刑于羌人),不死(或不凶)。商代的宫刑也为后世所沿用,《尚书·周书·吕刑》有“宫辟疑赦,其罚六百锾”的记载,注云:“宫,淫刑也,男子割势,妇人幽闭,次死之刑。”可是见一种较重的刑罚,仅次大辟一等(大辟疑赦,其罚千锾)。《尚书大传》对宫刑也有相同的解释。男子割势,后来还成为用于充当宫廷内侍的阉人,据《汉书·宦官传》载:“中兴之初,宦官悉用阉人,不复杂调他士。”直到清末“太监”们都是经过“割势”(去势)的。

那么商代能否施行宫刑这种刑罚呢?抑或说商代是否具备除去男子生殖器而不致死这种技术水平呢?这可以从商代的动物阉割术得到旁证。在甲骨文中豕字频出。而且与豕有关的字有多种写法:甲骨文中“”旧释“豕”字,已被广泛引用。又有“”字,据陈梦家《殷墟卜辞综述》:象牡豕之形,画势于旁,即豭之初文。也就是公猪;还有“”字,据闻一多在《释豕》一文中考证:“”即豕的腹下一画离开,示去势之状,当释为豕,而一画与腹相连者,为牡豕(《闻一多全集》第二卷,开明书店 1948 年版),他认为“豕”字为阉割后的猪。另外

图 5

图 5

甲骨文中还有字,示马腹下置一绳索。20世纪70年代末中国社科院历史研究所甲骨文专家王宇信先生带着此字到中科院自然科学史研究所与我讨论。王先生提出:马腹下置一绳索,显然不是用来拴住马腿的,也是拴不住的,会不会用绳索对马进行阉割?换句话说:用绳索能不能对马进行阉割?我当时即以20世纪50年代安徽农村用弹棉花弓弦勒紧牛或马阴囊,使其血脉不通,进行阉割的实例为其佐证之(后来我又看到《华佗神医秘传》中有用蜡线将牲畜肾囊(阴囊)勒紧,使血脉不通,数月之后,其肾囊与肾子自能脱落的记载)。也就是说使用绳索是可以对大牲畜进行阉割的。于是王宇信先生在《商代的养马业》一文中正式释 🐎 为阉割马,即剩马(《中国史研究》1980年第1期)。另外,《周礼·夏官》中的"颁马攻特"的记载,说的也是对马进行阉割,猪马阉割术后来在家畜家禽的饲养中得到广泛的应用。动物阉割术的发明和应用,对野生动物的驯化,提高动物经济价值,以及在防止动物早配乱配、选育良种等方面发挥过重要的作用。商代豕、马阉割术也为商代施用宫刑提供了动物学技术基础。我们认为商代应有割去男性生殖器的宫刑。

男子宫刑究竟如何施行?从"🐎"字形来看,应是将男子外生殖器包括阴茎,阴囊和睾丸全部割去。但有人据《灵枢·五音五味》记载:"宦者去其宗筋,伤其冲脉,血泻不复,唇口不荣,故须不生。"推测"宦者去其宗筋"即是割去阴茎。其实不然,至少应该除去睾丸,否则不会出现唇口不荣、胡须不生等副性征变化。

三、关于"幽闭"

前文述及"妇人幽闭",说的是妇人的宫刑。商代是否有此刑罚,尚难肯定。因为迄今未见相应的甲骨文或说尚无确凿的证据。不过,《尚书·周书·吕刑》中"宫辟疑赦"注云"宫,淫刑也,男子割势,妇人幽闭,次死之刑"。因此一般认为周代已有"妇人幽闭"的刑罚,而且与"男子割势"同属次死之刑。然而对"幽闭"的解释却不像"割势"那样一致,而是众说纷纭。有鉴于此,我将"幽闭"诸说初步归纳为四种,并提出自己的见解。

其一,囚闭说:"幽闭"的"幽"字,有多种含义。《荀子·王霸》云:"宦人失要则死,公侯失礼则幽。"杨倞注曰:"幽,囚也。"《尚书正义》曰:"男女以不义交者,其刑宫……妇人幽闭,闭于宫使不得出也。"是说妇人宫刑"幽闭"就是将她闭于宫中。并且还说"大隋开皇年间,男子始除宫刑,妇人犹闭于宫",也就是说,直到隋代开始废除男子去势的宫刑,而妇人幽闭尚未废除。

其二,缝锁说:褚人获《坚瓠集》在讲到有些妒妇虐待婢媵乱施刑罚时,有"捣蒜纳婢阴内,而以绳闭之",或"以锥钻其阴而锁之,弃钥匙于井"等。因此有人推想将"它"缝或锁起来就是古代的"幽闭"方法。

其三,椓窍法:褚人获《坚瓠续集》卷四"妇人幽闭"条引王兆云《碣石剩谈》说:"妇人椓窍,椓字出《吕刑》,似与《舜典》宫刑相同。男子去势,妇人幽闭是也。昔遇刑部员外许公,因言宫刑。许曰:'五刑除大辟外,其四皆侵损其身,而身犹得自便,亲属相聚也……椓窍之法,用木槌击妇人胸腹,即有一物坠而掩其牝户,只能便溺,而人道永废,是幽闭之说也'。"其实,这就是人为槌击妇人腹部造成子宫脱垂。

对于以上一、二两说,鲁迅先生却持相反观点。他在《且介亭杂文·病后杂谈》中说:"从周到汉有一种施于男子的'宫刑',也叫'腐刑',次于'大辟'一等。对于女性就叫'幽闭',向来不大有人提起那方法,但总之是决非将她关起来,或者将它缝起来。近时好像被我查出一点大概来了,那方法的凶恶、妥当,而合乎解剖学,真使我不得不吃惊……"可是,鲁迅先生查到的究竟是什么方法,他却没有明说。按照他的思路,我们又在古籍中查到下面的一种方法。

其四,阉割法:明人周祈《名义考》云:"宫,次死之刑,男子割势,妇人幽闭,男女皆下蚕室。蚕室,密室也,又曰窨室。隐于窨室一百日乃可,故曰隐宫割势,若犍牛。然幽闭若去牝豕子肠,使不复生,故曰次死之刑",明人徐树丕《识小录》亦云:"传谓男子割势,女子幽闭。皆不知幽闭之义,今乃得之,乃是于牝豕剔其筋,如制马豕之类,使欲心消失,国初常用之,而女往往多死,故不可行也。"即就像阉割牲畜那样将"子肠"或"筋"剔除,其实是将马豕之类的卵巢和部分输卵管剔除,如果不剔除卵巢,则达不到"使欲心消失"的目的。

以上四说,均属后人推测之言,而无早期证据,孰是孰非,恐难断定。若论幽闭作为宫刑之一,仅次大辟一等,似与男子去势相应,即阉割说较有说服力,或者说,鲁迅先生查出的"那方法的凶恶、妥当,而又合乎解剖学"的"幽闭",极可能就是这种阉割法。

四、关于"劓殄"

秦永艳先生在死刑中列有"族诛"。"族诛"又称灭族,"即一人犯法,诛连父母兄弟妻子等"。并引用《尚书·盘庚》中的记载为证:"乃有不吉不迪,颠越不恭,暂遇奸宄,我乃劓殄灭之,无遗育,无俾易种于兹新邑。"秦先生解释说:"劓殄,即断绝,育指童稚、幼童。盘庚对反对迁都的人说:你们若不服从命令,贻误国家大事,诈伪作乱,我要把你们斩尽杀绝,连幼童也不得遗漏,不使他们在新都里繁衍后代,即灭族。"我们认为商代确有比仅限本人死刑重得多的诛连族人的刑罚,诚如秦先生所引《尚书·盘庚》中列举纣王罪行时提到的"敢行暴虐,罪人以族"。但我们认为秦先生上述译文可能仅是一种观点,我想在此提出另一种讨论性的解释,以就教于包括秦先生在内的广大学者。

"劓",前已述及。在甲骨文中像鼻旁置刀,意为割鼻子,即劓刑。"殄"《说文》释为"尽";《尔雅》除释"尽"外,又释"绝"。"劓殄"连用首出《尚书·盘庚》,而且此后有关"劓殄"的传、注、疏、解多源自该书。因此《尚书·盘庚》中的"劓殄"成为这段引文释义的关键。《尚书·盘庚》中说:"我乃劓殄灭之,无遗育。"孔注:"劓,割了;育,长也。言不吉之人当割绝灭之,无遗长其类。"结合前引《尚书·盘庚》上下文来看,是说"不吉不迪,颠越不恭,暂遇奸宄"之人"当割绝灭之,无遗长其类"。即仅限"犯人"当割绝灭之,使他们断子绝孙,不让他们在新都里繁衍后代,似未割绝"父母兄弟妻子"等,这与"族诛"或灭族是有区别的! 在此,"劓殄"显然是割尽、割绝的意思。那么割尽,割绝什么呢? 或者说将什么割尽、割绝,才能达到"无遗育,无俾易种于兹新邑"的目的呢? 如果从"劓"字本意来看,似乎是将鼻子割尽,即劓刑要彻底,但无论如何割鼻子,也达不到"无遗育,无俾易种于兹新邑"的目的! 我们认为只有将生殖器割尽或割绝,即施以宫刑才有这种可能。那么为什么《尚书·盘庚》中用"劓"字而不用官刑或腐刑呢? 这的确是个谜,我们不妨再作一大胆猜测:

这可能与甲骨文中 𝄞 和 𝄡 两字相似有关,而且甲文中 𝄡 字出现次数很多,早已被释为"劓"字、即劓刑;而 𝄞 字相对很少。因此,"我乃劓殄"中的"劓"字很可能是不察 𝄞 与 𝄡 之别,而误认为是同字,这样就释为"劓"了。若是这样,《尚书·盘庚》中"我乃劓殄,灭之无遗育,无俾易种于兹新邑"一句则可理解为,我乃将其生殖器割尽,使其无生育能力,不让他在新都里繁衍后代。这仅是我的一种猜想,未必妥当。敬请专家学者斧正。

原文载于:《寻根》,2003(6):86—90。

经部科技文献述要

张秉伦

"经"字本意是布帛的经线,但引申成多种含义。仅就著作而言,被称为"经"的大致是以下三类:一是历来被举为典范的著作,一是宗教典籍,二是某一学科专门著作(如《山海经》《水经》《茶经》《牛经》等),本文这里所讲的是第一类。

根据《庄子》《荀子》《商君书》记载,早期真正称为"经"的,只有《六经》,即《诗》《书》《礼》《乐》《易》和《春秋》。其中《庄子·天下篇》说:"《诗》以道志,《书》以道事,《礼》以道行,《乐》以道和,《易》以道阴阳,《春秋》以道名分,其数散于天下而设于中国者,百家之学时或称而道之。"近年在荆门郭店出土的楚简里发现的《六经》书名次序与《庄子》完全一致。这说明两个问题,其一"六经"并非儒家所独有,可能与百家争鸣过程中相互取长补短有关;其二诸子百家的著作中虽有称"经"者,如《墨子》的《经上、下》和《经说上、下》《管子》中的《经言》和解等并未列入"六经",大概是因为它们当时并未得到普遍的遵从。

秦灭以后,《乐经》亡佚,汉朝只有"五经"立于官学,自汉武帝罢黜百家,独尊儒术以后,"五经"被奉为儒家经典,又称经学。注疏等类之作渐多。至唐朝则有"十二经",即将《礼》析为三:《周礼》《仪礼》《礼记》,《春秋》有三传:《左传》《公羊》《谷梁》,再加上《论语》《尔雅》《孝经》,连同原来的"五经"中的《诗》《书》《易》共计十二种。宋明又增添《孟子》,于是定型为《十三经》,作为儒家经典,儒家经典也有称"四书五经"的。"四书"是《论语》《孟子》《大学》《中庸》;"五经"仍是《礼》《书》《诗》《易》《春秋》,也有称"六经"者,即增加《乐》经,或把《礼》析为二,但不多见。

从传统图书分类来看,《隋书·经籍志》把经部分为易、书、诗、礼、乐、春秋、孝经、论语、五经总义、谶纬、小学十一类。清《四库全书》把经部分为易、书、诗、礼、春秋、孝经、五经总义(内有《古微书》)、四书、乐、小学十类,共收经部著作 676 种。《续四库书全书》还有 2384 种,这些著作,其实就是《十三经》或"四书五经"基础上经过后人的传、记、说、解、训、诂、疏、笺等形成的庞大经学著作系列。虽然《四库总目》称"经禀圣裁,垂型万世,删定之旨,如日中天,无所容其赘述"。但实际上历代学者皓首穷经,注疏诠释,见仁见智,或顺应时代潮流,各抒己见,疑经、改经的事例也复不少。使经学有了丰富多彩的内涵。如果"不了解经与经学,实不足与言中国学术文化的流变"。[①]但从科技史料的价值来看,当以《十三经》或"四书五经"为最,由于它们成书年代早,很多名物制度,包括科技名词术语,都可以追溯到《十三经》。

---

① 李学勤:《经史总说:经史总说·十三经略》,北京燕山出版社,2002。

1 易类

易类列经部之首,也是经部一个庞大的著作群。据有人初步统计易类著作有五六千种,仅《四库全书》就收有 158 部 1757 卷,附录 8 部 12 卷,其实都是研究《周易》而成的著作。真是著述如林。本文从科技史料价值角度考虑,只介绍其原始著作《周易》。

《周易》,简称《易》,汉代称为《易经》(包括《易传》)①,关于《周易》的编纂者至今无定论。汉司马迁、班固等认为伏羲画八卦,文王“重易六爻作上下篇”;王充、马融等认为文王演卦辞,周公作爻辞。唐孔颖达、宋朱熹从之。《周易》的成书年代亦有争议,有殷末周初说、春秋中期说、战国说或秦汉说。现在(“五四”以来)认为《周易》非出于一时一人之作,而是几代人的集体创作。

《周易》一书的最早记载见于《春秋左传》,但只有筮例而不见书之全貌。秦焚书,《周易》尚存。汉代有今文《易》与古文《易》两种本子流传,不过内容大同小异,现存最早最完整的本子是 1973 年湖南长沙马王堆三号汉墓出土的帛书《周易》,该书抄自汉文帝初年。此外唐开成石经本和《十三经注疏本》等都是较好的版本。关于《周易》书名的解释主要有两种:郑玄等释“周”为“周普”,释“易”为日月阴阳变化之理;“易”含简易(执简驭繁)、变易(穷究事物变化)和不易(永恒不变)三义。“故《周易》者,言易道周普,无所不备”;孔颖达、朱熹等人训“周”为周代,“周易”称“周”取岐阳地名,“易”为书名,因此《周易》与《周书》《周礼》类似为周书。

《周易》分为上下两篇,5000 多字,共 64 卦 384 爻,每一卦大致有三部分组成:

(1) 卦画(又称卦象),由“—”和“— —”两种符号组成,六爻组成一卦(“兼三才而两之,故易六画而成卦”);(2) 卦辞,是附在卦象之后解说一卦之意的文辞;(3) 爻辞,是附在爻象之后解说一爻之义的文辞。封辞 64 条,爻辞 384 条,加上《乾》卦用九,《坤》卦用六,共 450 条,总称筮辞。筮辞取材广泛,涉猎自然、社会的方方面面。从结构上看,《周易》前半部分大致为取象,即取某种自然现象或社会中某种事件说明道理;后半部分则根据前面的取象比拟人事,下一个“吉”“凶”“悔”“吝”之类的结论或断语。

《周易》原为一部占筮的书,但它所反映的道理却博大精深:“《易》之为书也,广大悉备。有天道焉,有人道焉,有地道焉。”因此,它不仅用于占筮,预测未来,而且广泛地运用于社会生活的各个层面,成为人们道德修养、开物成务的指南:“以言者尚其辞,以动者尚其变,以制器者尚其象,以筮者尚其占。”从汉代起,《周易》与《易传》合一被尊奉为儒家经典,被汉儒班固誉之为大道之“原”,杨雄亦说:“六经之大莫如《易》”等等。其实道家包括道教也深受易理影响,《参同契》称:“《火记》不虚作,演《易》以明之。”《周易参同契》更借助《周易》理论阐发炼丹术。可见《周易》并非儒家所独有。

就《周易》与科技关系而言,《周易》以一阴一阳组成八卦,象征天、地、雷、风、水、火、山泽八种自然现象,推测自然和社会的变化,认为阴阳两种势力的相互作用产生万物的根源,提出“刚柔相推,变在其中焉”等富有辩证法的朴素思想,是研究中国科学思想史的重要资料,其中“范围天地之变化而不过,曲成万物而不遗”的易道观,“生生不已”的自然观和“承天时

① 《易传》包括七种文辞,有上象、下象、上象、下象、上系、下系、文言、说卦、序卦、杂卦等十篇,统《十翼》,统称《易传》,旧传孔子所作,据近人研究,大抵是战国或秦汉之际的儒家作品。

运"的天人观,以及取象运数的科学方法在古代产生过深远的影响。就具体学科而言,中医学素有"医易同源"之说,《黄帝内经》可以说是以《周易》理论为基础建立的最早最系统的中医学的巨著,已有专门著作讨论医易同源问题;另外中国古代的其他学科都受到《周易》不同程度的影响,正如《四库全书总目提要》所言:"易道广大,无所不包,旁及天文、地理、乐律、兵法、韵学、算术以逮方处之炉火,皆可援《易》以为说。"

近年来,国内外掀起了研究《周易》的热湖,总体来看是良莠并出,而偏离轨道者民间居多;学者中也有牵强附会的,企图利用《周易》解决当代前沿科学问题。初学者不可不察,应该区别真伪,择善而从。我们认为:《周易》的价值在"学",不在"术"。"学"是将《周易》经传视为儒家经学的一部分,用来解释和阐发其中的哲理;"术"则视《周易》为算命方术,为人占卜吉凶祸福,当然《周易》原为占筮之书,而《易传》在阐发易理时又往往与占筮之术联在一起,因此在易学研究中,了解一点占术是有好处的。但如果由此把"学"和"术"混淆起来,甚或颠倒了二者的关系,而归为算命术或预测未来,便偏离了易学研究的轨道;有些学者认为《易经》里蕴含着相对论、量子力学、遗传密码等重大科学发现。甚或要用《易传》来指导当今前沿科学研究,所谓推演出第十大行星,甚至第十四大行星,也有用《易经》来测气象灾害的等等,作为自由探索或"百家争鸣",我们不想说三道四,但迄今尚无令人信服的成果,以此作为研究生论文要特别慎重。同样那种认为《易传》的思维方式没有推演法,缺乏逻辑性,而天人合一的观念,把自然与人的和谐机械地、简单地对应,从而成为近代科技在中国萌芽的障碍[1],未免太苛求古人了,也足没有说服力的。

下面我们来看看《易经》的科技史及其价值:

丰卦六二爻辞:"是日中见斗";九三爻辞"丰其沛,日中见沫";九四爻辞:"日中见斗"。这是一种太阳黑子现象。黑子难于观测,西方在公元 807 年方始看到,却又不承认是太阳变化所致,而误以为是水星凌日。直到 1610 年,伽利略用望远镜观察到这一现象,才确认是太阳黑子[2]。垢卦九五爻辞"有陨自天"是指陨石现象;豫卦卦辞《彖》传"天地以顺动",这是纬书中地动思想的经典依据;复卦卦辞"观乎天文,以察时变",这是"天文"二字最早出现,意思是观测天上的星象变化来推知季节的推移;剥卦卦辞《彖》传"顺而止之,现象也。君子尚消息盈虚,天行也"。说明古人当时已知天体的运动是有消息盈虚,即不是始终均匀的;丰卦《彖》传:"月盈则食",说明当时对月食发生在望已有所认识;革卦《彖》传:"天地革而四时成","革,君子以治历明时",明确提出天地规律地变化而成四季,而君子则研究历法来推知四时(季);至于复卦卦辞所说:"反复其道,七日来复,得有攸往。"《彖》传进一步说:"反复其道,七日来复天行也。"这显然是以七日为一周期的现象。其本源当是四分月相周或四分恒星月,但是否受到巴比伦星期的影响,有待进一步研究。需要特别指出的是,《系辞传》是一篇把《易经》与天文系统地联系起来的篇章,是后世及《易经》神秘化和神化的祖师。《系辞传》认为读《易》就能通天地的规律,有关天人感应,天地感应,有关宇宙的数字神秘主义说法等也可在该篇中找到源头。《系辞传》作者认为天地结构是天上地下的因果关系,还有五岁再闰的闰周,至于从太极形成八卦的说法被世后认为是一种宇宙演化思想[3],这些均可作为一种文化现象来研究。

① 王静:《用质疑和辨证论表达敬佩和尊重》,人民日报,2004-10-27(海外版)。
② 袁运开:《中国科学思想史(上)》,安徽科技出版社,1998:508。
③ 薄树人:《易经中的天文学知识:敬以此文恭祝钱临照先生九十金诞》。

另外,《易传·乾文言》中的"同声相应,同气相求",可视为声学共振现象的源头,并对此后元气说的感应论产生了深远的影响;《易传》中的排列组合思想和奇偶数思想以及组合数学思想,也是值得重视的,至于《易经》是否有二进位值制的问题,我们认为证据尚嫌不足,至少要到宋代邵雍的易学著作中方可见到二进位值制的端倪。《易经》中还有地理学、气象学、生物学等史料,不再赘述。

2 书类

书类著作,《四库全书》收有 56 部 651 卷,附录 2 部 11 卷;存目 78 部 430 卷,附录 1 部 4 卷。其实这些著作都是由《尚书》研发而来。

《尚书》,亦称《书》《书经》,至汉代尊奉为"五经"之首。"尚"即上,意为上古以来之书,为中国上古历史文件和部分追述古代事迹著作的汇编。相传原为百篇,由孔子编选而成,事实上有些篇章如《尧典》《皋陶谟》《禹贡》《洪范》等是孔子以后儒家补充进去的。西汉初仅有原秦博士济南伏胜所传 28 篇,计有虞夏书四篇,商书五篇,周书十九篇,分为典、谟、训、浩、誓、命六种文体,因用汉代隶书写成,称《今文尚书》;汉景帝末据说在孔子宅壁内发现先秦古文写本,称《古文尚书》。西晋永嘉之乱后皆佚而不传,东晋梅颐奉献并立于学官的《古文尚书》,孔氏传 59 篇,包括由今文离析而成的三十三篇,新出的 25 书序 1 篇,后被宋人称为伪《古文尚书》。但唐太宗颁布孔颖达编定的《五经正义》中的《书》,仍以伪孔传本为宗,历五代迄宋,科举取士亦以此本为准,现今通行的《十三经注疏》本中的《尚书》就是《今文尚书》与伪《古文尚书》的合编,在研究《尚书》的各种注本中以唐孔颖达《尚书正义》(见《十三经注疏》本)和清孙星衍《尚书今古文注疏》,有《四部备安》《丛书集成》等为优。

《尚书》蕴含了中国上古时期丰富的政治、伦理、哲学、法律思想,而且不乏科技史料,是研究夏商周史事的一部重要文献。其中《尧典》是研究商族起源的重要文献;而《大浩》《康浩》《酒浩》《召浩》《济浩》等五浩是研究周初史事的可靠史料;《禹贡》不但是记载夏史较详的最早典籍,而且是中国最早的一篇地理著作,它用自然分区的方法,记述当时我国地理状况,把全国分为九州,假托为夏禹治水以后的政区制度,对黄河流域的山川、薮泽、土壤、物产、贡赋、交通等,记述较详;对长江、淮河流域的记载则相对粗略。把治水传说发展成为一篇珍贵的古代地理记载,是我国最早一部科学价值很高的地理著作。

后世研究、校释《禹贡》的著作很多,宋代是研究《尚书》成果丰硕的时代。其中与科学史有关的名著有:宋程大昌《禹贡论》和《禹贡山川地理图》,傅寅《禹贡新说》,他们代表了当时有关《禹贡》研究的最高水平。清代对《尚书》的研究更多,涉及科学技术史者,自然地理和历史地理方面的著作有朱鹤龄《禹贡长笺》、徐文清《禹贡会笺》、蒋廷锡《尚书地理令释》等,清代以来,《尚书》其他篇章中的科技史料也逐渐被重视,如《洪范》篇是保存五行资料最古老的文献之一,其中对某些自然现象的解释,含有朴素的唯物主义因素;又如《尧典》中的"四仲中星"是古代天文学史的重要资料,假如将此与《夏小正》中相关记载进行比较,时间和观测对象完全相同的只有一条:"五月初昏在大火中",甲骨文中也有"贞,唯火,五月";《左传·襄公九年》明确地说:"心为大火",而"火纪时也"等。这使人们想起埃及的年代学问题,如果通过现代计算机模拟手段对古文献中的天体位置进行计算,看看在中原地区什么时代,什么时间,它在什么方位上,并与文献记载加以比较分析,或许对解决夏商周年代学问题有所裨益;另外,《胤征》篇中的"仲康日食",虽然国内外学术界有争议,但仍然值得重视,设法研究给出结论;《吕刑》篇更是研究中国早期刑法史不可或缺的文献,其中包括要求技术水平很高的宫刑,最好要结合甲骨文等文献来进行研究。

总体来看,《尚书》的研究,应该说是比较充分的,但正如王金夫先生说:至今尚未形成运用多学科的理论和方法对《尚书》作综合和整体研究格局。① 这种认识是颇有见地的,同样科技史专业也不能仅限于某条具体资料的分析,《尚书》中科技史料的价值,可以作一篇综合性的论文。

3　诗类

诗类著作较多,仅《四库全书》中就收有 62 部 941 篇,附录 1 部 10 卷,另有存目 84 部 913 卷。皆源于西周初至春秋末的诗歌 305 篇,原称《诗》(又名《诗三百》或《三百篇》),汉代被列为五经之一,始出现《诗经》之名。据《汉书·艺文志》著录,汉代传诗者有齐、鲁、韩、毛四家,后来只有毛亨所传的《诗》完整地保存下来;1977 年安徽阜阳出土《诗经》汉简 170 多枚,据考证不合于《毛诗》序列,可能是另外三家《诗》的遗物。②

关于《诗》的编选者,说法不一,大多数学者认为是周王朝各个时期的乐官或乐师编纂,孔子可能对《诗》做过重新校订工作。

《诗经》是中国第一部诗歌总集,编于春秋时代,收集了西周初年到春秋中期约五百年间的诗歌三百零五篇(另有六篇"笙诗"有目无辞未记在内)7200 余句,34500 多字。其结构分"风""雅""颂"三部分,"风"有十五国风,包括周南、召南、邶风、庸风、卫风、王风、郑风、齐风、魏风、唐风、秦风、陈风、桧风、曹风、豳风,共一百六十篇,大都是各地民间歌谣,不少篇章揭露了当时政治黑暗和混乱,贵族统治集团对人民的压迫和剥削,劳动和爱情也有所反映;"雅"有《大雅》《小雅》共一百零五篇;"颂"有《周颂》《鲁颂》《商颂》共四十篇。"雅""颂"部分出于统治阶级及其文人之手,内容有些是宴会的歌,也有不少暴露时政的作品,表现了对周室趋于衰落的不安和忧虑;还有一些祀神祭祖的诗,客观上提供了有关周的兴起,周初经济制度和生产情况的重要资料,但是主旨在于歌功颂德,宣扬统治者承天受命的思想。长期以来,《诗经》一直受到很高的评价,梁启超在《要籍解题及其读法》中说:"现存先秦古籍,真赝杂糅,几乎无一书无问题;其真金美玉,字字可信者,《诗经》其首也。"因此《诗经》中反映的周代典章制度,风俗习惯,语言文化以及科学技术等方面的丰富资料,是相当真实和可靠的,它不但对中国两千多年文学发展有深刻的影响,而且对哲学、考古学、语言文字和科学技术史的研究等都有重要价值。

《诗经》在科技史上的价值是不容忽视的,仅诗中引用的动物、植物名称、天文、地理、气象等词语,都是反映我国先秦科技水平的重要信息,由于诗句朴实无华,相当真实,可作为当时的科技信史,因此历来受到学术界的重视。晋人陆机从《诗经》中挑选了动植物 250 多种,其中植物 146 种,动物 109 种(包括鸟类 42 种,兽类 25 种,虫类 22 种,鱼类 20 种),撰成《毛诗草木鸟兽虫鱼疏》,成为我国古代第一部生物学著作,就是明证。此外还有《诗经地理考》以及今人夏纬瑛的《〈诗经〉中有关农事章句的解释》等,都是很好的说明。可资参考、利用散见于各种诗句中的科技史料更多,如"十月之交"中的日月食、"七月流火"中的农事和物候,

①　陈述:《中华名著要籍精诠》,中国广播电视出版社,1994:351。
②　胡平生:《阜阳汉简诗经研究》,上海古籍出版社,1988。

更是不胜枚举。

下面再着重举几条与技术史有关的史料：

（1）于青铜器的有 200 多条

涉及青铜器品种可分为七类：鼎彝等器、钟鼓等器、和鸾等器、刀铲等工具、尊爵等酒器、戈矛等兵器、杂器等。反映了当时青铜器的广泛应用，并得到了考古发掘实物的证实，如果利用科技考古技术进行分析，结合《考工记》中的"六齐"进行研究，可望解决当时青铜成分的配比规律问题；另外，还有人认为当时对青铜的认识，包括研究，可望解决当时青铜成分的配比规律问题；另外，还有人认为当时对青铜的认识，包括选择冶炼和防锈措施：如《卫风·淇奥》中"有匪君子，如金如锡"，意思是说：有一个君子，他受过陶冶锻炼，有着美好的品格，就像提炼出来的铜和锡那样纯洁；《秦风·小戎》中"厹矛鋈錞"，意思是长矛柄尾的铜錞上浇灌了一层锡，目的是为了防锈，这在当时确实是一个重要的防腐措施！

（2）于酒，《诗经》中大约有 100 条资料

酒名就有八种之多：酒、醴、鬯、黄流、旨酒、春酒、清酒、醻等；酒器有十二种：瓶、罍、尊、卣、斝、爵、兕、觩、匏、斗、璋、玉瓒、牺尊等；而且认识到了"丰年，多黍多稌，亦有高廪，万亿及秭，为酒为醴，蒸畀祖妣"（意思是丰收的年成，黍稌是多么多啊，还有那高大的粮仓囤积着很多粮食，用它来酿酒制醴，奉祀先祖先妣）。这种把丰收，粮食多了与酿酒联系起来，无疑是酿酒史上的珍贵的史料。

（3）关于颜料和染色的记载

《诗经》中反映的颜色包括红、黄、蓝、绿、青、黑等，除了用植物颜料茹 （茜草）、蓝、绿等外，可能还有矿物颜料；《唐风·山有枢》中"山有漆"和《庸风·定之方中》"树之秦栗，椅桐梓漆"，反映了当时对漆树的认识。当时流传至今的文献很有限，这部诗歌总集显得格外重要。当今科学史界在研究许多重要问题起源时，往往总要先去查找《诗经》，有时确能找到有关问题的最早记载，值得进一步发掘！

在中国古代大量的经书中，包含了极为丰富而珍贵的科技史料，以上仅举出三例，略作介绍和分析，由此对于经部著作的科技史料价值已可见一斑。

原文载于：《广西民族学院学报》（自然科学版），2006（1）：5—9。

科技史研究应文献与实证并重

张秉伦

　　1964 年我从安徽大学生物系毕业之后,就被分配到中国科学院自然科学史研究所工作。在科学史所,主要做生物学史方面的研究工作,后来也担任了一些行政管理工作。1980年,中国科学技术大学成立自然科学史研究室,1981 年开始招收硕士研究生。我们的老前辈钱临照先生希望自然科学史所支持中国科学技术大学的科学史专业建设,要求派人给中国科学技术大学科学史研究生上课。考虑到我是安徽人,所里就派我来中国科大兼课。后来钱先生提出希望我正式调入中国科大工作,并且中国科大也主动把我家属从泾县调入学校工作,这样我就来到中国科大工作,一干就快 35 年了。中国科大科学史专业于 1981 年开始招收硕士生,1984 年招收博士生。我承担两门研究生课程,一门是"中国古代科技文献",一门是"中国科学史及其研究方法"。感到欣慰的是,我指导了一些研究生,而且相当一部分研究生毕业后干得很出色。

　　我认为研究生的培养,最重要的是基本功的训练,一是收集和消化史料的能力,二是论文写作能力。学风也十分重要,需要导师精心培养和训练。有了扎实的功底和严谨的学风,就可以做出比较好的研究工作。现在社会发展了,经济水平提高了,多数人选择职业时首先考虑收入高低。从事科学史工作,很难能在经济上有大的回报,但是很有价值。只有热爱科技史的人,才能做好科技史研究工作。因此我认为,热爱科技史,又经过扎实的培养和训练的人,就是这个事业比较理想的接班人。当然,科技史毕业的研究生,可以从事的工作是多方面的。因为这个专业的学生,既要掌握科技发展的历史,又要了解科技发展的现状,要文理兼修,学生的知识面比较宽,视野比较开阔,文字能力也比较好。这样的人才,素质比较全面,从政,经商,做管理,做学问,都可以。我们这里毕业的研究生,在这几个方面做得比较好的例子都有。

　　中国科大于 1984 年开始招收博士生,算是招生比较早的学校。我们是物理学史博士点,早期主要招收这个方向的研究生,后来逐步扩大了专业范围,其他研究方向,只要有合适的学生,我们也安排博士论文,例如在天文、造纸、印刷、医学、冶金等方面都培养过博士生。由于学生的选题范围很宽,我们的指导能力有限,所以聘请中国科学院自然科学史研究所的一些先生帮助我们合作指导。由于我们的经费有限,科学史所的先生帮助我们指导研究生,是没有经济报酬的,对我们的工作给予了无偿支援。所以,我们十分感谢这些先生。回过头来看,我们扩大研究生培养的专业范围,还是有一定的合理性的。后来国务院规定科技史专业不设二级学科,原来专科史的学位点,都成了一级学科点。研究生的培养方向可以根据自己的条件确定,这实际上就是我们以前的做法。相比而言,我们学校培养的科技史研究生数量比较多,这得益于学校的支持,钱临照先生比较开放的思想,以及我们学科点师生的共同努力,还得益于中国科学院自然科学史研究所的大力支持与帮助。我确实热爱科学史事业,为了这个学科的发展,我愿意竭尽全力做我力所能及的事。

科技史研究离不开科技文献史料。我国古代留下极为丰富的文献史料,其中含有大量的科技内容和相关信息。古代文献浩如烟海,到哪些古籍里查找自己所需要的资料? 不要说对于刚入学的研究生是很难做到的,就是对于专门从事科技史方面的研究人员,如果不经过相当时间的摸索,也是难以做到的。调到中国科学技术大学工作后,我尝试着给研究生讲授"中国古代科技文献"课,一边讲课,一边搜集资料,不断充实内容,每一轮讲课都增加新内容,花费了不少时间。这门课值得讲授的东西很多,还有不少内容需要充实和完善。我讲授这门课 20 多年了,有不少体会和想法。我争取把讲义写出来,如果出版了,就可以供更多的人参考。

科技史研究方法,可以说仁者见仁,智者见智。当然也有些大家公认的基本方法,但这个话题要深入谈下去,需要做些准备,以后再系统地谈。

传统的科技史研究多是采用历史文献分析方法,其实,实地考察和模拟实验,也是科学史尤其是技术史研究非常重要的方法。这类方法可以填补文献记载的不足,解决许多单纯由文献资料研究所难以解决的问题。我国古人发明了大量的传统工艺技术,其中有不少内容目前还在被使用。通过实地考察,对古代的工艺技术细节会有更准确的理解,可以避免许多由于历史文献记载不详而导致的理解错误。当年宋应星如果不深入到作坊现场作实地考察,就不可能写出《天工开物》。今天我们研究一些古代工艺技术也一样,需要实地考察。

有些已经失传的东西,没法进行实地考察。有关的文献记载是否准确,或者我们今天对古人记载的理解是否正确? 可以通过模拟实验研究来解决。如果仅仅用从文献到文献的研究方法,就"敲不死,搞不实",甚至会以讹传讹。中国科学技术大学在这方面做过一些工作,例如通过模拟实验判明用"秋石方"提取不到性激素,用模拟实验证明"泥活字"可以印刷,通过模拟实验验证了古代漏刻计时的精确度,以及近来完成的传统加工纸工艺("造金银印花笺法")的模拟实验研究等等。这些研究都运用了模拟实验方法,得到了很好的结果。

1963 年,鲁桂珍和李约瑟博士在《自然》(Nature)杂志上发表文章,指出中国人在 10—16 世纪,已经从人尿中成功地制备了较为纯净的雌雄性激素混合剂。他们所说的性激素是指从《本草纲目》中看到的关于秋石的描述。1964 年,鲁桂珍和李约瑟又在英国《医学史》杂志上发表文章,他们分析了《本草纲目》中记载的 6 种提炼秋石的方法,认为这 6 种方法都能得到性激素。1968 年,他们又在一家杂志上发表文章,再次强调中国古代这项"不平凡的成就"。后来,李约瑟又把这项成就写进了他的巨著《中国科学技术史》(*Science and Civilisation in China*)。由此,中国古代"性激素说"即在国际上产生了广泛的影响。李约瑟的观点得到一些西方学者的赞同。在 20 世纪 70 和 80 年代,我国一些学者也发表文章,支持秋石性激素说。当时唯独台湾大学刘广定教授对性激素说提出了质疑,他于 1981 年在《科学月刊》连续发表三篇文章,经过理论分析,否定了秋石为性激素的说法。根据内容相同的古代文献资料,却得出了两种截然相反的结论。要验证哪种结论正确,看来只能按照原始文献记载的秋石炼制方法进行模拟实验。1987 年,我指导研究生孙毅霖对鲁桂珍和李约瑟最感兴趣的阳炼法、阴炼法和石膏法,进行了模拟实验,并对实验结果做了理化检测分析,结果证明这三种秋石方都不含性激素。我们的文章发表后,得到了一些学者的赞同,也有人持不同的看法。有学者提出,古书记载的秋石方很多,方法多样,只有等到把全部炼制方法都尝试过之后,才能下结论。2001—2003 年,我指导研究生高志强继续对秋石方进行模拟实验研究。

我们搜集到 40 种秋石方,对它们进行分类,对其中以前尚未进行实验研究的 5 种具有代表性的秋石方,进行了模拟实验研究和理化检测分析。结果发现,秋石方的提取物是一些无机盐或含有少量其他有机物的混合物,根本不是性激素。我们的研究表明,迄今为止,国内外凡有人明确认为含有性激素的秋石方,其实都不含有性激素。所以,我认为,鲁桂珍和李约瑟关于秋石是性激素的说法,基本上可以被否定了。

原文载于:《自然科学史研究》,2013(3):419—422。

科技史研究应文献与实证并重

——科技史学家访谈录之九

万辅彬/问　　张秉伦/答

万：秉伦兄，我俩是安徽大学校友，我1963年从学校毕业后道路曲曲折折，1983年才搞科学技术史教学和研究，是半路出家。不像您从学校出来后就一直从事科学技术史研究和教学，取得了卓著的成就，在科学史界，大家都称赞您的研究工作和培养新人的执着奉献，我想请您谈谈您的科学史研究和教学生涯。

张：1964年我从我们的母校安徽大学生物系毕业之后，就被分配到中国科学院自然科学史研究所工作。在科学史所，主要做生物学史方面的研究工作，后来也担任了一些行政管理工作。1980年，中国科学技术大学成立自然科学史研究室，1981年开始招收硕士研究生，我们的老前辈钱临照先生希望自然科学史所支持中国科技大学的科学史专业建设，要求派人给中国科技大学科学史研究生上课，考虑到我是安徽人，所里就派我来中国科技大学兼课。后来钱先生提出希望我正式调入中国科学技术大学工作，并且中国科学技术大学也主动把我家属从泾县调入学校工作，这样我就来到中国科学技术大学工作，一干就快35年了。中国科学技术大学科学史专业于1981年开始招收硕士生，1984年招收博士生。我承担两门研究生课程，一门是"中国古代科技文献"，一门是"中国科学史及其研究方法"。感到欣慰的是，我指导了一些研究生，而且相当一部分研究生毕业后干得很出色。

万：到目前为止，在中国您是培养科技史研究生人数最多的导师。您能不能介绍一下在研究生的培养方面您有哪些独到的方法？您认为什么样的学生是科技史事业好的接班人？

张：我不敢说是培养研究生最多的人，也谈不上有独到的方法。我认为研究生的培养，最重要的是基本功的训练，一是收集和消化史料的能力，二是论文写作能力。学风也十分重要，需要导师精心培养和训练。有了扎实的功底和严谨的学风，就可以做出比较好的研究工作。现在社会发展了，经济水平提高了，多数人选择职业时首先考虑收入高低，从事科学史工作，很难能在经济上有大的回报，但是很有价值。只有热爱科技史的人，才能作好科技史研究工作。因此我认为，热爱科技史，又经过扎实的培养和训练的人，就是这个事业比较理想的接班人。当然，科技史毕业的研究生，可以从事的工作是多方面的。因为这个专业的学生，既要掌握科技发展的历史，又要了解科技发展的现状，要文理兼修，学生的知识面比较宽，视野比较开阔，文字能力也比较好。这样的人才，素质比较全面，从政、经商、做管理、做学问，都可以。我们这里毕业的研究生，在这几个方面做得比较好的例子都有。

万：中国科学技术大学是最早建科学史博士点的单位之一，请谈谈您的经验和体会。

张：我们学校于 1984 年开始招收博士生，算是招生比较早的学校，我们是物理学史博士点，早期主要招收这个方向的研究生，后来逐步扩大了专业范围，其他研究方向，只要有合适的学生，我们也安排博士论文，例如在天文、造纸、印刷、医学、冶金等等方面都培养过博士生，由于学生的选题范围很宽，我们的指导能力有限，所以聘请中国科学院自然科学史所的一些先生帮助我们合作指导，由于我们的经费有限，科学史所的先生帮助我们指导研究生，是没有经济报酬的，对我们的工作给予了无偿支援。所以，我们十分感谢这些先生。回过头来看，我们扩大研究生培养的专业范围，还是有一定的合理性的，后来国务院规定科技史专业不设二级学科，原来专科史的学位点，都成了一级学科点。研究生的培养方向可以根据自己的条件确定，这实际上就是我们以前的做法。相比而言，我们学校培养的科技史研究生数量比较多，这得益于学校的支持，钱临照先生比较开放的思想，以及我们学科点师生的共同努力，还得益于中国科学院自然科学史研究所的大力支持与帮助。

万：请您谈谈您在科学史学科建设方面做了哪些积极的贡献。

张：谈不上贡献。但我确实热爱科学史事业，为了这个学科的发展，我愿意竭尽全力做我力所能及的事。

万：您在科技文献方面有很深的造诣，您的讲义不胫而走，成为好几个大学的研究生教材，请您谈谈您的这方面工作。

张：科技史研究离不开科技文献史料，我国古代留下极为丰富的文献史料，其中含有大量的科技内容和相关信息。古代文献浩如烟海，到哪些古籍里查找自己所需的资料？不要说对于刚入学的研究生是很难做到的；就是对于专门从事科技史方面的研究人员，如果不经过相当时间的摸索，也是难以做到的。调到中国科学技术大学工作后，我尝试着给研究生讲授"中国古代科技文献"课，一边讲课，一边搜集资料，不断充实内容，每一轮讲课都增加新内容，花费了不少时间。这门课值得讲授的东西很多，还有不少内容需要充实和完善，我讲授这门课 20 多年了，有不少体会和想法，我争取把讲义写出来，如果出版了，就可以供更多的人参考。

万：请您谈谈您在科技史方面的研究方法和经验。

张：也谈不上什么经验，但有一些体会，科技史研究方法，可以说仁者见仁，智者见智，当然也有些大家公认的基本方法，但这个话题要深入谈下去，需要做些准备，我看还等下次再系统地说吧。

万：在科学史研究中，您为什么特别注重田野调查和实证研究？

张：传统的科技史研究多是采用历史文献分析方法，其实，实地考察和模拟实验，也是科学史尤其是技术史研究非常重要的方法。这类方法可以填补文献记载的不足，解决许多单纯由文献资料研究所难以解决的问题。我国古人发明了大量的传统工艺技术，其中有不少内容目前还在被使用。通过实地考察，对古代的工艺技术细节会有更准确的理解，可以避免许多由于历史文献记载不详而导致的理解错误。当年宋应星如果不深入到作坊现场作实地考察，就不可能写出《天工开物》。今天我们研究一些古代工艺技术也一样，需要实地考察，有些已经失传的东西，没法进行实地考察。有关的文献记载是否准确？或者我们今天对古人记载的理解是否正确？可以通过模拟实验研究来解决。如果仅仅用从文献到文献的研究方法，就"敲不死，搞不实"，甚至会以讹传讹。中国科学技术大学在这方面做过一些工作，例如通过模拟实验判明用"秋石方"提取不到性激素，用模拟实验证明"泥活字"可以印刷，通过模拟实验验证了古代漏刻计时的精确度，以及近来完成的传统加工纸工艺（"造金银印花笺法")的模拟实验研究等等,这些研究都运用了模拟实验方法,得到了很好的结果。

万:台湾大学刘广定教授发现"秋石"不是性激素,是您用实验验证了他这个观点,您是怎样做这个实验的?

张:这个话题很长,我只能简略地谈一下。1963 年,鲁桂珍和李约瑟博士在《自然》(Nature)杂志上发表文章,指出中国人在 10—16 世纪之间,已经从人尿中成功地制备了较为纯净的雌雄性激素混合剂。他们所说的性激素是指从《本草纲目》中看到的关于秋石的描述。1964 年,鲁桂珍和李约瑟又在英国《医学史》杂志上发表文章,他们分析了《本草纲目》中记载的六种提炼秋石的方法,认为这六种方法都能得到性激素。1968 年,他们又在一家杂志上发表文章,再次强调中国古代这项"不平凡的成就"。后来,李约瑟又把这项成就写进了他的巨著《中国科学技术史》。由此,中国古代"性激素说"即在国际上产生了广泛的影响,李约瑟的观点得到一些西方学者的赞同。在 20 世纪 70 和 80 年代,我国一些学者也发表文章,支持秋石性激素说。当时唯独台湾大学刘广定教授对性激素说提出了质疑,他于 1981 年在《科学月刊》连续发表三篇文章,经过理论分析,否定了秋石为性激素的说法。根据内容相同的古代文献资料,却得出了两种截然相反的结论。要验证哪种结论正确,看来只能按照原始文献记载的秋石炼制方法进行模拟实验。1987 年,我指导研究生孙毅霖对鲁桂珍和李约瑟最感兴趣的阳炼法、阴炼法和石膏法,进行了模拟实验,并对实验结果做了理化检测分析,结果证明这三种秋石方都不含性激素。我们的文章发表后,得到了一些学者的赞同,也有人持不同的看法。有学者提出,古书记载的秋石方很多,方法多样,只有等到把全部炼制方法都尝试过之后,才能下结论。2001—2003 年,我指导研究生高志强继续对秋石方进行模拟实验研究。我们搜集到 40 种秋石方,对它们进行分类,对其中以前尚未进行实验研究的五种具有代表性的秋石方,进行了模拟实验研究和理化检测分析,结果发现,秋石方的提取物是一些无机盐或含有少量其他有机物的混合物,根本不是性激素。我们的研究表明,迄今为止,国内外凡有人明确认为含有性激素的秋石方,其实都不含有性激素。所以,我认为,鲁桂珍和李约瑟关于秋石是性激素的说法,基本上可以被否定了。

万:您做实验求真务实,为人也诚信正直,而且十分敦厚和善,每次和您谈心,您总是很谦虚,对晚辈不仅言教,而且重身教,您的学生都很景仰您,我比较熟悉的张江华博士、李晓岑研究员都经常说起您,他们把您当作自己的楷模。

张:我来自农村,我的父母、我的老师给了我这样的品格,的确身教重于言教,作为导师就应该这样做。

万:今天我们谈得很愉快,下次再请您谈科技史研究方法问题,好吗?

张:好的!

万:谢谢您接受我的采访!

原文载于:《广西民族学院学报》(自然科学版),2006(1):27—32。

科技史 的 古为今用

中国古代对手纹的认识和应用

张秉伦　　赵向欣

　　手纹包括指纹、掌纹和指节纹。目前对指纹的研究相当深入,由于它具有人皆有之、人各不同、终生不变等性质,因而世界各国司法部门不但在侦破案件时把它作为"物证之首",而且还被广泛地应用于社会事务和人身保险等领域。自60年代以来,指、掌纹又受到医学家和遗传学家们的注意,在利用它们诊断某些遗传疾病和人的其他自然素质方面也取得了一些可喜的成果。

　　不过,仅在几十年前,利用指纹痕迹识别罪犯的方法,在各国司法部门还没有得到普遍承认。德国罗伯特·海因德尔在《指纹鉴定》(1927)一书中说,他曾根据指纹痕迹证明一个女人是某谋杀案中的凶手,但德国法院并未据此依法判处她死刑,理由是指纹术只有"十年"的经验。实际上,指纹术是具有悠久历史的。海因德尔查阅了世界各国的大量文献,终于在东亚和北美许多国家的古书中找到了有关利用指纹侦破案件的记载,甚至找到了古老的指纹遗迹。其中以中国唐代的记载为最早。他在《指纹鉴定》一书中写道:"中国第一个提到用作鉴定的指印的著作家是贾公彦。他是唐代的著作家。他的作品大约写于公元650年,他是着重指出指纹是确认个人的方法的世界最老的作家。"从此,中国被公认为指纹术的发源地。

　　那么,中国究竟从什么时候开始应用指掌纹?曾经在哪些方面应用过指掌纹?本文根据考古材料和古籍记载作一初步探讨。

一、古老的指纹痕迹

　　我国新石器时代仰韶文化半坡遗址出土了许多六千多年前的陶器,有些上面附有清晰可见的指印。这些指印可能是制作时偶然留下的,但也可能是有意识地作为标记或图案用的。

　　我国从很早的时代就使用印章,印章用多种材料制成,其中有一种是泥印。美国芝加哥菲尔特博物院藏有一枚中国古代的泥印,正面刻着姓名,反面印有一个拇指的印痕,条条阳纹清晰可辨。考古学者确认,这枚泥印属于周代或前汉,其制作年代距今已有二千余年。

　　此外,秦汉时代公私文书大都写在竹简或木牍上,寄发时用绳捆缚,在绳端或交叉处封以黏土,上盖印章,作为信验。我们在古代书简的封泥上常可看到明晰的指纹(图版壹,1,2)。而且有些封泥并不加盖印章,只有指纹。这种有意按上去的指纹显然是为作鉴定用的。海因德尔的《指纹鉴定》一书中也提到这一点(他称竹简或木牍为"折叠书",称封泥为"黏土印")。

总之,我国古代有关指纹利用的遗迹是相当多的,这里只举出较重要的几种。

二、手纹在文书契约上的应用

手纹在中国古代最广泛的应用,是文书契约上作为信用象征的指纹或掌纹。古代的"契"是多种文书的总名,写在竹简或木牍上,分为两半,立约双方各执一半作为凭证。《礼·曲礼》:"献粟者执右契。"疏:"契谓两书一札,同而别之。"后来单称买卖的文书为契。《周礼》有"以质剂结信而止讼"一语。注:"质剂谓两书一札而别之也,若今下手书。"疏:"郑云若今下手书者,汉时下手书即今画指券,与古质剂同。"海因德尔正是根据贾公彦提到"画指券"而断定他是世界上第一个提出用指纹来识别个人的。

那么,"画指券"究竟是怎么一回事呢?

1964 年我国新疆维吾尔自治区吐鲁番阿斯塔那左憧憙墓出土的几件唐代文书契约(包括举钱契四件、举练契两件、买草契和买奴契各一件),每张契约上都明文写道:"两和立契,画指为信",或"两和立契,按指为信",或"官有政法,人从私契,两和立契,画指为信"等等。而且每张契约落款处当事人、保人、证人还一一画上指印。这些指印都是将手指平放纸上,画下食指三条指节间的距离(图版壹,3)。

左憧憙生于隋炀帝大业十三年(617),死于唐高宗咸亨四年(673)。这些契约的立约时间为显庆五年(660)至总章元年(668)。可见在公元 7 世纪,这种"画指为信"或"按指为信"在新疆一带是很流行的。贾公彦所说的"画指券",应即是这种以"画指为信"或"按指为信"的画指文书。

另外,唐朝还有直接以指纹为信的物证。如 1959 年在新疆米兰古城出土了一份唐代藏文文书(借粟契)。这份契约是用长 27.5 公分、宽 20.5 公分、棕色、较粗糙的纸写成的,藏文为黑色,落款处按有四个红色指印,其中三个已看不出纹线,但有一个能看到纹线,可以肯定为指纹。

另外,唐代也有以整个手印来代表一个人的。如 1964 年在新疆出土的延寿四年(627)遗言文书两件,上面均有朱红手印。一件上手掌印全长 16.9 公分,除小指部位残缺外,其余部位清晰可见;另一件上是半个手掌印,只有拇指和食指,其余部分残缺,指掌分明,应为正规按印。经鉴定两件文书上的手印均为右手手印,但不是同一个人的右手手印(图版壹,4)。

海因德尔《指纹鉴定》一书中也曾提到中国唐代建中三年(782)以手印为信的借据,一张为何新越向护国寺和尚建英(译音)借粮,另一张为马灵芝向建英借钱。借据详述所借钱(粮)数、利率及不能归还时的赔偿方法等,末了说:"恐后无凭,立此为据,立约人双方认为公平合理,并以手印为信。"(据西文意译)

由以上出土文物来看,可见我国自汉以来就有所谓"下手书",到了唐朝,在文书契约已经相当广泛地应用指纹、指节纹和指掌印作为一个人的凭证了。这说明我国人民在一千三百多年前已经认识到指、掌纹(印)可以代表一个人。

此后,指、掌纹又应用于田宅契、卖身契等方面。宋黄庭坚说:"江南田宅契亦用手摹(模)也。"[①]手模即手印。元姚燧记载:"凡今鬻人皆画男女左右食指横理于卷为信。"[②]明代

---

① 见《山谷诗外集》。
② "浙西廉访副使潘公神道碑",见元姚燧《牧庵集》,《四部丛刊》本,卷二十二。

《万书萃宝》和《万书渊海》所载卖身契都说："今欲有凭,故立文契,并本男(或本女)手印,一并付银主为照。"明以后,指节纹很少应用,主要是指纹和手模(手印)。至今历史博物馆等单位还保存着明清时代许多印有指纹的借据和卖身契原件。西方发现最早的一张按有指纹的单据是1882年一个美国人的订货单,弗朗西斯·高尔敦将它收入了他的《指纹》(1892)一书中,时代是晚得多了。

三、指纹在刑事案件和民事诉讼方面的应用

目前关于指纹的最广泛的应用,是司法部门用它作为刑事犯罪的主要物证,在侦破案件时发挥着巨大作用。我国早在战国末以至秦始皇的时代,就曾用"手迹"作为侦破盗窃案件的物证。1975年湖北省云梦县睡虎地出土一批秦简,其中《封诊贰·穴盗》简云:"内中及穴中外壤上有郄(膝)、手迹,郄(膝)、手各六处。"这一记载表明当时已把手迹作为盗窃案件现场勘查的重要证据之一。肖允中在《指文小史》[1]一文中说,汉初萧何制定汉律时,规定在供词上捺指纹为证,这条资料我们没有见到,有待查考。

在唐代广泛应用指、掌纹于文书契约的基础上,到了宋代,手印已正式作为刑事诉讼的物证。《宋史·元绛传》:"安抚史范仲淹表其材,知永新县。豪子龙聿诱少年周整饮博,以技胜之,计此赀折取上腴田,立卷。久而整母始知之,讼于县。县索券为证,则母手印存,弗受。又讼于州,于使者,击登闻鼓,皆不得直。绛至,母又来诉。绛视券,呼谓聿曰:'券年月居印上,是必得周母他牒尾印,而撰伪券续之耳。'聿骇谢,即日归整田。"这段记载表明龙聿利用带有周整母亲手印的牒尾,伪造证据,霸占了周家的田,州县官吏未加细察,皆未发现龙聿的作伪;但是,经验丰富的元绛因见年月居手印之上,终于识破龙聿利用周母按有指印的旧牒伪造田契的诡计,从而使田归原主。由此可见,当时处理民事纠纷常用手印作为证据,而且能鉴别出手印属于何人。

元代姚燧在所撰潘泽神道碑文中说:"转金山北辽东道提刑按察使事,治有田民杀其主者,狱已结矣……又有讼其豪室奴,其一家十七人,有司观顾数十年不能正。公以凡今鬻人皆画男女左右食指横理于券为信,以其疏密判人短长壮少,与狱词同,其索券视,中有年十三儿,指理为成人。(潘泽)公曰:'伪败在此'。为召郡儿年十三者数人,以符其指,皆密不合。豪室遂屈,毁券。"[2]这段记载表明,潘泽在审理案件时曾根据"指理"来判断人的体态和年龄,并加以验证,终于避免造成一起冤案。

唐宋以来,在离婚法中以手模为信的记载就更多了。宋黄庭坚在《涪翁杂记》中说:"今婢券不能书者,画指节。"即不能亲笔签名的人,以画指节或捺指印为信,在离婚的休书上也是如此。南宋作品《快嘴李翠莲记》[3]中,就有在休书上捺手印的记载。对于不识字的人,或在没有纸笔的条件下,有时不写休书只打手模,也可当作离婚的凭证。如元曲马致远《任风子三》中说,一对夫妇要离婚,男方要写休书却没有纸,女方说在手帕上印个泥手模"便当休书"。不过由于指印或手模广泛用于借贷契约、买卖子女、订婚、离婚等方面,不写休书而单凭指印或手模为证,事后可作各种不同的解释,所以元代法律是禁止的。《元史·刑法志》

---

① 见《云南政法学院学报》1980年第3期。
② "浙西廉访副使潘公神道碑",见元姚燧《牧庵集》,《四部丛刊》本,卷二十二。
③ 佚名:《快嘴李翠莲记》,《中国西典短篇小说》第173页。

说:"诸出妻妾,须约以书契,听其改嫁;以手模为证者,禁之。"元《通制条格》卷四载大德七年(1303年)王钦休弃妾孙玉儿案,中书省上报亦云:"今后凡出妻妾须用明立休书,即听归宗,似此手模,拟合禁止。"宋元以后,手模指印不仅在借据、卖契、婚约、休书上继续应用,而且在审讯案件时也要被审人在口供上"点指画字"。元末明初小说家施耐庵的《水浒传》,叙述武松杀嫂前命胡正卿笔录潘金莲和王婆的口供,也"叫他(她)两个都点指画了字"。此外,明清小说如《警世通言》《红楼梦》等书中,也都有类似的叙述。

以上说明,我国至迟从宋代开始,在审理案件或处理民事纠纷时,已经开始应用指(或手)纹了。国外利用指纹侦破案件的第一例是1892年发生于阿根廷的一起谋杀亲子案:一个叫弗朗西丝卡的妇女控告一个牧场工人,说他因追求自己未成而杀害了她两个孩子。警察勘查现场时发现了凶手的血手印,而这血手印却与弗朗西丝卡本人的手纹相合,因而揭发了这个女人杀害儿子的罪行。这是世界公认警察机关利用指纹侦破案件的第一例,可是它比我国宋代元绛和元代潘泽等人应用指纹审理案件的记载晚得多了。

四、手纹在中医方面等的应用

指、掌纹在我国的应用除上述外,实际上还有多种。如古时军队有"箕斗册",是登记士兵指纹的簿子,"箕"(曲线形指纹)、"斗"(螺形指纹)之称,说明古时对指纹已有一定的研究。又如近代孤儿院或育婴堂收容弃婴,登记时也常留下指纹。更值得注意的是,中国传统医学也利用指纹作为诊断的辅助。

中国古代医家注意到指纹与病症的关系,尤其是对小儿的指纹观察较详,并把它作为一种诊断方法。因为小儿寸口脉部位很短,难容三指以候寸关尺,只好以一指定三关,即以食指纹分三节,从近至远名曰风关、气关、命关。据说正常的指纹是红微兼青,隐约不显,不浮不沉;而病态的指纹则有浮沉、红紫、淡滞之分。清代陈复正说:"浮沉分表里,红紫辨寒热,淡滞定虚实,三关测轻重。"所谓测轻重是指纹见风关,为病邪初人,证尚轻浅;纹见气关,为病邪深入,其势方盛;纹至命关,或透关射(指)甲,病多危笃。当然,这种利用指纹诊断病症的方法虽然可能有一定的道理,还必须结合对全身症状的分析检查才能作出正确的诊断。[1]

至于我国自古流行的手相术,虽然也与指、掌纹的应用有关,但其中有一定的科学内容,同时又包含大量封建迷信的糟粕,问题非常复杂,在这里不拟加以讨论。

五、指掌纹知识的中外交流

中国应用指、掌纹知识在世界上为最早,已如上述。至于最早把中国应用指纹的情况介绍到西方世界的,大概要算是阿拉伯商人索拉曼了。他是一位航海家,曾多次旅游中国。公元851年,他在《大唐风情》中记载:"此地,无论谁向人借钱,都要立借票(借据),借债人须用中指和食指在借票上并排捺印。如果双方签订契约,那么指纹就印在两纸骑缝处,恰如符木相偶。"[2]

日本和中国相隔一衣带水,自古以来在经济和文化上往来频繁,因此日本人应用指、掌

---

[1]　参阅郎景和《手相与医学》一文,见1979年10月19日《光明日报》第4版。

[2]　参阅周稼骏《指纹古今谈》一文,见1980年12月《文汇报》,日期待查。

纹也较早。日本川岛太朗在《法学溯源》一书中说:"按《太和法律》,男女离婚文书须由丈夫亲笔撰写,方能生效。如丈夫不会写字,可雇人代笔,但在名字下必须按食指指印为证。"①这可能是日本关于指印法的最早记载了。而《太和法律》的主要部分是参照唐代的《永徽法律》编写的。中国的手相术传入日本也很早。

到较晚的时期,世界上许多国家都有应用指纹的记载了。不过在19世纪以前,不论是在中国还是在外国,都未形成系统的指纹学。19世纪以后一,国外指纹学迅速发展起来;1823年伯莱斯劳大学教授珀克杰在他的《触觉器官及皮肤组织生理研究》一书中把指纹分为九类。1858年英国驻印度孟加拉省的内务官赫什尔在应用指纹试验的基础上,写了《手之纹线》一文,并向他的上级建议利用指纹识别惯犯,鉴定契约,可是他的建议未被批准。同年,日本东京茨木医院的一位苏格兰医生亨利·佛尔,在伦敦《自然》杂志上发表了题为《识别犯罪的第一步》的论文,第一次明确提出指纹各人不同,终身不变,提出利用指纹辨认罪犯的可能性,并以实例证明指纹应用的价值。与此同时,在日本任教授的英国人福尔兹博士除在《博物学》中论述了指纹的用途外,又于1905年发表了《指纹印》专著。1880年英国人类学家弗朗西斯·高尔顿开始研究指纹,他设计了一个按指纹形态分类并列出公式的科学方法,分指纹为三类。1892年高尔顿发表了《指纹》一书,书中作出三个重要结论:第一,指纹终身不变;第二,指纹可以识别;第三,指纹可以分类。他从生理学讲到了指纹的构造和应用价值,为指纹学理论奠定了基础。1895年,英国一个学术委员会肯定了高尔顿的方法,并经政府批准在英国正式应用。此后,研究指纹的人和机构越来越多,用指纹的国家也多起来,随着有关论著的增加,指纹学正式成为一门系统的科学。

我国正式引入现代指纹学是在本世纪初。1909年上海英租界工部局开始设手印间(即指纹室)。1911年万国指纹学会成立,当时奥国人弗斯缔克来华游历,曾讲授指纹法的功用。1914年,孙中山先生在《批释加盖指印之意义》一文中说:"欲防假伪,当以指模为证据。盖指模人人不同,终身不改,无论如何巧诈,终不能作伪也……"②但是,在新中国成立前,中国各地使用的指纹法极不统一。直到中华人民共和国成立以后,我国指纹工作者对旧中国的指纹法进行了研究,在学习外国经验的基础上,结合中国人指纹纹型出现的规律与特点,于1956年制定了十指指纹分析法。此后便在全国范围内开始建立统一的指纹登记,随着与刑事犯罪作斗争的需要,各地陆续建立了单指指纹登记。这些制度的建立在打击和预防犯罪活动、保障人身安全等方面都起了积极的作用。目前,我国除在司法部门应用指纹外,还在医学和遗传学领域中开始研究和应用指、掌纹,用来帮助诊断遗传疾病。可以预见,随着研究的逐步深入,指、掌纹在帮助诊断遗传疾病方面必将发挥更大的作用。

原文载于:《自然科学史研究》,1983(4):347—351。

---

① 参阅周稼骏《指纹古今谈》一文,见1980年12月《文汇报》,日期待查。
② 《国父全集》第4册。

望诊:人体脏器疾患在体表的有序映射

张秉伦　黄攸立

　　望、闻、问、切,号称中医"四诊",而望诊又冠于"四诊"之首,所谓"望而知之谓之神,闻而知之谓之圣,问而知之谓之工,切而知之谓之巧"①,可见望诊之重要。凡读仲景之书者,见赞秦越人入虢之诊、望齐侯之色,无不慨然感其神奇而羡慕!

　　《黄帝内经》的诊法,已基本上包括了"四诊"的内容,而于望诊的记载颇详,其重点是审查面部、眼睛五色沉浮、聚散、泽枯、明暗等变化,认为五色能反映五脏的病变。而且把整个面部分为若干区域,认为某区域的变化对应某脏腑的生理病理状况。奠定了人体脏器疾患在体表有序映射的基础。晋代以降,望诊虽亦有所发展,如起源于唐代的望小儿指纹形色以测病势轻重,望目之五轮八廓而知病之所在。但由于王叔和《脉经》的问世,脉学迅速发展,作述家专以脉称,而略望、闻、问三诊。《内经》奠定的人体脏器疾患在体表的有序映射思想并未得到进一步的发展,大失古圣先贤望诊之妙。唇诊、脐诊、人中诊、甲诊的发展,直到近现代才有医家在《内经》有关论述基础上发挥而成。尤其令人遗憾的是,《内经》奠基,张仲景发明的腹诊,在国内却没有得到应有的重视,反而在日本获得迅速发展。更有甚者,《内经》已经奠定耳诊经络学基础,并未进一步发展,却由法国学者纳吉(Nogier P.)博士在本世纪中叶完成人体各组织器官在耳郭上的具体影射部位的划分。② 这种重视切诊而忽略望诊的现象自然引起后世有识之士的注意。明清时期,有识医家从实践中认识到"四诊"相参的必要,再倡望诊为"四诊"之首,著述日丰,如李言闻的《四诊发明》、张三锡的《四诊法》、蒋示吉的《望色启微》、陈治的《诊视近纂》、吴仪洛的《四诊须详》、林之翰的《四诊抉微》,欣澹庵的《四诊秘录》、汪广庵的《望诊遵经》等等,均在此期间写成。他们或辑录古圣先贤之微言,或据亲自实践有所发明,编撰了上述著作。其中汪广庵尤重望诊,指出五官面貌、手足毫毛以及汗痰、二便、月经等均在望诊之列,从而丰富了望诊的内容,提高了望诊的准确性。近人曹炳章先生评曰:"广庵先生作是书,大足以纠正国医之四诊不确而善用偏治以致自误、误人者盛矣,其功之不可没也。"并以此与当时西医诊断学进行了比较,指出"虽西医诊断学之详博,亦未有过于是者"③。说明直到清代末年中医诊断水平仍然不比当时传到中国的西医诊断水平逊色。此后,由于近现代科学技术不断向西医渗透,大量的现代技术手段被西医应用,使诊断技术逐步走向定量化、精确化,诊断水平取得了长足的发展;而中医在这段时间不但没有吸取现代科技发展的成果,而且还一度出现否定中医的浪潮,以致中西医诊断水平拉开了

---

① 《难经・六十一难》。
② 尉迟静:《简明耳针学》,安徽科学技术出版社,1987:4。
③ 曹炳章:《〈望诊遵经〉提要》,《中国医学大成总目提要》,1936年。

差距。

其实，中医典籍中望诊内容相当丰富，而且包含着非常宝贵的思想，只要认真总结，不但可以用于中医临床诊断，而且可以补西医诊断学之不足。笔者在近二十年中，审视中医望诊的内容，结合中外研究情况，参以亲身实践，发现中医望诊贯穿着一条主线：即望诊是人体脏腑疾患在体表有序映射现象的应用，这种映射现象包括五官分别对应五脏，局部对应脏腑，局部对应整体等。既然有序，即有规律可循，亦可举一反三，发现新的望诊方法（如手纹法、脚纹法），使望诊的精髓得以发扬光大，若再与闻、问、切三诊合参，可望提高中医的诊断水平。

一、望诊的理论基础

脏象学说是中医认识人体生理病理及其相互关系的主要理论，也是中医望诊的理论基础。它不是从内脏的微细结构去认识其功能，而是把内脏系统作为一个不可分割的整体，从其外部征象测知其内脏活动规律及其相互联系。"脏象"一词，首见于《黄帝内经》①。唐人王冰在解释"脏象"时说："象，谓所见于外，可阅者也。"②明人张景岳亦说："象，形象也。脏居于内，形见于外，故曰脏象。"③脏象学说的主要特点，是以五脏为中心的整体观。在这一思想指导下，祖国医学认为：人体任何一个组织、器官都不是孤立的，而是受五脏所主。任何一个脏器功能的实现都是五脏共同作用的结果。《内经》认为肝、脾、肾、心、肺五脏是人体重要的器官：一方面是生命活动中重要物质——精、气、神、血、津液的贮藏所，是生命的根本，即"五脏者，所以藏精神血气魂魄者也"④。另一方面，五脏又是全身脏腑、组织和精神活动的主宰者和支配者，"五脏不和则七窍不通"⑤，也是与外界环境的联系者。经络是这种联系的主要通道。它内连脏腑，外络肢体与孔窍，使人体表里内外，上下左右，互相沟通，成为一个有机整体。外界信息通过经络影响五脏；五脏生理、病理的变化，又以气、血、津液为载体，由经络反映于体表。这种整体观主要体现在：脏腑相应、内外相应。

脏腑相应：以脏腑分阴阳、脏属阴、腑属阳。一阴一阳互为表里，从而构成脏腑相应的整体。经络循行路线的阴阳相对和相互络属是这种脏腑表里关系的主要依据。"肺手太阴之脉，起于中焦，下络大肠"；"大肠手阳明之脉……络肺，下隔，属大肠"⑥等。由于脏腑经络的络属关系，使脏腑之间在生理功能和病理变化上发生密切联系。在病理表现方面尤为明显。如心实火盛，可移热于小肠，引起尿少、尿热赤、尿痛等症；反之，小肠有热，亦可循经上炎于心，可见心烦、舌赤、口舌生疮等症……这种脏病可以传腑、腑病可以传脏的相应关系，表现在体表反映信息时，脏病除在体表对应的区域有信息反映外，在与之互为表里的腑对应的体表区域也反映出病变信息；腑病同理。对此将在下节讨论中详述。

内外相应：祖国医学认为，人体五官肢节，皮毛肉脉筋骨与脏腑息息相关，内部疾患的信息可以反映在体表的相应区域。"头者，精明之府，头倾视深，精神将夺矣；背者，胸中之府，

① 见《素问·六节脏象论篇》。
② 南京中医学院医经教研组：《黄帝内经素问译释》，上海科技出版社，1959：78。
③ 〔明〕张介宾：《经类·脏象类》卷二。
④ 《灵枢·本藏篇》。
⑤ 《灵枢·脉度篇》。
⑥ 《灵枢·经脉篇》。

背曲肩随,府将坏矣;腰者,肾之府,转摇不能,肾将惫矣;膝者,筋之府,屈伸不能,行则偻附,筋将惫矣;骨者,髓之府,不能久立,行则振掉,骨将惫矣。"①说明人体形态变化直接反映脏腑气血盛衰和病变部位之所在。又"五脏常内阅于上七窍也。故肺气通于鼻,肺和则鼻能知臭香矣;心气通于舌,心和则舌能知五味矣;肝气通于目,肝和则目能辨五色矣;脾气通于口,脾和则口能知五谷矣;肾气通于耳,肾和则耳能闻五音矣。五脏不和,则七窍不通"②。可见内在的五脏,各与外在的五官七窍在生理功能上息息相关。五官七窍的功能变化和色泽形态,足以反映脏腑经络的常与变。肝者"欲知坚固,视目大小",脾者"视唇舌好恶,以知吉凶",肾者"视耳好恶,以知其性"。六腑在体表亦有特定的反映区域。"胃为之海,广骸、大颈、张胸,五谷乃容;鼻燧以长,以候大肠;唇厚,人中长,以候小肠;目下果大,其胆乃横;鼻孔在外,膀胱漏泄;鼻柱中央起,三焦乃约。此所以候六腑者也。"③又五脏各有其外候:心者"其华在面,其充在血脉",肺者"其华在毛,其充在皮",肾者"其华在发,其充在骨",肝者"其华在爪,其充在筋",脾、胃、大肠、小肠、三焦、膀胱者"其华在唇四白,其充在肌"④。这种内外相应的思想,为中医望体表征象以测知内脏病变的诊断方法奠定了基础。

由上述可知,祖国医学从《内经》开始,实际上把五脏看作整个生命现象和生命活动的中枢,即五脏之精微物质与机能信息,由气血津液等沿着经络而布达周身,而全身各部位的生理病理信息也通过经气传输至五脏,这就形成了以五脏为中心,以气血精津为载体的整体生命观。这种整体生命观认为,体表任何一个相应的局部都有可能获得反映体内脏腑功能或疾患的信息。即身体一旦发生疾病,局部的可以影响全身,全身的也可以反映在某一个局部;外部可以传变入里,内部可以映射于外。一般而言,一定的病邪,侵袭一定脏腑,发生一定的病理变化,在体表的相应区域便可产生一定的病形。所谓病形,即表现于体表的病理征象,是脏腑受邪后发生病理变化的必然反应。这种反应,犹如"日与月焉,水与镜焉,鼓与响焉。夫日月之明,不失其影,水镜之察,不失其形,鼓响之应,不后其声,动摇则应和,尽得其情……合而察之,切而验之,见而得之,若清水明镜之不失其形也。五音不彰,五色不明,五脏波荡,若是则内外相袭。若鼓之应桴,响之应声,影之似形。故远者,司外揣内,近者,司内揣外"⑤。可见外在病形表现与内脏病理变化,有动则有应,有应则有象,有象则可诊。正所谓"视其外应,以知其内脏,则知所病矣"⑥。元代朱丹溪则说:"欲知其内者,当以观乎外;诊于外者,斯以知其内。盖有诸内者必形诸外"⑦。清代汪广庵说得更具体:"盖著乎外者,本乎内;见于彼者,由于此。因端可以竟委,溯流可以穷源。"⑧这就是中医望诊通过体表捕获信息,推断体内脏腑机能状况的理论基础,也是本文所提出的人体脏器疾患在体表有序映射理论根据的概括叙述。具体到每一诊法的理论根据将在讨论具体诊法时详述。

① 《素问·脉要精微论篇》。
② 《灵枢·脉度篇》。
③ 《灵枢·师传篇》。
④ 《素问·六节脏象论篇》。
⑤ 《灵枢·外揣篇》。
⑥ 《灵枢·本藏篇》。
⑦ ［元］朱丹溪:《丹溪心法》。
⑧ ［清］汪广庵:《望诊遵经》自序。

二、中医望诊的几种主要规律

祖国医学典籍中涉及望诊的内容相当庞杂。有的只言诊断结果而不详其法；多数以察形色辨疾患为主，各家见解亦不尽相同，使初学者无所适从，或者只能知其概况，不易掌握应用。本文着重研究其主要规律，即几种主要映射形式，现分述如下。

1. 五官分应五脏　如上所述，祖国医学的脏象学说，是以五脏为中心，以气血精津为载体的整体生命观。然"五脏之体隐而理微，望从何处？曰：体固隐矣，然发见于苗窍颜色之外者，用无不周；理固微矣，乃昭著于四大五官之外者，无一不显。中庸所谓费而隐，显而微者，不可引之相发明哉？故小儿病于内，必形于外。外者内之著也，望形审窍，自知其病……五脏不可望，唯望五脏之苗窍"①。"五脏常内阅于上七窍也"②。五脏与五官七窍的对应关系是，"鼻者，肺之官也；目者，肝之官也；口唇者，脾之官也；舌者，心之官也；耳者，肾之官也"。"五官者，五脏之阅也"③。鼻、目、口唇、舌、耳分别是肺、肝、脾、心、肾的苗窍，通过观察鼻、目、口唇、舌、耳五官的形态和色泽可以分别诊断肺、肝、脾、心、肾五脏功能之常与变。所谓"肺病者，喘息鼻张；肝病者，眦青；脾病者，唇黄；心病者，舌卷短……"④。随着望诊经验的积累，从五官的色泽形态不仅可以判断病位所在，而且能够推测病邪盛衰和脏腑虚实。"舌乃心之苗：红紫，心热也；肿黑，心火极也；淡白，虚也。鼻准与牙床，乃脾之窍：鼻红燥，脾热也；惨黄，脾败也；牙床红肿，热也；破烂，脾胃火也。唇乃脾胃之窍：红紫，热也；淡白，虚也；如漆黑者，脾胃将绝也。口右扯，肝风也；左扯，脾之疾一也。鼻孔，肺之窍：干燥，热也；流清涕，寒也。耳与齿乃肾之窍：耳鸣，气不和也；齿如黄豆，肾色绝也。目乃肝之窍：勇视而睛转者，风也；直视而不转睛者，肝气将绝也。"⑤这种以五官分应五脏，望五官以测知五脏的诊断方法在历代医家中广为应用，恕不赘言。

2. 局部对应脏腑　祖国医学认为，耳、鼻、舌、目等器官都能反映脏腑的功能与疾患，故有"每窍皆兼五行（五脏）"之说⑥。其中对耳、鼻的研究已扩展至对应周身，此将作为下节讨论，这里且以舌诊和目诊为例。

舌诊：《内经》认为舌与人体内许多经脉、络脉、经筋紧密相连。"手少阴（心）之别……系舌本"。"肾足少阴之脉……其直者，循喉咙，挟舌本"。"脾足太阴之脉……挟咽，连舌本，散舌下"。"厥阴者，肝脉也……而脉络于舌本也"⑦。"足太阳（膀胱）之筋……其支者，别入结于舌本"。"手少阳（三焦）之筋……其支者，当曲颊入系舌本"⑧。可见舌与五脏六腑都有直接或间接的联系。因此，《内经》中就有舌纵、舌强、舌卷、舌萎以及舌本痛、舌本烂、舌上黄等与疾病关系的记载，为中医舌诊奠定了基础。后世中医名著《伤寒论》《金匮要略》《中藏经》《诸病源候论》《千金方》《外台秘要》等对舌诊多有发明。自第一部舌诊专著元代敖氏《金镜

---

① ［清］夏禹铸：《幼科铁镜·望形色审苗窍从外知内篇》。
② 《灵枢·脉度篇》。
③ 《灵枢·五阅五使篇》。
④ 《灵枢·五阅五使篇》。
⑤ ［清］夏禹铸：《幼科铁镜·望形色审苗窍从外知内篇》。
⑥ ［清］薛生白：《日讲杂记》，见清·唐大烈《吴医汇讲》卷三。
⑦ 《灵枢·经脉篇》。
⑧ 《灵枢·经筋篇》。

录》(今本敖氏《伤寒金镜录》)问世至新中国成立前,有关舌诊的专著就有十余种之多,使舌诊成为中医望诊中内容最丰富,也是最常用的一种诊法。

但是,关于舌体对应脏腑部位之说,即从舌体上不同部位的病理变化来判断疾病所在脏器这一学说,在古典名著《内经》《伤寒论》《金匮要略》等书籍中,均无明确记载。后来受脉象候脏腑理论的启发,在《内经》有关舌体与脏腑经络关系的基础上,通过实践,才逐步发展起来。"盖舌为五脏六腑之总使,如心之开窍于舌;胃咽上接于舌;脾脉挟舌本;心脉系舌根;脾络系于舌旁;肾肝之络脉亦上系于舌本。夫心为神明之府、五脏六腑之主;胃为水谷之海、六腑之源;脾主中州,四脏赖以灌溉。是以脏腑有病,必见于舌上也,故舌辨藏腑之虚实寒热犹气口之辨表里阴阳。"①明确提出脏腑病变必见于舌上。如果说前人曾有"外感察舌,内伤辨脉"之说,而"脏腑有病,必见于舌上"之说法一出,便有"无论外感内伤,以察舌为最有凭"之论②。稍后的曹炳章便是此说的积极推崇者,"舌者心之苗也,五脏六腑之大主,其气通于此,此窍开于此者也。查诸藏腑图,脾、肺、肝、肾无不系根于心,核诸经络,考手足阴阳,无脉不通于舌,则知经络、脏腑之病,不独伤寒发热有胎(苔)可验,即凡内外杂证,也无一不呈其形,著其色于舌……据舌以分虚实,而虚实不爽焉;据舌以分阴阳,而阴阳不谬焉;据舌以分脏腑、配主方,而脏腑不差,主方不误焉"③。强调舌体不但可以分虚实,别阴阳,即使脏腑之病,内外杂证也能从舌体上反映出来。周学海亦持此说,"夫舌为心窍,其伸缩展转,则筋之所为,肝之用也。其尖上红粒,细于粟者,心气挟命门真火而鼓起者也。其正面白色软刺如毫毛者,肺气挟命门真火而生出者也。至于苔,乃胃气之所熏蒸,五脏皆禀气于胃,故可借以诊五脏之寒热虚实也"④。随着这种认识的深化,人们开始认识到,察舌时舌尖、舌心、舌边、舌根等都要仔细观察⑤。甚至有人明确提出舌体的不同部位各自对应一定的脏器。"舌者心之窍,凡病俱现于舌。能辨其色,证自显然。舌尖主心,舌中主脾胃,舌边主肝胆,舌根主肾……若脾热者,舌中苔黄而薄……。心热者,舌尖必赤,甚者起芒刺……肝热者,舌边赤或芒刺……其舌中苔厚而黄者,胃微热也……若舌中苔厚而黑燥者,胃大热也……再有舌黑而润泽者,此系肾虚。"⑥曹炳章《彩图辨舌指南》亦本此说,这是中医学界比较公认的一种舌诊理论。但邱骏声《国医舌诊学》:"以上分法,肺无诊处"。于是,梁玉瑜《舌鉴辨正》提出,"舌根主肾命、大肠(应小肠膀胱);舌中左主胃,右主脾;舌前面中间属肺(即舌尖之后,舌中脾胃反映区之前,作者注);舌尖主心、心包络、小肠、膀胱(应大肠命);舌边左主肝,右主胆(舌尖统应上焦,舌中应中焦,舌根应下焦)"。但梁氏之说在中医学界并未得到广泛应用。

目诊:有关目在生理、病理上与脏腑的联系,早在《内经》中已有认识。"目者,五脏六腑之精也。"⑦在五脏中目与肝、脾、心三脏关系尤为密切。因"肝气通于目,肝和则目能辨五色矣"⑧。"夫心者,五脏之专精也,目者其窍也。"⑨又"五脏六腑之精气皆禀受于脾,上贯于目,

---

① [清]傅松元:《舌胎统志》。
② 陈泽霖,等:《中医舌诊史话》,江苏科技出版社,1983:47。
③ 曹炳章:《彩图辨舌指南》。
④ [清]周学海:《形色外诊简摩·舌质舌苔辨》。
⑤ 清末刘恒瑞:《察舌辨证新法》。
⑥ 清末江函曦:《笔花医镜》。
⑦ 《灵枢·大惑论篇》。
⑧ 《灵枢·脉度篇》。
⑨ 《素问·解精微论篇》。

脾虚则五脏六腑之精气皆不足，不能上输于目，致目失濡养，视物不明"①。这说明目与五脏六腑都有密切关系。

人体十二经脉，内联脏腑，外络肢节。与目或其周围组织有联系的经脉就有八条。如"膀胱足太阳之脉，起于目内眦……"②等。此外，奇经八脉亦有四条与目发生联系。"任脉者……上颐循面入目。""督脉者……上系两目之下中央。"③"阴跷阳跷，阴阳相交，阳入阴，阴出阳，交于目锐眦。"④总之，"五脏六腑之津液，尽上注于目"⑤。"十二经脉，三百六十五络，其血气皆上于面而走空窍，其精阳气上走于目而为之睛。"⑥

由此可知，目与脏腑、经络、气血津液，息息相关。只有脏腑经络功能正常，气血津液充足，目的色泽、形态、功能才能保持正常。一旦脏腑经络、气血津液发生病变，就能及时从目上反映出来，甚至对某些疾病的诊断，可起"见微知著"的作用。因此，《内经》中就十分重视目部望诊，视目为望诊的重要部位。观察内容有：目中白眼的色泽（五色）变化，目中赤脉、瞳孔及目睛的状态（瞳孔缩小或散大、视觉错乱、目睛上视、目睛内陷）、目窠、目下与眉间的形态色泽等，实开中医目诊之先河。后世中医名著《伤寒论》《金匮要略》《中藏经》等对目诊多有发明。唐宋以降，医家在临床诊病之际，"凡病至危，必察两目，视其目色，以知病之存亡也，故观目为诊法之首要⑦。"并在《内经》目诊理论基础上，古代医家创"五轮"学说，用以说明局部与内脏的相关性，是中医眼科学的一种理论。

五脏分属五轮之说源于《内经》，曰："五脏六腑之精气，皆上注于目而为之精。精之窠为眼。骨之精为瞳子，筋之精为黑眼，血之精为络，其窠气之精为白眼，肌肉之精为约束，裹撷筋骨血气之精而与脉并为系，上属于脑，后出于项中。"⑧后世医家据此发展成为"五轮"学说，以目部不同部位的形色变化，诊察相应脏腑的病变。所谓"眼通五脏，气贯五轮"⑨是也。五轮是肉轮、气轮、血轮、风轮和水轮的合称。它们在目部的具体部位及与脏腑的对应关系是：肉轮指上下眼皮（胞睑）部位，属脾；脾主肌肉，肌肉之精为约束，与胃根表里。故该部疾患多与脾胃有关。气轮指白睛，属肺；肺主气，气之精为白睛，与大肠相表里，故该部疾患多与肺、大肠有关。血轮指内眦与外眦的血络，属心；心主血，血之精为络，与小肠相表里，故其疾患多与心、小肠有关。风轮指黑睛，属肝；肝为风木之脏，主筋，筋之精为黑眼，与胆相表里，故其疾患多与肝胆有关。水轮指瞳人，属肾；肾属水，主骨生髓，骨之精为瞳人，与膀胱相表里，故其疾患多与肾、膀胱有关。总之，"目之有轮，各应乎脏，脏有所病，必现于轮，势必然也。肝有病则发于风轮，肺有病则发于气轮，心有病则发于血轮，肾有病则发于水轮，脾有病则发于肉轮⑩。目上病变部位和形色除说明病在何脏外，还能进一步提示疾病原因、腑腑虚实、预后吉凶。如"黑珠属肝，纯是黄色，凶症也；白珠属肺，色青肝风侮肺也，淡黄色，脾有积滞也，老黄色乃肺受湿热，疸症也；瞳人属肾，无光彩，又兼发黄，肾气虚也；大角属大肠，破烂属

① 《灵枢·决气篇》。
② 《灵枢·经脉篇》。
③ 《素问·骨空论篇》。
④ 《灵枢·寒热病篇》。
⑤ 《灵枢·五癃津液别篇》。
⑥ 《灵枢·邪气脏腑病形篇》。
⑦ ［清］俞根初：《重订通俗伤寒论》。
⑧ 《灵枢·大惑论篇》。
⑨ ［金］刘完素等：《河间六书》。
⑩ ［明］傅仁宇：《审视瑶函》卷一。

大肠、肺有风也,小角属小肠,破烂,心有热也;上皮属脾,肿,脾伤也,下皮属胃,青色,胃有寒,上下皮睡合不紧,露一线缝者,脾胃虚极也"①。古人经验认为,轮属标,脏属本,故一般而言,轮之有病,多由脏气功能失调所致。"大约轮标也,胜本也,轮之有证,由脏之不平所致,未有标现证而本不病者。"②如后天发生的上睑下垂或眼肌麻痹形成斜视或双眼视物出现复视,头晕、乏力等症,多属脾阳不振,中气不足。

五轮学说是历代用以说明目的组织结构和生理病理现象,是对眼科一些常见病的诊断和治疗的经验总结,因而成为中医眼科的独特理论。临床运用虽较普遍,但其以五行套五脏,不免牵强,应用时不宜生搬硬套。

另外,还有"八廓学说",始见于南宋年间。主要是通过观察目的八个不同区域中血络的变化来推测病在何脏何腑。有关八廓的名称,历代称谓繁多,一般多用八卦名称命名,即"水廓"(坎)、"风廓"(巽),"天廓"(乾)、"地廓"(坤)、"火廓"(离)、"雷廓"(震)、"泽廓"(兑)、"山廓"(艮)。称之为廓,系取其有如城郭护卫之意。至于八廓的位置,内应脏腑及临床意义等,历代说法不一。《银海精微》认为,八廓"有位无名";《医宗金鉴》的八廓定位都与五轮分布雷同。认为"瞳人,属坎水廓也;黑睛,属巽风廓也;白睛,属乾天廓也;内眦,大眦也,属离火,震雷之廓也;外眦,小眦也,属艮山,兑泽之廓也。两胞属坤,地廓也。此明八廓以八卦立名,示人六腑、命门、包络之部位"③。理由是"五轮既属脏,八廓自应属腑"④。轮、廓分别主脏腑之疾,如"风廓即风轮也,……轮主脏为肝病,廓主腑为胆病。水廓即水轮也,……轮主脏为肾病,廓主腑为膀胱病。天廓即气轮也,……轮主脏为肺病,廓主腑为大肠病。地廓即肉轮也,……轮主脏为脾病,廓主腑为胃病。火廓、雷廓、泽廓、山廓,即血轮之部位也,……轮主脏为心病,廓主腑为小肠病"⑤。而《杂病证治准绳》《审视瑶函》等则将球结膜(白睛)分为大致相等的八个方位,通过观察其血络的变化来判断病变部位。脏腑虽深藏于体内,"八廓则明见于外,病发则有丝络之可验",凭血脉丝络之"或粗细连断,或乱直赤紫,起于何位,侵犯何部,以辨何脏何腑之受病,浅深轻重,血气虚实,衰旺邪正之不同"⑥。并以人体中线为对称轴,将后天八卦图移在左右球结膜上,在球结膜上画出八廓方位图。每个方位反映的脏腑如下:乾区为肺与大肠;坎区为肾和膀胱;艮区为命门和上焦;震区为肝和胆;巽区为肝络和中焦;离区为心和小肠;坤区为脾和胃;兑区为肾络和下焦。近人偶有报道,认为这种诊法适用于神经系统、心血管系统、生殖泌尿系统的大多数疾病,他如胃病、胆囊炎、胆道蛔虫、肝炎、消化不良、肛门疾病、腰腿疼痛、头面五官疾患等也适用⑦,但这类研究尚少,有待进一步验证。

近几十年,国外兴起一门新的学科——虹膜诊断学。认为人体内脏器官、四肢百骸在虹膜上都占有一定的代表区,当人体内脏或肢体患病时其产生的信息则反应到相应的代表区,而表现为虹膜异常,如黑点、黑线、缺损、苍白、凹陷、变色、色素堆积、瞳孔变形等。通过观察虹膜上的这些变化就能诊断疾病。中医目诊的五轮学说、八廓学说,虽与虹膜诊断学不全相

① [清]夏禹铸:"望形色审苗窍从外知内"篇,《幼科铁镜》卷一。

② [明]傅仁宇:《审视瑶函》卷一。

③ [清]吴谦等:《医宗金鉴》卷七十七。

④ [清]吴谦等:《医宗金鉴》卷七十七。

⑤ [清]吴谦等:《医宗金鉴》卷七十七。

⑥ [明]傅仁宇:《审视瑶函》卷一。

⑦ 彭静山:《眼诊与眼针》,安徽中医学院学报,1982(4):28—29。

同,但可以表明,祖国医学早就认识到眼睛不是一个孤立的器官,它与整体有密切关联,内脏病变的信息可反映到眼睛上。虹膜诊断的思想可能受到中医目诊的影响。

3. 局部对应周身　　在祖国医学中,局部与周身的对应关系,以面部对应周身的认识为最早。由于"十二经脉,三百六十五络,其血气皆上于面而走空窍"①。"脏腑经络相通,表里上下相贯,血气周流,无有间断。以故气色见于明堂,即以明堂分脏腑;气色见于面貌,即以面貌分脏腑。"②面部与周身的对应关系是:"庭者,首面也;阙上者,咽喉也;阙中者,肺也;下极者,心也;直下者,肝也;肝左者,胆也;下者,脾也;方上者,胃也;中央者,大肠也;挟大肠者,肾也;当肾者,脐也;面王以上者,小肠也;面王以下者,膀胱子处也;颧者,肩也;颧后者,臂也;臂下者,手也;目内眦上者,膺乳也;挟绳而上者,背也;循牙车以下者,股也;中央者,膝也;膝以下者,胫也;当胫以下者,足也;巨分者,股里也;巨屈者,膝膑也。此五脏六腑肢节之部也。各有部分,有部分,用阴和阳,用阳和阴。当明部分,万举万当。能别左右,是谓大道。""所谓明堂者,鼻也;庭者,颜也;阙者,眉间也;面王者,鼻准也;下极者,阙庭之下,两目之中也;颊外谓之绳;膝盖谓之膑;口旁大纹为巨分;颊下曲骨为巨屈。"③脏腑在面部分布总的原则是:"首面上于阙庭,王宫在于下极,五脏次于中央,六腑挟其两侧"④。

有趣的是,近年来法国和德国出现面部望诊热,并且做了许多调查和研究;哥伦比亚公布的鼻和面部望诊分属图与中国古代《内经》中面部对应周身的"全息"思想如出一辙,其中"鼻部望诊分属部位图"与《内经》中的记载基本一致,尤其是五脏六腑的对应部位则完全相同⑤,而在时间上却晚了两千年。

从耳与经络的关系到耳诊问世:早在马王堆三号墓出土的帛书《阴阳十一脉灸经》中已有"耳脉"的记载。以后的《内经》中关于耳与经络的关系多有较为详细而具体的论述。如"耳者,宗脉之所聚也"⑥,意为耳是许多经脉会聚的地方。又"十二经脉,三百六十五络……其别气走于耳而为听"⑦。除了笼统地说明有许多经络之气汇聚于耳以外,还具体地阐述了十二经脉中有六条经脉通过别支上系于耳:"胃足阳明之脉……上耳前";"小肠手太阳之脉……其支者……至目锐眦,却入耳中";"膀胱足太阳之脉……其支者,从巅至耳上循";"三焦手少阳之脉……其支者……上项,系耳后,直上出耳上角……其支者,从耳后入耳中,出走耳前";"胆足少阳之脉……上抵头角,下耳后……其支者,从耳后入耳中,出走耳前";"手阳明之别……其别者,入耳,合于宗脉"。⑧又"足少阳之筋……直者……循耳后";"足阳明之筋……其支者,从颊结于耳前";"手太阳之筋……其支者……结于耳后完骨。其支者,入耳中,直者,出耳上";"手少阳之筋……其支者,上曲牙,循耳前"⑨。这六条经脉都属阳经,六条阴经虽不直接通过耳,但根据阴阳经络互为表里的关系,通过经别的传注,六条阴经也间接与耳部有联系。在《内经》中也有明确记载阴经与耳部有直接联系的内容,如"邪客

---

① 《灵枢·邪气脏腑病形篇》。
② 〔清〕汪广庵:《望诊遵经》卷上。
③ 〔清〕汪广庵:《望诊遵经》卷上。
④ 〔清〕汪广庵:《望诊遵经》卷上。
⑤ 见《参考消息》,1985年10月7日,第3版。
⑥ 《灵枢·口问篇》。
⑦ 《灵枢·邪气脏腑病形篇》。
⑧ 《灵枢·经脉篇》。
⑨ 《灵枢·经筋篇》。

于手足少阴、太阴、足阳明之络，此五络皆会于耳中"①。可见耳与经络的关系在《内经》中已经奠定了基础。而且还有"邪在肝，取耳间青脉以去其掣"的从耳部治疗内脏疾病的记载②。

后世医家不断对耳与经络的关系及其治疗方法有所发明。如罗天益《卫生宝鉴》提出："五脏六腑，十二经脉有络于耳者"，明确提出耳与五脏六腑的经络联系。尤其是李时珍《奇经八脉考》又从八脉角度阐发奇经八脉与耳的关系。王肯堂《证治准绳》更说，耳属足少阴肾经、手少阴心经、手太阴肺经、足厥阴肝经，又属手足少阳三焦胆、手太阳小肠经之会，又属手足阳明大肠胃经、足太阳膀胱经，又属手足少阴心肾、太阴肺脾、足阳明胃经之络，并提出"耳前属手足少阳三焦胆、足阳明胃经之会；耳后属手足少阳三焦胆之会；耳下曲颊，属足少阳胆、阳明大肠经之会，又属手太阳小肠经。"③张介宾在《类经》中指出："手足三阴三阳之脉皆入于耳中。"在此基础上，《类经图翼》叙述了各经脉抵耳的具体部位，如"足少阳支者，至耳上角；足阳明循颊车上耳前；足少阳下耳后，支入耳中，出耳前；手太阳入耳中；手少阳系耳后，出耳上角，支入耳中，出耳前；手阳明之别者，入耳合于宗脉；足少阳之筋，出太阳之前，循耳后；足阳明之筋，其支者，结于耳前；手太阳之筋，结于耳后完骨，支者，入耳中，直者，出耳上；手厥阴出耳后，合少阳完骨之下……手足少阴，太阴，足阳明五络，皆会于耳中，上络左角。"④至此，耳与经络的关系及经络抵耳的具体部位已经相当详细而具体了，为通过耳郭诊疗全身疾患奠定了经络学的理论基础。但是人体解剖学上的各组织、器官、系统的疾患在耳郭上的具体映射部位的划分，则是后事。

本世纪 50 年代，纳吉在学习针灸疗法的基础上，对耳朵与人体各部的联系作了细致的观察，发表了《耳穴与脏腑相关》等论著。认为耳郭皮肤电阻的变化，可以反映内脏的病变；机体病变时耳郭皮肤有低电阻出现；1957 年，他提出了：耳甲腔代表着胸腔脏器；耳甲艇代表着盆腔脏器；而胃区位于耳轮脚基部，介于耳甲腔与耳甲艇之间。他用压痛点方法标记了 42 个穴位，提出耳穴与人体的关系——颇似一个胚胎的倒影。他的《脏腑在耳郭上有代表区》一文的观点，被法国耳诊工作者广泛应用于临床⑤。以后中国、日本等国家的学者相继研究，不断补充完善，才形成了现在的耳针穴位图，为耳诊提供了详细而具体的部位，这是一幅最为典型的耳郭与整体对应关系的图谱。

三、讨论

中国古代望诊中主要诊法有：舌诊（包括舌下望诊）、目诊、耳诊、唇诊、人中诊、百会诊、发诊、面诊、腹诊、脐诊、指纹诊、甲诊等，本文只讨论了人体脏器疾患在体表有序映射的主要形式：五官分应五脏、局部分应脏腑、局部对应周身三类。随着望诊研究的深入，验证古代望诊方法日益增多，诸如除临床目视验证外，还有压痛法、压痕法、疤痕定位法、电阻法、知热感度测定法、温度测定法、染色法等。它不仅反映了中医以脏腑为中心的整体思想的科学性，

---

① 《素问·缪刺论篇》。
② 《灵枢·五邪篇》。
③ ［明］王肯堂：《杂病证治准绳》卷八。
④ ［明］张景岳：《类经图翼》卷五。
⑤ 尉迟静：《简明耳针学》，第 4 页。

而且符合自相似理论和今人张颖清提出的"生物全息论"的思想。即任何一个部位的病变，都可能有序地映射在体表的若干相对独立的部位，这种部位可大可小，大到头部有五官对应五脏，颜面对应周身；小到每官（目、鼻、耳、唇、舌）分别对应脏腑。即使是在任何一官上也有一定规律的症候群分布。这里我们不能不对中国古代医家这种天才的发现拍案称奇！难怪古人称"望而知之谓之神"呢！但是我们在临床实践中感到，上述有序映射现象在应用时不可生搬硬套，否则会造成误诊。为此就以下问题进行讨论：

1. 诸法合参　这个问题的提出主要出于下列考虑：（1）无论是局部对应整体还是局部对应脏腑，往往都存在信息不全或"全息不全"的问题。有的部位反应明显，有的反映不明显，例如面部原则上可以对应周身的生理病理状况，但实际上面部出现的信息往往不全或者反映不明显，是难以通过望面而知全身疾患的。如胆、肾等疾患在鼻部的反映就不太明显，而肺部疾病在鼻部的反映则明显得多；（2）反映区域有时会扩展或移位到临近反映区，如肝肿大、脾肿大往往会扩展到覆盖几个脏器的反映区，以致无法定位究竟属于哪个脏器的疾患；舌象也有类似的问题；副肾上腺疾病可以扩大到整个面部出现青铜色等；（3）体表的反映（信息）常常不具有特异性，即一种反映（信息）可能是几种疾病所共有的，如耳部丘疹，既反映炎症，又可能是肿瘤的反应；肝癌、胃癌、子宫癌等患者的指甲表面都可能出现晦黄色等等。因此，我们认为即使是望诊也应几种诊法合参，即通过几个反映部位（如舌、耳、目等）来监视一个脏器，寻找敏感点，以减少误差，提高望诊的准确性。

2. 时序问题　原则上说，脏器有了疾患，经过一段时间都能在体表有所反映。但有的时间长，有的时间短，最短的莫过于生气（激动），半天之内可以反映出来，但大多数疾病特别是造成体表增生的那些病，从功能不正常到体表出现增生要经过一段较长的时间。凡是经过较长时间形成的痕迹、保留的时间也就越长，甚至终生不会消失。如长沙马王堆女尸的面部和耳郭上至今还保留着生前曾患过某些疾病的痕迹。因此，在望诊时，必须严格区分哪些是"现在时"，哪些是"过去时"，即哪些痕迹是过去疾病造成的，现在已痊愈；哪些痕迹或信息是正在生病，甚至还在发展。所有这些是与测试者的经验分不开的。例如肺结核在耳郭相应区域留下的凹坑或纹理，虽疾病已愈，痕迹却依然存在，如无其他信息，可诊断为肺结核已钙化，而舌象上的许多信息往往反映"正在进行时"的疾病。

3. 辨证分析　中医脏象学说认为：人体是一个统一的有机整体，皮肉筋骨，经络脏腑都是相互联系的。任何一种疾病的发生都不是孤立的，有各方面的因素和它互相制约，互相影响；任何一个脏腑不是孤立的，功能也不是单一的。一旦脏器发生病变，反映到体表的信息也是多种多样的。但在许多有诊断意义的信息中，必有一种或几种是主要的，起决定作用，其他信息则是次要的，起辅助作用。辨证分析就是要找出这种病灶与信息的关系，这样可以使我们少犯头痛医头，脚痛医脚的弊病。一般说来，内脏疾患信息反映在相应的体表部位，即一定脏器的病变信息反映在一定的体表部位，如肝癌患者在其舌的两边可以出现青紫色条状斑块，即"肝瘿线"。但这种对应关系不是孤立的、绝对的，它常因脏腑功能的多样性，经络联系的复杂性而使其并不具有特异性。有时同一种疾病可以在不同的几个区域有不同形式的信息反映，即"一病多种反映"；有时同一个区域可以反映相关的几种不同疾病，即"一点反映多病"。如心主神志，大凡多梦、失眠，精神情志方面的疾病都在耳郭的心区有反映；又心与小肠相表里，心脏疾病在耳郭的心区有反映，在小肠区也有反映；肺主皮毛，凡有皮肤病者在其耳郭的肺区有反映等等。因此,在望诊时,必须灵活应用中医脏象学说的理论,仔细区别哪些信息是反映本区域所映射的脏器发生病变,哪些信息是其他脏器病变波及所致;也就是说,哪些信息的出现对诊断该区域所映射的脏器发生病变起主导作用,哪些信息对诊断相应脏器的病变起辅助作用。所有这些除了与测视者的经验有关外,还取决于他能否灵活地运用中医脏象学说的理论。

原文载于:《自然科学史研究》,1991(1):70—80。

厄尔尼诺与江淮流域旱涝灾害的关系

张秉伦　王成兴　曹永忠

　　几个世纪以来,在南美洲的厄瓜多尔和秘鲁海岸附近捕鱼的渔民发现有一种奇怪的现象,即在 12 月或 1 月海水温度升高,常见鱼群突然消失;同时南太平洋上的气候变化无常,这种现象大约每年都要发生一次,每隔三五年会有一次较强的表现,通常在圣诞节前后到来,当地渔民将这种气候异常现象称为厄尔尼诺,它是西班牙语"圣婴"的译音。

　　现在国际气象学界和海洋界认为,如果赤道东太平洋海温较气候平均值偏高 0.5 ℃以上,并且时间持续在半年以上,就称发生了厄尔尼诺现象。对严谨的科学家来说,60 年代,Jacob Berknes 把厄尔尼诺和与之相伴而生的南方涛动现象并称 ENSO。如今厄尔尼诺事件已被科学家用来专门指热带赤道东太平洋海水的大范围异常增温现象。

　　本世纪自 50 年代以来,热带太平洋发生了 13 次厄尔尼诺现象,而 90 年代以来,厄尔尼诺现象更加频繁。1991—1995 年就发生了三次厄尔尼诺事件,1997 年又发生了一次本世纪最强的厄尔尼诺事件。每一次厄尔尼诺事件都给全球带来了厄运,如 1982—1983 年发生的厄尔尼诺事件造成的经济损失,据估计在 80 亿至 130 亿美元;1997 年的厄尔尼诺现象所导致的全球性气候异常范围超过了那一次,创百年来最高纪录,其特点是来势猛、发展快、损失大、持续时间长。亚洲、非洲和拉丁美洲的许多国家都因受这次厄尔尼诺事件的影响而发生了严重的水旱灾害和森林火灾,经济损失尚无准确估计。厄尔尼诺现象导致极端恶劣的气候状况,还可能引发疟疾、霍乱和登革热等严重疾病,有时甚至是致命疾病的传播,因此引起了全球人们的极大关注。

　　厄尔尼诺事件的发生差不多能影响到全球四分之三面积的气候异常,这已成为科学家的共识。那么厄尔尼诺事件对中国气候是否有影响,对哪些地区影响较大,一直是我国科学家的一个热门研究课题;厄尔尼诺事件对江淮流域气候有何影响,特别是与江淮流域的旱涝灾害有何关系,也同样是一个不容忽视的问题。然而由于厄尔尼诺事件的机理非常复杂,直到目前还没有一个有效预测厄尔尼诺事件的方法,因此,在加强气候系统中通过大气海洋、陆地和冰雪圈相互作用来研究厄尔尼诺事件的产生的同时,利用统计规律不失为有效方法之一。就厄尔尼诺事件对中国,包括江淮地区气候的影响而言,中科院黄荣辉院士和张人禾教授认为,厄尔尼诺事件对中国气候异常有较大的影响,具体表现在:"在夏季,当厄尔尼诺事件处于发展阶段,我国东部易发生严重旱涝,东北地区可能出现冷夏,如江淮流域夏季降水偏多,往往发生洪涝,而在华北、河套地区以及长江以南地区降水偏少,往往发生干旱;相反,当厄尔尼诺事件处于衰减阶段时,江淮流域夏季降水偏少,往往发生干旱,而华北地区与江南的降水可能偏多。"[①]

　　厄尔尼诺事件究竟与江淮流域旱涝灾害有何对应关系,我们认为:通过查阅历史文献,获取旱涝灾害信息,经过分级量化,建立历史旱涝等级序列,再将厄尔尼诺事件与历史旱涝等级序列对照,寻找两者之间的相关性,在目前情况下仍不失为解决问题的有效途径之一。在此思路的指导下,一方面,我们较系统、完整地查阅了淮河和长江中下游流域内正史及各省通志,府、州、县志文献记载,作为基本资料来源,同时参考其他一些资料,如水利、气象部门调查、搜集、整理的资料和前人研究积累的资料等,作为补充,运用国家气象局采用的旱涝五级划分方法,即一级(涝)、二级(偏涝)、三级(正常)、四级(偏旱)、五级(旱),先确定能代表反映流域旱涝状况的站点的旱涝等级,在此基础上再将各站点历史旱涝等级综合转化成流域的旱涝等级,并结合历史文献记载和降水量资料,最终,我们获得了淮河和长江中下游流域 1300—1980 年共 681 年历史旱涝等级,分为九个等级,即一级(特大涝)、二级(大涝)、三级(涝)、四级(偏涝)、五级(正常)、六级(偏旱)、七级(旱)、八级(大旱)、九级(特大旱);另一方面,在综合比较李崇银、朱炳瑗、王绍武等人及中央气象台的研究成果基础上[②③④],我们又获得了 1845—1988 年间发生强、中、弱厄尔尼诺事件的年代和 1900—1979 年间的反厄尔尼诺事件的年代。下面我们就来探讨两者之间的关系,考虑江淮流域的自然地理状况和气候因素,我们将分别探讨厄尔尼诺与淮河中下游(洪河口至扬州)流域旱涝灾害以及厄尔尼诺与长江下游(九江至上海)流域旱涝灾害的关系。

一、厄尔尼诺与淮河中下游流域旱涝灾害的关系

　　首先,我们将 1845—1980 年间的厄尔尼诺事件发生年与本地区厄尔尼诺年发生的旱涝灾害及等级对照列于表 1 中。

表 1　1845—1980 年厄尔尼诺年与淮河中下游流域旱涝灾害年对照表

厄尔尼诺年	1845*	1846	1850*	1852*	1855
	1857△	1862△	1864	1868*	1871*
	1877△	1878*	1880△	1881	1884
	1887	1888*	1891△	1896*	1899
	1900	1902△	1905	1911*	1912*
	1914	1918△	1919△	1923	1925△
	1926*	1929△	1930	1939△	1940△
	1941△	1944△	1945	1948	1951△
	1953△	1957△	1963*	1965*	1969*
	1972*	1976△			

①　《中国科学报》,1998 年 1 月 1 日。
②　李崇银:《热带气象》,1986(2):
③　王绍武等:《长期天气预报基础》,上海科学技术出版社,1987。
④　朱炳瑗:《大气科学》,1992(2)。

续表

旱涝灾害年	1845(4)	1850(4)	1852(4)	1857(6)	1862(6)
	1868(4)	1871(3)	1877(6)	1878(3)	1880(6)
	1888(4)	1891(7)	1896(4)	1902(6)	1911(3)
	1912(4)	1918(7)	1919(7)	1925(6)	1926(4)
	1929(7)	1939(6)	1940(7)	1941(7)	1944(7)
	1951(6)	1953(6)	1957(6)	1963(3)	1965(4)
	1969(3)	1972(3)	1976(7)		

注：＊为该年涝灾，△为该年旱灾；括号内的数字为旱涝等级。

从表 1 中可以看出，1845—1980 年间共有 47 个厄尔尼诺年，在这 47 个厄尔尼诺年中，淮河中下游流域有 33 个年份发生了旱涝灾害性天气，即在发生厄尔尼诺现象的当年，淮河中下游流域地区气候差不多有 70.21％是异常的，比 1300—1980 年间的平均频率 61.23％高 9.98％；若进一步考察达到涝或旱及以上等级的旱涝灾害，则有 14 年，频率约为29.79％，比 1300—1980 年间的平均频率 37.70％低 7.91％. 这两组数据说明厄尔尼诺现象对本地区当年的旱涝灾害影响较小。若比较旱或涝发生的次数，则旱 8 次，涝 6 次；若进一步考虑偏旱、偏涝情况，则偏旱以上的旱灾共 18 次，偏涝以上的涝灾共 15 次，两者比是 6∶5，发生旱的可能性要比发生涝的可能性高 20％，这些统计数字表明，在厄尔尼诺事件发生的当年，淮河中下游流域发生旱的可能性较涝的可能性要高。从 1845—1980 年的历史记载看，没有在厄尔尼诺事件当年出现大旱或大涝情况，但也有异常的，如 1991 年，淮河流域就发生了特大涝灾。

有不少学者认为，发生厄尔尼诺事件的次年，我国有关地区发生旱涝灾害的频率较高，并具有预报意义，为此，我们也将厄尔尼诺次年年份和淮河中下游地区旱涝情况列于表 2 中，以具体考察厄尔尼诺事件次年淮河中下游流域的旱涝灾害发生情况。

表 2　1845—1980 年厄尔尼诺次年与淮河中下游流域旱涝灾害情况表

厄尔尼诺年	1847	1851＊	1853	1856△	1858△
	1863	1865	1869＊	1872	1879
	1882＊	1885	1889＊	1892	1897＊
	1901＊	1903	1906＊	1913△	1915
	1920△	1924△	1927△	1931＊	1942△
	1946＊	1949	1952＊	1954＊	1958△
	1964＊	1966△	1970＊	1973△	1977
旱涝灾害年	1851(3)	1856(8)	1858(7)	1869(4)	1882(4)
	1889(3)	1897(3)	1901(4)	1906(3)	1913(7)
	1920(6)	1924(6)	1927(7)	1931(1)	1942(7)
	1946(3)	1952(4)	1954(1)	1958(7)	1964(4)
	1966(9)	1970(4)	1973(7)		

注：＊为该年涝灾，△为该年旱灾；括号内的数字为旱涝等级。

　　由表 2 可知,1845—1980 年间共有 35 个厄尔尼诺次年,在这 35 年中共发生旱涝灾害 23 年,频率约为 65.71%.若只考虑旱或涝及以上等级的旱涝灾害,则有旱涝 15 年,其中旱 8 年,涝 7 年,发生的频率约为 42.86%,远高于厄尔尼诺事件发生当年的频率 29.79%。比平均频率 37.70% 高 5.16%;旱涝灾害分开来看,在 23 次灾害中,涝灾 13 次,旱灾 10 次,涝灾比旱灾高出 30%。以上这些统计数字表明,在发生厄尔尼诺现象的次年,淮河中下游流域天气比较异常,发生旱涝灾害的频率很高,而且又以涝灾为主,说明厄尔尼诺现象对本地区旱涝灾害预报确有一定参考、指导作用。更值得引起我们注意的是,本世纪前 80 年发生在厄尔尼诺事件次年的特大涝灾已有两次(1931 年、1954 年)特大旱灾一次(1966 年),在厄尔尼诺次年发生的 15 次旱涝中,有四次大旱、大涝出现,占旱涝的比例将近三分之一。

　　有的学者认为,反厄尔尼诺现象同样影响我国有关地区的降水,所谓反厄尔尼诺现象,就是太平洋东部海水温度下降现象,为了弄明白反厄尔尼诺现象与淮河中下游流域旱涝灾害的对应关系,我们又将 1901—1979 年间的反厄尔尼诺年和本地区的旱涝灾害年列表对照(见表 3)。

表 3　　1900—1979 年反厄尔尼诺年与淮河中下游流域旱涝灾害年对照表

反厄尔尼诺年	1907	1909*	1912*	1916*	1921*
	1924△	1937	1942△	1949	1954*
	1955*		1964*	1967△	1970*
	1973△	1975*			
旱涝灾害年	1909(3)	1912(4)	1916(4)	1921(1)	1924(6)
	1942(7)	1954(1)	1955(6)	1964(4)	1967(8)
	1970(4)	1973(1)	1975(4)		

　　注:*为该年涝灾,△为该年旱灾;括号内的数字为旱涝等级。

　　从表 3 可以发现,在 16 个反厄尔诺年中,本地区共发生旱涝灾害 13 次,频率高达 81.25%;若不包括偏旱、偏涝,则有旱涝 6 次,频率为 27.5%;在 13 次旱涝灾害中,涝灾 8 次,约占 61.54%,旱灾 5 次,约占 38.46%,涝灾发生的可能性高于旱灾。因此,在反厄尔尼诺年中,淮河中下游流域旱涝灾害发生的可能性也非常大,而且以涝灾为主.值得注意的是,本世纪前 80 年中就有两次特大涝(1921 年、1954 年)和一次大旱(1967 年)发生在反厄尔尼诺年,占六次旱涝的比例达 50%。

二、厄尔尼诺与长江下游流域旱涝灾害的关系

　　运用上述同样的研究方法,我们对厄尔尼诺事件当年、次年及反厄尔尼诺年长江下游流域旱涝灾害的发生情况进行了探讨,先将 1845—1980 年间的厄尔尼诺年和长江下游流域在厄尔尼诺年发生的旱涝灾害及等级对照列于表 4 中。

表4　1845—1980年厄尔尼诺年与长江下游流域旱涝灾害对照表

厄尔尼诺年	1845*	1846	1850*	1852	1855
	1857	1862	1864△	1868*	1871
	1877△	1878*	1880	1881	1884
	1887	1888△	1891	1896	1899
	1990	1902△	1905*	1911*	1912*
	1914	1918	1919	1923*	1925△
	1926	1929△	1930△	1939	1940△
	1941	1944△	1945	1948*	1951
	1953	1957*	1963*	1965	1969*
	1972△	1976△			
旱涝灾害年	1845(4)	1850(3)	1864(6)	1868(3)	1877(6)
	1878(4)	1888(6)	1902(6)	1905(4)	1911(3)
	1912(4)	1923(4)	1925(7)	1929(7)	1930(6)
	1940(6)	1944(6)	1948(3)	1957(3)	1963(4)
	1969(3)	1972(6)	1976(7)		

注：* 为该年涝灾，△为该年旱灾；括号内的数字为旱涝等级。

由表4中数据可以看出：在1845—1980年间的47个厄尔尼诺年中，长江下游流域内达到旱或涝等级的灾害年有9年，发生频率约为19.15％，比1300—1980年间的平均频率25.26％低6.07％；若将偏旱、偏涝的情况也考虑在内，则旱涝灾害年的个数增加到23个，频率约为48.94％，与1300—1980年间平均频率49.78％基本持平，说明与淮河中下游流域一样，厄尔尼诺现象对本地区当年的旱涝灾害的发生影响较小；将旱涝灾害分开来计，则涝灾12次，旱灾11次，说明在厄尔尼诺事件的当年，本地区旱灾与涝灾的可能性基本相等。与淮河中下游流域一样，虽然也有1991年的异常情况，但在1845—1980年间的47个记录中，未见有厄东尼诺当年发生大旱或大涝情况的历史记载。

表5　1845—1980年厄尔尼诺次年与长江下游流域旱涝灾害情况表

厄尔尼诺年	1847	1851	1853	1856△	1858
	1863	1865*	1869*	1872*	1879
	1882*	1885*	1889*	1892△	1897
	1901*	1903	1906*	1913△	1915*
	1920△	1924△	1927	1931*	1942
	1946*	1949	1952	1954*	1958△
	1964	1966△	1970*	1973	1977

旱	1856(7)	1865(4)	1869(3)	1872(4)	1882(3)
涝	1885(3)	1889(3)	1892(7)	1901(3)	1906(3)
灾	1913(7)	1915(3)	1920(6)	1924(6)	1931(1)
害	1946(4)	1954(1)	1958(6)	1966(8)	1970(3)
年					

注：＊为该年涝灾，△为该年旱灾；括号内的数字为旱涝等级。

从表 5 中的数据可以看出：在 1845—1980 年间的 35 个厄尔尼诺次年中，共发生旱涝灾害 20 次，其中涝灾 13 次，旱灾 7 次，频率约为 57.14％，比平均频率 49.78％高 7.36％；若将偏旱、偏涝略去不计，则有旱涝 14 次，其中涝 10 年，旱 4 年，频率为 40％，比平均频率 25.26％高 14.74％，上面两组数字都显示，在厄尔尼诺事件的次年，本地区发生的旱涝灾害中，涝灾的可能性高于旱灾的可能性，在 20 次旱涝灾害中，涝灾为 65％，旱灾占 35％。以上的统计数据说明，发生厄尔尼诺事件的次年，长江下游流域发生旱涝灾害的可能性较大，尤以涝灾为主。值得注意的是，本世纪前 80 年长江下游流域也有两次特大涝（1931 年、1954 年）、一次大旱（1966 年）是出现在厄尔尼诺事件次年。

在探讨厄尔尼诺当年和次年长江下游流域的旱涝灾害情况后，我们再探讨一下反厄尔尼诺年长江下游流域的旱涝灾害情况，为此，将 1900—1979 年间的反厄尔尼诺年及长江下游流域的旱涝灾害年对应列于表 6 中。

表 6　1900—1979 年反厄尔尼诺年与长江中下游流域旱涝灾害年对照表

反厄尔尼诺年	1907	1909＊	1912＊	1916＊	1921＊
	1924△	1937△	1942	1949	1954＊
	1955△	1964	1967△	1970＊	1973
	1975＊				
旱涝灾害年	1909(3)	1912(4)	1916(3)	1921(1)	1924(6)
	1937(7)	1954(1)	1955(7)	1967(8)	1970(3)
	1975(4)				

注：＊为该年涝灾，△为该年旱灾；括号内的数字为旱涝等级。

从表 6 中可以看出，在 1900—1979 年间的 16 个反厄尔诺年中，本地区共发生旱涝灾害 11 次，其中涝灾 7 次，旱灾 4 次，频率高达 68.75％；若不计偏旱与偏涝，则有旱涝 8 次，其中涝 5 次，旱 3 次，频率为 50％。两组数据均表明，在反厄尔尼诺年，本地区涝灾显著多于旱灾；值得注意的是，在 16 个反厄尔尼诺年中，出现了两次特大涝（1921 年、1954 年）和一次大旱（1967 年）的情况。

三、结论

综合以上对厄尔尼诺现象与淮河中下游和长江下游流域旱涝关系的分析，我们可以得到如下结论：首先，大量的统计数据表明，厄尔尼诺现象的确是影响本地区旱涝灾害的一个因素,平均起来看,对应率约在 50％以上。其次,从历史文献的记载来看,厄尔尼诺事件的当年、次年和反厄尔尼诺年,淮河中下游流域、长江下游流域发生旱涝灾害的可能性都较大,其中,在厄尔尼诺年的当年,它对江淮流域旱涝灾害影响较小,淮河中下游流域以旱灾为主,长江下游流域旱涝基本相当,两者总计起来,江淮流域也是旱灾多于涝灾;在厄尔尼诺事件的次年和反厄尔尼诺年,淮河中下游流域和长江下游流域都是明显以涝灾为主。最后,尽管也有 1991 年的异常情况,但从我们根据 1845—1980 年间的历史文献记载所作的统计结果来看,厄尔尼诺年的当年没有发现大旱或大涝这样的恶劣灾害,相反,倒是在厄尔尼诺事件的次年和反厄尔尼诺年,时有大旱、大涝发生,因此,就淮河中下游流域和长江下游流域而言,厄尔尼诺事件次年、反厄尔尼诺年更应特别引起我们的注意和重视。所有以上这些都表明,在进行淮河中下游流域和长江下游流域的旱涝预报时,厄尔尼诺现象不失为一个很好的参考指标。

原文载于:《自然杂志》,1998(5):289—293。

附录 1 张秉伦先生年谱

1938 年出生
7 月 23 日(农历六月二十六日),出生于安徽泾县赤滩乡小岑滩。

1941 年三岁
开始寄养在巢县山郭村二舅郭年科家。

1947 年九岁
始入私塾,先生是郭文华。

1951 年十三岁
因私塾停办,停学在家。

1952 年十四岁
4 月,入巢县张家疃小学就读。

1954 年十六岁
入巢县初中就读。

1957 年十九岁
入巢县一中高中部就读。

1960 年二十二岁
上半年,报考飞行员,但是由于父亲政治问题未果。9 月,考入安徽大学生物系生物物理专业。

1964 年二十六岁
8 月,分配到中国科学院自然科学史研究室,任实习研究员,开始从事生物学史研究。9 月,随自然科学史研究室部分工作人员下放到安徽寿县,参加"四清"运动。

1965 年二十七岁
11 月,结束在寿县的实习回到自然科学史研究室,兼任团支部组织委员。12 月,与唐丽珍女士结婚。

1966 年二十八岁
4 月至 6 月,在北京门头沟医院参加"四清",任队长。6 月,回到研究室工作,任团支部书记。

1970 年三十二岁
3 月,随研究室被集体下放到河南息县的"五七干校",先是在河南息县"抓革命,促生产",后又到河南明港,"只革命,不生产",其间任连长。

1972 年三十四岁

7 月 13 日,随研究室全部回到北京,参加整建党学习工作,任小组长。

1973 年三十五岁

晋升为助理研究员。参与夏玮瑛《〈周礼〉书中的农业知识》一书的部分整理工作。

1975 年三十七岁

2 月 7 日,经李家明、苟萃华介绍加入中国共产党,并于当年转正(当时无预备期)。3 月,任中科院自然科学史研究室党支部副书记。

1976 年三十八岁

以笔名晋华(与"进化"同音)发表第一篇学术论文《达尔文在环球旅行中的科学考察》,刊于《化石》第 3 期。

1977 年三十九岁

2 月,开始参与《中国古代生物学史》一书的编写,承担其中的人体解剖生理学章节。

发表学术论文《批判"四人帮"破坏基础理论研究的罪行》,刊于《植物学报》第 19 期。

1978 年四十岁

8 月,开始参与中国生物学史、历史等编写工作。

在安徽泾县,搜集到 500 多枚散落在民间的清人自制的泥活字,首次为泥活字印刷术提供了实物证据。

发表 6 篇文章,主要有:《中国古代关于遗传育种的研究》《茶》,刊于自然科学史研究所主编的《中国古代科技成就》一书。

1979 年四十一岁

与唐耕耦合作发表论文《唐代茶叶》,刊于《社会科学战线》第 4 期。

发表《关于翟金生的"泥活字"问题的初步研究》,刊于《文物》第 10 期,在文中首次公布了 1978 年发现的泥活字实物的规格型号,并对其制作工艺问题展开初步探讨。

1980 年四十二岁

9 月至次年 10 月,参与公安部 126 研究厅指纹研究室《指纹学》一书的编撰,承担其中的指纹发展史和指纹在医学和遗传学领域的应用等章节,并参与统稿工作,该书是国内第一部正式出版的指纹学专著。10 月,参加中国首届科学技术史学会。

发表 8 篇学术论文,其中有代表性的有:《我国古代对内分泌作用的认识和利用》,刊于《科技史文集》(四),由中国古代内分泌的研究扩展到对古代性激素提炼的研究,即对秋石的研究;与唐耕耦合作发表的《试论唐朝茶树栽培技术及其影响》,刊于《科技史文集》(三)综合辑。

1981 年四十三岁

发表学术论文《中国古代对动物生理节律的认识和利用》,刊于《动物学报》第 1 期;与卢勋合作发表《劳动创造人质疑》,刊于《国内哲学动态》第 1 期,指出"劳动创造人"是人们对恩格斯观点的曲解,在恩格斯哲学思想已经被奉为经典的情况下,首先公开对社会主流观点提出质疑。论文发表后,多次被转载和引用,在当时的学术界产生了强烈的反响,掀起了关于恩格斯"劳动创造人"命题真实意义的讨论。

1982 年四十四岁

2 月,开始在中国科学技术大学自然科学史研究室授课。

是年,《达尔文》出版。

发表 15 篇学术论文,比较重要的有:《茶香四溢艺贯古今——我国古代茶树栽培技术及其影响》,刊于《植物杂志》;与汪子春合作发表的《进化论与神创论在中国的斗争》,刊于《自然辩证法通讯》第 2 期;《谦逊和伟大》,刊于《大自然》第 1 期;《吴汝纶比严复略胜一筹》,刊于《志苑》第 2 期。

1983 年四十五岁

10 月,正式调入中国科学技术大学,任讲师,从事研究和教学工作,并兼任研究室党支部副书记。

是年,协助自然科学史所李佩珊先生培养 2 名生物学史研究生(朱锐:洛克菲勒基金会对自然科学的资助;曹育:近代生理科学在中国解放前的发展)。

与赵向欣合作发表 2 篇文章:《近代指纹学的兴起和发展》,刊于《自然辩证法通讯》第 6 期,参阅大量文献,引证丰富的事实,对近代世界各国指纹学的兴起和发展做了概括和阐述;《中国古代对手纹的认识和应用》,刊于《自然科学史研究》第 4 期,阐述我国古代对手纹的认识和应用历程。与汪子春合作发表《达尔文学说在中国的传播和影响》,刊于《进化论文集》;与周世雄合作发表《创造性科学工作的进化系统方法——查尔斯·达尔文的早期思想》(译文),刊于《自然科学哲学问题丛刊》第 3 期。

1984 年四十六岁

开始独立培养第一个研究生(孙毅霖:秋石方模拟实验与理化检测及分析)。

发表系列论文《安徽历史上主要科技人物及其著作》,刊于《安徽史学》第 1、2、3、5 期,首次对安徽历史上的科技人物及其著作进行总结和研究,在此基础上,开始深入探讨安徽古代的科技成就。发表《十二生肖与动物崇拜》,刊于《大自然》第 1 期。

1985 年四十七岁

1 月,接受安徽省科委组织的《安徽科学技术史稿》课题,任课题组组长,并负责部分章节的撰写和最后统撰。10 月,参加纪念沈括去世八百九十周年会议。11 月 29 日,晋升为副教授,当年被评为"优秀教师",并当选为中国科技史学会理事。

是年,协助中科院自然科学史所杜石然培养一名中国科技史研究生(韩琦:对数在中国),并接受研究室的分配培养三名科学史研究生。

发表《明清时期安徽的科学发展及其动因初析》,刊于《自然辩证法通讯》第 2 期,分析和总结明清时期安徽科技蓬勃发展的原因,指出徽商对科技发展的推动作用;发表《我国古代对动物和人体生理节律的认识和利用——兼论生物节律成因问题》,刊于《科技史文集》(第 14 辑)综合辑(2)。

1986 年四十八岁

当选为安徽省社联委员、安徽省科学技术史学会常务理事,并被中国科学技术大学评为"教书育人先进个人"。受中国科学院委托与汪子春共同指导一名德国留学生施彭格勒博,辅导他在我国进修"进化论"在中国的传播和影响。9 月 2 日,被中国科学技术大学授予"优秀教育工作者"称号。

发表《"秋石"在安徽——从炼丹术到性激素的提取》,刊于《生物学杂志》第1期;《关于翟氏泥活字的制造工艺问题》,刊于《自然科学史研究》第1期,结合文献分析和泥活字实物检测总结了泥活字的制造工艺,为复制工作提供依据;与黄世瑞合作发表文章《新作问世巨著增辉——评英文版〈纸和印刷〉及其中有关安徽历史上造纸和印刷的成就》,刊于《安徽史学》第6期,该文是应剑桥出版社之邀为李约瑟巨著《中国科学技术史》第五册《造纸和印刷》分册写的书评。

1987年四十九岁

是年春天,指导研究生孙毅霖在安徽宣城就秋石方的三种典型炼制方法进行了模拟实验,首次为秋石问题的争论提供了实验证据,研究论文《"秋石方"模拟实验及其研究》获安徽省科学技术协会"1987、1988年度优秀学术论文一等奖"。

4月18日至20日,参加由中国科学史学会、中国逻辑史研究会和中国科学技术大学科学史研究室联合举办的《墨经》研讨会,这是第一次专门对《墨经》进行综合性讨论的学术会议。9月10日,被授予"教书育人先进分子"光荣称号。9月,获1986年"优秀教师"光荣称号。12月,在香港大学召开的"儒学与中国文化"国际会议论文作了《秋石方三种典型提炼法的模拟实验与理化检测及分析》的报告。

发表文章《"关子"钞版之发现及其在印刷史上的价值》,刊于《中国印刷》第24期。

1988年五十岁

8月,在美国召开的第五届国际中国科学史会议,因故未去,由人代读学术论文《"关子"钞版之发现及其在印刷史上的价值》。10月,在科大参加筹办纪念梅文鼎新闻国际会议。11月,出席在合肥中国科学技术大学举行的"纪念梅文鼎国际学术讨论会暨第三次中国数学史会议"。

发表《"秋石方"模拟实验及其研究》(第一作者),刊于《自然科学史研究》1988年第2期。首次以实验方法为评判秋石问题的争论提供了一条崭新的、也是更可信的途径。

1989年五十一岁

10月7日至11日,参加在安徽屯溪举行的第二届《墨经》研讨会。

用模拟实验成功制造了6000多枚泥活字,证明了泥活字不仅可以印刷,而且印刷质量是很好的,捍卫了我国印刷术的发明权,填补了印刷史上的空白。具体实验过程见《泥活字印刷的模拟实验》,刊于《自然科学史研究》第3期。

发表《台湾陆羽茶艺文化访问团访问安徽》,刊于《茶叶通报》第4期,1989-08-29。

1990年五十二岁

5月20日,被中国科技史学会聘为《中国科技史料》第三届编委会委员。8月,参加在英国剑桥大学举行的第六届国际中国科学史会议,作了泥活字印刷研究进展的的报告(The simulated test of earthware moveable-type printing)。9月10日,被评为"1990年度中国科学院优秀研究生导师",并获"从事教学工作二十五年以上教师"荣誉证书。

《安徽科学技术史稿》问世,该书是我国第一部地方科技史著作,次年12月获安徽省重大科技成果二等奖。

晋升为教授,并获"中国科学院研究生导师奖"。

发表《鲁明善在安徽之史迹——附〈靖州路达鲁花赤鲁公神道碑〉》,刊于《农史研究》第10辑。

1991 年五十三岁

7 月 1 日,荣获 1991 年"优秀共产党员"称号。10 月 4 日至 6 日,参加在合肥举行的第三届《墨经》研讨会中青年科技工作者研讨会。

"古代科技文献学和史料库建设"获中科院教学成果二等奖,排名第一。

发表 7 篇学术论文,其中有代表性的有:与学生黄攸立发表的《望诊:人体脏器病患在体表的有序映射》,刊于《自然科学史研究》第 1 期;与鲁大龙笔谈《从科技史角度谈自然科学和社会科学联盟》,刊于《哲学研究》第 6 期;《留得〈桐谱〉惠子孙——陈翥传略》,刊于安徽省政协编委会编《安徽著名历史人物丛书》;与毛振伟、池锦棋、张振标合作发表的《蚁鼻钱的 X 射线荧光法无损检测》,刊于《科技考古论丛》,中国学科技术大学出版社出版。

1992 年五十四岁

6 月,被中国科学技术史学会、中国科学院自然科学史研究所评为《自然科学史研究》(1982—1991)优秀论文作者。

发表 4 篇学术论文,其中有代表性的有:《陈翥史迹钩沉》,刊于《中国科技史料》第 1 期,该文 1993 年被中国科技史学会地方科技史志研究会评选为科技史志优秀学术论文;与彭子成、李晓岑、李志超、李昆声、万辅彬合作发表的《云南铜鼓和部分铜、铅矿料来源的铅同位素示踪研究》,刊于《科学通报》第 8 期。

1993 年四十五岁

8 月,参加在日本关西举行的第七届国际东亚科学史会议,并作了《李约瑟难题的逻辑矛盾及科学价值》的报告,刊于《自然辩证法通讯》第 6 期(第一作者)。9 月 20 日,获该年度"王宽诚育才奖"。10 月,获中国科学技术大学、中国科学技术史学会地方科技史志研究会"耕耘奖"。

发表文章《诗词歌赋中的科技史料价值》,刊于《中国科技史料》第 2 期;与毛振伟、池锦棋、张振标合作发表《X-荧光无损法检测汉四铢古钱币》,刊于《文物研究》第 8 辑。

1994 年四十六岁

6 月,《望诊:人体脏器病患在体表的有序映射》(第一作者)被评为"1991—1993 年度三等优秀学术论文"。

发表 10 篇论文,其中 7 篇被收入《中华名著要籍精诠》,包括《梦溪笔谈》《王祯农书》《桐谱》《农桑衣食撮要》《养蚕成法》《牡丹史》《元亨疗马集》。与程军合作发表《〈养性延命录〉作者考》,刊于《中国医史杂志》第 4 期;与池锦棋、毛振伟、张振标合作发表《方"四朱"的新发现及内涵研究》,刊于《钱币文论特辑》(第二辑);《〈泥版试印初编〉提要》,刊于《中国科学技术典籍通汇》技术卷。

1995 年五十七岁

7 月,泥活字印刷系列研究被安徽省高等学校人文社会科学研究优秀成果评审委员会评为"省高校社科成果奖一等奖"。11 月 29 日,晋升为博士生导师。

1996 年五十八岁

1 月,任中国科学技术大学自然科学史研究室主任。7 月 10 日,被中国科学技术史学会和中国科学院自然科学史研究所聘为《中国科技史料》第四届编委。9 月,被评为"1996 年度中国科学院优秀教师"。

《道藏》科技史料库建设,获"省高校社科成果奖"二等奖,排名第一。

发表学术论文《戴震的科技著作与"治经闻道"》,刊于《第七届国际中国科学史会议文集》;与方晓阳合作发表《〈饮膳正要〉及其在食疗学上的价值》,刊于《中国烹饪》第10期。

1997年五十九岁

4月4日,被安徽大学聘为文学院兼职教授。

1998年六十岁

1月28—30日,参加在南京农业大学召开的"科学技术史以及学科简介和学科(专业)目录编写会议",这次会议正式确立了科学技术史一级学科的地位。4月,"《道藏》科技史料计算机处理及科学思想研究"获"安徽省高等学校人文社会科学研究优秀成果评审委员会二等奖"。6月15日,被安徽省社会科学优秀成果评奖领导小组聘为安徽省第四届社会科学优秀成果评奖委员会学科评审组成员。7月,获校级"优秀共产党员"荣誉称号。8月,出席在德国柏林工业大学举办的第八届国际中国科技史学术讨论会,并在会上作了《淮河中下游旱涝史料统计分析及其价值》的报告。9月16日,被中国科学技术大学评为"优秀教师"。

道藏课题获省教委颁发的"省高校社会科学成果三等奖"。

发表学术论文5篇,其中有代表性的有:《中国古代"物理"一词的由来与词义演变》(第一作者),刊于《自然科学史研究》第1期;《中医学目诊的发展》(第一作者),刊于《自然辩证法通讯》第3期;《厄尔尼诺与江淮流域旱涝灾害的关系》(第一作者),刊于《自然杂志》第5期。

1999年六十一岁

1月,被中国科学院自然科学史研究所《中国传统工艺全集》编撰委员会聘为中国科学院"九五"重大科研项目《中国传统工艺全集》编撰委员会委员,《造纸·印刷卷》的主编。3月9日,被上海交通大学人文社会科学院科学史与科技哲学系聘为学术委员会委员。3月,中国科学技术大学科技史与科技考古系成立,这是继上海交通大学科技史系后的我国第二个科学史系。任系学术委员会副主任,并讲授"中国科技史及其研究方法""技术史理论问题研讨班""中国古代科技文献"三门课。

与胡化凯等主编的《安徽重要历史事件丛书·科技集萃》由安徽人民出版社出版,该书获"全国优秀科技图书奖"暨"科技进步奖"。与方兆本主编的《淮河与长江中下游旱涝灾害年表与旱涝规律研究》获省出版局"图书出版二等奖",排名第一。

与徐用武合作发表《〈安徽省志·科学技术志〉述评》,刊于《安徽科技》第1期;与黄梦平合作发表《"贝格尔号"环球考察》,收录于《中国少儿科普五十年精品文科·科学家故事》。

2000年六十二岁

参编的《中华科技五千年》获教育部"教材教具一等奖"。《中医学目诊发展史》被评为"省第三届自然科学优秀论文二等奖"。

12月,与张海鹏等主编的《安徽文化史》出版,该书是国内首部大型学术性区域文化通史,它的问世填补了中国文化史没有区域性通史的空白,获安徽省社会科学一等奖。

发表4篇学术论文,其中有代表性的有:《明代五种加工纸工艺史料研究》,刊于《中国科技史料》第1期;《从宣纸的技术渊源看"宣纸"概念的内涵》,刊于《安徽史学》第2期;与石云里、吕凌峰合作发表的《清代天文档案中交食预报史料之补遗》,刊于《中国科技史料》第3期。

2001 年六十三岁

邀请台湾大学科技史专家刘广定教授来校访问并作了学术报告。6月,被评为"省高校优秀教育工作者"。6月14—30日,前往葡萄牙参加中葡科技交流学术研讨会,联系合作项目,并报告了论文。10月,参加在香港举行的第九届国际中国科技史会议。12月,与方兆本主编的《淮河与长江中下游灾害年表与旱涝规律研究》获安徽省"第五届社会科学优秀成果著作一等奖"。与胡化凯等主编的《徽州文化全书·徽州科技》获"省社会科学荣誉奖"。

发表4篇文章,其中有代表性的有:《栽培作物起源问题的证据和案例分析》,2001年原始农业对中华文明形成的影响研讨会会议论文;《范礼安与西方印刷的回传——关于最早传入中国的西方印刷设备及其所印书籍问题的讨论》(第一作者),刊于《中国印刷》第11期。

2002 年六十四岁

6月,被安徽教育出版社聘为"学术专著评审委员会委员"。8月20—24日,参加在上海举行的第十届东亚科学史会议,并作了《"秋石方"知多少》的报告。

参与编写国家重点图书《中国古代自然灾害整体性研究丛书》《动态分析》《周期性分析》《相关年表总汇》,并负责统稿。担任《道教科技史》(秦汉两晋卷)的顾问和编委,并参与该书的编写。

发表4篇论文,其中有代表性的有:《黄山第一部植物图志——〈黄海山花图〉及其〈笺卉〉》。

是年,中国科大科学技术史专业被教育部评为国家级重点一级学科,这是当时科学史专业唯一的国家级重点学科。

2003 年六十五岁

10月,退休返聘,继续讲授2门研究生必修课("中国古代文献学"和"中国科技史及其研究方法"),并培养四名在读博士生。9月,被安徽省新闻出版局、安徽省出版工作者协会聘为安徽图书奖评选委员会委员。

12月,主编的《中国古代自然灾异整体性研究》获第六届"安徽图书奖"。

发表6篇学术论文:与王永礼合作发表《悬挂式敧器的静力学分析及简化设计》,刊于《力学与实践》第5期;《商代劓刑、宫刑与"劓殄"——兼与秦永艳先生商榷》,刊于《寻根》第6期;《我国古代几种重要的制墨色料》,刊于《中国印刷》第3期;《浅议印章对雕版印刷术发明的影响》,刊于《中国印刷》第5期;《关于中国人自铸铅活字问题的讨论——徐寿等人仿效西法自铸铅活字成功》,刊于《中国印刷》第7期;《中国发明的雕版印刷术技术与文化背景》,刊于《中国印刷》第11期。

2004 年六十六岁

10月1日,被聘为《黄山市志》顾问。12月24日,被中国科学院传统工艺与文物科技研究中心聘为中国科学院传统工艺与文物科技研究中心第一届学术委员会委员。

4月,编写的《造纸与印刷》由大象出版社出版,该书是《中国传统工艺全集》子项目,它的问世弥补了我国没有传统工艺的系列著作的空白,获2007年安徽省社会科学优秀成果著作类二等奖。

发表3篇学术论文,其中有代表性的有:《中国古代五种"秋石方"的模拟实验及研究》,刊于《自然科学史研究》第1期,该文报告了2001—2003年间对秋石第二次模拟实验的情况,再次证实了秋石的主要成分是无机盐和其他非性激素类有机物的混合物,不含有性激素。至此,李约瑟关于秋石是性激素的论断基本被推翻了。

2005 年六十七岁

5 月 8 日,被安徽省文化厅聘为安徽省非物质文化遗产保护工作专家委员会委员。

2006 年六十八岁

发表 3 篇学术论文:《科技史研究应文献与实证并重——科技史学家访谈录之九》,刊于《广西民族学院学报(自然科学版)》第 1 期;《经部科技文献述要》,刊于《广西民族学院学报(自然科学版)》第 1 期;《南齐时期的雕版印刷雏形技术研究》,刊于《广西民族学院学报(自然科学版)》第 1 期。

2 月 23 日,因病医治无效去世。

附录 2　张秉伦先生论著目录

发表的文章

［1］　张秉伦(晋华).达尔文在环球旅行中的科学考察[J].化石,1976(3):11—13.

［2］　张秉伦(金桦).揭开生物进化的秘密[J].化石,1977(2):26—28.

［3］　张秉伦,汪子春(盛伍石).批判"四人帮"破坏基础理论研究的罪行[J].植物学报,1977(3):1—5.

［4］　张秉伦.善于从我国古代农业成就中吸取营养的伟大生物学家:达尔文[J].植物杂志,1978(4):4—7.

［5］　艾曼.达尔文和他创造的进化论[J].植物杂志,1978(3):1—4.

［6］　张秉伦.中国古代关于遗传育种的研究[J]//中国古代科技成就.北京:中国青年出版社,1978:364—372.

［7］　张秉伦.茶[C]//中国古代科技成就.北京:中国青年出版社,1978:404—410.

［8］　张秉伦.我国茶叶的悠久历史[J].光明日报("文物与考古"专栏),1978-3-31.

［9］　张秉伦.简析我国古代茶园设置和茶树栽培方法[J].茶叶季刊,1978(4):18—22.

［10］　唐耕耦,张秉伦.唐代茶叶[J].社会科学战线,1979(4):159—165.

［11］　张秉伦.关于翟金生的"泥活字"问题的初步研究文物[J].1979(10):229—232.

［12］　张秉伦.落花生史话[J].世界农业,1980(8):52—54.

［13］　张秉伦.我国古代对内分泌作用的认识和利用[J].科技史文集(四),1980:202—207.

［14］　张秉伦,金吾伦.在探求真理的道路上:记赖尔和达尔文的友谊[J].自然辩证法通讯,1980(5):46—50.

［15］　张秉伦,唐耕耦.试论唐朝茶树栽培技术及其影响[J].科技史文集(一)综合辑,1980:29—32.

［16］　卢继传,张秉伦.五四运动与达尔文进化论[C]//纪念五四运动60周年学术讨论会论文选(一).北京:社会科学出版社,1980:387—402.

［17］　张秉伦.遗传学奠基人:孟德尔[J].现代化,1980(6):12—13.

［18］　张秉伦.孟德尔和他的科研方法[J].百科知识,1980(3):78—80.

［19］　张秉伦,卢勋.劳动创造人质疑(摘要)[J].国内哲学动态,1981(1):1—4.

［20］　张秉伦,卢勋."劳动创造人"质疑[J].自然辩证法通讯,1981(1):23—29.

［21］　张秉伦.中国古代对动物生理节律的认识和利用[J].动物学报,1981(1):98—105.

［22］　张秉伦.达尔文[J].外国史知识,1981(6):23—25.

［23］　张秉伦.我国古代的单株选择法.自然科学史所科研档案,档案号:zbl-01-07,1982:284—288.

［24］　晓曼(张秉伦).达尔文给我们做出的榜样[J].青年科学家,1982:44—45.

[25]　张秉伦,郑仕生.恋爱·家庭·事业:达尔文家庭生活剪辑[J].生活与事业,1982:44—46.

[26]　张秉伦.西子湖畔话金鱼[J].科学 24 小时,1982(5):25.

[27]　张秉伦,卢继传.进化论在中国的传播和影响[J].中国科技史料,1982(1):717—25.

[28]　汪子春,张秉伦.达尔文学说在中国的传播和影响[C]//进化论文集.北京:科学出版社,1982:9—17.

[29]　张秉伦.茶香四溢,艺贯古今:我国古代茶树栽培技术及其影响[J].植物杂志,1982(2):40—41.

[30]　张秉伦,汪予春.进化论与神创论在中国的斗争[J].自然辩证法通讯,1982(2):43—50.

Zhang Binglun and Wang Zichun. The Struggle between Evolutionary Theory and Creationism in China[C]//Fan Dainian and Robert S. Cohen. *Chinese Studies in the Hisotry and Philosophy of Science and Technology*. Boston Studies of the Philosophy Science, Vol. 179,289—302.

[31]　赵向欣,张秉伦.手纹在中国古代诉讼中的应用[J].现代法学,1982(4):52—54.

[32]　张秉伦.谦逊和伟大[J].大自然,1982(1):10—12.

[33]　张秉伦.中国古代对指纹的应用[J].大公报第 14 版,1982:11—28.

[34]　张秉伦.吴汝纶比严复略胜一筹[J].志苑,1982(2):44.

[35]　赵向欣,张秉伦.近代指纹学的兴起和发展[J].自然辩证法通讯,1983(6):41—49.

[36]　张秉伦,赵向欣.中国古代对手纹的认识和应用[J].自然科学史研究,1983(4):347—351.

[37]　张秉伦,周世雄.创造性科学工作的进化系统方法:查尔斯·达尔文的早期思想(译文,[美]H. E. 克罗柏著)[J].自然科学哲学问题丛刊,1983(3):30—37.

[38]　张秉伦.十二生肖与动物崇拜[J].大自然,1984(1):35.

[39]　张秉伦.安徽历史上主要科技人物及其著作(一)[J].安徽史学,1984(1):59—66.

[40]　张秉伦.安徽历史上主要科技人物及其著作(二)[J].安徽史学,1 984(2):72—78.

[41]　张秉伦.安徽历史上主要科技人物及其著作(三)[J].安徽史学,1984(3):78—80.

[42]　张秉伦.安徽历史上主要科技人物及其著作(四)[J].安徽史学,1984(5):75—81.

[43]　张秉伦.明清时期安徽的科学发展及其动因初析[J].自然辩证法通讯,1985(2):39—48.

[44]　Zhang Binglun. Preliminary Analysis of Scientific Development and Its Causes in Anhui Province during the Ming and Qing Dynasty[J]//Fan Dainian and Robert S. Cohen. *Chinese Studies in the Hisotry and Philosophy of Science and Technology*. Boston Studies of the Philosophy Science, 1996,Vol. 179,327—344.

[45]　张秉伦.我国古代对动物和人体生理节律的认识和利用:兼论生物节律成因问题[J].科技史文集(二)综合辑,1985(14):132—140.

[46]　张秉伦."秋石"在安徽:从炼丹术到性激素的提取[J].生物学杂志,1986(1):25—27.

[47]　张秉伦.关于翟氏泥活字的制造工艺问题[J].自然科学史研究,1986(1):64—67.

[48]　张秉伦.翟氏泥活字的制造工艺问题[J].宣州文物,1986(19):20—21.

[49]　张秉伦,黄世瑞.新作问世巨著增辉:评英文版《纸和印刷》及其中有关安徽历史上造

纸和印刷的成就[J].安徽史学,1986(6):65—69.

[50]　张秉伦.近代西方科学文化的传播者:利玛窦[J].科学,1986(2):153—154.

[51]　张秉伦.再论十二生肖起源于动物崇拜[C]//科学史论文集.合肥:中国科学技术大学出版社,1987:307—314.

[52]　张秉伦,孙毅霖.秋石方三种典型提炼法的模拟实验与理化检测及分析[J].1987年12月在香港大学召开的中国科学史国际学术会议论文.

[53]　张秉伦,孙毅霖."秋石方"模拟实验及其研究[J].自然科学史研究,1988(2):170—183.

[54]　王镇恒,孟庆鹏,李瑞贤,张秉伦.台湾陆羽茶艺文化访问团访问安徽[J].茶叶通报,1989(4):24—26.

[55]　张秉伦."关子"钞版之发现及其在印刷史上的价值[J].中国印刷,1989(24):84—86(英文:第五届国际中国科学史会议论文).

[56]　张秉伦.鲁明善在安徽之史迹:附《靖州路达鲁花赤鲁公神道碑》[J].农史研究,1990(10):117—123.

[57]　张秉伦,刘云.泥活字印刷的模拟实验[C]//马泰来等.中国图书文史论集:上篇.南京:正中书局,1991:57—60.(英文版:《The simulated test of earthware moveable-type printing》,第六届国际科技史大会论文).

[58]　张秉伦,黄攸立.望诊:人体脏器病患在体表的有序映射[J].自然科学史研究,1991(1):70—80.

[59]　张秉伦,鲁大龙.从科技史角度谈自然科学和社会科学联盟[J].哲学研究,1991(6):32—34.

[60]　王昌燧,刘方新,姚昆仓,程庭柱,张秉伦,张敬国,严文明.长石分析与古陶产地的初步研究[J].中国科学技术大学学报,1991(3):108—113.

[61]　彭子成,李晓岑,张秉伦,李志超,李昆声,万辅彬.Lead Isotope Studies of Metal Sources for the Earliest Bronze Drums in Yunnan Provice,China[J].Chinese Journal of Geochemistry(English Language Edition),1991(4):357—362.

[62]　张爱冰.张秉伦谈安徽科技史[J].东南文化,1991(2):364—369.

[63]　张秉伦.留得《桐谱》惠子孙:陈翥传略[J]//安徽省政协编委会:安徽著名历史人物丛书.科坛名流.北京:中国文史出版社,1991:520—527.

[64]　张秉伦,毛振伟,池锦棋,张振标.蚁鼻钱的X射线荧光法无损检测[C]//科技考古论丛.合肥:中国学科技术大学出版社,1991:213—215.

[65]　张秉伦.陈翥史迹钩沉[J].中国科技史料,1992(1):33—36.

[66]　彭子成,李晓岑,张秉伦,李志超,李昆声,万辅彬.云南铜鼓和部分铜、铅矿料来源的铅同位素示踪研究[J].科学通报,1992(8):731—733.

[67]　李晓岑,李志超,张秉伦,彭子成,李昆声,万辅彬.云南早期铜鼓矿料来源的铅同位素考证[J].考古,1992(5):464—468.

[68]　彭子成,李晓岑,张秉伦,李志超,李昆声,万辅彬.Tests on Metal Sources of Ancient Bronzedrums in Yunnan,China By Lead Isotopes[J].Chinese Science Bulletin,1992(18):1550—1553.

[69]　张秉伦.诗词歌赋中的科技史料价值[J].中国科技史料,1993(2):73—84.

[70] 毛振伟,张秉伦,池锦祺,张振标. X-荧光无损法检测汉四铢古钱币[J]. 文物研究(第8辑),1993:267—268.

[71] 张秉伦,徐飞. 李约瑟难题的逻辑矛盾及科学价值[J]. 自然辩证法通讯,1993(6):35—45.

[72] 程军,张秉伦.《养性延命录》作者考[J]. 中国医史杂志,1994(4):236—237.

[73] 张秉伦,池锦棋,毛振伟,张振标. 方"四朱"的新发现及内涵研究[J]. 钱币文论特辑(第二辑),1994:75—79.

[74] 张秉伦. 泥版试印初编提要[M]//任继愈. 中国科学技术典籍通汇:技术卷. 郑州:大象出版社,1994.

[75] 李志超,张秉伦. 梦溪笔谈[M]//陈远,等. 中华名著要籍精诠. 北京:中国广播电视出版社,1994:248—249.

[76] 张秉伦. 王祯农书[M]//陈远,等. 中华名著要籍精诠. 北京:中国广播电视出版社,1994:110.

[77] 张秉伦. 桐谱[M]//陈远,等. 中华名著要籍精诠. 北京:中国广播电视出版社,1994:98.

[78] 张秉伦. 农桑衣食撮要[M]//陈远,等. 中华名著要籍精诠. 北京:中国广播电视出版社,1994:112.

[79] 张秉伦. 养蚕成法[M]//陈远,等. 中华名著要籍精诠. 北京:中国广播电视出版社,1994:123—124.

[80] 张秉伦. 牡丹史[M]//陈远,等. 中华名著要籍精诠. 北京:中国广播电视出版社,1994:118.

[81] 张秉伦. 元亨疗马集[M]//陈远,等. 中华名著要籍精诠. 北京:中国广播电视出版社,1994:118—120.

[82] Zhang Binglun. The Academic Value and Purpose of the *Yinshan Zhengyao*(饮膳正要)[M]//Hashimoto Keizo, Catherine Jami, and Lowell Skar (eds.). *East Asian Science : Tradition and Beyond*. Osaka:Kansai University Press,1995:339—344.

[83] 陆法同,张秉伦. 中国古代宫殿、寺庙火灾与消防的初步研究[J]. 火灾科学,1995(1):57—62.

[84] 张秉伦. 戴震的科技著作与"治经闻道"[C]//王渝生. 第七届国际中国科学史会议文集. 郑州:大象出版社,1996:104—110.

[85] 张秉伦,方晓阳.《饮膳正要》及其在食疗学上的价值[J]. 中国烹饪,1996(10):44—45.

[86] 张秉伦,胡化凯. 中国古代"物理"一词的由来与词义演变[J]. 自然科学史研究,1998(1):55—60.

[87] 黄攸立,张秉伦. 中医学目诊的发展[J]. 自然辩证法通讯,1998(3):55—61.

[88] 张秉伦,王成兴,方兆本. 淮河中下游旱涝史料统计分析及其价值[J]. 第八届国际中国科技史学术会议论文,1998.

[89] 张秉伦,王成兴,曹永忠. 厄尔尼诺与江淮流域旱涝灾害的关系[J]. 自然杂志,1998(5):289—293.

[90] 黄梦平,张秉伦. "贝格尔号"环球考察[M]//中国少儿科普五十年精品文库:科学家

故事.郑州:大象出版社,1999:275—280.

[91] 张秉伦,徐用武.《安徽省志·科学技术志》述评[J].安徽科技,1999(1):47—48.

[92] 张秉伦.《管子》中的科学技术[M]//张秉伦,等.安徽著名历史事件丛书·科技集萃.安徽人民出版社,1999:1—15.

[93] 张秉伦.霹雳炮与突火枪的发明[M]//张秉伦,等.安徽著名历史事件丛书·科技集萃.安徽人民出版社,1999:50—53.

[94] 张秉伦.长江干流上第一座大浮桥[M]//张秉伦,等.安徽著名历史事件丛书·科技集萃.安徽人民出版社,1999:54—56.

[95] 张秉伦.人痘接种法的发明与影响[M]//张秉伦,等.安徽著名历史事件丛书·科技集萃.安徽人民出版社,1999:94—99.

[96] 吕凌峰,张秉伦,石云里.美国研究开发经费来源与分配的演变及其启示[J].预测,2000(1):25—29.

[97] 樊嘉禄,张秉伦,方晓阳.明代五种加工纸工艺史料研究[J].中国科技史料,2000(1):69—74.

[98] 樊嘉禄,张秉伦,方晓阳.从宣纸的技术渊源看"宣纸"概念的内涵[J].安徽史学,2000(2):3—6.

[99] 石云里,吕凌峰,张秉伦.清代天文档案中交食预报史料之补遗[J].中国科技史料,2000(3):270—281.

[100] 张秉伦.栽培作物起源问题的证据和案例分析[J].2001年原始农业对中华文明形成的影响研讨会会议论文,2001.

[101] 方晓阳,张秉伦.木板年画的源流与演化[J].中国印刷,2001(5):75—79.

[102] 方晓阳,张秉伦.对中国古代纸币印刷若干问题的探讨[J].中国印刷,2001(10)42—47.

[103] 张秉伦,孙舰.范礼安与西方印刷的回传:关于最早传入中国的西方印刷设备及其所印书籍问题的讨论[J].中国印刷,2001(11):41—44.

[104] 方晓阳,张秉伦,樊嘉禄."玉印玉板书"与雕版印刷术发明的技术关联[J].中国史研究,2002(1):174.

[105] 姜玉平,张秉伦.从自然历史博物馆到动物研究所和植物研究所[J].中国科技史料,2002(1):18—30.

[106] 张秉伦.明清时期的徽商与徽州科技发展[J].徽学,2002:13—15.

[107] 樊嘉禄,张秉伦.造金银印花笺法实验研究[J].中国印刷,2002(7):55—57.

[108] 王永礼,张秉伦.悬挂式敧器的静力学分析及简化设计[J].力学与实践,2003(5):51—54.

[109] 张秉伦.商代劓刑、宫刑与"劓殄":兼与秦永艳先生商榷[J].寻根,2003(6):86—90.

[110] 方晓阳,张秉伦.我国古代几种重要的制墨色料[J].中国印刷,2003(3):118—121.

[111] 方晓阳,张秉伦.浅议印章对雕版印刷术发明的影响[J].中国印刷,2003(5):111—113.

[112] 张秉伦.关于中国人自铸铅活字问题的讨论:徐寿等人仿效西法自铸铅活字成功[J].中国印刷,2003(7):66—70.

[113] 方晓阳,张秉伦.中国发明的雕版印刷术技术与文化背景[J].中国印刷,2003(11):

57—60.

[114]　张秉伦,高志强,叶青. 中国古代五种"秋石方"的模拟实验及研究[J]. 自然科学史研究,2004(1):1—15.

[115]　高志强,张秉伦. 秋石研究进展[J]. 中华医史杂志,2004(2):112—116.

[116]　樊嘉禄,张秉伦. 汉代音律学文献资料中的两个问题[J]. 安徽史学,2004(5):23—26.

[117]　万辅彬,张秉伦. 科技史研究应文献与实证并重:科技史学家访谈录之九[J]. 广西民族学院学报:自然科学版,2006(1):27—32.

[118]　张秉伦. 经部科技文献述要[J]. 广西民族学院学报:自然科学版,2006(1):5—9.

[119]　方晓阳,张秉伦. 南齐时期的雕版印刷雏形技术研究[J]. 广西民族学院学报:自然科学版,2006(1):27—31.

[120]　张秉伦. 黄山第一部植物图志:《黄海山花图》及其《笺卉》[J]. 志苑,2002(2),56—57.

[121]　张秉伦. 科技史研究应文献与实验并重[J]. 自然科学史研究,2013(3),419—422.

撰写与主编的著作

[1]　晋华(张秉伦). 达尔文[M]. 北京:北京人民出版社,1977.

[2]　张秉伦,郑仕生. 达尔文[M]. 北京:中国青年出版社,1982.

[3]　张秉伦,吴孝铣,高有德,胡炳生,吴昭谦. 安徽科学技术史稿[M]. 合肥:安徽科学技术出版社,1990.

[4]　王鹤鸣,张秉伦,朱晓明. 科坛名流[M]. 北京:中国文史出版社,1991.(安徽重要历史事件丛书第五分册,该书获 1992 年安徽省社科成果荣誉奖.)

[5]　张秉伦,戴吾三. 齐国科技史[M]. 济南:齐鲁书社,1995.(齐文化丛书研究专辑.)

[6]　张秉伦,方兆本. 淮河与长江中下游旱涝灾害年表与旱涝规律研究[M]. 合肥:安徽教育出版社,1998.

[7]　徐飞,张秉伦,胡化凯,张志辉. 科技文明的代价[M]. 济南:山东教育出版社,1999.

[8]　张秉伦,汪泗淇,张朝圣. 科技集萃[M]. 合肥:安徽人民出版社,1999.(安徽重要历史事件丛书之一.)

[9]　张海鹏,藏宏,郭因,张秉伦. 安徽文化史[M]. 南京:南京大学出版社,2000.(张秉伦负责科技史部分.)

[10]　宋正海,高建国,孙关龙,张秉伦. 中国古代自然灾异整体性研究[M]. 合肥:安徽教育出版社,2002.

[11]　张秉伦,胡化凯. 徽州科技[M]. 合肥:安徽人民出版社,2005.(徽州文化全书之一.)

[12]　张秉伦,樊嘉禄,方晓阳. 中国传统工艺全集:造纸与印刷[M]. 郑州:大象出版社,2005.

参与编写的著作

[1]　苟翠华,汪子春,许维枢. 中国古代生物学史[M]. 北京:科学出版社,1989.(张秉伦承担其中第十五章"人体解剖生理学的发展".)

［2］　赵向欣.指纹学［M］.北京:群众出版社,1997.(张秉伦负责统稿,并参与第一章、第十章的写作.)

［3］　华觉明.中华科技五千年［M］.济南:山东教育出版社,1997.(张秉伦担任副主编,参与全书统稿.)

［4］　余翔林.基础科技教育纲要［M］.合肥:安徽教育出版社,2001.(张秉伦、石云里承担"自然科学史"一章的编写.)

［5］　姜生,汤伟侠.中国道教科学技术史:汉魏两晋卷［M］.北京:科学出版社,2002.(张秉伦担任编委,与杨竹英、张志辉承担其中第十四章第一节"《淮南子》《淮南万毕术》与炼丹术"、第三十二章第一节"对光的性质的观察与探索"、第三十三章第二节"声律学:中国平均律思想的先声"的编写.)

附录3　张秉伦教授科研成果获奖情况一览表

序号	成果名称	获奖名称、级别、年代	完成人
1	《"秋石方"模拟实验及其研究》	安徽省1987—1988年度优秀论文一等奖	张秉伦、孙毅霖
2	在《自然科学史研究》上发表的几篇文章	《自然科学史研究》（1982—1991）优秀论文作者奖	张秉伦
3	《关于泥活字制造工艺问题的研究》	安徽省优秀论文一等奖（1991年）	张秉伦
4	《安徽科学技术史稿》	安徽省科技进步二等奖（1992年）	张秉伦等
5	《安徽著名历史人物丛书·科坛名流》	安徽省社会科学成果荣誉奖（1992年）	张秉伦为《科坛名流》主编之一
6	鉴于本人对安徽科技史志的研究	中国科技史学会、全国地方志研究会授科技史志"耕耘奖"（1993年）	张秉伦
7	陈翥史迹钩沉	全国地方科技史志优秀论文奖	张秉伦
8	《道藏》科技史料计算机处理及道家科学思想研究	安徽省高校人文社科二等奖（1998年4月）	张秉伦、祝亚平等
9	《中华科技五千年》	A.山东省科技进步（科技著作）一等奖（1998年） B."全国优秀科技图书奖"暨"科技进步奖"二等奖（1999年6月） C.第四届国家图书奖提名奖（1999年10月）	张秉伦为该书作者和副主编之一
10	《中华科技五千年》光盘	A.国际光盘中国赛区十佳奖（1998年） B.教育部教材教具奖一等奖（1999年）	张秉伦为该书作者和副主编之一
11	《淮河和长江中下游旱涝史料与旱涝规律研究》	安徽省社会科学成果一等奖（2001年）	张秉伦、方兆本、王成兴、曹永忠
12	安徽文化史（科技史部分）	安徽省社会科学成果一等奖（2001年）	张秉伦为该书主编和作者之一
13	《安徽重要历史事件丛书·科坛名流》	安徽省社会科学成果荣誉奖	张秉伦为《科坛名流》主编之一

序号	成果名称	获奖名称、级别、年代	完成人
14	中国古代科技文献科学和科技史科库建设	中国科学院教学成果二等奖（1996年）	张秉伦、方晓阳、郑坚坚、石云里
15	《指纹学》,改版《中华指纹学》	公安部科技进步一等奖（2000年）	张秉伦为作者之一和最后统稿人
16	《中国科学技术典籍通汇》	国家图书奖提名奖（1997年）	张秉伦为生物卷和工艺卷作者之一,石云里为天文卷作者之一

后　　记

　　张秉伦教授是我国著名的科技史家和科技史教育家,生前著述丰厚,又在中国科学技术大学从教 20 多年,培养了一批科技史人才。在先生逝世十周年之际,我们将他发表的论文汇编成集,以寄托追思。

　　据不完全统计,先生一生共发表论文 120 多篇。1994 年后不久,先生自己曾经编订过《张秉伦文集》(A)和(B)两册。先生去世后,本系硕士研究生王会芝曾对先生的著作进行过编目。在先生逝世十周年之际,上海交通大学孙毅霖教授又对先生的论著进行了收集整理。本次汇编参考了上述工作,补充了由范岱年和 Robert S. Cohen 两位先生翻译出版的《The Struggle between Evolutionary Theory and Creationism in China》和《Preliminary Analysis of Scientific Development and Its Causes in Anhui Province during the Ming and Qing Dynasty》两篇英文论文,又找到了《The Academic Value and Purpose of the *Yinshan Zhengyao*(饮膳正要)》一文的正式出版版本,最终共选录先生单独和以第一作者身份发表的学术性文章 70 篇,并附对先生的两篇专门访谈,按"科学与社会""生物与农学""印刷、造纸与古钱币""地方科技史""科技史文献与研究方法"和"科技史的古为今用"编目,每个条目下的文章大体按时间顺序进行编排,力求能与先生学术贡献的知识分野与演进轨迹相呼应。

　　附录 1"张秉伦先生年谱"由王会芝编成,附录 2"张秉伦先生论著目录"以王会芝和孙毅霖的编目为基础进行了增订,附录 3"张秉伦教授科研成果获奖情况"由翟淑婷汇编。

　　论集汇编曾征求部分校友与先生家人的意见,特别感谢孙毅霖、王会芝和翟淑婷等同门付出的劳动,也感谢我校人才启动经费对本文集出版的资助。因个人能力所限,论集汇编中难免还存在一些疏漏和不足,责任当由本人承担,也希望能得到大家的谅解。

石云里

2016 年 12 月 30 日

于中国科学技术大学科技史与科技考古系